E 95

D1735684

VOGEL und PARTNER
Ingenieurbüro für Baustatik
Tel. 07 21 / 2 02 36, Fax 2 48 90
Postfach 6569, 76045 Karlsruhe
Leopoldstr. 1, 76133 Karlsruhe

Klawa, Haack

Tiefbaufugen

Fugen- und Fugenkonstruktionen
im Beton- und Stahlbetonbau

Ernst & Sohn

Norbert Klawa, Alfred Haack

Tiefbaufugen

Fugen- und Fugenkonstruktionen im Beton- und Stahlbetonbau

Herausgegeben vom
Hauptverband der Deutschen Bauindustrie,
Wiesbaden, und der Studiengesellschaft
für unterirdische Verkehrsanlagen e.V.,
STUVA, Köln

Verlag für Architektur
und technische Wissenschaften
Berlin

Dr.-Ing. Norbert Klawa
Am Bruchhauser Kamp 45
4010 Hilden

Dr.-Ing. Alfred Haack
Kleienpfad 7
5000 Köln 41

Dieses Buch enthält 565 Abbildungen und 24 Tabellen

CIP-Kurztitelaufnahme der Deutschen Bibliothek

Klawa, Norbert:
Tiefbaufugen: Fugen und Fugenkonstruktionen im Beton- und
Stahlbetonbau / Klawa; Haack. Hrsg. vom Hauptverb. d. Dt.
Bauindustrie, Wiesbaden, u. Studienges. für Unterird.
Verkehrsanlagen e. V., STUVA, Köln. – Berlin: Ernst, 1990
     ISBN 3-433-01012-9
NE: Haack, Alfred:

© 1990 Ernst & Sohn Verlag für Architektur und technische Wissenschaften, Berlin.

Die Wiedergabe von Warenbezeichnungen, Handelsnamen oder sonstigen Kennzeichen in diesem Buch
berechtigt nicht zu der Annahme, daß diese von jedermann frei benutzt werden dürfen. Vielmehr kann
es sich auch dann um eingetragene Warenzeichen oder sonstige gesetzlich geschützte Kennzeichen
handeln, wenn sie als solche nicht eigens markiert sind.

Herstellerische Betreuung: Fred Willer

Satz: Fotosatz Voigt, Berlin
Druck: Mercedes-Druck, Berlin
Bindung: Bruno Helm, Berlin

Printed in the Federal Republic of Germany

Vorwort

Für Bestand und Funktion eines Beton- oder Stahlbetonbauwerks im Tiefbau ist die richtige Anordnung und konstruktive Ausbildung von Fugen von großer Wichtigkeit. Bei Fehlen z. B. von Bewegungsfugen oder bei unzureichender konstruktiver Ausbildung bzw. Abdichtung von Fugen können große Schäden entstehen. Deren Behebung ist in der Regel sehr kostspielig, selbst wenn oft nur unbedeutend erscheinende Einzelheiten bei Planung oder Ausführung der Fugen nicht beachtet werden. Neben den Fugen zum Abbau von Zwängungen und zur Aufnahme von Bewegungen müssen Arbeitsfugen, die allein aus Gründen der Bauabwicklung erforderlich werden, sorgfältig geplant, konstruiert und ausgeführt werden. Es genügt bei der Abdichtung von Bauwerken insbesondere im Grundwasserbereich keineswegs allein, die „Bewegungsfugen" optimal abzudichten. Vielmehr müssen ausnahmslos alle Fugen, also auch die Arbeitsfugen, in das Dichtungssystem miteinbezogen werden.

Vor allem kleinere Baufirmen und Konstruktionsbüros verfügen oft nicht über ausreichende Erfahrungen und Kenntnisse, wie Fugen optimal anzuordnen und auszubilden sind. In der Folge kommt es häufig zu Bauwerksschäden, die bei entsprechendem Kenntnisstand vermieden werden könnten. Hier kann und soll das vorliegende Buch Abhilfe schaffen. Durch eine umfassende Sammlung von Ausführungsbeispielen aus der Praxis des Ingenieur- und Tiefbaus, deren kritische Bewertung sowie durch die Ableitung der wichtigsten Grundregeln wird dem Benutzer die Möglichkeit gegeben, wesentliche Zusammenhänge zu erkennen und technisch einwandfreie Lösungen zu finden. Die umfangreichen und zum Teil detaillierten Bilddarstellungen bieten hierzu eine optimale Informationsquelle und Hilfestellung.

Das Buch gliedert sich in den Teil A: Grundlagen und in den Teil B: Beispiele. Teil A behandelt Aufgaben und generelle Anordnung von Fugen sowie deren konstruktive Ausbildung. Außerdem werden hier die üblicherweise eingesetzten Materialien und Fugendichtelemente im einzelnen beschrieben.

Im Teil B sind Beispiele für Fugenkonstruktionen aus vielen Bereichen des Ingenieur- und Tiefbaus zusammengetragen. Hierzu gehören:

– Stützbauwerke und Schutzwände,

– Wasserbehälter und Wasserbecken,

– Rohrleitungen, Kanäle, Düker und Durchlässe,

– Verkehrstunnel,

– Straßen- und Eisenbahnbrücken,

– Straßen, Wege, Parkflächen und Flugplätze,

– Verkehrswasserbauwerke,

– Staudämme und Staumauern,

– Tiefgaragen, Tiefkeller und industrielle Tiefbauten sowie

– Parkdecks und Hofkellerdecken.

Die Ausführungsbeispiele zu den verschiedenen genannten Bereichen wurden durch umfangreiche Erhebungen bei Bauherren, Baufirmen und Ingenieurbüros sowie durch Auswertung der einschlägigen Literatur und Erfahrungen aus eigener langjähriger Beratertätigkeit zusammengetragen. Den Bauherren und Firmen sei an dieser Stelle für die freundliche Unterstützung und für Bereitstellung von Zeichnungen, Bildern, Berichten und dergleichen herzlich gedankt.

Die Anregung zu diesem Buch kam vom Verlag Ernst & Sohn. Das Buch „Bewegungsfugen im Beton- und Stahlbetonbau" von Kleinlogel war mehr als 20 Jahre nach der letzten Auflage technisch überholt und sollte neu bearbeitet werden. Die STUVA erklärte sich bereit, den Bereich Tiefbaufugen zu übernehmen. Finanziell wurde die Arbeit vor allem vom Hauptverband der Deutschen Bauindustrie, Wiesbaden, und von der Deutschen Bundesbahn, Zentralamt München, unterstützt. Beiden Stellen sei hierfür aufrichtig gedankt.

Köln,
im September 1989

Dr.-Ing. N. Klawa
Dr.-Ing. A. Haack

Inhaltsverzeichnis

A 1. Grundlagen

A 1.1 Notwendigkeit von Fugen

Größere Betonbauwerke werden in der Regel durch Fugen in Einzelabschnitte unterteilt. Für ihre Anordnung sind im wesentlichen zwei Gründe maßgebend:

1. die Vermeidung von wilden klaffenden Rissen im Bauwerk infolge Überschreitung der aufnehmbaren Betonzugspannungen. Ursache hierfür sind vor allem die Formänderungen des Betons insbesondere aus Wärmewirkungen, Schwinden und Kriechen sowie Tragwerksverformungen und Setzungen, Widerlagerverschiebungen und Verkehrslasten (im Sinne von DIN 1055 [A 1/1]);
2. die Unterteilung des Bauwerks aus praktischen Erwägungen der Bauabwicklung.

Im Fall 1 sollen die Fugen den einzelnen Bauabschnitten ausreichenden Spielraum für zwängungsfreie Eigenbewegungen geben. Normalerweise sind hierfür durchgehende „Bewegungsfugen" erforderlich. Ihre Anordnung ist so zu wählen, daß keine zu großen Zwangsspannungen in den getrennten Baugliedern entstehen und wilde Risse vermieden werden. Sollen im wesentlichen Spannungen in Richtung der Bauteillängsachse abgebaut werden, so können auch Scheinfugen (Sollrißfugen) ausreichen, in denen der Betonquerschnitt entsprechend geschwächt ist.

Im Fall 2 wird die Fugenanordnung z.B. durch Arbeitstakte (Schalen, Bewehren, Betonieren) oder die Leistungsfähigkeit der Betonieranlage bestimmt. Vom statischen Gesichtspunkt her gesehen sind diese sogenannten Arbeits- oder Betonierfugen ungewollt. Sie sind deshalb als möglichst kraftschlüssige Verbindungen auszuführen.

Unter Ausnutzung konstruktiver Möglichkeiten und Anwendung der heute bekannten Zusammenhänge über die Rißbreitenbeschränkung im Stahlbeton- und Spannbetonbau*) kann unter bestimmten Umständen auf die Anordnung von „Bewegungsfugen" aus konstruktiven, betontechnologischen und abdichtungstechnischen Gesichtspunkten ganz verzichtet werden [A 1/2], [A 1/3]. Die dennoch auszubildenden Fugen sind dann allein aus arbeitstechnischen Belangen erforderlich, also nur durch Arbeitstakte und/oder Betonierabschnitte bedingt.

Bewegungsfugenarme bzw. bewegungsfugenlose, schlaff bewehrte Bauwerke, die alle Anforderungen an die Tragfähigkeit und Nutzung erfüllen, erfordern in der Regel wesentlich mehr Bewehrung als ein Bauwerk mit Bewegungsfugen, um die notwendige feine Rißverteilung in der Konstruktion sicherzustellen. Dafür wird der technische Aufwand und das Risiko verringert, das mit der Herstellung funktionstüchtiger Fugen verbunden ist. Inwieweit eine derartige Lösung technisch und wirtschaftlich vorteilhaft ist, kann im Einzelfall nur durch Vergleichsrechnungen ermittelt werden.

Im folgenden Abschnitt wird auf die wichtigsten Einflußgrößen der von den Fugen aufzunehmenden Bewegungen näher eingegangen. Dabei werden Einzelheiten jedoch nur soweit behandelt, als sie für die Fugenanordnung und -dimensionierung von allgemeiner Bedeutung sind. Bezüglich weiterer Details sei auf die vielfältig vorliegende Literatur verwiesen (z.B. [A 1/4] bis [A 1/9]).

A 1.2 Fugenbewegungen

A 1.2.1 Lastunabhängige Einflüsse

Zu den wichtigsten lastunabhängigen Einflüssen der Fugenbewegungen gehören die Volumenänderungen des Betons infolge von Schwinden und Quellen sowie von Temperaturänderungen. Ferner sind bergbauliche Einflüsse oder Auswirkungen von Erdbeben auf das Bauwerk lastunabhängig.

– Schwinden und Quellen des Betons

Als *Schwinden* wird die Volumenverringerung des erhärteten Betons beim Austrocknen an der Luft bezeichnet. Die Größe des Schwindmaßes ist im wesentlichen abhängig von den klimatischen Verhältnissen und der Temperatur und Luftfeuchtigkeit der umgebenden Luft. Darüber hinaus wird das Schwindmaß von folgenden Faktoren beeinflußt: Von der Art und Menge des Zements, der Gesteinsart, Kornzusammensetzung und Kornform der Zuschlagstoffe, von der Menge des Anmachwassers, von etwaigen Zusatzstoffen, vom Verdichtungsgrad des fertigen Betons, von den Querschnittsabmessungen des Bauteils und der Bewehrung.

Besonderen Einfluß auf das Endschwindmaß (Gesamtschwindmaß) und die Rißbildung hat der zeitliche Schwindverlauf. Je schneller sich das Schwinden vollzieht, je weniger der Beton Zeit hat zu kriechen und je früher die Behinderung des Schwindens einsetzt, um so größer ist die Rißgefahr. Durch Hinauszögern des Schwindens (z.B. durch Feuchthalten oder wasserrückhaltende Überzüge) werden die Rißgefahr und das Gesamtschwindmaß – bedingt durch das Kriechen infolge Schwindzugspannung und die erhöhte Zugfestigkeit des Betons – geringer.

---

*) Anhaltswerte zur Rißbreitenbeschränkung:
normale Rißbreite: < 0,4 mm; für abgedichtete Betonbauwerke
geringe Rißbreite: < 0,2 mm; für wasserundurchlässige Betonbauwerke
sehr geringe
Rißbreite: < 0,1 mm; für wasserundurchlässige Betonbauwerke und/oder Bauwerke mit starkem Korrosionsangriff von innen bzw. außen.

Bild A 1/1
Endschwindmaße $\varepsilon_s \infty$ für Beton in Abhängigkeit vom wirksamen Betonalter, den Lagerungsbedingungen und der mittleren Bauteil-
dicke; Richtwerte der DIN 4227, Teil 1 [A 1/10]

Anwendungsbedingungen:
Die Werte der Tabelle gelten für den Kon-
sistenzbereich K2. Für die Konsistenzbereiche
K1 bzw. K3 sind die Zahlen um 25% zu er-
mäßigen bzw. zu erhöhen. Bei Verwendung
von Fließmitteln darf die Ausgangskonsistenz
angesetzt werden. Die Tabelle gilt für Beton,
der unter Normaltemperatur erhärtet und für
den Zement der Festigkeitsklassen Z35F und
Z45F verwendet wird.

*) A = Fläche des Betonquerschnitts;
    U = der Atmosphäre ausgesetzter Umfang
        des Bauteils

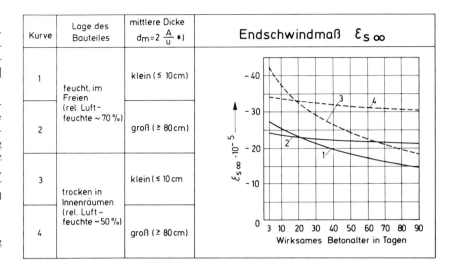

Kurve	Lage des Bauteiles	mittlere Dicke $d_m = 2 \frac{A}{U}$ *)
1	feucht, im Freien (rel. Luftfeuchte ~ 70%)	klein (≤ 10cm)
2		groß (≥ 80cm)
3	trocken in Innenräumen (rel. Luftfeuchte ~ 50%)	klein (≤ 10cm)
4		groß (≥ 80cm)

Bild A 1/2
Schwinden und Quellen von Betonkörpern
[A 1/4]

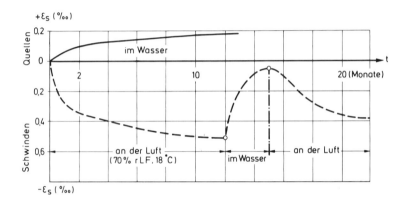

Richtwerte für die Schwindverformung können dem Bild A 1/1 entnommen werden. Die zu erwartenden Schwindmaße liegen bei ca. 0,1 bis 0,6 mm/m.

Das Schwinden hat Einfluß auf den Fugenabstand, da bei Behinderung die Schwindverkürzungen Zugspannungen in den Bauabschnitten zwischen den Fugen hervorrufen. Ferner muß das Schwinden bei der Dimensionierung der Fugenabdichtung berücksichtigt werden.

Als *Quellen* wird die Volumenvergrößerung des erhärteten Betons durch Wasseraufnahme bezeichnet.

Für Fugenabstand und Fugendimensionierung ist das Quellen ohne große Bedeutung, da das Quellmaß absolut kleiner als das Schwindmaß ist (bei Wasserlagerung ca. 0,1 bis 0,2 mm/m) und bei Behinderung in der Regel unkritische Druckspannungen im Beton entstehen.

Bei Wechsellagerung des Betons treten sowohl Schwind- als auch Quellerscheinungen auf, doch ist der Schwindvorgang nicht völlig umkehrbar, wie aus Bild A 1/2 hervorgeht.

– Wärmewirkungen

Temperaturänderungen bewirken ebenfalls eine Volumen- und damit Längenänderung der Bauteile. Der Vorgang wird jedoch zeitlich wesentlich rascher vollzogen als beim Schwinden und Quellen. Für die Fugenanordnung und Fugenbewegungen sind sowohl die Volumenänderungen des Betons beim Abfluß der Hydratationswärme während der Erhärtungsphase als auch später im Gebrauchszustand von großer Bedeutung.

Beim Erhärten des Betons wird durch die Hydratation des Zements (Umsetzung mit dem Anmachwasser) Wärme frei. In einem frisch betonierten Bauteil führt der Angleichungsprozeß der Hydratationswärme an die Umgebungstemperatur zu Zwängungsspannungen, wenn die dabei auftretenden Längenänderungen durch den Untergrund oder andere Bauteile behindert werden. Die bei der wärmebedingten Ausdehnung im frischen Beton zunächst auftretenden Druckspannungen werden durch Relaxation stark abgebaut, so daß bei der nachfolgend einsetzenden Abkühlung (Anpassung an die Umgebungstemperatur) Zugspannungen im jungen Beton auftreten. Überschreiten die auftretenden Zwängungsspannungen die vom Beton aufnehmbaren Zugspannungen, kommt es zum Zugversagen des Querschnitts und damit zum Riß.

Die Rißgefahr kann durch verschiedene betontechnologische Maßnahmen (z.B. Einsatz von Zementen mit geringer Wärmeentwicklung, niedrige Betoneinbautemperaturen, Kühlung des neuen Bauteils, Nachbehandlung des Betons usw.) und/oder die monolithische Herstellung von Bauwerken, die zusätzliche Anordnung von Fugen (z.B. Scheinfugen) oder den Einbau einer Gleitfuge zwischen Untergrund und neuem Bauteil vermindert werden (Bild A 1/3).

Die rechnerische Erfassung der auftretenden Zwängungen und Bewegungen ist wegen der komplexen Vorgänge im jungen Beton nur schwer möglich. Es werden daher in der Regel Fugen aufgrund von Erfahrungen angeordnet (vgl. Abschnitt A 1.4).

Bild A 1/3
Verformungen und Spaltrisse infolge von
Temperaturunterschieden zwischen Fundament
und Wand

(a) monolithische Herstellung von Fundament und Wand ($t_F \sim t_w$)

(b) Wand nachträglich auf Gleitschicht betoniert ($t_F < t_w$)

(c) Wand nachträglich betoniert und mit Fundament verbunden ($t_F < t_w$) o = 3 bis 6 m

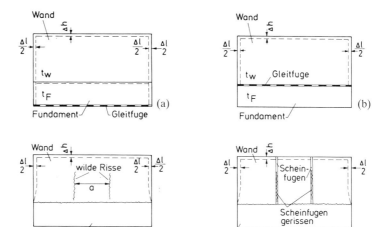

Für die rechnerische Ermittlung der Längenänderungen
infolge von Temperaturunterschieden bei Betonkonstruktionen im Gebrauchszustand gilt allgemein:

$$\Delta l_T = \alpha_T \cdot \Delta T \cdot l_0 \cdot 1000$$

Δl_T = Längenänderung infolge Temperatur in mm
(Verkürzung −, Verlängerung +)

α_T = Wärmedehnzahl in K^{-1}

ΔT = Temperaturunterschied in K
(Abnahme −, Erhöhung +)

l_0 = Bauteillänge in m

Die Wärmedehnzahl des Betons ist eine wechselnde Größe,
die abhängig ist von der Zementart, dem Betonmischungsverhältnis, der Art der Zuschlagstoffe und der Feuchtigkeit
des Betons. Sie liegt für wassersatten oder trockenen Beton
zwischen 4,5 bis $12,5 \cdot 10^{-6} K^{-1}$, im Mittel $8,5 \cdot 10^{-6} K^{-1}$,
und für lufttrockenen Beton zwischen 6 bis $14 \cdot 10^{-6} K^{-1}$, im
Mittel $10 \cdot 10^{-6} K^{-1}$ [A 1/9].

DIN 1045 [A 1/11] gibt für Beton und die Stahleinlagen eine
Wärmedehnzahl von $\alpha_T = 10^{-5} K^{-1}$ an, wenn nicht im Einzelfall für den Beton ein anderer Wert durch Versuche nachgewiesen wird. Das entspricht dem oben angegebenen Mittelwert für lufttrockenen Beton. Zur Ermittlung der Verformungen dürfen nach DIN 1045 folgende Temperaturschwankungen in Rechnung gestellt werden:

a) Bauteile allgemein ± 15 K

b) Bauteile mit Abmessungen ≥ 70 cm ± 10 K

c) überschüttete oder durch andere
Vorkehrungen vor größeren Temperaturschwankungen geschützte Bauteile ± 7,5 K

Bei Bauteilen im Freien sind die Werte unter a) und b) um
je 5 K zu vergrößern, wenn der Abbau der Zwangschnittgrößen nach Zustand II in Rechnung gestellt wird. Damit
ergeben sich Längenänderungen der Bauteile von 0,15 bis
0,4 mm/m.

Die in der Praxis auftretenden Temperaturschwankungen
bei Tiefbauwerken liegen häufig wesentlich höher. Für die
Fugendimensionierung sollten unbedingt die maximal möglichen Schwankungen berücksichtigt werden. Im folgenden
einige Beispiele hierzu:

● Bei Abwasserklärwerken wird nach [A 1/12] im Sommer
der Beton im Trockenbereich bis +40°C erwärmt, während im Naßbereich +20°C erreicht werden. Im Winter
geht die Temperatur im Naßbereich auf +5° bis +10°C
zurück, während sich der Beton im Trockenbereich auf
−20° bis −25°C abkühlen kann. Bei einer Herstellungstemperatur von +10°C sind also Temperaturschwankungen von ± 30 bis 35 K zu berücksichtigen, d.h. Längenänderungen der Bauteile von 0,6 bis 0,7 mm/m.

● Bei Brücken- und Straßenbauwerken können die Temperaturschwankungen im Beton bis ± 40 K betragen, d.h.
Längenänderungen der Bauteile bis 0,8 mm/m auftreten
(vgl. auch DIN 1072 [A 1/13], wo für Lager und Fahrbahnübergänge Temperaturen von −40° bis +50°C anzusetzen sind).

● Im Mittelbereich von Straßentunneln mit Längsventilation entsprechen die Temperaturen im Beton etwa den
mittleren Außentemperaturen, so daß durchaus Temperaturschwankungen von ± 15 bis ± 20 K auftreten können,
d.h. Längenänderungen der Bauteile von 0,3 bis 0,4 mm/m.
Umfangreiche diesbezügliche Messungen wurden am
Straßentunnel in Rendsburg durchgeführt [A 1/14]. In der
Tunnelwand betrug das mittlere Temperaturgefälle zwischen Innen- und Außenseite etwa 2 K. Die Boden- bzw.
Gebirgstemperatur folgte in Bauwerksnähe weitgehend
der Betontemperatur, wenn auch mit gewisser Verzögerung (Bild A 1/4). Aus den Kurven in Bild A 1/5 ist
ersichtlich, daß die Änderung der Fugenbreite dem Temperaturverlauf folgt und in der Größe etwa den ungehinderten Dehnungen der Betonblöcke bei den gemessenen
Temperaturschwankungen entspricht (Fuge S3/S4 bei 10
+ 70 m zugehörigen Bauteillängen ca. 8 mm, Fugen S4/S5
und S8/S9 bei 20 m Blocklänge ca. 2 mm).

Bild A 1/4
Temperaturmessungen in der geschlossenen
Tunnelstrecke (ca. 200 m vom Tunnelmund
entfernt) am Straßentunnel Rendsburg
[A 1/14]

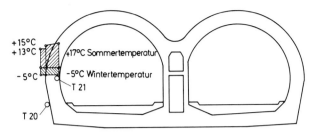

(a) Temperaturgefälle im Wandbereich der geschlossenen Tunnelstrecke

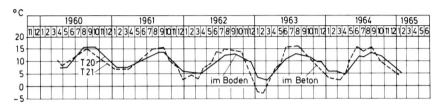

(b) Langzeitmessungen der Temperatur in der geschlossenen Tunnelstrecke

Bild A 1/5
Temperaturen und Fugenbewegungen der
südlichen Rampenstrecke des Rendsburger
Straßentunnels [A 1/14]

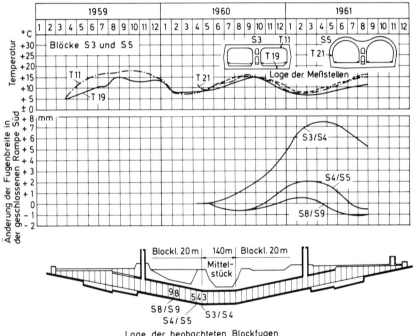

• Bei Bahntunneln können Temperaturschwankungen in ähnlicher Größenordnung wie bei Straßentunneln auftreten. Durch die Kolbenwirkung (besonders bei eingleisigen Röhren) und den Sog der Fahrzeuge finden starke Luftbewegungen im Tunnel statt. Über Lüftungsschächte oder Rampen können daher im Winter sehr kalte und im Sommer sehr warme Luftmassen angesogen werden. Die Folge sind entsprechende Temperaturdifferenzen auch im Beton und damit Fugenbewegungen.

– Bergbauliche Einwirkungen

Erhebliche Fugenbewegungen können in Bergbaugebieten auftreten. Durch Abbau von unterirdischen Lagerstätten wird das darüberliegende Gebirge im allgemeinen bis zur Erdoberfläche beeinflußt (Bild A 1/6). Art, Größe und Ausdehnung der Verformungen sind in erster Linie von den überlagernden Gebirgsschichten, der Größe und Tiefenlage der beim Abbau entstandenen Hohlräume, der Neigung der Lagerstätte sowie der Art, Ausdehnung und zeitlichen Reihenfolge des Abbaus abhängig.

Bild A 1/6
Verformungen an der Geländeoberfläche bei
Abbau einer Vollfläche*) in horizontaler Lage-
rung, Schulbeispiel nach Niemczyk [A 1/16]

*) Anmerkungen:
Vollfläche: Abbaubreite so groß, daß sich die
Einwirkungen der Abbauränder gerade in der
Muldenmitte treffen
Grenzwinkel: Winkel zur äußeren Grenze der
Abbaueinwirkung
Bruchwinkel: Winkel zur Verbindungslinie
vom Abbaurand zum Punkt des Zerrungs-
maximums

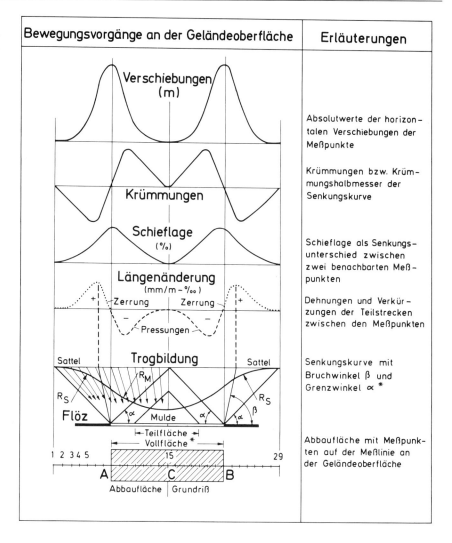

Von Fall zu Fall sind für jedes Bauwerk spezielle Untersuchungen über Art und Größe der voraussichtlichen Verformungen anzustellen. Eine enge Zusammenarbeit in
dieser Frage mit dem Bergbau ist unerläßlich.

Folgende Richtwerte für bergbauliche Einwirkungen sind
der Literatur zu entnehmen:

• Der Krümmungshalbmesser R der Senkungsmulde kann
  im allgemeinen für die Sattellage zu $R_s \geq 2000$ m und für
  die Muldenlage zu $R_M \geq 5000$ m angenommen werden,
  sofern nicht aufgrund des Abbauvorgangs ein geringeres
  Maß zu erwarten ist. Der kleinste Krümmungshalbmesser
  von Senkungsmulden beträgt etwa 500 m [A 1/15].

• Längenänderungen von 0,5 % haben sich in der Praxis
  häufiger ergeben. Bei Dehnungen von mehr als 0,8 % treten in der Regel bereits Risse an der Geländeoberfläche
  auf [A 1/16].

– Auswirkungen von Erdbeben

  Erdbeben bewirken relativ schnell ablaufende Verformungen im Untergrund (Frequenzen i. a. zwischen 2 und 7 Hz).
  Entsprechende Bewegungen werden den Baukörpern aufge-
  zwungen. Die Fugenabdichtungen müssen darauf abgestimmt sein.

A 1.2.2 Lastabhängige Einflüsse

Zu den lastabhängigen Einflüssen auf die Fugenbewegungen
gehören z. B. die elastischen Tragwerksverformungen und die
Tragwerksverformungen durch Kriechen des Betons unter
ständiger Last, Baugrundverformungen unter Last sowie
Schwingungen aus Verkehrslasten im Sinne von DIN 1055
[A 1/1].

– Elastische Tragwerksverformungen

  Relative Fugenbewegungen durch elastische Tragwerksverformungen aus ständigen Lasten (Durchbiegungen) sind insbesondere bei Blockfugen von weitgespannten schlanken
  Konstruktionen wie z. B. Brücken-, Sohl- und Deckenplatten oder Gewölben zu berücksichtigen. Die Scherbeanspruchungen der eingebauten Fugenelemente können hier in
  Extremfällen durchaus mehrere cm betragen, wobei auch
  das Kriechen evtl. zu berücksichtigen ist.

  Derartig große Fugenbeanspruchungen treten z. B. in Blockfugen von zweigleisigen Bahntunnelquerschnitten bei Herstellung in offener Bauweise auf, wenn z. B.

Bild A 1/7
Endkriechzahl $\varphi\infty$ für Beton in Abhängigkeit
vom Betonalter bei Belastungsbeginn, den
Lagerungsbedingungen und der mittleren Bau-
teildicke; Richtwerte der DIN 4227, Teil 1
[A 1/10]

Anwendungsbedingungen:
Die Werte der Tabelle gelten für den Kon-
sistenzbereich K2. Für die Konsistenzbereiche
K1 bzw. K3 sind die Zahlen um 25 % zu er-
mäßigen bzw. zu erhöhen. Bei Verwendung
von Fließmitteln darf die Ausgangskonsistenz
angesetzt werden. Die Tabelle gilt für Beton,
der unter Normaltemperatur erhärtet und für
den Zement der Festigkeitsklassen Z35F und
Z45F verwendet wird. Der Einfluß auf das
Kriechen von Zement mit langsamerer Erhärtung (Z25, Z35L, Z45L) bzw. mit sehr schneller Erhärtung (Z55) kann dadurch berücksichtigt werden, daß die Richtwerte für den halben
bzw. 1,5-fachen Wert des Betonalters bei
Belastungsbeginn abzulesen sind.

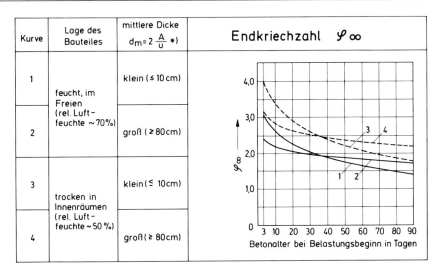

Kurve	Lage des Bauteiles	mittlere Dicke $d_m = 2 \frac{A}{U}$ *)
1	feucht, im Freien (rel. Luft- feuchte ~70%)	klein ($\leq$ 10cm)
2		groß ($\geq$ 80cm)
3	trocken in Innenräumen (rel. Luft- feuchte ~50 %)	klein ($\leq$ 10cm)
4		groß ($\geq$ 80cm)

*)   A = Fläche des Betonquerschnitts;
     U = der Atmosphäre ausgesetzter Umfang
         des Bauteils

- Tunnelblöcke mit unterschiedlichen Querschnittsabmessungen aneinanderstoßen
  oder
- die benachbarten Tunnelblöcke unterschiedlich überschüttet sind.

Aber auch durch das Überhöhen der Schalung, um die zu
erwartende Firstverformung gegenüber dem bereits erstellten Nachbarblock auszugleichen, wird das meist gerade einbetonierte Fugenelement beim Entschalen um das Verfor-
mungsmaß auf Scherung beansprucht.

Bei Innenschalen untertägig erstellter Tunnel treten aufgrund der Bettung durch das Gebirge deutlich kleinere Scherbeanspruchungen für das Fugenelement auf.

– Tragwerksverformungen durch Kriechen des Betons

Als Kriechen wird die zeitabhängige Zunahme der Tragwerksverformungen unter andauernden Spannungen bezeichnet. Es setzt sich aus einem plastischen Anteil, der bei
Entlastung nicht zurückgeht, und einer elastischen Verformung zusammen. Die Größe des plastischen Anteils ist
abhängig von der Betonfestigkeit zum Zeitpunkt des Aufbringens der Belastung, von der Beschaffenheit des Betons
und vor allen Dingen von den Feuchtigkeitsbedingungen.
Bei Luftlagerung kann das Kriechmaß den vier- und mehrfachen Betrag des Werts bei Wasserlagerung erreichen. Da
nur Dauerspannungen Kriechen verursachen, wirken sich
nur ruhende Lasten oder langandauernde Verkehrslasten
(z.B. Lagergüter) aus.

Bei schlaff bewehrten Betonkonstruktionen mit kleinen
Spannweiten kann im allgemeinen der Einfluß der Kriechverformung auf die Fugenbewegungen vernachlässigt werden, da ihre Größe im Vergleich zu anderen Einflußfaktoren
gering ist. Zu berücksichtigen ist der Einfluß dagegen stets
bei Spannbetonbauteilen. Nach DIN 4227, Teil 1 [A 1/10]
berechnet sich die Kriechverformung bei konstanter Spannung σ_0 zu:

$$\Delta l_K = \frac{\sigma_0}{E_b} \cdot \varphi_t \cdot l_0 \cdot 1000$$

Δl_K =   Längenänderung infolge Kriechverformung in mm
          (Verkürzung –, Verlängerung +)

σ_0 =   konstante Spannung im Bauteil in N/mm²

E_b =   Elastizitätsmodul des Betons in N/mm²
          (für B25 = 30 000 N/mm², B35 = 34 000 N/mm²,
          B45 = 37 000 N/mm²)

φ_t =   Kriechzahl i. a. $\varphi\infty$

l_0 =   Bauteillänge in m

Richtwerte für die Kriechzahl können dem Diagramm in
Bild A 1/7 entnommen werden.

– Baugrundverformungen unter Last

Unter Einwirkung von Lasten entstehen im Baugrund Verformungen, denen sich das Bauwerk anpaßt. In den Fugenbereichen der Bauwerke interessieren hauptsächlich die
hierdurch verursachten unterschiedlichen Setzungen, Verschiebungen und Verdrehungen der angrenzenden Bauteile,
die als Fugenbewegungen auftreten. Ihre Größe ist von der
Last und Lastwechselwirkung, der Konstruktionsart des
Bauwerks, den Bodenkennwerten sowie den sonstigen örtlichen Gegebenheiten – wie beispielsweise Grundwasserstand – abhängig.

Unterschiedliche Setzungen können sich z.B. ergeben
durch:

- wechselnden Baugrund;

- wechselnde Bodenpressungen (z.B. durch Änderung der
  Bauwerkshöhe, des Bauwerksgewichts und der Bauwerksnutzung oder durch benachbarte Bauwerke);

- Änderung der Grundwasserspiegelhöhe (z.B. durch
  Dränwirkung von verfüllten Baugruben bei bindigen
  Böden oder durch Grundwasserabsenkungen für in der
  Nähe liegende Baugruben);

- Aushub neuer (insbesondere tieferer) Baugruben in unmittelbarer Nähe des Bauwerks;
- Unterfahrungen des Bauwerks durch einen Tunnel (insbesondere bei seitlichem Anschneiden);
- unterschiedliche dynamische Wirkung der Verkehrslasten bei entsprechend empfindlichen Böden;
- zeitliche Differenzen in der Herstellung einzelner Bauwerksabschnitte.

Es ist Aufgabe der bautechnischen Bodenmechanik und der Bauwerksstatik, anhand der Tragfähigkeitseigenschaften des Baugrunds und der Bauwerkskonstruktion die zu erwartenden Setzungsunterschiede in den Fugenbereichen rechnerisch in der richtigen Größenordnung abzuschätzen.

Über die Ermittlung der Bauwerkssetzungen liegt ein umfangreiches Schrifttum vor. In diesem Zusammenhang sei z. B. auf DIN 4019 – Baugrundrichtlinie für Setzungsberechnungen [A 1/17] – und auf den Beitrag über Setzungen im Grundbautaschenbuch [A 1/18] verwiesen.

- Schwingungsbelastungen

Schwingungsbelastungen treten insbesondere bei Fugen im Brücken-, Straßen- und Wasserbau auf. Je nach Art, Größe und den Konstruktionsgegebenheiten müssen die sich hieraus ergebenden Beanspruchungen erfaßt und bei der Ausführung der Fugenkonstruktion berücksichtigt werden.

A 1.2.3 Zusammenwirken von Verformungen

Die Formänderungen des Fugenspalts aus den einzelnen Lastfällen wie Schwinden, Quellen, Wärmewirkungen, Kriechen, Baugrund- und Tragwerksverformungen sind, sofern sie gleichzeitig auftreten können, geometrisch zu addieren. Dabei ist von den Umweltbedingungen bei der Bauwerkserstellung auszugehen.

A 1.3 Definition der verschiedenen Fugenarten

Im Beton- und Stahlbetonbau werden je nach den konstruktiven und ausführungstechnischen Erfordernissen verschiedenartige Fugen angeordnet (Bild A 1/8). Zu ihrer Definition ist folgendes zu bemerken:

a) Arbeitsfugen

Arbeitsfugen ergeben sich immer dann, wenn der Betoniervorgang an einem statisch als Einheit wirkenden Baukörper unterbrochen werden muß. Ihre Lage und Gestaltung richten sich nach dem Arbeitsablauf, der Leistung der Betonanlage, der Art und Beanspruchung des Bauteils und bei sichtbaren Außenflächen nach den Anforderungen, die an das Aussehen gestellt werden. Vom statischen Gesichtspunkt aus sind die Arbeitsfugen somit ungewollt. Eine Bewegung zwischen den Bauwerksabschnitten und damit eine Öffnung der Fuge ist nicht beabsichtigt. Sie muß vielmehr durch eine möglichst kraftschlüssige und dichte Verbindung der benachbarten Bauabschnitte vermieden werden.

Auch bei guter Ausführung bilden Arbeitsfugen immer schwache Stellen im Betonkörper, die die einheitliche Wirkung beeinträchtigen. Deshalb sind sie in ihrer Zahl nach Möglichkeit einzuschränken und an weniger beanspruchte Stellen zu legen.

Arbeitsfugen können bei schachbrettartigem Betonieren bzw. Betonieren mit Lücke und späterem Ergänzen ggfs. zum Abbau von Zusatzspannungen aus Hydratationswärme und Schwinden herangezogen werden.

b) Fugen zur Aufnahme von Bewegungen

Fugen zur Aufnahme von Bewegungen sind so anzuordnen und auszubilden, daß Bewegungen – hervorgerufen durch innere und/oder äußere Kräfte – in den angrenzenden Bauteilen keine schädlichen Risse erzeugen können. In Abhängigkeit von der Art der zu erwartenden Bewegungen werden folgende Fugentypen unterschieden:

- Raumfugen (Bewehrung unterbrochen)
  - Bewegungsfugen (BF)

    Bewegungsfugen dienen zur Aufnahme von Bewegungen aus verschiedenen Richtungen, z. B. von Setzungen, Dehnungen, Schiefstellungen und Verdrehungen. Außerdem werden sie angeordnet bei wiederholt auftretenden Bewegungen, wie sie z. B. bei Beanspruchung aus dynamischen Verkehrslasten und im Bergsenkungsgebiet durch das Wandern der Senkungsmulden und damit auch der Zerrungs- und Pressungszonen vorkommen.

  - Dehnungsfugen (DF)

    Dehnungsfugen dienen zum Ausgleich von Formänderungen bei Schwinden, Quellen, Kriechen und Temperaturänderungen. Die wiederholt auftretenden Bewegungen verlaufen bis auf die Bewegungen durch Temperaturänderungen langsam und hauptsächlich in Richtung der Hauptabmessungen des Bauwerks bzw. Bauteils. Mögliche Querbewegungen in der Fuge können durch Verzahnung der Bauteile vermieden werden (Querkraftfuge).

  - Setzungsfugen (Trennfugen) (SF)

    Setzungsfugen dienen zur Unterteilung von Bauwerken, wenn z. B. ungleichmäßiger Baugrund vorliegt oder wenn unterschiedliche statische Beanspruchungen unterschiedliche Setzungen hervorrufen können. Die Setzungsbewegungen treten meist langsam, einmalig und lotrecht gerichtet auf und steigern sich von Null auf den Maximalwert. Jede Setzungsfuge ist gleichzeitig auch Dehnungsfuge.

- Sonderfugen
  - Scheinfugen (SchF); Bewehrung ganz oder teilweise durchlaufend

    Scheinfugen sind z. T. äußerlich einer „normalen" Raumfuge ähnlich, durchtrennen jedoch im Gegensatz zu dieser den Betonquerschnitt nur teilweise (etwa ⅓). Sie werden an Stellen angeordnet, an denen beim Auftreten hoher Spannungen der Beton reißen soll („Sollrißstelle"). Konzipiert sind sie für den gezielten Abbau der Betonspannungen während des Abbinde- und Erhärtungsvorgangs infolge Temperaturabnahme (Hydratationswärme) und Betonschwindens (Volumenverringerung des Betons).

    Je nach Ausbildung der Scheinfuge können Querkräfte auch nach dem Reißen des Betons in der Fuge übertragen werden.

Fugenart	Darstellung (schem.)	Zweck	Anordnung
Arbeitsfuge AF		Abgrenzung von Betonierabschnitten. Ggfs. Abbau von Zusatzspannungen (Temp. und Schwinden) durch Betonieren mit Lücken und Ergänzen. Alle Schnittkräfte können übertragen werden.	Anordnung bzw. Abstand abhängig vom Arbeitsablauf und der Betonierkapazität
Bewegungsfuge (BF)		Gegenseitige Bewegungsmöglichkeit der getrennten Bauteile in mehreren Richtungen einschließlich evtl. Verdrehung ohne Zwängungsbeanspruchung	Allein oder in Ergänzung zu AF, SchF, PF, SchwF. Die Abstände sind von Fall zu Fall gesondert festzulegen.
Dehnungsfuge (DF)		Überwiegend Bewegungsmöglichkeit der getrennten Bauteile senkrecht zur Fugenebene ohne Zwängungsbeanspruchung (Öffnen und Schließen der Fuge). Querbewegungen ggf. durch Verzahnung ganz vermeidbar	
Setzungsfuge (SF)		Überwiegend Bewegungsmöglichkeit der getrennten Bauteile in Fugenebene ohne Zwängungsbeanspruchung (Scheren der Fuge)	
Scheinfuge (SchF)		Durch Querschnittsschwächung außen oder innen „Vorzeichnung" der Risse (Sollrißstellen). Bewegungsmöglichkeit bei Bauteilverkürzungen (Rißöffnung). Abbau von Zwängungsspannungen (Temp. und Schwinden). Je nach Ausbildung Querkraftübertragung möglich.	In Ergänzung zu AF und DF. Abstand abhängig von der Konstruktionsdicke.
Preßfuge (PF)		Abgrenzung von statischen Einheiten. Bewegungsmöglichkeit (Öffnen der Fuge) bei Verkürzungen. Druckübertragung bei Ausdehnung. Querverschiebung der Fugenflanken gegeneinander durch Verzahnung vermeidbar.	In Ergänzung zu AF oder SchF und DF. Bewegung und Verformung benachbarter Bauteile sollen „gleichgerichtet" sein.
Schwindfuge (SchwF)		Abbau von Bauteilbewegungen, die im wesentlichen aus dem Abbindevorgang, dem Schwinden und evtl. auch aus Bauteilsetzungen entstehen. Durch nachträgliches Schließen können Schnittkräfte übertragen werden.	Wenn andere Fugenarten nicht zweckmäßig sind.
Gelenkfuge (GF)		Verdrehungsmöglichkeit der Bauteile gegeneinander. Normal- und Querkräfte werden übertragen.	Wenn biegesteife Konstruktionen nicht zweckmäßig sind.

(Spaltenüberschriften links: Fugen zur Aufnahme von Bewegungen — Raumfugen (Bewegungsfuge, Dehnungsfuge, Setzungsfuge); Sonderfugen (Scheinfuge, Preßfuge, Schwindfuge, Gelenkfuge))

Bild A 1/8   Übersicht über Fugenarten, Zweck und Anordnung   Hauptbewegungsrichtung ⇐

- Preßfugen (PF); Bewehrung unterbrochen

  Preßfugen entstehen, wenn zwei Bauteile oder Bauabschnitte gegeneinander betoniert werden, jedoch (im Gegensatz zur Arbeitsfuge) eine homogene Verbindung beider Teile nicht erwünscht ist. In Abhängigkeit von der Art der Trennschicht (z. B. Anstrich, Ölpapier oder Pappe) haben die Preßfugen nur geringe Bewegungsmöglichkeiten. Bei Verkürzungen der angrenzenden Bauteile öffnet sich die Fuge. Ausdehnungen werden durch Druck übertragen. Eine Querverschiebung der Fugenflanken gegeneinander kann durch Verzahnung der Bauteile vermieden werden.

- Schwindfugen (SchwF); Bewehrung durchlaufend

  Schwindfugen dienen im wesentlichen zum Abbau von Bauteilbewegungen aus dem Abbindevorgang und dem Schwinden, ggfs. auch aus Bauteilsetzungen. Nach weitgehendem Abklingen der Bewegungen erfolgt das Schließen dieser Fugen und die kraftschlüssige Verbindung der Bauabschnitte.

- Gelenkfugen (GF); Bewehrung u. U. durchlaufend

  Gelenkfugen ermöglichen Winkeldrehungen der einzelnen Bauteile gegeneinander. Quer- und Längskräfte werden im Fugenbereich von einem zum anderen Bauteil übertragen.

Auf konstruktive Einzelheiten bei den verschiedenen Fugenarten wird in den Kapiteln A 2.2 und A 2.3 eingegangen.

Tabelle A 1/1
Richtwerte für Fugenabstände und -breiten zur Aufnahme von Bewegungen bei Tiefbauwerken aus Ortbeton (nach [A 1/19], [A 1/20] und den gesammelten Beispielen in Teil B)

Nr.	Bauteil bzw. Bauwerk	Fugenabstand [m]	Fugenbreite* [cm]
1	Sohl- und Fundamentplatten normal bewehrt, ohne Abdichtung (rolliger Boden oder Gleitschicht als Untergrund)		
a	mit elastischer Oberkonstruktion	30 – 40	0 – 3
b	mit steifer Oberkonstruktion	15 – 25	0 – 3
2	Wände normal bewehrt, ohne Abdichtung (Beton als Untergrund)		
a	Bauteildicke < 60 cm	5 – 8	0 – 3
b	Bauteildicke 60 – 100 cm	6 – 10	0 – 3
c	Bauteildicke 100 – 150 cm	5 – 8	0 – 3
d	Bauteildicke 150 – 200 cm	4 – 6	0 – 3
3	Sütz- und Futtermauern normal bewehrt		
a	rollige und bindige Böden als Untergrund	10 – 15	2
b	Fels oder Beton als Untergrund	4 – 10	0 – 2
4	Kanäle und Durchlässe ohne Abdichtung	8 – 10	2
5	Verkehrstunnel, Trogbauwerke		
a	mit Abdichtung	15 – 30	2 – 3
b	ohne Abdichtung	8 – 12	0 – 2
c	im Bergsenkungsgebiet mit und ohne Abdichtung	8 – 10	5
6	Brückenüberbauten auf Lagern	100 – 200	rechner. Nachweis
7	Schleusen, Wehre		
a	allgemein	15 – 30	2 – 3
b	im Bergsenkungsgebiet	bis 15	5
8	Staumauern		
	unbewehrter Massenbeton	4 – 10	0 – 2
	bewehrt	15 – 20	0 – 2
9	Straßen und Flugplätze		
a	unbewehrte Platten	5 – 7,5	0
b	vorgespannte Platten	50 – 100	rechner. Nachweis
10	Landwirtschaftliche Wege, Radweg, Parkflächen (fester Untergrund)		
	unbewehrte Platten	2 – 4	0

* 0 cm = Schein- bzw. Preßfugen

A 1.4 Fugenabstand, Fugenbreite

In der Regel werden die Abstände der erforderlichen Arbeitsfugen durch baubetriebliche Erwägungen wie Leistungsfähigkeit der Betonieranlage, Arbeitstakte usw. vorgegeben. Demgegenüber werden die Abstände von Fugen zur Aufnahme von Bewegungen durch die Einflußgrößen gemäß Kapitel A 1.2 bestimmt. Ferner sind hierfür von Bedeutung die Konstruktions- und Nutzungsart des Bauwerks, statische Erfordernisse, besondere Bauzustände und die Bauwerksgeometrie.

Bei Bauwerken mit Hautabdichtung können im allgemeinen größere Bewegungsfugenabstände gewählt werden als bei Bauwerken aus wasserundurchlässigem Beton. Das gleiche gilt für dünne im Vergleich zu dicken sowie für bewehrte im Ver-

gleich zu unbewehrten Bauteilen. Unter Anwendung der heute bekannten Zusammenhänge über Rißbreitenbeschränkung mit schlaffer Bewehrung kann bei entsprechender Bewehrungsmenge und -anordnung auf Fugen zur Aufnahme von Bewegungen aus konstruktiven, betontechnologischen und abdichtungstechnischen Gesichtspunkten unter Umständen ganz verzichtet werden [A 1/2], [A 1/3].

Aus technischen und wirtschaftlichen Gründen empfiehlt es sich generell, die Anzahl der Fugen auf das erforderliche Mindestmaß zu beschränken.

Die Fugenbreite ist in Abhängigkeit vom Fugenabstand und den Bewegungsgrößen so zu wählen, daß

– keine Bauwerkszwängungen auftreten,

– das Dichtungsmaterial in der Fuge nicht zerstört wird.

Die Umgebungstemperaturen beim Betonieren sind bei der Festlegung der Fugenbreite zu beachten.

In DIN 1045 [A 1/11] sind für Stahlbetonbauwerke keine detaillierten Angaben zu Fugenabstand und Fugenbreite enthalten. Nur für Bauwerke mit erhöhter Brandgefahr und größerer Längen- und Breitenausdehnung ist eine Angabe zu finden. Danach soll der Abstand a von Dehnungsfugen nicht größer als 30 m sein. Die wirksame lichte Fugenbreite soll mindestens a/1200 betragen. Bei Bauwerken, in denen bei einem Brand mit besonders hohen Temperaturen oder besonders langer Branddauer zu rechnen ist, soll die Fugenbreite bis auf das Doppelte vergrößert werden.

Im Einzelfall ist man bei der Festlegung der Fugenabstände und Fugenbreiten auf statische Abschätzungen und in vielen Fällen – insbesondere dort, wo das Zusammenwirken aller Einflußfaktoren nicht genau erfaßbar ist – auf Erfahrungswerte angewiesen. In Tabelle A 1/1 sind hierzu Richtwerte für verschiedene Bauteile und Bauwerke aus Ortbeton (Regelausführung) ohne Anspruch auf Vollständigkeit zusammengestellt. Exakte Werte für Fugenabstände und -breiten sind nach den objektspezifischen Gegebenheiten zu ermitteln.

A 1.5 Fugenabdichtung

Dauerhaftigkeit und Nutzbarkeit der Betonbauwerke sind in hohem Maße von der Dichtigkeit gegen Wasser abhängig. Die Fugen müssen daher in der Regel wasserdicht ausgebildet werden. Alle evtl. in den Fugen auftretenden Bewegungen müssen unter Aufrechterhaltung der vollen Wasserdichtigkeit von der Fugenabdichtung schadlos ertragen werden können. Die konstruktive Gestaltung einer abzudichtenden Fuge sowie die sachgerechte Auswahl der Abdichtungselemente wird bestimmt durch die Art

– der Wasserbeanspruchung

  ● Bodenfeuchtigkeit,
  ● nichtdrückendes Wasser,
  ● drückendes Wasser;

– der Bauteilbewegung

  ● langsam ablaufend und einmalig oder selten wiederholt,
  ● schnell ablaufend oder häufig wiederholt;

– der Bauwerksabdichtung

  ● wasserundurchlässiger Beton
  ● Hautabdichtung.

Einzelheiten zur konstruktiven Ausbildung der Fugen und der Fugenabdichtungen werden erläutert in Kapitel A 2 – Bauwerke aus wasserundurchlässigem Beton – und Kapitel A 3 – Bauwerke mit Hautabdichtung.

Zur Zeit liegen über Fugenabdichtungen bei Betonbauwerken im Tiefbau die nachfolgend angegebenen Regelwerke vor:

– DS 835 Vorschrift für die Abdichtung von Ingenieurbauwerken, Deutsche Bundesbahn

– DIN 18 195, Teil 8 – Bauwerksabdichtungen – Abdichtungen über Bewegungsfugen (8.83)

– DIN 7865 – Elastomer-Fugenbänder zur Abdichtung von Fugen im Beton, Teil 1 – Form und Maße; Teil 2 – Werkstoff-Anforderungen und Prüfung (2.82)

– DIN 4060 – Dichtmittel aus Elastomeren für Rohrverbindungen von Abwasserkanälen und -leitungen (12.88)

– DIN 4062 – Kalt verarbeitbare plastische Dichtstoffe für Abwasserkanäle und -leitungen; Dichtstoffe für Bauteile aus Beton, Anforderungen, Prüfungen und Verarbeitung (9.78)

– TL bit Fug 82 – Technische Lieferbedingungen für bituminöse Fugenvergußmassen, Herausgeber: Forschungsgesellschaft für das Straßenwesen, Köln.

Daneben gibt es eine Reihe von sogenannten Bau- und Prüfgrundsätzen des Instituts für Bautechnik, Berlin, z.B. für Dichtmittel aus Elastomeren, zweikomponenten Dichtstoffe etc. für die Grundstücksentwässerung und für Abwasseranlagen.

A 2. Fugenausbildung bei Bauwerken aus wasserundurchlässigem Beton

A 2.1 Abdichten und Verschließen von Fugen

A 2.1.1 Allgemeines

Die älteste Art einer Fugenabdichtung besteht in dem Vergießen oder Verspachteln der Fugen mit Bitumen- oder Teerprodukten in Form von Mastix, Pech oder ähnlichem, die gelegentlich mit Füll- und Faserstoffen vermischt wurden. Darüber hinaus verwendete man Hanf, Werg und Teerstricke als Bewehrung der Dichtstoffe. Bei hohen Wasserdrücken wurden Metallbleche als Abstützung eingebaut. Für geringe Beanspruchungen werden derartige Methoden allerdings mit modernen Fugendichtstoffen auch heute im Prinzip noch angewandt. Bei den meisten neuen Tiefbauwerken und Bauverfahren sind jedoch die Anforderungen an eine Fugenabdichtung so hoch, daß sie von den beschriebenen Dichtelementen und Dichtstoffen nicht erfüllt werden können. So müßte z. B. ein guter Fugendichtstoff folgende Eigenschaften aufweisen:

a) gute Haftung an den Fugenwandungen insbesondere auch bei größeren Fugendehnungen und feuchten Fugenwandungen

b) elasto-plastisches Verhalten mit hoher Dehnbarkeit (Aufnahme von wiederholten Bewegungen)

c) vollständige Abdichtung gegen Wasser

d) ausreichender Widerstand gegen Wasserdruck (auch in gedehntem Zustand)

e) gutes Alterungsverhalten (keine Versprödung)

f) Beständigkeit im Kontakt mit anstehenden Wässern, Böden und/oder Gasen

g) ausreichende Wärme- und Kältebeständigkeit

h) leichte Einbaumöglichkeit (Einsparung von Lohnkosten, Vermeidung von Einbaufehlern)

Bis heute gibt es noch keinen Fugendichtstoff, der alle diese Eigenschaften zufriedenstellend erfüllt. Deshalb werden Fugen im Tiefbau, auf die Wasserdruck einwirkt und bei denen nicht vernachlässigbare Verformungen erwartet oder besondere Anforderungen an die Zuverlässigkeit der Fugenabdichtung gestellt werden, überwiegend mit einbetonierten, angeflanschten oder eingepreßten dauer-elastischen Kunststoff-Fugenbändern abgedichtet (Kap. A 2.1.2). Plastische und elastische Fugendichtstoffe werden im Tiefbau im wesentlichen nur als Fugenverschluß und zusätzliche Dichtung eingesetzt (Kap. A 2.1.3). Fugen, in denen von Anfang an bzw. nach einer gewissen Zeit keine Bewegungen mehr auftreten, wie z. B. Arbeitsfugen und Scheinfugen (s. Definition Kapitel A 1.3), werden zum Teil auch mit Injektionen abgedichtet (Kap. A 2.1.4).

A 2.1.2 Fugenbänder

A 2.1.2.1 Abdichtungsprinzipien von Fugenbändern

Druckwasserdichte Fugen zwischen zwei Bauteilen aus Beton erhält man durch Anordnung einer Fugenbandsperre, die in den angrenzenden Betonteilen einbindet, zwischen ihnen eingepreßt oder an ihnen angeflanscht wird. Der sich ergebende „Umlaufweg" um das Fugenband muß ausreichend wasserundurchlässig gestaltet sein. Auftretende Fugenbewegungen müssen von der Sperre schadlos aufgenommen werden können, ohne daß die Dichtungsfunktion verlorengeht.

Bei der Dichtungswirkung der auf dem Markt befindlichen Fugenbänder können vier Prinzipien unterschieden werden (Bild A 2/1):

a) Das Einbettungsprinzip:

Es beruht auf der satten Einbettung der Fugenbandschenkel im Beton und/oder der Haftung am Beton. Es funktioniert nur bei Metallbändern wie z. B. Stahlblech. Oberflächenglatte PVC-P- bzw. Elastomer-Bänder weisen einbetoniert nicht die gewünschte Abdichtungswirkung auf. Die Abdichtung nach diesem Prinzip ist flächenhaft, d. h. sie ist in allen Richtungen gleich.

b) Das Labyrinthprinzip:

Es beruht auf dem gegenüber dem Einbettungsprinzip wesentlich verlängerten Wasserumlaufweg mit häufiger Richtungsänderung. Es funktioniert sowohl für PVC-P- als auch für Elastomer-Fugenbänder, wenn sie eine gerippte Oberfläche aufweisen. Die Abdichtung ist nur quer zu den Rippen wirksam. Es können sowohl viele kleine als auch wenige große Rippen angeordnet werden.

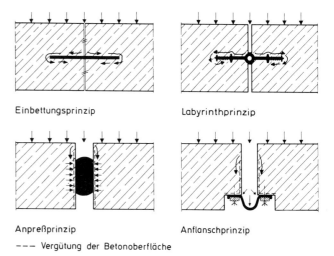

Einbettungsprinzip   Labyrinthprinzip

Anpreßprinzip   Anflanschprinzip

--- Vergütung der Betonoberfläche

Bild A 2/1
Dichtungswirkung von Fugenbändern [A 2/1] bzw. [A 2/2]

c) Das Anpreßprinzip:

Es beruht auf der Anpressung des Fugenbands an die angrenzenden Betonbauteile. Es funktioniert nur bei einer dichten Betonoberfläche und einem Fugenband, das unter Spannung dauerhaft eine ausreichende Rückstellkraft aufweist. Letzteres wird erreicht durch die Wahl eines Elastomer-Materials mit einer dichten bzw. geschlossenzelligen Struktur und einer entsprechenden Formgebung des Bands. Da die Bänder nach diesem Dichtungsprinzip im allgemeinen sehr schmal sind und der Beton zwar wasserundurchlässig aber nicht wasserdicht ist, muß der Wasserumlaufweg bei höheren Drücken (> 1 bar) durch Vergüten der Betonoberfläche (z.B. Reaktionsharzbeschichtung) verlängert werden. Die Anpreßkräfte können aufgebracht werden z.B. durch Zusammendrücken der Bauteile bei der Montage, durch Einstemmen des Bands zwischen den Bauteilen, durch nachträgliche Injektion des als Hohlkörper ausgebildeten Bands oder durch Quellen des Bandmaterials bei Zutritt von Wasser.

d) Das Anflanschprinzip:

Es beruht auf dem Einklemmen der Fugenbandschenkel in eine Los-/Festflanschkonstruktion oder zwischen einem Losflansch und der vergüteten Betonoberfläche. In beiden Fällen ist auf einen genügend langen Wasserumlaufweg zu achten. Wegen der erforderlichen dauerhaften Rückstellkraft unter Einpressung ist hier ein Elastomerfugenband zu empfehlen. Soll ein PVC-P-Fugenband dauerhaft wasserdicht angeflanscht werden, so ist das Band z.B. zwischen Elastomer-Zulagen einzupressen.

In der Praxis werden von Fall zu Fall einige dieser vier Dichtungsarten auch kombiniert angewandt, um die Sicherheit gegen Wasserumläufigkeit zu erhöhen.

Als weiteres Prinzip ist der Vollständigkeit halber das Aufkleben von Fugenbändern zu nennen. Es wird heute im Tiefbau nur in Sonderfällen und bei geringen Beanspruchungen eingesetzt, da die erforderliche Qualität der Klebung unter den rauhen Baustellenbedingungen nur schwer zu garantieren ist.

A 2.1.2.2 Fugenbandwerkstoffe

Fugenbänder für den Tiefbau werden heute im wesentlichen aus zwei verschiedenen Kunststoffen hergestellt:

1. weichgemachtes Polyvinylchlorid (PVC-P) (Thermoplast)

2. Natur- und Synthese-Kautschuk (Elastomer)

Seit Ende der siebziger Jahre gibt es auf dem Markt auch Fugenbänder aus einem thermoplastischen Kombinationspolymerisat bestehend aus Polyvinylchlorid (PVC) und Nitrilkautschuk (NBR).

Zur Abdichtung von Arbeits- und Konstruktionsfugen ohne Bewegungen kommen häufig Fugenbänder aus Stahlblech zum Einsatz.

Im folgenden werden die Werkstoffeigenschaften der verschiedenen Kunststoffe für Fugenbänder behandelt:

a) Werkstoffeigenschaften von Fugenbändern aus PVC-P

PVC-P ist ein thermoplastisches Material (Plastomer), das bei Normaltemperatur weichelastisch ist. Es wird hergestellt aus dem spröd-harten Polyvinylchlorid (PVC) unter Zugabe von Weichmachern, Stabilisatoren, Gleitmitteln und einer Reihe weiterer Füll- und Hilfsstoffe. Regenerate dürfen nicht zugegeben werden, da sie die Qualität des PVC-Materials erheblich verschlechtern.

Die physikalischen und chemischen Eigenschaften des PVC-P sind durch die Mischungsrezeptur sowie die Art und Menge des Weichmachers stark beeinflußbar. Bei den Weichmachern unterscheidet man zwischen monomeren und polymeren Weichmachern. Monomere Weichmacher neigen dazu, bei Kontakt mit Bitumen und anderen organischen Stoffen in diese „auszuwandern", was zu einer Verhärtung des PVC-P-Materials führt. Für öl- und bitumenbeständiges PVC-P werden daher Polymerweichmacher anstelle der sonst üblichen Monomerweichmacher (Standard-Qualität) eingesetzt.

Mit zunehmender Temperatur verringern sich die Festigkeit und die Härte von PVC-P, während die Dehnung fast linear ansteigt. Der völlige Abbau der Festigkeit bei etwa + 95°C und die bei dieser Temperatur plötzlich und schnell abfallende Bruchdehnung zeigen an, daß sich an diesem Punkt PVC-P zu verflüssigen beginnt (Bild A 2/2).

Unter ständiger erhöhter Temperaturbeanspruchung und mechanischer Belastung unterliegt PVC-P einem andauernden Abfall der Rückstellspannung. Nach einer gewissen Zeit wird ein Punkt erreicht, an dem keine Rückstellkraft mehr vorhanden ist (Bild A 2/3).

Als Verarbeitungsverfahren kommt für die Herstellung der Fugenbänder aus PVC-P in erster Linie das Extrudieren (Strangpressen) in Betracht. Eine im Zylinder der Maschine rotierende Schnecke preßt das durch Erhitzen plastifizierte PVC durch eine Düse (Spritzkopf), deren Formgebung die Gestalt des Endprodukts bestimmt. Das aus dem Mundstück gedrückte Profil wird durch eine Fördervorrichtung abgeführt und bei großen Querschnitten besonders gekühlt. Auf diese Weise lassen sich beliebige Formen von PVC-P-Fugenbändern herstellen.

Bei Erwärmung auf eine Temperatur von 160°C bis 180°C geht PVC-P in einen „schmelzflüssigen" Zustand über. Es läßt sich in diesem Zustand verbinden und erhält nach dem Erkalten annähernd die früheren mechanischen Eigenschaften wieder zurück.

PVC-P-Material für Fugenbänder erfordert ein ausgewogenes Verhältnis von Reißfestigkeit, Reißdehnung und Shore-Härte. Eine möglichst leichte und sichere Verarbeitung der Fugenbänder auf der Baustelle setzt ein Material voraus, das weder zu hart und sperrig noch zu weich und forminstabil ist. Material mit extrem hoher Reißdehnung ist im allgemeinen wenig standfest und neigt zu starker plastischer Deformation. Andererseits sind extrem hohe Reißfestigkeiten bezeichnend für spröd-hartes Materialverhalten, was sich insbesondere bei Temperaturrückgang nachteilig bemerkbar macht.

Eine Stoffnorm für PVC-P und andere thermoplastische Materialien liegt bisher nicht vor. Die Stoffüberwachung erfolgt daher nach den Anforderungen für den Einsatz von Fugenbändern aus PVC-P bei Straßenbrücken im Sickerwasserbereich gemäß den BMV-Richtzeichnungen Prüf 2 [A 2/4]. Tabelle A 2/1 zeigt in Spalte 3 die wesentlichen physikalischen Eigenschaften von Qualitäts-PVC-P-Fugenbändern, wie sie heute auf dem Markt sind.

Bild A 2/2
Abhängigkeit der Reißfestigkeit, Reißdehnung
und Shore A-Härte von der Temperatur bei
PVC-P in Standardqualität und Styrol-Buta-
dien-Kautschuk (SBR) für Fugenbänder (nach
Firmenunterlagen)

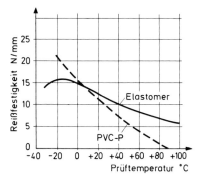

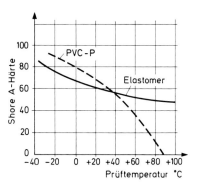

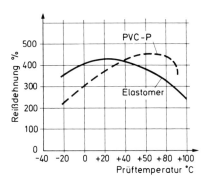

Bestimmung der Reißfestigkeit
und Reißdehnung
nach DIN 53455 / 53504
Shore A-Härte nach DIN 53505

Shore A-Härte-einheit	Bezeichnung
> 98	spröd-hart
98 – 94	halbhart
93 – 81	kernlederartig
80 – 61	mittelweich gummiartig
60 – 50	weichgummi-artig

Härtebereiche nach Shore A und
ihre Bezeichnung (DIN 53505)

Bild A 2/3
Temperatur- und Zeitabhängigkeit der Rück-
stellkräfte von Plastomeren und Elastomeren
[A 2/3]

Anmerkung:
Die Einfriertemperatur T_E (Verhärtungstempe-
ratur) wurde in der schematischen Darstellung
für beide Werkstoffe gleich angenommen. Dies
ist im allgemeinen nicht der Fall, da Elastomere
normalerweise eine merklich höhere Kälte-
flexibilität aufweisen.

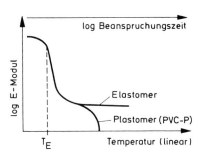

PVC-P-Fugenbänder werden in 4 Bandqualitäten angeboten:

1. Standardqualität mit Monomerweichmachern. Sie ist überall dort verwendbar, wo die Gefahr des Kontakts z. B. mit
Bitumen, Mineralöl, Polystyrol, Polyethylen oder Silikon-
kautschuk nicht gegeben ist (Gefahr der Weichmacherwanderung). Nach [A 2/5] stellt der häufig auf der Baustelle
unvermeidliche Kontakt zwischen Fugenband und Polystyrolschaum (z. B. Styropor) keine Gefahr im obigen Sinne
dar, weil:

– die üblicherweise verwendeten Schaumstoffplatten oder
-blöcke nur zu ca. 6 Vol.-% aus Festsubstanz bestehen.
Der Rest ist Luft. Diese geringe Substanzmenge kann
nur sehr wenig Weichmacher aufnehmen.

– die verwendeten Monomerweichmacher auf Polystyrolschaum als sehr starkes Lösungsmittel wirken. Damit
wird schon durch Spuren auswandernden Weichmachers
die Kontaktfläche Fugenband/Schaumstoff weggelöst,
wodurch jede weitere Weichmacherwanderung unterbunden wird.

Die Verfasser sind jedoch der Meinung, daß der Kontakt
PVC-P mit Polystyrolschaum trotzdem vermieden werden
sollte. Infolge der plastischen Verformbarkeit des PVC-
Materials unter Wasserdruckbeanspruchung ist ein erneuter
Kontakt und damit eine weitere Weichmacherwanderung
nicht auszuschließen. Die Weichmacherwanderung hat
generell versprödende Effekte zur Folge, deren in der Praxis tatsächlich auftretendes Ausmaß nur schwer abzuschätzen ist. Empfohlen werden daher Fugeneinlagen z. B. aus
Polyester- oder Polyurethanschaum.

Ein PVC-P-Fugenband in Standardqualität ist gegen
aggressive Wässer und Böden sowie die meisten Säuren und
Laugen beständig (Tabelle A 2/2). Es altert auch in hoch-
konzentrierter Sauerstoffatmosphäre praktisch nicht und
wird von Mikroben, wie sie z. B. in der biologischen Reini-
gungsstufe von Kläranlagen vorkommen, nicht angegriffen.
Gegen energiereiche Strahlen (Gammastrahlen) ist es i. a.
ausreichend beständig (Tabelle A 2/1, Spalte 3).

2. Ölbeständige Qualität mit besonderem Monomerweichmacher.

3. Öl- und bitumenbeständige Qualität mit Polymerweich-
machern.

Tabelle A 2/1
Physikalische Eigenschaften von Fugenbändern aus verschiedenen Materialien [A 2/5]

Nr.	Eigenschaft	Prüfung nach DIN	PVC-P	PVC/NBR	SBR
0	1	2	3	4	5
1	Reißdehnung bei 296 K (+ 23 °C) Reißfestigkeit bei 296 K (+ 23 °C) Shorehärte A bei 296 K (+ 23 °C)	53 504 u. 53 455 53 504 u. 53 455 53 505	$\geq$ 350 % $\geq$ 12 N/mm^2 70 $\pm$ 5	$\geq$ 400 % $\geq$ 12 N/mm^2 70 $\pm$ 5	$\geq$ 400 % $\geq$ 12 N/mm^2 62 $\pm$ 5
2	Kälteverhalten bei 253 K (− 20 °C) Reißdehnung Reißfestigkeit Shorehärte A		$\geq$ 200 % $\geq$ 20 N/mm^2 $\leq$ 90 (4)	$\geq$ 300 % $\geq$ 20 N/mm^2 80 $\pm$ 5	$\geq$ 350 % $\geq$ 20 N/mm^2 $\leq$ 72 $\pm$ 5
3	Verhalten nach Wärmealterung Reißdehnung Reißfestigkeit Shorehärte A	53 508	–	–	min. 300 % min. 9 N/mm^2 60 $\pm$ 5
4	Weiterreißfestigkeit	53 507			$\geq$ 8 N/mm^2
5	Ozonbeständigkeit	53 509	Anforderung erfüllt	Anforderung erfüllt	Anforderung erfüllt
6	Heißwasserbeständigkeit Heißwasser 333 K (+ 60 °C) Heißwasser 7 Tage 353 K (+ 80 °C)	–	beständig Standardqualität: beständig öl- u. bitumenbeständige Qualität: nicht beständig physiologisch unbedenkliche Qualität: (1)	beständig beständig	nicht beständig
7	Strahlenbeständigkeit		max. 8,4 $\times$ 10^7 rd		6,4 $\times$ 10^8 rd
8	Verhalten nach Lagerung in Bitumen nach 90 Tagen Reißdehnung Reißfestigkeit Shorehärte	16 937 53 455 u. 53 504 53 505	bitumenbeständige Qualität $\geq$ 300 % $\geq$ 15 N/mm^2 75 $\pm$ 5	$\geq$ 320 % $\geq$ 18 N/mm^2 85 $\pm$ 5	$\geq$ 350 % $\geq$ 9 N/mm^2 60 $\pm$ 5
9	Verhalten nach Lagerung in Kalkmilch 28 Tage bei Normalklima Änderung d. Reißdehnung Änderung der Zugfestigkeit Änderung der Shorehärte Änderung E-Modul	–	$\leq$ 20 % $\leq$ 20 % $\leq$ 10 $\leq$ 50 %	$\leq$ 20 % $\leq$ 20 % $\leq$ 10 $\leq$ 50 %	$\leq$ 20 % $\leq$ 20 % $\leq$ 10
10	Verhalten nach Einwirkung von Mikroorganismen Änderung d. Reißdehnung Änderung der Zugfestigkeit Änderung der Shorehärte Änderung E-Modul	ISO-Vorschrift 846	$\leq$ 20 % $\leq$ 20 % $\leq$ 10 $\leq$ 50 %	$\leq$ 20 % $\leq$ 20 % $\leq$ 10 $\leq$ 50 %	$\leq$ 20 % $\leq$ 20 % $\leq$ 10
11	Druckverformungsrest 168 h / 296 K (23 °C) 24 h / 363 K (+ 70 °C)	53 517 53 517	– 	– 	$\leq$ 20 % $\leq$ 35 %
12	Zugverformungsrest	53 518	–	–	$\leq$ 20 %
13	Metallhaftung	7 865	–	–	Strukturbruch im Elastomer
14	Formbeständigkeit gegen Heißbitumen	7 865	–	–	keine Gestaltsänderung

Tabelle A 2/2
Chemische Beständigkeit von Fugenbändern aus PVC-P-Standardqualität [A 2/5]

Chemikalie	Konzentration %	Temperaturbelastung 20°C	40°C	60°C
A. Anorganische Chemikalien				
1. Säuren und Laugen				
Salzsäure	konz.	b	b	bb
	10	b	b	bb
Salpetersäure	65	bb	–	–
	50	bb	u	u
	25	bb	bb	u
	15	b	–	–
	10	b	b	bb
Schwefelsäure	96	u	u	u
	70	bb	bb	bb
	50	b	bb	bb
	25	b	b	bb
	10	b	b	b
Kohlensäure	jede	b	b	–
Kieselsäure	jede	b	b	b
Ammoniak	konz.	b	bb	u
	10	b	b	bb
Natronlauge	50	u	u	u
	25	bb	bb	bb
	10	b	b	b
	4	b	b	b
Kalilauge	konz.	bb	u	u
	50	bb	u	u
	30	bb	–	–
	25	b	bb	bb
	15	b	b	bb
	10	b	b	bb
	6	b	b	bb
2. Wässerige Lösungen				
Aluminiumsalze	jede	b	b	b
Ammoniumsalze	jede	b	b	b
Calciumsalze	jede	b	b	b
Eisensalze	jede	b	b	b
Kaliumsalze	jede	b	b	b
Kupfersalze	jede	b	b	b
Magnesiumsalze	jede	b	b	b
Natriumsalze	jede	b	b	b
Nickelsalze	jede	b	b	b

Chemikalie	Konzentration %	Temperaturbelastung 20°C	40°C	60°C
B. Organische Chemikalien				
Aceton	100	u	u	u
Benzin normal		u	u	u
Super		u	u	u
Perchlorethylen	100	u	u	u
Trichlorethylen	100	u	u	u
Methylenchlorid	100	u	u	u
Glykol	100	b	–	–
Ethylalkohol, unvergällt	100	u	u	u
	96	bb	u	u
	50	bb	bb	bb
	10	b	bb	bb
Ameisensäure	90	u	u	u
	50	bb	u	u
	10	b	bb	bb
Buttersäure	konz.	u	u	u
	20	bb	–	–
Essigsäure	100	u	u	u
	50	bb	u	u
	10	b	bb	bb
Milchsäure	90	bb	u	u
	50	bb	u	u
	10	b	bb	bb
Ölsäure	100	u	u	u
Aromatische Verbindungen				
Phenol (wässerig)	9	u	u	u
(phenolig)	70	u	u	u
Benzol	100	u	u	u
Xylol	100	u	u	u
C. Verschiedenes				
Wasser		b	b	b
Wasser, chloriert		b	b	–
Seewasser		b	b	–
Kochsalz, w	jede	b	b	b
Düngesalze	jede	b	b	b
Urin		b	–	–
Häusliche Abwässer	üblich	b	–	–
Bleichlauge, 12,5% wirks. Chlor		b	bb	–
Seifenlösung	kg.	b	–	–
	10	b	b	b
Waschmittel	hoch	b	b	bb
	gebrauchsfertig	b	b	b
Dieselöl		u	u	u
Heizöl		u	u	u
Motorenöl		bb	u	u
Speiseöl		bb	u	u
Ozon		b	–	–

b = beständig   w. = wässerige Lösung
bb = bedingt beständig   kg. = kalt gesättigt
u = unbeständig   konz. = konzentriert
– = keine Angaben   verd. = verdünnt

Anmerkung zur Chemikalienbeständigkeit:

Bei Angriffen von Agenzien sind es bei Kunststoffen überwiegend Quellungs- und Lösungsvorgänge, die das Gefüge der Kunststoffe so verändern können, daß hauptsächlich die mech. Eigenschaften darunter leiden. Es ist schwierig, eine genaue Festlegung zu treffen, wo der Gebrauchswert noch erhalten ist und wo nicht mehr.

Das Maß der Materialänderung ist abhängig von der Konzentration und der Temperatur des aggressiven Mediums sowie der Einwirkungsdauer. Von Bedeutung ist auch die Dicke des Kunststoffmaterials und die Art und Menge der verwendeten Weichmacher. Diese Einzelheiten können in der Tabelle jedoch nicht in vollem Umfang berücksichtigt werden. Die Angaben sind deshalb als Orientierungshilfen zu verstehen.

Die Chemikalienbeständigkeit dieser Qualität ist allgemein besser als bei 1., besonders auch die gegen Mineralöle. Geringfügig wird die Strahlen- und Hitzebeständigkeit herabgesetzt.

4. Physiologisch unbedenkliche Qualität mit Monomerweichmachern gemäß den Kunststoff-Trinkwasser-Empfehlungen (abgekürzt KTW-Empfehlungen) der Arbeitsgruppe „Trinkwasserbelange" der Kunststoffkommission des Bundesgesundheitsamtes (1. Mitteilung im Bundesgesundheitsblatt 20 vom 7. 1. 77).

Neben diesen 4 Bandqualitäten können auch Sonderqualitäten, wie z.B. hochkältefeste Fugenbänder mit entsprechenden physikalischen Eigenschaften bis − 50°C, aber auch hitzeverträgliche Fugenbänder aus PVC-P für Gebrauchstemperaturen bis + 70°C hergestellt werden [A 2/5].

Aus Preisgründen wird heute für die Standard-Fugenbandqualität Styrol-Butadien-Kautschuk (SBR) als Basisstoff eingesetzt. Bei erhöhten Anforderungen an Witterungs- und Chemiekalienbeständigkeit werden Polychloropren-Kautschuk (CR) oder Ethylen-Propylen-Dien-Kautschuk (EPDM) gewählt. Dichtungen mit erhöhter Widerstandsfähigkeit gegen Einwirkung von Leichtflüssigkeiten wie Benzin und Öl werden aus Nitril-Butadien-Kautschuk (NBR) hergestellt. Naturkautschuk (NR) wird heute im Tiefbau selten und dann meist auch nur im Verschnitt mit Synthese-Kautschuk verwendet. Ausnahme bilden Dichtungen für Leitungen mit hohen Innendrücken (z.B. Trinkwasserleitungen). Hier kommt überwiegend Naturkautschuk wegen seiner hervorragenden mechanischen Eigenschaften zum Einsatz.

Gegen chlorierte Kohlenwasserstoffe im Grund- und Abwasser mit hoher Konzentration (CKW, Lösungs- und Reinigungsmittel wie z.B. Trichlorethen, Tetrachlorethan, Trichlorethan und Dichlormethan) sind auf Dauer nur Dichtungen aus Fluor-Kautschuk (FKM) beständig [A 2/60]. Der Preis hierfür liegt jedoch um ein Vielfaches höher als bei allen anderen Kautschuktypen. Bei geringen CKW-Konzentrationen unterhalb der Löslichkeit in Abwasser weisen nach [A 2/61] auch Dichtungen aus Nitrilkautschuk (NBR) eine ausreichende Beständigkeit auf. Zu beachten ist, daß die gesamte Betonkonstruktion durch eine geeignete Beschichtung gegen CKW-Diffusion und -Angriffe geschützt werden muß.

Wichtig für die Langzeitbeständigkeit von Fugenbändern im Tiefbau ist u.a. das Verhalten des Elastomerwerkstoffs bei Einwirkung von Mikroorganismen. Aufgrund der bisherigen Erkenntnisse besteht generell nur bei NR als Basisstoff die Gefahr eines Materialabbaus [A 2/6]. Die von Pantke [A 2/7] festgestellte Beeinträchtigung von Fugenbändern auf der Basis von CR und EPDM soll nur durch Mischungszusätze bedingt sein und nicht vom Kautschuktyp abhängen. Im Einzelfall sind hier entsprechende Nachweise erforderlich.

Die Werkstoffanforderungen und ihre Prüfung sind seit Februar 1982 für ganz oder teilweise einbetonierte Elastomer-Fugenbänder in DIN 7865, Teil 2 [A 2/8] festgelegt. Danach sind für Elastomer-Fugenbänder die in Tabelle A 2/4 angegebenen Anforderungen unabhängig von der Rohstoffbasis zu erfüllen. Die chemische Beständigkeit der Fugenbänder ist in DIN 7865 nicht geregelt, so daß in der Praxis in Abhängigkeit vom Verwendungszweck die Beständigkeit gegen Kontaktmedien gesondert zu prüfen und mit dem Fugenband-Lieferanten bzw. Hersteller zu vereinbaren ist.

Die Abhängigkeit der Zugfestigkeit, Reißdehnung und Shore-A-Härte von der Temperatur bei Styrol-Butadien-Kautschuk (SBR) in der für einbetonierte Fugenbänder vorwiegend eingesetzten Qualität zeigt beispielhaft Bild A 2/2. In Tabelle A 2/1, Spalte 5 sind die allgemeinüblichen physikalischen Eigenschaften von Fugenbändern aus SBR-Standardqualität zusammengestellt. SBR-Fugenbänder sind in der Regel beständig gegen Heißwasser bis + 60°C, gegen energiereiche Strahlen (Gamma-Strahlen) z.B. bis zur einer Dosis von $6{,}4 \times 10^8$ rd und gegen Mikroorganismen. Die Alterungsbeständigkeit ist sehr gut, nimmt jedoch bei erhöhter Sauerstoffkonzentration ab. Die Witterungs- und Ozonbeständigkeit von SBR ist schlecht. Eine diesbezüglich zeitlich begrenzte Beständigkeit kann durch Zusatz von sogenannten Lichtschutzwachsen erzielt werden.

b) Werkstoffeigenschaften von Elastomer-Fugenbändern

Natur- und Synthesekautschuk werden in vernetztem, vulkanisiertem Zustand als Elastomere bezeichnet. Ihre besonderen Merkmale sind hohe Elastizität – auch bei tiefen Temperaturen – sowie große elastische, weitgehend temperaturunabhängige Deformierbarkeit.

Dem Rohkautschuk werden zur Erzielung optimaler Eigenschaften Füllstoffe, Weichmacher sowie Alterungsschutzmittel, Dispergiermittel und Vulkanisationsbeschleuniger zugesetzt. Die Formgebung erfolgt durch Extrudieren oder Spritzen in Formen. Bei Temperaturen zwischen 120°C und 180°C reagiert der Kautschuk mit den Vulkanisationschemikalien unter Bildung einer räumlich unregelmäßigen, makromolekularen Netzwerkstruktur. Diesen Vorgang nennt man Vulkanisation. Er ist irreversibel. Ein Schmelzen von Elastomeren ist nicht möglich. Für die Verbindung von Elastomer-Fugenbändern kommt daher nur Vulkanisation oder Kleben in Frage.

Die Vulkanisation der Rohkautschuk-Bänder erfolgt abschnittsweise unter Druck und Wärme in Stahlformen oder in Druckkesseln (Autoklaven) bzw. kontinuierlich z.B. im UHF-(Ultra-Hoch-Frequenz-)Kanal mit anschließender Heißluftstrecke oder im heißen Salzbad. Für die Massenproduktion von Elastomer-Fugenbändern setzen sich die kontinuierlichen Verfahren mehr und mehr durch. Die erzielbaren mechanischen Werte der Fugenbänder sind allerdings bei der UHF- oder Salzbad-Vulkanisation geringer als bei der Vulkanisation unter Druck und Wärme.

Die chemischen und physikalischen Eigenschaften eines Elastomer-Fugenbands sind entscheidend von den Mischungszusätzen und dem Kautschuktyp bzw. dem Verschnitt bei Verwendung mehrerer Kautschuktypen abhängig. Die Angabe des Basisstoffs allein genügt im allgemeinen nicht, um die Eigenschaften eines Elastomers ausreichend zu beschreiben. Der Anwender ist hier daher weitgehend auf die Angaben des Herstellers angewiesen. In Tabelle A 2/3 sind zur Orientierung die wesentlichen Eigenschaften einiger Kautschuk-Vulkanisate wiedergegeben. Rückschlüsse auf konkrete Mischungen können nur bedingt aus den Eigenschaftsangaben gezogen werden, da durch die Optimierung einer bestimmten Eigenschaft in einer Rezeptur eine Reihe anderer Merkmale ungünstig beeinflußt werden kann. Einen Überblick über die gebräuchlichsten Elastomerwerkstoffe und einen Vergleich der verschiedenen Arten aufgrund mechanisch-technologischer und chemischer Eigenschaften – speziell für Anwender – gibt Literatur [A 2/63].

Tabelle A 2/3
Eigenschafts-Orientierungstabelle für die Vorauswahl von Elastomerwerkstoffen (nach Unterlagen der Gummiwerke Kraiburg)

Typische Eigenschaften		Natur-Kautschuk	Styrol-Butadien-Kautschuk	Butyl-Kautschuk	Ethylen-Propylen-Dien-Kautschuk	Silikon-Kautschuk	Chloropren-Kautschuk	Nitril-Kautschuk	Polyurethan-Kautschuk	Fluor-Kautschuk	
Internationales Kurzzeichen		NR	SBR	IIR	EPDM	VMQ	CR	NBR	EU	FKM	Maß-einheit für Eigen-schaft
Handelsnamen z. B.		SMR	Buna-Hüls EM	Polysar-Butyl	BunaAP Keltan	Silastic	Baypren Neopr.	Perbun. Krynac	Adipren.	Viton Fluorel	
Härtebereich Shore A		30–90	35–95	30–80	30–90	30–85	25–90	30–95	55–90	60–90	
Mechanische Eigenschaften bei Raumtemperatur	Zugfestigkeit (bei aktiv gefüllten Mischungen)	●	◑	◐	◐	◔	◑	◑	●	◐	N/mm²
	Bruchdehnung (hoch)	●	◑	●	◐	◔	◑	◑	◑	◐	%
	Rückprallelastizität (hoch)	●	◐	○	◑	◐	◐	◔	◐	○	%
	Weiterreißwiderstand	◑	◐	◐	◐	◔	◑	◐	●	◔	N/mm
	Abriebwiderstand (bei Mischungen mit verstärkenden Füllstoffen)	◐	◐	◔	◐	◒	◐	◑	●	◔	mm³
Thermisches Verhalten	Widerstand gegen bleibende Verformung bei hohen Temp.	◔	◔	◑	◐	●	◔	◐	○	●	%
	Widerstand gegen bleibende Verformung bei tiefen Temp.	◑	◐	◑	◐	●	◔	◔	◔	◒	%
	Kälteflexibilität	◑	◐	◑	◐	●	◐	◔	◔	◒	Note
	Wärmebeständigkeit	○	◒	◔	◔	●	◔	◔	◔	●	Note
Beständigkeit gegen	Benzin	○	◒	◒	○	◒	◐	◑	◑	●	Vol. %
	Mineralöl (bei 100 °C)	○	◒	○	◒	◑	◐	●	◑	●	Vol. %
	Säuren (25 %ige H$_2$SO$_4$ bei 50 °C)	◔	◔	●	●	◔	◑	◑	◑	●	Vol. %
	Laugen (50 %ige NaOH bei 50 °C)	◑	◑	●	●	○	◑	○	○	●	Vol. %
	Wasser (bei 100 °C)	◒	◒	◑	●	◒	◐	◑	○	◐	Vol. %
	Witterung und Ozon	◔	◔	◐	●	●	◑	◒	◑	●	Note
	Licht	◔	◔	◐	◑	●	◐	◔	◑	●	Note
	Gasdurchlässigkeit	◒	◔	●	◔	○	◐	◑	◑	●	Note

Beurteilung: ● sehr gut; ◑ gut; ◐ befriedigend; ◔ ausreichend; ◒ ungünstig; ○ sehr ungünstig

Bild A 2/4
Beispiel für das Federkennlinienpaar eines
dichten (40 Shore A) und eines zelligen Elasto-
mer-Dichtrings nach DIN 4060, Durchmesser
26 mm aus SBR [A 2/9]

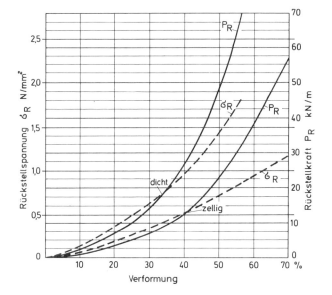

Bild A 2/5
Beispiel für die Druckspannungsrelaxation von
Elastomer-Dichtringen nach DIN 4060 mit
dichter und zelliger Struktur bei 40% Verformung nach [A 2/9]

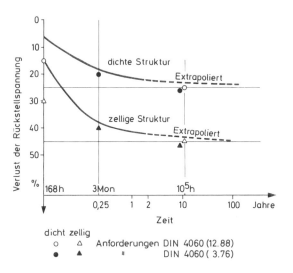

Die chemische Beständigkeit von SBR-Fugenbändern in Standardqualität gegenüber einer Auswahl bauüblicher Chemika-
lien geht aus Tabelle A 2/5 hervor. Bei Mineralölprodukten
(insbesondere Benzin) und organischen Lösungsmitteln ist
Vorsicht geboten. Je nach Konzentration, Dauer und Temperatur sind SBR-Fugenbänder hier nur bedingt bzw. nicht
beständig. Bei der Heißverklebung von SBR mit Bitumen sind
bezüglich der chemischen Beständigkeit in der Praxis keine
Schwierigkeiten bekannt [A 2/8].

Für Fugenbänder, die nach dem Anpreßprinzip dichten, sind
die Rückstellkraft bzw. die Rückstellspannung des verformten
Profils und das Relaxationsverhalten, d.h. der Abfall der
Rückstellkraft mit der Zeit von maßgebender Bedeutung. Für
die Größe der Rückstellkraft und der Relaxation eines Dichtungsprofils spielt neben den Materialeigenschaften und der
Materialstruktur (z.B. dicht oder zellig) die Profilgeometrie
und die Verformungsgröße eine Rolle. Bild A 2/4 zeigt beispielhaft das Federkennlinienpaar eines dichten (40 Shore A)

und eines geschlossenzelligen Dichtrings mit kreisförmigem
Querschnitt nach DIN 4060 [A 2/10]. Das typische Druckspan-
nungs-Relaxationsverhalten zeigt Bild A 2/5. Beim Profil mit
zelliger Struktur sind die Rückstellkräfte etwa halb so groß wie
beim Profil mit dichter Struktur und die Relaxation ist um
20% größer. D.h. der zellige Ring hat nach Relaxation nur
etwa ⅓ der Rückstellspannung des dichten Rings. Hierauf ist
bei der anwendungstechnischen Planung unbedingt zu achten.

Werkstoffanforderungen und Prüfungen von Elastomer-Dichtringen nach dem Anpreßprinzip sind für Abwasserkanäle und
-leitungen (Freispiegelleitungen, Wasserdruck bis 0,5 bar) in
DIN 4060 [A 2/10] festgelegt. Dichtringe für Druckrohrleitungen werden meist in Anlehnung an DIN 28617 [A 2/58]
geprüft. Eine Gegenüberstellung der Anforderungen beider
Normen zeigt Tabelle A 2/6.

Tabelle A 2/4
Werkstoffanforderungen für Elastomer-Fugenbänder, die ganz oder teilweise einbetoniert werden; DIN 7865 [A 2/8]

Werkstoffeigenschaft	Anforderungen
Shore A-Härte	62 ± 5
Zugfestigkeit	min. 10 N/mm²
Reißdehnung	min. 380 %
Druckverformungsrest 168 h/23°C 24 h/70°C	max. 20 % max. 35 %
Weiterreißfestigkeit	min. 8 N/mm²
Verhalten nach Wärmealterung: Shore A Härte-Änderung Zugfestigkeit Reißdehnung	max. + 8 min. 9 N/mm² min. 300 %
Kälteverhalten	max. 90 Shore A
Verhalten nach Ozonalterung	Rißstufe 0
Zugverformungsrest	max. 20 %
Metallhaftung	Strukturbruch im Elastomer
Formbeständigkeit gegen Heißbitumen	Keine Gestaltsänderung

Tabelle A 2/5
Chemische Beständigkeit von Fugenbändern aus SBR [A 2/5]

Chemikalie	Konzen-tration %	Temperatur-belastung 20°C	50°C
A. Anorganische Chemikalien			
Salzsäure	5	b	bb
Salpetersäure	5	bb	u
Schwefelsäure	5	b	b
Kohlensäure	gesättigt	b	b
Ammoniak	10	b	bb
Natronlauge	20	b	b
Kalilauge	20	b	b
Chlorkalk, wässerig	–	u	u
B. Organische Chemikalien			
Aceton	–	bb	u
Ethylalkohol, Ethanol	–	b	bb
Benzin	–	bb	u
Essigsäure	10	u	u
Essigester	–	bb	bb
Methylglykolacetat	–	bb	bb
Kerosin	–	u	u
Milchsäure	–	bb	bb
Tetrachlorkohlenstoff	–	u	u
Glycerin	–	b	b
Glykol	–	b	b
Trichlorethylen	–	u	u
Acetaldehyd	–	u	u
Aromatische Verbindungen			
Toluol	–	u	u
Benzol	–	u	u
Phenol	–	bb	u
C. Verschiedenes			
Petroleum	–	u	u
Dieselöl	–	u	u
Schmierfett	–	u	u
Olivenöl	–	u	u
tierische Fette	–	u	u
Wasser	–	b	b
Häusliche Abwässer	üblich	b	–
Wasser, chloriert	–	b	b

b	= beständig	w.	= wässerige Lösung
bb	= bedingt beständig	kg.	= kalt gesättigt
u	= unbeständig	konz.	= konzentriert
–	= keine Angaben	verd.	= verdünnt

Anmerkung zur Chemikalienbeständigkeit: s. Tabelle A 2/2

c) Werkstoffeigenschaften von Fugenbändern aus Polyvinylchlorid (PVC) mit Nitrilkautschuk (NBR)

Fugenbänder aus diesem Kombinationspolymerisat sind z. B. unter dem Namen TRICOMER oder LECOTRIL auf dem Markt. Sie bestehen aus ca. 70 % Polyvinylchlorid (PVC) mit geeigneten Weichmachern und ca. 30 % Nitrilkautschuk (NBR). Der 30 %ige Zusatz von NBR-Polymer ergibt gegenüber PVC-P eine erhöhte Elastizität, Bruchdehnung, Reiß- und Kältefestigkeit. Außerdem ist der Werkstoff gegenüber Bitumen beständig (Tabelle A 2/1, Spalte 4).

Vorteile gegenüber Elastomer-Fugenbändern aus SBR sind die bessere Hitzebeständigkeit und Sauerstoffbelastbarkeit sowie die gute thermische Verschweißbarkeit.

Tabelle A 2/6
Anforderungen für Elastomerdichtungen nach dem Anpreßprinzip bei Freispiegel- und Druckleitungen

Physikalische Werte	Einheit	Prüfung nach DIN[1]	Anforderungen an Elastomere für Dichtringe von				
			Abwasserleitungen DIN 4060 [A 2/10]			Wasserleitungen aus Gußeisen[2] DIN 28617 [A 2/58]	
Härte[3]	Shore A	53505				50 bzw. 55	85
	IRHD[4]	53519, T1 u. T2	≤ 59	60–64	65–74		
Reißfestigkeit	N/mm²	53504	≥ 10	≥ 10	≥ 9	≥ 17	≥ 10
Reißdehnung	%	53504	≥ 400	≥ 300	≥ 200	≥ 500	≥ 160
Druckverformungsrest bei							
+ 70°C 24 h 40% Verformung	%	53517	≤ 20	≤ 20	≤ 25	–	–
− 10°C 24 h 25% Verformung			–	–	–	≤ 20	≤ 50
+ 23°C 72 h 25% Verformung			–	–	–	≤ 7	≤ 20
+ 70°C 24 h 25% Verformung			–	–	–	≤ 30	≤ 40
Eigenschaften nach künstlicher Alterung 7 d Lagerung bei 70°C							
Härteänderung	Δ Shore A	53508	–	–	–	≤ 6	≤ 6
Änderung der Reißfestigkeit	%		≤ 15	≤ 15	≤ 15	≤ 25	≤ 25
Änderung der Reißdehnung	%		≤ 25	≤ 25	≤ 25	≤ 25	≤ 40
Druckspannungsrelaxation	%		(Verformung 40%)			(Verformung 25%)	
	168 h	53517	≤ 15			≤ 20	–
	10 h		≤ 25			–	–
Eigenschaften nach Kälteprüfung							
Härteänderung 7 d Lagerung bei − 10°C	Δ Shore A	–	≤ 10			≤ 6	≤ 10

[1] bzw. in Anlehnung an DIN; [2] Dichtringe aus Naturgummi; [3] Abweichung von der Nennhärte ± 5 Einheiten; [4] IRHD = International Rubber Hardness Degree

Zur Wahl und zum Einsatz der verschiedenen Fugenbandwerkstoffe ist folgendes anzumerken:

– Für einbetonierte Fugenbänder kommen Elastomere zweckmäßig dort zum Einsatz, wo mit großen Verformungen und hohem Wasserdruck zu rechnen ist und wo deshalb an die mechanische Festigkeit, elastische Steifigkeit sowie die Sicherheit besondere Anforderungen gestellt werden. Außerdem sind Fugenbänder aus Elastomeren zu empfehlen, wenn zusätzlich zu hohen Beanspruchungen durch Bauteilbewegungen und Wasserdruck sehr niedrige Temperaturen (− 10 bis − 20°C) am eingebauten Fugenband auftreten können. In allen übrigen Fällen können die preiswerteren PVC/Nitrilkautschuk-Bänder oder bei kleinen Verformungen und geringem Wasserdruck auch PVC-P-Bänder eingesetzt werden (s. hierzu Kap. 2.1.2.3). Hierbei sollte jedoch der Anforderungskatalog für thermoplastische Fugenbänder gemäß DS 835 [A 2/43] erfüllt sein. Eine Freibewitterung auf Dauer stellt besondere Anforderungen an die Fugenbandwerkstoffe. Hierauf ist bei der Planung zu achten. Zur Erleichterung der Materialauswahl kann die Tabelle A 2/7 dienen.

– Für Fugenbänder, die nach dem Anpreßprinzip (vergl. Bild A 2/1) dichten, kommt nur ein Elastomer-Werkstoff in Frage, da eine dauerhafte Rückstellkraft erforderlich ist.

Die vorangegangenen Ausführungen unter a) bis c) zeigen, daß die Eigenschaften und die Qualität der Kunststoffe stark vom Hersteller beeinflußt werden können. Da der optische Eindruck der Fugenbandwerkstoffe keinen Rückschluß auf die physikalischen und chemischen Eigenschaften zuläßt, sind zur Sicherung ausreichender Qualitäten nur güteüberwachte Werkstoffe zu verwenden. Die Güteüberwachung besteht in der Regel aus Eigen- und Fremdüberwachung. Für Umfang, Art und Häufigkeit der Überwachung sind die entsprechenden Festlegungen in den Regelwerken maßgebend. Für thermoplastische Fugenbänder wird diesbezüglich auf DS 835 verwiesen.

Tabelle A 2/7
Vergleich der Eigenschaften und Dauerbelastbarkeit von Fugenbandwerkstoffen [A 2/5 u. a.]

Beanspruchung/Eigenschaften	Fugenbandmaterial			
	PVC-P normal beständig	PVC-P öl- und bitumen-beständig	PVC/NBR	SBR
1	2	3	4	5
Wasserdruck klein (normal) (und/oder)	+ +	+ +	+ +	+ +
Fugenbewegung groß	0	0	+	+ +
sehr groß	0	0	0	+ +
Bitumenverträglichkeit	0	+ +	+ +	+
Ölverträglichkeit	+	+ +	+	+
Benzinverträglichkeit	0	+	+	0
Verträglichkeit im Kontakt mit festen organischen Stoffen wie z. B. Polystyrol, Polyethylen, Silikonkautschuk	0	+	+	+
Temperaturverhalten − 20 °C	+	+	+ +	+ +
+ 60 °C	+	+	+ +	+
+ 80 °C	0	0	+	0
Sauerstoffbelastbarkeit	+ +	+ +	+ +	+
Freibewitterung	+	+	+	0
Rückstellvermögen bei hoher Dauerlast	nicht gegeben	nicht gegeben	gering	hoch
Widerstand gegen RA-Strahlung	begrenzt	begrenzt	begrenzt	begrenzt
Schlagempfindlichkeit bei Kälte	groß	groß	gering	gering
Physiologische Unbedenklichkeit für Trinkwasseranlagen*	nicht gegeben	nicht gegeben	nicht gegeben	nicht gegeben
Fügetechnik	schweißbar	schweißbar	schweißbar	vulkanisierbar

Erläuterung: + + sehr gut, + geeignet, 0 ungeeignet

* auf Anforderung erhältlich

A 2.1.2.3 Formen der Fugenbänder und ihre Einsatzbereiche

a) Stahlblechfugenbänder zum Einbetonieren

Fugenbänder aus Stahlblech werden heute im wesentlichen zur Abdichtung in Arbeitsfugen mit durchlaufender Bewehrung eingebaut. Zum Einsatz kommt in der Regel glattes „schwarzes Blech" in einer Breite von 250 bis 400 mm und 1 bis 2 mm Dicke (Bild A 2/6a). Als Spezifikation für den Einkauf wird nach [A 2/11] folgende Bezeichnung angegeben:
Feinblech, St12.03, DIN 1623 [A 2/12], DIN 1541 [A 2/13], gespalten, 1 mm × 300 mm (oder andere gewünschte Breite), Ringinnen-Durchmesser 500 mm (Mindestmaß), Coilgewicht . . . kg.

Für Arbeitsfugen in Boden- und Deckenplatten haben sich aufgekantete Bleche nach Bild A 2/6b bewährt. Sie bieten beim Verlegen eine größere Eigensteife als ungefalzte Feinbleche.

Ein Korrosionsschutz der Fugenbleche in Arbeitsfugen ist im allgemeinen nicht erforderlich, da die im Beton eingebetteten Bleche wie der weiter außenliegende Bewehrungsstahl alkalisch geschützt sind.

Die besonderen Vorteile des Stahlblecharbeitsfugenbands gegenüber anderen Fugenbändern sind seine größere Steifigkeit, die problemlosere Befestigung und der geringere Preis.

Einzelheiten zum Einbau von Stahlblechfugenbändern in Arbeitsfugen s. Kapitel A 2.2.

b) Thermoplastische und Elastomerfugenbänder zum Einbetonieren

Fugenbänder aus thermoplastischem oder elastomerem Werkstoff werden sowohl zur Abdichtung von Dehnungs- und Bewegungsfugen als auch von Arbeitsfugen eingesetzt. Die Dichtungswirkung der Fugenbänder im einbetonierten Zustand erfolgt bei den thermoplastischen Bändern ausschließlich nach dem Labyrinthprinzip. Bei den Elastomer-Bändern wird sowohl das Labyrinthprinzip als auch in Kombination mit Stahllaschen das Einbettungsprinzip und in Verbindung mit Injektionen bei speziellen Bandquerschnitten auch das Anpreßprinzip angewandt (Bild A 2/1).

Zur Abdichtung und Überbrückung von Fugen mit Dehn- und Scherbewegungen bis zu mehreren cm sind Fugenbandformen mit Mittelschlauch, Mittelschlaufe oder Moosgummi-Schalungskörper sowohl als außen- (Bild A 2/7 Nr. 4 bis 7 und 15, 16) als auch als innenliegende Bänder (Bild A 2/7 Nr. 1 bis 3 und 9 bis 14) auf dem Markt. Mit zwei bis drei Dichtungsrippen je Seite werden auch die sogenannten Abdeckbänder, sowohl aus thermoplastischem als auch aus elastomerem Werkstoff zur Abdichtung von Bewegungsfugen eingesetzt (Bild A 2/7 Nr. 8).

Bewegungs- bzw. Dehnungsfugenbänder bestehen normalerweise aus einem Dehn- und einem Dichtteil [A 2/7]:

– Der Dehnteil hat die Aufgabe, den Wasserdruck und die Bewegungsunterschiede der angrenzenden Bauteile aufzunehmen. Die Abmessungen und die Form des Dehnteils sind entsprechend der Fugenbeanspruchung zu wählen.

– Die Dichtteile haben die Aufgabe, die Wasserumläufigkeit an den einbetonierten Fugenbandschenkeln zu verhindern.

Bild A 2/6
Stahlblech als Arbeitsfugenband [A 2/11]

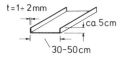

(a) normale Lieferform
für Arbeitsfugen

(b) Spezialform für Arbeitsfugen
in Bodenplatten

Bild A 2/7
Übliche einbetonierte Fugenbandprofile zur Abdichtung von Bewegungsfugen aus PVC-P (Nr. 1 bis 8) und aus Elastomeren (Nr. 9 bis 16). Fugenbänder aus PVC/NBR sind in der Regel den Profilformen Nr. 9, 15 bzw. 16 angepaßt.

Anmerkungen:
Innenliegende Fugenbänder Nr. 1 bis 3 und 9 bis 14; außenliegende Fugenbänder Nr. 4 bis 7 und 15, 16; Abdeckfugenbänder Nr. 8. Maße in mm nur Anhaltswerte; Profildetails sind insbesondere bei den PVC-P-Bändern sehr unterschiedlich. Die Elastomerprofile 9, 10, 15 und 16 sind in DIN 7865 genormt.

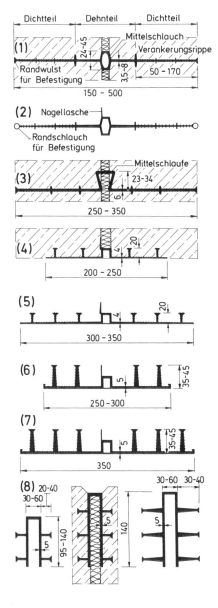

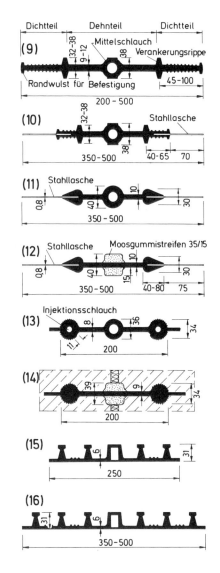

Dehn- und Dichtteile sind i.a. durch Verankerungsrippen getrennt, die die Aufgabe haben, alle in das Fugenband eingeleiteten Zugkräfte in den Beton abzugeben, damit der Dichtteil weitgehend spannungsfrei bleibt.

Zur Abdichtung von Arbeitsfugen kommen außen- und innenliegende Fugenbänder nach Bild A 2/8 zum Einsatz. Verhältnismäßig neu auf dem Markt ist das armierte PVC-P-Arbeitsfugenband, das sich durch die eingebauten Federstahleinlagen und der damit größeren Steifigkeit einfacher, schneller und vor allem sicherer einbauen lassen soll.

Eine Unterteilung des Bandquerschnitts in Dehn- und Dichtteil ist bei Arbeitsfugenbändern oft nicht vorhanden. Bei vorhandenem Dehnteil können Arbeitsfugenbänder in Abhängigkeit vom Werkstoff und der Dimensionierung auch Dehnbewegungen von 2–5 mm ohne weiteres mitmachen. Dies gilt beispielsweise für die Formen (6) und (7) in Bild A 2/8. Sie sind somit außer für Arbeitsfugen auch z.B. zur Abdichtung von Sollrißfugen bzw. Fugen mit geringer Dehnung einsetzbar.

Innenliegende Arbeitsfugenbänder dürfen aber auf keinen Fall auf Scherung beansprucht werden. Schon geringste Fugenbewegungen quer zum Band führen, wenn kein Fugenraum vorhanden ist (Dehnung = 0) unabhängig vom Fugenbandwerkstoff zum Abscheren und damit zur Zerstörung.

Für die Ermittlung der Dichtwirkung und der Gebrauchsbereiche von einbetonierten Fugenbandprofilen wurden bei der STUVA Anfang der 70er Jahre umfangreiche systematische Versuche durchgeführt [A 2/1]. Hierzu wurden Fugenbandringe in zweiteilige Betonkörper mit 2 bzw. 5 cm Ausgangsfugenbreite einbetoniert (Prinzipskizze s. Bild A 2/9) und bei unterschiedlichen Dehn- und Scherbewegungen und bei Wasserdrücken von 2 und 5 bar Überdruck zu Bruch gefahren. Die Bilder A 2/10 und A 2/11 zeigen Beispiele der dabei ermittelten Bruchdiagramme und der sich daraus ergebenden Gebrauchsbereiche für verschiedene Fugenbandtypen. Untersucht wurden 30–35 cm breite Fugenbänder aus PVC-P und

Bild A 2/8
Übliche einbetonierte Fugenbandprofile zur Abdichtung von Arbeitsfugen aus PVC-P (Nr. 1 bis 5) und aus Elastomeren (Nr. 6 bis 10). Fugenbänder aus PVC/NBR sind in der Regel den Profilnormen Nr. 6, 9 bzw. 10 angepaßt.

Anmerkungen:
Innenliegende Fugenbänder Nr. 1, 2 und 6 bis 8; außenliegende Fugenbänder Nr. 3 bis 5, 9 und 10. Maße in mm nur Anhaltswerte; Profildetails sind insbesondere bei den PVC-P-Bändern sehr unterschiedlich. Die Elastomerprofile 6, 7, 9 und 10 sind in DIN 7865 genormt.

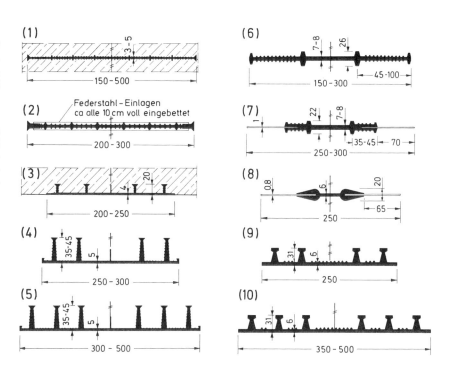

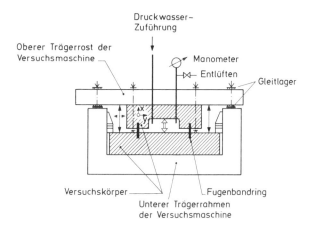

Bild A 2/9
STUVA-Prüfvorrichtung für Fugenbänder
[A 2/1]

Bild A 2/10
Bruchlinien und als zulässig empfohlene Gebrauchsbereiche für einbetonierte PVC-P-Fugenbänder nach [A 2/1], Ausgangsfugenbreite 2 cm

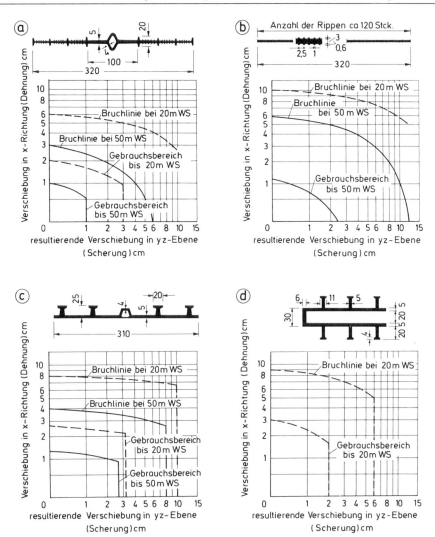

Bei gleicher Fugenbewegung in x-Richtung und yz-Ebene maximale Verformung:

Wassersäule	Band a	Band b	Band c	Band d
20 m	≤ 1,3 cm	–	≤ 2,0 cm	≤ 1,4 cm
50 m	≤ 0,6 cm	≤ 0,7 cm	≤ 1,0 cm	–

Elastomeren nach dem Labyrinth- und Einbettungsprinzip sowie ein Band mit ausinjizierten Dichtwülsten. Als Dichtteile haben sich dabei neben Stahlblechen ≥ 70 mm breit ganz besonders alle Arten von Rippenformen und -größen mit Dichtteilbreiten ≥ 55 mm bewährt.

Die in den Diagrammen dargestellten Bruchlinien gelten für 2 cm Ausgangsfugenbreite. Die zugehörigen Gebrauchsbereiche wurden durch Einführung von Sicherheitsbeiwerten und Bewertung von Versuchsbeobachtungen ermittelt. In die Diagramme muß bei mehrachsiger Verschiebung mit der resultierenden Verschiebungskomponente hineingegangen werden.

Bei größeren Fugenbreiten, d. h. auch bei zusätzlichen Fugenkammern sind die zulässigen Verschiebungen in x-Richtung (Dehnungen) wegen der größeren freien Spannweite des Fugenbands kleiner. In diesen Fällen ist näherungsweise die über 2 cm hinausgehende Ausgangs-Fugenbreite von der zulässigen Verschiebung in x-Richtung abzuziehen.

Generell kann zum Einsatz von PVC-P- und Elastomer-Bewegungsfugenbändern aufgrund der Versuche folgendes gesagt werden:

Bild A 2/11
Bruchlinien und als zulässig empfohlene Gebrauchsbereiche für einbetonierte Elastomer-Fugenbänder nach [A 2/1] und [A 2/14], Ausgangsfugenbreite 2 cm

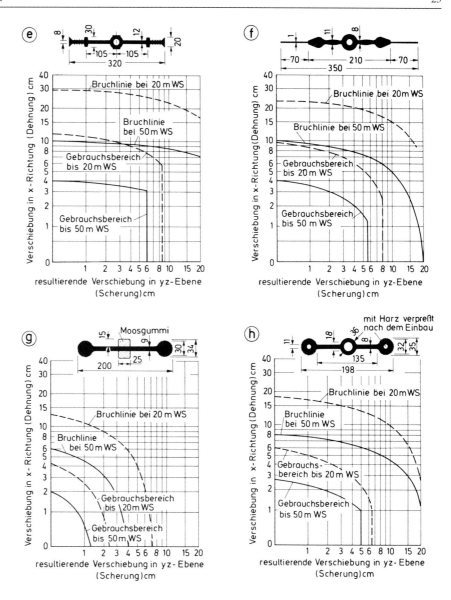

Bei gleicher Fugenbewegung in x-Richtung und yz-Ebene maximale Verformung:

Wassersäule	Band e	Band f	Band g	Band h
20 m	≤ 5 cm	≤ 4 cm	≤ 1,2 cm	≤ 2,8 cm
50 m	≤ 3 cm	≤ 2,2 cm	≤ 0,6 cm	≤ 1,7 cm

Bei druckwasserbeanspruchten Fugen sind bei den üblichen Fugenbandformen und 2 cm Fugenbreite ab ca. 1 cm Fugenbewegung (Dehnung oder Scherung) Elastomerbänder einzusetzen. Bei geringeren Fugenbewegungen können die preiswerteren PVC-P-Fugenbänder gewählt werden. Infolge ihrer in der Regel größeren Kerndicke und der damit größeren Steifigkeit lassen sich Elastomer-Fugenbänder problemloser einbauen als PVC-P-Bänder. Außerdem sind sie unempfindlicher gegen den rauhen Baustellenbetrieb. Nachteilig bei Elastomer-Bändern sind die höheren Bandkosten und die aufwendigere Verbindungstechnik. Bänder aus PVC/NBR waren zum Versuchszeitpunkt noch nicht verfügbar und wurden daher auch nicht geprüft.

Neben den gebräuchlichen Fugenbandformen für Arbeits- und Bewegungsfugen (Bilder A 2/7 und A 2/8) gibt es eine Reihe von Sonderfugenprofilen zum Einbetonieren. Hierzu gehören z. B. Eckfugenbänder und Profile für Fertigteile, die z. T. aus Standardquerschnitten durch Zusammenschweißen bzw. -vulkanisieren gefertigt werden (Bild A 2/12). Fugenabdeckbandprofile mit nur einer Ankerrippe je Seite (Bild A 2/13) dienen ausschließlich dem äußeren Fugenverschluß und dürfen nicht für Abdichtungszwecke eingesetzt werden. Bei höheren mechanischen Beanspruchungen des Fugenverschlusses z. B. durch Druck und Sog können 2 Ankerrippen je Seite erforderlich werden (s. Bild A 2/7 Nr. 8).

Zur Herstellung und Gestaltung von Fugen mit thermoplastischen und Elastomer-Fugenbänder s. Kapitel A 2.2.

Bild A 2/12
Beispiel für einbetonierte Sonderfugenband-
profile zum Abdichten von Bewegungsfugen
(a bis c) bzw. Arbeitsfugen (d) aus thermoplastischem Werkstoff (nach [A 2/5])

*) auch aus elastomerem Werkstoff möglich

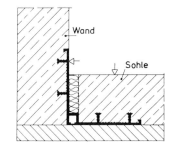

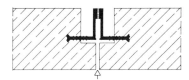

(b) geteiltes Fugenband für den Fertigteilbau zum Verschweißen

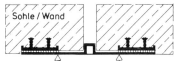

(c) Anschweißprofile mit außenliegendem Fugenband für den Fertigteilbau

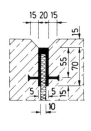

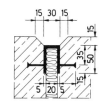

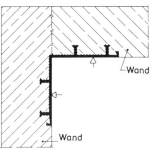

**(a) außenliegende Dehnungs-
fugenbänder als abge-
winkelte Profile *)**

**(d) außenliegendes Arbeitsfugenband
als abgewinkeltes Profil *)**

Bild A 2/13
Einbetonierte Fugenabdeckbandprofile zum
äußeren Fugenverschluß ohne Abdichtungs-
aufgabe aus thermoplastischem oder elastomerem Werkstoff

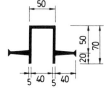

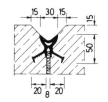

c) Elastomerfugenbänder für Betonfertigteile nach dem
   Anpreßprinzip (Kompressions- und Lippendichtungen)

Fugenbänder nach diesem Prinzip werden überwiegend für
Fugendichtungen bei der Fertigteilbauweise eingesetzt. Die
Form der Bänder ist abhängig von der Art des Einbaus und
von der Ableitung der erforderlichen Verformungskräfte für
die Dichtwirkung im Bauwerk. Hier sind zwei Arten zu unterscheiden:

– die Ableitung in Querschnittsebene (radial) bei Roll- und
Gleitringdichtungen für Rohr- und Rahmenverbindungen
mit Falz- bzw. Glockenmuffe (Bild A 2/14a) sowie bei Steckdichtungen o. ä. für stumpfe Rohr- und Rahmenverbindungen mit Nutaussparungen (Bild A 2/14b)

– die Ableitung in Bauwerkslängsrichtung (achsial) bei Stirndichtungen für Rahmen, Rohre, Tübbings usw. (Bild
A 2/14c).

Bild A 2/14
Ableitung der Dichtungs-/Verformungskräfte im Bauwerk bei Konstruktionen aus Beton-Fertigteilen (Prinzipdarstellung)

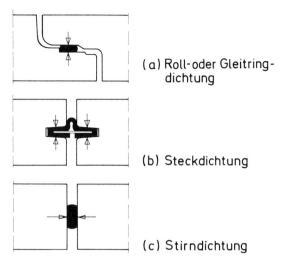

(a) Roll- oder Gleitring-
dichtung

(b) Steckdichtung

(c) Stirndichtung

Bild A 2/15
Roll- und Gleitringdichtprofile für Fertigteile mit Muffenverbindung

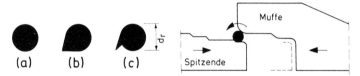

(a) (b) (c)

(a) Verschiedene Querschnitte von Rollringdichtungen mit
Einbauprinzip

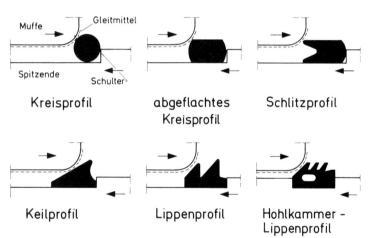

Kreisprofil   abgeflachtes   Schlitzprofil
Kreisprofil

Keilprofil   Lippenprofil   Hohlkammer -
Lippenprofil

(b) Verschiedene Querschnitte von Gleitringdichtungen mit
Einbauprinzip

Ferner gibt es eine Reihe Fugenbänder nach diesem Dichtprinzip, die erst nach der Montage bzw. bei Ortbetonbauwerken nach dem Betonieren in die Fugen des fertiggestellten Bauwerks eingeklemmt, eingestemmt oder anderweitig eingebracht werden.

Roll- und Gleitringdichtungen sind im einfachsten Fall Elastomer-Rundschnurringe, die im Muffenspalt verformt werden. Die Verformung erfolgt entweder durch Einrollen des Dichtrings (Rollring) in den Muffenspalt (Bild A 2/15a), oder der Ring liegt fest vor einer Schulter bzw. in einer Kammer und wird beim Darübergleiten der Muffe im Spalt verformt (Gleitring; Bild A 2/15b). In der Regel läßt sich ein Rollring stärker und leichter verformen als ein Gleitring. Mit einem Rollring können dementsprechend größere Muffenspalttoleranzen abgedichtet werden. Die Einschubkräfte sind beim Rollring

wesentlich kleiner als beim Gleitring (Rollreibung Gummi/Beton $\mu_{\text{Roll}} = 0{,}015/r_{\text{Roll}}$ *in cm*; Gleitreibung Gummi/Beton geschmiert $\mu_{\text{Gleit}} = 0{,}3$) [A 2/57]).

Um die Montierbarkeit von Rollringen zu erleichtern und damit Verlegefehler auszuschalten, ist eine Tropfen- oder Kommaform des Dichtrings heute sehr verbreitet (Bild A 2/15a). Hierdurch wird ein drallfreies Aufziehen auf das Spitzende des Rohrs begünstigt und ein nachträgliches Abspringen des unter Vorspannung stehenden Rollrings verhindert.

Neben Gleitringen mit kreisförmigem Wirkungsquerschnitt gibt es eine Reihe von Sonderformen (Bild A 2/15b). Durch die spezielle Formgebung sollen in der Regel die Montageeigenschaften (gute Zentrierung, leichter Einschub) verbessert werden.

Roll- und Gleitringdichtungen werden für Freispiegelleitungen (Wasserdruck in der Regel 0 bis 0,5 bar) und für Druckleitungen (Wasserdruck bis 20 bar) eingesetzt. Neben der Aufnahme des Wasserdrucks muß die Dichtung die Rohre zentrieren. Außerdem muß sie in gewissem Umfang auch Beanspruchungen aus Relativbewegungen im Rohrstoß aufnehmen können, die durch Abwinklung und/oder durch ungleichmäßige Setzung der Leitung im Erdreich entstehen. Je nach Einsatzbereich sind die Anforderungen an die Eigenschaften der Elastomerdichtung bezüglich Profilform und Härte sowie an die Formgebung und die Maßgenauigkeit der Rohrfügung sehr unterschiedlich:

– Für Freispiegelleitungen im Abwasserbereich werden heute in der Bundesrepublik noch überwiegend Elastomer-Rollringdichtungen mit geschlossenzelliger Struktur (Härte: ca. 30 Shore A) oder mit dichter Struktur (Härte: ca. 40 Shore A) eingesetzt. Die zelligen Dichtringe werden vorzugsweise verwandt, weil sie einen größeren Funktionsbereich haben, d. h. größere Toleranzen in der Rohrverbindung zulassen. Außerdem sind sie im Preis etwas günstiger als Dichtringe mit dichter Struktur. Nachteilig bei den zelligen Ringen sind die geringere Rückstellkraft und die größere Relaxation und damit die geringere Dichtsicherheit in der Rohrverbindung bei etwaigen ungleichmäßigen Setzungen (vgl. Bilder A 2/4 und A 2/5). Es wird deshalb empfohlen, für Abwasserleitungen grundsätzlich nur Dichtringe mit dichter Struktur einzusetzen.

Kompressionsdichtungen mit überwiegend kreisförmigem Querschnitt werden in Abwasserleitungen (Wasserdruck maximal 0,5 bar) in der Regel mit einer Mindestverformung von 20% des Dichtringdurchmessers eingebaut. Hiermit soll sichergestellt werden, daß eine ausreichend breite Dichtungsfläche am Beton vorhanden ist, so daß auch kleinere Lunkerstellen in der Betonoberfläche überbrückt werden. Der Verformungs- bzw. Funktionsbereich für Dichtringe in Abwasserleitungen ergibt sich aus der Mindestverformung (20%) und der maximal möglichen Montage-Verformung in Abhängigkeit von der Einbauart sowie der Härte und Form des Dichtrings. Um Schäden an der Rohr-Muffe zu vermeiden, soll die maximale Rückstellkraft des Dichtrings bei maximaler Verformung und unbewehrten Rohren 60 kN/m und bei Stahlbetonrohren 80 kN/m nicht überschreiten.

– Für Druckwasserleitungen werden Dichtringe mit Härten von 50 bis 85 Shore A eingesetzt. Diese harten Ringe erfordern einen entsprechend maßgenauen Muffenspalt. Teilweise werden die Dichtflächen zu diesem Zweck geschliffen. Außerdem müssen die Dichtringe in der Rohrverbindung durch eine Schulter oder Kammer gegen den Wasserdruck abgestützt sein.

Bild A 2/16
Wirkungsweise von Kompressionsdichtringen
[A 2/50], [A 2/15]

*) Dichtringdurchmesser 24 mm, Shore-A-Härte 52, Verformung 21,1%

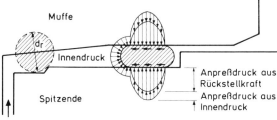

(a) Anpreßdruck eines eingebauten Dichtringes aus Verformung (Rückstellkraft) und Innendruck im Rohr

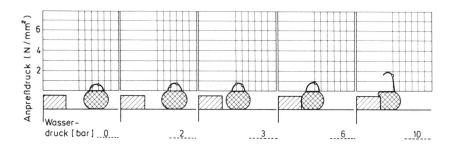

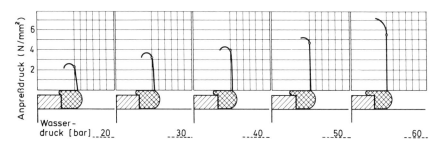

(b) Anpreßdruck und Verhalten eines eingebauten Dichtringes in einem Muffenspalt mit Schulter bei Wasserdrücken von 0 - 60 bar *

Abgestützte Dichtringe können wesentlich höhere Wasserdrücke aufnehmen als ungestützte Ringe. Bei hohen Drücken spielt hier die hydraulische Druckumsetzung für die Dichtungswirkung eine entscheidende Rolle (Bild A 2/16a). Insbesondere bei kleinen Verformungen des Dichtrings im Spalt entstehen durch den Wasserdruck große sekundäre Scheitelanpreßdrücke, die die Dichtwirkung erhöhen. Dichtungsversuche [A 2/15] haben gezeigt, daß das Versagen von abgestützten Elastomerdichtungen nur durch mechanische und konstruktive Mängel wie z. B. Abscheren oder Ausquetschen des Dichtrings in den Restspalt erfolgte. Es wurden z. B. Kammerdrücke bis 60 bar in Versuchsvorrichtungen aus Stahl über drei Jahre bei einer Gummizusammendrükkung von nur 8 % abgedichtet; vgl. hierzu auch Bild A 2/16b.

Bei hohen Wasserdrücken sind die Fugenflanken durch eine Beschichtung z. B. auf Epoxidharz-Basis zu vergüten, so daß eine Umläufigkeit der Dichtung im Beton ausgeschlossen ist.

Bezüglich der Bemessung von überwiegend kreisförmigen Kompressions-Dichtungen siehe

– für Abwasserleitungen [A 2/50] und

– für Druckwasserleitungen [A 2/15].

Hinweise zur Herstellung und Gestaltung der Rohr- und Rahmenverbindungen mit Roll- und Gleitringen siehe Kapitel A 2.3.3.1 a, Anwendungsbeispiele siehe Kapitel B 3/2, B 3/3 und B 3.4.2.

Steckdichtungen sind Fugenbänder, die in Nutaussparungen der angrenzenden Betonfertigteile eingepreßt oder eingezogen werden. Bei den eingezogenen Bändern wird die Dichtwirkung nachträglich durch Injizieren der Hohlkammern in den Randschläuchen erzielt. Die Profile werden aus Elastomeren mit dichter oder geschlossenzelliger Struktur gefertigt. Es gibt diese Fugenbänder mit und ohne Bewegungsteil in der Mitte sowie mit unterschiedlich ausgebildeten Dichtteilen (Bild A 2/17). Alle dargestellten Fugensteckdichtungen sind für spezielle Einsatzgebiete entwickelt worden. Einzelheiten zur Anwendung siehe in Kapitel A 2.3.3.1 a. Ausgeführte Beispiele zeigen die Bilder B 2/17, B 3/42 (Zeile 5), B 3/43 und B 4/61.

Stirndichtungen sind im einfachsten Fall rechteckige oder runde Elastomerprofile aus Material mit dichter oder geschlossenzelliger Struktur, die zwischen den Bauteilen bei der Montage eingepreßt werden. Anwendungsgebiet ist z. B. der Kanalbau mit Betonfertigteilen (Beispiel s. Bilder B 3/42, Zeile 4 und B 3/53). Die spezifischen Entwicklungen beim Tunnelbau haben zu weiteren Profilformen der Anpreß-Stirndichtung geführt:

– Beim einschaligen Tübbingausbau haben sich gegenüberliegende Zahnprofile als Dichtung zwischen den Stahlbetonelementen in den letzten 10 bis 15 Jahren im Kanal- sowie U-Bahn- und Straßentunnelbau bewährt (vgl. Anwendungsbeispiele Bild B 3/54 und Kap. B 4.7.1). Bild A 2/18 zeigt Versuchsergebnisse der STUVA mit dieser Bandform. Die besten Ergebnisse liefert die Dichtung bei einer Fuge ohne T-Stöße (Bild A 2/18, Kurve 1).

Bild A 2/17
Beispiele für Elastomer-Steckfugenbänder mit Dichtung nach dem Anpreßprinzip für Beton-Fertigteile

zu (a) DYWIDAG-Lamellendichtung für Vorpreßrohre

zu (b) „Baum"-Steckdichtungen für Gülle- und Wasserbehälter und Rahmenteile (DENSO-Chemie, Leverkusen)

zu (c) Injektionsdichtung für Fertigteilschlitzwände nach dem Panosol-System

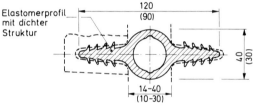

(a) Fugenband mit Lippendichtung

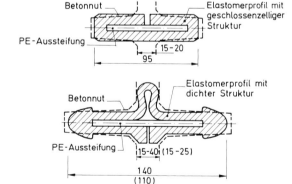

(b) Fugenbänder mit Kompressionsdichtung und hartem Kern

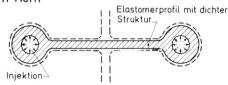

(c) Fugenband mit Anpreßdichtung durch Injektion

T-Stöße, wie sie bei der Tübbingauskleidung unvermeidlich sind, können bei entsprechender Ausbildung (Konzentration von Material im T-Stoßbereich, Bild A 2/19) fast die gleichen Werte erreichen (Bild A 2/18, Kurve 2). Wird die Relaxation des Bandmaterials und eine entsprechende Sicherheit berücksichtigt, so ergeben sich die möglichen Anwendungsbereiche aus diesen Kurven wie folgt:

- Für 2 bar Wasserüberdruck ohne T-Stöße 3,7 mm Fugenspiel*), mit T-Stößen 3,2 mm Fugenspiel gleichzeitig sowohl in der durchlaufenden als auch in der rechtwinklig auftreffenden Fuge,

- bei 4 bar Wasserüberdruck liegen die entsprechenden Werte bei 3,3 und 2,6 mm.

Bänder nach diesem Dichtprinzip wurden durch spezielle Formgebung für einen Anwendungsbereich bis 30 mm Fugenspiel und 4 bar Wasserdruck ausgelegt (Bild A 2/20).

Die erforderliche Kraft für die Verformung der Zahnprofile wird durch Verschraubung der Tübbings untereinander aufgebracht. Sie kann durch die Härte und die visko-elastischen Eigenschaften der Elastomermischung sowie durch die Profilgeometrie (vgl. Bild A 2/21a) gesteuert werden. Der aufnehmbare Wasserdruck der Dichtung ist schließlich eine Funktion der vorhandenen Rückstellspannung nach Verformung der Profile (Bild A 2/21b).

---

*) Das zulässige Fugenspiel muß größer sein als die möglichen Fertigungs- und Einbautoleranzen sowie die Temperaturlängenänderungen der Betontübbings.

Bild A 2/18
Dichtungs-Grenzlinien und mögliche Anwendungsbereiche einer Tübbingdichtung mit und ohne T-Fugen. Bei der Festlegung der Anwendungsbereiche ist die Relaxation mit 25 % und ein Sicherheitsfaktor von 1,5 berücksichtigt [nach A 2/16]
(1) ohne T-Fugen
(2) mit T-Fugen, Rahmenecken gemäß Bild A 2/19

Material: Polychloropren-/Styrol-Butadien-Kautschuk, Shore A-Härte 65 Einheiten, Zugfestigkeit 11 N/mm², Bruchdehnung 350 %

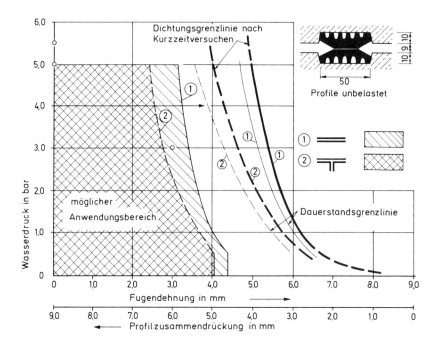

Bild A 2/19
Verbesserte Tübbingdichtungs-Rahmenecke (vgl. Dichtungsgrenzlinien in Bild A 2/18) [A 2/16]

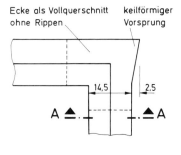

Ansicht der Rahmenecke

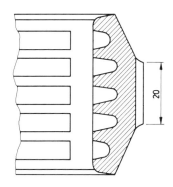

Schnitt A - A

Bild A 2/20
Tübbing-Dichtungsprofile für große Fugen-
spiele (nach Unterlagen der Firma Phoenix
AG, Hamburg)

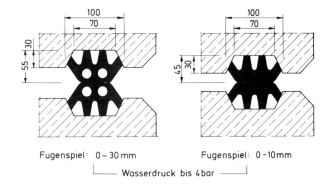

Bild A 2/21
Kraft-Weg- und Wasserdruck-Weg-Diagram-
me von verschiedenen elastomeren Tübbing-
dichtungen unterschiedlicher Form und Shore-
Härte [A 2/49]

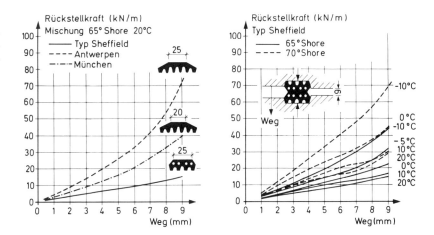

(a) Rückstellkraft in Abhängigkeit vom Weg

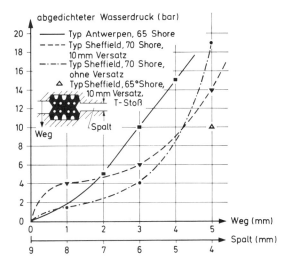

(b) Abgedichteter Wasserdruck in Abhängigkeit vom Weg bzw. Spalt

Bild A 2/22
Ausdehnungsraten von Quell-Fugenbändern
in wäßrigen Lösungen in Abhängigkeit von
der Einwirkzeit (nach Unterlagen der Firma
Hansit)

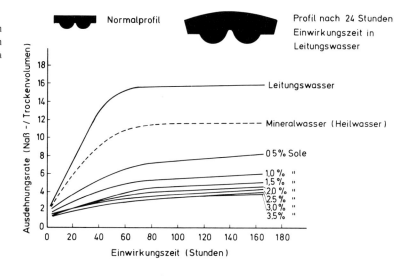

Bild A 2/23
„Gina"-Stirndichtungsprofil für Einschwimmelemente [A 2/44], [A 2/45]

(a) Prinzip des Profil-
aufbaus

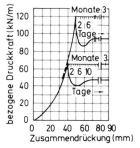

(b) Zusammendrückung des
Profils in Abhängigkeit
von der Belastung

(c) Dichtungsgrenzen
der Fugendichtung

I Wasser dringt noch ein
II nur noch geringfügiges
   Durchsickern von Wasser

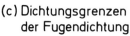
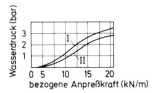

Zur Dichtung von Tübbingfugen werden in Japan quellfä-
hige Elastomer-Fugenbandprofile eingesetzt (Bild A 2/22).
Das Material ist ein Chloropren-Kunstkautschuk, das mit
einem bei Wasserzutritt quellendem Harz kombiniert ist.
Durch Absorption von Wasser nimmt das Bandvolumen bis
zum 10fachen zu und dichtet so die Fuge durch Anpressung
an die Fugenflanken [A 2/17]. Untersuchungen der STUVA
haben ergeben, daß dieses Band im wesentlichen nur bei
ständiger Lage im Wasser zufriedenstellend dichtet. Bei
einer durch die Fugenkonstruktion begrenzten Volumen-
änderung erzeugt das Quellverhalten eine Dichtwirkung, die
unter Laborbedingungen für Drücke bis zu 10 bar nachgewiesen wurde [A 2/46]. Weitere Einzelheiten zu diesen
Dichtungen mit quellfähigen Elastomeren sind in [A 2/62]
enthalten.

– Bei eingeschwommenen und abgesenkten Unterwassertunneln und teilweise auch bei Vorpreß-Tunneln kommen spezielle Stirndichtungen als vorläufige Dichtung, aber auch als
  Hauptdichtung zum Einsatz. Das bekannteste Profil zur

ersten Dichtung zwischen Einschwimmelementen ist das
sogenannte „Gina-Profil" (Bild A 2/23). Ein weiteres Profil
dieser Art zeigt Bild A 2/24. Das besondere an den Profilen
ist die stofflich oder aufgrund besonderer Profilgebung weiche Nase oder Lippe zur Vordichtung der Fuge und der kräftige Querschnitt zur sicheren Aufnahme der hohen seitlichen Wasserdrücke bei leergepumpter Fugenkammer (vgl.
Anwendungsbeispiele Kap. B 3.5 und B 4.5).

Das Profil Bild A 2/25 wurde als Stirndichtung für einen
Vorpreßtunnel entwickelt. Es wird in eine Nut an der Stirnfläche eingebaut. Die Anpressung erfolgt durch die Verformung der Dichtlippe und die Kompression des Profils.
Außerdem kann, wenn die Fuge nicht weit genug geschlossen ist, gezielt durch Ausinjizieren des hinteren Hohlraums
nachträglich eine ausreichende Anpressung erzeugt werden
(vgl. Anwendungsbeispiel Bild B 4/123).

Bild A 2/24
Neues Stirndichtungsprofil für Einschwimmelemente [A 2/18]

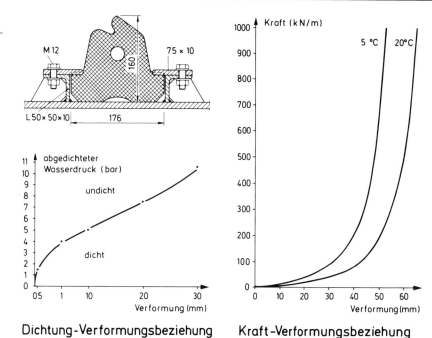

Dichtung-Verformungsbeziehung   Kraft-Verformungsbeziehung

Bild A 2/25
Stirndichtungsprofil für einen Vorpreßtunnel
[A 2/19]

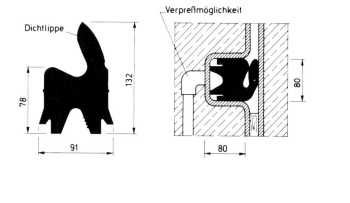

Bild A 2/26
Beispiele für Elastomer-Eindrück- oder Einklemmfugenprofile als Fugenverschluß

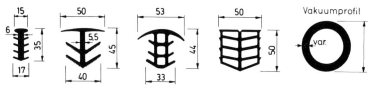

Nachträglich einzubauende Kompressions-Fugenbänder gibt es in Abhängigkeit von den Einbauverfahren in unterschiedlichen Bandformen. Die Bänder können eingedrückt, mit Vakuum eingesetzt oder eingestemmt werden. Die Erzeugung der erforderlichen Anpressung kann auch gezielt durch Injektion des zu diesem Zweck hohl ausgebildeten Profils nach dem Einbau erfolgen.

Grundsätzlich sind bei nachträglich eingebauten Kompressionsfugenbändern sowohl die zulässigen Fugenbewegungen als auch die zulässigen Beanspruchungen aus Sog, Wasserdruck usw. sehr eingeschränkt, zumal durch die Bänder auch Toleranzen in der Fugenbreite zu überbrücken sind. Folgendes ist zu beachten:

– Die Eindrück- oder Einklemmfugenprofile sowie die Vakuumfugenprofile (Bild A 2/26) sind im Tiefbau nur als Fugenverschluß *ohne* besondere Beanspruchung einsetzbar, da die erzielbaren Anpreßkräfte zu gering sind.

– Einstemmprofile sind auch zur Abdichtung gegen Wasserdruck einsetzbar, wenn die Fugenbewegungen klein sind. Bild A 2/27 zeigt zwei tannenzapfenförmige Einstemmprofile aus dichtem Elastomermaterial mit einer Härte von 80 Shore A. Der Anwendungsbereich bis 0,5 bar Wasserdruck liegt bei:

● Profil a: ± 1,0 mm maximales Fugenspiel (Einbauverformung 33,3 %)

● Profil b: ± 2,8 mm maximales Fugenspiel (Einbauverformung 33,3 %).

Bild A 2/27
Dichtungsgrenzlinien und mögliche Anwendungsbereiche von Einstemmprofilen in Tannenzapfenform. Bei der Festlegung der Anwendungsbereiche sind die Relaxation mit 25% und ein Sicherheitsfaktor von 1,5 beim Wasserdruck berücksichtigt [nach A 2/16]

Anmerkungen:
- Elastomer-Profile in CR-Qualität, Shore A-Härte 80 Einheiten, Zugfestigkeit 14 N/mm², Bruchdehnung 200%
- Fugenflanken mit Epoxid-Harz vorbehandelt
- Stumpfstöße auf Preßkontakt, T-Stöße auf Gehrung verklebt

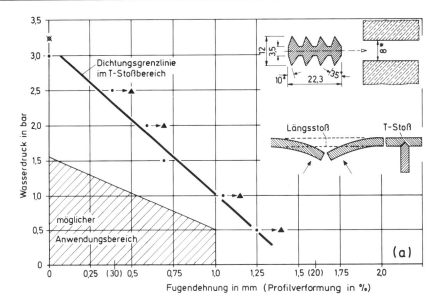

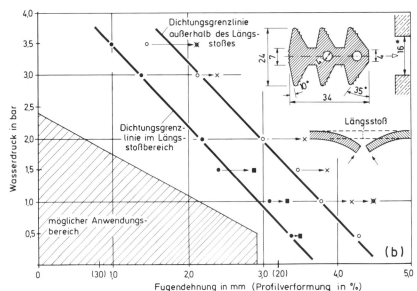

▲ Umläufigkeit am T-Stoß; ■ Umläufigkeit am Längsstoß; × Umläufigkeit am ungestoßenen Band ▨ Profil aus der Fuge gedrückt; ∗ Ausgangsfugenbreite

Einen größeren Bewegungsspielraum hat das kreisförmige Einstemmprofil aus zelligem Elastomermaterial (Bild A 2/28). Durch das „Einrollen" des Profils mit Kunststoffkeilen von Hand oder mit Maschine wird eine Verformung von bis zu 40% bzw. bis zu 50% erreicht. Für 0,5 bar Wasserdruck beträgt das zulässige Fugenspiel bei 35% Einbauverformung ± 3 mm und bei 40% ± 5 mm und für 1 bar Wasserdruck bei 40% Einbauverformung noch ± 0,5 mm und bei 45% noch ± 2,5 mm. Gegen den Wasserdruck abgestützte Einstemmprofile, z.B. durch Mörtelkappen o.ä., können entsprechend höher belastet werden. Im Einzelfall sind Untersuchungen erforderlich.

Anwendungsbeispiele siehe Bilder A 2/79 und A 2/99 c sowie Kapitel B 2.3, B 3.3 und B 3.4.2.

– Ein ausinjizierbares Dichtungsband zeigt Bild A 2/29. Hierbei besteht das Band z.B. aus einem textil-bewehrten Schlauch mit aufvulkanisierten Zahnprofilen o.ä. Die erforderliche Anpressung wird durch Injektion des Schlauchs mit Epoxid-Harz und durch die damit erzwungene Verformung der Zahnprofile erzielt. Durch den Einbau in schwalbenschwanzförmige Fugen können hohe Wasserdrücke aufgenommen werden. Der Bewegungsspielraum ist nicht allzu groß. Allerdings ist zu berücksichtigen, daß durch die Injektion bereits alle Fugentoleranzen ausgeglichen sind, so daß der Bewegungsspielraum für Temperaturdehnungen voll zur Verfügung steht.

Bild A 2/28
Kreisförmiges Einstemmprofil aus geschlossenzelligem Elastomer-Material

a) Dichtungsgrenzlinie und möglicher Anwendungsbereich[1]. Bei der Festlegung des Anwendungsbereichs sind die Relaxation mit 45 % und ein Sicherheitsfaktor von 1,5 beim Wasserdruck berücksichtigt (nach [A 2/47])

b) Einbau von Hand mit Kunststoffkeilen in eine Dehnungsfuge (Fermadur-Dichtungssystem der DENSO-Chemie, Leverkusen)

[1] Anmerkungen:
– Werkstoffeigenschaften nach DIN 4060 [A 2/10]
– Längsstoß verklebt
– Fugenflanken mit Alkalisilikatlösung behandelt

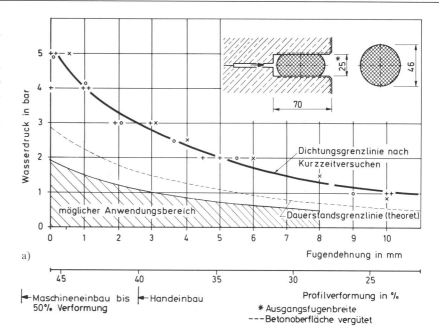

Bild A 2/29
Dichtungsgrenzlinie (Langzeitversuch) und möglicher Anwendungsbereich eines Injektionsfugenbands nach dem Anpreßprinzip (nach [A 2/48]). Bei der Festlegung des Anwendungsbereichs wurde ein Sicherheitsfaktor von 2 berücksichtigt

Anmerkungen:
Textilbewehrter Elastomer-Schlauch mit aufvulkanisierten Tübbingdichtungsprofilen

Material der Tübbingdichtungsprofile:
Polychloropren-/Styrol-Bautadien-Kautschuk, Shore A-Härte 65 Einheiten, Zugfestigkeit 11 N/mm^2, Bruchdehnung 350 %

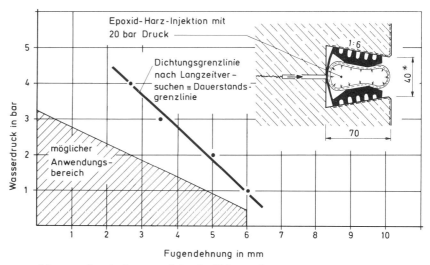

d) Elastomer-Fugenbänder nach dem Anflanschprinzip

Dieses Prinzip wird in Sonderfällen angewandt:

– wenn ein Auswechseln des Fugenbands möglich sein muß,
z. B. bei sehr großen nicht voraussehbaren Beanspruchun-
gen, großer Beschädigungsgefahr oder frühzeitiger Alterung
(Übergang Schildtunnel/Schachtbauwerk, Schleusenhaupt/
Schleusenwand usw.). In diesen Fällen werden an beiden
Fugenflanken stählerne Festflansche einbetoniert, auf
denen ein Elastomerband (z. B. Omega- oder Flachprofile)
mit Losflanschen festgeklemmt wird. Je nach Beanspru-
chung ist das Fugenband bewehrt oder unbewehrt. Die
Bewehrung besteht in der Regel aus ein oder zwei Lagen
Nylongewebe. Die Einklemmkonstruktion ist bei großen
Bewegungen und hohen Wasserdruckbelastungen i. a. heute
so ausgebildet, daß ein Durchbohren der Bänder entfällt
(Bild A 2/30).

– wenn aus Gründen des Bauverfahrens das Einbetonieren
eines Fugenbands nicht möglich ist, z. B. wasserdichter
Anschluß an eine Schlitzwand oder Anschluß eines Erweite-

rungsbauwerks. Hierbei wird die Betonoberfläche heute
meist mit einem Kunstharzmörtel ausgeglichen und vergütet
und dann das Band mit einem Losflansch eingeklemmt (Bild
A 2/31 a).

– wenn unvorhergesehene Risse oder undichte Fugen abgedichtet werden müssen (Bild A 2/31 b).

Da die Einpreßkraft über den Anzug des Losflansches gezielt
eingeleitet und in ihrer Größe gesteuert werden kann, ist bei
diesem Prinzip eine hohe Sicherheit in der Dichtungswirkung
zu erzielen. Voraussetzung ist allerdings, daß die Umlaufwege
um den Festflansch bzw. um die Betonversiegelung entsprechend lang und dicht sind.

Hinweise zur Bemessung der Einbauteile sind zu finden in
[A 2/5] und [A 2/21], zur Bemessung der Fugenbänder in
[A 2/51] und [A 2/52], Ausführungsbeispiele s. Kapitel B 3.5,
B 4.2.1.2, B 4.5, B 7.3 und B 9.2.

Bild A 2/30
Übliche Anflanschfugenbandprofile mit und
ohne Bewehrung für Los- und Festflanschkonstruktionen

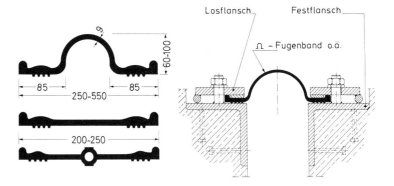

Bild A 2/31
Beispiele für Anklemmfugenbandprofile:
a) Anschluß an bestehende Bauteile
b) Reparatur von Fugen und Rissen

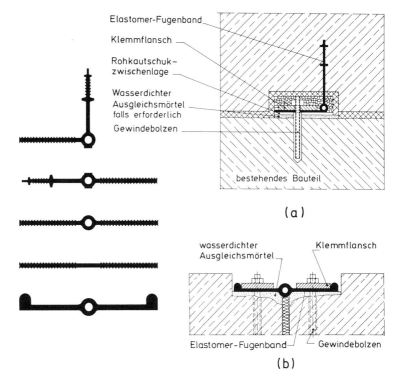

A 2.1.3 Fugendichtstoffe

Fugendichtstoffe werden im plastischen Zustand in die fertigen Fugenaussparungen eingebracht. Dort binden sie ab und dichten die Fuge durch Haftung an den Fugenflanken (Adhäsion). Das Anbinden am Fugengrund ist zu verhindern, da sonst bereits geringste Fugendehnungen zum Einreißen des Dichtstoffs führen (Bild A 2/32). Die Einbringung erfolgt durch Einspritzen oder bei horizontalen Fugen auch durch Gießen (Kunststoff- oder Bitumenvergußmassen).

Im Tiefbau werden Fugendichtstoffe nur für untergeordnete Aufgaben wie Fugenverschlüsse und zusätzliche Dichtungen eingesetzt. Je nach Bauwerksart können zu den Fugenbewegungen aus Schwinden, Temperatur und dergleichen auch Wasserdruck, Sog- und Abriebskräfte auf den Dichtstoff einwirken. Es liegen aus der Praxis viele negative Erfahrungen mit Dichtstoffen im Tiefbau vor. Oft ist dies allerdings bedingt durch Verarbeitungs- und Planungsfehler wie z.B. unzureichend vorbehandelte Fugenflanken und zu geringe Fugenabmessungen.

Die Einteilung der Fugendichtstoffe erfolgt nach dem mechanischen Verhalten, dem Abbindevorgang und der chemischen Rohstoffbasis.

a) Mechanisches Verhalten (Bild A 2/33)

Für Bewegungsfugen im Tiefbau kommen ausschließlich elastische Fugendichtstoffe zum Einsatz. Vorwiegend plastische Massen sind für wechselnde Beanspruchungen nicht geeignet, wie in Bild A 2/34 dargestellt.

Elastische Fugendichtstoffe gelten als

– elastisch, bei einem Rückstellvermögen von mehr als 90 % und

– elastoplastisch, bei einem Rückstellvermögen von 50 bis 90 %.

Ein gewisser plastischer Anteil ist immer erforderlich, um den notwendigen Spannungsabbau bei Dehnungen – vor allem in den Fugenflanken – zu bewirken.

In der Regel liegt die praktische Dehnfähigkeit der Dichtstoffe bei 10 bis maximal 20 % der Ausgangsfugenbreite. Bei druckwasserbeständigen elastischen Dichtstoffen, die strammer eingestellt sein müssen, sind maximal 10 % Dehnung zulässig.

b) Abbindevorgang

Nach dem Abbindevorgang werden 1- und 2-Komponenten-Dichtstoffe unterschieden. Im Tiefbau finden heute überwiegend die 2-Komponenten-Dichtstoffe Anwendung. Hierbei sind zu unterscheiden:

– Chemisch vernetzende 2-Komponenten-Dichtstoffe, die durch chemische Reaktion bei der Mischung beider Komponenten in den Härtezustand übergehen. Sie ergeben in relativ kurzer Zeit homogene elastische Dichtungen.

– Katalytisch härtende 2-Komponenten-Dichtstoffe, bei denen eine kontinuierliche Vernetzung beider Komponenten unter Einwirkung von Luftfeuchtigkeit entsteht.

c) Chemische Rohstoffbasis

Im Tiefbau werden heute 2-Komponenten-Dichtstoffe überwiegend auf Polysulfid- bzw. Polyurethanbasis eingesetzt. Im folgenden werden die wesentlichen Eigenschaften dieser Dichtungsmassen erläutert:

– Polysulfide (auch als Thiokole bekannt; SR)

Es entstehen weitgehend elastische Dichtungen mit plastischen Anteilen. Der Abbindevorgang erfolgt katalytisch härtend, seine Dauer beträgt temperaturabhängig 2 bis 7 Tage. Die Vorbehandlung der Fugenflächen mit einem entsprechenden Primer ist immer erforderlich. Die praktische Bewegungsaufnahme liegt in der Regel bei ≤ 20 % der Ausgangsfugenbreite. Die Lebensdauer wird nach Erfahrungen im Hochbausektor mit 20 bis 25 Jahren angegeben. Die chemische Beständigkeit ist sehr gut (vergleiche Tabelle A 2/8). Polysulfid-Dichtstoffe weisen allerdings nicht die erforderliche Standfestigkeit gegen Wasserdruck auf. Ihr Einsatz macht bei negativem Wasserdruck eine zusätzliche Abstützung notwendig.

Für Abwassersammler und Kläranlagen sind Polysulfid-Dichtstoffe ungeeignet, da keine Beständigkeit gegenüber den sich in häuslichen Abwässern vollziehenden mikrobiologischen Prozessen besteht. Polysulfid-Dichtstoffe erfahren offensichtlich durch anaerobe Mikroorganismen eine Zersetzung, die im Lauf der Zeit zu einem totalen Verlust des ursprünglich eingebrachten Dichtstoffs führen kann.

Einsatzgebiete: Treibstoff- und Öl-Auffangkonstruktionen, Stützmauern, Brücken.

– Polyurethan (PUR)

Das mechanische Verhalten ist vorwiegend elastisch. Der Abbindevorgang verläuft chemisch vernetzend, seine Dauer beträgt temperaturabhängig 1 bis 7 Tage. Während dieser Zeit sind 2-Komponenten-Polyurethan-Dichtstoffe stark feuchtigkeitsempfindlich. Ein Voranstrich mit einem Primer ist immer erforderlich. Die praktische Bewegungsaufnahme liegt in der Regel bei ≤ 10 %. In diesem Rahmen können Fugenbewegungen und Wasserdruck aufgenommen werden, wobei allerdings die einwandfreie Haftung an den Fugenflanken und ein gleichmäßiger fachgerechter Einbau gewährleistet sein müssen. Als Gebrauchstemperatur wird −30 °C bis +80 °C angegeben. Die Brauchbarkeitsdauer/Lebensdauer liegt bei 15 Jahren.

Fugendichtstoffe auf Polyurethanbasis zeichnen sich durch ihre sehr gute Abriebfestigkeit, Chemikalienbeständigkeit (vergleiche Tabelle A 2/8) und Flexibilität bei tiefen Temperaturen aus. Gleichzeitig besitzen sie gute Beständigkeit gegenüber mikrobiologischen Angriffen.

Einsatzgebiete: Klärbecken, Abwassersammler, Wasserbau; insbesondere als Polyurethan-Teer-Dichtstoff.

Die Anforderungen an Fugendichtstoffe und ihr Einsatz im Tiefbau sind bisher nicht genormt. Seit 1980 gibt es vom Institut für Bautechnik, Berlin, die „Bau- und Prüfgrundsätze für Zwei-Komponenten-Dichtstoffe für Abwasseranlagen (BPG)". Sie gelten für Zwei-Komponenten-Dichtstoffe und zugehörige Voranstrichmittel zum Dichten der inneren Rohrstoßfugen im Erdreich verlegter Abwasserkanäle von DN 800 an aufwärts und zum Dichten von Fugen an Ortbetonkonstruktionen. Prüfkriterien und Anforderungen sind in Tabelle A 2/9 gegenübergestellt. Die Anforderungen gehen teilweise weit über das hinaus, was in DIN 18540, Teil 1 und Teil 2 für die im Hochbau verwendeten Fugendichtstoffe festgelegt ist [A 2/24].

Bild A 2/32
Dehnverhalten eines Fugendichtstoffs beim
Verfugen mit und ohne Hinterfüllung (sche-
matisch)

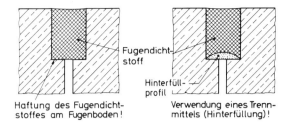

Haftung des Fugendicht-   Verwendung eines Trenn-
stoffes am Fugenboden!   mittels (Hinterfüllung)!

Ausgangsposition

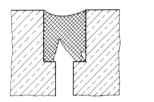 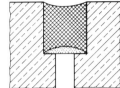

bei Fugendehnung

Bild A 2/33
Einteilung von Fugendichtstoffen nach dem
Spannungs-Dehnungs-Verhalten [A 2/22]

E   Elastischer Dichtstoff, Modul 30 N/mm^2,
     100% Dehnung
E–P Elastoplastischer Dichtstoff, Modul 15
     N/mm^2, 100% Dehnung
P–E Plastoelastischer Dichtstoff, Modul 5
     N/mm^2, 100% Dehnung
P   Plastischer Dichtstoff, Modul 2 N/mm^2,
     100% Dehnung

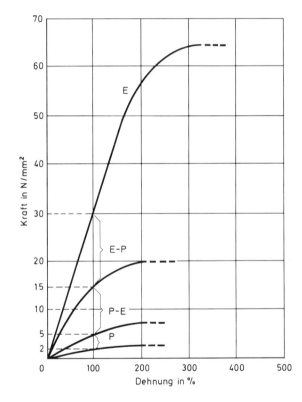

Bild A 2/34
Wechselnde Beanspruchungen von Fugendichtstoffen und ihre Auswirkungen [A 2/22]

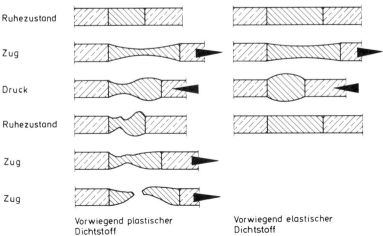

Ruhezustand

Zug

Druck

Ruhezustand

Zug

Zug

Vorwiegend plastischer   Vorwiegend elastischer
Dichtstoff   Dichtstoff

Tabelle A 2/8
Verhalten von Fugendichtstoffen gegen chemische Einflüsse [A 2/23]

Chemikalie	Polysulfid-kautschuk	Polyure-thane	Polyure-than/Teer
Organische Säuren			
Ameisensäure bis 10 %	+	− / +	+
Essigsäure bis 10 %	+	− / +	+
Milchsäure bis 10 %	+	− / +	+
Oxalsäure bis 10 %	+	+	+
Weinsäure bis 10 %	+	+	+
Zitronensäure bis 10 %	+	+	+
Anorganische Säuren			
Flußsäure bis 10 %	(+)	−	−
Phosphorsäure bis 10 %	+	−	−
Salzsäure bis 10 %	+	+	+
Salpetersäure bis 10 %	(+)	− / (+)	+
Schwefelsäure bis 10 %	(+)	+	+
Silicofluorwasserstoff-säure bis 10 %	+	−	−
Laugen			
Natronlauge 10 %	+	(+)	+
Ammoniak 10 %	+	− / (+)	+
Kalilauge 10 %	+	(+)	(+)
Chlorbleichlauge 10 %	(+)	− / (+)	(+)
Calciumhydroxidlösung 10 %	+	− / (+)	+
Lösungsmittel			
Kohlenwasserstoffe			
Testbenzin 145/200	+	+	+
Benzol	− / (+)	−	−
Kerosin	+	+	+
Petroleum	+	−	+
Styrol	− / (+)	−	−
Kfz-Treibstoff	+	(+)	(+)
Xylol	− / (+)	−	−
Chlorkohlenwasserstoffe			
Trichloräthylen	(+) / −	−	+ / −
Tetrachloräthylen	+ / −	−	+ / −
Perchloräthylen	+ / −	−	+ / −
Alkohole			
Äthylalkohol	+ / (+)	+ / −	+ / −
Äthylenglykol	+	+	+
Äthylglykol	(+)	+	+
Amylalkohol	(+)	(+)	(+)
Butylalkohol	(+)	(+)	(+)
Glycerin	+	(+)	+
Hexylenglykol	+	+	+
Isopropylalkohol	+ / (+)	+ / −	+ / (+)
Methylalkohol	+	+	+
Phenol 5 %ig	(+)	−	−

Chemikalie	Polysulfid-kautschuk	Polyure-thane	Polyure-than/Teer
Ester			
Äthylacetat	(+)	−	− / (+)
Butylacetat	− / (+)	−	− / (+)
Methylglycolacetat	− / (+)	−	−
Methylisobutylcarbinol	+	−	−
Ketone			
Aceton	(+)	−	(+)
Cyclohexanon	−	−	−
Methyläthylketon	(+)	−	−
Methylisobutylketon	+	−	−
Aldehyde			
Formaldehyd 10 %	+ / (+)	+	+
Salzlösungen			
Bariumchlorid 20 %	+	+	+
Calciumchlorid 20 %	+	+	+
Calciumhypochlorit 20 %	(+)	−	(+)
Eisen II-Sulfatlös. 10 %	+	+	+
Kaliumdichromat	+	+	+
Kalisalpeter	+	+	+
Kupfersulfat 10 %	+	+	+
Natriumchlorid	+	+	+
Natriumkarbonat	+	+	+
Natronsalpeter	+	+	+
Magnesiumchlorid	+	+	+
Öle			
Dieselöl	+	−	+
Heizöl EL	+	+	+
Heizöl schwer	+	+	+
Antrazenöl	− / (+)	−	−
Schmieröl	+	−	(+)
Hydrauliköl	− / (+)	−	(+)

Zeichenerklärung: + beständig, (+) bedingt beständig, − unbeständig

Anmerkung zur Chemikalienbeständigkeit: s. Tabelle A 2/2

Tabelle A 2/9
Prüfkriterien und Anforderungen für Zwei-Komponenten-Dichtstoffe nach BPG (Bau- und Prüfgrundsätze des Instituts für Bautechnik, Berlin) [A 2/53]

Prüfungen	Anforderungen
Standvermögen in Anlehnung an DIN 52454	Nicht mehr als 2 mm Ausbuchtung
Haft- und Dehnversuche in Anlehnung an DIN 52455	Nach allen Lagerungen nach jeweils 24stündiger Dehnung keine Rißbildung und keine Ablösungen vom Kontaktmaterial (Haftgrund)
Beständigkeit gegenüber Wasserüberdruck von 2 bar	Aufwölbung nach 24 Stunden (Anfangswert) nicht mehr als 5 mm. Nach anschließend 7 Tagen nicht mehr als 1 mm Zunahme der Aufwölbung gegenüber dem Anfangswert. Kein Wasserdurchtritt
Gewichtsverlust nach Hitzelagerung	Nicht mehr als 10 %
Chemische Beständigkeit in verdünnter Schwefelsäure mit pH = 2 und verdünnter Natronlauge mit pH = 12: Gewichts- und Volumenänderungen	Nicht mehr als ± 5 %
Mikrobiologische Beständigkeit: Gewichtsverlust nach 12monatiger Einlagerung in aerobes bzw. anaerobes Abwasser	Nicht mehr als 5 %

Darüber hinaus enthalten die BPG auch Hinweise für die Verarbeitung, die Bemessung der mit dem Dichtstoff zu schließenden Fugen und für die Beschaffenheit der Kontaktflächen. Die Einhaltung der geforderten Eigenschaften des Dichtstoffs ist durch eine Zulassungsprüfung nachzuweisen (Voraussetzung für die Erteilung eines Prüfzeichens). Sie ist außerdem durch eine Güteüberwachung zu sichern, die aus einer Eigenüberwachung und einer Fremdüberwachung durch eine anerkannte Prüfstelle besteht.
Nach den bisherigen Erfahrungen genügen von den zur Zeit auf dem Markt befindlichen Materialien nur Dichtstoffe entsprechender Zusammensetzung auf der Basis Polyurethan oder Polyurethan-Teer den Anforderungen der BPG [A 2/25].

Neben den spritzfähigen dauerelastischen Fugendichtstoffen kommen im Tiefbau für horizontale und leichtgeneigte Fugen z. B. in Betonstraßen, Flugpisten oder Brücken auch Fugenvergußmassen zum Einsatz (siehe Kapitel B 6.1.2.5). Diese gießfähigen Massen sind z. B. auf Bitumen-Kautschuk-, Polyurethan-Teer- oder 2-Komponenten-Kunststoff-Basis aufge-

baut. Sie sind heute überwiegend elastisch bis plastoelastisch eingestellt und werden kalt oder heiß verarbeitet. Im erhärteten Zustand sind sie weitgehend wetter- und wasserbeständig und können bis etwa + 70 °C beansprucht werden. Bestimmte Polyurethan-Teer-Kombinationen widerstehen auch den Angriffen von Ölen, Fetten und Treibstoffen. Für Heißvergußmassen gelten die „Technischen Lieferbedingungen für bituminöse Fugenvergußmassen" TL bit Fug 82 (Herausgeber: Forschungsgesellschaft für das Straßenwesen, Köln). Bei Kaltvergußmassen liegen zur Zeit noch keine Vertragsbedingungen für Prüfung und Beschaffenheit vor.

Hinweise zur Fugengestaltung und Anwendung von Fugendichtstoffen bzw. Fugenvergußmassen s. Kapitel A 2.2.2.2 und A 2.3.3.4.
Anwendungsbeispiele s. Kapitel B 1.2, B 2.3, B 3.2, B 3.3, B 3.4, B 7.3.

A 2.1.4 Injektionsdichtungen

A 2.1.4.1 Injektionssysteme

Undichte Arbeits- und Sollrißfugen sowie sonstige Schwachstellen in Betonkonstruktionen (z. B. einbetonierte Fugenbänder, Anschlüsse von stählernen Einbauteilen usw.), in denen keine Bewegungen auftreten bzw. die Bewegungen praktisch abgeschlossen sind, können durch Injektionen gezielt abgedichtet werden. Die nachträgliche herkömmliche Verpressung dieser Fugen und Schwachstellen ist sehr arbeitsaufwendig. Zum Einbringen des Injektionguts werden daher Injektionskanäle vorab an diesen Stellen in die Betonkonstruktion eingebaut. Folgende Systeme kommen hierfür zur Zeit zur Anwendung:

1. Injektionskanäle aus Moosgummiprofilen

An den Schwachstellen werden in der Betonkonstruktion Moosgummiprofile, meist mit rechteckigem Querschnitt (z. B. 20/10 mm) aus geschlossenzelligem Material mit Injektionsröhrchen im Abstand von 3 bis 5 m eingebaut. Nach dem Erhärten des Betons wird durch die Röhrchen Injektionsmaterial eingepreßt. Der Verpreßdruck bewirkt ein Zusammendrücken des Moosgummiprofils. Es bildet sich dabei ein Kanal, durch den das Injektionsmaterial alle mit ihm in Verbindung stehenden Risse, Kiesnester oder Hohlräume erreichen kann. Ein Anwendungsbeispiel dieses Systems in Verbindung mit einem Fugenband zeigt Bild A 2/35.

2. Injektionsschläuche [A 2/26]

Injektionsschläuche System Jekto sind Injektionskanäle mit rd. 17 mm Außen- und 8 mm Innendurchmesser. Sie bestehen aus (Bild A 2/36 a):

- einer Stützspirale, die den hydrostatischen Druck des Frischbetons übernimmt und ein Zerquetschen des Schlauchs verhindert

- einer inneren Gewebehülle aus geklöppelten Kunststofffäden, die die darüberliegende Membrane trägt

- einer Vliesmembrane mit Kunstharzimprägnierung, die das Eindringen von Frischbetonteilen in den Schlauch verhindert und bei der Injektion aufreißt

- einer kräftigen äußeren Gewebehülle aus Kunststofffäden als Schutz für den inneren Aufbau. Durch die Struktur der äußeren Gewebehülle werden kleine Hohlräume geschaffen, die dem Injektionsmaterial den Weg zu den Betonfehlstellen offenhalten.

Bild A 2/35
Beispiel eines Fugenbands mit Stahllaschen und
Injektionskanälen aus Moosgummi [A 2/27]

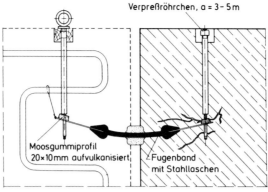

Bild A 2/36
Injektionsschlauch-System Jekto [A 2/26]

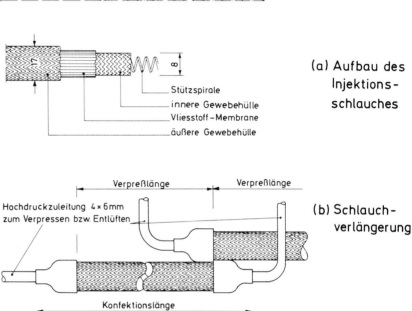

(a) Aufbau des Injektions- schlauches

(b) Schlauch- verlängerung

Auf dem Markt befinden sich auch zahlreiche andere Systeme von Injektionsschläuchen. Bei der Auswahl ist darauf zu achten, daß sie den Austritt des Injektionsharzes auf der gesamten Oberfläche und nicht nur punktweise ermöglichen. Außerdem müssen sie vom Aufbau her sicherstellen, daß keine Frischbetonteile eindringen oder der Injektionskanal durch den Betondruck zusammengedrückt wird.

Die Injektionsschläuche werden je nach baulicher Situation in Längen von 1 bis 7 m gefertigt. An den beiden Enden sind Hochdruckzuleitungen für Füllung und Entlüftung angebracht, die an gut zugänglichen Stellen aus dem Beton herausgeführt werden. Die Schlauchkopplung erfolgt durch direkten Schlauchkontakt z. B. gemäß Bild A 2/36b oder durch enges Zusammenführen (5 bis 10 cm) der Schläuche.

Hinweise zur Fugengestaltung und Anwendung der Injektionsschläuche s. Kapitel A 2.2.2.3, Anwendungsbeispiele s. Kapitel B 4.3.2, B 4.6.2, B 8.1 und B 9.1.2.

3. Manschettenrohre

Ein speziell für Schlitzwandfugen entwickeltes Injektionssystem, das aber auch anderweitig einzusetzen ist, stellt das in Bild A 2/37 wiedergegebene Manschettenrohr dar. Hierbei handelt es sich um biegesteife Kunststoffrohre (Außen-Durchmesser 33 mm, Innen-Durchmesser 25 mm) mit besonderen Verpreßventilen im Abstand von 30 cm, aus denen Injektions-

material austreten kann. Im Gegensatz zu normalen Manschettenrohren, wie sie für Baugrundinjektionen verwendet werden, weisen die weiterentwickelten Manschettenrohre Verpreßventile auf, die auch im einbetonierten Zustand voll funktionsfähig sind. Dies wird durch die zusätzliche äußere Manschette aus weichelastischem Material erreicht.

Die Verpressung erfolgt über einen in das Manschettenrohr eingeführten Hochdruckschlauch mit einem beweglichen Spezialpacker. Damit werden die Verpreßventile einzeln und nacheinander angefahren und örtlich verpreßt. Die Verpreßrohre selbst bleiben dabei frei von Verpreßmaterial. Es ist somit sowohl eine bereichsweise Verpressung als auch eine Nachverpressung zu einem späteren Zeitpunkt möglich.

Wesentliche Vorteile dieses Systems sind:

– Örtliche Fehlstellen und Lecks können in mehreren Etappen mit jeweils begrenzter Injektionsmenge nach und nach abgedichtet werden.

– Der Verpreßdruck wirkt jeweils nur über ein Verpreßventil auf die Riß- bzw. Fugenfläche. Ein Aufweiten der Risse oder Fugen auch bei hohen Verpreßdrücken ist so praktisch ausgeschlossen.

Hinweise zum Einbau des Systems s. Kapitel A 2.2.2.3. Ein Anwendungsbeispiel zeigt Bild B 4/60.

Bild A 2/37
Manschetten-Rohr „System Jekto-Rohr MH"
speziell für Schlitzwandfugen entwickelt
[A 2/26]

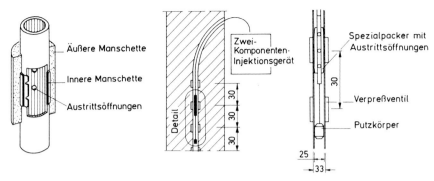

Verpreßventil   **Manschettenrohr mit beweglichem Spezialpacker**

A 2.1.4.2 Injektionsmittel

Zum Injizieren von Fugen, Rissen und Fehlstellen im Beton über Verpreßkanäle kommen verschiedene Arten von Injektionsmitteln zum Einsatz [A 2/54]. Ihre Wahl hängt im wesentlichen von der Art der Dichtungsaufgabe und den örtlichen Gegebenheiten ab. Dabei ist grundsätzlich davon auszugehen, daß in den Verpreßkanälen beim Injizieren Wasser anstehen kann.

Die Beurteilung der Injektions-Harze erfolgt hauptsächlich nach den in Tabelle A 2/10 angegebenen Kriterien und Prüfverfahren [A 2/29]. Eine möglichst geringe Viskosität ist wichtig für ein gutes Eindringvermögen des Harzes in Fugen und Risse. Im Hinblick auf eine dauerhafte Dichtwirkung kommt der Volumenkonstanz, der Dehnfähigkeit und der Festigkeit des ausreagierten Materials ebenso wie einem guten Langzeitverhalten und einer guten Flankenhaftung größte Bedeutung zu.

Als Verpreßmaterialien für die üblichen Dichtungsaufgaben im Tiefbau kommen bei Stahlbetonkonstruktionen im wesentlichen folgende Injektions-Harze in Frage:

– *Zweikomponenten PUR-Harze.* Polyurethan-Systeme lassen sich so modifizieren, daß nach der Polymerisation eine nahezu dauerhaft elastische und volumenkonstante Masse entsteht. Eine beschränkte Porenbildung bei gesteuerter Reaktion des PUR-Harzes mit dem in den nassen Fugen vorhandenen Wasser ermöglicht in gewissen Grenzen eine Dehnfähigkeit des Injektionskörpers auch bei behinderter Querdehnung durch die Rißflanken. In Verbindung mit der Dehnfähigkeit und der guten Betonhaftung des PUR-Harzes können somit auch kleine nachträgliche Rißbewegungen in der Größenordnung von 10 bis 15 % bezogen auf die Rißausgangsweite zum Zeitpunkt der Verpressung überbrückt werden [A 2/55]. PUR-Harz ist verträglich mit Grundwasser und resistent gegen Fäulnis und Zersetzung. Die Viskosität liegt etwa bei 200 bis 300 m Pas*).

– *Zweikomponenten Acryl-Harz-Gele.* Acryl-Harz-Systeme erstarren bei der Polymerisation zu einer elastischen Masse. Bei wechselnder Wasserlagerung und Austrocknung quillt und schrumpft das Gel. Die Quellung erzeugt einen zusätzlichen Dichtungsdruck. Bei Austrocknung nimmt das Harz allmählich wieder sein ursprüngliches Volumen ein, um bei erneuter Wasserlagerung wieder zu quellen. Bei schnellem Anstieg des Wassers in der Wasserwechselzone ist jedoch zunächst die Dichtigkeit der Fuge nicht gewährleistet.

_____
*) Viskosität des Wassers = 1 m Pas

Tabelle A 2/10
Beurteilung von Verpreßmaterialien [A 2/29]

Maßgebende Kriterien	Kennzahlen, Prüfverfahren
Fließfähigkeit, Eindringvermögen	Viskosität [m Pas]
Verarbeitbarkeit	Reaktionszeit [min.]
Volumenkonstanz	Gewichtsverlust bei Lagerung im Trockenschrank [%] Quell- und Schrumpfverhalten bei Wasserlagerung und Austrocknung [%]
Dehnfähigkeit	Bruchdehnung im Zug- und Biegeversuch [%] Shore-Härte A Querdehnzahl Porenvolumen [%]
Festigkeit	Haftfestigkeit [N/mm^2] Zugfestigkeit [N/mm^2]
Toxizität während der Verarbeitung	Beurteilung der einzelnen Komponenten
Hygienische Unbedenklichkeit bei Berührung mit Trinkwasser oder Grundwasser	Untersuchung entsprechend den KTW-Empfehlungen des Bundesgesundheitsamts

Grundsätzlich sollten Acryl-Harz-Injektionen nur unterhalb des Grundwasserhorizonts eingesetzt werden. Der Wasserdruck sollte < 0,5 bar, das Grundwasser stehend und nicht aggressiv sein. Wegen der minimalen Dehnfähigkeit des Gels infolge der behinderten Querkontraktion durch die Rißflanken sollten möglichst keine Fugen- bzw. Rißbewegungen mehr nach dem Verpressen auftreten.

Ein besonderer Vorteil der Acryl-Harze für Abdichtungsaufgaben im Grundwasserbereich ist ihre geringe Viskosität, die je nach Einstellung zwischen 2 und 20 m Pas liegt*).

– *Zweikomponenten Epoxid-Harze.* Epoxid-Harze können zur Zeit für Dichtungsinjektionen nur verwendet werden, wenn

Tabelle A 2/11
Empfohlene Anwendungsbereiche von Epoxid-, Acryl- und PUR-Harz-Injektionen für die dauerhafte Dichtung von Fugen, Rissen und Fehlstellen (nach [A 2/26] und [A 2/29])

Maßgebende Kriterien	Empfohlene Anwendungsbereiche		
	Epoxid-Harz	Acryl-Harz-Gel	PUR-Harze mit gesteuerter Porenbildung
Bewegungen nach dem Verpressen	keine	keine	kleine Bewegungen zulässig. Größe abhängig von der Riß- bzw. Fugenbreite zum Zeitpunkt der Injektion
Lage des Grundwasserspiegels	ohne Bedeutung	unbedingt oberhalb der Injektionsstelle	ohne Bedeutung
Wasserdruck	keine Begrenzung	≤ 5 m WS	keine Begrenzung
Grundwasserströmung	strömendes Wasser zulässig	nur stehendes Wasser zulässig	strömendes Wasser zulässig
Aggressivität des Grundwassers im Sinne von DIN 4030	ohne Bedeutung	nicht zulässig	ohne Bedeutung

sichergestellt ist, daß keine Bewegungen der Fugen-, Riß- bzw. Fehlstellenflanken mehr auftreten, wie z. B. bei Arbeitsfugen, Fehlstellen im Einbetonierbereich von Fugenbändern usw. Ein Hauptanwendungsgebiet sind Fugen und Risse, in denen neben der Dichtigkeit auch ein mechanischer Verbund gefordert wird. Elastisch unter Zusatz von Weichmachern eingestellte Epoxid-Harz-Systeme bringen noch keine dauerhafte Vergrößerung der Dehnfähigkeit. Durch Auswandern der Weichmacher und infolge der allmählichen weiteren Vernetzung des Harzes kommt es zu einer nachträglichen Versprödung. Dies führt bei späteren Bewegungen zu Flankenablösungen und damit zu erneuten Undichtigkeiten. Die Viskosität der Epoxid-Harz-Systeme für Dichtungsinjektionen liegt etwa bei 100 bis 200 m Pas*).

In Tabelle A 2/11 sind empfohlene Anwendungsbereiche für die oben aufgeführten Verpreßmaterialien angegeben. Die Anwendungsgrenzen insbesondere des Acryl-Harzes sind in der Praxis fließend. Wegen des günstigen Preises und der einfacheren Verpreßtechnik wird dieses Harz auch in Bereichen eingesetzt, wo PUR-Harz besser anzuwenden wäre [A 2/29]. Generell ist beim Einsatz der Injektionsmittel zu Dichtzwecken die Frage der Anwendungstemperaturen zu beachten. Bei Temperaturen unter + 10°C (in Sonderfällen unter + 5°C) scheidet jegliche Anwendung aus. Die Harze härten nicht mehr aus. Bei Temperaturen über etwa + 30°C ist eine ausreichende Topfzeit nur mit speziellen Rezepturen zu erreichen. Wichtig ist bei Zweikomponenten-Materialien und bei Zugabe von Katalysatoren auch die z. T. sehr sensible mengenmäßige Dosierung der verschiedenen Komponenten. Bereits geringe Abweichungen können hier zu einem Mißerfolg führen. Schließlich kommt der Wahl des Injektionsdrucks erhebliche Bedeutung zu.

---

*) Viskosität des Wassers = 1 m Pas.

A 2.2 Herstellung und Gestaltung von Fugen und Fugendichtungssystemen bei der Ortbetonbauweise

A 2.2.1 Allgemeines

Die Dauerhaftigkeit, Betriebssicherheit und Nutzung von wasserundurchlässigen Beton- und Stahlbetonbauwerken des Tiefbaus hängt entscheidend von der Dichtigkeit der Fugenkonstruktionen ab. Diesen Bauwerksbereichen muß daher sowohl bei der Planung als auch bei der Bauausführung gebührende Aufmerksamkeit gewidmet werden. Ursachen für schadhafte Fugen liegen zum einen oft darin begründet, daß die Anforderungen oder Beanspruchungen nicht hinreichend vorgegeben oder erkannt werden (vgl. Kapitel A 1), zum anderen aber auch häufig darin, daß die Herstellung nicht mit der notwendigen Sorgfalt erfolgt.

Bei der Ortbetonbauweise haben sich als meist angewandte Fugenabdichtung sowohl für Arbeits- als auch für Bewegungsfugen einbetonierte innen- oder außenliegende Fugenbänder aus Stahlblech, thermoplastischen und elastomeren Kunststoffen bewährt (s. Kap. A 2.1.2). Für untergeordnete Aufgaben wie Fugenabschlüsse und zusätzliche Dichtungen kommen häufig auch Fugendichtstoffe zur Anwendung (s. Kap. A 2.1.3). Außerdem werden für Arbeitsfugen und für Fugen, in denen später keine Bewegungen mehr auftreten, mit Erfolg auch Injektionsdichtungen eingesetzt (s. Kap. A 2.1.4).

Neben dem erfolgreichen Abdichten der einzelnen Fugen ist die abdichtungstechnische Verbindung der verschiedenen Fugenarten eines Bauwerks untereinander zu einem einheitlichen geschlossenen Dichtungssystem, insbesondere bei Beanspruchung durch drückendes Wasser, von größter Bedeutung. Das heißt, die Dichtungsmaßnahmen in den Arbeits- und Bewegungsfugen müssen vom Dichtungsprinzip her aufeinander abgestimmt und entsprechend angeordnet sein.

Im folgenden werden die allgemeinen Gesichtspunkte behandelt, die bei der Herstellung und Gestaltung von Fugen zu beachten sind und für alle Fugenarten gelten. Anschließend wird auf die verschiedenen Fugenarten im einzelnen eingegangen.

Bild A 2/38
Abrollen eines
450 mm breiten
Elastomer-Fugen-
bands mit Stahl-
laschen von einer
Trommel (Quelle
Vredestein Indu-
strial Products b.v.,
Velp, Holland)

A 2.2.2 Gesichtspunkte für alle Fugenarten

A 2.2.2.1 Grundregeln für einbetonierte Fugenbanddichtungen

a) allgemein

1) Fugenbänder sind in Abhängigkeit von der Betonkonstruktion, den zu erwartenden Bewegungen sowie dem
anstehenden Wasserdruck auszuwählen und zu bemessen.
Einen Anhalt hierfür geben die Versuchsergebnisse der
STUVA, Bilder A 2/10 und 11 sowie die Aussagen zur
Fugenbandbreite in Abhängigkeit von der Konstruktionsdicke bei mittig liegenden Fugenbändern unter Punkt 12
und 15. Im Einzelfall sind die Empfehlungen der Hersteller zu beachten.

2. Fugenbänder sind während des Transports und auf der
Baustelle schonend zu behandeln (Bild A 2/38). Sie dürfen
weder verschmutzt noch beschädigt werden (z. B. mit Fetten oder Ölen benetzt, durch spitze Gegenstände geritzt).
Verschmutzte Fugenbänder müssen vor dem Einbau gereinigt werden.

3. Dem sachgemäßen Einbau sowie der Fixierung des Fugenbands kommt eine besondere Bedeutung zu. Das Fugenband darf weder Wellen noch Falten bilden. Es darf auch
nicht gespannt oder gezogen werden. Der Mittelschlauch
bzw. die Dehnungsschlaufe von Dehnungsfugenbändern
muß genau in der vorgesehenen Fuge liegen. Auch beim
Einbringen und Verdichten des Betons muß das Fugenband seine Lage beibehalten. Im Hinblick auf diese Ein-
baugesichtspunkte weisen die einzelnen Fugenbandtypen
unterschiedliche Eignung auf. Die speziellen Hinweise
zum Einbau von innenliegenden und außenliegenden
Fugenbändern unter b) und c) sind zu beachten.

4. Übermäßige Bewehrung oder Aussparungen bzw. Einbauten im Fugenbereich sollten vermieden werden, da sie das
satte Umschließen des Fugenbands mit Beton behindern.

5. Das Fugenband kann nur Dichtigkeit gewährleisten, wenn
beide Seiten gut und satt im Beton eingebettet sind (keine
Kiesnester, Hohlräume u. ä.). Eine sorgfältige Verdichtung des Betons im Bereich des Fugenbands ist daher
unbedingt erforderlich. Hierzu sind nötigenfalls bei hoher
Bewehrungsdichte gezielt Rüttelgassen vorzusehen.

6. Zwischen Fugenbandmittelschlauch bzw. -dehnschlauch
und Fugenfüllplatte darf kein Beton oder Zementleim eindringen bzw. ausfließen. Es besteht sonst die Gefahr, daß
die Betonqualität an der Fuge verschlechtert wird, und
daß Betonkanten im Fugenraum die Bewegungsmöglich-

keit des Bands einschränken und zu seiner Beschädigung
führen können.

7. Fugenfüllplatten, Anstriche o. ä., die mit dem Fugenband
in Berührung kommen, müssen mit diesem dauerhaft verträglich sein (vgl. hierzu Kap. 2.1.2.2).

8. Beim Ausschalen der Fugen ist besonders sorgfältig zu
arbeiten, damit das Fugenband nicht beschädigt wird. Vor
dem Betonieren des 2. Abschnitts ist der freie Schenkel
des Fugenbands von Betonresten des 1. Betonierabschnitts
sorgfältig zu reinigen.

9. Fugenbänder dürfen erst nach völliger Aushärtung des
Betons beansprucht werden, da sonst die Dichtteile im
Beton ihre Lage verändern können oder gar herausgezo-
gen werden.

10. Nach Möglichkeit sollten genaue Fugenbandpläne aufgestellt werden, aus denen alle Maße – auf die Fugenband-
achse bezogen – ersichtlich sind. Beim Zusammentreffen
verschiedener Bauwerksfugen ist die Führung und Verbindung der Fugenbänder genau festzulegen. Ebenso sind die
Baustellenstöße sowie die werkseitig zu fertigenden Formstücke bzw. Teilsysteme frühzeitig zu bestimmen. Grundsätzlich muß das Fugenbanddichtungssystem in allen
Fugen in gleicher Ebene liegen, da sonst Schwierigkeiten
an den Übergängen auftreten.

b) Innenliegende Fugenbänder

11. Innenliegende Fugenbänder sind einsetzbar für Arbeits-
und Bewegungsfugen im Sohl-, Wand- und Deckenbereich
sowie in Gewölben (Bild A 2/39). Bereits bei der Beweh-
rungsplanung ist der Platzbedarf für die Fugenbänder zu
berücksichtigen. In der Regel ist eine ausreichende
Schlitzbewehrung (Bügelabstand ≤ 20 cm) zur Fixierung
der Bänder erforderlich (Bild A 2/40). Der Einbau der
Fugenbänder sollte gleichzeitig mit der Erstellung der
Schalung erfolgen (Arbeitserleichterung!).

Für die Fixierung der Fugenbänder in der Schalung gibt es
eine Reihe von Einbauhilfen. Einige Einbauhilfen für
PVC-P-Fugenbänder zeigt Bild A 2/41. Elastomerfugenbänder sind steifer und lassen sich daher einfacher und
sicherer einbauen. Die Einbauhilfen bestehen hier im
wesentlichen nur aus einem abgeflachten Mittelschlauch
und Randwülsten für die Befestigung mit Fugenbandklam-
mern.

12. Für die Bandbreite gilt als Faustregel:
Bandbreite ≤ Wanddicke (Bild A 2/40a).
Bei Berücksichtigung dieses Grundsatzes werden einerseits die Bauteile nicht unnötig tief aufgeschnitten und
geschwächt, andererseits ist auch noch eine gute Verdichtung des Betons am Band möglich. Da die Fugenbänder in
der Regel mindestens 25 bis 35 cm breit sind, ergeben sich
daraus Wand-, Sohl- und Deckendicken mit entsprechenden Abmessungen. Bei dünnen Betonteilen empfiehlt sich
beim Einbau eines innenliegenden Fugenbands die Verstärkung des Betonteils (Bild A 2/40b).

13. Aus schalungs- und bewehrungstechnischen Gründen ist
es nicht empfehlenswert, innenliegende Fugenbänder im
Betonquerschnitt ausmittig anzuordnen. Von diesem
Grundsatz wird nur bei dicken Bauwerksteilen abgewi-
chen, wobei das Fugenband im allgemeinen dann mehr zur
Wasserseite angeordnet wird. Es ist jedoch auch in solchen
Fällen darauf zu achten, daß das Fugenband zur näher

Bild A 2/39
Beispiel für die übliche Anordnung von innenliegenden Fugenbändern im Bauwerk (Schema)

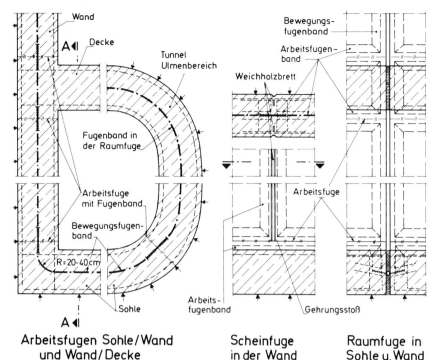

Arbeitsfugen Sohle/Wand
und Wand/Decke

Bauwerksquerschnitt

Scheinfuge
in der Wand

Raumfuge in
Sohle u. Wand

Schnitt A-A

Bild A 2/40
Übliche Anordnung von innenliegenden Fugenbändern im Betonquerschnitt

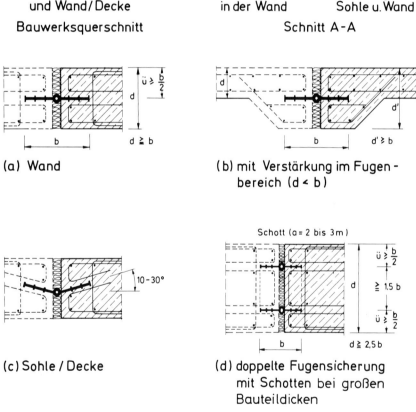

(a) Wand

(b) mit Verstärkung im Fugenbereich (d < b)

(c) Sohle / Decke

(d) doppelte Fugensicherung
mit Schotten bei großen
Bauteildicken

gelegenen Betonoberfläche einen Abstand von mindestens der halben Bandbreite aufweisen muß.

14. Bei horizontal eingebauten Bändern in Sohlen und Decken sollen die Fugenbandschenkel schräg nach oben fixiert werden, damit beim Betonieren die Luft unter dem Band entweichen kann und eine dichte Einbettung der Band-schenkel auch auf der Unterseite im Beton erzielt wird (Bild A 2/40c). Die 30-Grad-Abwinklung kann allerdings nur bei dicken Bauteilen ausgeführt werden. Die schräge

Bandschenkellage ist bei der Schlitzbewehrung zu berück-sichtigen.

15. In Sonderfällen werden bei Ingenieurbauwerken mit sehr dicken Bauteilabmessungen zur Erhöhung der Sicherheit Fugenbänder in mehreren Ebenen eingebaut. Der Abstand zwischen den Fugenbandebenen sollte aus arbeitstech-nischen Gründen gleich oder größer sein als die 1,5fache Fugenbandbreite (Bild A 2/40d). Eine wesentliche Erhö-hung der Sicherheit gegen Bandumläufigkeit wird aller-

Bild A 2/41
Beispiele für Einbauhilfen bei innenliegenden
Fugenbändern aus PVC-P

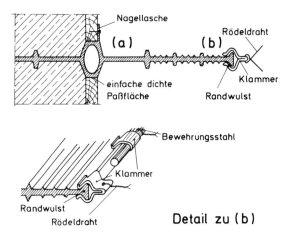

Bild A 2/42
Abhängigkeit des Fugenradius und der Ecken-
zahl bei flachen Fugenbandringen in polygona-
ler Ausführung

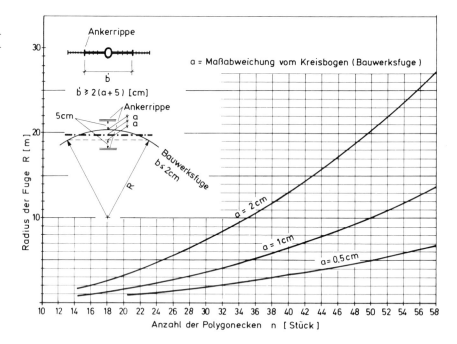

dings nur erreicht, wenn zwischen den Bandebenen Schotte
eingebaut werden. Ansonsten ist – wie viele Beispiele aus
der Praxis zeigen – ein einziges gut einbetoniertes Fugenband besser als zwei schlecht einbetonierte Bänder in einer
Fuge.

16. Bei innenliegenden Fugenbändern erlaubt die Profilform
    ein Abbiegen im kleinen Radius (z. B. Übergang Sohle/
    Wand, Wand/Decke). Diese Ausführung ist einer Geh-
    rungsschweißung vorzuziehen. Die Bauwerksabmessun-
    gen sind bei der Wahl des Radius zu berücksichtigen.
    Üblich sind Radien von 20 bis 40 cm (Bild A 2/39). In Lite-
    ratur [A 2/5] werden Mindestabbiegeradien für Dehnungs-
    fugenbänder von

    – 10 cm bei PVC-P-Fugenbändern
    – 12 cm bei Elastomer-Fugenbändern
    – 16 cm bei Elastomer-Fugenbändern mit Stahllaschen

    angegeben.

17. Für den Einsatz in Ringfugen bei Kläranlagen, Rund-
    behältern usw. werden Fugenbänder als flache Ringe
    benötigt:

– Ab Radien von 10 bis 12 m aufwärts lassen sich 25 cm
  breite PVC-P- und Elastomerbänder kreisförmig einbauen. Fugenbandringe mit kleinerem Radius werden
  normalerweise als polygonartige Vielecke ausgebildet.
  PVC-P-Fugenbänder können in Sonderanfertigung ab
  etwa 2 m Radius aufwärts im warmen Zustand entsprechend gezogen werden.

– Der horizontale Grenzradius bei 30 bis 35 cm breiten
  Bändern liegt etwa bei 25 m.

– Bänder mit Stahllaschen sind grundsätzlich polygonartig
  zu stoßen, da sie zum Verlegen im Radius zu steif sind.

  Die Polygonseitenlänge ist vom Radius der Ringfuge
  und der Dehnteilbreite des Fugenbands abhängig. Sie ist
  so zu wählen, daß die Betondeckung der großen Ankerrippe an keiner Stelle kleiner als 4 cm wird, d. h. es sind
  möglichst breite Bänder mit breiten Dehnteilen erforderlich, um nicht zu viele Stöße zu bekommen (Bild A 2/
  42).

Bild A 2/43
Beispiel für den Einbau und die Anordnung
von außenliegenden Fugenbändern im Bauwerk

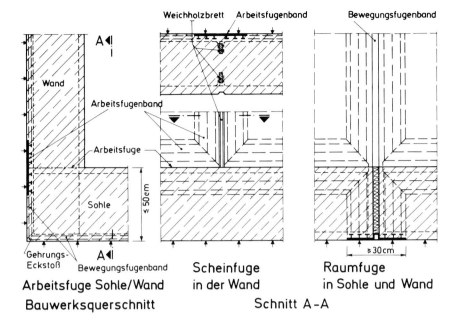

Arbeitsfuge Sohle/Wand
Bauwerksquerschnitt

Scheinfuge
in der Wand

Raumfuge
in Sohle und Wand

Schnitt A-A

Bild A 2/44
Rippenformen von außenliegenden Fugenbändern
(1) in Versuchen bewährte Rippenform,
(2) dichtungstechnisch ausreichend, läßt sich
    aber leicht aus dem Beton ziehen,
(3) wie (2) zusätzlich erhöhte Gefahr des
    Umkippens, da sehr hoch,
(4) stabile Form, gute Verankerung, gute
    Dichtung

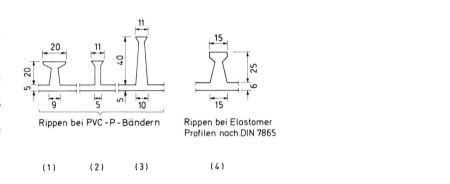

Rippen bei PVC-P-Bändern

Rippen bei Elastomer
Profilen nach DIN 7865

(1)   (2)   (3)   (4)

c) Außenliegende Fugenbänder

18. Außenliegende Fugenbänder sind in der Regel einsetzbar
    für oben offene Querschnitte (Wannen) mit Wasserdruck
    von außen. Sie sind nicht geeignet für Deckenfugen, weil
    sie aufgrund der nach unten weisenden Dicht- und Anker-
    rippen nicht einwandfrei im Beton eingebettet werden
    können (fehlende Entlüftung).

    Die Sohl- und Wanddicke sollte hierbei möglichst ≤ 50 cm
    sein, um vor dem Betonieren kontrollieren zu können, ob
    das Band sorgfältig verlegt und gereinigt ist und ob die
    Rippen nicht von der Bewehrung flach gedrückt bzw. aus
    anderen Gründen abgeknickt sind (Bild A 2/43).

    Die wesentlichen Vorteile dieser Bänder sind:
    – keine Schlitzbewehrung
    – keine geteilte Stirnschalung
    – einfache Befestigung des Bands an der Schalung bzw.
      auf dem Unterbeton.

    Wenn außenliegende Fugenbänder gewählt werden, sind
    alle Fugen (Arbeits-, Schein- und Bewegungsfugen) damit
    zu dichten. Ein Übergang von innenliegenden zu außenlie-
    genden Fugenbändern ist dichtungstechnisch nicht ein-
    wandfrei möglich.

19. Die Bandrippen müssen in Stegdicke, -form und -höhe
    standfest ausgebildet sein und der Flansch der Rippen muß
    eine ausreichende Breite aufweisen, damit das Band beim
    Ausschalen nicht aus dem Beton herausgerissen wird. Bei
    den auf dem Markt befindlichen Bändern aus PVC-P sind
    die erforderliche Steifigkeit der Rippen und die ausrei-
    chende Flanschbreite teilweise nicht gegeben (Bild A 2/
    44). In den Versuchen der STUVA haben sich die 20 mm
    hohen und 20 mm breiten Rippen dichtungstechnisch gut
    bewährt und sind selbst bei 10 cm Scherbewegung nicht
    aus dem Beton gezogen worden (Bild A 2/10c). Die
    schmalen Rippen waren dichtungstechnisch ebenfalls gut,
    wurden aber bei größeren Scherbewegungen aus dem
    Beton gezogen (Bild A 2/10d).

20. Grundsätzlich haben sich zwei Rippen je Fugenband-
    schenkel für die Dichtigkeit bis 5 bar Wasserdruck als aus-
    reichend erwiesen (Bild A 2/10c). Bei den Versuchen wur-
    den die Bänder vertikal mit horizontal verlaufenden Rip-
    pen eingebaut. Sie waren dicht, obwohl unter den Rippen
    bei Probeentnahmen Lufteinschlüsse festgestellt wurden.
    Mehr als zwei Rippen sind selbstverständlich für die
    Sicherheit gegen Wasserumläufigkeit besser.

Bild A 2/45
Abdichtung der Blockfugen mit außenliegenden Fugenbändern bei einem Tunnel in Spritzbetonbauweise

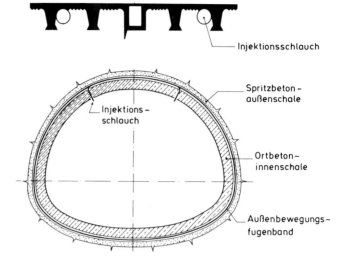

Injektionsschlauch

Spritzbeton-
außenschale

Ortbeton-
innenschale

Außenbewegungs-
fugenband

21. Ein außenliegendes Fugenband aus PVC-P oder anderem thermoplastischen Material darf bei Lagerung und Transport nicht abgeknickt werden, da sich dabei die Rippen umlegen und ohne Wärmebehandlung nicht wieder aufrichten lassen. Derartig verformte Bänder müssen beim Einbau wegen der unzureichenden Betoneinbettung zwangsläufig zu undichten Fugen führen. Es ist daher unbedingt erforderlich, daß Bänder aus thermoplastischem Material aufgerollt auf Trommeln mit genügend großem Durchmesser auf die Baustelle geliefert und dort bis zum Einbau entsprechend gelagert werden. Bei Elastomerbändern besteht die aufgezeigte Gefahr nicht.

22. Die üblichen Radien von 20 bis 40 cm beim Übergang des Fugenbands von der Sohle zur Wand sind bei Außenfugenbändern aus PVC-P und Elastomeren nicht ausführbar. Der Übergang kann daher hier nur durch einen Gehrungsstoß erfolgen.

23. Das außenliegende Fugenband ist in der Sohle auf dem Unterbeton auszulegen und soweit erforderlich durch Annageln in den Befestigungsstreifen außerhalb der Rippen oder Kleben zu fixieren. Im Wandbereich ist das Fugenband so an die Außenschalung anzunageln, daß beim Entfernen der Schalung das Fugenband nicht aus dem Beton herausgerissen wird. Hierzu eignen sich z. B. Doppelkopfnägel oder teilweise eingeschlagene abgebogene Nägel, die sich gut im Beton verankern.

Vor dem Verfüllen des Arbeitsraums sind die Fugenbänder zu kontrollieren und gegen Beschädigungen zu schützen. Hierzu eignen sich z. B. Hartfaserplatten o. ä., die an den herausschauenden Nagelspitzen befestigt werden und im Boden verbleiben können.

24. Mit Erfolg läßt sich das außenliegende Fugenband bei den Spritzbetonbauweisen des untertägigen Tunnelbaus einsetzen. Die Dicke der Tunnelinnenschale aus WU-Beton ist normalerweise $\leq$ 50 cm, so daß die sorgfältige Überwachung des Einbaus gewährleistet werden kann. Durch die äußere Schale ist ein Schutz des Bands nach außen vorhanden. Im Überkopfbereich wird zur Entlüftung und späteren Verpressung zusätzlich ein Injektionsschlauch an jedem Bandschenkel mit eingebaut (Bild A 2/45). Wegen der Radien im Wand-Sohlbereich bis herunter zu 1 m und wegen des rauhen Baustellenbetriebs ist hier ein Elastomerfugenband zu empfehlen. Bei der Stauchung des Bands im engen Bogen knicken bei PVC-P die Bandrippen leicht aus und legen sich mehr oder weniger um. Ein Umknicken der Rippen kann auch durch die Bewehrung verursacht werden. Dies kann dann zu Fehlern bezüglich der Betoneinbettung und damit zu Undichtigkeiten führen.

d) In der Fuge liegende „Abdeckbänder"

25. In der Fuge liegende „Abdeckbänder" mit zwei bis drei Dichtrippen je Seite aus PVC-P oder Elastomeren sind einsetzbar für Bewegungsfugen in Sohle-, Wand- und Deckenbereich. Die Dichtung von einmündenden oder kreuzenden Arbeitsfugen kann nur durch Injektionsdichtungen (siehe Kapitel A 2.2.2.3) erfolgen, da es kein Arbeitsfugenband gibt, das sich an die „Abdeckbänder" in der Bewegungsfuge dichtungstechnisch einwandfrei anschließen läßt (Bild A 2/46). Der Einbau dieser Bänder in Gewölben ist nicht möglich, es sei denn als Polygonzug.

Die wesentlichen Vorteile dieser Bänder sind:
- keine Schlitzbewehrung
- keine geteilte Stirnschalung
- einfacher Bandeinbau durch Aufschieben auf die Fugeneinlage

26. Der Übergang Sohle/Wand bzw. Wand/Decke erfolgt durch Gehrungsstoß. Der Stoß muß sehr sorgfältig ausgeführt werden. Besser wäre ein abgerundetes Eckformstück, das es zur Zeit aber nicht auf dem Markt gibt.

Bild A 2/46
Beispiel für den Einbau und die Anordnung
von in der Fuge liegenden „Abdeckbändern"
sowie Dichtungsanschluß der Arbeitsfuge mit
Injektion

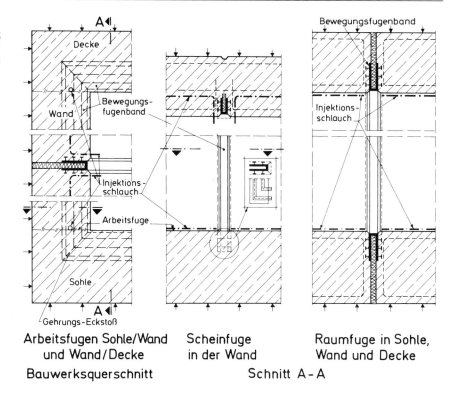

**Arbeitsfugen Sohle/Wand
und Wand/Decke**

Bauwerksquerschnitt

**Scheinfuge
in der Wand**

**Raumfuge in Sohle,
Wand und Decke**

Schnitt A-A

A 2.2.2.2 Grundregeln für Fugendichtstoffe

a) Verarbeitung

Arbeiten mit Fugendichtstoffen sollten möglichst durch einen qualifizierten Verfugungsfachbetrieb ausgeführt werden. Die Angaben des Dichtstoff-Herstellers für die Verarbeitung sind genau zu beachten. Um eine einwandfreie Fugenabdichtung zu erreichen, müssen folgende Arbeiten ausgeführt werden (Bild A 2/47):

– Reinigen der Fugen

Der Haftgrund muß trocken, sauber und frei von Staub, Schalöl und losen Teilen sein. Bei hochbeanspruchten Fugen ist anzuraten, auch die stets vorhandene Zementschlempeschicht zu entfernen. Die Reinigung erfolgt mit Drahtbürste oder besser mit einer Schleifscheibe oder durch Sandstrahlen. Danach sind die Fugen mit Druckluft auszublasen.

– Hinterfüllen der Fugen

Zu den Aufgaben der Hinterfüllung gehören:

– die Begrenzung der Fugentiefe und
– die Verhinderung der Haftung auf dem Fugengrund (vgl. Bild A 2/32).

Als Hinterfüllmaterial werden Rundprofile aus geschlossenporigen Schaumstoffen (z.B. Polyethylen oder Moosgummi) gleichmäßig tief in die Fuge eingedrückt. Der Ausgangsquerschnitt des Hinterfüllmaterials muß etwa 30% größer sein als die Fugenbreite, damit beim Einspritzen des Fugendichtstoffs ein ausreichender Widerstand gegen den Einpreßdruck vorliegt. Bei belasteten Konstruktionen sind stützende Hinterfüllmaterialien (z.B. Hartschaum-, Preßspanoder Korkplatten) zu verwenden. Die Haftung des Dichtstoffs auf dem Fugengrund ist hierbei durch das Einlegen einer Trennfolie (z.B. Polyethylenstreifen) zu verhindern.

– Primern der Haftflächen

Primer haben die Aufgabe, die Haftung des Dichtstoffs an den Fugenflanken zu verbessern. Sie wirken gleichzeitig staubbindend und bei Beton als Feuchtigkeitssperre und verhindern damit mögliche Störungen der Aushärtung des Fugendichtstoffs durch die Alkalität des Betons. Bei der Wahl und der Verarbeitung des Primers sind die Herstellerangaben genau zu beachten. Wichtig ist die Ablüftzeit des Primers. Einerseits müssen die im Voranstrich enthaltenen Lösungsmittel vor dem Einbringen des Dichtstoffs verdunstet sein, andererseits muß die erwünschte Wechselwirkung zwischen Voranstrich und Dichtstoff noch gesichert sein.

– Mischen und Einbringen des Dichtstoffs

Die Zwei-Komponenten-Dichtstoffe müssen sorgfältig, vollständig und möglichst luftblasenfrei maschinell vermischt werden. Der Endzustand der Mischung muß homogen sein. In der Regel sind die beiden Komponenten verschiedenfarbig, so daß die homogene Durchmischung optisch an einer einheitlichen Farbe ohne Schlieren zu erkennen ist. Mittels Handdruck- oder Druckluftpistole werden die Dichtstoffe in die Fuge eingespritzt. Dies muß mit ausreichendem Druck geschehen, damit die Haftflächen mit dem Dichtstoff gut benetzt werden. Außerdem werden durch Andrücken und Abglätten der Oberfläche die Dichtstoffe fest an die Fugenflanken gepreßt und evtl. vorhandene Luftblasen im Dichtstoff beseitigt.

Bitumenvergußmassen sind möglichst in zwei Arbeitsgängen in den Fugenspalt zu verfüllen. Zwischen beiden Arbeitsgängen sollte eine Wartezeit von mindestens 2 Stunden eingehalten werden. Ein solches Vorgehen stellt sicher, daß die Fugenfüllung nicht bereits kurze Zeit nach Fertigstellung einsackt.

Bild A 2/47
Arbeitsgänge beim Abdichten von Fugen mit
elastischen Fugendichtstoffen
– Fuge reinigen: Die Fugenflanken müssen
  trocken, fest und frei von Verunreinigungen
  sein; die Fuge muß eine ausreichende Breite
  haben
– Hinterfüllmaterial einbauen (a)
– Haftanstrich (Primer) auf die seitlichen
  Fugenflanken auftragen (b)
– Fugendichtstoff mischen
– Fugendichtstoff mit druckluftbetriebener
  Handspritze unter Flankendruck in den
  Fugenraum einbringen (c)
– Fugendichtstoff glätten und dabei verdich-
  ten (d)
(Quelle [A 2/28])

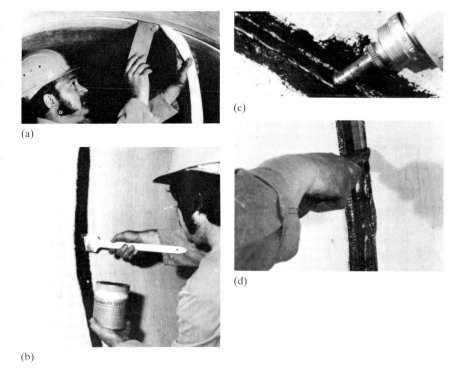

Bild A 2/48
Abhängigkeit der Dehnmöglichkeit einer Fuge
von der Formzahl F = a/b bei gleicher Beanspruchung der Fugenfüllung [A 2/30]

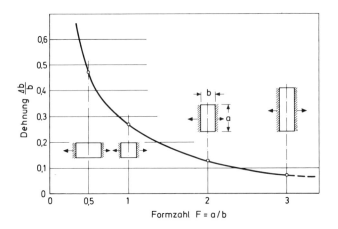

Bild A 2/49
Dimensionierung und Ausbildung von Fugen
bei geringem Wasserdruck (schematisch) (a, b
und d bei Ortbeton- und Fertigteilbauwerken,
c bei Fertigteilbauwerken)

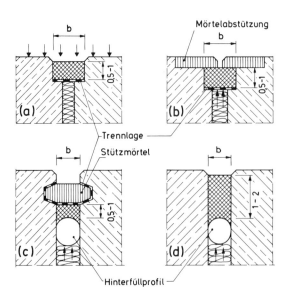

b) Fugendimensionierung

Neben der Entscheidung für einen bestimmten Dichtstoff und dessen sorgfältige Verarbeitung auf der Baustelle kommt der Fugendimensionierung und konstruktiven Fugenausbildung eine besondere Bedeutung zu. Bei reinen Dehn- und Stauchbewegungen in der Fuge sind für die Beanspruchung des Fugendichtkörpers und seiner Haftflächen elastisch weiche Fugenmassen (praktische Dehnfähigkeit bis 20%) und breite dünne Fugenfüllungen von Vorteil (Bild A 2/48). Für geringfügig wasserdruckbelastete Fugen müssen dagegen entweder die Wasserdruckkräfte durch einen Stützkörper aufgenommen werden (Bild A 2/49) oder „strammere" Dichtstoffe und dickere Fugenfüllungen eingebaut werden.

Die erforderliche Mindestfugenbreite b für den elastischen Dichtungsstoff errechnet sich bei einem effektiven Fugenspiel Δl (Ermittlung s. Kapitel A 1.2) und einer zulässigen Bewegungsaufnahme (praktische Dehnfähigkeit) zu:

$$b \, [\text{mm}] = \frac{100 \cdot \text{eff. Fugenspiel } \Delta l \, [\text{mm}]}{\text{zul. Bewegungsaufnahme } [\%]}$$

Die Dicke der Fugenfüllung bzw. die Fugentiefe wird im allgemeinen mit 0,5 bis 1,0 × Fugenbreite b gewählt, wenn die Wasserdruckkräfte abgestützt werden können. Muß der Fugendichtstoff den Wasserdruck aufnehmen, so ist die Fugentiefe mit 1 bis 2 × b zu wählen. Die zulässige Bewegungsaufnahme der Dichtungsmasse ist dann etwa zu halbieren (vgl. Bild A 2/48, Dehnung bei Formzahl 1 und 2).

Berechnungsbeispiel:
Es wird angenommen, daß die Verfugung bei + 10°C an 6 Monate altem Beton ausgeführt wird. Die Temperaturdifferenz, die im Beton wirksam wird, betrage ± 20 K bzw. ± 30 K[*]. Die maximal mögliche Längenänderung Δl läßt sich unter Berücksichtigung der Restschwindbewegung ermitteln nach:

$$\Delta l = (\alpha_T \cdot \Delta T \cdot l_o + \varepsilon_s \infty \cdot l_o) \, 1000$$

In dieser Formel sind:

Δl = Längenänderung [mm]
α_T = Temperaturdehnzahl für Beton: $10^{-5} \, [\text{K}^{-1}]$
ΔT = Temperaturänderung: ± 20 K bzw. ± 30 K
l_o = Bauteillänge [m]
$\varepsilon_s \infty$ = Endschwindmaß für ein Betonalter von 6 Monaten: ca. $12 \cdot 10^{-5}$ (s. Bild A 1/1)

Die erforderlichen Mindestfugenbreiten des Berechnungsbeispiels sind für verschiedene Bauteillängen und für 10, 15 bzw. 20% Bewegungsaufnahme des Dichtstoffs in Tabelle A 2/12 zusammengestellt. Vergleicht man die errechneten Fugenbreiten mit der in der Praxis meist anzutreffenden Standardfugenbreite von 2 cm, so wird klar, daß bei Bewegungsaufnahme der Dichtstoffe von < 20% oder Bauteillängen von > 10 m erhebliche Abweichungen vorhanden sind. Eine Zerstörung der Verfugung ist daher insbesondere bei Bauwerksteilen im Freien, bei denen durchaus ± 30 K Temperaturdifferenz auftreten können, nicht verwunderlich.

---

[*] Bei + 10°C Herstellungstemperatur der Verfugung sind dies + 40°C bzw. − 20°C. Dies sind z. B. im Trockenbereich von Klärbecken im Freien durchaus realistische Werte.

Tabelle A 2/12
Mindestfugenbreiten für Dichtstoffe mit 10%, 15% und 20% Bewegungsaufnahme in Abhängigkeit von verschiedenen Bauteillängen; Annahmen: Betonalter 6 Monate, max. Temperaturänderung ± 20 bzw. ± 30°C

Bauteillänge l_0 (m)	Längenänderung Δl [mm]		Mindestfugenbreite b [mm] bei zulässiger Bewegungsaufnahme des Dichtstoffs von					
			10 %		15 %		20 %	
	± 20°C	± 30°C	± 20°C	± 30°C	± 20°C	± 30°C	± 20°C	± 30°C
5	1,6	2,1	16	21	11	14	8	11
10	3,2	4,2	⊙32	⊙42	21	⊙28	16	21
15	4,8	6,3	⊙48	⊙63	⊙32	⊙42	⊙24	⊙32
20	6,4	8,4	⊙64	⊙84	⊙43	⊙56	⊙32	⊙42

○ größer als die Standardfugenbreite von rd. 20 mm

A 2.2.2.3 Grundregeln für Injektionsdichtungen

a) Injektionsschlauch (Bild A 2/36)

1. Injektionsschläuche werden zur Abdichtung in Arbeits-, Schwind- und Scheinfugen eingebaut und zu einem möglichst späten Zeitpunkt nach Abklingen der Bewegungen infolge von Hydratationswärme, Schwinden usw. verpreßt.

2. Der Injektionsschlauch muß durchgehenden Kontakt zum bereits vorweg betonierten Bauteil haben, damit bei der Verpressung das Injektionsharz in die Betonierfuge eindringen kann. Die Lagesicherung des Schlauchs ist insbesondere bei horizontalen Fugen mit größter Sorgfalt vorzunehmen, um ein Aufschwimmen im Frischbeton zu verhindern. Folgende Möglichkeiten sind erprobt (Bild A 2/50):

   – Lagesicherung mit Montageeisen, Durchmesser ca. 8 mm, an dem der Schlauch mit Schlaufen im Abstand von ca. 20 cm befestigt wird. Das Montageeisen wird anschließend mit der Fugenbewehrung verrödelt.

   – Lagesicherung mit ca. 1 m langen Montagegitterstücken auf ganzer Länge, die mit einer Einbaulehre in den noch frischen Beton gedrückt werden und nach Einbau des Schlauchs um den Schlauch herum gebogen werden.

   – Lagesicherung mit Schlauchschellen im Abstand von ca. 20 cm.

   Generell sollte zur exakten Montage und Lagesicherung des Schlauchs eine kleine Vertiefung in der Betonoberfläche hergestellt werden.

3. Die Führung der Injektionsschläuche in den verschiedenen Fugen eines Bauwerks zeigt schematisch Bild A 2/51. Die nach Sohle, Wand und Decke z. B. farbig unterschiedlich markierten Verpreß- und Entlüftungsleitungen der Injektionsschläuche sind soweit über die Betonoberfläche zu führen, daß noch eine ausreichende Länge zum Anschließen der Schnellkupplung für die Injektionspumpe vorhanden ist. Ein Anwendungsbeispiel für den Einbau von Injektionsschläuchen zeigt Bild A 2/52.

Bild A 2/50
Verschiedene Möglichkeiten der Lagesicherung eines Injektionsschlauchs auf der vorhandenen Fugenflanke

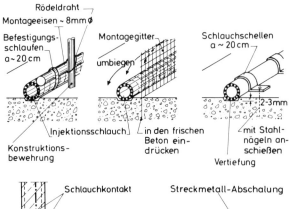

Bild A 2/51
Anordnung und Führung von Injektionsschläuchen zur Abdichtung von Arbeitsfugen
(schematisch)

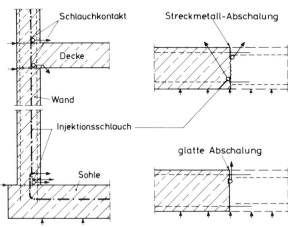

Bild A 2/52
Beispiele für den Einbau von Injektionsschläuchen in Arbeitsfugen
a) in der Sohle
b) im Wandbereich
(Quelle [A 2/63])

(a)   (b)

Bild A 2/53
Einbauhinweise für Manschettenrohre [A 2/26].
Manschettenrohr „System Jekto-Rohr MH"
mit Verpreßventilen, siehe Bild A 2/37

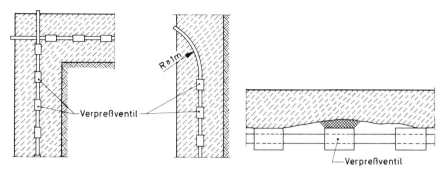

(a) Einführung ins Bauwerk

(b) Überbrückung von Unebenheiten mit PUR-Montageschaum

4. Der Injektionsschlauch kann mit einem minimalen Einbauradius von 5 cm verlegt werden. Die maximale Verpreßlänge beträgt etwa 7 m.

5. Um zu verhindern, daß bei Bauwerken ohne äußeren Arbeitsraum Injektionsgut in das Erdreich gepumpt wird, sollten die Schläuche nicht mittig, sondern näher zur Bauwerksinnenseite angeordnet werden, da hier die Fuge bei Austritt von Injektionsmaterial bzw. vorweg mit Mörtel abgedeckt werden kann. Im anderen Fall sind außen am Bauwerk besondere Maßnahmen zu treffen, die ein unkontrolliertes Austreten des Injektionsmaterials verhindern (z. B. Einbau eines einfachen Außenfugenbands).

6. Rippenstreckmetall ist zur Abschalung von Arbeitsfugen mit Injektionsdichtung wenig geeignet, da für eine einwandfreie Dichtung auf beiden Seiten des Streckmetalls Schläuche angeordnet werden müssen und mit einem hohen Harzverbrauch zu rechnen ist. In der Regel ist auf beiden Seiten des Streckmetalls die Betondichtigkeit schlecht. Der Beton des zuerst betonierten Abschnitts ist durch das Auslaufen der Zementmilch am Streckmetall im Oberflächenbereich entmischt. Auf der anderen Seite ist, sofern die Zementschlempe vor dem Anbetonieren nicht sorgfältig entfernt wird, ebenfalls mit Undichtigkeiten zu rechnen.

Für glatt abgezogene und mit Holz oder Stahl abgeschalte Arbeitsfugen genügt in der Regel ein Injektionsschlauch.

Zu empfehlen sind verzahnte Arbeitsfugen, die z. B. durch Einlegen von spundwandförmigen Kunststoffplatten in die Schalung entstehen. Die Kunststoffplatten müssen beim Ausschalen unbedingt entfernt werden, da sonst die Gefahr der Hinterläufigkeit besteht. Der Injektionsschlauch wird hierbei in ein Spundwandtal gelegt.

7. Zum Anschluß der Arbeitsfugendichtung an die Bewegungsfugendichtung muß der Injektionsschlauch in der Arbeitsfuge mit Kontakt zum Fugenband verlegt werden, damit auch im Bereich des Fugenband-Dichtteils die Arbeitsfuge verpreßt wird.

8. Für die Verpressung von größeren Injektionsschlauchsystemen sind Spezialfirmen hinzuzuziehen. Über die Injektionen sind genaue Protokolle zu führen, um später Schwachstellen im Dichtsystem erkennen zu können. Dies ist besonders wichtig bei der Festlegung von Sanierungsmaßnahmen zur Beseitigung eventueller Undichtigkeiten.

b) Manschettenrohr (Bild A 2/37)

9. Manschettenrohre werden vorzugsweise gradlinig eingebaut. Gebogene Rohre müssen werkseitig vorgefertigt werden. Der kleinstmögliche Einbauradius beträgt 1 m. Die maximale Verpreßlänge kann bis zu 20 m betragen.

10. Manschettenrohre müssen mit einem Ende an der Bauwerksinnenseite münden, um das Einführen der Verpreßsonde zu ermöglichen. Entsprechend den jeweiligen örtlichen Verhältnissen kann eine geradlinige oder gekrümmte Führung gewählt werden (Bild A 2/53a).

11. Vor dem Betonieren ist die Lage der Manschettenrohre so zu sichern, daß die kompressiblen Verpreßventile MH mit der Oberfläche des zuerst hergestellten Betonierabschnittes Kontakt haben. Wenn die Betonoberfläche größere Unebenheiten aufweist, kann der Zwischenraum mit PUR-Montageschaum überbrückt werden (Bild A 2/53b). Dieser Schaum wird beim Verpressen soweit zusammengedrückt, daß das Harz wiederum Zutritt zur Betonfläche des vorweg erstellten Bauteils hat.

A 2.2.2.4 Verbinden von einbetonierten Fugenbändern

a) Allgemein

Ein Dichtungssystem ist so gut wie sein schwächstes Glied. Bei den Fugenbändern ist dies die Verbindungs- oder Stoßstelle. Um eine möglichst große Sicherheit im gesamten Dichtungssystem zu gewährleisten, sind folgende Grundregeln zu beachten:

– Die Dichtungswirkung und die Festigkeit des Fugenbands sollte an der Verbindungsstelle den übrigen Bandbereichen weitgehend entsprechen (durchgehende Rippen, Fügefaktor bei thermoplastischen Bändern nach den BMV-Richtzeichnungen Prüf 2 [A 2/4] $\geq 0,8$, bei elastomeren Bändern nach DIN 7865 [A 2/8] $\geq 1,0$).

– Auf der Baustelle sollten nur Stumpfstöße rechtwinklig zur Bandachse geschweißt bzw. vulkanisiert werden. Die Anzahl der Baustellenstöße ist möglichst gering zu halten. Dies gilt besonders für Elastomerbänder, da sie in der Verbindungstechnik (Vulkanisation) sehr aufwendig sind. Um Fehlerquellen auszuschalten, sind Baustellenstöße nur an gut zugänglichen Stellen anzuordnen. Bei der Herstellung sind sie vor Staub und Regen zu schützen.

– Formstücke (Bild A 2/54), ganze Fugenbandsysteme bzw. Teilsysteme (Bild A 2/55) sollten im Werk hergestellt werden, da ihre Ausführung auf der Baustelle schwierig oder nicht möglich ist (z. B. bei Elastomerfugenbändern). Formstücke sind außerdem im Bauwerk meist besonderen Beanspruchungen ausgesetzt und müssen deshalb entsprechend sorgfältig, evtl. mit Verstärkungen, ausgeführt werden.

– In Kreuzungs- oder Einmündungspunkten sollte die Bewegungsfreiheit des Fugenbanddehnteils möglichst wenig eingeschränkt sein. Die Dichtteile sind bei Fugenbändern mit Rippen (Labyrinthprinzip) auf Gehrung zu stoßen, um die Dichtfunktion voll zu erhalten. Stöße mit weggeschnittenen Bandrippen können bei größeren Wasserdrücken (> 0,5 bar) zu Umläufigkeiten führen (Bild A 2/56).

– Um dichtungstechnisch einwandfreie Fugenbandverbindungen zu erhalten, sollten nur material- und dichtungstechnisch gleiche Fugenbänder gestoßen werden, bei denen die Rippen auf Gehrung zusammenpassen bzw. Stahlblech an Stahlblech kommt (Ausnahmen mit den entsprechenden Einschränkungen siehe weiter unten).

– Zur Gewährleistung einer vernünftigen Handhabung von vorgefertigten Fugenbandteilsystemen auf der Baustelle sollte ihre Gesamtlänge, je nach Gewicht des benötigten Fugenbandprofils, nicht größer als 15 bis 20 m sein.

– Fugenbandverbindungen sollten nur von erfahrenem und zuverlässigem Personal ausgeführt werden.

b) Baustellenstumpfstöße

Für die Ausführung der Fugenbandverbindungen – insbesondere der Stumpfstöße auf der Baustelle – sind in Abhängigkeit von den Fugenbandwerkstoffen folgende Hinweise wichtig:

– Thermoplastische Fugenbänder (PVC-P u. a.)

Die Fugenbänder sind mit geeignetem Gerät *paßgerecht* an der Verbindungsstelle zuzuschneiden und sorgfältig stumpf bei einer Temperatur nach Herstellervorschrift zu verschweißen. Am zweckmäßigsten wird für die Schweißung von Stumpfstößen auf der Baustelle ein Schweißgerät (Beispiel Bild A 2/57) verwandt. Die zu verbindenden Fugenbandenden werden über einen Klemmmechanismus zusammengeführt, wobei die Wärmezufuhr durch ein elektrisch beheiztes Schweißschwert erfolgt. Der Schweißvorgang wird über den gesamten Profilquerschnitt in einem Arbeitsgang vorgenommen. Von einer Verschweißung der Bandstöße auf der Baustelle abschnittsweise mit einem Schweißbeil ist unbedingt abzuraten, da eine gleichmäßige Naht kaum zu erzielen ist.

Baustellenschweißungen sollten nach dem Abkühlen der Stoßstelle (ca. 30 Minuten nach Beendigung der Schweißung) auf mechanische Festigkeit geprüft werden. Dazu ist die Schweißstelle um etwa 180° nach beiden Seiten abzubiegen. Zeigen sich hierbei keine Blasen, Löcher oder Risse, so kann auf ausreichende Verschmelzung des Materials geschlossen werden.

Für Stumpfschweißnähte rechnet man bei sorgfältiger Ausführung mit mindestens etwa 80 % der Bandfestigkeit. Zur Erhöhung der mechanischen Festigkeit sollte nach den oben empfohlenen Prüfungen im Dehnteil des Fugenbands ein- oder beidseitig vollflächig eine Laschenverstärkung aufgeschweißt werden. Versuche der STUVA haben gezeigt, daß insbesondere in diesem Bereich der unverstärkte Stoß in der Regel versagt [A 2/1].

– Elastomer-Fugenbänder ohne und mit Bandstahl

Die Verbindung von Elastomer-Fugenbändern muß auch auf der Baustelle durch Vulkanisation erfolgen. Ein Verkleben der Stoßstelle ist nicht zulässig. Im allgemeinen werden die Stöße durch Fachpersonal der Herstellerfirmen oder durch besonders geschultes Baustellenpersonal ausgeführt.

Die Vulkanisationsgeräte müssen für die einzelnen Bandbreiten und -formen mit entsprechenden Matrizen ausgerüstet sein, so daß sämtliche Rippen auch im Stoßbereich erhalten bleiben (Bild A 2/58). Die Vulkanisationszeit beträgt bei vorgeheiztem Gerät ca. 30 bis 35 Minuten. Bei kühler Witterung ist die erforderliche Heizzeit ca. 15 Minuten länger. Einzelheiten zur Ausführung der Baustellenstöße sind der jeweiligen Vulkanisationsanleitung der Fugenbandfirmen zu entnehmen.

Die Versuche der STUVA [A 2/1] haben gezeigt, daß stumpf vulkanisierte Stöße bei extremer Belastung Schwachstellen im Dichtungssystem sind. Es wird deshalb empfohlen, grundsätzlich die Stöße mit einer Laschenverstärkung herzustellen.

Bei Elastomer-Fugenbändern mit Stahllaschen sind vor der Vulkanisation die Stahllaschen sorgfältig stumpf bzw. überlappt auf voller Breite dicht zu verschweißen (am besten autogen) und mit einem zweilagigen Haftanstrich im Bereich des aufzuvulkanisierenden Gummis zu versehen.
Die Stoßstelle sollte nach dem Abkühlen durch Abbiegen nach beiden Seiten optisch auf mechanische Festigkeit und fehlerfreie Ausführung überprüft werden.

– Stahlblechfugenbänder

Stahlblechfugenbänder sollten stumpf bzw. überlappt auf voller Breite dicht verschweißt werden (am besten autogen). Die Dichtigkeitsprüfung der Schweißnaht kann mit Petroleum oder besser mit einem Zweikomponenten Diffusionsfarbstoff erfolgen.

Bei Arbeitsfugenbändern aus Stahlblech kommen neben dem Schweißen in der Praxis noch eine Reihe anderer Verbindungen zum Einsatz (Bild A 2/59):

Die bloße Überlappung der Bleche im Abstand von einigen cm ist nicht zu empfehlen, weil im Überlappungsbereich sehr wahrscheinlich schlecht verdichteter wasserdurchlässiger Beton vorhanden ist. Die beabsichtigte Vergrößerung des Umlaufwegs wird dann nicht erreicht. Bei der Klemmverbindung sollte die Elastomerzwischenlage entfallen, da sie bei höheren Wasserdrücken evtl. zu einer Umläufigkeit führen kann. Nach Meinung der Verfasser ist es dann besser, die Bleche nur dicht zusammenzuklemmen. Geringe Undichtigkeiten setzen sich kurzfristig durch den freien Kalk im Beton zu.

Der durchschnittliche Zeitaufwand für die Herstellung von Baustellenverbindungen bei Fugenbändern ist in Tabelle A 2/13 aufgrund einer Befragung bei Bauherren und Baufirmen zusammengestellt worden.

Bild A 2/54
Fugenband-Serienformstücke, Schenkellängen
0,5 bzw. 1,0 m [A 2/5]

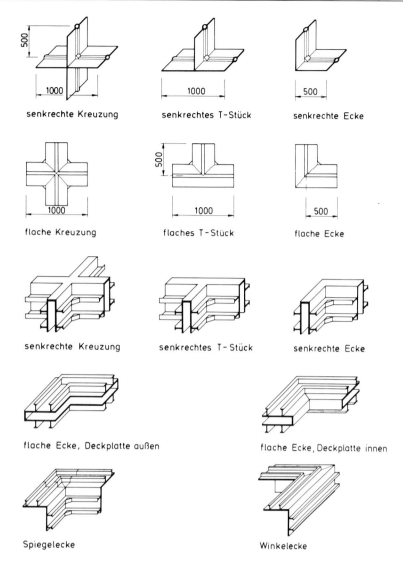

senkrechte Kreuzung   senkrechtes T-Stück   senkrechte Ecke

flache Kreuzung   flaches T-Stück   flache Ecke

senkrechte Kreuzung   senkrechtes T-Stück   senkrechte Ecke

flache Ecke, Deckplatte außen   flache Ecke, Deckplatte innen

Spiegelecke   Winkelecke

Bild A 2/55
Beispiel für ein vorgefertigtes Fugenband-Teil-
system (nach Unterlagen der Firma Gumba-
Last Elastomerprodukte GmbH)

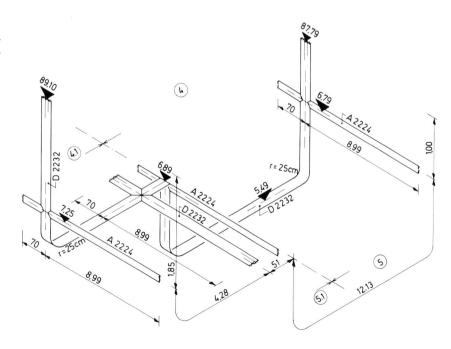

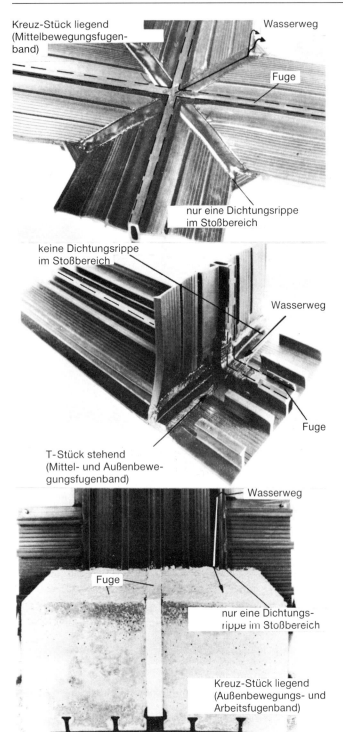

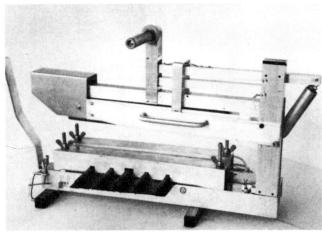

Bild A 2/57
Baustellen-Stumpfschweißgerät (Tricosal BX4) für PVC-Fugenbänder
(Quelle [A 2/5])

Bild A 2/58
Baustellen-Vulkanisiergerät für innenliegende Elastomerfugenbänder
(Quelle [A 2/5])

Bild A 2/56
Fugenbandverbindungen, wie sie nicht sein sollten (Dichtungsfunktion
des Bands ist in den Beispielen an den Stoßstellen unterbrochen bzw.
stark abgemindert)
(Quelle [A 2/1])

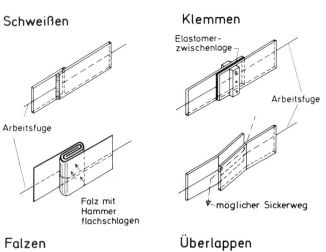

Bild A 2/59
Verbinden von Arbeitsfugenbändern aus Stahlblech

Bild A 2/60
Verbindungsknoten von innenliegenden Be-
wegungs- und Arbeitsfugenbändern (schematisch)

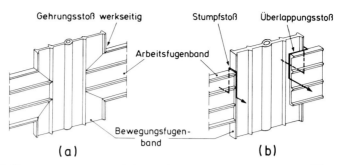

(1) Bewegungs- und Arbeitsfugenband aus gleichem Werkstoff

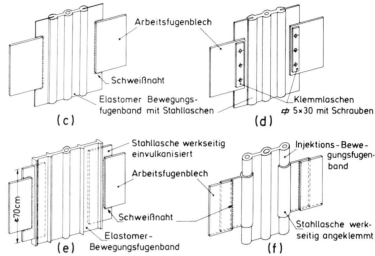

(2) Arbeitsfugenband aus Stahlblech, Bewegungsfugenband aus
Elastomer mit und ohne Stahllaschen

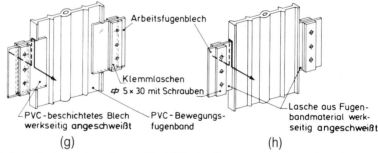

(3) Arbeitsfugenband aus Stahlblech, Bewegungsfugenband aus
PVC-P o. ä.

Tabelle A 2/13
Durchschnittlicher Zeitaufwand für die Herstellung einer normalen
Fugenbandverbindung auf der Baustelle (nach [A 2/1])

Art des Fugenbands	durchschnittlicher Zeitaufwand [h/Stoß]
PVC-P-Bänder	0,5 bis 1,0[+]
Elastomer-Bänder	~ 2,0
Elastomer-Bänder mit Bandstahl	~ 3,0
Stahlbänder (verschweißen)	0,3 bis 0,8[+]

Anmerkung:
[+] Die kleineren Werte gelten für schmale, die größeren für breite
Fugenbänder.

c) Fugenbandkreuzungs- und -einmündungsknoten

Die Grundregeln für die Herstellung von Fugenbandkreu-
zungs- und -einmündungsknoten werden in der Praxis häufig
nicht beachtet. Es werden teilweise beliebig Stahlblech-, PVC-
P- und Elastomer-Fugenbänder sowie innen- und außenliegende Fugenbänder oder Fugenabdeckbänder miteinander
verbunden. Im folgenden sollen an einigen Beispielen verschiedene Knotenpunktausbildungen besprochen werden:

In Bild A 2/60 sind Verbindungsknoten von innenliegenden
Bewegungs- und Arbeitsfugenbändern dargestellt:

– Bei Fugenbandknoten aus gleichem Werkstoff – z. B. PVC-P
   oder Elastomer – und gleicher Rippenzahl ist ein Gehrungsstoß der Bänder dichtungstechnisch optimal (Bild A 2/60a).

Bild A 2/61
Anschluß von außenliegenden Arbeitsfugenbändern an ein innenliegendes Bewegungsfugenband. Dichtungstechnisch für größere
Wasserdrücke nicht geeignet!

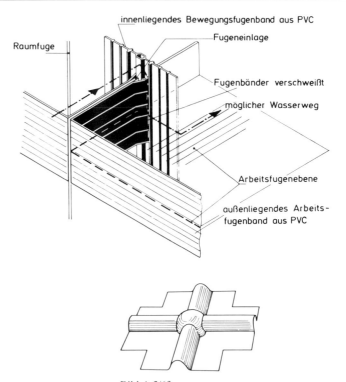

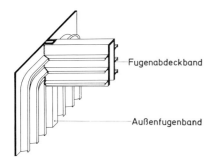

Bild A 2/62
Anschluß eines außenliegenden Fugenbands
an ein Fugenabdeckband bei einer Raumfuge
(Wand/Decke). Dichtungstechnisch gut, Bewegungsmöglichkeit jedoch stark eingeschränkt;
nicht zu empfehlen

Bild A 2/63
Ausbildung des Kreuzungsknotens bei Fugenbändern für große Bewegungen (Prinzip)

In der Praxis werden die Arbeitsfugenbänder jedoch häufig
stumpf oder überlappt angeschweißt (Bild A 2/60b). Unter
der Voraussetzung, daß die Arbeitsfuge undicht ist, ist die
Sicherheit gegen Wasserumläufigkeit bei dieser Ausführung
erheblich herabgesetzt. Das Wasser muß jeweils nur eine
Rippe überwinden. Ansonsten läuft es an dem glatten Band
entlang (einbetonierte PVC-P- oder Elastomerfugenbänder
von 30 cm Breite ohne Rippen im Stoßbereich sind nicht
druckwasserdicht! vgl. STUVA-Versuche [A 2/1]).

– Bei Elastomer-Dehnungsfugenbändern mit und ohne Stahllaschen werden in der Praxis überwiegend Arbeitsfugenbänder aus Stahlblech angeschlossen. Dafür gibt es
drei Möglichkeiten:

● An die Fugenbänder mit Stahllaschen werden die Arbeitsfugenbleche in der Regel überlappt angeschweißt (Bild
A 2/60c, dichtungstechnisch beste Lösung) oder mit einer
Elastomerzwischenlage und Stahllaschen angeschraubt.
Nach Meinung der Verfasser ist es dichtungstechnisch besser, die Bleche ohne Elastomerzwischenlage dicht zusammenzuklemmen (Bild A 2/60d). Geringe Undichtigkeiten
setzen sich kurzfristig durch den freien Kalk im Beton zu.

● An die Fugenbänder ohne Stahllaschen können werkseitig
im Arbeitsfugenbereich Stahllaschen einvulkanisiert werden. Die Länge dieser Laschen sollte mindestens 700 mm
betragen (Bild A 2/60e). Die Verbindung der Arbeitsfugenbleche mit den Stahllaschen des Fugenbands erfolgt
wie vor.

● Ist das Dehnungsfugenband ein Injektionsband, so werden die Arbeitsfugenbleche mit einer Anlaschklemme
aus Stahl gemäß Bild A 2/60f angeschlossen. Die Dichtung erfolgt flächenhaft über Anpressung Elastomer/
Beton und Elastomer/Stahl sowie Haftung Stahl/Beton.

– Bei PVC-P-Dehnungsfugenbändern werden häufig auch
Arbeitsfugenbleche angeschlossen. Eine dichtungstechnisch befriedigende Lösung gibt es bisher nicht. Die in Bild
A 2/60g und h gezeigten Ausführungen aus der Praxis sind
bei undichter Arbeitsfuge nicht druckwasserdicht.

Bild A 2/61 zeigt den Anschluß von außenliegenden Arbeits-
fugenbändern an ein innenliegendes Dehnungsfugenband.
Diese Verbindung ist nicht druckwasserdicht, da Wasserwege
am glatten Fugenband vorhanden sind. Das gleiche gilt für alle
Fugenbandknoten, bei denen der Bandanschluß senkrecht zur
Fugenbandebene und parallel zu den Rippen erfolgt!

Dichtungstechnisch einwandfrei (allerdings sehr kompliziert)
ist der in Bild A 2/62 gezeigte Anschluß eines außenliegenden
Dehnungsfugenbands an ein Fugenabdeckband. Stark eingeschränkt ist allerdings die Bewegungsmöglichkeit. Selbst bei
sorgfältigster Ausführung der Eckverbindung ist aus geometrischen Gründen eine Fugenöffnung nur durch Materialdehnung
im Stoßbereich möglich. Infolge der komplizierten Verbindung ist ein derartiger Bandstoß eine Schwachstelle im Dichtungssystem und sollte vermieden werden.

Bei den üblichen Ausführungen von Bewegungsfugenband-
kreuzungen (vgl. Bild A 2/54) ist die normalerweise vorhandene Bewegungsmöglichkeit für die Öffnung der Fugen –
gegeben durch die Dehnungsschläuche bzw. -schlaufen der
Fugenbänder – im Knotenpunkt nicht vorhanden. Eine Bewegung kann daher hier nur über Materialdehnung erfolgen. Für
große Fugenbewegungen werden daher im Kreuzungsbereich
Sonderkonstruktionen z. B. gemäß Bild A 2/63 erforderlich.

A 2.2.3 Herstellung und Ausbildung der verschiedenen Fugenarten

A 2.2.3.1 Arbeitsfugen

Arbeitsfugen entstehen zwischen zeitlich getrennten Betonierabschnitten (Definition s. Kap. A 1.3). Sie müssen vorher geplant werden und dürfen in ihrer Lage nicht dem Zufall überlassen bleiben. In den Arbeitsfugen soll eine möglichst kraftschlüssige und dichte Verbindung benachbarter Betonierabschnitte erzielt werden. Der Betonanschluß ist deshalb mit größter Sorgfalt auszuführen. Folgende 2 Hauptpunkte sind dabei zu beachten ([A 2/31] und DIN 1045, Abschnitt 10.2.3):

1. Die Anschlußfläche des zuerst betonierten Abschnitts muß „gesund" und möglichst rauh sein. Beeinträchtigungen durch Schlämmeanreicherung, „Verdurstung", Zementauswaschung durch Regen, Frostabplatzungen oder ungenügende Verdichtung dürfen nicht vorliegen.

2. Der Anschlußbeton ist sorgfältig zu verdichten. Die Schalung muß so standfest sein, daß sie eine gründliche Rüttelung aushält.

Für die Herstellung einer guten Fugenverzahnung gibt es je nach Fugenlage verschiedene Möglichkeiten:

– Bei horizontalen Arbeitsfugen kann durch eine mechanische Bearbeitung des erhärteten Betons – z.B. mit Preßlufthammer oder mit Sandstrahlen – die gewünschte Rauhigkeit geschaffen werden. Sämtliche minderwertigen und losen Betonteile sind dabei zu entfernen und die Oberfläche soweit aufzurauhen, daß die oberen Teile der groben Zuschlagkörner sichtbar werden. Eine andere Möglichkeit, die insbesondere bei großen horizontalen Fugenflächen (z.B. bei Wehren und Staumauern) eingesetzt wird, ist das Wegwaschen der Zementschlempe von der Oberfläche der Arbeitsfuge und das Freilegen des Korngerüsts mit einem ölfreien Preßluftwasserstrahl kurz nach Beginn des Abbindevorgangs im Beton.

– Bei vertikalen abgeschalten Arbeitsfugen kommen profilierte Schalelemente zum Einsatz (Verzahnung der Fugenfläche), oder die Fugen werden mit Rippenstreckmetall abgeschalt. Letzteres hat den arbeitstechnischen Vorteil, daß ein Ausschalen der Fuge entfällt. In abdichtungstechnischer Hinsicht beachte jedoch Abschnitt A 2.2.2.3, Pkt. 6. sowie nachstehende Ausführungen.

Mit Rippenstreckmetall abgeschalte Arbeitsfugen ergeben ohne jegliche Nachbehandlung bei geringer Beanspruchung i.a. einen ausreichenden Haftverbund (Bild A 2/64). Bei hochbeanspruchten Arbeitsfugen reicht diese Maßnahme jedoch nicht aus. Das Rippenstreckmetall muß entweder vor dem Anbetonieren entfernt oder ca. 8 Stunden nach der Herstellung mit Preßluft ausgeblasen werden [A 2/32].

Eine sehr gute Fugenverzahnung erhält man auch bei Einsatz einer glatten Holzschalung mit aufgetragenem Oberflächenverzögerer, wie er für Waschbetonoberflächen zum Einsatz kommt. Nach dem Ausschalen der Fuge wird die Betonoberfläche mit hartem Wasserstrahl abgespritzt und das grobe Zuschlagskorn freigelegt. Dieses Verfahren hat sich gut bewährt und wird häufig angewandt.

Die beschriebenen Maßnahmen führen bei sorgfältiger Ausführung zu einer guten Verbindung zwischen dem älteren und dem neuen Beton, so daß die Homogenität des Baukörpers durch die Arbeitsfuge nicht wesentlich beeinträchtigt wird.

Eine sichere Abdichtung gegen Druckwasser ist unter Baustellenbedingungen meist jedoch auf die zuvor beschriebene Weise nicht zu erreichen. Dies ist darauf zurückzuführen, daß die sorgfältige Einhaltung aller oben angegebenen Maßnahmen auf der Baustelle kaum garantiert werden kann, so daß die Betonierfugen stets mehr oder weniger geschwächte Querschnitte im Bauwerk darstellen. Sie sind häufig von vornherein, z.B. infolge eines schlechten Anschlusses, undicht. Oft führen aber auch Spannungen im Beton z.B. aus Schwinden, Temperaturänderungen oder äußeren Belastungen zu Rissen innerhalb dieser Fugen und damit zur Undichtigkeit. In der Regel werden daher zusätzlich Wassersperren in Form von Fugenbändern oder Injektionsschläuchen in die Fugen eingebaut.

Bild A 2/65 zeigt verschiedene Möglichkeiten für die zusätzliche Abdichtung der horizontalen Arbeitsfuge zwischen Sohle und Wand:

– In vielen Fällen ist eine Aufkantung von mindestens 10 cm Breite und Höhe im mittleren Wandbereich eine ausreichende Sicherungsmaßnahme. Für eine solche Lösung muß die Wand allerdings mindestens 30 cm dick sein. Das Betonieren der Aufkantung kann dabei zwischen zwei Schalbrettern erfolgen, die an der Anschlußbewehrung befestigt werden (Bild A 2/65a).

– Beim Einbau von innenliegenden Fugenbändern stört in der Regel die nach außen durchlaufende horizontale Plattenbewehrung (gilt auch für die Wand-/Decken-Arbeitsfuge). Es wird daher häufig ein etwa 15 cm hoher Sockel zur Einbindung der Fugendichtung beim Herstellen der Sohle mitbetoniert (Bild A 2/65b und c).

Das Fugenband muß hierbei so abgestützt, festgebunden oder gesichert werden, daß es auch später beim Betonieren der Wand nicht umkippt. Von Vorteil sind deshalb möglichst steife Bänder z.B. aus Elastomeren, PVC-P mit Federstahlaussteifungen (Bild A 2/8) oder Stahlblech (Bild A 2/6). Stahlfugenbleche werden für die horizontalen Arbeitsfugen wegen ihrer großen Steifigkeit, ihrer problemlosen Befestigung (z.B. Anschweißen) und ihres geringen Preises besonders bevorzugt und haben sich in der Praxis vielfach bewährt. Wie andere Fugenbänder müssen sie stets vor dem Betonieren verlegt werden. Ein nachträgliches Einrütteln der langen Blechstreifen in den frischen Beton ist nicht möglich [A 2/11].

– Beim Abdichten der Sohle-/Wandarbeitsfuge mit einem außenliegenden Fugenband (Bild A 2/65d) oder über Injektion (Bild A 2/65e) ist das Betonieren eines Sockels nicht erforderlich.

– Wenn die obere Sohlenbewehrung im mittleren Bereich der Wand enden kann, möglichst mit Winkelhaken, entfällt auch für innenliegende Fugenbänder das aufwendige Mitbetonieren des Wandsockels (Bild A 2/65f).

Einen Überblick über die Ausbildungsmöglichkeiten von vertikalen Arbeitsfugen mit Dichtungssperre in Sohle, Wand und Decke zeigt Bild A 2/66. Wie bei den horizontalen Fugen kommen neben Verzahnungen der Fugenfläche sowohl Fugenbänder aus Kunststoff als auch Stahlbleche oder Injektionsschläuche als zusätzliche Abdichtung in Frage. Wichtig bei der Wahl der geeigneten Fugenabdichtung ist die Einpassung der Einzelfugendichtung ins gesamte Dichtungssystem des Bauwerks.

Bild A 2/64
Abschalen von Arbeitsfugen mit Rippenstreckmetall
(Quelle Rippenstreckmetall-Gesellschaft m.b.H., Leverkusen)

Bild A 2/65
Verschiedene Möglichkeiten für die Ausbildung einer dichten Arbeitsfuge zwischen
Sohle/Wand
(a) Aufkantung in Wandmitte
(b) Wandsockel mit Fugenblech in Wandmitte
(c) Wandsockel mit Fugenband in Wandmitte
(d) ohne Wandsockel mit außenliegendem
    Fugenband
(e) ohne Wandsockel mit Injektionsschlauch
(f) Variante von (b) ohne Wandsockel

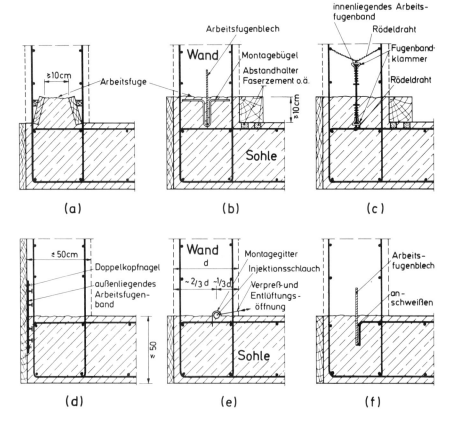

Grundsätzlich muß die Fugendichtung aller Fugen (Bewegungsfugen und Arbeitsfugen) in einer Ebene liegen oder flächig dichten. Ein Wechsel der Abdichtungsebenen ist dichtungstechnisch nicht vertretbar (vgl. Bilder A 2/61 und A 2/62).

Bild A 2/67 zeigt verschiedene Beispiele für die Abschalung von vertikalen Arbeitsfugen in Sohle und Wand mit glatter oder profilierter Schalung sowie mit Streckmetall.

In den Arbeitsfugen läuft die Bewehrung in vollem Querschnitt durch. Im allgemeinen werden die Bewehrungseisen durch die Fugenschalung geführt. Zur Vereinfachung des Einschalens wird gelegentlich an Arbeitsfugen die Anschlußbewehrung abgebogen und anschließend in ihre planmäßige Lage zurückgebogen (Bild A 2/67a). Hierbei ist u. a. zu beachten, daß sich nur Stäbe mit $d_s \leq 14$ mm kalt zurückbiegen lassen, und daß geeignete Betonstahlsorten (s. Tabelle A 2/14) zur Anwendung kommen. Der Abbiegeradius d_{br} muß gleich oder

größer 6 mal Stabdurchmesser d_s sein. Stäbe $d_s \geq 16$ mm können in der Regel nur durch Warmrückbiegen in ihre Ausgangsform gebracht werden. Hierzu sind sie bis zur Rotglut (etwa 900 °C) zu erhitzen. Wegen der Verringerung der rechnerischen Ausnutzbarkeit der Bewehrungsstäbe um mehr als 40 % ist ein Warmrückbiegen nur mit Zustimmung des entwerfenden und prüfenden Ingenieurs zulässig. Einzelheiten zum Rückbiegen von Betonstahl sind dem gleichnamigen Merkblatt des Deutschen Betonvereins e. V., Wiesbaden, zu entnehmen [A 2/33].

Fehlt bei großen Stabdurchmessern infolge Platzmangel die Möglichkeit, Überlappungsstöße an den Arbeitsfugen auszuführen – z. B. bei abschnittsweise erstellten Bauteilen, bei Unterfangungen, Schlitzwandanschlüssen usw. – so werden die Stäbe mit Muffen gestoßen oder verschweißt. Einzelheiten hierzu enthält Literatur [A 2/34] und [A 2/35]. Muffenstöße können je nach Erfordernis direkt vor oder hinter der Arbeitsfugenabschalung erfolgen.

Bild A 2/66
Möglichkeiten der Ausbildung von vertikalen
Arbeitsfugen in Sohle, Wand und Decke

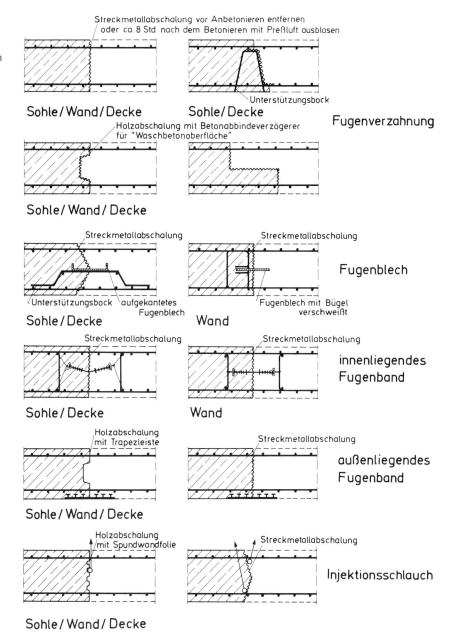

Tabelle A 2/14
Eignung der Betonstahlsorten zum Kaltrückbiegen [A 2/32]

1	2	3	4
Kurzzeichen Kurzname			
nach DIN 488 Ausgabe 1972 bzw. Zulassung	nach DIN 488 Teil I, Ausgabe 1984	Rippenanordnung	zum Kaltrückbiegen geeignet
1 — IG / BSt / 220/340 GU	[2)] –	(Rippenanordnung) ○	nein
2	–	St37-2 [3)]	ja
3 — III U / BSt / 420/500 RU	[2)] –	(Rippenanordnung) [4)] ○	nein
4 — IV U / USt / 500/550 RU[1)]	[2)] –	(Rippenanordnung) [4)] ○	nein
5 — III K / BSt / 420/500 RK		(Rippenanordnung) ○	
6 — III K [5)] / BSt / 420/500 RK	III S / BSt 420 S		
7 — III S [1)] / BSt / 420/500 RTS		(Rippenanordnung) ○	
8 — III S [1)] / BSt / 420/500 RUS			
9 — IV K [1)] / BSt / 500/550 RK		(Rippenanordnung) ○	ja
10 — IV K [1)] / BSt / 500/550 RK	IV S / BSt 500 S	(Rippenanordnung) [4)]	
11 — IV S [1)] / BSt / 500/550 RTS		(Rippenanordnung) ○	
12 — IV S [1)] / BSt / 500/550 RUS			
13 — IV R [6)] / BSt / 500/550 RK	IV M [6)] / BSt 500 M	(Rippenanordnung) ○	

1) Nach allgemeiner bauaufsichtlicher Zulassung; 2) In DIN 488 Teil I, Ausg. 1984, nicht mehr enthalten; 3) Siehe DIN 488 Teil I, Ausg. 1984, Erläuterung und DIN 1045, Ausg. 1985; 4) Mit und ohne Längsrippen, Ansichten von drei Seiten; 5) Nach DIN 488, Ausg. 1972, jedoch mit davon abweichender Oberflächengestalt gemäß Werkkennzeichenbescheid; 6) Betonstahlmatten

Bedeutung der Buchstaben in
Spalte 1: G: glatt; R: gerippt; U: unbehandelt; K: kaltverformt; TS: tempcorisiert; US: mikrolegiert. Spalte 2: S: Stabstahl; M: Matten

A 2.2.3.2 Schwindfugen

Schwindfugen sind im Prinzip Arbeitsfugen, die jedoch erst nach Abklingen der Hydratationswärme und des Schwindens – gelegentlich auch von Setzungen – geschlossen werden. Sie sollen im Endzustand eine kraftschlüssige und dichte Verbindung der benachbarten Betonierabschnitte ergeben. Es gelten daher für sie die gleichen Herstellungsvoraussetzungen wie für die Arbeitsfugen (Kapitel A 2.2.3.1).

In der Praxis werden je nach Aufgabenstellung zwei Konstruktionsformen angewandt:

1. Bildung eines Fugenhohlraums mit Rippenstreckmetallabschalung zum späteren Vergießen (Bilder A 2/68 und A 2/69).

2. Offenlassen von Schwindgassen mit 1 bis 2,5 m Breite (Bild A 2/70).

Die Bewehrung läuft im Fall 1 in der Fuge in der Regel durch. Sie stellt zwar dadurch von Anfang an eine zunächst ungewollte Verbindung zwischen den einzelnen Plattenabschnitten her. Nachteile entstehen jedoch daraus keine, sofern die Fugenabstände nicht zu groß gewählt werden (Bild A 2/68). Bei großen Fugenabständen muß die Bewehrung unbedingt gestoßen werden, s. Bild A 2/69.

Die Schalungskörper in den Wänden werden rhombisch oder kreisförmig mit Rippenstreckmetall ausgebildet. In der Sohle bzw. Decke werden V- und U-förmige Schalungskörper eingebaut. Die Öffnungsbreite an der Oberseite sollte zum einwandfreien Einbringen des Füllbetons mindestens 30 cm betragen.

Je nach den Umständen werden die Fugenaussparungen 1 bis 2 Wochen, zuweilen auch bis zu etwa 3 Monaten offengehalten. Nach dem Schließen – vorzugsweise mit quellfähigem Beton – wirken diese Bereiche fast so, als ob sie monolithisch hergestellt worden wären. Für hohe Dichtungsansprüche werden in den Fugen zusätzlich Fugenbänder eingebaut (vgl. Bild A 2/69).

Bei Anwendung dieser Fugenkonstruktion kann das Bauwerk ohne Rücksicht auf Temperatur- und Schwindvorgänge im Ganzen hergestellt werden. Der spätere Verguß der Fugen erfordert keinen zusätzlichen Aufwand für Schal- und Bewehrungsarbeiten.

Im Fall 2 wird ein ganzer Sohl-, Wand- oder Deckenstreifen nachträglich betoniert (Bild A 2/70). Es sind hierbei jeweils zwei Arbeitsfugen abzudichten. Eingesetzt werden hierfür innen- oder außenliegende Fugenbänder oder auch Injektionsschläuche.

A 2.2.3.3 Scheinfugen

Scheinfugen (Definition s. Kap. A 1.3) erfordern keine durchgehende Trennung des Querschnitts. Sie können daher rationeller und wirtschaftlicher als z.B. Preß- und Dehnungsfugen hergestellt werden. Durch Einstellen von Brettern, Spanplatten, abgedeckten Hartschaumplatten, Faserzement-Wellplatten, Rohren u.a. wird die Betondicke der Wand bzw. der Decke im Fugenbereich mindestens um 1/3 geschwächt. Die Bewehrung läuft ganz oder teilweise durch oder wird im Fugenbereich ausgewechselt. Durch Scheinfugen wird erreicht, daß der Abbau der Spannungen aus Temperaturänderung (Hydratation) und Schwinden als Riß an vorgegebener Stelle erfolgt und unkontrollierte Risse somit vermieden werden.

Bild A 2/67
Möglichkeiten für das Abschalen von vertika-
len Arbeitsfugen mit Fugenbanddichtung in
Wänden und Sohle

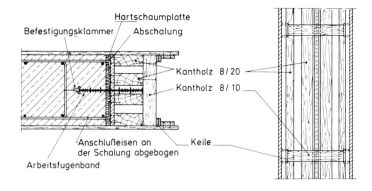

(a) innenliegendes Fugenband mit herkömm-
    licher zweiteiliger Kopfschalung aus Holz
    (Wand)

(b) innenliegendes Fugenband mit zweiteiliger
    Kopfschalung aus Streckmetall (Wand)

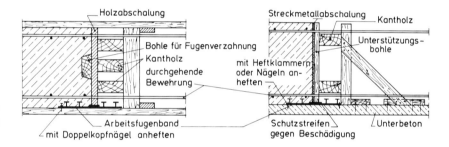

(c) außenliegendes Fugenband in der Wand-
    fuge mit einteiliger Kopfschalung z. B. aus
    Holz in der Sohlfuge aus Streckmetall

Bild A 2/68
Ausbildung von Schwindfugen mit durchgehender Bewehrung für kleine Fugenabstände
ohne zusätzliche Fugendichtung

Erläuterung:
(1) Trapezaussparung, (2) Bügelkorb mit Rippenstreckmetall als Abschalung, (3) Holzlei-
sten o.ä. vor dem Ausbetonieren entfernen,
(4) Abstandshalter mit Rippenstreckmetall als
Abschalung, (5) nachträglich eingebrachter
Füllbeton, (6) Trennfolie, (7) Unterbeton

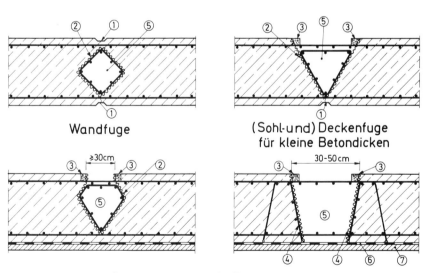

Bild A 2/69
Ausbildung von Schwindfugen mit gestoßener
Bewehrung für große Fugenabstände mit
Fugenbanddichtung nach [A 2/36]

Erläuterung:
(1) Fugenband mit Nagellaschen, (2) Rippenstreckmetall, (3) Stoßbewehrung, (4) Befesti-
gungsklammern, (5) Holzleiste, (6) Schalbrett

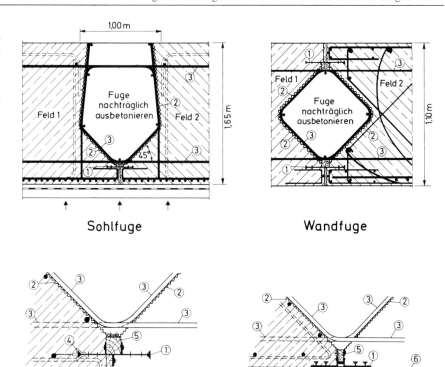

Bild A 2/70
Schwindgassen mit gestoßener Bewehrung und
verschiedenen Dichtungsmöglichkeiten für
große Fugenabstände

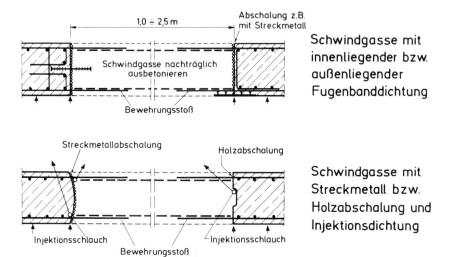

Bei einem wasserundurchlässigen Bauwerk sind die Scheinfugen durch Einbau von Fugenbändern aus PVC-P oder Elastomeren bzw. von Injektionsschläuchen – für eine spätere Verpressung – abzudichten. Die Abdichtung der Scheinfuge muß
sich in das Gesamt-Fugendichtungssystem des Bauwerks (z. B.
Abdichtung der Wand-/Sohlfuge o. a.) einpassen.

Verschiedene Ausführungsmöglichkeiten von Scheinfugen
sind in Bild A 2/71 dargestellt, Ein Ausführungsbeispiel zeigt
Bild A 2/72.

A 2.2.3.4 Preßfugen

Preßfugen entstehen, wenn zwei Bauteile oder Bauabschnitte
gegeneinander betoniert werden, jedoch eine homogene Verbindung beider Teile nicht erwünscht ist. Die Trennung erfolgt
durch Bitumenanstrich, Ölpapier oder nackte Bitumenbahn
R500N. Die Bewegung der angrenzenden Bauteile soll möglichst gleichgerichtet sein. Querverschiebungen der Fugenflanken gegeneinander können durch Verzahnungen und Ver-
dübelungen verhindert werden.

Die Abdichtung der Preßfugen muß mit Dehnungsfugenbändern erfolgen. Dies ist erforderlich, um ein Abscheren des Fugenbands bei Scherbewegungen in der Fuge zu vermeiden. Da sich die Fuge etwas öffnen kann, werden zur Erdseite und Luftseite teilweise Fugenverschlüsse z. B. mit dauerelastischen Fugendichtstoffen hergestellt.

Bild A 2/73 zeigt verschiedene Ausführungen von Preßfugen.

A 2.2.3.5 Raumfugen

Raumfugen dienen zur Aufnahme von Bewegungen. Ihre Breite und ihr Abstand sind rechnerisch bzw. empirisch so festzulegen, daß die zu erwartenden Bewegungen ohne Zwängungen der benachbarten Bauwerksabschnitte erfolgen können, und daß das vorgesehene Dichtungselement nicht zerstört wird (vgl. hierzu Kapitel A 1.4). Nach den vorwiegend aufzunehmenden Bewegungen können im wesentlichen zwei Fugenarten unterschieden werden:

1. Dehnungsfugen (Bild A 2/74 a und b)

   Sie dienen hauptsächlich zum Ausgleich von Volumenänderungen des Betons, die durch Schwinden, Quellen und Temperaturänderungen, aber auch durch Kriechen bei Dauerlast – insbesondere beim Spannbeton – hervorgerufen werden. Die Fugenbreite richtet sich nach konstruktiven Gesichtspunkten. In der Regel beträgt sie 1 bis 3 cm (vgl. auch Tabelle A 1.1).

   Die Querbewegung der Bauteile gegeneinander in der Dehnungsfuge kann gegebenenfalls durch Verzahnung und Verdübelung unterbunden werden. Um die Längsbewegung nicht zu behindern, sind die Kontaktflächen der Verzahnung als „Gleitflächen" auszubilden bzw. für die Dübel entsprechende Gleithülsen vorzusehen.

2. Setzungs- und allgemeine Bewegungsfugen (Bild A 2/74 a, c und d)

   Die Hauptbeanspruchung dieser Fugen besteht neben den üblichen Längenänderungen der Bauwerksteile und gegebenenfalls dem Kippen der Blöcke – z. B. infolge von Setzungsmulden oder durch Schiefstellungen und Zerrbewegungen in Bergsenkungsgebieten – aus Scherbewegungen infolge ungleichmäßiger Setzungen, Bauteilverformungen o. ä.

   Setzungen als Folge von unterschiedlicher Belastung des Baugrunds sowie aufgrund geologisch uneinheitlicher Baugrundgegebenheiten sind in der Regel einmalig und verlaufen langsam. Verändern sich die Lasteinwirkungen jedoch, wie bei Brücken, Behältern und Silos oder die Baugrundgegebenheiten – z. B. durch Grundwasserspiegeländerungen oder durch Bergbaueinwirkungen –, so können auch wiederholte Vertikalbewegungen mit entgegengesetzter Richtung in der Fuge auftreten.

   Die Fuge muß in der Regel mindestens so breit sein, daß eine gegenseitige Berührung der benachbarten Bauteile mit Sicherheit vermieden wird. Die üblichen Fugenbreiten liegen zwischen 2 und 5 cm (5 cm z. B. im Bergsenkungsgebiet; vgl. auch Tabelle A 1/1).

Die Abdichtung der Raumfugen kann durch innen- oder außenliegende Fugenbänder sowie in der Fuge eingebaute sogenannte Abdeckbänder erfolgen (Bild A 2/74 a). Bei hohen Beanspruchungen werden teilweise auch 2 Fugenbänder eingebaut, z. B. 2 innenliegende Fugenbänder (entsprechende Konstruktionsdicke erforderlich!) oder ein innen- und ein außenliegendes Fugenband oder ein innenliegendes und ein Abdeckfugenband. Durch Verbindung der beiden Fugenbandsysteme mit Schotten kann die Sicherheit der Fugendichtung wesentlich gesteigert werden (Bild A 2/74 d).

Bei sehr großen oder sich häufig wiederholenden Bewegungen, z. B. bei Fugen zwischen Schleusenwand und Schleusenhaupt oder Tunnelröhre und Bahnhofsbauwerk werden auswechselbare Fugenbänder mit Los-/Festflanschkonstruktionen vorgesehen (Bild A 2/30). Teilweise werden sie mit einbetonierten Fugendichtungen oder Kompressionsdichtungen (z. B. Gina-Dichtung, Bild A 2/23) kombiniert oder auch in doppelter Ausführung eingebaut, siehe Bild A 2/75. Ausgeführte Beispiele s. Kapitel B 3.5, B 4.2.1.2, B 4.5, B 7.3 und B 9.2.

Bei noch so großer Sorgfalt lassen sich insbesondere horizontal liegende Fugenbänder nicht immer wasserdicht einbauen. Fugen auch mit qualitativ hochwertigen Fugenbändern sind nur so dicht wie der Beton, in den die Fugenbänder eingebettet sind. Bei Bauwerken mit hoher Wasserbeanspruchung, mit eng liegender Bewehrung und/oder schwierigen Betonierverhältnissen sind in der Praxis daher einige Methoden entwickelt worden, um bei örtlichem Versagen gezielt eine Abdichtung anderweitig bzw. nachträglich herbeizuführen. Bild A 2/76 zeigt hierfür einige Beispiele: Im Fall 1 werden im äußeren Fugenspalt Bentonitplatten eingebaut. Bei Zutritt von Wasser quillt das Bentonit und dichtet den Fugenspalt selbsttätig ab. In den Fällen 2 bis 4 wird durch nachträgliche Injektion eine Abdichtung des umgebenden Betons erzielt (vgl. hierzu Kapitel A 2.1.4.1). Untersuchungen an einem sanierbaren Fugenband mit integrierten Injektionskanälen beschreibt Stein und Kipp in [A 2/56].

Der Fugenspalt wird üblicherweise durch Einlegen von nachgiebigen, nicht verrottbaren Bauplatten (z. B. imprägnierte Holzfaser-, Kork-, Hartschaumplatten usw.) hergestellt. Die Platten haben die Aufgabe, einen Fugenspalt vorgegebener Breite gegen den Druck des Frischbetons offenzuhalten. Sie sollen jedoch andererseits einer späteren Verkleinerung des Fugenspalts möglichst geringen Widerstand entgegensetzen. Sie werden an der Fugenfläche des zuerst betonierten Bauteils angeklebt oder angenagelt, um ein Ablösen beim nächsten Betoniervorgang und damit eine unkontrollierte, unplanmäßige Ausbildung der Fuge zu vermeiden. Die gesamte Fugenfläche muß lückenlos bedeckt sein, damit keine „Brücken" aus Beton entstehen. Zweckmäßig ist es daher, die Plattenstöße mit Klebeband abzudecken.

Um ein Durchschlagen der Platten an einzelnen Stellen z. B. durch Bewehrung, Abstandshalter, grobes Zuschlagkorn oder Rüttler und damit die Entstehung von Betonbrücken zu vermeiden, werden häufig Sandwichplatten als Fugeneinlage verlangt. Sie bestehen z. B. aus einem Hartschaumplattenkern von mindesens 5 mm Dicke und außen aus kunststoffbeschichteten Sperrholzplatten von 4 mm Dicke. Die Stöße der Schal- und Hartschaumplatten sind um mindestens 10 cm versetzt angeordnet.

Da auch über die „nachgiebigen" Fugeneinlagen große Kräfte übertragen werden können, wird häufig gefordert, daß die Fugeneinlagen restlos aus der Fuge zu entfernen sind. Dabei ist darauf zu achten, daß die Fugendichtelemente weder mechanisch noch chemisch beschädigt werden.

Bild A 2/71
Beispiele für die Ausbildung von Scheinfugen
in Wänden

*) Rohre aus dem noch nicht erhärteten Beton
ziehen, Löcher später mit Mörtel vergießen

**) Am Wandfuß ist ein Auslaufröhrchen
Durchmesser 60 bis 80 mm anzuordnen, damit
in den Aussparungskörper eindringende Zementschlämme ablaufen kann.

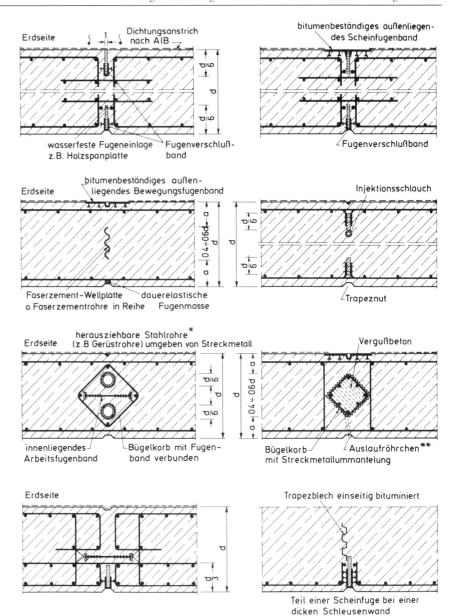

Bild A 2/72
Scheinfugenausbildung in einer Wand mit
Aussparungskörpern aus einem Bügelkorb mit
Rippenstreckmetallummantelung
a) Einbau der Aussparungskörper in der Wand
b) Draufsicht auf die Wand (horizontale
   Arbeitsfuge) mit Aussparungskörper und
   vertikalem und horizontalem außenliegenden Fugenband
(Quelle Rippenstreckmetall-Gesellschaft
m.b.H., Leverkusen)

(a)   (b)

Bild A 2/73
Beispiele für die Ausbildung von Preßfugen

Bild A 2/74
Beispiele für die Ausbildung und Abdichtung
von Dehnungs- und Bewegungsfugen

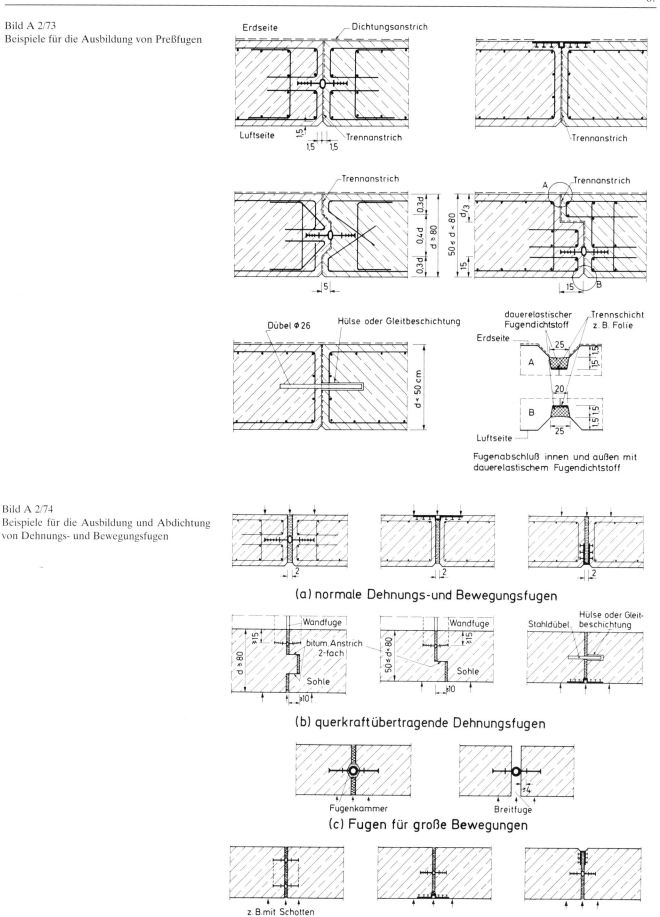

(a) normale Dehnungs-und Bewegungsfugen

(b) querkraftübertragende Dehnungsfugen

(c) Fugen für große Bewegungen

(d) Bewegungsfugen mit mehrfacher Abdichtung

Bild A 2/75
Fugenausbildung mit zwei auswechselbaren
Fugenbändern mit Los-/Festflanschbefestigung
(nach Firmenunterlagen Vredestein, Loos-
duinen N.V., Holland)

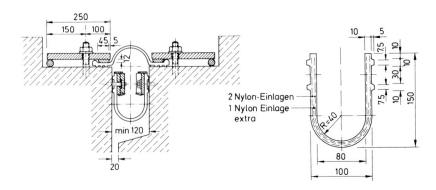

(a) Einbauzustand

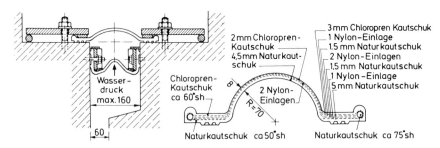

(b) gedehnt und unter Wasserdruck

Bild A 2/76
Beispiele für ergänzende Abdichtungshilfen
bei Fugenbändern
(1) Einbauen von Bentonit-Platten im äußeren Fugenspalt; (2) und (3) Einbauen von
Injektionskanälen und -schläuchen zum nachträglichen Injizieren evtl. Hohlräume im Bereich der Fugenbanddichtungsteile; (4) Einbau
eines außenliegenden Injektionsfugenbands
zum nachträglichen Injizieren des äußeren
Fugenspalts

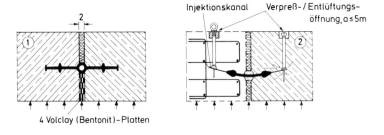

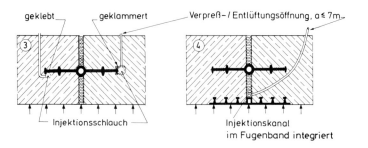

Bei Raumfugen, in denen große Scherbewegungen auftreten
können oder durch Kippen der Bauteile der Fugenspalt sich
bereichsweise stark verkleinern kann, besteht die Gefahr, daß
innenliegende Bewegungsfugenbänder zerquetscht bzw. in der
Fuge zerrieben werden. Abhilfe schafft hier die Ausbildung
einer Fugenkammer aus einem nachgiebigen Material am
Fugenband. Die Kammer kann geschaffen werden durch mit
dem Fugenband verbundene Halbschalen aus Zellelastomer
(Moosgummi) oder Polyethylen-Schaum (PE). Eine andere
Möglichkeit besteht darin, die Fugeneinlage im Schlauch-
bereich entsprechend zu verstärken (Bild A 2/77). Für große

Scherbewegungen sollte die 1. Lösung gewählt werden, da hier
die Betonkanten am Fugenband abgerundet sind. Grundsätzlich ist darauf zu achten, daß die Halbschalen an jeder Stelle
dicht an das Fugenband anschließen. Sonst besteht die Gefahr
der Bildung scharfer Zementleim- oder Betonschneiden.

Für die Wirksamkeit eines Bewegungsfugenbands ist die sorgfältige Fixierung in der Schalung von großer Bedeutung. Der
Dehnungsschlauch bzw. die Dehnungsschlaufe muß exakt in
Fugenmitte liegen. Beispiele für die Abschalung von Raumfugen zeigt Bild A 2/78.

Bild A 2/77
Möglichkeiten zur Ausbildung einer Fugenkammer bei Fugen mit großen Scherbewegungen

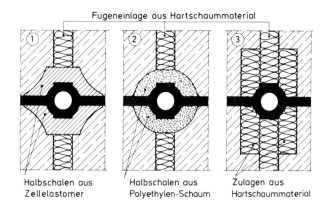

Bild A 2/78
Einbau von Bewegungsfugenbändern in Wandfugen

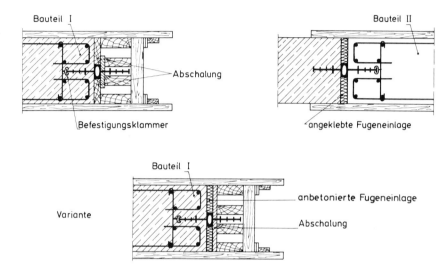

(a) innenliegendes Fugenband

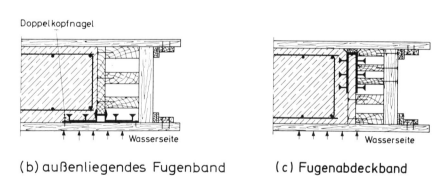

(b) außenliegendes Fugenband   (c) Fugenabdeckband

Je nach Bauwerksnutzung erhalten die Raumfugen auf der Innenseite teilweise einen Fugenverschluß. Dazu werden Fugendichtstoffe, einbetonierte Abdeckprofile sowie einge-klemmte oder eingestemmte Verschlußprofile eingesetzt (Bei-spiele siehe Bild A 2/79). Für starke Belastungen, wie Wasser-druck, Sog usw. haben sich auf Dauer vor allem einbetonierte Profile aus PVC-P oder Elastomeren sowie eingestemmte Kompressionsprofile aus zelligem Elastomermaterial mit kreis-förmigem Querschnitt bewährt.

Auf der Erdseite des Bauwerks muß verhindert werden, daß Boden beim Öffnen der Fuge in den Fugenspalt eindringen kann. Die Fugen werden dazu z. B. mit Beton- oder Faserze-mentplatten abgedeckt, oder sie erhalten auch auf der Außen-seite einen Verschluß durch ein einbetoniertes Abdeckprofil oder durch Verfugung mit einem Fugendichtstoff. Ist ein außenliegendes Fugenband als Hauptdichtung vorhanden, so ist dieses z. B. durch eine Hartfaserplatte o. ä. gegen den Erd-boden zu schützen. Beispiele zeigt Bild A 2/79.

Bild A 2/79
Fugenverschlüsse und Abdeckungen von Raumfugen auf der Luft- und Erdseite

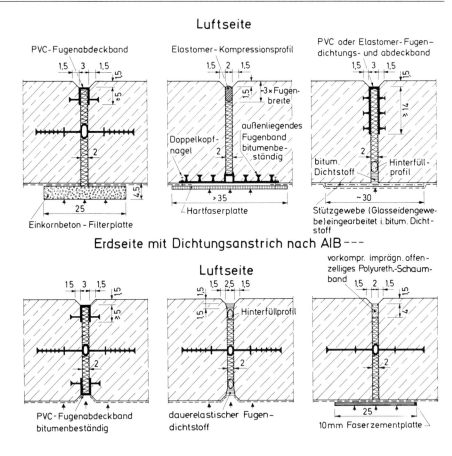

Für abgedichtete Raumfugen in Tiefbauwerken werden in der Regel keine besonderen Brandschutzmaßnahmen gefordert, obwohl alle heute eingesetzten Fugenband- und Abdichtungswerkstoffe durch hohe Temperaturen geschädigt werden können. Es empfiehlt sich daher bei Bauwerken, die in besonderem Maße brandgefährdet sind, die eingebauten Fugenbänder und Fugenabdichtungen vor übermäßiger Erwärmung zu schützen. Hierfür sind die Weicheinlagen der Fugen durch Material der Baustoffklasse A (nicht brennbar) nach DIN 4102, Teil 1 [A 2/37], z. B. durch Mineralfaserplatten Rohdichte ca. 50 kg/m³, zu ersetzen. Ferner können zusätzliche Schutzmaßnahmen ergriffen werden, z. B. durch den Einsatz besonderer Brandschutzmaterialien oder durch eine spezielle Formgebung der Fugen (Bild A 2/80). Für den Fugenabschluß kann das übliche Material verwendet werden, da diesem keine Bedeutung für die Funktionsfähigkeit des Bauwerks zukommt.

Im Hinblick auf die Wirksamkeit von Dehnungsfugen im Brandfall ist von Bedeutung, daß die Fugen auch die dabei auftretenden Bewegungen aufnehmen können. Durch Verschluß der Fugen innen und außen (vgl. Bild A 2/79) kann verhindert werden, daß eingedrungene Fremdkörper die Beweglichkeit und damit die Wirksamkeit der Dehnungsfugen in Frage stellen.

Weitere Einzelheiten zum baulichen Brandschutz von Fugen s. [A 2/37] bis [A 2/39].

A 2.3 Herstellung und Gestaltung von Fugen und Fugendichtungssystemen bei der Beton-Fertigteilbauweise

A 2.3.1 Allgemeines

Bedingt durch Fertigungs-, und Transport- und Montagemöglichkeiten werden größere Beton-Fertigteilkonstruktionen aus einzelnen Elementen (Rahmenteilen, Segmenten, Platten o. ä.) zusammengesetzt. Bei der Fugenausbildung zwischen den Elementen sind im wesentlichen zwei Arten zu unterscheiden:

1. Die starr herzustellende Fuge, in der je nach Erfordernis Momente und/oder Quer- und Längskräfte übertragen werden müssen.

2. Die beweglich herzustellende Fuge, in der die Kraftübertragung zwischen den Elementen ganz oder teilweise unterbunden ist und einmalige oder wiederholte Bewegungen unterschiedlicher Größe und Richtung auftreten können.

Beide Fugenarten müssen bei einer wasserundurchlässigen Betonkonstruktion ohne äußere Abdichtung dauerhaft dicht hergestellt werden. Die Anforderungen an die Fugenabdichtung richten sich nach der möglichen Fugenbewegung und der Belastung durch Bodenfeuchtigkeit, Sickerwasser bzw. Druckwasser. Bild A 2/81 zeigt einen Überblick über die wichtigsten Fugendichtungsmöglichkeiten bei Beton-Fertigteilkonstruktionen.

In den folgenden Abschnitten wird auf die Ausbildung und Abdichtung solcher Fugen – ohne Anspruch auf Vollständigkeit – näher eingegangen.

Bild A 2/80
Beispiele für Brandschutzmaßnahmen bei der
Ausbildung von Bewegungsfugen
(1) Einseitige, nicht brennbare Verklebung;
(2) Fugenfüllung nicht brennbar (Baustoffklasse A nach DIN 4102);
(3) Schaumfaserstreifen o. ä.;
(4) Fugenabwinklung mit Gleitfolie

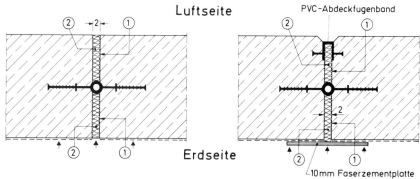

(a) Bewegungsfugenausbildung mit nichtbrennbaren Fugeneinlagen

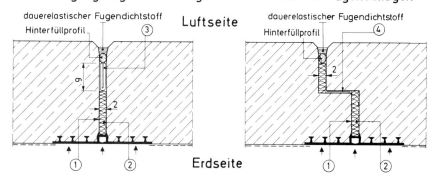

(b) Bewegungsfugenausbildung mit zusätzlichen Brandschutzmaßnahmen

Bild A 2/81
Überblick über die wichtigsten Fugendich-
tungs-Möglichkeiten bei der Beton-Fertigteilbauweise

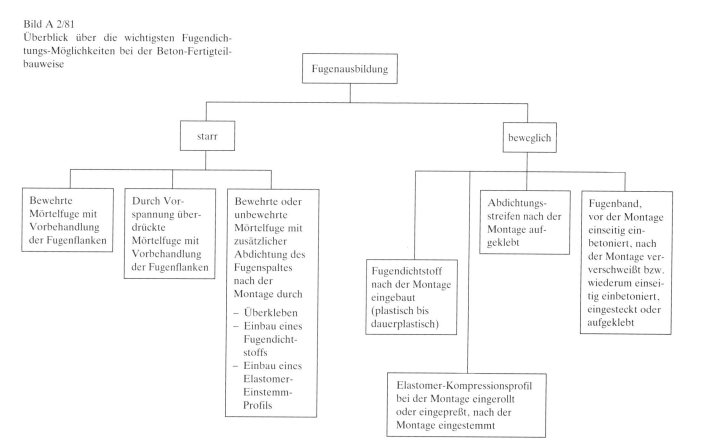

Bild A 2/82
Beispiele für die Ausbildung starrer Fugen
ohne besondere Abdichtung bei der Beton-
Fertigteilbauweise (Prinzipdarstellung)

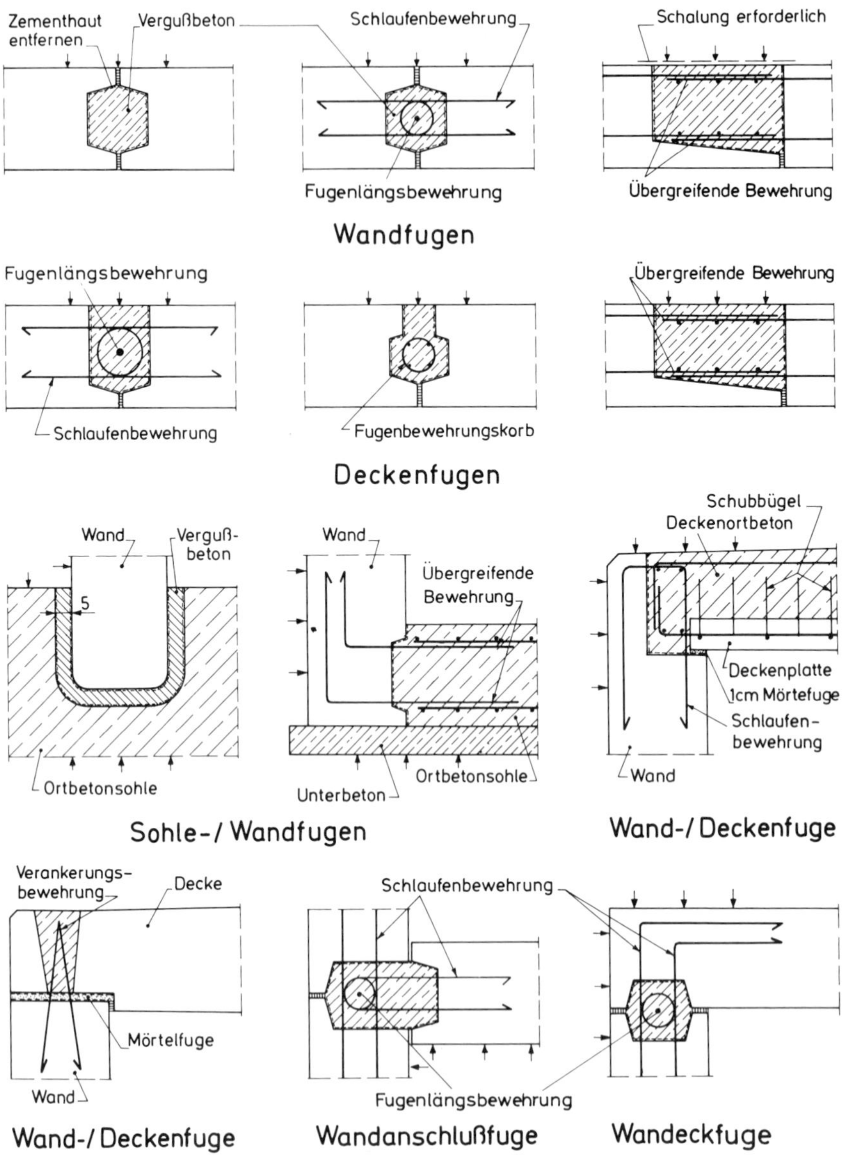

Wandfugen

Deckenfugen

Sohle-/ Wandfugen

Wand-/ Deckenfuge

Wand-/ Deckenfuge

Wandanschlußfuge

Wandeckfuge

A 2.3.2 Starre Fugen

Für die starren Fugen werden Fugenkammern ausgebildet, die
in der Regel mit einem speziellen Vergußbeton ausgefüllt werden. Die Größe und Form der Fugenkammer richtet sich nach
der Art der Kraftübertragung und der Einbringungsmöglich-
keit des Vergußbetons. Beispiele hierfür zeigt Bild A 2/82.

Um eine dichte Verbindung mit dem Beton der Fertigteile zu
erreichen, muß die Zementhaut an den Fugenflanken vorher
sorgfältig entfernt werden. Teilweise werden die Fugenflanken
auch noch mit einem Haftmittel vorbehandelt. Je nach Beanspruchung ist die Fuge ausreichend zu bewehren. Bei konstruktiv richtiger Ausbildung und sorgfältiger Ausführung werden so ausreichend wasserdichte Fugen ohne zusätzliche
Abdichtungsmaßnahmen erzielt (s. z. B. Bild B 4/42). Anstelle
der schlaffen Fugenbewehrung können starre Fugen auch
durch Vorspannung überdrückt werden, so daß unter Belastung keine Fugenklaffungen und damit Undichtigkeiten auftreten können.

Häufig wird der Fugenspalt zusätzlich gedichtet, da man sich
nicht allein auf die Sorgfalt bei der Vorbehandlung der Fugenflanken und der Betoneinbringung verlassen will. Als Dichtungen kommen Fugendichtstoffe, eingestemmte Kompressionsprofile oder Abklebungen mit Abdichtungsstreifen in Betracht. Beim Entwurf dieser zusätzlichen Dichtungen kommt
es darauf an, daß ein durchgehendes Dichtungssystem entsteht, das auch in den Bewegungsfugen vorhanden ist bzw. an
die Bewegungsfugendichtung anschließt. Sonst sind Hinter-
und Umläufigkeiten der Fugendichtungen vorgegeben. Kann
der Wasserdruck von beiden Seiten wirken, sind die Dichtungen entsprechend auszulegen bzw. abzustützen. Die zusätzliche Abdichtung der starren Fugen kann auch durch den Einbau von Injektionsschläuchen und späterer Injektion (vgl.
Kap. 2.1.4) erfolgen.

Beispiele für die Ausbildung von starren Fugen mit zusätzlichen Dichtungen zeigt Bild A 2/83.

Bild A 2/83
Beispiele für die Ausbildung starrer Fugen mit
besonderer Abdichtung für Wand- und Sohl-
bereiche bei der Beton-Fertigteilbauweise
(Prinzipdarstellung)

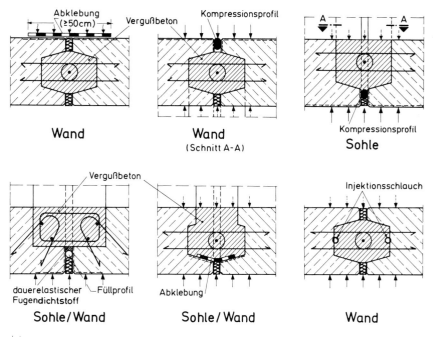

↓↓ äußere Beanspruchung durch Sicker- und Grundwasser
↑↑ innere Beanspruchung durch Innenwasserdruck z.B. bei Abwasserkanälen

A 2.3.3 Bewegungsfugen

A 2.3.3.1 Dichtungen mit Fugenbändern nach dem Anpreßprinzip (Kompressions- und Lippendichtungen)

a) Beton-Fertigteilbauwerke aus geschlossenen Rahmenteilen
mit Kreis- oder Rechteckquerschnitt

Geschlossene Rahmen lassen sich mit Fugenbändern nach dem
Anpreßprinzip einfach dichten, da Probleme mit Fugenkreu-
zungen und Fugen-T-Stößen entfallen. Als Dichtungen kommen in Betracht (siehe Kap. A 2.1.2.3 c):

– Roll- und Gleitringdichtungen
– Steckdichtungen
– Stirndichtungen
– Einstemm- und Injektionsdichtungen

Für *Roll- bzw. Gleitringdichtungen* wird das eine Rahmenende
als Muffe, das andere als Spitzende ausgebildet. Eine Verbindung zweier Spitzenden ist auch mit einer Muffenmanschette
möglich (Bild A 2/84). Rollringdichtungen können *nur* bei
gewölbten Rahmenquerschnitten z.B. mit Kreis-, Maul- oder
Eiquerschnitt eingesetzt werden. Folgende Besonderheiten
sind bei der Anwendung und Montage in Abhängigkeit von
der Dichtringart zu beachten (Bild A 2/85):

– Bei der Rollring-Dichtung wird der Dichtring vorn auf dem
Spitzende drallfrei mit 10 bis 20% Vorspannung aufgezogen
und durch das Einfahren des Spitzendes in die Muffe einge-
rollt und dabei im Muffenspalt verformt. Nachteilig beim
Rollring ist, daß seine Lage im eingebauten Zustand bei den
meisten Rohrverbindungen nicht definiert ist. Sie ist vielmehr abhängig von der Sorgfalt bei der Rohrverlegung, d.h.
im wesentlichen vom zentrischen Zusammenfahren der
Rohre, der Ausbildung des Spitzendes und von den Reibbei-
werten zwischen Dichtung und Rohr.

Wird die Rollringdichtung in Druckrohre eingebaut, so muß
für den Rollring auf dem Spitzende eine Abstützung gegen
den Wasserdruck vorhanden sein (Bild A 2/84 a). Im Bergsenkungsgebiet werden Rollringdichtungen bei Freispiegelleitungen u.a. auch in entsprechend lang ausgebildeten
Rohrverbindungen zur Aufnahme der großen Relativbewegungen vorgesehen.

– Bei der Gleitringdichtung wird der Dichtring mit 10 bis 20%
Vorspannung in endgültiger Lage auf dem Spitzende an
einer Schulter (Bild A 2/84 b) bzw. in einer Kammer (Bild
A 2/84 c und d) aufgezogen. Nach Auftragen eines Gleitmittels in der Muffe wird das Spitzende mit Dichtring eingefahren. Für eine einwandfreie Montage müssen die
Abmessungen der Schulter und Kammer gewisse Bedingungen erfüllen:

● Schulterhöhe $h \geq 0,5\ d_r$ bei kreisförmigen Dichtringen,
damit der Gleitring an der Schulter nicht aufsteigt. Bei
anders geformten Ringen kann die Schulterhöhe für die
Montage niedriger sein (vgl. Bild A 2/15 b).

● Kammerbreite $b \geq 1,6\ d_r$ für kreisförmige Dichtringe,
damit der Gleitring genügend Raum für seine Verformung hat, ohne die Kammerschultern zu belasten. Für
anders geformte Ringe muß die Kammerbreite nach dem
maximalen Verformungsvolumen oder der Fußbreite des
Dichtrings bestimmt werden. Im letzteren Fall erhöht sich
durch die Abstützung die Rückstellkraft und damit die
mögliche Scherlastaufnahme der Dichtung. Allerdings
müssen dann aber auch die Kammerschultern in der Lage
sein, die auftretenden Kräfte aufzunehmen.

Bild A 2/84
Beispiele für Rohrverbindungskonstruktionen
mit Roll- und Gleitringdichtungen (Dichtungsart und Art der Muffenverbindung kommen in
beliebiger Kombination in der Praxis vor)

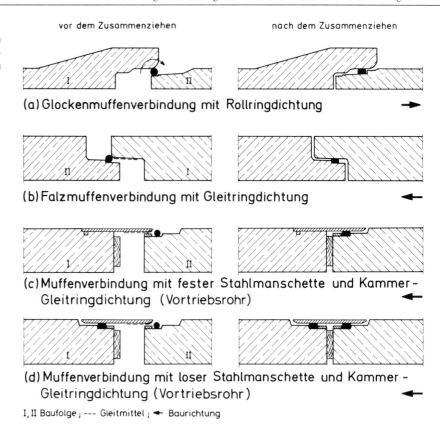

vor dem Zusammenziehen   nach dem Zusammenziehen

(a) Glockenmuffenverbindung mit Rollringdichtung →

(b) Falzmuffenverbindung mit Gleitringdichtung ←

**(c) Muffenverbindung mit fester Stahlmanschette und Kammer-
Gleitringdichtung (Vortriebsrohr)** ←

**(d) Muffenverbindung mit loser Stahlmanschette und Kammer-
Gleitringdichtung (Vortriebsrohr)** ←

I, II Baufolge ; --- Gleitmittel ; ← Baurichtung

Durch die beidseitige Abstützung ist die Gleitringdichtung in einer Kammer insbesondere für hohe Wasserdrücke und große Fugenbewegungen (bei entsprechender Muffenlänge) geeignet. Sie wird daher bevorzugt bei Druckrohrleitungen und hohem Grundwasserstand sowie bei Vortriebsrohren und bei Rohrleitungen im Bergsenkungsgebiet wegen der großen relativen Bewegungen in der Rohrverbindung eingesetzt.

Für rechteckige Rahmen kommen Falzmuffen mit Schulter und Gleitringdichtung (Bild A 2/84 b) in Frage. Wichtig ist hier eine Ausrundung des Spitzendes und der Muffe in den Rahmenecken mit $R \geq 20$ cm. Dies setzt allerdings eine ausreichende Wanddicke des Rahmens oder die Anordnung von Vouten in den Rahmenecken voraus. Der Dichtring muß auf dem Spitzende rundum aufgeklebt oder anderweitig befestigt werden, damit er beim Zusammenfahren der Rahmenteile seine Lage sicher beibehält. Das Aufziehen des Dichtrings allein mit Vorspannung ist hier nicht ausreichend, da an den geraden Fugenflanken durch die Vorspannung kein Andruck gegeben ist.

Die Verbindungen von Rohren und Rahmen für die Verlegung mit Roll- oder Gleitringen müssen sehr maßgenau hergestellt werden. Die zulässigen Muffenspalttoleranzen z. B. für Abwasserrohre aus Beton in Abhängigkeit von der Dichtungsart (Rollring/Gleitring) zeigt Tabelle A 2/15. Für Druckwasserrohre, die mit härteren Dichtringen verlegt werden, müssen die Toleranzen noch geringer sein. Hohe Maßgenauigkeit bei der Rohr- und Rahmenfertigung wird erzielt, wenn die Fertigteile in der Schalung erhärten bzw. wenn die Muffe und das Spitzende bis zum Erhärten des Betons eingeschalt bleiben.

Bei Druckrohren werden die Dichtungsflächen in der Muffe und auf dem Spitzende zur Erzielung der erforderlichen Maßgenauigkeit der Fügung häufig geschliffen und gefräst. Um Umläufigkeiten im Bereich der Dichtung zu vermeiden, werden die Dichtungsflächen außerdem durch eine Beschichtung zum Beispiel auf Epoxidharz-Basis vergütet.

Eine einwandfreie Montage und Dichtung mit Roll- und Gleitringen setzt ein zentrisches Zusammenfahren der Rohre und Rahmenteile voraus. Scherlasten, Abwinklungen usw. im Bereich der Verbindungen können von dem Dichtring in Abhängigkeit von seinem Querschnitt und seiner Härte nur in begrenztem Umfang aufgenommen werden, ohne daß die Dichtwirkung versagt. Rahmenbauwerke und Rohrleitungen müssen daher sorgfältig verlegt werden (siehe auch DIN 4033 [A 2/59]):

Das neu zu verlegende Fertigteil muß dabei frei hängend und beweglich geführt werden, so daß der Dichtring die Verbindung selbständig und ungehindert zentrieren kann. Erst danach sind geringe Richtungskorrekturen des neu verlegten Teils im Rahmen der zulässigen Abwinklungen möglich. Anschließend ist das Fertigteil in der Sollage zu unterkeilen und zu unterstopfen. Dabei darf keine Dezentrierung in der Verbindung eintreten.

Die Verbindung der Elastomer-Dichtungsprofile erfolgt heute werkseitig durch Kleben oder Vulkanisieren. Die Verklebung ist auf Dauer eine Schwachstelle im Dichtungssystem und sollte allgemein durch vulkanisierte Verbindungen ersetzt werden. Bei Druckrohrdichtungen gehört der vulkanisierte Stoß mit Fügefaktor $\geq 0{,}8$ zum Stand der Technik.

Anwendungsbeispiele werden in den Kapiteln B 3/2, B 3/3 und B 3.4.2 behandelt.

Bild A 2/85
Verlegen von Rohrleitungen mit Roll- und
Gleitringdichtung
a) Positionierung des Rollrings auf der Rohr-
   spitze
b) Aufziehen des Gleitrings mit Vorspannung
   auf dem Spitzende und Positionierung an
   der Stützschulter
   [A 2/50]

(a)

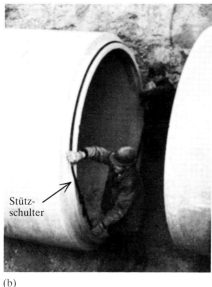

(b)

Tabelle A 2/15
Mögliche Toleranzen in der Fugenspaltweite für Rohre und Rahmen
bei Einsatz von Roll- und Gleitring-Dichtungen mit dichter Struktur
und 40 Shore A-Härte

Fugen-spalt-weite [mm]	Mögliche Toleranzen [mm]	
	Rollring-Dichtung Verformung 20%–55% Vorspannung 10%	Gleitring-Dichtung Verformung 20%–45% Vorspannung 15%
8	± 1,9	± 1,1
10	± 2,4	± 1,4
12	± 2,9	± 1,7
14	± 3,4	± 2,1
16	± 4,0	± 2,4
18	± 4,4	± 2,8
20	± 5,0	± 3,0
22	± 5,6	± 3,4
24	± 6,1	± 3,8
26	± 6,7	± 4,2

Anmerkung: Bei der Ermittlung der Toleranzen sind die zulässigen
           Abweichungen der Dichtringe nach DIN 4060, Teil 1,
           Ausgabe März 1976 berücksichtigt.

Für *Steckdichtungen* erhalten die an den Stirnflächen stumpfen
Rahmenteile leicht konische Nutaussparungen von 4 bis 6 cm
Tiefe, in denen die Dichtprofile (Bild A 2/17a und b) mit
einem Gleitmittel eingebaut werden. Die Nutaussparungen
müssen im Querschnitt und in der Nutführung sehr maßgenau
hergestellt werden, da es sonst zu Schwierigkeiten beim Einbau der Dichtung und der Montage der Rahmenteile kommen
kann. Außerdem muß der Beton im Nutbereich sehr gut verdichtet sein, um Umläufigkeiten zu vermeiden.

Die Dichtprofile werden werkseitig zu geschlossenen Ringen
zusammenvulkanisiert und können im Betonwerk bereits einseitig in die Rahmenteile montiert werden.

Die z. Z. auf dem Markt befindlichen Steckdichtungen wurden
für verschiedene Aufgaben entwickelt. Im folgenden werden
3 Dichtungskonstruktionen beschrieben, die vom Prinzip her
auch für andere Fertigteilverbindungen im Tiefbau eingesetzt
werden können (Bild A 2/86):

(1) Steckdichtung, entwickelt für Vortriebsrohre (System
    DYWIDAG; Einsatzbeispiel: Siel, Blohmstraße in Ham-
    burg, Bild A 2/86 (1))

    Die Dichtung besteht aus einem hochelastischen Elasto-
    merfugenband mit dichter Struktur, das an den Fertigteil-
    stirnflächen in einbetonierte Polyesterharz-Formteile mit
    einem leicht konischen Schlitz greift. Das Fugenband hat
    einen Dehnschlauch und beidseitig Bandschenkel mit
    Dichtlippen. Für die Montage ist kein Gleitmittel erfor-
    derlich. Die Dichtwirkung wird durch Verformung der
    Dichtlippen im Schlitz erzielt. Die maximal mögliche
    Fugentoleranz ergibt sich aus der Größe des offenen
    und zusammengedrückten Schlauchs (2 bzw. 2,6 cm).
    Dabei dürfen die Bandschenkel keinerlei Zugbeanspru-
    chungen erhalten. Nachteilig bei diesem Dichtungsprofil
    ist, daß bei Fugenbewegungen zu einem späteren Zeit-
    punkt ein zusammengedrückter Mittelschlauch beim Öffnen
    der Fuge nicht mehr mitgeht (Vakuum im Schlauch) und
    so die Dichtungsteile aus dem Schlitz gezogen werden
    (Luftloch im Schlauch erforderlich). Der aufnehmbare
    Wasserprüfdruck liegt bei geöffneter Fuge über 1 bar.

(2) Steckdichtung, entwickelt für Gülle- und Wasserbehälter
    sowie Rahmenteile (System Baum, Bild A 2/86 (2))

    Die Dichtung besteht aus einem Elastomerprofil mit
    geschlossenzelliger Struktur und einem eingeschobenen
    harten Kern aus PE-Material. Die konischen Schlitze sind
    direkt in den Betonelementen eingeformt. Bei der Mon-
    tage der Fertigteile wird das Fugenband in den Schlitzen
    verpreßt. Zum Einschieben des Bands mit Gleitmittel sind
    in den Schlitzen Entlüftungslöcher erforderlich. Der
    Bewegungsspielraum der Dichtung beträgt maximal 1 cm.
    Die Dichtung ist für Wasserdrücke bis 0,5 bar ausgelegt.

    Ausführungsbeispiele zeigen die Bilder B 2/17 und B 3/42
    (Zeile 5).

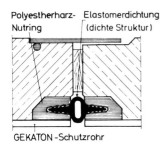

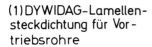

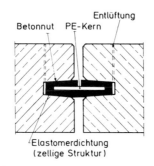

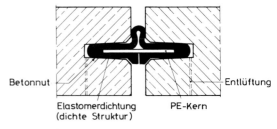

(1) DYWIDAG-Lamellen-steckdichtung für Vor-triebsrohre

(2) "Baum"-Steckdich-tung für Gülle-u.Was-serbehälterwände u. Rahmenteile

(3) "Baum"-Steckdichtung Weiterentwicklung für Rahmenteile

Bild A 2/86
Dichtungen von Fertigteilkonstruktionen aus geschlossenen Rahmen mit Steckprofilen (nach Unterlagen der Firmen Dyckerhoff & Widmann, München; Gelissen, Beek (Holland); DENSO-CHEMIE, Leverkusen)

(3) Steckdichtung, entwickelt für Rahmenteile (Weiterent-wicklung des Systems Baum (2), Bild A 2/86 (3))

Die Dichtung besteht aus einem Elastomerprofil mit dich-ter Struktur, Dehnungsschlaufe und einem eingeschobe-nen harten Kern aus PE-Material. Die Mittelschlaufe des Bands ist so dimensioniert, daß Fugenbewegungen und -toleranzen von 2,5 cm bei einem Wasserprüfdruck bis 1 bar überbrückt werden können.

Als *Stirndichtungen* kommen gegenüberliegende Profile und Einzelprofile in Frage (s. Bilder A 2/18 bis A 2/25). Die erfor-derlichen Verformungskräfte für die Dichtungen müssen zunächst meist von den Montagegeräten aufgebracht werden. Anschließend werden die Kräfte entweder durch Reibung zwi-schen Rahmenteil und Baugrund oder durch Verschraubung bzw. Verspannung der Betonfertigteile untereinander aufge-nommen.

Die Stirndichtungen werden werkseitig zu geschlossenen Rah-men zusammenvulkanisiert. Die Klebung der Dichtungsrah-men ist nicht zu empfehlen. Bei Rechteckrahmen können die Ecken im Radius verlegt, auf Gehrung zusammenvulkanisiert oder durch gespritzte formvulkanisierte Eckstücke verbunden werden.

Die Dichtungen werden in Aussparungen der Stirnflächen ein-geklebt oder eingeklemmt oder direkt auf die Stirnflächen geflanscht. Für untergeordnete Dichtungsaufgaben werden die Profile auf die ebenen Stirnflächen auch einfach nur aufge-klebt.

Profilform und -größe der Dichtungen richten sich nach der Fugenspaltweite, den Spalttoleranzen, der anstehenden Bean-spruchung durch Wasserdruck und den erwarteten Fugenbe-wegungen. Werden in der Fuge Kräfte übertragen, so darf dies nicht über die Dichtung erfolgen, vielmehr sind hierfür beson-dere Druckeinlagen in der Fuge vorzusehen. Die maximale Verformung der Dichtung sollte bei Vollprofilen 65% der Ausgangshöhe nicht überschreiten (Gefahr der Zerstörung des Gummis). Die Mindestverpressung richtet sich nach der anste-henden Wasserdruckbeanspruchung.

Einsatzbeispiele zeigen die Bilder B 3/42 (Zeile 4), B 3/53, B 4/79, B 4/80, B 4/84 und B 4/123.

Einstemmdichtungen werden nach der Montage der Beton-Fertigteile in die Fugen eingestemmt (s. Bilder A 2/27 und A 2/28). Die Rückstellkräfte der Dichtungsprofile können hier-bei in der Regel durch Reibung des zu dieser Zeit bereits voll eingebetteten Rahmens sicher aufgenommen werden. Beim Einstemmen dürfen die Dichtungen nicht auf Zug beansprucht werden. Beim Handeinbau müssen sie daher in der Fuge ohne Längsspannung zunächst alle 50 cm vorgeheftet werden. Erst danach darf das Band insgesamt eingestemmt werden. Der Profilstoß wird vor dem Einstemmen verklebt. Durch entspre-chende Überlänge ist sicherzustellen, daß im Stoßbereich nach dem Bandeinbau nur Druckkräfte auftreten.

Anstelle der Einstemmdichtung kann nach der Montage auch ein Injektionsfugenband etwa nach Bild A 2/29 in den Fugen-spalt eingesetzt und verpreßt werden. Für eine ausreichende Entlüftung des Schlauchs vor dem Verpressen ist zu sorgen. Der Bandstoß muß in diesem Fall vulkanisiert werden. Dies ist bei dem bewehrten Druckschlauch sehr aufwendig.

b) Beton-Fertigteilbauwerke aus einzelnen Segmenten, Plat-ten und Rahmenteilen

Für den Einbau von Fugendichtungen nach dem Anpreßprin-zip gibt es bei Beton-Fertigteilbauwerken aus einzelnen Seg-menten im wesentlichen 3 Möglichkeiten:

1. Einpressen von Stirndichtungen bei der Montage der Fer-tigteile

2. Einsetzen von Steckdichtungen bei der Montage der Fertig-teile

3. Einstemmen von Dichtungen nach Abschluß der Fertigteil-montage und Verfüllung des Bauwerks

Bei *Stirndichtungen* (Möglichkeit 1) müssen die Verformungs-bzw. Rückstellkräfte der Dichtungsprofile senkrecht zur Fugen-ebene durch Verschraubung oder Verspannung der Fertigteile aufgenommen werden. Als Dichtungen in den Fugen – auch für hohe Beanspruchungen – haben sich besonders gegenüber-liegende Zahnprofile, die in Aussparungen jeweils an den Stirnflächen der Fertigteile eingeklebt sind, bewährt (vgl. Bil-der A 2/18, A 2/20, A 2/21). Jedes Fertigteil wird so mit einem geschlossenen Dichtungsrahmen umgeben. Die Dichtungsrah-

Bild A 2/87
Prinzipskizze für die Führung der Dichtungsprofile z.B. bei zusammengesetztem Rechtecktunnel aus Fertigteilen in offener Bauweise
(erdstabiles System)

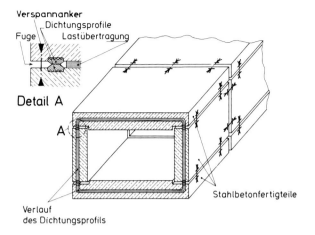

Bild A 2/88
Prinzipskizze eines Kabelkanals, abgedichtet
mit einem einfachen Stirndichtungsprofil mit
zelliger Struktur gegen Sickerwasser

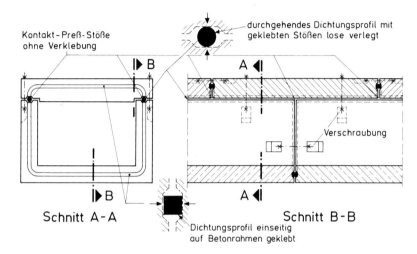

men werden im Werk in Formen zusammenvulkanisiert. Von der Ausbildung der Rahmenecke hängt in entscheidendem Maße die Dichtigkeit der T- und Kreuzfugenstöße zwischen den Fertigteilen ab (siehe Bild A 2/19). Es kommt darauf an, in den Rahmenecken genügend Material zu konzentrieren, um eine ausreichende Verpressung in den T- und Kreuzstößen sicherzustellen, ohne daß die Montage unmöglich bzw. die Dichtung zerstört wird. Bei extrem hohen Wasserdrücken empfiehlt sich die Anordnung von zwei Dichtungsrahmen mit jeweils gegenüberliegenden Zahnprofilen in den Stirnflächen der Stahlbetonfertigteile. Beide Dichtungsrahmen müssen untereinander systematisch mit Querschotten verbunden sein, um abgeschlossene Dichtungsbereiche zu erreichen. Die so gebildeten Kammern dienen im Schadensfall zur gezielten Injektion.

Bisher wurde diese Dichtungsart nur bei Tunnel- und Schacht-auskleidungen aus Tübbingsegmenten eingesetzt (siehe Aus-führungsbeispiele Bilder B 3/54 und B 4/112). Vom Prinzip her können aber auch beliebig geformte Fertigteil-Bauwerke in dieser Art gedichtet werden (Bild A 2/87). Allerdings ist eine sehr hohe Maßgenauigkeit der Fertigteilfügungen erforderlich.

Die Kraftübertragung im Fugenbereich erfolgt bei den Tüb-bingsegmenten durch entsprechende Gestaltung der Fugen-flanken und durch Fugeneinlagen, die sich der unebenen Betonfläche anpassen (siehe Bild B 4/114).

Auch mit Einzelprofilen lassen sich Stirndichtungssysteme für kleine Querschnitte und geringe Wasserdruckbeanspruchun-gen herstellen (Bild A 2/88). Wichtig ist hierfür eine hohe Maßgenauigkeit der Betonfertigteile sowie eine Verschrau-bung der Fertigteile untereinander mit ausreichender Verpreß-kraft für die Dichtung. Als Dichtungen sind „weiche" Profile mit geschlossenzelliger Struktur zu empfehlen. Die T-Stöße können z.B. unverklebt als Kontaktpreßstöße ausgebildet werden.

Steckdichtungen (Möglichkeit 2) (Bild A 2/17) eignen sich im wesentlichen nur für die gegenseitige Dichtung einzelner Bau-teile, wie z.B. von Trog- und Wandelementen (Beispiel Bild B 2/17). Steckdichtungen sind nicht oder nur bedingt für Fugensysteme mit Kreuz- und T-Fugen geeignet.

Injizierbare Steckdichtungen wurden z.B. für Schlitzwand-fertigteile entwickelt (Einsatzbeispiel: Metro, Paris; U-Bahn, Köln, Bilder B 4/61 und B 4/62). Die eingesetzten Elastomer-Injektionsfugenbänder bestehen im Prinzip aus zwei parallelen Schläuchen, die mit einer glatten Dehnmembran verbunden sind (Bild A 2/17c). In den Betonelementen sind entspre-chende Aussparungen angeordnet. Nach Versetzen der Ele-mente in den Erdschlitzen mit Bentonitsuspension wird das Band in die Nuten eingezogen. Die Verpressung der Fugen-bandschläuche erfolgt nach Fertigstellung des Bauwerks mit quellfähigem Zementleim. Fugenbewegungen sind entspre-chend Bild B 4/61 möglich.

Bild A 2/89
Beispiele für die Abdichtung von Fugen zwi-
schen Betonfertigteilen mit einbetonierten
Fugenbändern

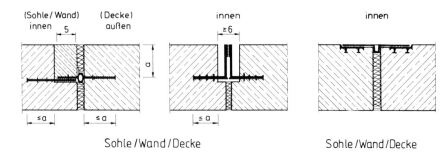

(a) Verbinden von beidseitig eingebundenen Fugenbandteilen durch
    Schweißen

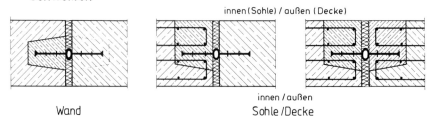

(b) ein - oder beidseitig nachträgliches Einbetonieren von Fugenbän-
    dern in Aussparungen

Bild A 2/90
Gerät zum Verschweißen von T- und L-förmigen Fugenbändern [A 2/40]

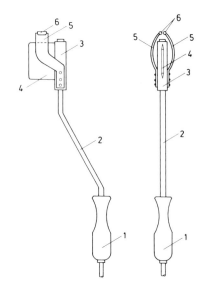

Einstemmdichtungen (Möglichkeit 3) werden nach Fertigstellung des Bauwerks mit Maschine oder von Hand in die Fugen
eingebaut. Es kommen dafür Profile nach den Bildern A 2/27
und A 2/28 in Frage. T- und Kreuzstöße sowie Ecken sind auf
Gehrung – nach Möglichkeit im Werk – zu verkleben oder besser zu vulkanisieren. Ecken können bei einigen Profilen auch
ohne Stoß ausgeführt werden. Normale Stöße werden auf der
Baustelle verklebt und anschließend mit etwas Überlänge verstemmt (nur Druckspannungen im Stoß!). Die Fertigteile müssen so untereinander verspannt oder anderweitig gehalten werden, daß eine Verschiebung beim Einstemmen der Profile
nicht stattfinden kann.

A 2.3.3.2 Dichtungen mit einbetonierten Fugenbändern

Grundsätzlich gibt es zwei Möglichkeiten, Betonfertigteilfugen
mit einbetonierten Fugenbändern abzudichten (Bild A 2/89):

1. In die angrenzenden Fugenleibungen der Bauteile werden
   Fugenbandstreifen aus einem thermoplastischen Material
   (insbesondere aus PVC-P) einbetoniert und die jeweils
   herausragenden Teile des Bands nach dem Versetzen der
   Betonelemente miteinander verschweißt (Bild A 2/89 a).
   Die Stöße können als Überlappungs- oder Stumpfstöße ausgebildet werden. Ferner können an den Bauteilrändern einbetonierte Profile mittels eines aufgeschweißten Profils verbunden werden. Für die Verschweißung der L-förmigen
   Fugenbänder hat sich ein Schweißgerät gemäß Bild A 2/90
   bewährt. Es besteht aus einer rechteckigen Heizplatte und
   zwei durch Federkraft zusammengedrückten Rollen, die die
   beiden Bandschenkel nach dem Erhitzen zusammenpressen
   (Ausführungsbeispiel siehe Bild B 4/41).

2. Ein normales innenliegendes Dehnungsfugenband, z. B.
   nach Bild A 2/7, wird in die Fugenleibung des einen Bauteils zur Hälfte einbetoniert. Im angrenzenden Bauteil wird
   für den freien Schenkel eine Aussparung vorgesehen, die
   nach dem Versetzen der Betonelemente mit einem Vergußbeton geschlossen wird. Eine weitere Möglichkeit besteht
   darin, das Fugenband beidseitig in Aussparungen zu vergießen. Um einen dichten Anschluß des Vergußbetons an
   den Fertigteilbeton zu erzielen, ist vor dem Versetzen der
   Fertigteile die Zementhaut in den Aussparungen von der
   Betonoberfläche sorgfältig zu entfernen. Evtl. ist zusätzlich
   ein Haftmittel aufzutragen (Ausführungsbeispiel siehe Bild
   B 4/42).

Bild A 2/91
Beispiele für die Ausbildung von Fugen mit
plastischen Dichtungsbändern

		Anwendung	Montagezustand	Endzustand
	1	Rohr- oder Rahmenverbin-dungen mit Falzmuffe		
	2	Rahmenverbindungen mit Nut und Feder		
	3	Schachtverbindungen mit Falzmuffe	oder	oder Zem-Mörtel
	4	Schachtverbindungen mit Nut und Feder		
	5	Fugen zwischen Wand und Decke bei Kanälen und Schächten		Zement-mörtel
	6	Fugen zwischen Sohle und Wand bei Kanälen und Schächten		
	7	Tübbing-Gelenkfugen		

A 2.3.3.3 Dichtungen mit aufgeschweißten, angeflanschten oder aufgeklebten Profilen

Der Einbau aufgeschweißter, angeflanschter oder aufgekleb-ter Dichtungen erfolgt nach der Montage der Fertigelemente in den dafür vorgesehenen Aussparungen an den Fugen vom Bauwerksinnern her. Für große Beanspruchungen, wie z.B. bei vorgepreßten Straßentunneln oder eingeschwommen Unterwassertunneln werden Stahlfugenbänder auf einbeto-nierte Flanschkonstruktionen geschweißt oder Elastomer-Omega-Fugenbänder mit Klemm- oder Los- und Festflansch-konstruktionen befestigt (Bilder B 3/50, B 3/51, B 4/79, B 4/80, B 4/84 bis 86 und B 4/126). Für kleinere Beanspruchungen werden auch Fugenprofile oder Streifen von Dichtungsbahnen direkt auf den Beton geklebt (Bilder B 3/44, B 4/124). Die Fugendichtungen werden in der Regel zum Schutz vor Beschä-digungen mit abnehmbaren Platten abgedeckt. Teilweise wer-den sie auch in die Aussparungen zum Schutz und zur Abstüt-zung gegen äußeren Wasserdruck einbetoniert, und es bleibt nur der Fugenspalt für Bewegungen offen.

A 2.3.3.4 Dichtungen mit dauerelastischen Fugendichtstoffen und dauerplastischen Bändern

Die Grundregeln für die Herstellung und Gestaltung von Bewegungsfugen mit dauerelastischen Fugendichtstoffen sind bei der Beton-Fertigteil- und Ortbetonbauweise die gleichen. Deshalb sei hier auf Kap. A 2.2.2.2 verwiesen. Ein ausgeführ-tes Beispiel einer Fugendichtung mit dauerelastischem Fugen-dichtstoff bei einem Regenwasser-Hauptsammler zeigt Bild B 3/42, Zeile 2.

Fugendichtungen mit dauerplastischen Bändern kommen heute in der Bundesrepublik Deutschland bei der Betonfertig-teilbauweise nur noch vereinzelt zum Einsatz. Ihre Dichtwir-kung beruht auf der Verklebung mit den Fugenflanken. Bei-spielhaft sei auf die Abdichtungen bei Falzrohren für die Regenwasserableitung, bei Kastenprofilen für Durchlässe, bei Schächten für Abwasserleitungen oder bei Fernheizkanälen verwiesen. Als Dichtmittel werden in erster Linie kalt verar-beitbare, bituminöse Bänder nach DIN 4062 [A 2/41] oder Bänder aus Butylkautschuk verwendet. Sie werden in die falz-oder nut- und federartigen Verbindungen der Fertigteile einge-klebt und bei der Montage im Fugenspalt verpreßt (Bild A 2/91). Wichtig für die Funktion der plastischen Dichtbänder ist eine ausreichende Dimensionierung des Bandquerschnitts und ein Voranstrich der Fugenflanken, um eine einwandfreie Ver-klebung mit den Betonfertigteilen zu erzielen. Durch die Ver-pressung der Bänder in der Fuge (mindestens 20% des Band-querschnitts) soll der Fugenspalt satt mit Bandmasse verfüllt werden. Die Lastübertragung, z.B. bei Schachtbauwerken, darf nicht über die Dichtung erfolgen. Hierzu ist ein Teil der Fuge als Mörtelfuge von mindestens 1 cm Dicke herzustellen oder die Fügung muß so ausgebildet sein, daß ein Dichtungs-spalt von $\geq$ 1 cm Höhe vorhanden ist.

Beispiele für den Einsatz von plastischen Bändern enthalten die Bilder B 3/2b, B 3/15, B 3/42, Zeile 1, B 3/44 und B 3/46.

A 2.4 Rohr- und Kabeldurchführungen

Bei einer Vielzahl von Tiefbauwerken, wie z.B. Wasser- und Klärbehälter, Talsperren, Pump- und Schöpfwerke, Grundwasserwannen, Kraftwerke, Telefonvermittlungsstellen usw., sind wasserdichte Rohr- und Kabeldurchführungen erforderlich.

a) Rohrdurchführungen

Im wesentlichen sind zwei Konstruktionsarten zu unterscheiden:

1. Durchführungen durch Kernbohrungen
2. Durchführungen durch einbetonierte Futterrohre.

Bei der Durchführung durch Kernbohrungen 1) sind zwei Ausführungen möglich:

– Bei glatten Bohrlochwandungen wird direkt zwischen Produktrohr und Bohrlochwandung eine Dichtung eingebaut. Im Sickerwasserbereich genügen bei kleineren Rohrdurchmessern hierzu 2–3 Rollgummiringe nach DIN 4060 (wasserdicht bis 0,5 bar). Für größere Rohrdurchmesser kommen spannbare Dichtungseinsätze aus Vollgummi zum Einsatz. Durch Kombination mehrerer Dichtungseinsätze hintereinander (Bild A 2/92 a) sind Wasserdrücke bis 50 m und mehr beherrschbar. Es ist zu empfehlen, die Bohrlochwandung vor Einbau des Rohrs mit einem Dichtungsmittel zu imprägnieren. Hierzu eignen sich z.B. Epoxidharze oder Verkieselungsmittel.

– Auf die Betonwand wird mit einer Gummi-Flachdichtung eine Rohrdurchführung aus Stahl angeflanscht. Die Dichtung zwischen Stahlflansch und Rohr erfolgt mit einem Spezial-Elastomer-Formring und Klemmflansch (Bild A 2/92b) oder mit einer Stopfbuchse (Bild A 2/92c).

Bei den Rohrdurchführungen mit Futterrohr 2) werden Stahlrohre mit Dichtungsflansch (Bild A 2/92 d und e) sowie außen profilierte Kunststoff- oder Faserzementrohre (Bild A 2/92 f) in die Betonkonstruktion einbetoniert. Die Dichtung des Produktrohrs zum Futterrohr erfolgt bei kleineren Durchmessern im Sickerwasserbereich mit Rollgummiringen. Im Druckwasserbereich werden nachspannbare Stopfbuchsen und Dichtungseinsätze (Bild A 2/92 d bis f) verwandt.

Die Dichtungseinsätze (Bild A 2/92 a, e, f) gibt es auch für die gleichzeitige Abdichtung mehrerer Rohrleitungen in einem Futterrohr.

Für größere Abwinklungen der ins Bauwerk eingeführten Rohre infolge von Setzungen gibt es Sonderkonstruktionen, auf die hier jedoch nicht weiter eingegangen wird.

b) Kabeldurchführungen

Einzelkabeldurchführungen können im Sickerwasserbereich in Kernbohrungen oder auch in Futterrohren mit 2 bis 3 Rollgummiringen als Abdichtung erfolgen. Insbesondere für mehrere Kabel wurden baukastenartige Kabeldurchführungssysteme zum Einbetonieren und zum Einbau in Kernbohrungen entwickelt. Ein Beispiel zum Einbetonieren zeigt Bild A 2/93.

Bild A 2/92
Wasserdichte Rohrdurchführungen; Lösungen mit und ohne Futterrohr (nach Firmenunterlagen: Doyma Rohrdurchführungstechnik, Oyten; Walter Müller & Co., Norderstedt)

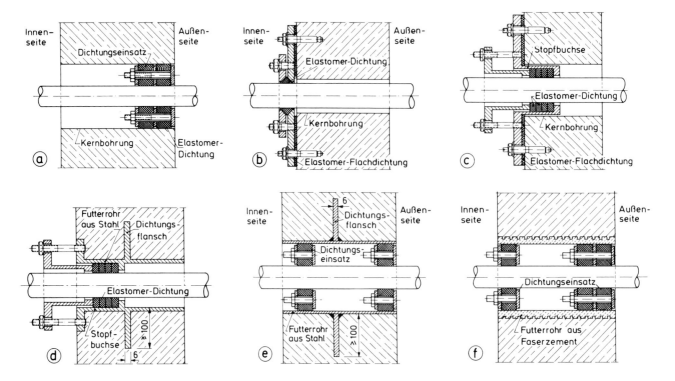

Die Dichtheit gegen den Beton wird bei diesem System durch einen O-Ring erzielt. Die Durchführungskonstruktion ist gas- und wasserdicht bis 5 bar. Andere Systeme zum Einbetonieren arbeiten mit Stahlrahmen, in denen Füllelemente mit Kabeldurchführungen nach dem Baukastenprinzip einsetz- und verspannbar sind. Bild A 2/94 zeigt hierfür ein Beispiel. Die Dichtung zum Beton hin erfolgt mit einem umlaufenden Stahlflansch. Für den Einbau in Kernbohrungen und Futterrohren kommt anstelle des einbetonierten Stahlflansches ein Abdichtungsrahmen mit Elastomerpackungen, z. B. nach Bild A 2/95, in Frage.

Beim Einbetonieren von horizontal verlaufenden starren Einbauteilen, wie z. B. Futterrohre und Rahmen, kommen immer wieder Undichtigkeiten im Beton unterhalb der Einbauten vor. Besonders ausgeprägt sind diese Absetzbewegungen des Betons in Wänden, weil es sich kaum vermeiden läßt, daß die Schalung bei zunehmendem Frischbetondruck geringfügig ausweicht. Der Frischbeton wird dadurch unter starren Einbautei-

len entlastet und verliert den Kontakt zur Unterseite des Einbauteils (Grube [A 2/11]). Nur durch konstruktive Maßnahmen kann diese unvermeidliche Schwachstelle beseitigt werden. Üblich sind vertikalstehende starre Manschetten, die druckwasserdicht mit dem Einbauteil verbunden sind oder der Einbau eines Injektionsschlauchs um das Einbauteil, der später ausgepreßt wird (Bild A 2/96 a). Bei Einbauteilen mit Kunststoffmanschetten sollte darauf geachtet werden, daß die Manschetten profiliert sind, da glatte Manschetten sich nicht dauerhaft druckwasserdicht einbetonieren lassen. Zur Sicherheit gegen Undichtigkeiten bei profilierten Futterrohren in Wänden nach Bild A 2/92 f ist der Einbau eines Injektionsschlauches zu empfehlen, da sich auch hier der Beton auf der Rohrunterseite ablösen kann. Senkrecht einzubetonierende Einbauten in der Sohle mit glatten Kunststoffoberflächen, z. B. auch isolierte Stahlrohre, sollten ebenfalls eine zusätzliche konstruktive Dichtung in Form einer Manschette o. ä. erhalten, wenn druckwasserdichter Einbau gefordert wird.

Bild A 2/93
Kabeldurchführungen nach System Hauff

Vorteile:
- bündiges Einbetonieren ohne Schalungsdurchbruch
- zuverlässige Gas- und Wasserdichtigkeit auch gegen den Beton
- Nachstellbarkeit der Packung bei höheren Drücken

(nach Firmenunterlagen Hauff-Technik, Herbrechtingen)

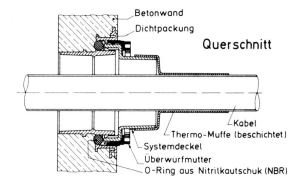

Querschnitt

Betonwand
Dichtpackung
Kabel
Thermo-Muffe (beschichtet)
Systemdeckel
Überwurfmutter
O-Ring aus Nitrilkautschuk (NBR)

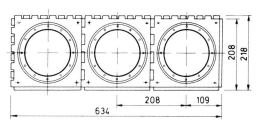

Ansicht eines 3er-Blocks für 3 Einführungen

Bild A 2/94
Schnittbild einer Kabeldurchführung nach dem Brattberg-System; grundsätzlicher Aufbau (nach Firmenunterlagen MCT Brattberg, Hamburg)

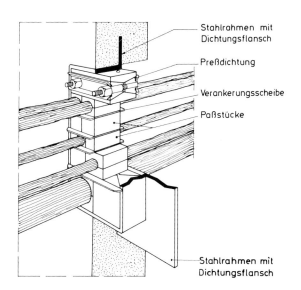

Stahlrahmen mit Dichtungsflansch
Preßdichtung
Verankerungsscheibe
Paßstücke
Stahlrahmen mit Dichtungsflansch

Bild A 2/95
Einbaurahmen mit Expansionsbeschlägen für
Kernbohrungen und Futterrohre nach dem
Brattberg-System (nach Firmenunterlagen
MCT Brattberg, Hamburg)

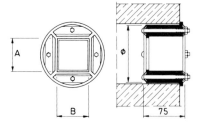

Bild A 2/96
Mit Manschette bzw. mit Injektionsschläuchen
abgedichtete Futterrohrdurchführungen in einer
Betonwand (schematisch)

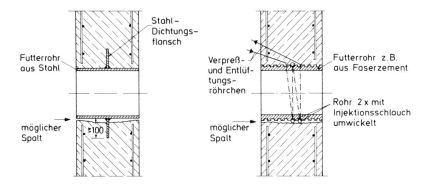

(a) in die Wand einbetonierte Rohrdurchführung

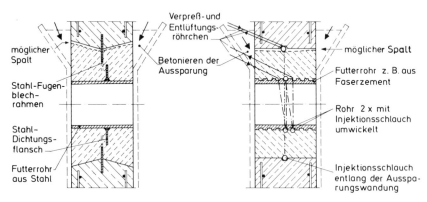

(b) nachträglich einbetonierte Rohrdurchführung in einer Aussparung

Wird das Einbauteil nachträglich in einer horizontalen Aussparung eingebracht, so besteht die vorerwähnte Abrißgefahr des
Betons an der oberen Leibung. Gegen diese Spaltbildung und
zum sicheren Anschluß des Einbauteils können folgende Maßnahmen getroffen werden (Bild A 2/96 b):

– An den Einbauteilen sind Dichtflansche möglichst aus Stahl
  vorzusehen.

– Sämtliche Betonarbeitsfugen sind mit Fugenblechen,
  Arbeitsfugenbändern bzw. Injektionsschläuchen zu versehen.

– Die Schalung der Aussparung sollte aus zwei Pyramiden-
  stümpfen hergestellt werden, um sie einfach herausnehmbar
  zu gestalten.

– Der Zweit-Beton ist mit „Überdruck" einzubringen (Schalung rucksackartig nach oben erweitern).

A 2.5 Nachträgliches Abdichten von Fugen

A 2.5.1 Abdichten von Arbeitsfugen und Rissen mit unveränderlicher Breite

Undichte Arbeitsfugen mit und ohne einbetoniertem Fugenband werden wie wasserführende Risse – in denen nahezu
keine Bewegungen mehr auftreten – mit Hilfe von Injektionen
abgedichtet. Zur Vorbereitung der Injektion werden in die
undichte Fuge bzw. in den Riß Injektionspacker im Abstand
von 20 bis 50 cm eingebohrt oder auf die Fuge bzw. den Riß
Injektionsröhrchen aufgeklebt. Anschließend wird der Repa-
raturbereich an der Oberfläche z.B. mit Schnellzement oder
mit einem Kunststoffspachtel abgedeckt (verdämmt). Die
Injektionsanschlüsse dienen zunächst zur Entspannung des
Wasserdrucks. Ist die provisorische Oberflächenabdichtung
erhärtet, wird gegen den Wasserdruck durch die Injektionsanschlüsse injiziert.

Für die Dichtungsinjektionen werden heute in der Regel
Harze auf Polyurethan-, Acryl- oder Epoxidbasis eingesetzt.
Bezüglich der Eigenschaften und Anwendungsbereiche der
verschiedenen Injektionsharze siehe Kap. A 2.1.4.2.

Eine ausführliche Beschreibung des derzeitigen technischen
Stands über das Dichten von Rissen und Fehlstellen im Beton
durch Injektionen enthalten [A 2/54] und [A 2/42].

Bild A 2/97
Abdichtung einer Bewegungsfuge mit einem
umläufigen innenliegenden Fugenband durch
Injektionen (nach [A 2/11])

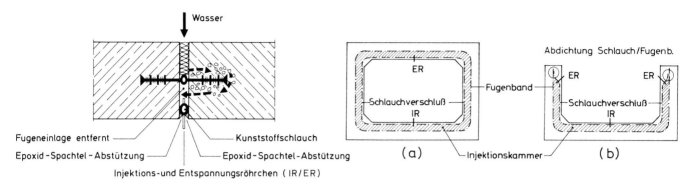

A 2.5.2 Abdichten von Bewegungsfugen und Rissen mit veränderlicher Breite

a) Undichte Bewegungsfugen mit einbetonierten Fugenbändern

Die Fehlerursachen lassen sich im wesentlichen in 3 Gruppen einteilen:

1. Mangelhaft verdichteter, poröser Beton im Bereich des Fugenbands,

2. mangelhaft einbetonierte Fugenbänder infolge schlechter Fixierung in der Schalung (umgeschlagene Bandlappen) oder verformter Rippen, z. B. bei außenliegenden Fugenbändern u. a.

3. beschädigte Fugenbänder, z. B. durch den Baubetrieb oder durch Überbeanspruchung (zu große Bewegungen, zu großer Wasserdruck).

Im Falle 1 wird man versuchen, den schlecht verdichteten Beton im Bereich des Fugenbands durch Injektion abzudichten. Möglich ist ein Verfahren gemäß Bild A 2/97. Hierfür wird die Fugeneinlage an der Luftseite entfernt und die Fuge auf ganzer Länge mit einem Kunststoffschlauch verschlossen. Durch den schlauchartigen Fugenverschluß werden Injektions- und Entspannungsröhrchen eingesetzt und das ganze mit Schnellzement oder Epoxidharzmörtel so gesichert, daß der notwendige Injektionsdruck aufgenommen werden kann. Anschließend wird der Fugenraum mit Polyurethan- oder Acrylharz injiziert. Bei ringförmig umlaufenden Bewegungsfugen ist die Abdichtung mit dem eingesetzten Schlauch verhältnismäßig einfach auszuführen (Bild A 2/97a). Andernfalls muß der eingesetzte Schlauch außerhalb des Sanierungsbereichs in die Nähe des Fugenbands geführt und dort provisorisch zum Fugenband hin abgedichtet werden, um eine Kammerbildung zu erreichen und den Injektionsdruck aufbauen zu können (Bild A 2/97b). Wichtig bei dieser Abdichtungsmaßnahme ist ein verformbar aushärtendes Harz, damit die Bewegungsmöglichkeit der Fuge nicht zu stark eingeschränkt wird.

Im Falle 2 kann die vorgeschilderte Abdichtungsmaßnahme in vielen Fällen auch noch zu einer dauerhaft dichten Fuge führen. Ist das Fugenband jedoch umgeklappt, so daß es gar nicht mehr in den Beton einbindet, oder ist es beschädigt (Fall 3), muß es repariert oder es muß von innen eine zweite Dichtung in der Fuge eingebaut werden.

Eine Reparatur des Fugenbands ist nur möglich, wenn das Fugenband freigelegt werden kann. Die Ausbesserung des Bands erfolgt durch Schweißen (Thermoplast) oder Kleben (Elastomer). Der umgebende Beton wird mit Zement- oder epoxidharzgebundenem Mörtel wiederhergestellt.

Kann der beschädigte Fugenbandbereich nicht freigelegt werden oder ist das Fugenband durch Überbeanspruchung zerstört, ist es in der Regel einfacher, eine zweite Fugenbandsperre in der Fuge einzubauen. Je nach Beanspruchung durch Wasserbelastung und Fugenbewegung werden hierzu Konstruktionen nach Bild A 2/98 eingesetzt.

Für die Fugenbandreparatur bzw. den Einbau der zweiten Dichtung muß das Leckwasser in der Fuge provisorisch abgedichtet bzw. entspannt werden. Unter Umständen wird auch eine Wasserhaltungsmaßnahme außerhalb des Bauwerks im Fugenbereich hierfür erforderlich.

b) Risse mit veränderlicher Breite

Risse mit veränderlicher Breite aufgrund äußerer Lasten oder Temperaturbeanspruchungen können nicht dauerhaft mit Injektionsmaterial abgedichtet werden. Erforderlich hierzu sind im allgemeinen sehr aufwendige Dichtungsmaßnahmen. Beispiele hierfür zeigt Bild A 2/99.

Bild A 2/98
Möglichkeiten für die nachträgliche Abdichtung von Bewegungsfugen, wenn das einbetonierte Fugenband beschädigt ist (schematisch)
(1) Aufgeklebtes Dichtungsband,
(2) Dichtung mit dauerelastischer abgestützter Fugenmasse,
(3) Eingestemmtes Zell-Elastomerprofil,
(4) Angeklemmtes Elastomerfugenband,
(5) In Betonplombe eingesetztes Fugenband

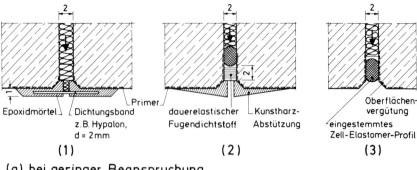

(a) bei geringer Beanspruchung

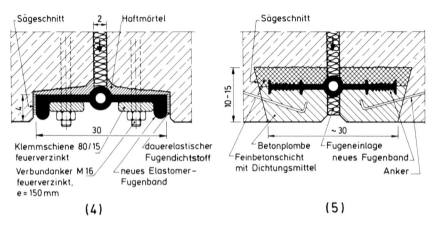

(b) bei großer Beanspruchung

Bild A 2/99
Möglichkeiten für die Abdichtung eines nachträglich entstandenen Risses mit veränderlicher Breite [A 2/1], [A 2/11]

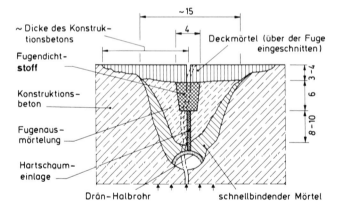

(a) abgestützte Kittfuge

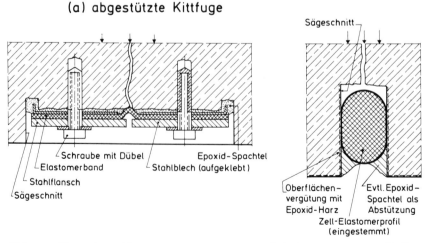

(b) angeflanschtes Elastomer-   (c) eingestemmtes Zell-
Dehnungsband   Elastomer-Profil

A 3. Fugenausbildung bei Bauwerken mit Hautabdichtung

A 3.1 Allgemeines

Hautabdichtungen werden in der Regel aus vollflächig verklebten, mehrlagig angeordneten Bitumen- und Kunststoffdichtungsbahnen oder aus einlagig lose verlegten Kunststoffdichtungsbahnen hergestellt [A 3/1] bis [A 3/6]. Die Anordnung von Bewegungsfugen bei Bauwerken mit Hautabdichtung ist generell abhängig von der Größe, der geometrischen Form, den konstruktiven und statischen Einzelheiten sowie von materialbedingten Gegebenheiten eines Bauwerks.

Arbeitsfugen in der Betonkonstruktion (vgl. Kap. A 1.3) erfordern i. a. keine besonderen Maßnahmen bei einer Hautabdichtung. Ausgenommen hiervon sind die Übergänge von der Sohle zur Wand bzw. von der Wand zur Decke. Einzelheiten werden in Kap. A 3.2 abgehandelt.

Der Anwendungsbereich für „Hautabdichtungen über Bewegungsfugen" erfaßt alle Fugenarten, bei denen Bewegungsabläufe aneinandergrenzender Bauteile konstruktiv vorgesehen oder sich voraussichtlich einstellen werden (vgl. Kap. A 1.3). Die Fugenführung muß so erfolgen, daß die Bewegungen für das Bauwerk einerseits und die Hautabdichtung andererseits unschädlich ablaufen können. Aufgabe der Abdichtung über Bewegungsfugen ist es, das Eindringen von Wasser bei jeglicher Lageveränderung zweier benachbarter Baukörper gegeneinander, z.B. durch Setzen, Dehnen, Verkürzen oder Verdrehen zu verhindern. Weitere Ausführungen enthält Kap. A 3.3.

In Sonderfällen wird der konstruktive Beton auch durch Hautabdichtungen auf der Basis aufgespritzter Epoxid- oder Polyurethanharze geschützt. Hierauf wird im Zusammenhang mit Brückenabdichtungen in [A 3/7] näher eingegangen. Ein Anwendungsbeispiel enthält Kap. B 9.4. Zu den Hautabdichtungen können schließlich auch die Systeme gerechnet werden, bei denen Wellpappen mit Bentonitfüllung zwischen den Röhrenstegen von außen vollflächig vor das Bauwerk gestellt werden [A 3/8] und [A 3/9]. Die Fugenabdichtung erfolgt bei diesem System der sog. „Braunen Wanne" durch Anordnung von Bentonitwülsten im Bereich der Arbeitsfugen bzw. durch den Einbau innen- oder außenliegender Dehnfugenbänder über der Bewegungsfuge als Stützmaßnahme gegen den Wasserdruck. Bentonitabdichtungen sind laut allgemeiner bauaufsichtlicher Zulassung durch das Institut für Bautechnik in Berlin nur zulässig für die Herstellung von Abdichtungen gegen drückendes Wasser bei Eintauchtiefen bis zu 10 m [A 3/10].

A 3.2 Arbeitsfugen

A 3.2.1 Bitumenabdichtungen

Im Bereich von Arbeitsfugen (Definition siehe Kap. A 1.3) innerhalb der stützenden (luftseitigen) Betonkonstruktion werden im Zusammenhang mit Hautabdichtungen auf Bitumenbasis in der Regel keine besonderen Maßnahmen getroffen. Bei empfindlichen Bauwerken oder sehr hohen Wasserdrücken wird in mehrlagigen Bitumenabdichtungen allenfalls eine 30 cm breite Verstärkung aus 0,1 mm dickem Kupferriffelband in das Paket eingearbeitet.

Besondere Vorkehrungen sind jedoch erforderlich in den Arbeitsfugen, die sich im Übergang von der Sohle zur Wand und bei erdüberschütteten Bauwerken (Tiefgaragen, Tunnel) im Übergang von der Wand zur Decke bei fehlendem Arbeitsraum in der Baugrube ergeben. Bei Bitumenabdichtungen kann der Übergang Sohle/Wand in dreierlei Weise erfolgen, nämlich durch einen Kehlenstoß, einen rückläufigen Stoß oder einen Kehranschluß [A 3/5].

Der Kehlenstoß (Bild A 3/1) muß so ausgebildet werden, daß kleinere Bewegungen ($\leq$ 5 mm) nach Fertigstellung des Bauwerks schadlos aufgenommen werden können. Es kommt daher im wesentlichen auf folgende Punkte an. Zur Vermeidung eines scharfkantigen Übergangs von einer Abdichtungsebene zur anderen ist die Kehle mit 4 cm Radius auszurunden. Die Verfingerung des Stoßes muß in der Wandfläche liegen, um hier ein Gleiten in den Überdeckungen zu ermöglichen. Die Überdeckungen sollten nach oben gestaffelt enden, damit sich ein stetig verlaufender Übergang einstellt. Als zweite Lage von außen ist eine mindestens 30 cm breite Verstärkung aus geriffeltem Kupferband zu empfehlen.

Der rückläufige Stoß (Bild A 3/2) liegt außerhalb der Bauwerksgrundfläche. Wegen der gestaffelten, mindestens 10 cm, besser aber 15 cm breiten Überlappungen, erfordert er bei vier und mehr Lagen einen Arbeitsraum von über 70 cm Breite. Bei seiner Ausführung ist darauf zu achten, daß die Anschlüsse nicht durch herabfallendes Baumaterial oder Schutt beschädigt werden. Unsachgemäß aufgebrachter vorläufiger Schutzbeton sowie das Fehlen der Trennschicht und der Fuge führen beim Freilegen der Anschlüsse zu Schwierigkeiten. Zum Schutz der Dichtungsbahnen an ihren Stirnseiten ist der Einbau einer Kappe aus Kupferriffelband erforderlich, deren oben liegender Teil zunächst nur lose aufgelegt und erst nach Anschluß der Wandabdichtung vollflächig aufgeklebt wird. Eine besondere Gefährdung des rückläufigen Stoßes ergibt sich, wenn er im Bauzustand nicht ständig sicher trocken gehalten werden kann. Unter der Außenkante der Bauwerkswand sollte die Abdichtung mit Kupferriffelband verstärkt werden. Im Anschlußbereich ist der Unterbeton, wie im Bild aufgezeigt, zu bewahren, um bei Bauwerkssetzungen in jedem Fall ein Abreißen des Stoßes auszuschließen. Die geneigte Oberfläche

Bild A 3/1
Kehlenstoß für den Übergang von der Sohle
zur Wand bei mehrlagigen Bitumenabdichtungen [A 3/5]

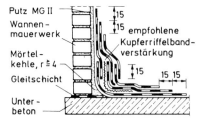

Bild A 3/2
Rückläufiger Stoß für den Übergang von der
Sohlen- zur Wandabdichtung bei bitumenver-
klebten Abdichtungen [A 3/5]

a Mörtelschicht
b Gleitschicht
c Kappe aus Cu 0,1
d Verstärkung
e Schutzbeton
f Bewehrung

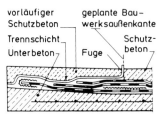

(a) Bauzustand

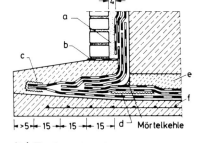

(b) Endzustand

stellt im Endzustand ein Gleiten des Schutzbetonkeils und des Schutzmauerwerks zum Bauwerk hin sicher. Unvermeidlich ist der rückläufige Stoß, wenn die Bauwerksaußenwände aus Fertigteilen erstellt werden.

Wenn die Wandabdichtung oberhalb des Kehlenstoßes nicht auf voller Höhe als Wannenabdichtung ausgebildet, sondern oberhalb der Arbeitsfuge Sohle/Wand von außen auf die zuvor fertiggestellte Bauwerkswand aufgebracht werden soll, kehrt sich die Einbaufolge der Lagen um. Der Anschluß wird daher als Kehranschluß bezeichnet (Bild A 3/3). Bei seiner Ausführung hat sich in vielen Fällen der Schalkasten bewährt. Diese aus Holz erstellte Hilfskonstruktion schließt Stemmarbeiten im Anschlußbereich der Abdichtung aus. Durch mehrfachen Einsatz ist sie wirtschaftlicher als abzubrechendes Wandmauerwerk. Schäden können sich durch zu frühes Entfernen des Schalkastens ergeben, wenn Oberflächenwasser an der Bauwerkswand herabfließt und hinter die Abdichtung dringt. Hier reichen schon geringe Niederschlagsmengen, um zu einer Beulenbildung bei nicht abgestreiften und eingepreßten Abdichtungen zu führen. Beim Kehranschluß müssen die Maße für die Anschlüsse mit mindestens 10, besser 15 cm und die richtige Höhenlage der einzelnen Bahnen beachtet werden. Im Bereich des Kehranschlusses sollte immer außen eine Schutzbahn und innen eine besandete Haftbahn zum Beton hin angeordnet sein. Wenn die Haftbahn fehlt, kann sich die Abdichtung beim Abnehmen des Schalkastens vom Beton lösen. Außerdem verringert die Haftbahn die erwähnte Gefahr der Hinterläufigkeit. Schutzbahn und Haftbahn zählen nicht als Abdichtungslage bei der Bemessung der Lagenzahl mit. Sie werden daher auch nicht mit Überlappung in den Nähten verlegt.

Für den Übergang von der Wand zur Deckenabdichtung ergeben sich zwei Möglichkeiten. Bei vorhandenem Arbeitsraum wird ein Kantenstoß ausgebildet (Bild A 3/4). Dabei empfiehlt es sich, den Voranstrich aus der Wandfläche etwa 50 bis 60 cm weit in die Deckenfläche zu ziehen. Dadurch wird eine bessere Haftung der gestaffelt auf der Decke endenden Wandbahnen und somit eine bessere Aufnahme des Eigengewichts der

Wandabdichtung erzielt. Die Deckenbahnen greifen jeweils mindestens 10 cm, besser 15 cm über die Wandbahnen. So läuft das Wasser auf der Decke stets über und nicht gegen die Stoßkanten. Eine Kantenverstärkung wird empfohlen, z. B. aus Kupferriffelband 0,1 mm dick und 30 cm breit als zweite Lage von der Wasserseite her.

Bei fehlendem Arbeitsraum wird die Wandabdichtung gemäß Bild A 3/5 zunächst etwa 25 cm weit über die geplante Deckenebene an der Baugrubenwand hochgezogen. Nach Fertigstellung des Bauwerks wird die obere Wandabdichtung umgeklappt und ein sog. umgelegter Stoß ausgeführt. Im umzuklappenden Bereich dürfen die Bahnen nicht, wie in den Wandflächen sonst üblich, mit gefüllter Klebemasse eingebaut werden. Denn gefüllte Klebemasse versteift das Abdichtungspaket derart, daß beim Umklappvorgang trotz fachgerechter Erwärmung des Abdichtungspakets eine Spaltung der üblicherweise eingesetzten nackten Bitumenbahnen in sich nicht auszuschließen ist. Zur Verstärkung empfiehlt sich neben dem ohnehin im Kantenbereich normalerweise angeordneten 30 cm breiten nackten Kupferriffelband der Einbau einer Dichtungsbahn mit Metallbandeinlage auf der Luftseite, um eventuelle Unebenheiten unmittelbar an der Bauwerkskante auszugleichen. Die Deckendichte muß sich entsprechend Bild A 3/5b im Bereich des Stoßes so weit verringern, daß keine nennenswerte wulstartige Erhöhung in der Abdichtungsfläche entsteht und damit eine Muldenbildung vermieden wird.

Allgemein ist nach Fertigstellung der Rohbaudecke ein Abmauern des Stoßbereichs mit einem halben Stein und angeputzter Mörtelkehle zweckmäßig, um die oft beträchtlichen Mengen von der Decke abfließenden Niederschlagswassers gezielt abzuführen und so von den Stoßkanten der Abdichtung fernzuhalten. Dieses Mauerwerk darf erst kurz vor Weiterführung der Abdichtungsarbeiten entfernt werden (Bilder A 3/4 und A 3/5).

Bild A 3/3
Kehranschluß bei bitumenverklebten Abdich-
tungen im Bereich der Arbeitsfuge Sohle/
Wand [A 3/5]

a Abdichtung
b Bewehrung
c Verteiler innen
d Abstandshalter
e Schalkasten
f Gleitschicht
g Haftlage
h ½ cm Putz o. 1 Lg. R500N
i Hartfaserplatte

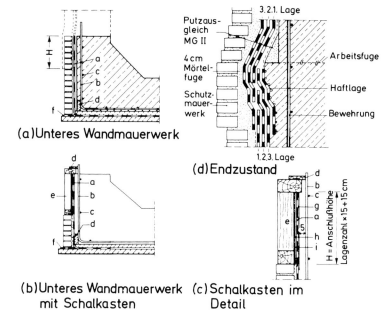

(a) Unteres Wandmauerwerk

(d) Endzustand

(b) Unteres Wandmauerwerk
mit Schalkasten

(c) Schalkasten im
Detail

Bild A 3/4
Kantenstoß im Übergang von der Wand- zur
Deckenabdichtung bei bitumenverklebten
Abdichtungen und vorhandenem Arbeitsraum
[A 3/5]

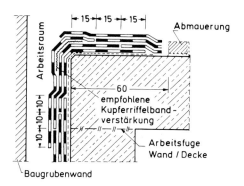

Bild A 3/5
Umgelegter Stoß (Klappstoß) im Übergang
von der Wand- zur Deckenabdichtung bei bitumenverklebten Abdichtungen und fehlendem
Arbeitsraum [A 3/5]

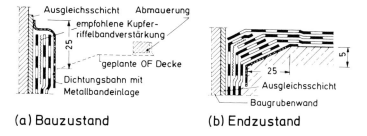

(a) Bauzustand

(b) Endzustand

A 3.2.2 Abdichtungen aus lose verlegten Kunststoffdichtungsbahnen

Abdichtungen aus lose verlegten Kunststoffdichtungsbahnen
liegen bezüglich der Stöße und Anschlüsse im Bereich der
Arbeitsfugen im Übergang Sohle/Wand bzw. Wand/Decke
grundsätzlich andere Verhältnisse vor als bei den bitumenverklebten mehrlagigen Abdichtungen [A 3/5] und [A 3/6]. Ein
wesentlicher Unterschied besteht z. B. darin, daß Kunststoff-
dichtungsbahnen im Gegensatz zu den Bitumendichtungsbahnen aus jeder Ebene in eine andere umgeklappt werden können. Die Ausbildung eines rückläufigen Stoßes ist daher nicht

erforderlich. Zwar wird bei der Fertigteilbauweise auch eine
Kunststoffabdichtung zunächst in der Sohlenebene seitlich
über die Bauwerksgrundfläche hinausgezogen (Bild A 3/6b).
Nach Fertigstellung des Bauwerks kann die gesicherte Abdichtung jedoch in die Wandfläche hochgeklappt und dort befestigt
werden. Ein zusätzlich eingebauter Dichtungsbahnenstreifen
ist im Kehlen- bzw. Kantenbereich des Übergangs von der
Sohlen- zur Wandabdichtung zu empfehlen. Außerdem sollte
ein scharfkantiger Übergang zwischen beiden Ebenen durch
Einbau von später leicht zu entfernenden Leisten in die Schalung vermieden werden.

Bild A 3/6
Beispiele für den Übergang von der Sohlen-
zur Wandabdichtung bei Abdichtungen aus
lose verlegten Kunststoffdichtungsbahnen [A
3/5 und A 3/6]

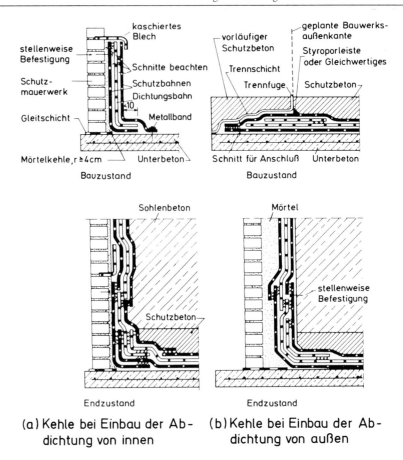

(a) Kehle bei Einbau der Abdichtung von innen

(b) Kehle bei Einbau der Abdichtung von außen

Bild A 3/7
Kehranschluß bei einer Abdichtung aus lose
verlegten Kunststoffdichtungsbahnen [A 3/5
und A 3/6]

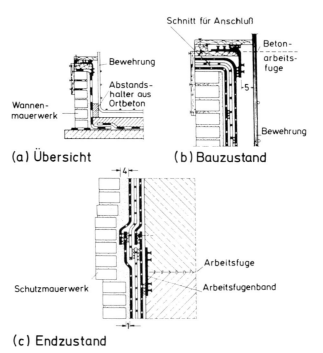

(a) Übersicht   (b) Bauzustand

(c) Endzustand

Bild A 3/8
Übergang von der Wand- zur Deckenabdich-
tung bei Abdichtungen aus lose verlegten
Kunststoffdichtungsbahnen [A 3/5 und A 3/6]

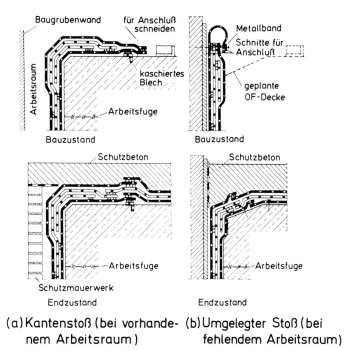

(a) Kantenstoß (bei vorhande-   (b) Umgelegter Stoß (bei
nem Arbeitsraum)   fehlendem Arbeitsraum)

Für den Kehranschluß zeigt Bild A 3/7 eine Lösungsmöglich-
keit auf. Die Abdichtung wird zur Fixierung und Sicherung auf
das Wannenmauerwerk geklappt. Um das Eindringen von
abfließendem Oberflächenwasser und Schmutz zwischen Abdichtung und Konstruktionsbeton zu verhindern, kann ein Profilband zusätzlich eingebaut werden. Dieses sichert zugleich
die Lage der Schutz- und Dichtungsbahnen und schützt die
Abdichtung im Bereich der Arbeitsfuge. Zur Fortführung der
Abdichtung müssen die einzelnen Bahnen oberhalb des Profilbandes entsprechend dem späteren Anschluß geschnitten werden. Die Betondeckung muß im Bereich des Profilbandes so
groß sein, daß eine Nesterbildung unterhalb desselben mit
Sicherheit ausgeschlossen wird.

Für den Übergang von der Wand- zur Deckenabdichtung (Bild
A 3/8) werden bei vorhandenem Arbeitsraum die Wandbahnen einschließlich der Schutzbahnen auf die Deckenfläche
gezogen. Das wirkt sich günstig auf die Abtragung des Eigengewichts aus. Die Befestigung an einem zuvor montierten, einseitig kaschierten Blech oder einem einbetonierten Anschweiß-
profil verhindert das Eindringen von Schmutz und Wasser zwischen Abdichtung und Bauwerk. Bei diesem Kantenstoß (Bild
A 3/8a) empfiehlt sich eine Verstärkung. Wenn dagegen der
Arbeitsraum fehlt, kann die Wandabdichtung für die Ausführung eines umgelegten Stoßes (Bild A 3/8b) etwa 25 cm über
die geplante Deckenebene hinausgeführt und an ihrem oberen
Ende mechanisch befestigt werden. Dabei bietet die dargestellte Sicherung der Bahnenden Schutz gegen Eindringen von
Wasser bzw. Schmutz zwischen die Bahnen. Später werden die
Bahnen unterhalb der Befestigungslinie abgetrennt und auf die
fertige Decke geklappt. Im Kantenbereich sollte die Abdichtung verstärkt werden. Wegen der keilförmigen Abschrägung
und der Halbstein-Abmauerung wird auf die Erläuterungen im
Zusammenhang mit den bitumenverklebten Abdichtungen
(Bilder A 3/4 und A 3/5) verwiesen.

A 3.3 Bewegungsfugen

A 3.3.1 Stoffe

Für die Herstellung einer Hautabdichtung über Bewegungsfugen dürfen nach DIN 18195, Teil 8 [A 3/1] folgende Stoffe
nach DIN 18195, Teil 2 verwendet werden:

– Bitumen-Voranstrichmittel

– Bitumen-Klebemassen und Deckaufstrichmittel, heiß zu
  verarbeiten

– nackte Bitumenbahnen R 500 N

– Bitumen-Dichtungsbahnen

– Bitumen-Schweißbahnen

– Kunststoff-Dichtungsbahnen auf Basis von PVC-P (weichgemachtes Polyvinylchlorid) und ECB (Ethylencopolimeri-
  sat-Bitumen)

– Metallbänder auf Kupfer- und Edelstahlbasis sowie

– Stoffe zum Verfüllen von Fugen in Schutzschichten wie Vergußmassen aus Bitumen (heiß oder kalt zu verarbeiten),
  Kunststoffbänder oder Profilstäbe

Demgegenüber sind folgende in Teil 2 ebenfalls aufgeführte
Stoffe für die Abdichtung über Fugen nicht zugelassen:

– Deckaufstrichmittel, kalt zu verarbeiten

– Asphaltmastix, heiß zu verarbeiten

– Spachtelmassen, kalt zu verarbeiten

– Bitumen-Dachbahnen und Dachdichtungsbahnen

Sie erscheinen infolge ihrer stofflichen Zusammensetzung und
Eigenschaften ungeeignet zur Aufnahme von Fugenbewegungen bzw. nicht in ausreichendem Maße dauerhaft beständig.

In der Praxis müssen oft auch andere, in Teil 2 nicht aufgeführte Materialien eingesetzt werden, die speziell im Fugenbereich oberhalb des Geländes größere Dehnwege ermöglichen,
für die aber als Flächenabdichtung bis zum Erscheinen der
DIN 18195 im Jahre 1983 noch keine stoffliche Normung vor-

lag. Ihr Einsatz als Verstärkung oder zur Stützung der Abdichtung über einer Bewegungsfuge wurde daher gesondert im Rahmen von Teil 8 der DIN 18195 zugelassen.

Es handelt sich dabei um:

- Bitumenbahnen mit Polyestervlieseinlage
- Elastomerbahnen nach DIN 7864
- Profilbänder aus hochpolymeren Werkstoffen

Die Bitumenbahnen mit *Polyestervlieseinlagen* verfügen über eine normgemäße Bruchdehnung von mindestens 40 % gegenüber nur 2 % bei Bitumenbahnen mit Glasvlies- oder Glasgewebeeinlagen oder 3,5 % bzw. 5 % bei Einlagen aus Jutegewebe. Die Bitumenbahnen mit Polyestervlieseinlagen wurden im übrigen mit DIN 18336 (VOB, Teil C) ab September 1988 generell für Abdichtungsarbeiten eingeführt. Damit ist ihre Anwendung nicht mehr nur auf den Fugenbereich allein beschränkt [A 3/2].

Die *Elastomerbahnen* zeichnen sich durch gummielastische Eigenschaften aus, sind nicht plastisch verformbar und i. a. in Lösungsmitteln nicht lösbar sowie in der Regel bitumenverträglich. Die Verbindung zur Flächenabdichtung kann durch Einkleben oder mit Hilfe von Los- und Festflanschkonstruktionen erfolgen. Die Verbindungen der Elastomerbahnen untereinander aber auch die zu elastomeren Werkstücken oder Formteilen, müssen vulkanisiert werden. Eine Überlappung und Verklebung ist nach dem derzeitigen Stand der Technik (1989) vor allem bei drückendem Wasser in der Regel nicht ausreichend.

Wesentliche Vorteile des Elastomer-Materials z. B. auf der Basis von Chloropren-Polymerisaten (CR), Ethylen-Propylen-Dien-Mischungen (EPDM) oder Isobutylen-Isopren-Kautschuk (IIR) sind die hohe mechanische Widerstandsfähigkeit und eine weitgehende Temperaturbeständigkeit. Ferner wirkt sich in freibewitterten Bahnen die größere Resistenz gegenüber UV-Strahlen und Ozoneinwirkung günstig aus. Elastomere Dichtungsbahnen verfügen außerdem über eine weitergehende Beständigkeit gegenüber den in der Luft vorhandenen und durch Regen gelösten Schadstoffen als Bitumen- oder thermoplastische Kunststoff-Dichtungsbahnen. Gleiches trifft auch für die meisten im Boden vorhandenen aggressiven Schadstoffe in fester und gelöster Form zu.

Profilbänder aus hochpolymeren Werkstoffen können aus Thermoplasten oder Elastomeren bestehen. Für die elastomeren Profilbänder gelten bezüglich der Verbindungstechnik und der Beständigkeit die vorstehenden Ausführungen über die Elastomerbahnen.

Die thermoplastischen Profilbänder werden bei Wärmeeinwirkung weich und plastisch. Sie sind dann durch Druck leicht verformbar und schmelzen bei weiterer Wärmezufuhr, bis sie sich schließlich zersetzen. Nach Abkühlung geht das unzersetzte Material vom plastischen wieder in den festen Zustand über und wird formstabil. Dieser Vorgang ist mehrfach wiederholbar und wird im Rahmen der Verbindungstechnik über thermisches Verschweißen genutzt. Mit geeigneten Lösungsmitteln sind Thermoplaste löslich und können in diesem Zustand ebenfalls miteinander verbunden und aneinander gefügt werden. Der Anschluß an eine Flächenabdichtung auf Bitumenbasis erfolgt durch Einkleben oder Einflanschen. Hierbei muß auf die Bitumenverträglichkeit der Thermoplaste geachtet werden. Bei lose verlegten Kunststoffdichtungsbahnen erfolgt der Anschluß unmittelbar über Verschweißen. Dies setzt allerdings voraus, daß Dichtungsbahnen und Profilbänder gleiche Stoffbasis aufweisen.

A 3.3.2 Bewegungsgrenzwerte und Fugentypen

Nach dem heutigen Wissensstand und jahrzehntelangen praktischen Erfahrungen gelten für mehrlagige Bitumenabdichtungen Bewegungen bis zu 40 mm senkrecht zur Abdichtungsebene, 30 mm parallel zur selben und 25 mm bei einer kombinierten Bewegung als schadlos und risikolos aufnehmbar (siehe auch Tabelle A 3/1).

Für die abdichtungstechnische Bemessung gilt im Fall der konstruktiv uneingeschränkten dreidimensionalen Bewegungsmöglichkeit im Fugenbereich immer der Wert für die kombinierte Bewegungsart. Denn in der Praxis stellt die kombinierte Bewegung den Regelfall dar. Andererseits muß für den Fall der ausschließlichen Bewegungsart senkrecht oder waagerecht zur Abdichtungsebene durch konstruktive Maßnahmen sichergestellt sein, daß eine kombinierte Bewegung ohne Zerstörung des Bauteils nicht erfolgen kann. Nur für diese Sonderfälle gelten die jeweiligen eindimensionalen Bemessungsgrenzwerte mit den entsprechenden Verstärkungen.

Nach der Zuordnung bestimmter Bewegungsgrenzmaße zu den Bewegungsrichtungen unterscheidet DIN 18195 die Beanspruchung der Abdichtung über Fugen durch die Bewegungshäufigkeit und Verformungsgeschwindigkeit. Dabei wird zwischen zwei Fugentypen differenziert:

a) Fugentyp I
   für langsam ablaufende und einmalige oder selten wiederholte Bewegungen, mit anderen Worten für die Bewegung aus Setzungen und Längenänderungen infolge jahreszeitlicher Temperaturschwankungen. Damit werden die Fugen angesprochen, die in der Regel unter Geländeoberfläche liegen, z. B. alle Fugen von Tunneln oder von Tiefgeschossen für Industrieanlagen oder sonstige Ingenieurbauwerke, die aufgrund ihrer Abmessungen in verschiedene Baukörper zu untergliedern sind. Gleiche Bedingungen gelten auch für Keller von Reihenhäusern, die durch Fugen voneinander getrennt sind.

b) Fugentyp II
   für schnell ablaufende und häufig wiederholte Bewegungen. Damit sind Bewegungen aus Verkehrslasten oder dynamischer Beanspruchung (z. B. von Maschinen) sowie aus Längenänderungen infolge täglicher Temperaturschwankungen gemeint. Es handelt sich also im allgemeinen um die Fugen oberhalb des Geländes, z. B. bei Parkdecks und befahrbaren oder begehbaren Terrassenflächen sowie Hofkellerdecken.

Die mechanische Beanspruchung der Fugenabdichtung für den Fugentyp II gleicht prinzipiell der des Fugentyps I. Sie ergibt sich nämlich ebenfalls aus Setzungen, Dehnungen, Verdrehungen und Verkantungen. Erschwerend wirkt sich jedoch bei Fugentyp II aus, daß diese Verformungen temperaturbedingt häufiger auftreten und u. U. überlagert werden von nutzungsbedingten Schwingungen (z. B. aus Fahrzeugverkehr). Zu letzteren zählen auch die Auswirkungen aus Anfahr- und Bremsvorgängen sowie die zusätzlichen Durchbiegungen aus den Überrollvorgängen bei Parkdecks und ähnlich genutzten Anlagen.

Fugen des Fugentyps II stellen bei vielen Bauwerken Problempunkte für die Abdichtung dar, vor allem bei nicht korrekter Fugenführung oder bei nicht ausreichend bedachten Temperaturdifferenzen. Aber auch die unterschiedlichen Materialien mit ihren spezifischen Ausdehnungskoeffizienten können die Wirksamkeit einer Fugenabdichtung oberhalb Erdgleiche wesentlich beeinflussen.

Tabelle A 3/1
Verstärkungsstreifen und Fugenkammern für Fugen Typ I [A 3/1; Teil 8]

Bewegung zur Abdichtungsebene ausschließlich		kombinierte Bewegung	Verstärkungsstreifen		Fugenkammer in waagerechten und schwach geneigten Flächen	
senkrecht mm	parallel mm	mm	Anzahl	Breite mm	Breite[1] mm	Tiefe mm
10	10	10	2	≥ 300	—	—
20	20	15	2	≥ 500		
30	30	20	3	≥ 500	100	50 bis 80
40	—	25	4	≥ 500		

[1]) Gesamtbreite einschließlich Fugenbreite.

Die chemische Beanspruchung der Abdichtung über Fugen ist beim Fugentyp II in der Regel größer als für die angrenzende Flächenabdichtung, da die Abdichtung über der Fuge in den meisten Fällen keine Schutzlage oder Schutzbahn erhält. Daher muß bei der Wahl der Fugenbänder die jeweils höchste zu erwartende chemische Beanspruchung des Gesamtsystems zugrundegelegt werden. Darüber hinaus empfiehlt es sich, bei höherer chemischer Beanspruchung der Abdichtung die Bänder über der Fuge auswechselbar zu gestalten. Sie sollten also nicht in die Flächenabdichtung eingeklebt werden.

Etwaige zusätzliche Beanspruchungen aus Vandalismus bei offen zugänglichen Fugen, z.B. von Parkdecks, beeinflussen zwar den Aufbau der Fugenabdichtung selbst nicht. In derartigen Fällen muß aber die Fugenabdichtung durch geeignete, mechanische ausreichend widerstandsfähige Abdeckkonstruktionen geschützt werden.

Sind die zu erwartenden Bewegungsabläufe größer als die oben angegebenen Grenzwerte, so schreibt DIN 18195, Teil 8 den Einsatz von Los- und Festflanschkonstruktionen vor (siehe weiter unten). Hierbei kommen in Verbindung mit Bitumenabdichtungen im Regelfall Doppelflansche auf jeder Seite der Fuge zum Einsatz (Bild A 3/36). Einerseits muß nämlich die Abdichtung über der Fuge aus Kunststoffbändern oder Kunststoff-Dichtungsbahnen eingeflanscht und andererseits die Bitumen-Flächenabdichtung wasserdicht angeschlossen werden. Eine Stahlleiste auf jedem der beiden Festflansche trennt die stofflich andersartige Abdichtung über der Fuge von der Flächenabdichtung. Damit wird sowohl das unkontrollierte Abfließen von Bitumen verhindert als auch das Auswechseln der Fugenabdichtung ermöglicht.

A 3.3.3 Anforderungen

Abdichtungen über Fugen müssen beständig sein gegen alle natürlichen und durch Lösungen aus Beton oder Mörtel entstandenen bzw. aus der Bauwerksnutzung herrührenden Wässer und Gase, mit denen sie in den normalerweise offenen Fugenspalten in Berührung gelangen können. Das gilt in gleicher Weise auch für Feststoffe, die beispielsweise in Form von schadstoffbelasteten Stäuben auf die Fugenabdichtung treffen können.

Die Abdichtung über Fugen muß die Wasserbeanspruchung schadlos aufnehmen sowie zusätzlich die Bewegungen aus dem Bauwerk und die auf die Abdichtung einwirkende Temperaturbelastung. Die Beanspruchungsgrößen sind dem Abdichter unbedingt vor Ausführung der Arbeiten zu benennen.

Zusätzlich zu den Bauwerksbewegungen beeinflussen Temperaturveränderungen die Abdichtung über Bewegungsfugen in besonderem Maße. Hier muß bei Fugen über Gelände, d.h. bei Fugentyp II (Siehe Kap. A 3.3.2), wie beispielsweise für Übergangskonstruktionen bei Massivbrücken nach DIN 1072 [A 3/11] mit einer Temperaturdifferenz von 90 K (+ 50°C bis − 40°C) gerechnet werden und bei stählernen bzw. Verbund-Brücken von 125 K (+ 75°C und − 50°C). Die erstgenannten Ansätze sollten auch zur Ermittlung der Fugenbewegungen anderer ähnlich exponierter Ingenieurbauwerke z.B. bei Parkdecks Anwendung finden.

Fugenabdichtungen unter Geländeoberfläche, d.h. solche nach Fugentyp I (siehe Kap. A 3.3.2), werden im Gebrauchszustand i.a. nur durch Temperaturen von + 10 bis + 12°C belastet. Während des Bauzustandes muß allerdings in Abhängigkeit von den örtlichen Gegebenheiten oftmals mit wesentlich höheren Beanspruchungswerten gerechnet werden. Das gilt vor allem dann, wenn die freie Standzeit sich über viele Monate hinzieht. Während der späteren Nutzung eines im Erdreich liegenden Bauwerks sind größere Temperaturschwankungen nur dann zu berücksichtigen, wenn auf der Bauwerksinnenseite, d.h. auf der dem Grundwasser abgewandten Abdichtungsfläche mit stärker veränderlichen Temperaturen zu rechnen ist. Das ist immer dann der Fall, wenn keine oder nur unzureichende Fugenspaltfüllungen vorliegen und somit betriebsbedingte thermische Belastungen nicht mit Sicherheit auszuschließen sind. Fehlt eine Fugenfüllung z.B. gänzlich, so kann wärmere Luft im Bereich Wand/Decke und kältere Luft oder u.U. sogar Frost im Bereich Wand/Sohle zu einer zusätzlichen Beanspruchung der Abdichtung über der Fuge führen. Daher ist nötigenfalls auf der Luftseite ein Fugenabschlußband anzuordnen. Hierfür kann z.B. ein thermoplastisches Profil mit nur einer Verankerungsrippe je Seite zur Anwendung kommen.

Besondere Anforderungen entstehen für die Fugenausbildung, wenn beispielsweise bei Verkehrstunneln der Lastfall Brand zu berücksichtigen ist. In solchen Fällen muß unbedingt eine brandfeste Fugenfüllung angeordnet werden, da die für Hautabdichtungen üblichen Stoffe nicht in der Lage sind, Temperaturen nennenswert über 100 bis 120°C auch nur kurzfristig schadlos aufzunehmen (siehe Bild A 2/73).

A 3.3.4 Bauliche Erfordernisse

A 3.3.4.1 Generelle Ausbildung und Anordnung der Fugen

Für den Planer und den Rohbauer muß die Art des Abdichtungssystems vor der Ausarbeitung der Ausführungs- und Detailpläne feststehen. Denn die Anordnung und konstruktive Ausbildung der Fugen wird weitgehend vom Abdichtungsstoff bzw. der Art der Abdichtung geprägt. Hier ist zu unterscheiden zwischen den unterschiedlichen Bahnenabdichtungen nach DIN 18195 und den übrigen Möglichkeiten, ein Bauwerk gegen Wasserangriff zu schützen, wie z.B. wasserundurchlässiger Beton (siehe Kap. A 2), mineralische Dichtungsschlämmen oder jegliche Art von Dränungen. Gleichzeitig bestimmen Größe, Richtung und Häufigkeit der Bewegungen die konstruktive Ausbildung der Fugen.

Diese wesentlichen Faktoren müssen dem Abdichter bekannt sein, um die jeweils richtige Abdichtung über den Fugen anordnen zu können. Hierbei müssen die stoffspezifischen Eigenarten Berücksichtigung finden. In besonderen Fällen müssen gesonderte Fugenkonstruktionen oder fabrikgefertigte Übergangskonstruktionen eingesetzt werden, die auch einen fachgerechten Anschluß an die Flächenabdichtung sicherstellen.

Grundsätzlich sollten bei Bahnenabdichtungen die Fugenbreiten in der Rohbaukonstruktion nicht unter 20 mm ausgeführt werden. Diese Fugenspalten sind mit einem komprimierbaren, aber formstabilen Füllstoff zu verfüllen. Größere Fugenbreiten können sich aus den statisch konstruktiven Randbedingungen ergeben, z.B. bei größeren Bauteillängen (über 30 m) oder bei größeren Setzungen infolge sehr unterschiedlicher Bodenformationen oder in Bergsenkungsgebieten.

Bewegungsfugen im Bereich begangener oder befahrener Flächen sind bei einer Beanspruchung durch nichtdrückendes Wasser immer an den Hochpunkten anzuordnen (Bild A 3/9 a). Sie dürfen nicht zugleich – geplant oder unbeabsichtigt – als Entwässerungsrinne dienen.

Das Überfließen der Fugenabdichtung, z.B. durch Niederschlagswasser aus benachbarten Bereichen, ist bei geringem oder fehlendem Gefälle durch Aufkantungen zu verhindern (Bild A 3/9 b). Die Breite der Aufkantungen ergibt sich aus den erforderlichen Fugenverstärkungen. Diese sind abhängig von den zu erwartenden Bewegungen der Unterkonstruktion (vgl. Tabelle A 3/1).

Unbehinderte Bewegungsabläufe in der Fuge sind eine wichtige Voraussetzung für die Dauerhaftigkeit der Abdichtung und damit in vielen Fällen auch des Bauwerks. Hierfür sind gradlinige und etwa rechtwinklig zueinander bzw. zu Kanten und Kehlen verlaufende Fugen erforderlich. Versprünge im Fugenverlauf und Fugenführungen durch Eckpunkte oder in Kehlen (Bilder A 3/10 und A 3/11) sind bei der Planung zu vermeiden. Sie können in der Praxis oftmals schon beim Rohbau nicht einwandfrei ausgeführt werden und die Ursache für Risse in der Betonunterkonstruktion sein.

Der Fugenverlauf muß außer dem sicheren Bewegungsablauf auch die handwerklich einwandfreie Verarbeitbarkeit aller Abdichtungsstoffe über den Fugen sicherstellen. Es muß also ausreichend Platz für das Einkleben oder Einflanschen der Verstärkungen in die Flächenabdichtung beidseitig der Fugenränder vorhanden sein. Auch aus diesem Grund sind rechtwinklig zueinander verlaufende Fugen erforderlich ebenso wie der ausreichend große Abstand zu parallel angeordneten Kehlen und Kanten. Die absoluten Maße ergeben sich aus den Breiten der Verstärkungen, die ihrerseits von der Größe der Bewegungen in der Fuge abhängen (Tabelle A 3/1).

Höhenmäßige Versprünge im Fugenverlauf oder ein in der Ebene abgewinkelter Fugenverlauf sind auf das absolute Mindestmaß zu reduzieren. Unvermeidliche Versprünge oder Abwinkelungen müssen für den einwandfreien Einbau der Abdichtung eine bestimmte Länge aufweisen. Dieses trifft

Bild A 3/9
Konstruktive Fugenanordnung im Deckenbereich in Abhängigkeit vom Deckengefälle

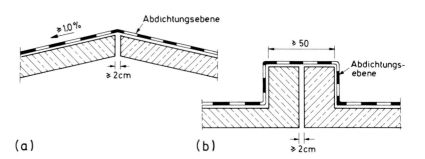

(a)   (b)

Bild A 3/10
Falsche und richtige Fugenanordnung bei Kehlen und Kanten [A 3/12]

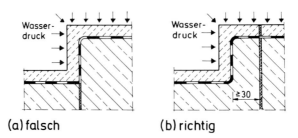

(a) falsch   (b) richtig

Bild A 3/11
Falsche und richtige Fugenanordnung im Brüstungsbereich eines Parkdecks [A 3/13]

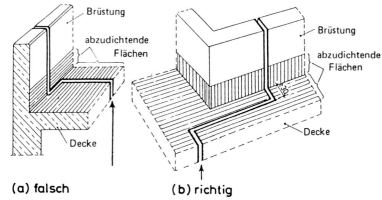

(a) falsch   (b) richtig

Bild A 3/12
Fugenanordnung mit Hilfe eines Stützbleches [A 3/13]

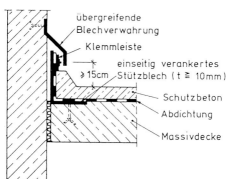

Bild A 3/13
Überbeanspruchte Hautabdichtung bei falsch angeordneter Bauwerksfuge [A 3/13]

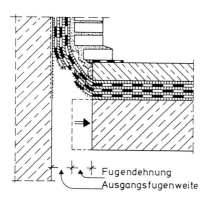

besonders dann zu, wenn Flanschkonstruktionen für eine fachgerechte Anbindung der Flächenabdichtung nicht zu umgehen sind. Die zur eigentlichen Fugenabdichtung einzubauenden Bänder oder Profile erfordern an derartigen Stellen fast immer Werkstücke. Bei zu kurzen Längen, zu kleinen Radien (nie unter 200 mm) oder zu spitzen Abwinkelungen werden solche Flanschkonstruktionen in ihrer Funktionsfähigkeit stark eingeschränkt. Hier sind oftmals Faltenbildungen beim Einbau der Fugenabdichtung unvermeidlich. Daraus können sich durchaus Fehlstellen ergeben.

A 3.3.4.2 Abstand der Fugen zu angrenzenden Bauteilen

Die gegenüberliegenden Fugenränder einer Bewegungsfuge sollen in ein und derselben Ebene liegen (Bilder A 3/10 und A 3/11), damit die Abdichtung über der Fuge flächig und handwerklich einwandfrei verstärkt werden kann. Sind diese Voraussetzungen im Bereich nichtdrückenden Wassers nicht erreichbar, müssen Sonderkonstruktionen z. B. aus Stützwinkeln (Bild A 3/12) bzw. Sonderprofile fabrikfertiger Übergangskonstruktionen eingebaut werden. Daraus ergibt sich zwangsläufig und unmißverständlich, daß die Anordnung von

Fugen in Kehlen oder Kanten i. a. unzulässig ist. Dieser wohl häufigste Fehler bei der Fugenausbildung ist ein Planungsfehler, der schon bei geringen Fugenbewegungen zur Zerstörung der Abdichtung führen kann (Bild A 3/13).

Der Abstand der Fugen von parallel verlaufenden Kehlen und Kanten sowie von Durchdringungen muß so groß sein, daß ein fehlerfreies Einkleben der Verstärkungen mit den erforderlichen Anschlüssen sicher gegeben ist. Da die Verstärkungen nach DIN 18 195 zwischen 30 cm und 50 cm breit auszuführen sind, sollte bei mittiger Anordnung zur Fuge der Mindestabstand von Kehlen und Kanten 30 cm betragen (Bild A 3/14). Besser ist jedoch in jedem Fall ein Abstand von 50 cm. Dann können auch die eine Verstärkung abdeckenden Zulagen z. B. aus nackten Bitumenbahnen R 500 N mit einer Regelbreite von 1,0 m ebenflächig und sicher eingebaut werden. Oftmals besteht bei rechtzeitigem Erkennen der Probleme, die mit der Fugenführung verbunden sind, durch entsprechende konstruktive Gestaltung die Möglichkeit, die Fugenführung fachgerecht anzuordnen. Hierfür gibt Bild A 3/15 zwei Beispiele.

Bild A 3/14
Detaildarstellung des Fugenbereiches [A 3/13]

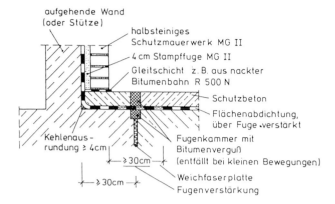

Bild A 3/15
Maßnahmen zum Verlagern einer Fuge aus
dem Kehlbereich [A 3/13]

a) Ausbildung einer Kragplatte bei ausreichend dicken Massivdecken
b) Anordnung einer Kragplatte in Verbindung mit Aufbeton bei dünneren Massivdecken

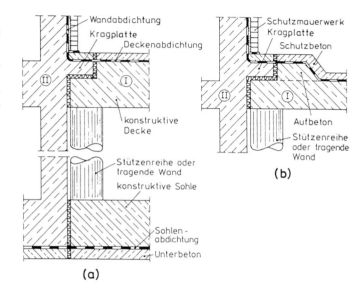

Bild A 3/16
Fugen an gleicher Stelle in den angrenzenden
Bauteilen (Beispiel einer Sohlenabdichtung)

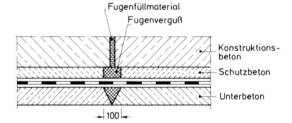

Bild A 3/17
Setzungsverhalten der Bauwerksabdichtung
bei ordnungsgemäßer Anordnung von Fugenkammern in den angrenzenden Schichten (Beispiel: Bauwerkssohle)

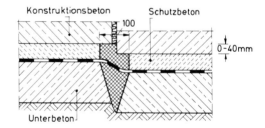

A 3.3.4.3 Fugen in den Schutzschichten

Bauwerksbewegungen laufen im Fugenspalt der Baukonstruktion ab und übertragen sich z. B. bei Relativsetzungen auch auf die angrenzenden Schutzschichten wie Unterbeton, Schutzbeton, Gußaspalt oder Schutzmauerwerk. Diese sind statisch gesehen wegen ihres geringen Widerstandsmomentes als biegeweich anzusprechen. Wenn nun keine Bewegungsmöglichkeiten in den angrenzenden Schichten z. B. durch Anordnen von Fugen vorgesehen sind, muß es infolge Scherung zwangsläufig zur Rißbildung in den anliegenden Mauerwerks- oder Betonschichten kommen. Um eine solche vorhersehbare Beschädigung auszuschließen, müssen die angrenzenden Schutzschichten im Fugenbereich ebenfalls unterbrochen werden. Die Fuge muß an gleicher Stelle angeordnet sein wie im Konstruktionsbeton. Nur so können Beschädigungen an der Abdichtung durch sägezahnartige scharfkantige und unkontrolliert verlaufende Abbrüche bei Bewegungen in der Fuge vermieden werden (Bilder A 3/10b, A 3/14, A 3/16).

A 3.3.4.4 Fugenkammern

Die Abdichtung wird im Regelfall über einer Bewegungsfuge dreidimensional beansprucht. Sie muß sich in Abhängigkeit von der Bewegungsgröße ausreichend verformen können. Daher sind in den angrenzenden Schichten wie Unterbeton, Schutzbeton, Wandschutzschichten oder innenliegender Konstruktionsbeton Fugen gleicher Spaltweite anzuordnen. Die Spaltweite sollte im Regelfall bei Tiefbauwerken 20 mm nicht unterschreiten.

Bei Bewegungen von über 10 mm müssen in waagerechten oder schwach geneigten Flächen nach Norm bei Bitumenabdichtungen und solchen aus vollflächig mit Bitumen verklebten Kunststoffdichtungsbahnen konstruktiv Fugenkammern von 100 mm Breite und 50 mm bis 80 mm Tiefe in allen angrenzenden Bauteilen ausgebildet werden. Diese müssen z. B. im Sohlenbereich bis in die Kehle, d. h. bis unmittelbar an die Wandabdichtung reichen. Die Fugenkammern sind mit gefüllter Klebemasse, wenn möglich in zwei Arbeitsgängen, zu vergießen. Damit wird sichergestellt, daß bei unterschiedlichen Setzungen zweier benachbarter Baukörper die Abdichtung nur eine „weiche" Verformung erfährt. Ein scharfkantiges Abknicken mit Verletzungsgefahr der Abdichtung wird ausgeschlossen (Bild A 3/17).

In senkrechten Wandflächen erfolgt bei Setzungsbewegungen eine Dehnung und Zerrung innerhalb der Flächenabdichtung über dem Fugenspalt. Ein kritisches Ziehen des Abdichtungspakets über eine Kante ist dabei von den geometrischen Randbedingungen her nicht möglich, eine Schädigung der Abdichtung daher erfahrungsgemäß nicht zu erwarten. Aus einer mehr als 50jährigen Praxis bei den U-Bahn bauenden Städten Berlin und Hamburg sind schließlich keine Schadensfolgen bekannt. Die Gleitbewegung in der Fläche wird bei einer Bitumenabdichtung natürlich auch durch die mehrlagig vorhandene Klebemasse ausgeglichen.

Bei lose verlegten Kunststoffbahnenabdichtungen können die Fugenkammern in waagerechten oder schwach geneigten Flächen entfallen, da diese Bahnen eine größere Dehnfähigkeit aufweisen.

A 3.3.5 Einfluß der Wasserbeanspruchung

A 3.3.5.1 Vorbemerkung

In den abdichtungstechnischen Regelwerken [A 3/1] bis [A 3/4] wird grundsätzlich unterschieden zwischen einer Beanspruchung durch Bodenfeuchtigkeit, durch nichtdrückendes Wasser und durch drückendes Wasser. Der Einfluß der Wasserbeanspruchungsart soll nachfolgend erläutert werden.

A 3.3.5.2 Bodenfeuchtigkeit

Unter Bodenfeuchtigkeit versteht man das im Boden vorhandene, kapillar gebundene und durch Kapillarkräfte auch entgegen der Schwerkraft fortleitbare Wasser (Saugwasser, Haftwasser, Kapillarwasser), das nicht tropfbar-flüssig, unabhängig von Grund- oder Sickerwasser in unseren Breiten immer vorhanden ist [A 3/1].

Allgemein ist anzumerken, daß Abdichtungen über Fugen im Bereich von Bodenfeuchtigkeit in der Regel durch langsam ablaufende und einmalige bzw. selten wiederholte Bewegungen beansprucht werden. Sie werden somit i. a. dem Fugentyp I zugeordnet. DIN 18 195, Teil 8 unterscheidet für Fugenbewegungen bis maximal 5 mm zwischen den Erfordernissen bei einer Flächenabdichtung aus Bitumenwerkstoffen oder aus Kunststoff-Dichtungsbahnen. Die Begrenzung der Fugenbewegung auf 5 mm gilt sowohl für relative Setzungen als auch für Fugendehnungen.

Alle über 5 mm hinausgehenden Bewegungen beim Fugentyp I und solche, die schnell ablaufen oder sich häufig wiederholen, d. h. dem Fugentyp II zuzuordnen sind, erfordern auch im Bereich der Bodenfeuchtigkeit eine mehrlagige Verstärkung. Die Ausführung der Abdichtung über solche Fugen richtet sich dann nach den Vorgaben für die Fugenabdichtung im Bereich nichtdrückenden Wassers (siehe unter b)). Diese Abgrenzung gilt sowohl für Abdichtungen aus Bitumenwerkstoffen als auch für solche aus Kunststoff-Dichtungsbahnen.

Für die Ausführung der Abdichtung über Bewegungsfugen nach Typ I mit Bewegungen bis 5 mm sind für die Verstärkung der Flächenabdichtung alle in DIN 18 195, Teil 2 aufgeführten Bitumendichtungs- und Schweißbahnen mit Gewebe- oder Metallbandeinlagen zugelassen. Ausgeschlossen sind dagegen Bahnen mit einer Glasvlieseinlage. Über die im Teil 2 der Norm benannten Bahnen hinaus können nach VOB – Teil C, DIN 18 336 [A 3/2] aber auch Polymerbitumen-Schweißbahnen entsprechend DIN 52 133 eingesetzt werden.

Die verstärkenden Bitumenbahnen werden einlagig in 50 cm Breite auf die mit einem Voranstrich versehenen Flächen aufgeklebt (Bild A 3/18). Die durchgehende Flächenabdichtung wird wasserseitig zur Verstärkungslage im Fugenbereich angeordnet. Diese Art der Ausführung stellt eine geeignete Fugenabdichtung für alle nach Teil 4 der DIN 18 195 [A 3/1] zugelassenen Arten der Flächenabdichtung dar. Es werden damit auch Möglichkeiten zur Abdichtung über Fugen bei mehrlagigen Kalt- oder Heißaufstrichen aufgezeigt. In diesem Zusammenhang sei allerdings nochmals besonders auf die Bewegungsbegrenzung von 5 mm hingewiesen.

Wenn die Flächenabdichtung gegen Bodenfeuchtigkeit nach dem Regelvorschlag der VOB – Teil C, DIN 18 336 [A 3/8] aus einer Lage Bitumenschweißbahn V 60 S 4 nach DIN 52 131 oder gleichwertigem Bahnenmaterial hergestellt wird, sind über der Fuge zwei Verstärkungen gemäß Bild A 3/19 anzuordnen. Diese Verstärkungen müssen aus Polymerbitumen-

Bild A 3/18
Fugenabdichtung im Bereich von Bodenfeuchtigkeit; Ausführung nach DIN 18195, Teil 8,
bei Abdichtungen aus Bitumenwerkstoffen
(einlagige, einseitige Verstärkung über der
Fuge aus Bitumenbahnen mit Gewebe- oder
Metallbandeinlage)

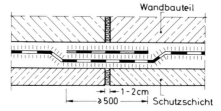

Bild A 3/19
Ausführung nach DIN 18336 (VOB) ohne
Bewegungsbegrenzung, jedoch nach DIN
18195, Teil 8 – Tabelle 1 – nicht über 10 mm
Bewegung; beidseitige Verstärkung aus
Polymerbitumenbahnen mit Polyestervlies-
einlage und einer Abdichtung aus Bitumen-
Schweißbahnen

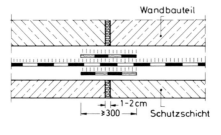

Bild A 3/20
Ausführung nach DIN 18195, Teil 8, Ab-
schnitt 6.2.1 bei Abdichtungen aus Kunststoff-
Dichtungsbahnen

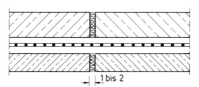

Schweißbahnen (PYE – PV 200 S 5) bestehen und mindestens
30 cm breit sein. Für diese Art der Fugenabdichtung sind in der
VOB keine Bewegungsgrenzen angegeben. Aufgrund der allgemeinen und experimentell untermauerten Erfahrungen mit
Verstärkungen über Fugen kann aber für diese Ausführung auf
Tabelle A 3/1 zurückgegriffen werden. Danach ist für eine solche zweilagige und 300 mm breite Verstärkung aus Polymerbitumen-Schweißbahnen eine maximale kombinierte Bewegung
von 10 mm als unkritisch anzusehen. Die zweilagige Verstärkung nach VOB-Ausführung erscheint immer dann sinnvoll,
wenn die in DIN 18195 genannten Randbedingungen für den
Bereich der Bodenfeuchtigkeit nicht vollumfänglich einzuhalten sind oder das Bewegungsmaß für die praktische Anwendung nicht eindeutig mit 5 mm abzugrenzen ist.

Verklebte oder lose, zwischen Schutzlagen verlegte Abdichtungen aus Kunststoff-Dichtungsbahnen erfordern über Fugen
bei Bewegungen bis 5 mm normgemäß keine Verstärkungen
(Bild A 3/20). Hierbei wird vorausgesetzt, daß sich bei Bewegungen keine scharfen Betonkanten in die lose und einlagig
verlegte Bahn drücken können. Die Einhaltung dieser grundlegenden Vorbedingung wird weitgehend von der Betonqualität, der Ausführung der Fuge und der Bahnendicke beeinflußt.
Handelt es sich bei den Fugenbewegungen überwiegend um
Setzungen, kann man nicht davon ausgehen, daß die nach
Norm für Bodenfeuchtigkeit im Flächenbereich zulässigen
Bahnen von weniger als 1,0 mm Dicke auch über Fugen eine
ausreichend sichere Ausführung darstellen. Verantwortungs-
bewußte Konstrukteure sollten daher in einem solchen Fall
über der Fuge das Bahnenmaterial verdoppeln bzw. eine
Schutzlage ein- oder beidseitig im Fugenbereich anordnen.
Derartige Schutzlagen können aus streifenartigen Kunststoff-
Dichtungsbahnen, härter eingestellten stoffgleichen Platten
oder 200 bis 300 g/m² schweren Vliesen, aber auch aus kunst-
stoffkaschierten Blechstreifen bestehen.

Der Fugenspalt muß in allen Fällen verfüllt werden und das
Verfüllmaterial mit der jeweiligen Abdichtung verträglich
sein.

A 3.3.5.3 Nichtdrückendes Wasser

Bei nichtdrückendem Wasser handelt es sich um Nieder-
schlags- und/oder Brauchwasser, das unter Einwirkung der
Schwerkraft frei abfließt. Es übt auf die Abdichtung im allgemeinen keinen, höchstens vorübergehend einen geringfügigen hydrostatischen Druck aus. Es füllt, soweit im Boden vorhanden, dessen Hohlräume nur teilweise aus und liegt im
Gegensatz zur Bodenfeuchtigkeit in tropfbar-flüssiger Form
vor [A 3/5].

Bei der Ausführung der Abdichtung über Fugen des Typs I
werden im Bereich von nichtdrückendem Wasser die Flächenabdichtungen ebenflächig durchgeführt. Der Abdichtungsaufbau in der Fläche richtet sich nach DIN 18195, Teil 5 und muß
auf die jeweiligen bauwerksspezifischen Anforderungen ausgelegt sein. Hierbei geht es vor allem um die Einstufung nach den
Beanspruchungsarten „mäßig" oder „hoch" gemäß DIN 18195,
Teil 5, Abschnitt 6. Eine richtige Stoffwahl entsprechend
diesen Bemessungskriterien vorausgesetzt, kann grundsätzlich
davon ausgegangen werden, daß die Beanspruchung durch
nichtdrückendes Wasser prinzipiell auch über der Fuge ausreichend abgedeckt ist. Damit sind über der Fuge nur noch die
zusätzlichen Anforderungen aus mechanischer Beanspruchung
(z. B. Setzen, Dehnen, Verdrehen, Schwingung) konstruktiv
zu berücksichtigen. Hierfür sind im Fugenbereich mindestens
zwei Verstärkungen anzuordnen. Sie sind ebenflächig im
Zusammenhang mit der Flächenabdichtung einzubauen und
jeweils außenliegend anzuordnen (Bild A 3/20). Die Mindestbreite soll 300 mm betragen. Dieses Maß ergibt sich einerseits
aus der üblichen Fertigungsbreite der Verstärkungsmaterialien
und andererseits aus der Überlegung heraus, daß seitlich
neben der Fuge noch eine sichere und ausreichend breite Verklebung erfolgen muß. So soll die Einbindelänge der Verstärkungen je Seite mindestens 150 mm betragen. Damit ergibt
sich für Fugen ohne Fugenkammer eine Mindestbreite von 300
mm für die Verstärkungen. Für Fugen mit Fugenkammer
erhöht sich dieses Maß auf 500 mm.

Nach der Norm können für den Bereich des nichtdrückenden Wassers die Verstärkungen aus Kupferbändern, mindestens 0,2 mm dick, Edelstahlbändern, mindestens 0,05 mm dick, Elastomer-Bahnen, mindestens 1,0 mm dick, Kunststoff-Dichtungsbahnen, mindestens 1,5 mm dick oder auch aus Bitumenbahnen mit Polyester-Vlieseinlagen, mindestens 3 mm dick ausgeführt werden. Darüber hinaus werden Polymerbitumen-Schweißbahnen nach VOB – Teil C, DIN 18336 zugelassen.

Die Frage, wann welches Material für die Verstärkung eingesetzt werden soll, kann nicht generell beantwortet werden. Die Entscheidung ist abhängig von der jeweiligen Beanspruchungsart und -größe über der Fuge. In jedem Fall muß aber ein Hineinpressen der Flächenabdichtung in den Fugenspalt oder in die Fugenkammer ausgeschlossen werden. Daher sollten die außenliegenden Verstärkungen aus einem Metallband bestehen, da mit diesem Material am sichersten eine solche schädliche Verformung vermieden wird. Metallbänder sind grundsätzlich mit gefüllter Klebemasse im Gieß- und Einwalzverfahren einzubauen. In mechanischer Hinsicht als gleichwertig können in diesem Zusammenhang aber auch Bitumen-Schweißbahnen mit Metallbandeinlage oder -kaschierung angesehen werden, sofern die Metallbanddicken den oben genannten Mindestwerten entsprechen. Ihr Einsatz erscheint insbesondere bei kurzen Fugenlängen zweckmäßig, um beispielsweise das Vorhalten von Rührwerkskesseln für die Aufbereitung der gefüllten Klebemasse allein für die Fugenabdichtung zu vermeiden.

Außenliegende Verstärkungen aus Metallbändern müssen durch eine Zulage aus Bitumenbahnen vor schädlichen Einflüssen aus dem Beton und dem Betoniervorgang geschützt werden. Diese über viele Jahrzehnte in der Praxis bewährte Ausführung wurde auch bei Versuchsreihen zur Dimensionierung der Abdichtung über Fugen als ausreichend widerstandsfähiger Aufbau bestätigt [A 3/14]. Hierbei ergaben sich maximal zulässige Dehnungen von 30 mm, Setzungen von 40 mm sowie kombinierte Bewegungen von 25 mm. Die Ergebnisse sind in Tabelle A 3/1 berücksichtigt und unter Einbeziehung eines Sicherheitszuschlags zusammengefaßt.

Am Beispiel einer dreilagigen Flächenabdichtung aus nackten Bitumenbahnen R500N und Verstärkungen aus geriffelten Kupferbändern 0,2 mm dick ergeben sich die im Bild A 3/21 zusammengestellten Ausführungen für die einzelnen Bewegungsarten und -größen. In diesem Bild sind die Zulagen über den außenliegenden Metallbändern sowie die Fugenkammern gesondert dargestellt.

Größere Bewegungsabläufe als in Tabelle A 3/1 angegeben, erfordern auch im Bereich des nichtdrückenden Wassers für Abdichtungen über Fugen des Typs I den Einsatz von Los- und Festflanschkonstruktionen. Die Abmessungen sind geringer als im Bereich drückenden Wassers und in ihren Einzelheiten in DIN 18195, Teil 9, aufgeführt. Sie werden aber auch im Rahmen der Abdichtung über Fugen für den Typ II weiter unten näher erläutert (Kap. A 3.3.5.4).

Lose verlegte Kunststoff-Dichtungsbahnen können ohne Verstärkung der eigentlichen Flächenabdichtung über Fugen durchgeführt werden. Es muß aber am Bauwerk eine so feste Unterstützung gegeben sein, daß die Kunststoff-Dichtungsbahn weder durch Erddruck noch durch vorübergehenden Wasserdruck in den Fugenspalt gedrückt werden kann. Außerdem muß die freie Beweglichkeit über der Fuge immer und dauerhaft sichergestellt sein. Schließlich muß aber auch eine Verletzung der dünnen Flächenabdichtung ausgeschlossen werden. Hierfür gibt es grundsätzlich zwei unterschiedliche Möglichkeiten (Bild A 3/22):

– Es können nach DIN 18195, Teil 8 [A 3/1] etwa 20 cm bzw. nach VOB – Teil C, DIN 18336 [A 3/2], mindestens 30 cm breite und 0,5 mm dicke, kunststoffbeschichtete Verbundbleche über der Fuge beim Einbau der Abdichtung angeordnet werden. Die Bleche dürfen nur einseitig an der Fugenflanke befestigt werden. Dazu sind Halbrundkopf-Nägel oder -Bolzen einzusetzen, die bei dem zu erwartenden Anpreßdruck auf die Kunststoff-Dichtungsbahn deren Beschädigung durch Perforation mit Sicherheit ausschließen.

– Eine wesentlich bessere Ausführung ist mit einzubetonierenden, außenliegenden Fugenbändern zu erreichen. Diese gefährden die Abdichtung bei einer Fugenbewegung nicht, wie dies beiden 0,5 mm dicken Blechen vor allem bei wiederkehrenden Bewegungen in Kehlen-, Kanten- und Eckbereichen der Fall sein kann. Bei den Einbetonierprofilen muß man darauf achten, daß das Fugenband im Konstruktionsbeton einbindet und nicht in den Schutzschichten. Dies begründet sich mit der besseren Qualität des Konstruktionsbetons im Hinblick auf die Wasserundurchlässigkeit. Auf die Schwierigkeit dieser Ausführung im Deckenbereich sei hingewiesen. Sie kann aber mit Sonderprofilen, sogenannten Fugenabschlußprofilen, einwandfrei gelöst werden (Bild A 3/23).

Die in den Bildern A 3/22 und A 3/23 aufgezeigten Lösungen mit Einbetonierprofilen gestatten zugleich eine in vielen Fällen bei Abdichtungen aus lose verlegten Kunststoff-Dichtungsbahnen angestrebte Abschottung. Die Abschottung dient dazu, überschaubare Abdichtungsabschnitte zu schaffen und die Verschleppung eventuell eintretenden Leckwassers über größere Entfernung weitestgehend auszuschließen. Besonders bei Tunnel in Gefällestrecken kann die Verschleppung von Leckwasser bei fehlender Abschottung über hunderte von Metern Tunnellänge erfolgen [A 3/15] bis [A 3/17]. Der prinzipielle Aufbau eines Abschottungssystems geht aus den Bildern A 3/24 und A 3/25 hervor. Die volle Wirksamkeit der Abschottung ist allerdings nur gegeben, wenn lückenlos alle Arbeitsfugen und alle Bewegungsfugen in der luftseitig stützenden Betonkonstruktion z. B. der Tunnelinnenschale erfaßt werden. Dies gilt im Falle des Bildes A 3/25 für die Haupttunnel in gleicher Weise wie für eventuell aufgefahrene Querschläge, Verbindungstunnel oder Ausgangsbauwerke.

Bild A 3/21
Fugenabdichtungen nach
DIN 18195, Teil 8, Typ I,
für Bewegungen ≥ 5 mm im
Bereich von Bodenfeuchtigkeit sowie von nichtdrückendem oder drückendem Was-
ser [A 3/12]

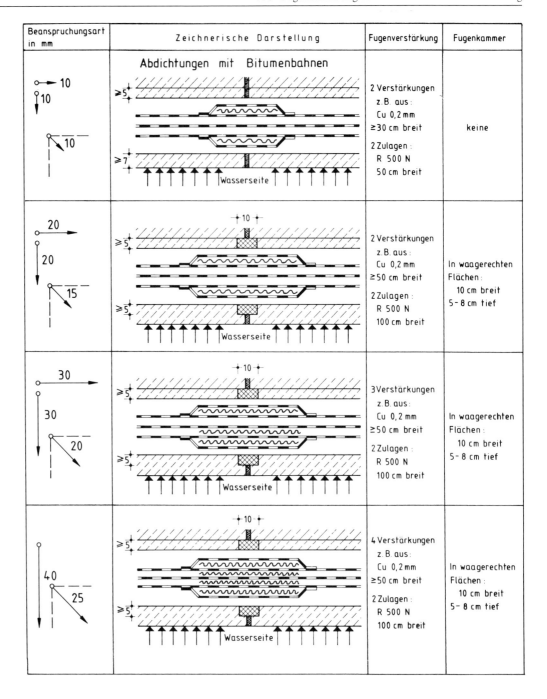

Beanspruchungsart in mm	Zeichnerische Darstellung	Fugenverstärkung	Fugenkammer
o→ 10 o↓10 ↘10	Abdichtungen mit Bitumenbahnen ≥5 ≥7 Wasserseite	2 Verstärkungen z.B. aus: Cu 0,2 mm ≥30 cm breit 2 Zulagen: R 500 N 50 cm breit	keine
20→ 20↓ ↘15	←10→ ≥5 ≥5 Wasserseite	2 Verstärkungen z.B. aus: Cu 0,2 mm ≥50 cm breit 2 Zulagen: R 500 N 100 cm breit	In waagerechten Flächen: 10 cm breit 5–8 cm tief
30→ 30↓ ↘20	←10→ ≥5 ≥5 Wasserseite	3 Verstärkungen z.B. aus: Cu 0,2 mm ≥50 cm breit 2 Zulagen: R 500 N 100 cm breit	In waagerechten Flächen: 10 cm breit 5–8 cm tief
40↓ ↘25	←10→ ≥5 ≥5 Wasserseite	4 Verstärkungen z.B. aus: Cu 0,2 mm ≥50 cm breit 2 Zulagen: R 500 N 100 cm breit	In waagerechten Flächen: 10 cm breit 5–8 cm tief

Im Firstbereich eines untertägig erstellten Tunnels sind besondere Vorkehrungen zu treffen. So können hier beispielsweise
Injektionsschläuche zusätzlich in Ringrichtung eingebaut werden, um die infolge unzureichender Entlüftung mangelhaft
einbetonierten Fugenbänder im Firstpunkt der Ringfugen
nachträglich sicher schließen zu können (Bild A 3/26).

Im Zusammenhang mit dem Bau von zwei Tunneln der Deutschen Bundesbahn im Bereich drückenden Wassers wurden in
jüngster Zeit (1987/88) jedoch für diesen Problempunkt interessante Weiterentwicklungen betrieben. Beide Tunnel liegen
in hydrogeologisch äußerst schwierigen Gebirgen. Es wird mit
Wasserdrücken bis zu 5 bar gerechnet. Vor diesem Hintergrund werden an die Funktionsfähigkeit der Abdichtung

besonders hohe Anforderungen gestellt. Es kommt daher auch
vor allem auf eine zuverlässige abdichtungstechnische
Abschottung der Tunnelblöcke gegeneinander an. Um dies
auch in der Firstzone sicherzustellen, werden dort zur besseren
Entlüftung Injektionsschläuche in Tunnellängsrichtung angeordnet (Bild A 3/27), die durch die Dicht- und Ankerrippen
der außenliegenden Fugenbänder hindurchgezogen sind. Die
Schläuche liegen somit unmittelbar unter dem Boden des
Fugenbandes und entlüften – wie in Vorversuchen nachgewiesen – die von den Dicht- und Ankerrippen gebildeten Kanäle.
Zum Verschließen der beim Betonieren verbleibenden kleinsten Restspalte werden die Injektionsschläuche abschließend
nach Erhärten des Betons mit Kunstharz verfüllt und verpreßt.

Bild A 3/22
Fugenabdichtungen nach
DIN 18 195, Teil 8, Typ I,
bei Flächenabdichtungen
aus lose verlegten Kunst-
stoff-Dichtungsbahnen
[A 3/12]

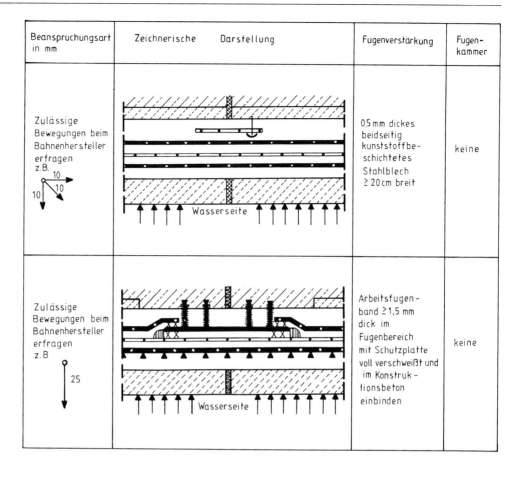

Beanspruchungsart in mm	Zeichnerische Darstellung	Fugenverstärkung	Fugen-kammer
Zulässige Bewegungen beim Bahnenhersteller erfragen z.B. 10 10 10	Wasserseite	0,5 mm dickes beidseitig kunststoffbe-schichtetes Stahlblech ≥ 20 cm breit	keine
Zulässige Bewegungen beim Bahnenhersteller erfragen z.B 25	Wasserseite	Arbeitsfugen-band ≥ 1,5 mm dick im Fugenbereich mit Schutzplatte voll verschweißt und im Konstruk-tionsbeton einbinden	keine

Bild A 3/23
Deckenabdichtung mit lose verlegter Kunststoff-Dichtungsbahn und Sonderprofil mit ver-
breitertem Deckteil [A 3/6]

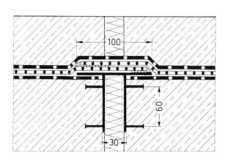

Bild A 3/24
Prinzip eines Abschottsystems bei offener
Bauweise [A 3/17]

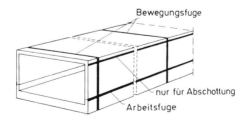

Bild A 3/25
Prinzip eines Abschottsystems bei geschlossener Bauweise im Tunnelbau [A 3/15]

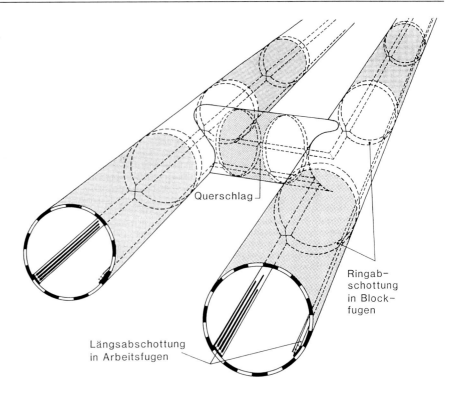

Querschlag

Ringab-
schottung
in Block-
fugen

Längsabschottung
in Arbeitsfugen

Bild A 3/26
Nicht entlüfteter Abschnitt eines Abschott-
fugenbandes im Firstbereich eines Tunnels;
nachträgliche Injektionsverfüllung mit Hilfe
eingelegter Injektionsschläuche

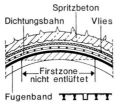

Bild A 2/27
Neu entwickeltes Firstfugenband für die Abschottung bei einer Tunnelabdichtung aus lose
verlegten Kunststoff-Dichtungsbahnen [A 3/
16]

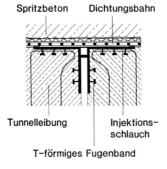

Mit diesem Injektionsvorgang werden auch die Durchbrüche durch die Dicht- und Ankerrippen der Fugenbänder wieder verschlossen. Zur weiteren Absicherung der Blockfuge im Firstbereich erhält das außenliegende Fugenband vertikale Schenkel von ca. 150 mm Höhe angeschweißt. Es ergibt sich somit auf ca. 4 m Abwicklungslänge ein T-förmiger Querschnitt für das Fugenband (Bild A 3/27). Der vertikale Schenkel enthält zwei Dicht- und Ankerrippen, so daß er problemlos im Schalenbeton verankert werden kann. Dieses Spezialprofil dient einerseits dazu, die Abschottwirkung in der Firstzone

sicherzustellen und andererseits beim vorerwähnten Verpreß-vorgang ein ungewolltes Abfließen von Kunstharz in den Ringfugenspalt zu verhindern. Um im Bereich des vertikalen Fugenbandschenkels die Kanäle zwischen den Dicht- und Ankerrippen bzw. dem Boden des Fugenbandes an den Enden zu verschließen und so eine Hinterläufigkeit zu unterbinden, müssen dort vertikal laufende Dicht- und Ankerrippen eingeschweißt werden.

Bild A 3/28
Dehnungsfugen (Fugen Typ II) in einer begehbaren Fläche mit zwei eingeklebten hochpolymeren Fugenbändern für geringe Bewegungen
[A 3/12]

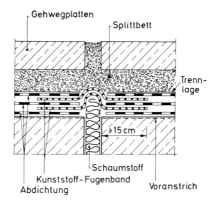

Bild A 3/29
Dehnungsfuge (Fugen Typ II) einer befahrbaren Deckenkonstruktion mit einem Kunststoff-
Fugenband in einer Los- und Festflanschkonstruktion [A 3/12]

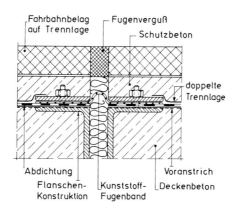

Bild A 3/30
Dehnungsfuge (Fugen Typ II) einer genutzten
Dachfläche mit Wärmedämmung und einer
zugänglichen Übergangskonstruktion aus Los-
und Festflanschen mit einem Kunststoff-
Fugenband (nicht befahrbar) [A 3/12]

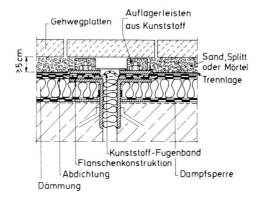

Weitere Einzelheiten zur Ausbildung eines Abschottsystems bei lose verlegten Kunststoffbahnen-Abdichtungen sind für Ortbetonbauwerke mit Hautabdichtung in Kap. B 4.2.1.2 und für Gebirgstunnel in Kap. B 4.6.1 enthalten.

In der Norm sind keine Bewegungseinschränkungen für Fugenausbildungen bei lose verlegten Kunststoff-Bahnenabdichtungen genannt. Infolgedessen gelten auch hier wie für die Bitumenabdichtungen bei entsprechender Auslegung der Dichtungsbahnen bzw. der Einbetonierprofile die Maßbegrenzungen von 40 mm für senkrechte, 30 mm für waagerechte und 25 mm für kombinierte Bewegungen.

Los- und Festflanschkonstruktionen können im Rahmen von lose verlegten Kunststoff-Bahnenabdichtungen jederzeit eingesetzt werden, vor allem um größere Bewegungen aufzunehmen. Dabei werden Doppelflanschkonstruktionen erforderlich, wenn die Fugenabdichtung nicht mit der Flächenabdichtung in stofflicher Hinsicht verträglich ist (Bild A 3/36).

Für die Bemessung und Ausführung der Abdichtung über Fugen des Fugentyps II mit schnell ablaufenden und sich häufig wiederholenden Bewegungen kann man infolge der vielen Einflußfaktoren und deren sehr unterschiedlichen Größe keine einheitlichen Empfehlungen geben. Dies gilt auch für Abdichtungen bei Bewegungen gemäß Fugen Typ I, sofern die Grenzbewegungen der Tabelle A 3/1 überschritten werden.

Bewegungen entsprechend Fugen Typ II treten vorwiegend im Bereich des nichtdrückenden Wassers auf. Derartige Fugen befinden sich in der Regel oberhalb der Geländeoberfläche. Sie unterliegen daher größeren Temperatureinflüssen. Sie sollten bei freier Zugänglichkeit vor mechanischer Beschädigung z.B. in Form von Vandalismus geschützt werden. Dies kann durch Vorhängen von Abdeckblechen und dergleichen geschehen. Außerdem dürfen einige grundsätzliche Forderungen nicht übersehen werden: Die Flächenabdichtung wird nicht über die Fuge hinweggeführt. Im Fugenbereich selbst sind deshalb i. a. mindestens zwei dehnfähige Abdichtungsstreifen aus Kunststoff-Dichtungsbahnen mit mindestens 2 mm Dicke oder aus Polymer-Bitumenbahnen mit jeweils mindestens 3 mm Dicke anzuordnen. Wird zwischen den Flanschen jedoch nur eine einzige Kunststoff-Dichtungsbahn oder ein Profilband eingeklemmt, so sollte eine Mindestdicke von 3 mm eingehalten werden.

Die Einbindelänge der über dem Fugenspalt angeordneten Dichtungsbahnen oder Profile in die Flächenabdichtung wird in der Fachliteratur bei Verklebung mit mindestens 15 cm je Seite angegeben. Ein besonderes Augenmerk muß dabei auf die stoffliche Verträglichkeit der einzuklebenden Bahnen bzw. Profile gerichtet werden. Ferner darf in der Klebefläche keine nennenswerte Zugbeanspruchung auftreten. Dies setzt im allgemeinen eine schlaufenartige Verlegung voraus (Bild A 3/28).

Gleiche Anforderungen gelten auch für das Einklemmen von Dichtungsbändern über Fugen (Bilder A 3/29 und A 3/30). Die mit etwa 10 cm festgelegten Einbindemaße in die Flansche richten sich im einzelnen nach DIN 18195, Teil 9. Dort werden außerdem die Abmessungen der Einbauteile sowie die zugehörigen Einbauerfordernisse abgehandelt.

Die Wahl von Schlaufenbändern erfordert eine systemgerechte Fertigung von Formstücken für T- und Kreuzungspunkte, Aufkantungen und Abwinklungen. Diese Formstücke dürfen in keinem Fall auf der Baustelle hergestellt, sondern müssen als Werksteile vorgefertigt angeliefert werden. Solche Punkte zählen bei Baustellenfertigung zu den häufigsten Schadensursachen bei Abdichtungen im Bereich genutzter Dachflächen. Sind Stöße von Dichtungsbändern über Fugen nicht zu vermeiden und auf der Baustelle auszuführen, so sind sie nur rechtwinklig zur Band- bzw. Profillängsachse mit der jeweils stoffgerechten Fügetechnik fachlich vertretbar.

Wegen der unvermeidbaren Faltenbildung kann ein schlaufenartig zu verlegender Dichtungsbahnenstreifen ohne Zuhilfenahme eines Formteils im Bereich von Kehlen oder Kanten nicht ordnungsgemäß vollflächig und damit fachgerecht in die Flächenabdichtung eingeklebt werden. Dies gilt in gleicher Weise auch für Schlaufenprofilbänder, wenn keine Formteile mitgeliefert werden. Wer glaubt, man könne ein in ein und derselben Ebene gefertigtes und angeliefertes Schlaufenprofil mit Hilfe eines Losflansches in eine Abwinkelung einbauen oder einzwängen, begeht einen Ausführungsmangel. Er wird für alle Schäden einschließlich der sich daraus ergebenden Folgen eintreten müssen.

Als weitere Grundregel ist zu beachten, daß Bitumenmaterialien nicht mit Kunststoff-Profilbändern oder Bahnen gemeinsam in einem Flansch eingeklemmt werden sollen, wenn nach dem letzten Anziehen der Bolzenmuttern der Losflansch nochmals einer wesentlichen Erwärmung unterliegt. Dieses ist immer dann gegeben, wenn nachträglich Mastix oder Gußasphalt mit über 200 °C unmittelbar mit der Flanschkonstruktion in Berührung kommen. Es besteht dann die Gefahr, daß das Kunststoff-Profilband bzw. die Dichtungsbahn wegen des unter der Wärmeeinwirkung ausfließenden Bitumens nicht mehr ausreichend eingeklemmt ist. In solchen Fällen sind nach dem heutigen Erkenntnisstand (1989) allein Elastomer-Bänder in einer Doppel- oder Spezial-Klemmkonstruktion zu verarbeiten (Bild A 3/31).

Generell muß der Losflansch statisch/konstruktiv gesehen immer so biegeweich sein, daß er das Dichtungsmaterial wasserundurchlässig an den steiferen Festflansch oder den Untergrund pressen kann. Bei winkelartigen Losflanschen wie in Bild A 3/31 ist darauf besonders zu achten. Erforderlichenfalls muß der vertikale Schenkel eines Winkellosflansches in Abständen von etwa 30 cm geschlitzt werden. Grundsätzlich ist eine bewußt kurz gewählte Losflanschlänge (≤ 1500 m, besser aber ≤ 900 m) für eine sichere Anpressung vorteilhaft.

Eine besondere Form der Fugenabdichtung sind fabrikfertige Übergangskonstruktionen, an die die Flächenabdichtung mit Hilfe von Einbauteilen angeschlossen werden muß. Sie werden beispielsweise in befahrbaren Decken oder Parkdecks eingesetzt (Kap. B 9.4). Als solche Einbauteile sind Klebe- oder Los- und Festflanschkonstruktionen anzusprechen. Beispiele für fachgerechte Ausführungen – sowohl für den Neubau als auch für die Instandsetzung von Fugen – werden in den Bildern A 3/32 bis A 3/34 aufgezeigt. Bei allen Übergangskonstruktionen sollten die nachstehenden Punkte bedacht und berücksichtigt werden:

– Die objektspezifischen Dehnwege sind aus 90 K Temperaturdifferenz zu ermitteln (− 40 °C bis + 50 °C) [A 3/18].

– Das Material des Bandprofiles und der Korrosionsschutz der metallischen Fugenprofile (Edelstahl, verzinkter oder unverzinkter Stahl, Aluminium) sind nach den jeweiligen Bauwerksbeanspruchungen zu wählen.

– Die Profilbänder sollten bei einlagiger Ausführung mindestens 3 mm dick und auswechselbar sein. Das Bandmaterial muß auf den Dehnweg, die mechanische und chemische Beanspruchung sowie auf die zu erwartenden Temperaturen abgestimmt sein.

– Die Verwendung offener oder geschlossener Profile muß im Hinblick auf die Begeh- und Befahrbarkeit geprüft werden. Die Notwendigkeit einer Blechabdeckung ist im Zusammenhang mit dem zu erwartenden Spitzendruck (Absätze von Damenschuhen) oder einer uneingeschränkten Überrollbarkeit (auch durch Einkaufswagen mit den üblicherweise kleinen Rädern) zu prüfen, wenn das Profilband die gestellten Anforderungen alleine nicht erfüllt.

– Werden T- oder Kreuzstöße erforderlich, müssen entsprechende Formteile bei den gewählten Fugenband- und Metallprofilen auch serienmäßig zur Verfügung stehen.

– Ausreichend breite Anschlußmöglichkeiten für die Flächenabdichtung durch Klebe- oder Los- und Festflanschkonstruktionen müssen stets gewährleistet sein. Flexible Dichtungsstreifen für den Anschluß der Flächenabdichtung sind nur dann geeignet, wenn bei fachgerechter Verarbeitung Lufteinschlüsse beim Einbau mit Sicherheit ausgeschlossen sind.

– Fachgerechte Abwinklungsmöglichkeiten auf höher oder tiefer liegende wasserführende Ebenen z. B. Gehwege oder Randkappen müssen durch entsprechende Formteile gegeben sein.

– Scharfe Kanten und Grate an den der Abdichtung zugekehrten Stahlflächen sind zu entfernen.

– Wasserundurchlässige Endpunktausbildung (Aufkantung) muß in jedem Fall gewährleistet sein (Bild A 3/34).

Bild A 3/31
Los-Festflansch-Konstruktion zum gemeinsamen Einklemmen von Fugen- und Anschlußband aus Kunststoff-Dichtungsbahnen (System)

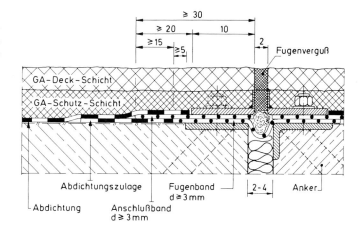

Bild A 3/32
Fugenabdichtung aus wasserdicht eingeklemmtem auswechselbarem Elastomerprofil mit angeklebter Flächenabdichtung (Schema)

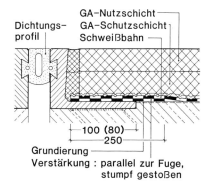

Bild A 3/33
Fugenabdichtung aus wasserdicht eingeklemmtem auswechselbarem Elastomerprofil mit angeklemmter Flächenabdichtung (Schema)

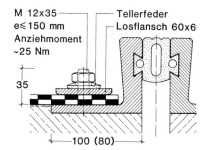

Bild A 3/34
Fabrikgefertigter Fugenübergang mit abgewinkeltem Endstück (System Maurer)

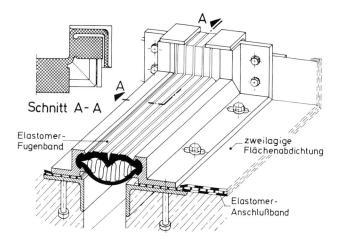

Bild A 3/35
Abdichtung über Bewe-
gungsfugen im Bereich
drückenden Wassers mit
einer Bitumen-verklebten
Flächenabdichtung aus
Kunststoff-Dichtungsbah-
nen und nackten Bitumen-
bahnen R500N

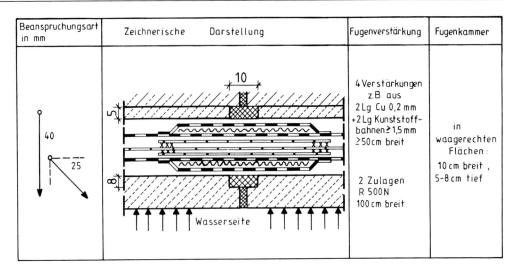

Beanspruchungsart in mm	Zeichnerische Darstellung	Fugenverstärkung	Fugenkammer
40 25	Wasserseite	4 Verstärkungen z.B aus 2 Lg Cu 0,2 mm +2 Lg Kunststoff-bahnen ≥ 1,5 mm ≥ 50 cm breit 2 Zulagen R 500 N 100 cm breit	in waagerechten Flächen : 10 cm breit , 5-8 cm tief

Bild A 3/36
Los- und Festflanschkonstruktion als Doppelflansche

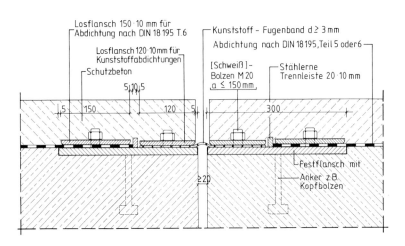

Einlagige Bahnenabdichtungen z.B. auf einem Parkdeck müssen bei derartigen Übergangskonstruktionen im Klemmbereich mit einer mindestens 15 cm breiten Bahnenzulage verstärkt werden. Die Abdichtungslage wird in einem Streifen
von etwa 30 cm Breite zusammen mit der Zulage vorab gesondert eingebaut und darf in diesem Bereich nur stumpf gestoßen
werden (Bild A 3/33 a). Die später angeschlossene Flächenabdichtung wird dagegen wieder regelrecht mit 10 cm in den
Nähten überlappt. Die Losflansche sollen eine Länge von 1500
mm nicht überschreiten.

Die in den Bildern A 3/31 und A 3/33 dargestellten Lösungen
mit aufgeschraubten Losflanschen erfordern bei Wahl eines
Gußasphalt-Fahrbelags in der Regel eine zweilagige Ausführung. Bei einlagigem Gußasphalt ist darauf zu achten, daß
über den Bolzen eine Überdeckung von mindestens 20 mm
Gußasphalt vorhanden ist. Derartige einlagige Sparlösungen
neigen allerdings im Fahrbelag zur Rißbildung wegen zu geringer Überdeckung der Bolzen.

Der Anschluß der Flächenabdichtung an die Fugenabdichtung
mittels Klebeflansch (Bild A 3/32) erfordert eine Mindestbreite von 100 mm. Dieses Maß ist in DIN 18195, Teil 9,
Absatz 5.2 (Ausgabe 1986) festgelegt und auf die Erfordernisse eines Staffelanschlusses für die Flächenabdichtung abgestimmt. Diese Breiten werden auch in DIN 19599 [A 3/27] vorgegeben.

Konstruktiv und finanziell aufwendiger, aber in jedem Fall
sicherer als das gemeinsame Einklemmen von Flächen- und
Fugenabdichtung in einem Flansch sind sogenannte Doppel-
flansch-Konstruktionen (Bild A 3/36). In diese werden beidseitig der Fuge die Fugenabdichtung und die Flächenabdichtung
jeweils gesondert eingeflanscht. Dadurch besteht bei entsprechender Kammerausbildung auch später die Möglichkeit, das
Fugenband auszuwechseln, ohne daß die Flächenabdichtung
betroffen wird. Beim Einbau der Fugenbänder aus Kunststoffen ist ein besonderes Augenmerk auf das Anziehen der Bolzenmuttern zu richten. Das aufzubringende Anziehmoment
muß für jeden Einzelfall vom Bandhersteller angegeben und
mit Hilfe eines Drehmomentschlüssels aufgebracht werden.
Bänder aus PVC-P-Material erfordern eine komprimierbare
Zulage im Klemmbereich, wogegen Elastomer-Bänder unmittelbar für sich eingeklemmt werden können. Ein mindestens
zweimaliges Nachziehen der Muttern ist immer, d.h. auch bei
Elastomer-Bändern erforderlich.

A 3.3.5.4 Drückendes Wasser

Allgemein werden Abdichtungen über Fugen gegen von außen oder innen drückendes Wasser für den Fugentyp I in allen Einzelheiten im Abschnitt 6.4.1 der DIN 18195, Teil 8 [A 3/1] festgelegt, sofern die im Abschnitt A 3.3.4 und in der Tabelle A 3/1 angegebenen Bewegungsgrenzen nicht überschritten werden. Hierbei werden nur die in DIN 18195, Teil 6 bzw. 7 behandelten bitumenverklebten Abdichtungssysteme berücksichtigt. Fugenabdichtungen für größere Bewegungen als in der Tabelle angegeben, erfordern Los- und Festflanschkonstruktionen.

Für lose verlegte Kunststoff-Abdichtungssysteme, die nach der Norm generell nicht für den Bereich des von außen drückenden Wassers zugelassen sind, mußten die Abdichtungen über Fugen bis Ende 1988 in Allgemeinen bauaufsichtlichen Zulassungen durch das Institut für Bautechnik in Berlin erfaßt werden. Nach Ablauf der Zulassungen (Ende 1988) müssen die Anforderungen an nicht genormte Abdichtungssysteme durch ein der früheren Zulassung gleichwertiges Prüf- und Bewertungsverfahren geregelt werden. Hierfür bieten sich die anerkannten Materialprüfanstalten der Technischen Hochschulen sowie entsprechende private und auf diesem Gebiet erfahrene Forschungsinstitute an.

Für Abdichtungen über Fugen, die dem Fugentyp II zuzuordnen sind, wird generell die Ausführung mit Hilfe von Los- und Festflanschkonstruktionen nach DIN 18195, Teil 9 vorgeschrieben.

Die VOB – Teil C, DIN 18336 [A 3/2] gibt für die Ausführung der Abdichtung über Fugen im Druckwasserbereich eine Regelausführung nur für eine Flächenabdichtung aus nackten Bitumenbahnen R500N an. In diesem Fall sind an den Außenseiten der Flächenabdichtung jeweils mindestens 30 cm breite und 0,2 mm dicke Kupferriffelbänder aufzukleben und durch 50 cm breite Zulagen aus R500N zu schützen. Eine Bewegungsgrenze wird in der VOB-Norm nicht genannt. Es wird aber ergänzend auf DIN 18195, Teil 8 verwiesen. Damit ist der Konstrukteur zwangsläufig in seinen Planvorgaben an die Detailangaben der Ausführungsnorm gebunden (Tabelle A 3/1).

Bei der Ausführung der Abdichtung über Fugen des Fugentyps I im Bereich des von außen bzw. von innen drückenden Wassers wird die Flächenabdichtung über den Fugen bzw. über den Fugenkammern hinweg durchgeführt (Bild A 3/35). Die Flächenabdichtung ist nach DIN 18195, Teil 6 in Abhängigkeit von der Eintauchtiefe, der Druckbelastung auf die Abdichtung und dem Abdichtungsmaterial zu bemessen. Über den Fugen ist entsprechend den zusätzlichen Beanspruchungen aus Wasserdruck bis zu den bereits in Kap. A 3.3.4 genannten maximalen Bewegungen von jeweils 40 mm bei reinen Setzungen, 30 mm bei Dehnungen oder 25 mm bei kombinierten Bewegungen die Abdichtung flächig zu verstärken. In waagerechten und schwach geneigten Flächen sind bei Bewegungen über 10 mm Fugenkammern anzuordnen. Diese Forderungen entsprechen den für Abdichtungen über Fugen im Bereich nichtdrükkenden Wassers eingehend erläuterten Einzelheiten. Die Ausführungsart ist in Bild A 3/21 dargestellt. Die im Grundwasser zugelassenen Materialien für die Verstärkungen über Fugen sind allerdings auf die kalottierten und mindestens 0,2 mm dikken Metallbänder aus Kupfer oder 0,05 mm dicken Edelstahlbändern eingegrenzt. Außerdem dürfen Kunststoff-Dichtungsbahnen mit mindestens 1,5 mm Dicke eingesetzt werden. Nach der Norm nicht zugelassen sind dagegen für die Verstärkung einer wasserdruckhaltenden Abdichtung über der Fuge alle anderen in Teil 2 aufgeführten Bitumenbahnen und Elastomerbahnen. Gleiches gilt natürlich auch für die neu entwickelten, nicht in Teil 2 enthaltenen Dichtungsbahnen.

Die an den Außenseiten der Abdichtung anzuordnenden Verstärkungen müssen im Bereich drückenden Wassers immer aus Metallbändern bestehen (Bild A 3/35). Damit wird eine sichere Stützfunktion gewährleistet. Das von außen bzw. von innen drückende Grundwasser kann die Abdichtung nicht in die Fugenkammer oder den Fugenspalt drücken. Werden zusätzlich Verstärkungen innerhalb eines Abdichtungspaketes eingebaut, so dürfen diese auch aus Kunststoff bestehen. Die Dicke der Kunststoffbahnenstreifen regelt sich nach der Eintauchtiefe gemäß DIN 18195, Teil 6, Absätze 6.6, 6.7 und 6.8.

Die Zulagen aus nackten Bitumenbahnen R500N sind schützend über den Metallbändern aufzukleben. Fachtechnisch wichtig ist das Einkleben der kalottierten Metallbänder entsprechend Teil 3 der DIN 18195 im Gieß- und Einwalzverfahren mit gefüllter Klebemasse. Nur so wird eine ausreichende Verklebung erreicht und sichergestellt, daß auch an senkrechten Flächen und nach dem Erkalten der Klebemasse die Kalotten der Metallriffelbänder hohlraumfrei sind. Im Regelfall werden auch die weiteren nach der Tabelle A 3/1 bzw. nach den Bewegungsgrößen erforderlichen Verstärkungen innerhalb des Abdichtungspaketes aus Metallbändern hergestellt.

Bei Flächenabdichtungen, die nach DIN 18195, Teil 6 aus Kunststoff-Dichtungsbahnen zwischen beidseitig verklebten Bitumenbahnen R500N hergestellt werden, sollten die innerhalb der Abdichtung anzuordnenden Verstärkungen auch aus Kunststoff-Dichtungsbahnen bestehen. Aber auch bei den für Spezialfälle geplanten Abdichtungen, z. B. im Zusammenhang mit Sonderlasten aus Erdbeben [A 3/19] oder bergbaubedingten Zerrungen im Baugrund können die inneren Verstärkungen aus Kunststoff-Dichtungsbahnen erforderlich werden. Die Dicke der Verstärkungen richtet sich nach DIN 18195, Teil 6. Sie muß also mindestens der Bahnendicke in der Flächenabdichtung entsprechen. Wesentlich für die Güte dieser Verstärkungsart ist die stoffspezifische Nahtverbindung der Kunststoffbahnen untereinander. Hierfür kommen Quellverschweißungen mit Testbenzin bei PIB oder Tetrahydrofuran bei PVC-P bzw. Warmgasschweißungen sowie Heizkeil-Schweißungen zur Anwendung. Werden für die Verstärkungen in Sonderfällen spezielle Elastomer-Bänder eingesetzt, so sind diese nur durch Vulkanisieren untereinander zu verbinden. Eine reine Bitumenverklebung mit den mindestens 10 cm breiten Überdeckungen ist nach der Norm nur für PIB- und ECB-Bahnen zugelassen.

Bewegungen im Fugenbereich über die in der Tabelle A 3/1 angegebenen Maße hinaus erfordern immer Los- und Festflanschkonstruktionen. Dies gilt nicht nur für die Fugen nach Typ II, sondern auch für die überwiegend langsamen und einmaligen Bewegungen entsprechend Fugen des Typs I. Die Abmessungen hierfür sind in DIN 18195, Teil 9 festgelegt (siehe auch Tabelle A 3/2).

Tabelle A 3/2
Regelmaße für Klemmschienen und Los- und Festflanschkonstruktionen [A 3/1; Teil 9]

	Art der Maße	Klemmschienen	Los- und Festflanschkonstruktionen	
		Für Bauwerksabdichtungen gegen		
		nichtdrückendes Wasser [1]	nichtdrückendes Wasser	von außen drückendes Wasser
	1	*2*	*3*	*4*
1	Klemmschiene bzw. Losflansch Breite a_1	≥ 50	≥ 60	≥ 150
2	Dicke t_1	5 bis 7	≥ 6	≥ 10
3	Kantenabfasung f	≈ 1	≈ 2	≈ 2
4	Festflansch Breite a_2	—	≥ 70	≥ 160
5	Dicke t_2	—	$\geq 6, \geq t_1$	$\geq 10, \geq t_1$
6	Schraube bzw. Bolzen Durchmesser d_3	≥ 8	≥ 12	≥ 20
7	Schweißnaht bei Gewindebolzen Breite s_1	—	$\approx 2,0$	$\approx 2,5$
8	Höhe s_2	—	$\approx 3,2$	$\approx 5,0$
9	Schraub- bzw. Bolzenlöcher Durchmesser d_1	≥ 10	≥ 14	≥ 22
10	Erweiterung bei Gewindebolzen Durchmesser d_2	—	$d_1 + 2 \cdot s_1$	$d_1 + 2 \cdot s_1$
11	Schraub- bzw. Bolzenabstand untereinander	150 bis 200	75 bis 150	75 bis 150
12	Schraubenabstand vom Ende der Klemmschienen bzw. Bolzenabstand vom Ende der Losflansche	≤ 75	≤ 75	≤ 75

[1] Klemmschienen für Abdichtungen gegen nichtdrückendes Wasser im Bereich mäßiger Beanspruchung und für Abdichtungen gegen Bodenfeuchtigkeit mit kleineren Maßen müssen eine solche Biegesteifigkeit aufweisen, daß eine einwandfreie Verwahrung der Abdichtung sichergestellt wird.

Bild A 3/37
Los- und Festflanschkonstruktion als Doppel-
flansch mit einem eingeklemmten Neoprene
Fugenband

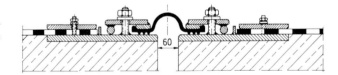

Bild A 3/38
Los- und Festflanschkonstruktion bei Richtungsänderung der Abdichtungsebene

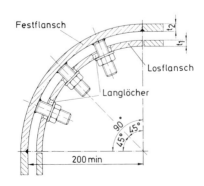

Grundsätzlich sollten im Bereich des Grundwassers bei größeren Bewegungen die Los-Festflansche nur als Doppelflansche aus schweißbarem Stahl R St 37-2 gemäß DIN 17100 zur Ausführung gelangen (Bild A 3/36). Hierbei wird einerseits die Abdichtung über der Fuge in Form eines Kunststoff-Dichtungsbandes gesondert eingeklemmt. Andererseits wird die Flächenabdichtung – z. Zt. im Bereich des von außen drückenden Wassers im genormten Regelfall nur als bitumenverklebte mehrlagige Bahnenabdichtung – über die zweite Klemmkonstruktion und den gemeinsamen Festflansch sicher an die Fugenabdichtung angeschlossen. Die hierfür zu beachtenden Einzelheiten sind bei der Abdichtung über Fugen entsprechend Fugen Typ II im folgenden Abschnitt beschrieben. Die Los- und Festflanschkonstruktionen sollten, sofern sie auf der Wasserseite nicht vollständig mit einer Bitumenabdichtung überklebt werden, mit einem fachgerechten Korrosionsschutz versehen sein. Dieser kann bestehen aus einer Feuerverzinkung oder einem mehrfachen Korrosionsanstrich.

Abdichtungen über Fugen im Druckwasserbereich für alle Ausführungen entsprechend der Beanspruchung nach Fugen Typ II und bei Überschreitung der Bewegungsgrenzwerte nach obenstehender Tabelle A 3/1 erfordern eine stählerne Los- und Festflanschkonstruktion. Hierfür müssen überwiegend Doppelflansche eingesetzt werden. Die Abdichtung über der Fuge muß mit Hilfe eines Kunststoff-Dichtungsbandes ausgeführt werden (Bild A 3/36). Einlagige, eingeklemmte Bänder müssen mindestens 3 mm dick sein. Sie müssen vom Bandhersteller für die vorgegebenen Bewegungen – im Regelfall dreidimensional – bemessen werden. Es kommen überwiegend Elastomer-Bänder zum Einsatz, die je nach Belastung teilweise auch mit ein- oder mehrlagigen Textileinlagen bewehrt sein müssen. Elastomere erfordern, anders als Thermoplaste, keine Zulagen im Klemmbereich. Im Klemmbereich kann das Band zum Durchstecken der Bolzen durchlöchert und zwischen den Flanschen eingepreßt werden. Besser ist in solchen Fällen aber eine Klemmkonstruktion, bei der keinerlei Bohrungen den Verankerungsteil des Bandes schwächen (Bild A 3/37). Auch ein Auswechseln des Dichtungsbandes ist wesentlich einfacher und sicherer durchzuführen, wenn das Einpassen und Einfädeln bei der Vielzahl der Bolzen (Abstand ≤ 150 mm) nicht erforderlich ist.

Die Abmessungen der Flanschteile richten sich bei Kunststoff-Bändern nach den Angaben der Hersteller und sind nicht genormt. Ein gemeinsamer, mindestens 300 mm breiter Festflansch ermöglicht den sicheren Anschluß an die Flächenabdichtung (Bild A 3/36). Die Abmessungen für die Flanschkonstruktion bei Bitumenabdichtungen werden in allen Einzelheiten in DIN 18195, Teil 9 geregelt und sind in Tabelle A 3/2 zusammengestellt. Die stählernen Einbauteile sind aus Stahl der Güte R St 37-2 gemäß DIN 17100 herzustellen. Sie müssen zweilagige, geprüfte Schweißnähte aufweisen, sofern sie durch Wasserdruck beansprucht werden. Der 150 mm breite und 10 mm dicke Losflansch wird durch 20 mm dicke Gewindebolzen bzw. über deren Muttern, die in einem Abstand von max. 150 mm angeordnet sein müssen, auf die Bitumenabdichtung gepreßt. Einem Aufschweißen der Gewindebolzen mit Hilfe einer Pistolenschweißung ist gegenüber den durchgesteckten und nachträglich verschweißten Bolzenköpfen eindeutig der Vorzug zu geben. Die Schweißungen von durchgesteckten Bolzen müssen in jedem Fall zweilagig ausgeführt und lückenlos auf Wasserdichtigkeit geprüft werden. Die Schweißfacharbeiter sollten über den großen Schweißnachweis (DIN 18800, Teil 7, Ziffer 6.2 [A 3/28]) verfügen.

Schweißbolzen und Schraubenmuttern müssen der Festigkeitsklasse 4.6 gemäß DIN 267, Bl. 3 entsprechen.

Die Losflansche sollen nicht länger als 1500 mm sein, besser aber nur 900 mm. Die Längenbegrenzung soll beim Einbau dieser Teile die Einpassung erleichtern. Das Kragmaß am Losflanschende darf 75 mm nicht überschreiten. Bei größeren Kragmaßen würde ein Abbiegen der Flanschenden eine ausreichende Klemmkraft auf die Abdichtung infrage stellen. Alle zur Abdichtung gerichteten Kanten einschließlich der Bohrungen im Losflansch müssen entgratet und abgefast sein. Bei der Festlegung der Durchmesser für die Bolzenbohrungen muß darauf geachtet werden, daß sich die Losflansche nicht an den wulstartig austretenden Ringnähten der Bolzenschweißung aufhängen und sich so eine ausreichende Klemmwirkung auf die Abdichtung von vornherein nicht erreichen läßt.

Die Abmessungen der Einzelflansche sind sinngemäß auch für Doppelflanschkonstruktionen einzuhalten. Das Anziehen der Bolzenmuttern soll dreimal erfolgen, das Anziehmoment für die Flächenabdichtung etwa bei 100 Nm liegen. Das setzt im allgemeinen eine Metallbandverstärkung der Flächenabdichtung im Flanschbereich voraus. Zur Sicherung gegen das Abfließen der Bitumenklebemasse muß eine Stahlleiste, sogenannte Quetschleiste, angeordnet werden. Als gleichwertige Maßnahme ist das sofortige Überbetonieren der Flansche nach dem letzten Anziehen der Bolzenmuttern anzusehen. Die Kontrolle der Anziehmomente mit Hilfe eines Drehmomenten-Schlüssels muß in jedem Fall gefordert werden. Nur unter diesen Voraussetzungen kann man funktionsgerechte An- und Abschlüsse herstellen.

Außer diesen Regelausführungen müssen bei der Planung der Flanschkonstruktionen auch der Abdichtungsverlauf, das Abdichtungsmaterial (z. B. Bitumen, Kunstkautschuk oder PVC-P) sowie der Bauablauf berücksichtigt werden. So sei beispielhaft auf den Mindestradius von 200 mm für die Los- und Festflanschkonstruktion bei Richtungsänderung der Abdichtungsebene (Bild A 3/38) hingewiesen. Klemmflanschbreiten müssen auf das unterschiedliche Stoffverhalten abgestimmt sein. So können sich z. B. bei Kunststoffen kleinere Klemmbreiten als richtig erweisen. Eine zu große Klemmflanschbreite kann durchaus eine zu geringe Anpressung des Materials bedeuten.

Die stoffabhängigen Materialkennwerte für die Einpressung von Kunststoffbändern oder -materialien müssen von den Herstellern anhand von Druck-Weg-Diagrammen angegeben werden. Auf dieser Grundlage können unter Berücksichtigung der Bolzendurchmesser und des Bolzenabstands die erforderlichen Klemmbreiten der Losflansche errechnet werden.

A 3.4 Übergang einer Hautabdichtung zu anderen Abdichtungssystemen im Fugenbereich

Insbesondere bei Um- und Erweiterungsbauten, aber auch im Übergang von einem zum anderen Bauabschnitt kann es erforderlich werden, zwei verschiedene Abdichtungssysteme funktionsgerecht untereinander zu verbinden. Wenn es sich bei den aneinandergrenzenden Abdichtungssystemen um eine lose verlegte Kunststoffbahnenabdichtung einerseits und eine mehrlagige Bitumenabdichtung andererseits handelt, erfolgt der Übergang zweckmäßigerweise über eine Doppelflanschkonstruktion entsprechend Bild A 3/36 oder A 3/37. Häufig besteht aber die Aufgabe darin, eine Hautabdichtung auf Bitumenbasis oder aus lose verlegten Kunststoffdichtungsbahnen mit einem wasserundurchlässigen Beton zu verbinden. Für eine Bitumenabdichtung zeigen die Hamburger Normalien [A 3/4] und [A 3/20] eine bewährte Lösung auf. Sie ist in Bild A 3/39 wiedergegeben. Diese Übergangskonstruktion stellt zugleich eine Abschottung zwischen beiden Bauabschnitten sicher, so daß im Hinblick auf Gewährleistung eine eindeutige Trennung zwischen beiden Abdichtungssystemen gegeben ist. Die Konzeption geht davon aus, unmittelbar in der Fuge einen in sich geschlossenen und über den gesamten Querschnitt sich erstreckenden Stahlrahmen anzuordnen. Sie vermeidet alle Überkopf-Klebearbeiten.

Als Festflansch wird ein Winkel von $200 \times 100 \times 10$ [mm] und als Losflansch ein Flacheisen 100×10 [mm] für das Fugenband bzw. 150×10 [mm] für die Weichabdichtung gewählt. Außer der Abdichtung mit Bitumen muß auch das mindestens 4 mm dicke bzw. 300 mm breite Fugenband mit einer Flanschkonstruktion angeschlossen werden.

Sollen vom Fugenband auch Zugkräfte aufgenommen werden, so können auch Bänder mit einer wulstartigen Endverdickung am glatten Fugenbandteil verwendet werden. Für das Andichten der Bänder an die Stahlflächen der Flanschkonstruktion wird im Klemmteil eine rippenartige Profilierung erforderlich, die in ihrer Wirkungsweise einer vollflächigen Verklebung entsprechen muß. Auf eine gute Verformbarkeit des Bandmaterials und eine Verträglichkeit mit Bitumen muß geachtet werden. Ein zu starres Band führt leicht zu Undichtigkeiten, insbesondere im Bereich von Formteilen für Eckausrundungen etc. Die Herstellung dieser im Querschnitt nicht symmetrischen Bänder gehört heute zum Lieferprogramm qualifizierter Herstellerfirmen. Bei dieser Übergangskonstruktion muß der mit Bitumen abgedichtete Baukörper zuerst hergestellt werden.

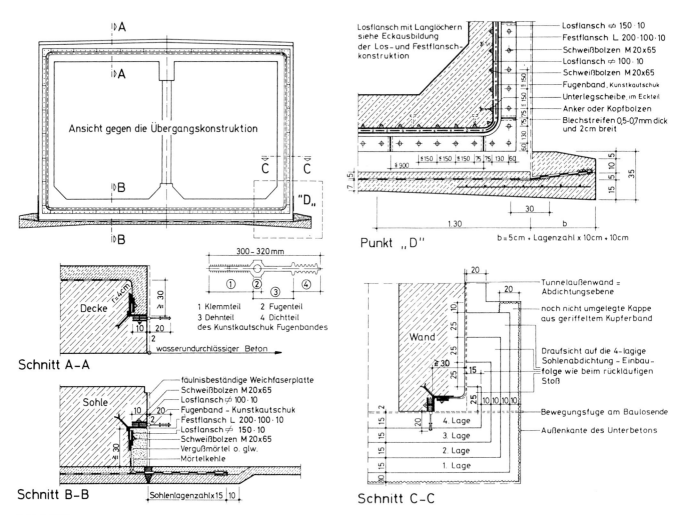

Bild A 3/39
Übergang von einer Bitumenabdichtung zu wasserundurchlässigem Beton mit rückläufigem Stoß im Sohlbereich [A 3/20]

Im Sohlenbereich sieht die Hamburger Lösung die Ausbildung eines rückläufigen Stoßes vor (vgl. hierzu Bild A 3/2). Die damit verbundene Führung der einzelnen Abdichtungslagen als Voraussetzung für den weiter zurückliegenden Übergang zum Kehranschluß ist im Schnitt C-C des Bildes A 3/39 dargestellt.

Anstelle der im Hamburger U-Bahnbau entwickelten Übergangslösung mit dem rückläufigen Stoß im Sohlbereich ist auch die Ausführung mit einer wannenartigen Ausbildung der Abdichtung im Sohlbereich nach Bild A 3/40 möglich. Sie erfordert im Wandbereich die Anordnung eines vertikalen Kehranschlusses und im Deckenbereich (z.B. eines Tunnelbauwerks) einen Klappstoß (siehe Bild A 3/5). Wenn die Flanschkonstruktion nicht vor Betonieren der Sohle als Ganzes aufgestellt werden soll, müssen Anschlußlängen entsprechend der Wandansicht A-A im Bild A 3/40 eingeplant werden. Sie berücksichtigen die Bewehrungsanschlüsse im Übergang von der Sohle zur Wand, den Kehranschluß der Bitumenabdichtung sowie einen Sicherheitsabstand für die Schweißarbeiten am Stahlflansch. Ein Wechsel im Festflansch ist auf jeden Fall auszuschließen. Der Festflansch muß umlaufend stets auf der gleichen Seite zur Abdichtung liegen, d.h. entweder luft- oder wasserseitig über den gesamten Querschnitt. Die Hamburger Lösung erfordert nicht das Aufstellen und Abstützen einer Rahmenkonstruktion vor dem Herstellen von Wänden und Decke. Sie setzt stattdessen den rückläufigen Stoß und dessen nicht ganz einfach und risikolos auszuführenden Übergang zum horizontalen Kehranschluß im Sohlbereich voraus.

Bild A 3/40
Übergang von einer Bitumenabdichtung zu wasserundurchlässigem Beton mit Wannenausbildung im Sohlbereich und Klappstoß im Deckenbereich

Baufolge:
1 Unterbeton
2 Wannenmauerwerk im Sohlen- und unteren Wandbereich einschließlich zugehörigem Festflansch
3 Sohlen- und Wannenabdichtung mit Vorbereitung der Kehranschlüsse
4 Schutzbeton in der Sohle
5 Fugenband im Sohl- und unteren Wandbereich
6 Sohlbeton
7 Rahmenartige Abdichtungsrücklage im Decken- und oberen Wandbereich einschließlich zugehörigem Festflansch
8 hölzerner Schalkasten im oberen Wandbereich
9 Abdichtung im Decken- und oberen Wandbereich mit Vorbereitung des Klappstoßes bzw. des Kehranschlusses
10 Fugenband im Decken- und oberen Wandbereich
11 Wand- und Deckenbeton

* WUB = wasserundurchlässiger Beton

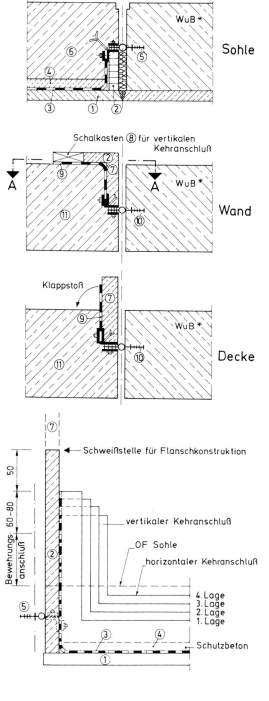

Wandansicht A-A bei abschnittsweiser Herstellung der Flanschkonstruktion

A 3.5 Sollbruchfugen zwischen Baugrubenverbau und Bauwerk

Besondere Probleme entstehen, wenn die Abdichtung im Wandbereich nicht auf das fertige Bauwerk aufgebracht werden kann. Das ist immer der Fall bei fehlendem oder auf größere Länge zu schmalem Arbeitsraum zwischen Bauwerkskonstruktion und Baugrubenverbau [A 3/23] und [A 3/24]. Hier ist davon auszugehen, daß auf Dauer die hohlraumfreie Einbettung infolge Schwindens des Konstruktionsbetons wegfällt, wenn nämlich der Baugrubenverbau im Boden verbleibt und relativ biegesteif ausgebildet ist. Das trifft z. B. für Schlitz-, Bohrpfahl- und Spundwände zu. Bei diesen Verbauarten wird der Erddruck abgeschirmt. Hier kommt es darauf an, daß sich das Abdichtungspaket unter Einwirkung des Wasserdrucks insbesondere bei Schwindverkürzungen der Bauwerkskonstruktion auf Dauer möglichst geschlossen gegen das Bauwerk (= Unterlage) stützt, d. h. von seiner Arbeitsrücklage ablöst. Dies erfordert einen entsprechenden Abdichtungsaufbau und die Anordnung einer Sollbruchfuge. Dabei sind je nach den Setzungs- und Schwindverformungen in der Ebene zwischen Baugrubenwand und Baukörper zwei Fälle zu unterscheiden (vgl. auch [A 3/3] und [A 3/5]):

a) Wenn die Setzungen des Baukörpers gegenüber der Baugrubenwand i. a. ≤ 5 mm und/oder das Endschwindmaß i. a. ≤ 3 mm bleiben, reicht es aus, die Sollbruchfuge durch eine zusätzliche Lage aus geeignetem Bahnenmaterial zusammen mit einer Dränschicht unmittelbar in Verbindung mit der Abdichtung auszubilden. Eine derartige Sollbruchfuge muß folgende vier Funktionen erfüllen:

– ausreichende Haftung an der nötigenfalls mit einer Ausgleichsschicht versehenen Baugrubenwand zur sicheren Aufnahme des Eigengewichts aus dem gesamten Abdichtungsaufbau, solange die Abdichtung freisteht. Dieser Bauzustand dauert an, bis die Abdichtung durch die nachträglich erstellte, innenliegende Baukonstruktion aus Beton oder Mauerwerk geschützt und gestützt wird. In seinem Verlauf sind die Phasen direkter Sonneneinstrahlung und hoher Sommertemperaturen als besonders kritisch zu beachten.

– möglichst zuverlässiges flächenhaftes Ablösen von der Baugrubenwand nach Aufheben der Wasserhaltung, d. h. in der Regel nach Fertigstellung des Bauwerks, damit sich das Abdichtungspaket als Ganzes unter Einwirkung des Wasserdrucks auf Dauer gegen die Baukonstruktion stützt,

– ausreichendes Gleiten zum Schutz der Abdichtung bei relativen Setzungen zwischen Baukörper und Baugrubenwand,

– ausreichende Dränung zur Fassung selbst bei Grundwasserabsenkung in vielen Fällen an der Luftseite des Baugrubenverbaus austretender Schichtenwässer oder rückwärtig versickernder Oberflächenwässer.

Als Sollbruchfugen dieser Art gelangten früher z. B. nackte Bitumenbahnen R500N in Verbindung mit Falzbaupappen[*] [A 3/25] (Bild A 3/41), ungetränkte Rohfilzpappen [A 3/26] und Lochglasvlies-Bitumenbahnen mit einseitig grober Besandung (Spezifikation gemäß DIN 18195, Teil 2 [A 3/1] zur Anwendung. Die beiden letztgenannten Lösungen bewirken keine ausreichende Dränung und beinhalten somit je nach den örtlichen Verhältnissen die Gefahr, daß das Abdichtungspaket während der Bauphase durch Leckwasser zumindest stellenweise abgedrückt, also vorzeitig von der Arbeitsrücklage abgelöst wird. Je nach Klebeverfahren und Art des Klebebitumens besteht insbesondere bei Einsatz von Lochglasvlies-Bitumenbahnen mit nur 20 bis 25 % Klebefläche (Klebeaufstrich durch die Löcher hindurch aufgebracht) vor allem bei hochsommerlichen Temperaturen und Sonnenbestrahlung die Gefahr zu geringer Haftung. Bild A 3/42 zeigt ein Schadensbeispiel aus dem U-Bahnbau in Hamburg (etwa 1970). Sicherer in dieser Hinsicht erscheint eine Entwicklung aus jüngerer Zeit. Dabei handelt es sich um eine Schweißbahn mit einseitig angeformten Stollen nach Bild A 3/43. Die Stollenhöhe beträgt knapp 2 mm bei einer Gesamtdicke der Schweißbahn von 4 bis 5 mm. Die Einlage aus Glasvlies, Glasgewebe oder Metallband ist etwas ausmittig zur glatten Oberfläche hin angeordnet. Versuche zur Dränwirkung dieser Bahn ließen vor deren erstem Praxiseinsatz im Vergleich zur Lochglasvlies-Bitumenbahn eine entscheidende Verbesserung erkennen. Bild A 3/44 zeigt die auch durch den Schweißvorgang nicht beeinträchtigte Kanalbildung zwischen den Stollen. Die Haftfestigkeit erschien im Versuch bei ca. 1600 Stollen je m^2 mit ca. 20 mm Durchmesser, d. h. bei einer Klebefläche von ca. 50 % etwas hoch. Sie kann in Abhängigkeit von den örtlichen Verhältnissen reduziert werden durch streifenweises Aufschweißen der Stollen-Schweißbahn oder durch Verringerung der Stollenanzahl.

b) Größere Setzungs- und/oder Schwindmaße erfordern eine konstruktiv gesondert ausgebildete Gleit- und Sollbruchfuge. Die Abdichtungsrücklage wird hierbei von der Baugrubenwand getrennt und nötigenfalls, d. h. bei einem Schwindmaß von mehr als 3 mm, über Telleranker mit dem abzudichtenden Bauteil verbunden (Bild A 3/45). Die Setzung muß in solchen Fällen für Bauwerk und Rücklage gemeinsam erfolgen. Der Unterbeton muß deshalb zumindest in der Randzone ausreichend bewehrt und unbedingt von der Baugrubenwand getrennt werden. Außerdem sollte am oberen Rand der Rücklage die Bauwerkskonstruktion kragartig übergreifen, um so bei Setzungen die Rücklage mitzunehmen. Eine derartige Auskragung des Baukörpers muß bei erdüberschütteten Bauwerken, wie Tunnel oder Behälter, entfallen. Hier kann deshalb unabhängig vom Schwindmaß die Anordnung von Telleranker erforderlich werden. Bei solchen Bauwerken muß zwischen der Wandrücklage und dem Deckenschutzbeton eine Fuge angeordnet sein, um ein Aufhängen und Hochreißen des Deckenschutzbetons sicher auszuschließen (Einzelheiten hierzu siehe [A 3/20]).

---

[*] Falzbaupappen werden nicht mehr hergestellt wegen der darin enthaltenen Teerprodukte.

Bild A 3/41
Falzbaupappe

Bild A 3/42
Sollbruchfuge mit Lochglasvlies-Bitumenbahn

a) Großflächig abgerutschte Bitumenabdichtung bei Ausbildung der Sollbruchfuge mit
   Lochglasvlies-Bitumenbahn
   (Quelle: Baubehörde Hamburg)
b) Detail einer Lochglasvlies-Bitumenbahn

(a)

(b)

Bild A 3/43
Aufschweißen einer Stollen-Schweißbahn

Bild A 3/44
Nach dem Schweißvorgang erhalten gebliebene
Kanalbildung zwischen den Stollen

Die getrennt von der Abdichtung ausgebildete Gleit- und Sollbruchfuge muß im wesentlichen nur die beiden letzten der
unter a) näher beschriebenen Funktionen erfüllen. Die Haftung braucht dagegen lediglich auf das Eigengewicht der für
die Sollbruchfuge verwendeten Bahn bzw. Platte ausgelegt zu
sein. Bestimmte Anforderungen an die Ablösefähigkeit bestehen nicht. Allerdings muß das für die getrennt ausgebildete
Gleit- und Sollbruchfuge gewählte Material, insbesondere bei
größerer Schichtdicke ausreichend druckfest zur Aufnahme
des Betonierdrucks sein. Bei zu weichem Material besteht die
Gefahr, daß das Rücklagenmauerwerk beim Betonieren der
Bauwerkswände zur Baugrubenwand hin verschoben wird und
damit das Abdichtungspaket im Kehlenbereich Sohle/Wand
abreißt. In vielen Fällen muß die Druckfestigkeit der Sollbruchfuge außerdem auch auf grundbautechnische Belange
abgestimmt sein. So muß im Hinblick auf eventuell vorhandene Nachbarbebauung eine zu weiche Bettung und damit zu
große horizontale Verformung der Baugrubenwand mit
anschließender Bodensackung als Folge übermäßiger Kom-
pressibilität der Sollbruchfuge vermieden werden. Dies insbesondere bei Einsatz temporärer Anker zur rückwärtigen
Stützung des Baugrubenverbaus.

Eingesetzt wurden die bereits unter a) aufgezählten Bahnen
und Systeme. Die dort getroffene Bewertung hinsichtlich der
Dränwirkung gilt dabei unverändert. Außerdem gelangen
Dränplatten oder einseitig genoppte (Bild A 3/46) bzw.
gerippte Kunststoffbahnen zur Anwendung. Hinsichtlich der
Dränwirkung ist bei letzteren darauf zu achten, daß die Nop-
pen bzw. Rippen wasserseitig liegen und Rippen ausschließlich
vertikal orientiert sind. Fragen der Verträglichkeit zwischen
dem Bahnenmaterial der Gleit- und Sollbruchfuge einerseits
und dem des Abdichtungspaketes sind bei getrennter Ausführung im Gegensatz zu Lösung a) unerheblich.

In beiden Fällen – kombinierte und getrennte Ausbildung der
Gleit- und Sollbruchfuge – sollte unbedingt eine Ringdränleitung am Fuß der Baugrubenwand angeordnet werden (Bild A
3/45). Außerdem ist besonders bei geneigtem Baustellenge-
lände dringend darauf zu achten, daß nicht eine teilweise
Oberflächenentwässerung zur Baugrube hin erfolgt und damit
verbunden Wasser über die Luftseite der Schlitz- oder Bohrpfahlwand abläuft.

Bild A 3/45
Von der Bauwerksabdichtung getrennt ausgebildete Gleit- und Sollbruchfuge bei größeren Setzungs- und/oder Schwindmaßen [A 3/13]

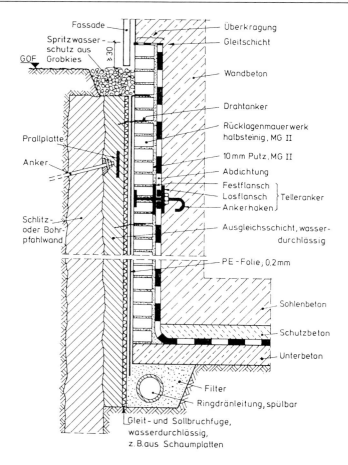

Bild A 3/46
Von der Bauwerksabdichtung getrennt ausgebildete Gleit- und Sollbruchfuge aus Kunststoff-Noppenbahn

Von den einschlägigen Vorschriften geht nur DS 835 [A 3/3] auf das Problem der Gleit- und Sollbruchfuge im Zusammenhang mit einer Wandabdichtung im Bereich starrer, im Boden verbleibender Baugrubenwände bei fehlendem Arbeitsraum ein. Hier wird wegen der infolge Schwindens der Baukonstruktion fehlenden Einpressung gefordert, daß die auf die Sollbruchfuge geklebte, im Regelfall aus nackten Bitumenbahnen R500N bestehende Abdichtung als zweite Lage von der Wasserseite her Kupferriffelbänder aufweist. Diese Festlegung betrifft sowohl die kombinierte Ausführung von Gleit- und Sollbruchfugen (Fall a) als auch die getrennte Lösung (Fall b).

Eine häufig diskutierte Frage im Zusammenhang mit der kombiniert ausgeführten Sollbruchfuge betrifft die Haftung der Abdichtung am Konstruktionsbeton. Für die getrennte Ausführung von Abdichtung und Sollbruchfuge stellt sich dieses Problem wegen der dabei üblichen Telleranker nicht. Bekanntermaßen ist der Haftverbund zwischen einer Bitumenabdichtung und nachträglich dagegen gegossenem Beton gering. Zur Verbesserung kann luftseitig eine besandete Dachbahn angeordnet werden, wobei die Besandung eine Verzahnung mit dem Konstruktionsbeton zu bewirken hat. Hierauf weist [A 3/20] im Zusammenhang mit dem Kehranschluß [A 3/5] und in Verbindung mit der kombiniert ausgeführten Sollbruchfuge hin. Während im ersten Fall (Kehranschluß) nur ein horizontaler Streifen aus besandeter Dachbahn in Anschlußhöhe anzuordnen ist, erfordert der zweite Anwendungsfall das Aufkleben solcher Bahnen über die gesamte Wandfläche. Dabei ist zu bedenken, daß sich besandete Bahnen nur sehr schwer in den Nähten zuverlässig wasserdicht kleben lassen. Die Lage besandeter Bahnen ist also zusätzlich ohne Nahtüberlappung einzubauen.

Generell ist die Frage nach der Art der Sollbruchfuge und in Verbindung damit nach den erforderlichen Einzelmaßnahmen bei den entsprechenden Projekten jeweils von Fall zu Fall, d. h. unbedingt projektbezogen, zu klären und zu entscheiden.

A 3.6 Rohr- und Kabeldurchführungen

Durchdringungen der Abdichtung z. B. für Rohr- und Kabeldurchführungen, bestehen im Regelfall aus Stahlkonstruktionen, die in sich dicht sein müssen. Ständig frei liegende Stahlteile sind vor Korrosion zu schützen. Der Anschluß der Abdichtung kann bei Bodenfeuchtigkeit und nicht drückendem Wasser auch mit Hilfe von Klebeflanschen, Schellen, Klemmringen oder Klemmschienen (Tabelle A 3/2, Spalte 2) erfolgen. Bei drückendem Wasser muß grundsätzlich eine Los- und Festflanschkonstruktion angewendet werden. Sie bewirkt ein Einklemmen der Abdichtungsstoffe und unterbindet damit sowohl den Wasserweg im Abdichtungspaket als auch eine Hinterläufigkeit. In Planung und Ausführung müssen die Flanschteile auf die jeweilige Beanspruchung und das angewandte Abdichtungsmaterial abgestimmt sein. So sollte beispielsweise die Fließneigung von Bitumen beachtet und erforderlichenfalls durch besondere Maßnahmen dessen Ausweichen infolge Einpressung verhindert werden.

Allgemein sind Durchdringungen im Bauwerk so anzuordnen, daß die Abdichtung an sie fachgerecht herangeführt und angeschlossen werden kann. Bei Verwendung von Klemmflanschen müssen sie mit ihren Außenkanten mindestens 30 cm von Ecken, Kanten oder Kehlen und mindestens 50 cm von Bauwerksfugen entfernt liegen. Schneiden sich linienförmige Flanschkonstruktionen, so sollte ein Schnittwinkel von etwa 90° angestrebt werden. Spitzwinklige Konstruktionen können zu Wellen- und Faltenbildung bei den Abdichtungslagen und damit zu Undichtigkeiten führen.

Einzelheiten zu den Los- und Festflanschkonstruktionen sind bereits im Zusammenhang mit den Bewegungsfugen in Kap. A 3.3.5 beschrieben.

Rohrdurchführungen (Bild A 3/47) müssen auf die erforderliche Beweglichkeit der Ver- und Entsorgungsleitungen und auf die möglichen Bauwerksbewegungen abgestimmt werden. Das erfordert in vielen Fällen die Anordnung von Mantelrohren und Stopfbuchsen.

Für Kabeldurchführungen gibt es besonders entwickelte und vielfach auch im Bereich drückenden Wassers bewährte Systeme, die bereits in Kap. A 2.4 abgehandelt wurden. Im Zusammenhang mit einer Hautabdichtung gelangt z. B. häufig auch das in Bild A 2/86 wiedergegebene baukastenartige Klemmsystem zur Anwendung. Es muß dann für den Anschluß der Hautabdichtung an der Rahmenaußenseite mit Klemmflanschen versehen sein. Deren Abmessungen richten sich nach Tabelle A 3/2.

Eine besondere Art der Durchführung stellen Brunnentöpfe dar. Bei ihnen wird die Abdichtung mittels Los- und Festflansch angeschlossen. Für die Dichtung des Deckels zeigt Bild A 3/48 drei Möglichkeiten auf [A 3/5].

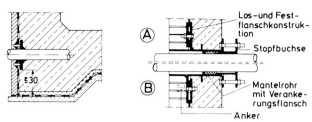

Bild A 3/47
Rohrdurchführung (Prinzip) [A 3/20]

(a) Anordnung im Sohlenbereich   (b) Mantelrohr mit Stopfbuchse

Ⓐ Anschluß der Abdichtung von außen

Ⓑ Anschluß der Abdichtung von innen

Bild A 3/48
Brunnentopf in geschweißter Ausführung
[A 3/20]

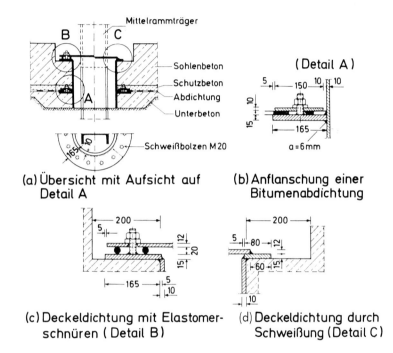

(a) Übersicht mit Aufsicht auf Detail A

(b) Anflanschung einer Bitumenabdichtung

(c) Deckeldichtung mit Elastomer-schnüren (Detail B)

(d) Deckeldichtung durch Schweißung (Detail C)

Bild A 3/49
Abdichtungsanordnung bei einer Gründung mit Druck- und Zugpfählen [A 3/5]

(a) Übersicht

(b) Einzelheit zum Pfahlanschluß

Bild A 3/50
Abdichtungsanordnung bei einer Gründung
mit Druckpfählen [A 3/5]

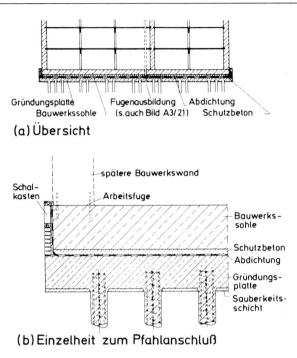

(a) Übersicht

(b) Einzelheit zum Pfahlanschluß

Durchdringungen der Hautabdichtung ergeben sich aber auch bei einer Gründung mit Druck- und Zugpfählen. Hier müssen die Pfähle kraftschlüssig durch die Abdichtung hindurch mit dem konstruktiven Sohlenbeton verbunden werden. Drei Lösungsmöglichkeiten zeigt Bild A 3/49. In abdichtungstechnischer Hinsicht ist eine Ausführung nach Detail B oder C gegenüber Detail A vorzuziehen. Lösung A birgt ein größeres Risiko in sich, da die Pfahlbewehrung durch die entsprechend gebohrte Festflanschplatte geführt und jeder Einzelstab mit dieser wasserdicht verschweißt werden muß. Der Anschluß von Druckpfählen (Bild A 3/50) erfordert abdichtungstechnisch keine besonderen Maßnahmen, wenn für die statisch bemessene Gründungsplatte ausreichend Bauhöhe zur Verfügung steht. Die eventuelle Ausbildung einer Bauwerksfuge muß im Pfahlraster sowie bei der Gründungsplatte berücksichtigt werden (Bild A 3/50a).

Werden Abdichtungen aus lose verlegten Kunststoff-Dichtungsbahnen mittels Los- und Festflansch an Rohr- oder Kabeleinführungen angeschlossen, so ist darauf zu achten, daß Schutzbahnen, -platten und -vliese nicht zusammen mit der Dichtungsbahn eingeflanscht werden dürfen. Schutzbahn und -platten sind in der Regel zu steif für ein Verschließen von Kapillaren in der Oberfläche der Stahlflansche und meist nicht in allen Nähten wasserdicht miteinander verschweißt. Vliese sind außerdem in sich nicht wasserdicht. Die Schutzlagen müssen daher außerhalb der Flansche enden. Das Einklemmen der üblicherweise 1,5 bis 3 mm dicken Dichtungsbahnen führt ohne zusätzliche Maßnahmen in der Regel nicht zu einem wasserdichten Anschluß infolge der unzureichenden Zusammendrückbarkeit der Stoffe. Vielmehr wird von den Bahnenherstellern das Zulegen von ein oder zwei Dichtungsbahnstreifen und/oder das Einbetten der Dichtungsbahnen zwischen zwei mindestens 3 mm dicken Elastomerbahnen (z. B. Chloroprenbasis) empfohlen. Im Flanschbereich sollten die Dichtungsbahnen, die Zulagen und Beilagen möglichst nicht gestoßen werden. Ist dies nicht zu vermeiden, muß die Abdichtung im Klemmbereich stumpf gestoßen und durch eine zweite, ebenfalls stumpf – aber versetzt – gestoßene Lage verstärkt werden.

B 1. Stützbauwerke und Schutzwände

B 1.1 Allgemeines

Stützbauwerke aus Beton und Stahlbeton werden in der Regel in Längsrichtung durch Fugen unterteilt, damit sie die aus Schwinden, Temperaturänderung und unterschiedlichen Setzungen entstehenden Bewegungen aufnehmen können. Fugenlose Stützbauwerke mit entsprechender Rißbreitenbeschränkung (0,1 bis 0,2 mm) durch Bewehrung sind meist unwirtschaftlich, da sie eine starke, mit der Dicke des Bauwerks zunehmende Bewehrung erfordern.

Richtwerte für den erforderlichen Fugenabstand bei rißfrei herzustellenden Wandabschnitten sind in Abhängigkeit von der Wanddicke in Tabelle B 1/1 zusammengestellt. Sie gelten für Wände mit normaler konstruktiver Längsbewehrung oder ganz ohne Bewehrung, die auf Betonfundamenten oder Fels betoniert werden. Bei Stützbauwerken in monolithischer Bauweise (ohne horizontale Arbeitsfuge) auf rolligem oder bindigem Boden können die Fugenabstände der Tabelle B 1/1 etwa um 50 % vergrößert werden.

Die Fugen können als Raum-, Preß- oder Scheinfugen ausgebildet werden. Raum- und Preßfugen, die im Vergleich zu Scheinfugen aufwendiger in der Herstellung sind, sollten nur dort angeordnet werden, wo dies aus konstruktiven Gründen notwendig ist. Zur Steuerung von Temperatur- und Schwindrissen kommen daher in erster Linie Scheinfugen in Betracht [B 1/2]. Im allgemeinen genügen Raum- bzw. Preßfugen in Abständen von 15 bis 30 m, wobei die Wandabschnitte dazwischen mit Scheinfugen zu unterteilen sind.

Tabelle B 1/1
Richtwerte für den Fugenabstand in Stützwänden mit normaler konstruktiver Bewehrung in Bauwerkslängsrichtung auf vorab betonierten Betonfundamenten bzw. auf Fels (nach [B1/1] und [B 1/2])

Wanddicke (cm)	Höchstzulässiger Fugenabstand (m)
30 bis 60	5 bis 8
60 bis 100	6 bis 10
100 bis 150	5 bis 8
150 bis 200	4 bis 6

Anmerkung:
Bei günstigen Verhältnissen (Mauerdicke in der unteren Hälfte des angegebenen Bereichs, Beton mit mäßiger Wärmeentwicklung, niedrige Frischbetontemperatur, mäßige Lufttemperatur) können die jeweils größeren Abstände, bei ungünstigen Verhältnissen (Mauerdicke in der oberen Hälfte des angegebenen Bereichs, schnell erhärtender Beton, hohe Frischbetontemperatur, lange gemischter Transportbeton, hohe Lufttemperatur) sollten die jeweils kleineren Fugenabstände gewählt werden.

B 1.2 Brückenwiderlager und Stützwände

Die im Bereich der Straßen- und Brückenbauverwaltungen anfallenden Fugenausbildungen bei Widerlagern und Stützwänden aus Beton und Stahlbeton werden in der Regel nach den entsprechenden Richtzeichnungen des Bund/Länderfachausschusses Brücken- und Ingenieurbau (Fug 1,2) oder speziellen Richtzeichnungen der einzelnen Bauverwaltungen z. B. der Deutschen Bundesbahn ausgeführt. Hierbei handelt es sich i. a. um bewährte Detailausführungen, die den Erfordernissen der konstruktiven Durchbildung und der Bauausführung gleichermaßen gerecht werden.

Bild B 1/1 zeigt als Beispiel die Fugenanordnung in Brückenwiderlagern bei Regelausführungen im Bereich der Straßenbauverwaltung Hessen. Für die verschiedenen Widerlagergrößen und -formen gelten folgende Richtlinien:

a) Bei Kastenwiderlagern mit Wandlängen von 7,00 bis 15,00 m und vorab betonierten Fundamenten (auch bei Tiefgründungen) genügt eine Scheinfuge in der aufgehenden Wand. Die Fundamente bleiben fugenlos. Widerlager mit Wandlängen ≤ 7 m erhalten keine Fugen. Die Flügelwände werden biegesteif (fugenlos) mit der Widerlagerwand verbunden, sofern nicht aus besonderen Gründen, z.B. große Brückenschiefe, längere Flügelwände (Länge ≥ 1,5 bis 2 mal Wandhöhe) erforderlich werden (vgl. hierzu Punkt c).

b) Bei Kastenwiderlagern mit Wandlängen über 15,00 m und vorab betonierten Fundamenten genügen in Wandmitte verzahnte Preßfugen und zusätzliche Scheinfugen in den Teilwandlängen, sofern ungünstige Bodenverhältnisse nicht eine Raumfuge erfordern. Raumfugen in den Wänden erfordern allerdings auch Raumfugen in den Fundamenten, damit statisch zusammengehörige Abschnitte entstehen. Die Auswirkungen auf die Überbauten sind in jedem Falle zu berücksichtigen. Ansonsten werden die Fundamentfugen (Arbeitsfugen) versetzt zu den Fugen in den Wänden angeordnet. Die Wandfugenabstände richten sich nach der vorhandenen Wanddicke (vgl. Tabelle B 1/1). In den Fundamenten können die Fugenabstände der Wände, sofern sie nicht auf Fels gegründet sind, um bis zu 50 % vergrößert werden.

c) Flachgegründete Bauwerke großer Schiefe mit entsprechend langen Flügeln weisen stark unterschiedlich belastete Widerlager auf. Bei Flügellängen ≥ 1,5 bis 2 mal Wandhöhe werden deshalb die Flügel durch Raumfugen vom eigentlichen Widerlager getrennt.

d) Widerlagerbalken, die zusammen mit Stützenscheiben oder Pfählen ein statisches System bilden, erhalten im Bereich eines Überbaus keine Schein-, Preß- oder Raumfugen. Bei zweibahnigen Überbauten werden sie dagegen durch Raumfugen getrennt.

Bild B 1/1
Fugenanordnung in Brückenwiderlagern und
-wänden; Entwurfsrichtlinien der Straßenbauverwaltung Hessen, Blatt Nr. 1.2100, 1975

Anmerkungen:
b   = Fugenabstand in Abhängigkeit von
       der Bauteildicke gemäß Tabelle B 1/1
Af   = Arbeitsfuge (Bewehrung durchgehend)
Sf   = Scheinfuge (Bewehrung durchgehend
       bzw. ausgewechselt)
VPf = Verzahnte Preßfuge mit Fugenband
VRf = Verzahnte Raumfuge mit Fugenband

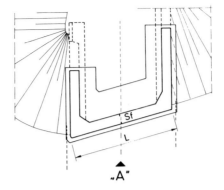
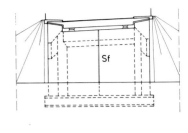

Ansicht „A"

(a) Kastenwiderlager mit Wandlängen von L=7,00–15,00 m

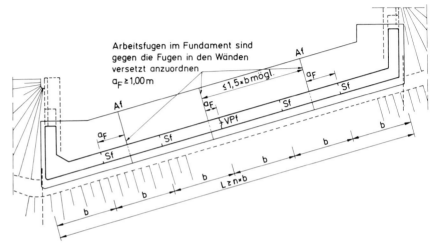

(b) Kastenwiderlager mit Wandlängen L>15,00 m

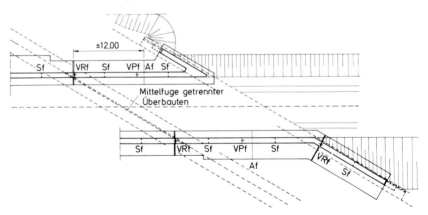

(c) Widerlager eines schiefwinkligen Bauwerks mit abgetrennten
    Flügeln

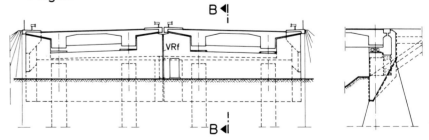

Schnitt B–B

(d) Bauwerke mit Widerlagerbalken (aufgelöste Widerlager, Pfahl-
    rostbalken oä.)

Bild B 1/2
Ausbildung von Raum-, Preß- und Scheinfugen in Stütz- und Widerlagerwänden; Richtzeichnungen Fug 1 und Fug 2 des Bund/Länder-Fachausschusses Brücken- und Ingenieurbau, BMV, Abt. StB, Juli 1978

+) Fugenabdeckprofil aus PVC-P

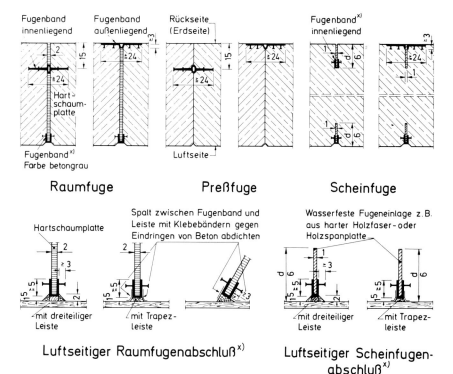

Bild B 1/3
Raumfugenausbildung in Stütz- und Widerlagerwänden; Entwurfsrichtlinien der Straßenbauverwaltung Hessen, Blatt Nr. 4.2100, 1980

Anmerkung:
Anstelle des innenliegenden Fugenbands kann auch ein außenliegendes Fugenband eingebaut werden (Alternative zu Detail A)

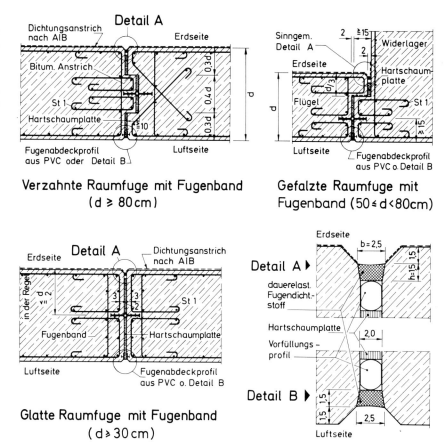

Bild B 1/4
Preßfugenausbildung in Stütz- und Widerlagerwänden; Entwurfsrichtlinien der Straßenbauverwaltung Hessen, Blatt Nr. 4.2100, 1980

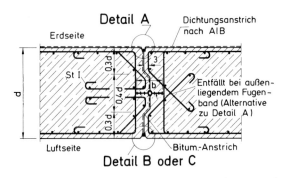

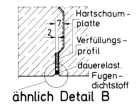

ähnlich Detail B

Bei dieser Ausführung der Preßfuge können Abplatzungen vermieden werden

Verzahnte Preßfuge mit Fugenband (d ≥ 80cm)

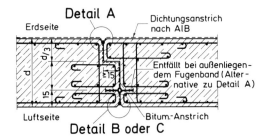

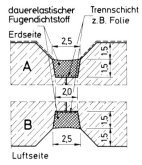

Details A u. B

Ausführung bei kleineren Bauwerken jedoch nicht im Bereich
von Grund- und Hochwasser

**Gefalzte Preßfuge mit Fugenband
(50cm ≤ d < 80cm)**

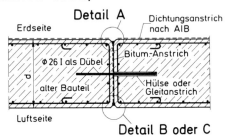

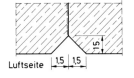

Detail C

**Glatte, verdübelte Preßfuge ohne Fugenband
(z.B. neue an bestehende Bauteile auch für
Wände d < 50cm)**

Darüber hinaus werden in den Entwurfsrichtlinien die folgenden weiteren konstruktiven Hinweise zur Fugenanordnung in
Brückenwiderlagern gegeben:

– Lager sind nicht über oder in der Nähe von Fugen anzuordnen.

– Bei höhenmäßig abgestuften Fundamenten sind die Fugen
zweckmäßig in die Abstufung zu legen.

– Aussparungen und Öffnungen als Ausgangspunkte von „wilden Rissen" sind bei der Festlegung der Fugenanordnung zu
berücksichtigen.

Stützwände erhalten Raum- oder Preßfugen in Abstand von 8
bis 30 m. Die dazwischen liegenden Wandabschnitte werden,
soweit erforderlich, je nach Wanddicke, Auflager- und Beto-
nierbedingungen durch Schein- oder Arbeitsfugen im Abstand
von 4 bis 10 m (vgl. Tabelle B 1/1) unterteilt.

Beispiele für die konstruktive Fugenausbildung bei Brückenwiderlagern und Stützwänden zeigen die Bilder B 1/2 bis B 1/6.
Folgende Hinweise sind dabei zu beachten:

– In der Regel wird bei Brückenwiderlagern und Stützwänden
in Ortbeton aus optischen Gründen eine wasserdichte Fuge
verlangt. Es werden daher überwiegend innenliegende
PVC- oder Elastomer-Fugenbänder in die Fugen einbetoniert. Außenliegende Fugenbänder dürfen nur dort verwendet werden, wo insbesondere während der Bauzeit ausreichend Schutz vor Beschädigung gewährleistet ist (Bild
B 1/2).

Die Bänder müssen alterungs- und im allgemeinen auch tausalzbeständig sein. Außenfugenbänder, die mit dem bituminösen Schutzanstrich auf der Erdseite in Berührung kommen, müssen aus einer bitumenbeständigen Qualität gefertigt sein. Zur Wahl der Fugenbandwerkstoffe siehe Kap. A
2.1.2.2.

Bild B 1/5
Arbeits- und Scheinfugenausbildung in Stütz-
und Widerlagerwänden; Entwurfsrichtlinien
der Straßenbauverwaltung Hessen, Blatt Nr.
4.2100, 1980

+) siehe Bild B 1/4

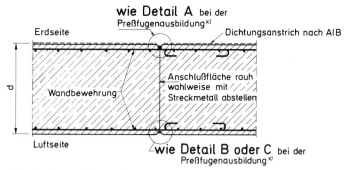

Arbeitsfuge (Bewehrung durchgehend oder gestoßen)

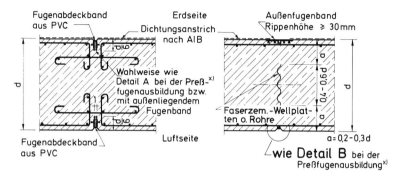

Scheinfugen

Bild B 1/6
Raum- und Scheinfugenausbildung in Stütz-
und Widerlagerwänden; Aargauer Baudepart-
ment, Schweiz, Abt. Tiefbau, ATB Norm II,
40, Ausgabe 1978

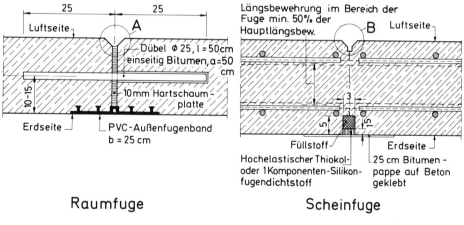

Raumfuge   **Scheinfuge**

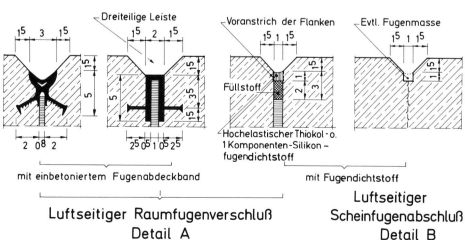

Luftseitiger Raumfugenverschluß
Detail A

Luftseitiger
Scheinfugenabschluß
Detail B

Bild B 1/7
Fugenausbildung in der Winkelstützmauer an der Nordtangente in Wipperfürth (nach Unterlagen der Stadt Wipperfürth)

Ansicht von der Luftseite

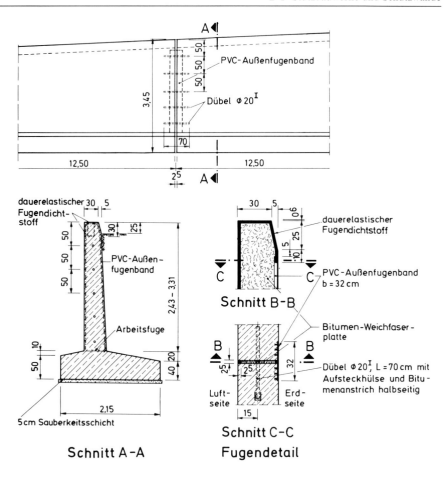

Bild B 1/8
Fugenausbildung der Stützwand einer Lawinengalerie an der B11 zwischen Urfelden und Walchensee; Ausführung 1982 (nach Ausführungsunterlagen)

Ansicht

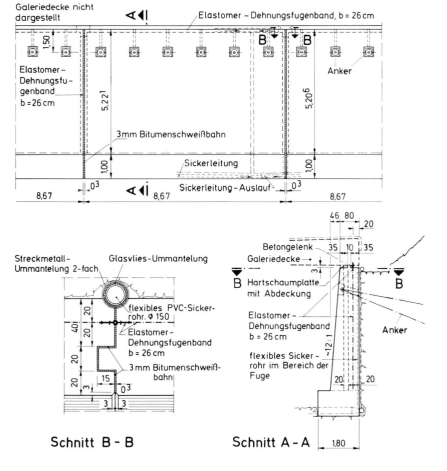

– Auf der Luftseite erfolgt der Fugenverschluß mit einbetonierten PVC-Abdeckbändern oder mit dauerelastischen Fugendichtstoffen auf der Basis von Polyurethan oder Polisulfid-Kautschuk (Thiokol) in Betonfarbe. Detaillierte Hinweise zu den Fugendichtstoffen und deren Verarbeitung siehe Kap. A 2.1.3 und A 2.2.2.2. Am besten bewährt haben sich als Fugenverschluß die einbetonierten PVC-Abdeckprofile (Bild B 1/2). Besteht die Gefahr, daß auf der Erdseite Bodenmaterial in den Fugenraum eindringen kann und die Fugenbeweglichkeit behindert, muß der Fugenspalt verschlossen werden. Sofern kein außenliegendes Fugenband als Hauptdichtung vorhanden ist, werden hierfür PVC-Abdeckprofile oder dauerelastische Fugendichtstoffe (nicht zu empfehlen!) eingesetzt. Die Fuge kann auch zum Erdreich hin mit einer Faserzementplatte o. ä. abgedeckt oder mit einer Bitumenbahn abgeklebt werden.

– Eine Verzahnung oder Verdübelung ist bei Preß- und Raumfugen in der Regel dann anzuwenden, wenn sonst eine ungleichmäßige Bewegung der Wand senkrecht zu ihrer Außenfläche zu erwarten ist. Häufig werden in Widerlagerwänden und bei Trennfugen zwischen Flügeln und Widerlager verzahnte bzw. verdübelte Fugen ausgebildet (Bilder B 1/3 und B 1/4).

– Bei Raum- und Preßfugen ist die horizontale Wandbewehrung an den Fugen zu unterbrechen und eine besondere Fugenbewehrung einzubauen (Bilder B 1/3 und B 1/4). An Scheinfugen läuft die Wandbewehrung durch oder wird gegebenenfalls ausgewechselt (Bild B 1/5). Zum Teil wird eine stark reduzierte Bewehrung im Scheinfugenbereich eingebaut (Bild B 1/6).

– Werden Stütz- und Widerlagerwände mit Mauerwerk verblendet, so sind alle Fugen (Raum-, Preß-, Schein- bzw. Arbeitsfugen) auch im Verblendmauerwerk auszuführen. Bei Fugenabständen größer 5 bis 6 m sind im Verblendmauerwerk zusätzliche Dehnungsfugen anzuordnen.

Weitere Beispiele für die Fugenanordnung und -ausbildung bei Stützwänden sind in den Bildern B 1/7 bis B 1/10 dargestellt:

– Bild B 1/7 zeigt eine Winkelstützmauer mit durchgehenden Raumfugen in Wand und Fundament im Abstand von 12,50 m. Zwischen Fundament und Wand ist eine Arbeitsfuge angeordnet. Die Raumfugen sind im Wandbereich verdübelt. Bis Fundamentoberkante sind sie mit PVC-Außenfugenbändern abgedichtet und auf der Luftseite mit einem dauerelastischen Fugendichtstoff verschlossen. Verdübelte Fugen wie in diesem Beispiel haben sich bei Winkelstützmauern insbesondere bei größeren Wandhöhen und setzungsempfindlichen Böden sehr gut bewährt.

– Bei der rückverankerten Stützwand einer Lawinengalerie wurden die Wandabschnitte von 8,67 m Länge auf Betonfundamente und gegen den anstehenden Fels betoniert (Bild B 1/8). Zur Querkraftübertragung sind die Fugen verzahnt ausgebildet. Die Längsbeweglichkeit der Blöcke ist in den Fugen durch eine 3 mm dicke Bitumenschweißbahneinlage sichergestellt. Kantenabplatzungen bei Wandausdehnung werden durch eine starke Abfasung der Fuge an der Vorderseite verhindert. Zur Wasserableitung ist im Fugenbereich an der Wandrückseite ein Dränrohr angeordnet. Außerdem sind die Fugen mit einem einbetonierten Elastomerfugenband bis herunter auf die Fundamentoberkante gedichtet.

– Die Ausführung von Stützwänden und Brücken-Widerlagern nach Richtzeichnung 77 in Berlin zeigt das Bild B 1/9. Die Fugenausbildung entspricht der BMV-Richtzeichnung Fug 1 (Bild B 1/2). Detailliert sind Einzelheiten des Fugenbandeinbaus in der Raumfuge und der Fugenbandführung im Querschnitt der Stützwand und des Brückenwiderlagers dargestellt.

– Die Fugenausbildung bei Stütz- und Flügelwänden nach der FHH-Dicht 1986 [B 1/5] in Hamburg zeigt Bild B 1/10. Sowohl luft- als auch erdseitig sind als Fugendichtung und Fugenverschluß PVC-Abdeckfugenbänder mit 2 Rippen je Bandschenkel eingebaut. Diese Lösung ist zu empfehlen, da sie einbautechnisch einfach und dichttechnisch sehr gut ist. Die Fuge ist erdseitig auf Dauer gegen das Eindringen von Boden und Wasser gesichert und auf der Luftseite sauber verschlossen.

Einen Sonderfall für Fugenanordnung und -ausbildung stellt z. B. eine Stützwand mit Beton-Außenhautelementen nach dem Bauverfahren „Bewehrte Erde" dar [B 1/3]. Die Standardform der Beton-Außenhautelemente ist ein gedrungenes Kreuz mit 1,50 × 1,50 m Größe und 18 cm Dicke (Bild B 1/11). In den nach außen abgefasten Rändern der Platten ist ein vor- und rückspringendes Falz-System eingearbeitet. Zur Verbindung der Außenhautelemente untereinander ist wechselseitig in den waagerechten Fugenflanken der Kreuzarme ein oben und unten auskragender feuerverzinkter Dorn, Durchmesser 20 mm, bzw. ein durchgehendes PVC-Rohr, Durchmesser 30 mm, für den Eingriff der Dorne in die Nachbarplatten einbetoniert. Hierdurch ist eine zusätzliche Verzapfung und Führung der Platten bei der Montage gegeben. Da die Betonplatten selbst biegesteif sind, wird die gewünschte Flexibilität der Außenhaut an der Übergangsstelle von einem Element zum anderen erreicht. Um die vertikale Verformung der Außenhaut zu ermöglichen, sind in den Lagerfugen, die jeweils um eine halbe Plattenhöhe verspringen, Epoxykorkbänder angeordnet. Wegen der Zusammendrückbarkeit der Korkstreifen und des Spiels in den vertikalen Fugen kann die Außenhaut auch Differenzsetzungen aufnehmen. Die Fugen sind durch die Falzverzahnung weitgehend abgedichtet, jedoch nicht wasserdicht ausgebildet. Bei dem für diese Bauweise erforderlichen Verfüllboden – rolliger Boden mit nur geringen Feinstoffanteilen – ist jedoch sichergestellt, daß kein Verfüllmaterial durch die Fugen zur Luftseite ausgespült werden kann.

Bild B 1/9
Fugenausbildung bei Stützwänden und Brük-
kenwiderlagern nach Richtzeichnung 77 des
Senators für Bau- und Wohnungswesen, VIIb,
Brücken- und Ingenieurbau, Berlin 1972

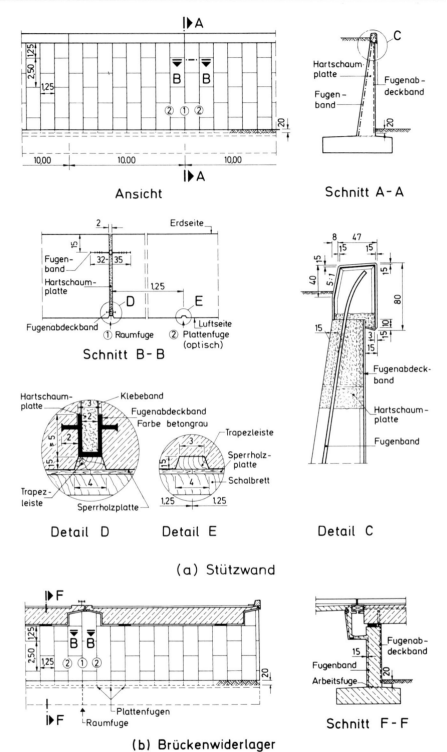

Ansicht

Schnitt A-A

Schnitt B-B

Detail D   Detail E   Detail C

(a) Stützwand

(b) Brückenwiderlager

Schnitt F-F

Bild B 1/10
Fugenausbildung bei Stütz- und Flügelwänden
nach Richtzeichnung FHH-Dicht 014/86 der
Baubehörde Hamburg – Tiefbauamt [B 1/5]

*) Verträglichkeit Fugenfüllplatte/PVC-Ab-
deckband muß gewährleistet sein.

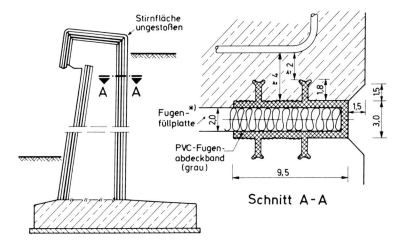

Ansicht gegen das eingebaute Fugenband

Schnitt A-A

Bild B 1/11
Fugenausbildung einer Stützwand nach dem
Bauverfahren „Bewehrte Erde" bei Rauen-
heim; Ausführung 1975 [B 1/3]

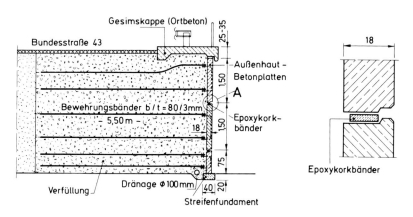

Schnitt durch die Stützwand

Detail A

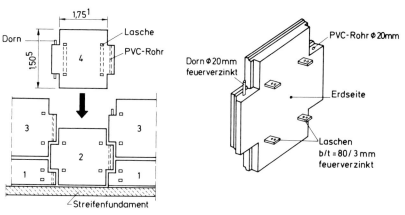

Montage der Betonaußenhaut

Ansicht eines Außenhautelemen-
tes von der Erdseite

B 1.3 Ufermauern und Überbauten

In den Empfehlungen des Arbeitsausschusses „Ufereinfassungen" – EAU 1985 [B 1/4] wird zur Anordnung und Ausbildung von Bewegungs- und Arbeitsfugen (E 17 und E 72) in Ufermauern und Überbauten im wesentlichen folgendes ausgeführt:

Alle Ufermauern erhalten Bewegungsfugen, damit sie die aus Schwinden, Temperatur und unterschiedlichen Setzungen entstehenden Bewegungen aufnehmen können.

Die Länge der Baublöcke zwischen den Bewegungsfugen beträgt in der Regel rd. 30 m. Die Blocklänge muß aber wesentlich verringert werden, wenn Schwinden und Temperaturbewegungen beispielsweise durch Einbinden in festen Untergrund (Felsboden) oder durch Anschluß an bereits früher betonierte Sohlen behindert werden. Es können auch Preßfugen ohne Spalt und ohne durchgehende Bewehrung angeordnet werden.

Zur gegenseitigen Stützung in waagerechter Richtung werden die Bewegungsfugen verzahnt. Die Verzahnungen sind so auszubilden, daß Längenänderungen der Blöcke nicht behindert werden.

Bei Pfahlrostmauern wird die waagerechte Verzahnung in der Rostplatte untergebracht.

Die Anordnung lotrechter Verzahnungen hängt von den Bodenverhältnissen, von der Gestaltung der Ufermauer und von der Art ihrer Belastung ab. Wenn eine lotrechte Verzahnung erforderlich ist, soll sie möglichst in einer aufgehenden Wand untergebracht werden.

Fugenspalten sind gegen das Auslaufen der Hinterfüllung zu sichern. Eine wasserdichte Ausführung wird nicht verlangt.

Für die Ausbildung von Arbeitsfugen über dem mittleren Hochwasser MHW bzw. dem mittleren Springtide-Hochwasser M Sp Thw (Zone A) gelten die üblichen Vorschriften (siehe Kap. A 2.2.3.1). In der Wasserwechselzone bzw. im Bereich des Springtidehubs zwischen MHW und MNW bzw. M Sp Thw und M Sp Tnw (Zone B) und unter dem mittleren Niedrigwasser MNW bzw. unter dem mittleren Springtide-Niedrigwasser M Sp Tnw (Zone C) sind Arbeitsfugen tunlichst zu vermeiden, wenn die sonstigen Belange es gestatten und ihre Sauberhaltung vor Beginn des neuen Betonierabschnittes nicht einwandfrei gewährleistet werden kann. Dies gilt vor allem für Hafenbauten an verschmutzten, verschlickten bzw. ölhaltigen Gewässern. Die Wahl geeigneter Betonierabschnitte ist daher besonders zu beachten. Im übrigen ist die Ausführung so vorzunehmen, daß schädliche Temperatur und Schwindrisse vermieden werden.

Bild B 1/12
Fugenausbildung in den Ufermauern der Schleuse Kanzem, Saar; Ausführung 1980/81 (nach Unterlagen des Wasser- und Schiffahrtsamts Saarbrücken)

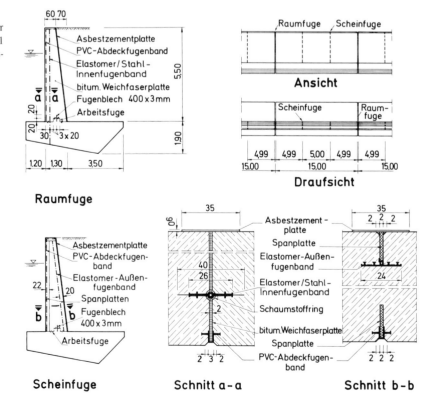

Bild B 1/13
Fugenausbildung in den Grachtwänden der
Beverwaard Deeplan B.C.E. in Rotterdam;
Ausführung 1981 (nach Unterlagen der
Gemeentewerken Rotterdam)

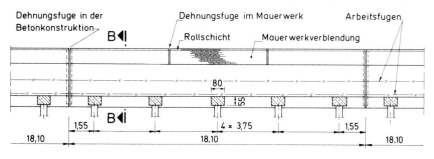

Schnitt A - A

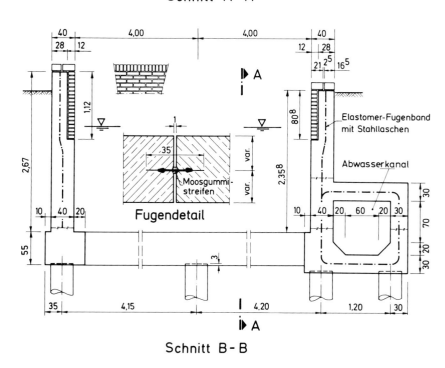

Schnitt B - B

Im folgenden werden einige Beispiele für die Fugenanordnung und -ausbildung bei Ufermauern und Überbauten erläutert:

(1) Ufermauern der Schleuse Kanzem, Saar (Bild B 1/12)

Die Ufermauern sind durch 2 cm breite Raumfugen im Abstand von 15 m unterteilt. Zwischen Fundament und aufgehendem Wandteil ist eine Arbeitsfuge mit Aufkantung und 40 cm breitem Fugenblech ausgebildet. Zur Vermeidung von Rissen wurden zusätzlich 2 Scheinfugen im aufgehenden Wandteil je Block angeordnet. In den Raumfugen sind zur Abdichtung 40 cm breite innenliegende Elastomer-Fugenbänder mit Stahllaschen und Mittelschlauch einbetoniert. Die Abdichtung der Scheinfugen erfolgte mit 24 cm breiten Elastomer-Außenfugenbändern, die im Betonquerschnitt angeordnet sind. Zur Schwächung des Betonquerschnitts über mindestens ⅓ der Wanddicke sind in den Scheinfugen jeweils zwei 2 cm dicke Spanplattenstreifen eingebaut. Die Längsbewehrung ist in den Scheinfugen unterbrochen.

Die Aufteilung der Wandbereiche mit Scheinfugen hat sich bestens bewährt. Risse aus Zwangsspannungen wurden dadurch gezielt lokalisiert. Die Betonabschnitte zwischen den Scheinfugen blieben rissefrei.

(2) Beverwaard Deeplan B.C.E. Gracht, Rotterdam (Bild B 1/13)

Die Grachtwände und der Abwasserkanal sind auf einem Stahlbetonträgerrost mit Pfahlgründung betoniert. Im Abstand von rd. 18 m ist die Konstruktion durch 1 cm breite Raumfugen unterteilt. Zur Dichtung der Fugen sind 35 cm breite Elastomer-Fugenbänder mit Stahllaschen eingebaut. Die horizontalen Arbeitsfugen wurden nicht besonders abgedichtet.

Im oberen Teil ist die Betonwand mit ½-steinigem Mauerwerk verblendet und mit einer Rollschicht abgedeckt. Die Mauerwerksverkleidung ist durch vertikale 1 cm breite Dehnfugen im Abstand von maximal 8 m unterteilt. Alle Fugen im Mauerwerk sind mit einem dauerelastischen Fugendichtstoff auf Basis von Polysulfid-Kautschuk (Thiokol) verschlossen.

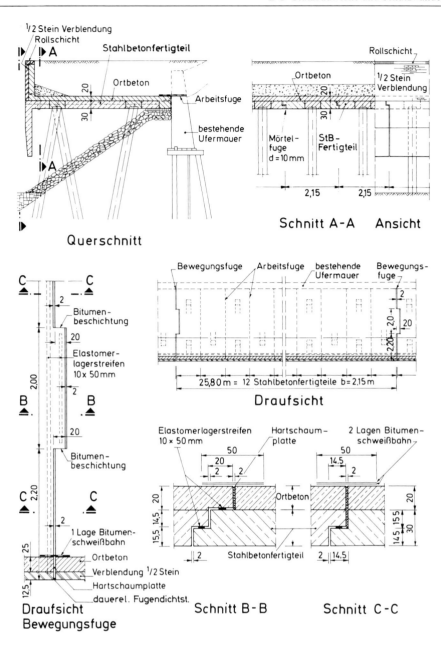

Bild B 1/14
Fugenausbildung einer Kaimauer aus Stahlbeton-Fertigteilen und Ortbeton in Rotterdam (nach Unterlagen der Gemeentewerken Rotterdam)

(3) Kaimauer aus Stahlbeton-Fertigteilen und Ortbeton, Rotterdam (Bild B 1/14)

Die Kaimauer ist auf einem Pfahlrost gegründet. Der Überbau besteht aus 2,15 m breiten winkelförmigen Stahlbetonfertigteilelementen mit 20 cm dicker Ortbetonplatte und 25 cm dicker aufgehender Ortbetonwand. Alle 25,80 m ist eine Dehnungsfuge mit vertikaler und horizontaler Verzahnung in der Bodenplatte ausgebildet. Die Abdeckung der Dehnungsfugen in der Bodenplatte erfolgte von oben durch 2 aufgeklebte, 50 cm breite Bitumen-Schweißbahnlagen. An der aufgehenden Wand wurden die Dehnungsfugen landseitig mit 1 Lage Bitumen-Schweißbahn abgeklebt.

Die Kaimauer ist im oberen, sichtbaren Bereich auf der Vorderseite verblendet. Neben den Blockfugen ist das Mauerwerk durch weitere Dehnungsfugen im Abstand von ca. 8 m unterteilt. Alle Dehnungsfugen sind auf der Wasser- und Luftseite mit einem dauerelastischen Fugendichtstoff verschlossen.

(4) Kaimauer aus Ortbeton, Rotterdam (Bild B 1/15)

Auch diese Kaimauer ist auf einem Pfahlrost gegründet. Der Überbau besteht aus Ortbeton mit Dehnungsfugen im Abstand von 20 m. Zur gegenseitigen Stützung in waagerechter und lotrechter Richtung wurden die Baublöcke in den Fugen verzahnt. Auf der Landseite sind die Fugen mit einem einseitig anbetonierten Stahlbeton-Plattenstreifen abgedeckt, auf dem Kaimauerdeck sind sie mit einem Elastomerprofil verschlossen.

Bild B 1/15
Dehnungsfugenausbildung einer Kaimauer aus
Ortbeton in Rotterdam (nach Unterlagen der
Gemeentewerken Rotterdam)

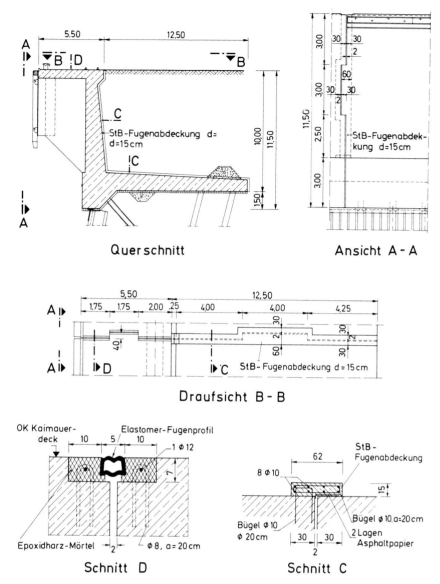

Querschnitt

Ansicht A - A

Draufsicht B - B

Schnitt D

Schnitt C

(5) Kaimauern aus Schwimmkästen [B 1/4] (E 79)

Im allgemeinen sind die Schwimmkästen rd. 30 m lang. Auch bei hohen Bauwerken werden sie nicht länger als 45 m ausgeführt.

Die Fuge zwischen zwei nebeneinanderstehenden Schwimmkästen muß so ausgebildet werden, daß die zu erwartenden ungleichen Setzungen der Kästen beim Aufsetzen, Füllen und Hinterfüllen ohne Gefahr einer Beschädigung aufgenommen werden können. Andererseits muß sie im endgültigen Zustand eine zuverlässige Dichtung gegen ein Ausspülen der Hinterfüllung sein. Die Fugen werden nur in waagerechter Richtung in der Platte unter dem Vorderwandkopf gegeneinander verzahnt. Ist diese Platte ein Teil des Schwimmkastens, wird die Verzahnung durch eine nachträglich eingebrachte Plombe hergestellt.

Eine über die ganze Höhe durchlaufende Ausführung mit Nut und Feder darf auch bei einwandfreier Lösung der Dichtungsfrage nur angewandt werden, wenn zu erwarten ist, daß die Bewegungen benachbarter Kästen gegeneinander gering bleiben. Als zweckmäßig hat sich eine Lösung nach Bild B 1/16 erwiesen. Hier sind auf den Seitenwänden der Kästen je vier senkrechte Stahlbetonleisten derart angeordnet, daß sie beiderseits der Fuge einander gegenüberstehen und nach dem Einbau der Kästen drei Kammern bilden. Sobald der Nachbarkasten eingebaut ist, werden die beiden äußeren Kammern zur Abdichtung mit Mischkies von geeignetem Kornaufbau gefüllt. Die mittlere Kammer wird nach Hinterfüllen der Kästen, wenn die Setzungen größtenteils abgeklungen sind, leergespült und sorgfältig mit Unterwasserbeton oder Beton in Säcken aufgefüllt.

Bild B 1/16
Fugenausbildung bei einer Kaimauer aus
Schwimmkästen [B 1/4] (E 79-1)

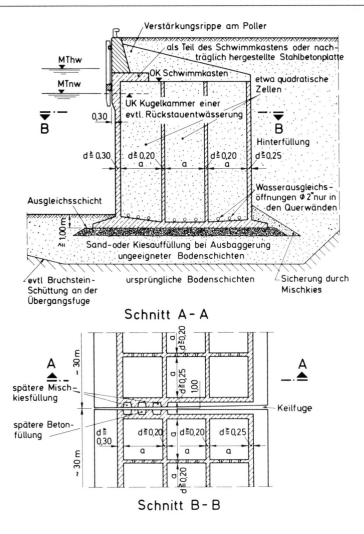

Schnitt A-A

Schnitt B-B

Bild B 1/17
Fugenausbildung bei einer Kaimauer aus
Druckluft-Senkkästen [B 1/4] (E 87-1)

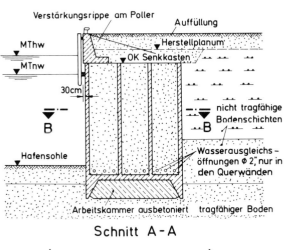

Schnitt A-A

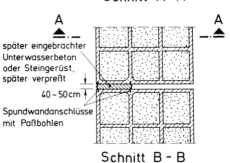

Schnitt B-B

Bild B 1/18
Fugenausbildung in Uferwänden aus Stahlbetonspundbohlen [B 1/4] (E 21-1)

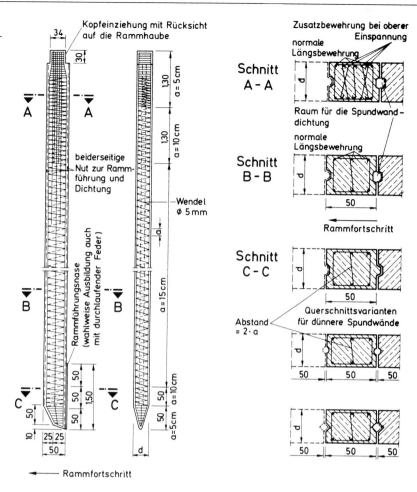

(6) Kaimauer in Druckluft- oder offener Senkkastenbauweise mit Unterwasserbetonsohle [B 1/4] (E 87 u. E 147)

Bei Senkkästen sind gute Erfahrungen mit einer Fugenlösung nach Bild B 1/17 gemacht worden. Nach dem Absenken der Kästen werden in der 40 bis 50 cm breiten Fuge federnde Paß-bohlen zwischen einbetonierte Spundwandschlösser getrieben. Anschließend wird der Zwischenraum innerhalb der Bohlen ausgeräumt und bei festem Baugrund mit Unterwasserbeton bzw. bei nachgiebigem Baugrund mit einem Steingerüst ver-füllt, das später ausgepreßt werden kann. Der Rücken der vor-deren Paßbohle kann bündig mit der Vorderkante der Kästen liegen. Er kann aber auch etwas zurückgesetzt werden, um eine flache Nische zur Aufnahme einer Steigeleiter oder der-gleichen zu bilden.

(7) Uferwände aus Stahlbetonspundbohlen [B 1/4] (E 21)

Die normale Bohlenbreite der Stahlbetonrammbohlen be-trägt 50 cm. Sie sind mindestens 14 cm dick und sollten aus Gewichtsgründen nicht dicker als 40 cm sein. Zur Führung und Fugendichtung erhalten die Bohlen trapez-, dreieck- oder halbkreisförmige Nuten (Bild B 1/18). Die Breite der Nuten kann bis zu ⅓ der Spundbohlendicke betragen, wird jedoch nicht größer als 10 cm gewählt. Mit Rücksicht auf die Bewehrung dürfen die Nuten höchstens 5 cm tief sein. Halbkreisför-mige Nuten werden im allgemeinen bei schwächeren Wänden angewendet.

Besitzt die Spundbohle nur eine kurze Führungsfeder unten, ist ein ausreichender Querschnitt zur Aufnahme der Fugen-dichtung vorhanden. Bevor diese eingebracht wird, sind die Nuten stets mit einer Spüllanze zu säubern. Der Nutenraum wird dann mit einer guten Betonmischung nach dem Kontrak-torverfahren oder bei großen Nuten auch mit plastischem Beton in Jutesäcken verfüllt. Weiter kommt eine Dichtung mit Bitumen-Sand und Steingrus in Frage. In jedem Fall ist die Dichtung so einzubringen, daß sie ohne Fehlstellen den gesam-ten Nutenraum auf voller Höhe ausfüllt.

Läuft die Feder auf ganzer Bohlenlänge durch, trägt sie auch zur Dichtung bei. Sie darf in nichtbindigem Boden aber in dieser Form nur angeordnet werden, wenn der Baugrund so beschaffen ist, daß sich hinter jeder Fuge nach geringfügigen Auswaschungen selbsttätig ein Filter aufbaut, die Wand sich also selbst gegen Auslaufen von Boden dichtet.

B 1.4 Schutzwände

Unter Schutzwänden sind freistehende wandartige Stahlbetonkonstruktionen zu verstehen, die z. B. ein Gebiet von Hochwasser schützen, als Ölwannenwand für ein Tanklager dienen oder als Mole Schutzfunktionen übernehmen. Grundsätzlich sind hierfür eine Vielzahl von Konstruktionen möglich. Im folgenden werden drei Ausführungsbeispiele beschrieben:

– Bild B 1/19 zeigt die Konstruktion und Fugenausbildung der 1,60 bis 3,20 m hohen Umfassungswand von Ölrückhaltebecken im Tanklager Moorburg bei Hamburg. Die Umfassungswände sind als Winkelstützmauer konzipiert. Nach Herstellung der Ortbeton-Fundamentplatte wurden die jeweils 5,8 m breiten Fertigteilwandelemente mit Fugendichtung versetzt. Die Fugendichtung besteht aus einem

1,5 mm dicken einseitig einbetonierten Fugenblech aus V4A-Stahl, das in ein einbetoniertes Elastomer-Profil in der Nachbarplatte eingreift. In einem 2. Betonierabschnitt wurde das Fundamentoberteil hergestellt und dabei der untere Teil der Fugenkonstruktion einbetoniert. Die Asphalt-Sohldichtung des Beckens schließt stumpf an der Wand an. Im Katastrophenfall ist ein maximaler Ölstand bis OK-Wand möglich. Eine praktische Erprobung der Fugenkonstruktion und des Sohlanschlusses liegt nicht vor, da bisher keine Ölleckage aufgetreten ist.

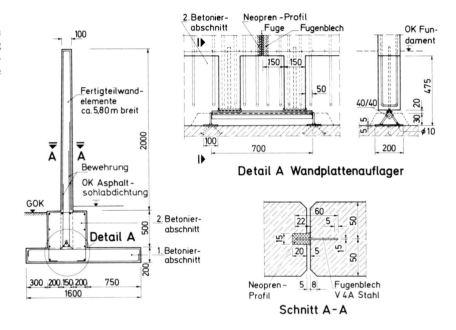

Bild B 1/19
Fugenausbildung in den Umfassungswänden von Ölrückhaltebecken, Tanklager Moorburg bei Hamburg; Ausführung 1976 (nach Unterlagen der Hamburgischen Electricitäts-Werke HEW)

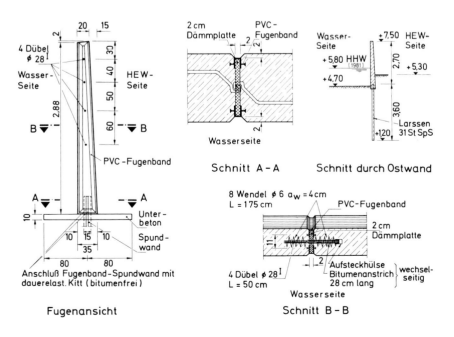

Bild B 1/20
Fugenausbildung in der Hochwasserschutzwand des Kraftwerks im Hamburger Hafen; Ausführung 1977 (nach Unterlagen der Hamburgischen Electricitäts-Werke HEW)

Bild B 1/21
Fugenausbildung der Schubmole der Schleuse Kanzem, Saar; Ausführung 1980/81 (nach Unterlagen des Wasser- und Schiffahrtsamts Saarbrücken)

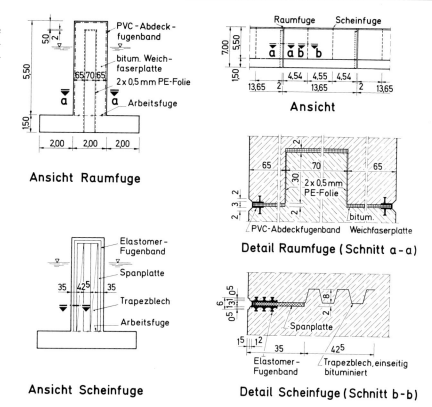

Ansicht Raumfuge

Ansicht Scheinfuge

Ansicht

Detail Raumfuge (Schnitt a-a)

Detail Scheinfuge (Schnitt b-b)

– Bild B 1/20 zeigt die Fugenausbildung der ca. 3 m hohen Hochwasserschutzwand des Kraftwerks im Hamburger Hafen. Sie besteht aus Ortbeton und ist auf einer Spundwand biegesteif aufgesetzt. Die Wandfugen wurden im Abstand von theoretisch 9,90 m jeweils direkt über einem unverpreßten Spundwandschloß angeordnet. Zur Querkraftübertragung sind die Fugen verdübelt. Die Dichtung der Fugen erfolgt mit Hilfe einbetonierter Fugenabdeckbänder aus PVC. Sie wurden als geschlossene Rahmen geliefert. Zum Einbau wurden die Rahmen am Spundwandschloß aufgeschnitten. Der Anschluß Fugenband/Spundwand erfolgte mit einem dauerelastischen Fugendichtstoff.

Bisher wurde die Wand nur durch wenige Hochwasser beansprucht. Der Höchstwert betrug bisher + 5,80 m ü. NN (1981). Eine Aussage über die Bewährung der Fugenkonstruktion ist daher nur bedingt möglich.

– Bild B 1/21 zeigt die Fugenkonstruktion der Schubmolen bei der Schleuse Kanzem an der Saar. Die Schubmolen sind durch Raumfugen im Abstand von 13,65 m unterteilt. Sie wurden in zwei Betonierabschnitten – Fundament und aufgehende Wand – erstellt. Zur Vermeidung von Rissen im aufgehenden Wandteil wurden zusätzlich 2 Scheinfugen je Block angeordnet. Die hohe Querbelastung der Molen durch Schiffsstoß erforderte eine Verzahnung der Fugen. Die Raumfugen sind daher mit Nut und Feder ausgebildet. Durch die eingelegten doppelten PE-Folien an den Nutflanken ist die Längsbeweglichkeit der Fugen sichergestellt. In den Scheinfugen wurden zur Schwächung des Betonquerschnitts Spanplattenstreifen und einseitig bituminierte Trapezbleche eingebaut. Letztere dienen gleichzeitig der Fugenverzahnung. Die Längsbewehrung ist in den Scheinfugen unterbrochen. Verschluß und Abdichtung der Fugen erfolgte mit Fugenabdeckbändern aus PVC bzw. Elastomeren.

Die Aufteilung der Wand durch Scheinfugen hat sich bewährt. Die Betonabschnitte zwischen den Scheinfugen blieben rissefrei.

B 2 Wasserbehälter und Wasserbecken

B 2.1 Allgemeines

Eine große Anzahl von Stahlbeton- und Spannbetonbauten wird als offener oder geschlossener Behälter für Trink-, Schmutz- oder Brauchwasser erstellt. Sie müssen absolut wasserdicht sein, um einerseits kostspielige Wasserverluste zu vermeiden und andererseits bei Schmutzwässer das umgebende Grundwasser zu schützen. Ein wesentlicher Punkt, um diese Forderung zu erfüllen, ist eine weitgehende Rissefreiheit der Bauwerke. Rißweiten bis 0,2 mm sind für die Wasserdichtheit der Behälter in der Regel ohne Belang, da sie sich selbst heilen. Zur Verhinderung von größeren Temperatur- und Schwindrissen sind die Behälter entweder durch ausreichende, feinverteilte Bewehrung, durch genügend enge Fugenteilung, durch gut geplante Herstellungs- und Nachbehandlungsabläufe oder aber auch durch Vorspannung vor unzulässigen Zugspannungen zu schützen.

Die eingesetzten Materialien zur Fugenabdichtung bzw. zum Verschluß der Fugen müssen bei Trinkwasserbehältern den hygienischen Anforderungen genügen. Für die Materialwahl sind die „Kunststoff-Trinkwasser-Empfehlungen" (abgekürzt KTW-Empfehlungen) der Kunststoffkommission des Bundesgesundheitsamts zu beachten. Außerdem muß die Eignung der Materialien in mikrobieller Hinsicht nachgewiesen werden (siehe DVGW-Arbeitsblatt W270: Vermehrung von Mikroorganismen auf Materialien für den Trinkwasserbereich; Prüfung und Bewertung). Bei Schmutzwasserbehältern ist die Beständigkeit der Fugenmaterialien gegen Mikroorganismen und aggressive Inhaltsstoffe der Abwässer von besonderer Bedeutung. Ferner müssen bei offenen Becken die Fugenverschlüsse uv- und ozonbeständig sein.

In den folgenden Abschnitten werden die Fugenanordnung und -ausbildung bei Wasserbehältern für Trink- und Brauchwasser, bei Becken und Gerinnen für Abwasser sowie bei Faulschlammbehältern behandelt.

B 2.2 Wasserbehälter

Übliche Grundformen für Wasserbehälter sind das Rechteck und der Kreis [B 2/1]. Sie werden als freistehende bzw. ganz oder teilweise im Boden liegende Behälter gebaut. Eine Sonderform sind horizontal liegende, rohrförmige Behälter.

a) Rechteckige Behälter

In der Regel werden schlaff bewehrte Rechteckbehälter mit Abmessungen bis zu etwa 40 m Länge ohne Dehnungsfugen ausgeführt. Die Wände werden zur Abtragung des Wasser- und Erddrucks voll oder teilweise in Sohle und Decke eingespannt.

Zur Vermeidung von Rissen infolge von Zwängungsspannungen aus Temperaturänderungen und Schwinden sowie ungleichmäßiger Belastung werden größere Behälter derart unterteilt, daß die einzelnen Abschnitte ohne Arbeitsunterbrechung in einem Zuge betoniert werden können. Zwischen den Betonierabschnitten werden zunächst Schwindgassen von mindestens 0,5 m Breite belassen, die erst nach Abklingen der Abbindetemperatur und eines Teils der Schwindverformungen (frühestens nach 6 Wochen) mit gleichartigem Beton ausgefüllt werden. Vor dem Ausbetonieren der Schwindgassen werden die Betonflächen so vorbereitet, daß in den entstehenden Arbeitsfugen eine feste Verbindung erreicht wird. Eine andere Ausführungsart besteht darin, an Stelle der Schwindgassen z. B. in den Wänden zunächst nur jeden zweiten Betonierabschnitt herzustellen und die fehlenden Abschnitte frühestens 6 Wochen später zu betonieren. In der Sohle sind bei Ausbildung einer Gleitfuge zwischen Unterbeton und Sohlbeton Betonierabschnitte mit Seitenlängen von 20 m bis 40 m üblich. Aufgehende Wände werden je nach Wanddicke in Abschnitten von 5 bis 8 m Länge hergestellt.

Die Arbeitsfugen werden sicherheitshalber meist mit Fugenbändern oder Fugenblechen abgedichtet. In neuerer Zeit werden auch häufig Injektionsschläuche in die Fugen eingebaut und bei Undichtigkeiten gezielt mit Kunstharzinjektionen verpreßt (Einzelheiten siehe Kap. A 2.1.4). Dies hat den Vorteil, daß Erschwernisse beim Einbringen des Betons durch die Anordnung von Fugenbändern und Fugenbandbewehrung nicht vorhanden sind und damit die Sicherheit gegen Undichtigkeiten erhöht wird. Bei sehr sorgfältiger Herstellung des Betonanschlusses und ausreichender Bewehrung können zusätzliche Dichtungsmaßnahmen in Arbeitsfugen auch ganz entfallen. Bild B 2/1 zeigt Beispiele für die Ausbildung von Arbeitsfugen ohne Fugenband bei Wasserbehältern. Einzelheiten über die Herstellung von wasserundurchlässigen Arbeitsfugen sind in Kap. A 2.2.3.1 abgehandelt.

Bild B 2/1
Beispiele für die Ausbildung von wasserundurchlässigen Arbeitsfugen ohne Fugenbanddichtung bei Wasserbehältern (Prinzip)

Arbeitsfuge Wand

Arbeitsfuge Wandfuß   Arbeitsfuge Sohlplatte

Bild B 2/2
Anordnung der Arbeitsfugen beim Spannbe-
ton-Wasserbehälter im Forstenrieder Park in
München; Ausführung 1964/66 [B 2/2], [B 2/3]

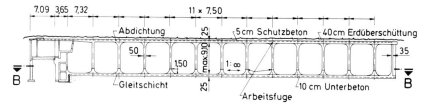

Längsschnitt A-A

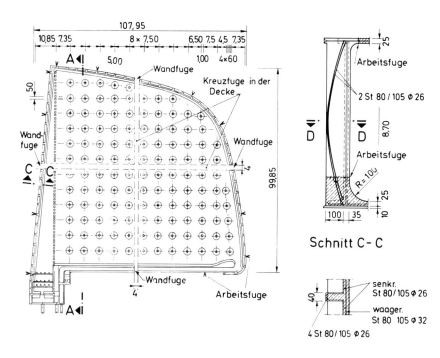

Grundriß Schnitt B-B   Schnitt D-D

Bild B 2/3
Grundriß und Schnitt durch einen Wasserbe-
hälter ohne Dehnungsfugen und zusätzlicher
Abdichtung mit schlaffer Bewehrung in
Baden-Württemberg [B 2/4]

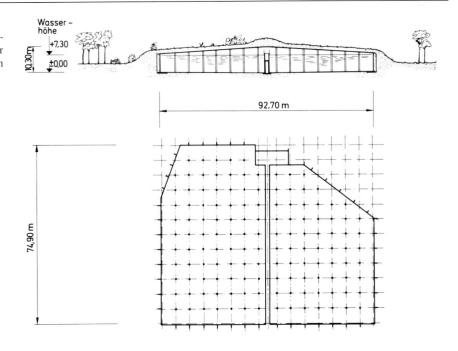

Rechteckbehälter mit Abmessungen größer als 40 m erhalten bei schlaffer Bewehrung in der Regel Dehnungsfugen, die mit einem geeigneten einzubetonierenden Fugenband abgedichtet werden. Auf der Wasserseite wird der Fugenspalt mit einem dauerelastischen Fugendichtstoff oder einem Elastomer-Kompressionsprofil verschlossen. Sollen große Behälter ohne Dehnungsfugen ausgeführt werden, so ist meist eine Vorspannung erforderlich. Ein Beispiel hierfür zeigt Bild B 2/2 [B 2/2] und [B 2/3]:

Die 25 cm dicke Bodenplatte des etwa 108 m × 100 m großen Behälters (Fassungsvermögen 65 000 m³) wurde mit den Stützenanschlüssen auf einer Gleitschicht (Glasvliesbitumenbahn) in einem kontinuierlichen Arbeitsprozeß unter Verwendung von Abbindeverzögerern in rd. 90 Stunden betoniert. Die maximalen Anschlußzeiten an den Arbeitsfugen wurden sorgsam beachtet, so daß in keinem Fall gegen erhärteten Beton weiter betoniert werden mußte. Zur Vermeidung von Schwindrissen in der Sohlplatte wurden die bereits fertiggestellten, tieferliegenden Teile der Sohle laufend mit Wasser geflutet. Nach Erhärtung wurde die Sohlplatte kreuzweise im Raster von 1 m zentrisch vorgespannt.

Die 8 m hohen und 35 cm dicken Behälterwände einschließlich der Stützrippen wurden in 4 Abschnitten – getrennt durch 4 m breite Lücken – mit jeweils 2 bis 5 Unterabschnitten von 20 bis 25 m Länge betoniert und anschließend vertikal und horizontal teilvorgespannt.

Die 25 cm dicke Decke wurde in 4 Segmenten mit Flächen von 1500 bis 2500 m² gegeneinander getrennt durch eine 4 m breite Kreuzfuge hergestellt und wie die Wandabschnitte teilvorgespannt. Nach Ausbetonieren der 4 m breiten Wand- und Deckenfugen wurde die Endvorspannung aufgebracht.

Alle Arbeitsfugen wurden sorgfältig hergestellt und sind durch die Vorspannung überdrückt. Besondere Fugendichtungen wurden nicht eingebaut.

Unter Beachtung neuester Erkenntnisse aus Betontechnologie und Bewehrungstechnik (Rißbreitenbegrenzung, $W_{max} \leq$ 0,2 mm) ist es heute jedoch auch möglich, große dehnfugenlose Wasserbehälter wirtschaftlich mit schlaffer Bewehrung herzustellen. Den ersten großen Trinkwasserbehälter mit Grundrißabmessungen von 75 m × 93 m und einem Fassungsvermögen von 45 000 m³, der ohne Dehnungsfugen und ohne zusätzliche Abdichtung in Stahlbetonbauweise errichtet wurde, zeigt Bild B 2/3. Die kritisch durchgeführte Dichtigkeitsprüfung verlief einwandfrei [B 2/4].

Bild B 2/4 zeigt Montagedetails eines rechteckigen Trinkwasserbehälters (Fassungsvermögen 4000 m³) ohne Dehnungsfugen in Fertigteil-Bauweise. Der Behälter hat einen Grundriß von 28,80 m × 24,90 m und eine Höhe von ca. 6,50 m. Durch eine Mittelwand ist er in zwei Kammern geteilt. Die Behälterwände bestehen aus wandhohen Fertigteilelementen (2,30 m breit und 30 cm dick) mit allseitiger Anschlußbewehrung zu den angrenzenden Ortbetonbereichen der Decke, der Wandfugen und der Bodenplatte. In den Fugenbereichen zwischen den einzelnen Wandelementen ist die horizontale Wandbewehrung gestoßen. Die vertikale Fugenbewehrung wurde gleichzeitig als Anschlußbewehrung zur Sohlplatte ausgeführt. Nach dem Verguß der Wandfugen wurde die Behältersohle in 4 Abschnitten schachbrettartig betoniert. Der erforderliche zug- und druckfeste Verbund der Wandfertigteile mit dem Fugen- und Sohlbeton sowie die erforderliche Dichtheit dieser Arbeitsfugen wurde durch Freiwaschen der Stirnflächen von Feinanteilen und Zementschlempe sowie den Einbau von Fugenblechen erzielt. Die Decke besteht aus 20 cm dicken Fertigteilplatten mit 10 cm Ortbetonergänzung als Druckschicht. Aufgelagert ist sie auf den Wandplatten der Außen- bzw. Mittelwand sowie zusätzlich auf 9 Stützen je Kammer.

Bild B 2/4
Ausbildung der Montagefugen bei einem rechteckigen Trinkwasserbehälter ohne Dehnungsfugen in Fertigteilbauweise; Hochbehälter FWO-Bayreuth [B 2/12]

a) Montage der Fertigteil-Wandelemente
b) Mit Winkel fixierte Außenwand-Fertigteile (Blick auf Anschlußbügel für äußere Aufkantung)
c) Mittelwand-Fertigteile mit Anschlußbewehrung
d) Anbindungsflanken bei Außenwand-Fertigteil (Blick auf Fixier-Winkel, Fugenblech-Stirnseite und Teil-Bewehrung)

a)

b)

c)

d)

Bild B 2/5
Beispiele für die konstruktive Ausbildung des
Boden-/Wandanschlusses bei kreisförmigen
Behältern ohne und mit Fuge [B 2/3]

Statisches System	Behälter-größe	Bauweise	Querschnitt
eingespannt	klein bis mittelgroß ($< 5000\,m^3$)	Stahlbeton	
elastisch verdrehbar	klein bis groß ($< 10\,000\,m^3$)	Stahlbeton und Spannbeton	
gelenkig	klein bis groß ($< 10\,000\,m^3$)	Stahlbeton und Spannbeton	
reibungsbehindert	beliebig	Spannbeton	
elastisch beweglich	groß bis sehr groß ($> 10\,000\,m^3$)	Spannbeton	

In der Praxis haben sich Behälter auch mit großen Abmessungen ohne Dehnungsfugen bewährt. Sie haben u. a. folgende Vorteile [B 2/1]:

– gute Voraussetzungen für Dichtheit

– geringer Aufwand für Instandhaltung

– erhöhte Lebensdauer und damit geringe Gesamtkosten über die Nutzungszeit

– keine Probleme mit dem Fugenmaterial in hygienischer Hinsicht.

b) Kreisförmige Behälter

Die Wände von Behältern mit kreisförmigem Grundriß erhalten die wirtschaftlichsten Abmessungen, wenn sie als Zylinderschalen unter Berücksichtigung der Festpunkte an Decke und Sohle bemessen werden. Die Ausführung mit schlaffer Bewehrung ist bei kleinen bis mittelgroßen Behältern wirtschaftlich. Größere runde Behälter erfordern zumeist den Einsatz von Vorspannverfahren.

Durch die gute Tragwirkung der Zylinderschale in Ringrichtung sind Bewegungsfugen zwischen Sohle und Wand sowie Wand und Decke für die Wandbeanspruchungen besonders günstig. Beispiele für die verschiedenen konstruktiven Lösungen der Anschlußpunkte zeigen die Bilder B 2/5 und B 2/6.

Bild B 2/6
Beispiele für die konstruktive Ausbildung des
Wand-/Dachanschlusses bei kreisförmigen
Kuppelbehältern ohne und mit Fuge [B 2/3]

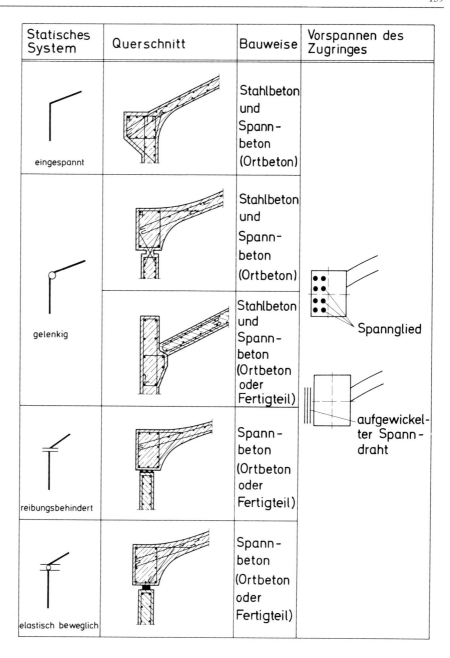

Statisches System	Querschnitt	Bauweise	Vorspannen des Zugringes
eingespannt		Stahlbeton und Spann-beton (Ortbeton)	
gelenkig		Stahlbeton und Spann-beton (Ortbeton)	Spannglied
		Stahlbeton und Spann-beton (Ortbeton oder Fertigteil)	aufgewickel-ter Spann-draht
reibungsbehindert		Spann-beton (Ortbeton oder Fertigteil)	
elastisch beweglich		Spann-beton (Ortbeton oder Fertigteil)	

Die Bewegungsfuge zwischen Sohle und Wand wird bei Ort-betonbauwerken in der Regel mit einbetonierten Fugenbän-dern wasserdicht ausgebildet. Bei Fertigteilkonstruktionen kommen hierfür Fugendichtstoffe oder Elastomer-Kompres-sionsprofile zum Einsatz. Die Fugenabdichtung ist von der Lastübertragung völlig zu trennen (siehe Beispiele). Zwischen Wand und Decke ist eine wasserdichte Bewegungsfuge nicht erforderlich.

Wände und Sohlen werden üblicherweise in einzelnen Beto-nierabschnitten hergestellt. In den Arbeitsfugen werden zur Dichtung sicherheitshalber meist Fugenbänder oder Injek-tionsschläuche für eine spätere Verpressung eingebaut.

Bei großen Behältern werden die Decken durch die Umfas-sungswände und Innenstützen oder -wände getragen. In Ab-hängigkeit von der Gründung dieser Zwischenunterstützungen können Bewegungsfugen im Behälterboden rund um die Fun-damente notwendig werden (Bild B 2/7). Die Dichtung dieser Fugen erfolgt mit Fugenbändern oder Fugendichtstoffen je nach Bauweise und Konstruktion des Behälters.

Bild B 2/7
Beispiele für Ausbildung von Stützen- und
Wandgründungen bei Behältern [B 2/3]

Bild B 2/8
Fugenausbildung beim Wasserbehälter Essen
Kray; Ausführung 1970/71 [B 2/5]

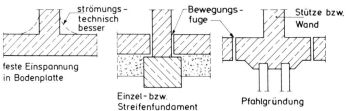

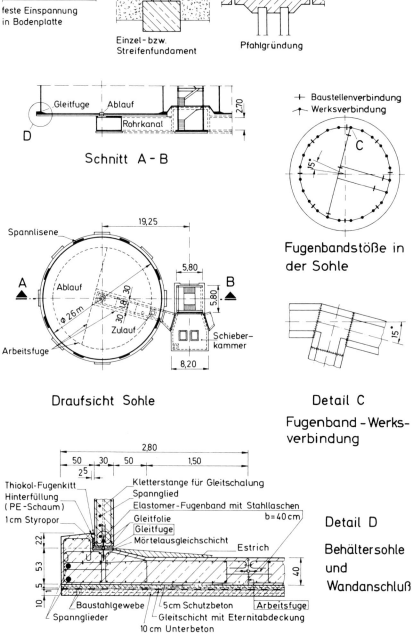

Auf die Anordnung und Ausführung von Arbeits- und Bewegungsfugen kreisförmiger Wasserbehälter in Ortbeton- bzw. Montagebauweise wird in den folgenden Beispielen näher eingegangen:

(1) Wasserbehälter Essen-Kray [B 2/5]

Es handelt sich um einen kreiszylindrischen Spannbeton-Trinkwasserbehälter mit einem Fassungsinhalt von 12 700 m³. Die Höhe beträgt rd. 31 m einschließlich Kuppel, der lichte Durchmesser 26 m, die Wasserstandshöhe maximal 24 m (Bild B 2/8).

Die Behältersohle ist 40 cm dick. Um ihre Rissesicherheit und damit die Wasserdichtigkeit zu gewährleisten, wurden neben einem Bodenersatz unterhalb der Sohle folgende Maßnahmen durchgeführt:

– Anordnung einer Gleitfuge unterhalb der Sohle. Die Gleitschicht besteht aus einer Gleitfolie der Iso-Gleitchemie mit einer Schutzabdeckung aus Eternitplatten. Der Reibungsbeiwert konnte so von $\mu = 0,7$ (Sohlbeton/Unterbeton) auf $\mu = 0,1$ verringert werden. Hierdurch werden die Spannungen in der Sohlplatte infolge Dehnbehinderung (Schwinden, Temperaturveränderungen) und infolge horizontaler Bewegung des Bodens aus Bergbaueinwirkungen (Zerrungen und Pressungen) um über 80 % gemindert.

Bild B 2/9
Fugenband in der Sohle des Wasserbehälters
in Essen Kray [B 2/5]

a) T-Stück mit Werkstoß
b) bauseitiger Stoß: Vorbereitung der Stoß-
   vulkanisation
c) Prüfung der Stoßstelle

– Aufteilung der Sohle durch Arbeitsfugen in einzelne Abschnitte. Die Arbeitsfugen wurden zu beiden Seiten des
Rohrkanals, quer dazu sowie zwischen Rand- und Mittelbereich angeordnet. Nur die untere Bewehrung wird über die
Arbeitsfugen durchgeführt. Für negative Biegemomente
(Zugspannungen an der Plattenoberseite) können die Fugen
als Gelenke betrachtet werden. Dadurch werden die uner-
wünschten Zugbeanspruchungen an der Plattenoberseite
z. B. durch Auflagerung auf den Rohrkanal oder im Randbereich bei leerem Behälter weitgehend ausgeschaltet. Als
Fugendichtung ist in den Arbeitsfugen ein 40 cm breites Elastomer-Dehnungsfugenband mit Stahllaschen eingebaut
(Bild B 2/9).

– Aufteilung des Rohrkanals unterhalb der Sohle durch 2
Fugen und Einbau einer 8 cm dicken bituminierten Kork-
platte zwischen Sohle und Kanal sowie einer 3 cm dicken
Styroporplatte unterhalb des Kanals. Durch diese Maßnahmen kann sich der Rohrkanal besser der Setzungsmulde
anpassen, um so Schäden für die Behältersohle zu vermeiden.

– Ringvorspannung der Sohle. Zur weiteren Erhöhung der
Rißsicherheit wurde die Behältersohle mit 2 am äußeren
Rand ringförmig umlaufenden Spanngliedern S-18, Spannverfahren „Monierbau", mit einer Vorspannkraft von 3 MN
vorgespannt.

Die 30 cm dicke Behälterwand ist nur in Ringrichtung vorgespannt. In lotrechter Richtung mußten die auftretenden Zwängungsspannungen aus den verschiedenen Lastzuständen möglichst gering gehalten werden, um Risse zu vermeiden.

Der Wandfuß ist auf zwei 9 cm breiten FD-Gleitfolien vom
Typ GVNN der Iso-Gleitchemie verschieblich und frei drehbar
gelagert. Die Gleitfolien sind 6 mm dick und wie folgt aufge-
baut:

– 2 mm Neopren

– 1 mm Trägerfolie, glasfaserverstärkt mit PTFE-Beschich-
  tung

– 1 mm Trägerfolie wie vor

– 2 mm Neopren.

Um das Eindringen von Fremdkörpern zwischen die Gleitschichten zu verhindern, sind die Folien mit Manschetten aus
Butyl-Kautschuk umhüllt. Zwischen den beiden Gleitfolien
wurde zur einwandfreien Dichtung des Behälters ein 40 cm
breites Neopren-Dehnungs-Fugenband mit Stahllaschen einbetoniert.

Die 27 m hohe Behälterwand wurde fugenlos in Gleitschalung
erstellt und anschließend horizontal vorgespannt. An ihrem
oberen Rand ist ein vorgespannter Zugring ausgebildet, der
die auftretenden Horizontalkräfte der gelenkig aufgelagerten
Kuppel als Behälterabschluß aufnimmt. Die Kuppel besteht
aus 64 T-förmigen Stahlbetonfertigteilen.

Bild B 2/10
Fugenausbildung beim Wasserbehälter Dortmund-Höchsten; Ausführung 1976/77 [B 2/6]

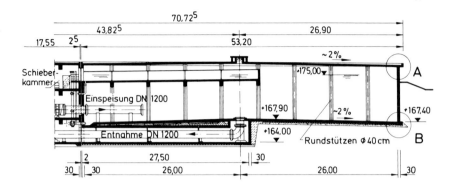

Schnitt durch den Wasserbehälter

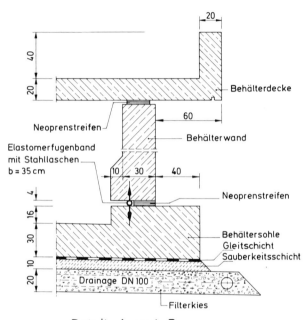

Detail A und B

(2) Wasserbehälter Dortmund-Höchsten [B 2/6]

Der kreiszylindrische Spannbeton-Trinkwasserbehälter weist
einen Fassungsinhalt von 15 000 m³ auf. Seine Höhe beträgt
8,9 m, der lichte Durchmesser 52 m und die Wasserstandshöhe
maximal 7,1 m (Bild B 2/10).

Die 30 cm dicke Behältersohle wurde aus Beton B 45 auf einer
Gleitschicht mit 53,40 m Außendurchmesser in einem Arbeitsgang fugenlos betoniert. Zum Vermeiden von Rissen sind in
die Behältersohle Einzelspannglieder St 85/105, Durchmesser
32 mm, kreuzweise eingelegt und bereits nach drei Tagen teilvorgespannt worden. Nachdem der Beton seine Endfestigkeit
erreicht hatte, wurden die Spannglieder voll vorgespannt und
eine Druckspannung von 1,0 N/mm² erzeugt.

Die 52 Rundsäulen mit 40 cm Durchmesser, die das Flachdach
tragen, stehen bei dem guten Felsuntergrund direkt auf der
unverstärkten Behältersohle. Unter ihnen ist lediglich der Drä-
nagekies durch Magerbeton ersetzt worden.

Die Behälterwand besteht aus einer 30 cm dicken und 8,70 m
hohen Spannbeton-Zylinderschale mit 52 m Innendurchmesser. Sie wurde in Gleitschalungsbauweise ohne Arbeitsfugen
errichtet.

Ein besonderes Konstruktionsmerkmal dieses Behälters sind
die bewegliche Lagerung der Wand über umlaufende
Neoprenstreifen auf der Sohle und unter der Decke. In der
wasserbeanspruchten Fuge zwischen Sohle und Wand ist als
Abdichtung ein 35 cm breites Elastomer-Fugenband mit Stahllaschen eingebaut. Durch die Verformungen der Zylinderschale aus den verschiedenen Lastfällen (z. B. Vorspannung,
Wasserfüllung) treten horizontale Verschiebungen in der
Sohle-/Wandfuge bis zu 25 mm auf.

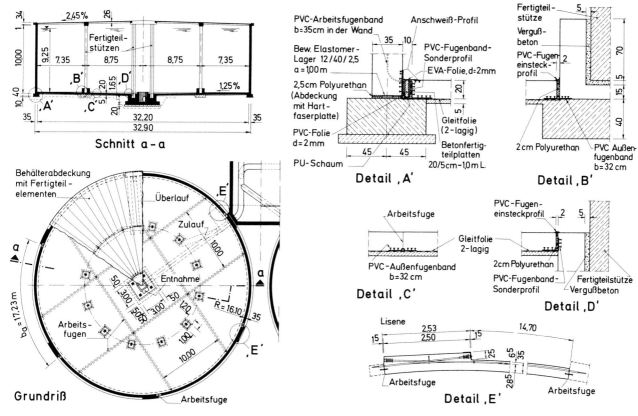

Schnitt a-a

Grundriß

Detail ,A'

Detail ,B'

Detail ,C'

Detail ,D'

Detail ,E'

Bild B 2/11
Fugenausbildung beim Wasserbehälter Osterode, Harz; Ausführung 1979 (nach Unterlagen der Harzwasserwerke)

Bild B 2/12
Fugenausbildung beim Tropfkörperbehälter
der Abwasserreinigungsanlage Hoechst AG,
Niederlassung Kalle, Wiesbaden [B 2/7]

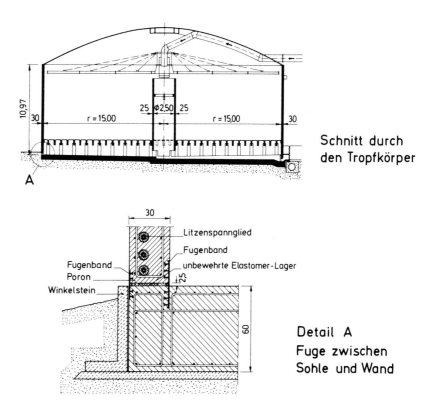

**Schnitt durch
den Tropfkörper**

**Detail A
Fuge zwischen
Sohle und Wand**

Bild B 2/13
Fugenausbildung beim Wasserschloß der Was-
serkraftanlage in Pueblo Viejo, Guatemala;
Ausführung 1978/81 (nach Unterlagen der
Motor Columbus Ingenieurunternehmung,
Schweiz)

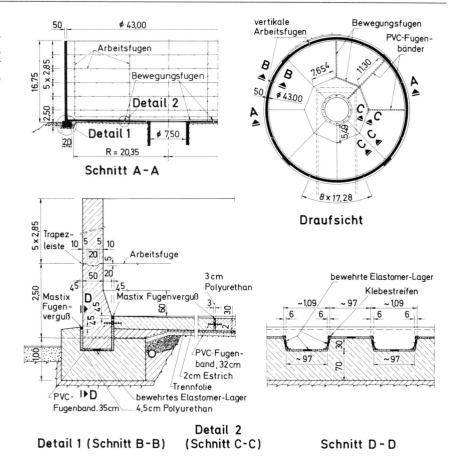

Schnitt A-A

Draufsicht

Detail 1 (Schnitt B-B)   **Detail 2 (Schnitt C-C)**   **Schnitt D-D**

(3) Wasserbehälter Osterode, Harz

Die zwei kreiszylindrischen Spannbeton-Trinkwasserbehälter
verfügen über einen Fassungsinhalt von je 8000 m³, ihre Höhe
beläuft sich auf 10 m, ihr lichter Durchmesser auf 32,2 m und
die Wasserstandshöhe auf maximal 9,25 m (Bild B 2/11).

Nach Herstellung des Ringfundaments für die Behälterwand
und der Einzelfundamente für die Stützen wurde die 20 cm
dicke schlaff bewehrte Behältersohle auf einer zweilagigen
Gleitfolie in 9 Abschnitten betoniert. Alle Sohlfugen sind als
Arbeitsfugen mit durchgehender Bewehrung ausgebildet und
mit einem außenliegenden PVC-Fugenband gedichtet. Zu den
Köcherfundamenten der Stützen und zu der Behälterwand
sind Bewegungsfugen angeordnet. Die Abdichtung erfolgte
auch hier mit PVC-Außenfugenbändern oder Sonderprofilen
dieses Bandtyps.

Die 35 cm dicke Behälterwand wurde in 6 Abschnitten von je
17,23 m Länge mit innenliegenden PVC-Fugenbändern in den
Arbeitsfugen betoniert und nach dem Erhärten in Ringrichtung vorgespannt.

Besonders hervorzuheben sind bei diesem Behälter die mit-
tige, bewegliche Lagerung der Wand mit bewehrten Elasto-
mer-Einzellagern oben und unten im Abstand von 1 m und die
10 cm breite Bewegungsfuge zwischen Wand und Sohle. Die
Dichtung dieser Fuge erfolgte mit einem einbetonierten PVC-
Sonderprofil in Form der Außenfugenbänder. In das U-förmige Fugenprofil wurden Betonfertigteilplatten eingestellt und
anschließend der übrige Fugenraum mit Polyurethan ausge-
schäumt. An einbetonierten Profilstreifen am Rand der Fuge
wurde dann eine Folie als Fugenabdeckung aufgeschweißt.

Die Fugenausbildung und Dichtigkeit der beiden Behälter
waren bisher ohne Beanstandung.

**(4) Tropfkörper der Wasserreinigungsanlage Hoechst AG,
Niederlassung Kalle, Wiesbaden**

Die kreiszylindrischen Spannbeton-Behälter sind ausgelegt für
eine Wasserfüllung von 6500 m³. Ihre Höhe beträgt 10,97 m,
ihr lichter Durchmesser 30 m, die Wasserstandshöhe maximal
9,21 m (Bild B 2/12).

Die Behälter bestehen aus einer 60 cm dicken, schlaff bewehrten Stahlbetonbodenplatte und einer 30 cm dicken Zylinderwand in Gleitbauweise mit Vorspannung in Ringrichtung. Zwischen Bodenplatte und Zylinderwand ist eine Bewegungsfuge
angeordnet. Ansonsten sind die Bauteile völlig fugenlos, d. h.
auch ohne Arbeitsfugen hergestellt.

Die Zylinderwand ruht auf einzelnen Elastomer-Verformungs-
lagern. Als Abdichtung wurde auf der Wasserseite ein 35 cm
breites PVC-Außenfugenband eingebaut. Auf der Luftseite
wurde die Fuge mit einem 20 cm breiten PVC-Außenfugenband verschlossen.

Bild B 2/14
Fugenausbildung bei einem Typen-Spannbetonbehälter aus Ortbeton mit flachem Kugelschalendach [B 2/3]

*) phenolfreie Bitumenvergußmasse

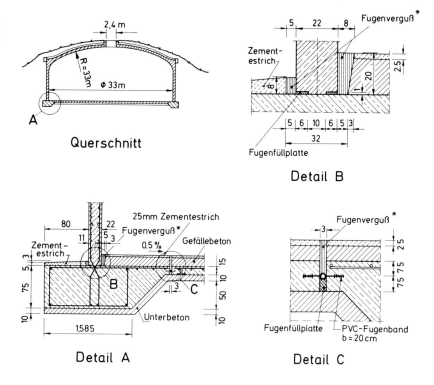

Querschnitt

Detail B

Detail A

Detail C

(5) Wasserschloß der Wasserkraftanlage in Pueblo Viejo, Guatemala

Der kreiszylindrische Spannbeton-Wasserbehälter hat ein Fassungsvermögen von rd. 23 000 m³. Seine Höhe beträgt 16,75 m, sein lichter Durchmesser 43 m und die Wasserstandshöhe maximal 16 m (Bild B 2/13).

Das Wasserschloß liegt in einer Erdbebenzone. Bei der Behälter- und Fugenkonstruktion waren daher besondere Sicherheitsaspekte zu beachten. Bemerkenswert ist die Ausbildung der Bewegungsfuge zwischen Wand und Sohle als Sicherheitsfuge mit beschränktem Verschiebungsweg. Konstruktiv wurde dies erreicht durch die Verzahnung des Ringfundaments mit der Behälterwand. Sowohl in vertikaler als auch in horizontaler Richtung wurden bewehrte Elastomerlager in die Fuge eingebaut.

Die Sohlplatte wurde durch Raumfugen ringförmig und radial unterteilt. Zwischen Unterbeton bzw. Ringfundament einerseits und Sohle andererseits ist eine Trennfolie angeordnet.

(6) Typen-Spannbetonbehälter aus Ortbeton mit flachem Kugelschalendach, DDR [B 2/3]

Nach dieser Bauform gibt es in der DDR Behälter mit Nenninhalten von 2000 bis 25 000 m³. Bild B 2/14 zeigt die Fugenanordnung und -ausbildung eines 5000 m³ Behälters.

Der Behälter hat einen lichten Durchmesser von 33 m. Die Behälterwand ist 22 cm, die Kuppel 12 cm und die bei Wasserbehältern nicht vorgespannte Behältersohle 15 cm dick. Zwischen Ringfundament und Behältersohle ist eine Raumfuge angeordnet. Außerdem ist die Sohle durch eine Kreuzfuge in Viertelkreisflächen unterteilt. Zur Dichtung dieser Fugen sind 200 mm breite PVC-Fugenbänder einbetoniert. Der Fugenverschluß besteht aus phenolfreier Bitumenvergußmasse.

Die Behälterwand wird in 8 Abschnitten betoniert. Der Anschluß der Wand an das Streifenfundament ist als Betongelenk ausgebildet. Die Verformungsfähigkeit in der Gelenkfuge wird durch beiderseitig neben der Gelenkbewehrung eingelegte elastische Streifen sowie beidseitig 5 bis 8 cm breite mit Bitumenmasse vergossene Fugen zwischen Wand und Estrich gesichert. Der innere Fugenverguß stellt gleichzeitig die Dichtung der Sohle-/Wandfuge dar. Die Vorspannung der Behälterwand erfolgt durch Einzelspannglieder von 4 gleichmäßig auf dem Umfang verteilten Lisenen aus.

Nach Vorspannung der Behälterwand wird die Kuppel einschließlich Zugring unter Verwendung eines demontierbaren Lehrgerüstes hergestellt und der Zugring vorgespannt.

Bild B 2/15
Fugenausbildung bei einem Spannbetonmontagebehälter der Typenreihe Halle BA mit ebenem Dach, DDR [B 2/3]

Anmerkungen:
1 Ausgleichestrich, 30 mm
2 Gleitfuge 15 mm aus Bitumen-Kautschukmasse mit 2 Einlagen aus 0,3 ... 0,5 mm Rein-Aluminium weich und 5 mm Mörtelfuge (montageseitig!)
3 Torkretputz, Drahtdeckung mindestens 35 mm
4 phenolfreie Bitumenvergußmasse
   Vor dem Einbringen der Vergußmasse sind die Dehnungsfugen zu säubern, zu trocknen und mit einem Kaltanstrich zu versehen. Die Vergußmasse ist in Lagen einzubringen
5 Bitumen-Voranstrich und 2 Bitumen-Deckanstriche
6 Lagerfuge: 1 Lage 500er Pappe, MG III 25 mm
7 Ausgleich-Zementestrich, 20 mm
8 Bitumen-Sickerwasserdichtung aus drei Lagen 500er Pappe
9 Schutzbeton, 50 mm

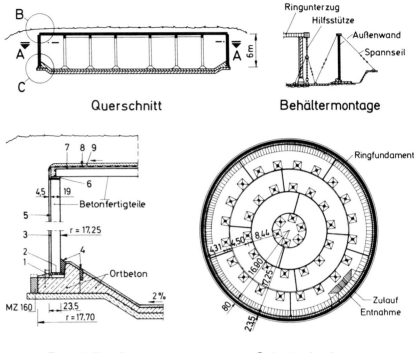

Querschnitt   Behältermontage

Detail B u.C   Schnitt A - A

Bild B 2/16
ACONTANK-Montagebehälter mit vorgespannter Wand, A-Betong-Sabema AB, Göteborg, Schweden (nach Firmenunterlagen)

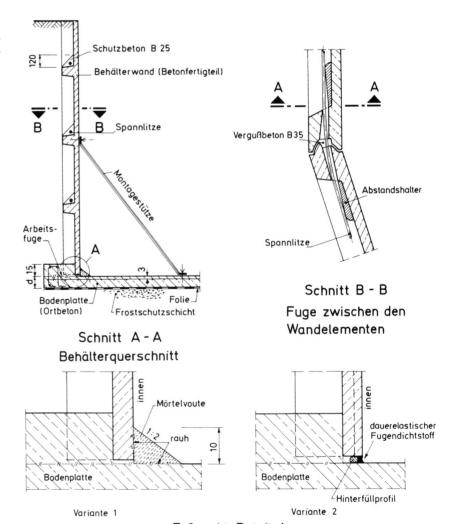

Schnitt A - A
Behälterquerschnitt

Schnitt B - B
Fuge zwischen den Wandelementen

Variante 1   Variante 2

Fußpunkt Detail A

Bild B 2/17
GB-Polygon-Wasserbehälter aus Stahlbeton-
fertigteilen (Prinzip) (nach Produktinformation
Polygonreservoirs, Betonfabriek Gelissen BV,
Beek, Holland, 1986)

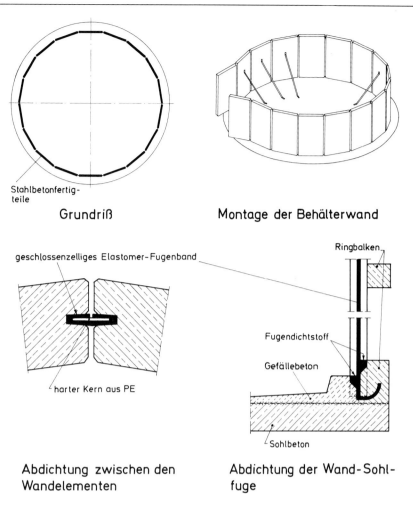

Stahlbetonfertig-
teile

Grundriß   **Montage der Behälterwand**

geschlossenzelliges Elastomer-Fugenband

Ringbalken

Fugendichtstoff

Gefällebeton

harter Kern aus PE   Sohlbeton

Abdichtung zwischen den   **Abdichtung der Wand-Sohl-**
Wandelementen   **fuge**

(7) Spannbetonmontagebehälter mit ebenem Dach,
    DDR [B 2/3]

In Bild B 2/15 sind die Fugenanordnung und -ausbildung eines
5100 m³-Behälters der Typenreihe Halle/BA dargestellt. Der
Behälter hat einen lichten Durchmesser von 34,5 m und eine
Höhe von rd. 6 m. Der maximale Wasserstand über der Sohle
beträgt 5,87 m.

Die Errichtung des Behälters läuft wie folgt ab: Zuerst werden
der Unterbeton und das fugenlose Ringfundament für die Behälterwand aus Ortbeton hergestellt. Anschließend wird der
Behälter aus Betonfertigteilen montiert. Die Behälterwand
besteht aus 2,5 m breiten, 5,96 m langen, 19 cm dicken wasserundurchlässigen Betonelementen, deren Außenseite gekrümmt
und deren Innenseite gerade ist. Die Wandelemente werden
auf einer Gleitschicht aus Spezialbitumen-Kautschuk-Masse
mit Alu-Folieneinlage (d = 15 mm) und einer bauseitigen Mörtelfuge (d = 5 mm) versetzt. Zwischen den Betonelementen
verbleiben rd. 5 cm breite Fugen. Die 22 cm dicken Decken-
elemente werden von Fertigteilunterzügen und -stützen getragen. Die Stützen sind zuvor in vorgefertigte Hülsenfunda-
mente versetzt. Nach vollständiger Montage des Behälters
werden die Wandfugen eingeschalt und satt mit Beton B 30
verschlossen. Es folgt die Herstellung der Behältersohle aus
Ortbeton in einzelnen Abschnitten mit Estrichoberfläche und
der Verguß der Sohlfugen mit phenolfreier Bitumenmasse.
Anschließend wird die Behälterwand nach dem Wickelverfah-
ren in Ringrichtung vorgespannt. Die Spanndrähte werden mit
einer 3,5 cm dicken Torkretschicht geschützt.

Bild B 2/18
Fugenausbildung beim Wasserhochbehälter
Scholven, Gelsenkirchen; Ausführung 1980/82
(nach Unterlagen der Gelsenwasser AG, Gelsenkirchen)

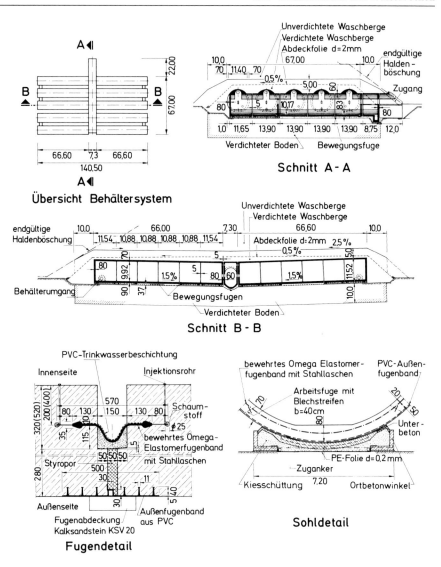

**(8) Spannbetonmontagebehälter, System ACONTANK,
A-Betong-Sabema AB, Göteborg, Schweden**

Das Bild B 2/16 zeigt die Fugenausbildungen in der Behälterwand und zwischen Wand und Sohle. Die Fugen zwischen den
einzelnen Wandelementen sind gelenkartig geformt und haben
eine Aussparung zum Vergießen. Durch das Vergießen der
Aussparungen mit Beton und die Vorspannung der Behälterwand in Ringrichtung werden die Wandfugen überdrückt und
sind in der Regel dicht. Bei der Wand-/Sohlfuge wird die Abdichtung durch das Betonieren des äußeren Ringbalkens und
einer inneren Mörtelvoute erzielt (Variante 1). Bei hohen
Anforderungen an die Dichtigkeit des Behälters werden alle
Innenfugen mit einem dauerelastischen Dichtstoff abgedichtet
(Variante 2).

**(9) Stahlbetonmontagebehälter, System GB-Polygonreservoir,
Gelissen Beton, Beek, Holland**

Bei diesem Behältersystem sind die Wandfugen mit einer Ela-
stomer-Kompressionsdichtung, die in die Betonelemente beidseitig eingreift, abgedichtet (Bild B 2/17). In der Sohle werden
die Wandelemente durch Gegenbetonieren des Ringbalkens
außen und des Sohlgefällebetons mit Randverstärkung innen
dicht eingebunden. Die Elastomer-Dichtung der Wandfugen
wird über der Sohle nach außen geführt und in den Ringbalken
einbetoniert. Der Fugenbereich wird innen und außen zusätzlich mit einem Fugendichtstoff abgedichtet.

Einzelheiten zum Dichtungsprofil siehe Bild A 2/17 b.

c) Rohrförmige Erdbehälter

Neben den häufigsten Grundformen für Wasserbehälter
– Rechteck und stehender Kreiszylinder – gibt es horizontal
liegende rohrförmige Behälter sowohl in Ortbeton- als auch in
Montagebauweise. Ein Beispiel für ein großes Ortbetonbau-
werk dieser Art ist der Wasserhochbehälter Scholven in Gelsenkirchen mit einem Nutzinhalt von 36000 m³ (Bild B 2/18,
[B 2/8]):

Bild B 2/19
Beispiel für die Fugenausbildung bei einem
Regenrückhaltebecken aus Stahlbeton-Falz-
muffenrohren

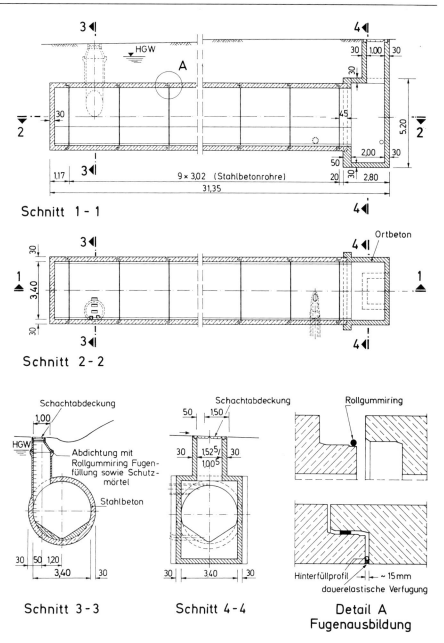

Schnitt 1-1

Schnitt 2-2

Schnitt 3-3

Schnitt 4-4

Detail A
Fugenausbildung

Bild B 2/20
Aus Rohren und Rohrformstücken zusammen-
gesetzte Abscheideanlage für Leichtflüssigkeiten an der Bundesautobahn A8, Abfahrt
Schwemmlingen (Rohrstränge DN 1700, Rohr-
länge 3,50 m; Ölsammeltürme DN 2400)
[B 2/13]

Auf einer Abraumhalde der Ruhrkohle AG in Gelsenkirchen-Buer-Scholven errichtete die Gelsenwasser AG einen Trinkwasserspeicher als Hochbehälter. Die Behälteranlage besteht aus zehn röhrenartigen Stahlbeton-Wasserkammern ohne Abdichtung mit zentral angeordneter Schiebekammer und ist ca. 30 m überschüttet. Um Senkungen und Setzungsdifferenzen auf ein vertretbares Maß zu reduzieren, mußte der aus locker geschüttetem Haldenmaterial bestehende Untergrund besonders verdichtet werden. Das gesamte Bauwerk ist in Form einer Gliederkette unterteilt, um evtl. auftretende Setzungsunterschiede und Längenänderungen in der Größe von bis zu ± 5 cm aufnehmen zu können. Der maximale Wasserdruck beträgt 1,0 bar.

Die Einzelelemente der Wasserkammern mit einem Durchmesser von ca. 10 m im Lichten haben eine Länge von rd. 11 m. Bei der Schieberkammer beträgt die Elementlänge rd. 14 m. Die Wanddicke der Röhren beläuft sich auf 60 cm bzw. in der Sohle 70 bis 80 cm.

Die Wasserdichtheit zwischen den Elementen wird durch ein speziell für diese Anlage entwickeltes, 57 cm breites, bewehrtes Elastomer-Omega-Fugenband mit Stahllaschen und Injektionsmöglichkeit sichergestellt. Es ist in den Stirnflächen der Rohrelemente einbetoniert. Die Fuge ist im äußeren Bereich 5 cm breit und mit Styropor ausgefüllt. Zum Boden hin ist der Fugenspalt durch ein einbetoniertes 50 cm breites außenliegendes PVC-Fugenband und eine Vormauerung aus Kalksandsteinen abgedeckt. Innen ist der Fugenspalt auf 15 cm Breite aufgeweitet. Der direkte Kontakt zwischen Elastomer-Fugenband und Trinkwasser wird durch eine werkseitig aufgebrachte Beschichtung auf PVC-Basis vermieden.

Bei der Herstellung der Rohrelemente wurde die Sohle vorwegbetoniert. Die horizontalen Arbeitsfugen zwischen Sohle und anschließender Rohrwandung wurden mit 40 cm breiten Stahlblechstreifen abgedichtet.

Die vorgegebene Geometrie des Bauwerks und die Materialsteifigkeit des Fugenbands führten zu erheblichen Schwierigkeiten beim Einbau der Bänder und auch der Fugenschalung. Nach Fertigstellung des Bauwerks wurden alle Injektionskanäle mit Epoxidharz ausgepreßt. Aufgrund der verbrauchten Harzmengen ist davon auszugehen, daß die Injektion z. T. erforderlich war. Auch nach der ersten Füllprobe mußte stellenweise noch nachverpreßt werden.

Bild B 2/19 zeigt ein Regenrückhaltebecken aus Stahlbeton-Falzmuffenrohren DN 3400. Die Fugen sind mit Rollgummiringen abgedichtet und auf der Innenseite mit einem dauerelastischen Fugendichtstoff verschlossen. Endwand, Schacht- und Rohreinbindestutzen sind an den Rohren anbetoniert bzw. angeformt. Die hierdurch vorhandenen Arbeitsfugen haben keine besondere Dichtung.

Bauwerke dieser Art aus Stahlbetonrohren mit Rohrdurchmessern ab 1600 mm werden als Rückhaltebecken heute häufig eingesetzt. Teilweise bestehen die Wasserbehälter auch aus mehreren parallelen Rohren mit Verbindungs- und Schachtbauwerken aus Rohrelementen. Ein Ausführungsbeispiel zeigt Bild B 2/20. Hierbei handelt es sich um eine Abscheideanlage für Leichtflüssigkeiten an der Autobahn. Als Dichtung zwischen den Rohrelementen wurden benzin- und ölbeständige Gleitringdichtungen aus Nitrilkautschuk eingebaut.

B 2.3 Becken und Rinnen in Kläranlagen

Becken und Rinnen in Kläranlagen sind in der Regel oben offene, zum großen Teil im Boden lagernde Bauwerke aus wasserundurchlässigem Beton, die mit Abwasser gefüllt sind. Häufig liegen sie auch im Grundwasserbereich, so daß eine Wasserdruckbeanspruchung von beiden Seiten gegeben ist. Die Größe des Wasserdrucks beträgt etwa 0,1 bis 0,4 bar von innen und außen wirkend, je nach dem, ob die Becken gefüllt oder leer sind. Um ein dichtes Bauwerk zu erhalten, sind bei der Bemessung und Verteilung der Bewehrung sowie bei der Anordnung und Ausbildung der Fugen insbesondere die Temperaturbeanspruchungen im Bau- und Betriebszustand sowie die Gründungsverhältnisse zu beachten.

Bei den offenen Becken gibt es im wesentlichen zwei Formen:

- die Längsbecken und Rinnen sowie
- die Rundbecken.

a) Längsklärbecken und Rinnen

Längsbecken und Rinnen in Ortbetonbauweise mit schlaffer Bewehrung erhalten üblicherweise Dehnungsfugen in 8 bis 12 m Abstand. Ein Beispiel hierfür zeigt Bild B 2/21. Für die Ausbildung der Dehnungsfugen gilt folgendes (Bild B 2/22):

- Die Fugenbreite beträgt i. a. 1 bis 2 cm. Als Fugeneinlagen werden Bitumen-Weichfaserplatten oder feinporige Hartschaumplatten eingesetzt.

- Die Fugendichtung besteht meist aus innenliegenden PVC- oder Elastomer-Fugenbändern mit mindestens 25 cm Breite. Teilweise werden auch Außenfugenbänder eingebaut.

- Auf der Beckeninnenseite werden als Fugenverschluß einbetonierte Abdeckbänder aus PVC, eingestemmte Elastomer-Konpressionsprofile, dauerelastische Fugendichtstoffe sowie vorkomprimierte, imprägnierte offenzellige Polyurethanschaumbänder eingesetzt. Am besten bewährt haben sich auf Dauer die einbetonierten PVC-Fugenabdeckbänder und die eingestemmten Elastomer-Kompressionsprofile aus Chloropren-Kautschuk (CR).

- Mit dauerelastischen Fugendichtstoffen liegen für Klärbecken nicht so gute Erfahrung vor: Für den Abwasserbereich sind Dichtstoffe auf der Basis von Polysulfid (auch als Thiokole bekannt; SR) ungeeignet, da keine Langzeitbeständigkeit gegenüber den mikrobiologischen Prozessen in Abwässern besteht. Beständig sind hier zur Zeit nur Dichtstoffe auf der Basis von Polyurethan (PUR) und Polyurethan-Teer. Allerdings benötigen die in der Regel steiferen Polyurethan-Dichtstoffe größere Fugenbreiten als die Polysulfid-Dichtstoffe (siehe hierzu Kap. A 2.1.3 und A 2.2.2.2 sowie Tabelle A 2/12). Für 10 m Fugenabstand – bei einem Becken im Freien – müßte z. B. die Breite der Kittfuge mit Polyurethan-Dichtstoff mindestens 30 mm betragen. Bei der Regelfugenbreite von 20 mm ist somit ein Abreißen des Dichtstoffs von den Fugenflanken mit der Zeit zu erwarten. Eine optimale Ausbildung der Kittfuge bei 20 mm Regelfugenbreite zeigt Bild A 2/49 a.

- Für die Befahrung der Wände mit den Laufrädern der Räumerbrücke werden die Dehnungsfugen in der Regel mit Edelstahlblechen abgedeckt. Beispiele hierfür zeigt Bild B 2/23. Mit beiden dargestellten Lösungen liegen gute Erfahrungen vor.

Bild B 2/21
Übliche Fugenanordnung bei Längsklärbek-ken in Ortbetonbauweise (Regenrückhalte-becken in Duisburg, Ausführung 1979; nach Unterlagen der linksrheinischen Entwässe-rungsgenossenschaft LINEG, Moers)

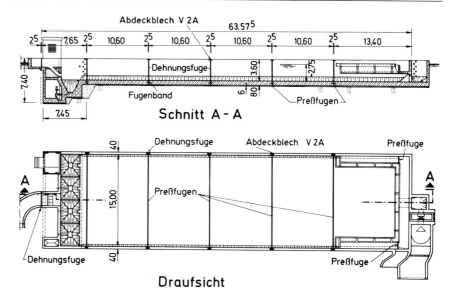

Bild B 2/22
Beispiele für die Ausbildung von Wand-Deh-nungsfugen bei Becken und Rinnen in Klär-werken (Sohlfugen entsprechend)

Anmerkungen:

1. Der Fugenverschluß erfolgt an den Innen-flächen der Becken- bzw. Rinnen, am Wandkopf und an der Wandaußenseite mindestens bis 20 cm unter späterer Gelän-deoberkante (GOK); unterhalb GOK Schutz der Fugen gegen eindringenden Boden z. B. durch Platten, einbetonierte Abdeckprofile oder auch dauerelastische Fugendichtstoffe

2. PVC- oder Elastomer-Fugenband. Anstelle der innenliegenden Fugenbänder werden auch als Hauptdichtung (gleichzeitig äuße-rer Fugenabschluß) außenliegende Fugen-bänder eingesetzt.

3. B Funktion von Fugenabstand, Tempera-turdifferenzen, Einbautemperatur, prakti-scher Dehn- und Stauchgrenzwert des Fugendichtstoffs

4. Innerer Fugenverschluß mit Fugendicht-stoffen (beachte Text)

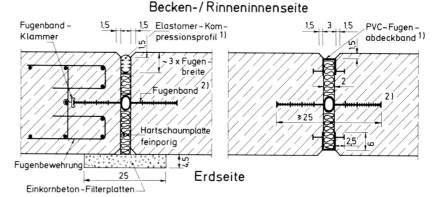

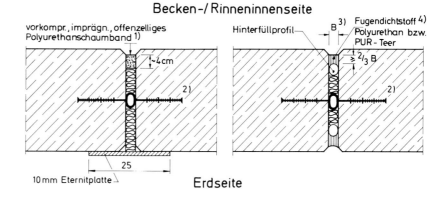

Zwischen Beckensohle und -wand wird meist eine Arbeitsfuge angeordnet. Zur Dichtung werden Kunststoff-Fugenbänder oder Stahlfugenbleche eingebaut. Die monolithische Bauweise von Wand und Sohle wird nur selten angewandt, da sie scha-lungstechnisch aufwendig ist.

Ein Beispiel für ein abgedecktes Becken in üblicher Ortbeton-bauweise zeigt Bild B 2/24. Hierbei handelt es sich um ein Reinsauerstoff-Reaktionsbecken der Kläranlage Göppingen mit Abmessungen von 30 m × 60 m. Es ist durch 1 Längs- und 4 Querdehnungsfugen unterteilt. In den Außenwänden sind Dübel in den Fugen eingebaut (Durchmesser 28 mm, l = 50 cm, a = 50 cm). Die Fugenabdichtung mußte sowohl gas- als auch wasserdicht ausgeführt werden:

– Gasdruck max. 12,5 cm Wassersäule
– Wasserdruck 400 cm Wassersäule.

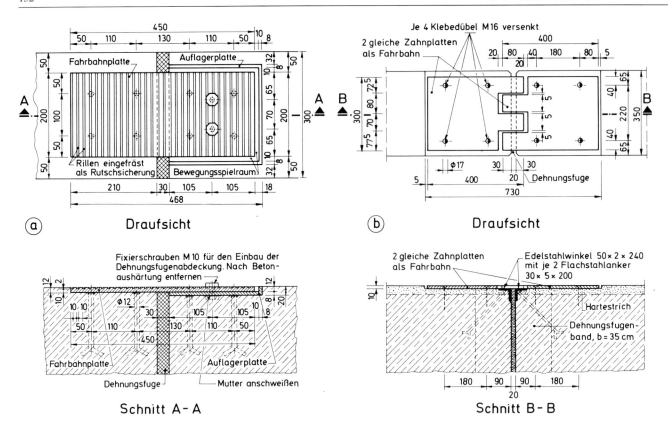

Bild B 2/23
Dehnungsfugenabdeckungen für Räumerfahr-
bahnen aus Edelstahl: a) Klärwerk Xanten,
1979, b) Klärwerk Lebach, 1980 (nach Unterlagen der linksrheinischen Entwässerungsge-
nossenschaft LINEG, Moers bzw. des Abwasserverbands Saar, Saarbrücken)

Außerdem mußte das Fugenbandmaterial sauerstoffbeständig
sein. Gewählt wurden hierfür nach eingehenden Untersuchungen 25 bis 35 cm breite innenliegende Elastomerfugenbänder
aus Chloropren-Kautschuk und Kompressionsverschluß-Fu-
genbänder aus gleichem Material. Nach rd. 7jährigem Betrieb
haben sich keine negativen Erscheinungen am Bandmaterial
gezeigt. Die vertikalen Lasten der Abdeckplatten werden
durch Elastomerlager getrennt von der Dichtung in der Wand-/
Deckenfuge aufgenommen. Das in der Wand-Deckenfuge laufende Fugenband wird zu diesem Zweck bereichsweise nach
innen verzogen.

Besondere Fugenausbildungen sind im Bergsenkungsgebiet
erforderlich, wo große Bewegungen aufzunehmen sind (siehe
Kap. A 1.2.1). Ein Beispiel hierfür zeigt Bild B 2/25. Zur Aufnahme der erwarteten bergbaulichen Einwirkungen wurde
eine Fugenbreite von 10 cm gewählt. Zum Innern sowie zum
Erdreich (nur im Wandbereich) hin ist der Fugenspalt mit
einer Schleppblechkonstruktion aus Edelstahl abgedeckt. Ungleichmäßige Setzungen der Blöcke werden im Fugenbereich
durch die gefalzte Sohlausbildung mit Gleitfuge vermieden.
Als Dichtung ist ein 50 cm breites Elastomer-Fugenband in der
Fuge einbetoniert.

Neben der bisher beschriebenen, normalerweise üblichen Ausführung mit Dehnungsfugen werden große Becken in Sonderfällen auch „fugenlos" ausgeführt. Ein Beispiel in Spannbeton-
bauweise zeigt Bild B 2/26. Das 75 m × 52 m große Becken der
Kläranlage Hoechst AG ist voll vorgespannt und ohne Dehnungsfugen. Die Aufteilung des Beckens in Betonierabschnitte
und die Ausbildung der Arbeitsfugen wird im folgenden beschrieben [B 2/9]:

Die Sohle wurde in neun gleich großen Abschnitten betoniert.
Als Fugenabdichtung wurden außenliegende PVC-Arbeitsfugenbänder eingebaut. Beginnend mit den äußeren Abschnitten entstand in drei Betonierphasen von je 25 m Länge
zunächst der mittlere Längsstreifen von 7,34 m Breite. Er
wurde nach Herstellung und Erhärtung der mittleren Teil-
platte teilvorgespannt. Mit einer in Längsrichtung gleichen
Betonierfolge wie beim Mittelstreifen, d. h. beginnend mit den
jeweiligen Eckabschnitten, wurden gleichzeitig die beiden verbleibenden Randstreifen betoniert. Nach paarweiser Fertigstellung der einzelnen Randstreifenstücke wurden sie umgehend zusammen mit dem entsprechenden Mittelstück teilweise
quer vorgespannt und nach Erhärten der beiden letzten, mittleren Randabschnitte ebenfalls teilweise längs vorgespannt.
Die gewählte Betonierfolge gewährleistete, daß die Unterschiede im Betonalter benachbarter Abschnitte klein und annähernd gleich groß gehalten wurden und in einer Richtung
zusammenhängende Abschnitte möglichst frühzeitig eine Teilvorspannung erhalten konnten.

Bild B 2/24
Fugenausbildung beim Reinsauerstoff-Reaktionsbecken der Kläranlage Göppingen; Baujahr 1976 (nach Unterlagen des Tiefbauamts der Stadt Göppingen)

Anmerkungen:
1 Elastomer-Fugenband
  (Chloropren-Kautschuk), b = 25 cm
2 Elastomer-Fugenband
  (Chloropren-Kautschuk), b = 35 cm
3 PVC-Fugenverschlußband
4 Elastomer-Kompressionsfugenband (Chloropren-Kautschuk); Fermadur, DENSO-Chemie, Leverkusen
5 Elastomerlager
6 Fugeneinlage

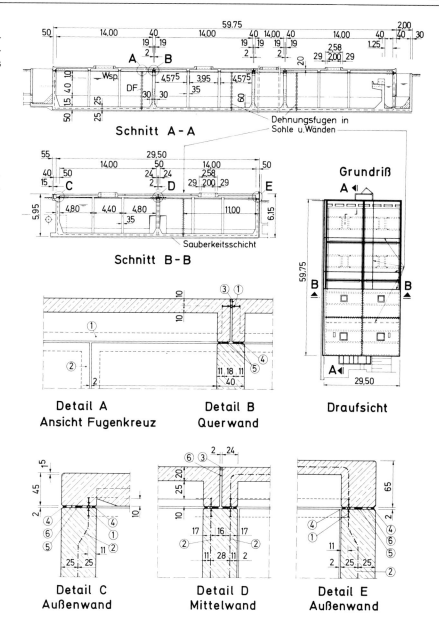

Die Beckenwände wurden in 7,32 m breiten Abschnitten jeweils auf volle Wandhöhe hergestellt und hierfür zunächst jeder zweite Wandabschnitt freistehend betoniert. Eine Teilvorspannung in Längsrichtung war erst nach Fertigstellung einer gesamten Wand möglich, wenn Spannglieder in die abschnittsweise eingebauten und gemufften Hüllrohre eingeschoben und gespannt werden konnten. Die Arbeitsfugen wurden als Schwindfugen ausgebildet (Bild B 2/26b). Dadurch konnte das Entstehen schädlicher Risse innerhalb der einzelnen Wandteile weitgehend vermieden werden. In den Fugen wurde der Betonquerschnitt durch zwei in die Bewehrung eingeflochtene viereckige Aussparungskörper aus Streckmetall und außenseitige Trapezleisten von 3 cm Tiefe geschwächt. Vor Aufbringen einer Längsvorspannung wurden die Aussparungen mit Einpreßmörtel bzw. mit PCI-Mörtel verfüllt. Die Arbeitsfugen in den Umfassungswänden wurden zusätzlich mit PVC-Außenfugenbändern gedichtet.

Um die Zwängungsspannungen an der Sohlenunterseite aus Vorspannung, Kriechen, Schwinden und Temperatureinwirkung möglichst gering zu halten, wurde eine bituminöse Gleitschicht unter der Sohle angeordnet. Konstruktive Maßnahmen verhindern das seitliche Austreten der Bitumenmasse aufgrund der hohen Auflast entlang der Sohlbegrenzung unterhalb der Außenwände (Bild B 2/26d). Die eingebaute Gleitschicht besteht zu 70% aus Bitumen B25 und zu 30% aus Naturasphalt. Sie wurde in zwei Teilschichten bis zu einer Mindestdicke von 10 mm auf den mit Glasvliesbahnen abgedeckten oben abgezogenen Unterbeton mit einer Temperatur von 160°C aufgebracht. Gegen mechanische Beschädigungen wurde die Gleitschicht durch einen Estrich geschützt.

Bild B 2/25
Fugenausbildung bei der Rechenanlage mit
Beruhigungsstrecke des Abwasser-Pumpwerks
Kapellen bei Moers; Ausführung 1982/83

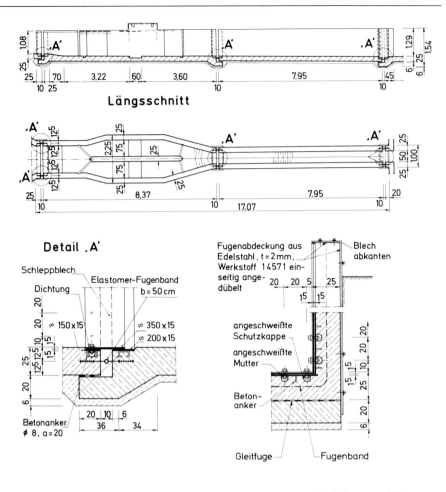

Bild B 2/26
Fugenausbildung bei einem Belebungsbecken
der Kläranlage Hoechst AG, Frankfurt/Main;
Ausführung 1975/76 [B 2/9]

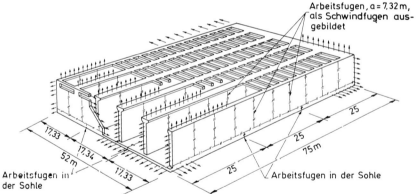

(a) Beckenkonstruktion mit Anordnung der Vorspannung und der
Arbeitsfugen (schematisch)

Zum Schutz des Betons gegen möglicherweise auftretendes
aggressives Grundwasser dient eine Kunststoffolie, die das
gesamte Becken im erdberührten Bereich dicht umschließt.
Besondere konstruktive Lösungen waren im Bereich der zwanzig nach unten verspringenden Pumpensümpfe erforderlich
(Bild B 2/26c).

Durch die Weiterentwicklung der Betontechnologie, insbesondere aber der Bewehrungstechnik und Bemessung (Rißbreitenbegrenzung max. 0,1 mm bis 0,2 mm) ist es heute möglich,
große Rechteck-Klärbecken ohne Dehnungsfugen mit schlaffer Bewehrung herzustellen. Zur Verbesserung des Rißverhaltens und zu Einsparungen an der dafür erforderlichen schlaffen
Bewehrung bietet sich häufig eine zumindest leichte konstruktive Vorspannung der Behälterwände an.

noch Bild B 2/26

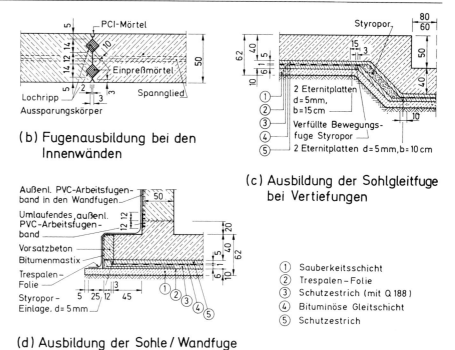

(b) Fugenausbildung bei den
Innenwänden

(c) Ausbildung der Sohlgleitfuge
bei Vertiefungen

① Sauberkeitsschicht
② Trespalen–Folie
③ Schutzestrich (mit Q 188)
④ Bituminöse Gleitschicht
⑤ Schutzestrich

(d) Ausbildung der Sohle / Wandfuge
und der Sohlgleitfuge

Bild B 2/27
Fugenausbildung beim Vorklärbecken der
Kläranlage Gründlachtal, Bauherr Stadt Nürn-
berg; Ausführung 1982 (nach Unterlagen des
Tiefbauamts Nürnberg)

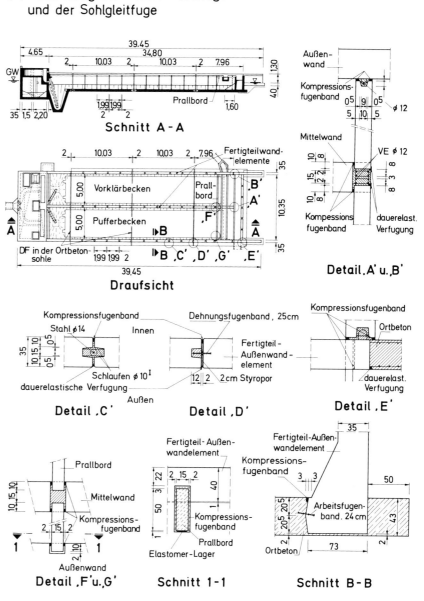

Bild B 2/28
Fugenausbildung beim Vorklärbecken der
Kläranlage Hameln; Ausführung 1973 (nach
Unterlagen des Tiefbauamts Hameln)

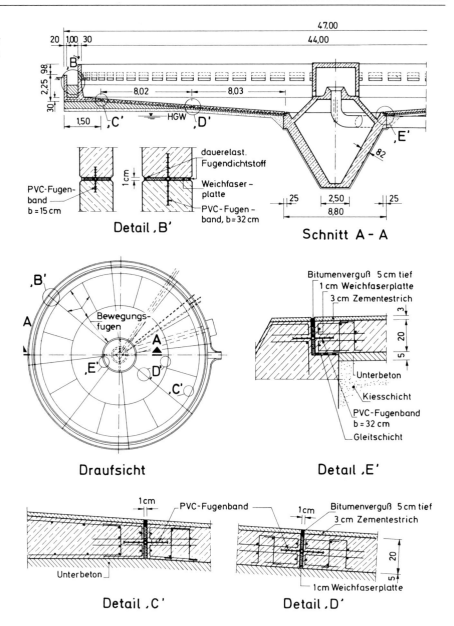

Längsklärbecken werden auch in Fertigteilbauweise hergestellt. Bild B 2/27 zeigt hierfür ein Ausführungsbeispiel aus
Nürnberg. Die Sohle besteht aus Ortbeton, die Wände aus
1,99 m breiten Beton-Fertigteilelementen. Das Becken ist in
ca. 10 m Abstand durch Bewegungsfugen unterteilt, die mit
einem 25 cm breiten PVC/NBR-Dehnungsfugenband gedichtet sind. In der Fuge zwischen Fertigteilwand und Ortbetonsohle ist ein 24 cm breites PVC/NBR-Arbeitsfugenband eingebaut. Für den inneren Fugenverschluß wurden sowohl in den
Bewegungsfugen als auch in den starren Fertigteilfugen Elasto-
mer-Kompressionsbänder aus Chloropren-Kautschuk (CR)
(Fermadur, Denso-Chemie, Leverkusen) eingestemmt. Außen
wurden alle Fugen im Wandbereich mit einem dauerelastischen Polyurethan-Teer-Fugendichtstoff verschlossen.

b) Rundklärbecken

Bei den Rundklärbecken in Ortbetonbauweise mit schlaffer
Bewehrung wird die Sohle in der Regel durch kreisförmige und
radiale Bewegungsfugen in Mittelkonstruktion mit Schlammtrichter, Einzelsegmenten und Ringfundament für die Behälterwand aufgeteilt (Bilder B 2/28 und B 2/29). Die Verbindung
zwischen Ringfundament und Beckenwand wird unterschiedlich gelöst:

– Beim Vorklärbecken Hameln (Bild B 2/28) z. B. ist die Bek-
kenwand mit dem Ringfundament biegesteif verbunden und
durch Bewegungsfugen in 8 Ringsegmente aufgeteilt. Der
innere Wasserdruck wird durch die als Winkelstützmauer
ausgebildete Behälterwand aufgenommen. Die Fugen sind
1 cm breit und mit einem 32 cm breiten PVC-Fugenband
abgedichtet. Der dauerelastische bzw. plastische wassersei-
tige Fugenverschluß ist nicht zu empfehlen. Bessere Ausbildungen hierfür enthält z. B. Bild B 2/22.

Bild B 2/29
Fugenausbildung beim Vorklärbecken des
Klärwerks Uedem; Ausführung 1982 (nach
Unterlagen des Niersverbands)

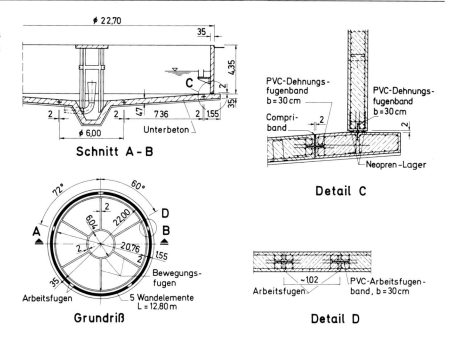

Bild B 2/30
Fugenausbildung beim Nachklärbecken der
Kläranlage in Lebach; Ausführung 1979 (nach
Unterlagen des Abwasserverbands Saar, Saar-
brücken)

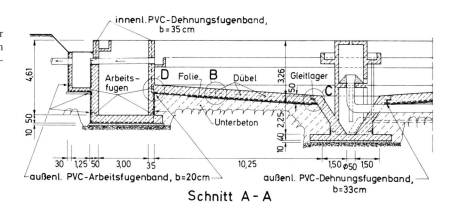

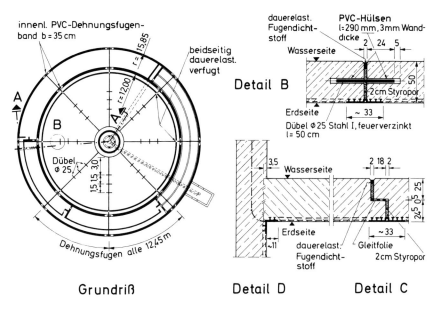

Bild B 2/31
Querschnitt durch ein rundes Nachklärbecken
ohne Dehnungsfugen mit schlaffer Bewehrung
und Rißbreitenbeschränkung [B 2/15]

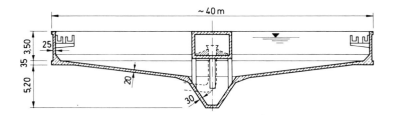

– Beim Vorklärbecken Uedem (Bild B 2/29) ist demgegenüber zwischen Ringfundament und senkrechter Beckenwand
eine Bewegungsfuge angeordnet. Die durchgehend schlaff
bewehrte „fugenlose" Behälterwand nimmt den Wasserdruck durch Ringzugkräfte auf. Ein besonderer Vorteil der
Bauweise ist, daß durch den dehnungs-fugenlosen Wandring
ein störungsfreier Betrieb der auf der Wandkrone laufenden
Räumerbrücke gewährleistet ist.

Die Fugen in der Sohle sind 2 cm breit und mit einem 30 cm
breiten PVC-Dehnungsfugenband abgedichtet. Das gleiche
Fugenband ist auch zwischen Ringfundament und Wand eingebaut. Die Beckenwand liegt auf Neopren-Lagern. Sie
wurde in 4 Abschnitten mit Schwindgassen von ca. 1 m
Breite betoniert. Nach weitgehendem Abklingen der Längenänderungen aus Temperatur und Schwinden wurden die
Lücken zubetoniert. Die Arbeitsfugen in der Beckenwand
sind mit PVC-Arbeitsfugenbändern gesichert. Nach dem
Betonieren wurden alle Sohlfugen bis auf 4 cm Tiefe ausge-
kratzt, gesäubert sowie vorgestrichen und mit vorkomprimierten, imprägnierten, offenzelligen Polyurethanschaum-
bändern geschlossen (Compriband, Chemiefac, Düsseldorf).

Ein weiteres Beispiel für die Ausbildung der Beckenwand als
Stützbauwerk mit Fugen zeigt das Nachklärbecken Lebach
(Bild B 2/30). Hier ist die Beckenwand als 3 m breiter kreisförmiger Kanalquerschnitt ausgebildet und die Sohlplatte darin
eingespannt. Kanal und Sohlplatte sind durch radiale Dehnungsfugen in 8 Segmente unterteilt, die zur Querkraftübertragung im Sohlbereich verdübelt sind. Um die Temperatur- und
Schwindbewegungen der Sohle in Richtung Randkanal zu
ermöglichen, ist in der Fuge zum Unterbeton hin eine Folie
eingelegt. Zwischen Sohle und der Mittelkonstruktion mit
Schlammtrichter ist eine kreisförmige, abgetreppte Dehnungsfuge mit Gleitlager vorhanden. Die Dehnungsfugen sind
durchweg 2 cm breit. Zur Abdichtung sowohl der Dehnungs-
als auch der Arbeitsfugen wurden außenliegende PVC-Fugenbänder eingesetzt. Nur in den oberen Wandbereichen sind
innenliegende Fugenbänder eingebaut. Auf der Wasserseite
sind die Dehnungsfugen mit einem dauerelastischen Fugendichtstoff verschlossen.

Dichtungstechnisch nicht empfehlenswert bei dieser Ausführung ist der Wechsel vom innenliegenden zum außenliegenden
Fugenband im Wand-/Sohlbereich, da hier das Dichtungssystem von vielen kleinen auf wenige große Rippen wechselt
und nicht richtig angeschlossen werden kann.

Durch entsprechende Bewehrungstechnik und Bemessung
(Rißbreitenbegrenzung max. 0,1 mm bis 0,2 mm) können auch
große Rundbecken heute mit schlaffer Bewehrung ohne Dehnungsfugen hergestellt werden. Ein Beispiel hierfür zeigt Bild
B 2/31. Zur wirtschaftlichen Bemessung muß die Schalenwir-
kung der geneigten Gründungsschale (statisch eine flache
Kegelschale auf elastischer Bettung) mit der günstigen Lastabtragung vorwiegend über Normalkräfte berücksichtigt werden
[B 2/15].

B 2.4 Faulschlammbehälter

Faulschlammbehälter sind Flüssigkeitsbehälter, deren Füllung, nämlich der Faulschlamm, zu 90 % aus Wasser besteht. Eine wesentliche Forderung an derartige Bauwerke ist daher die Wasserdichtigkeit. Kleine Behälter (< 1500 m³) werden aus Stahlbeton mit Rißbreitenbeschränkung normalerweise unter 0,1 mm [B 2/11] hergestellt. Große Behälter werden wirtschaftlicher mit Vorspannung ausgeführt.

Gebaut werden heute drei recht unterschiedliche Behälterformen (Bild B 2/32). In der Bundesrepublik Deutschland hat sich für große und mittlere Behälter die Eiform durchgesetzt. Sie ist betriebstechnisch wie bautechnisch besonders günstig. Die Behälter in Eiform werden „fugenlos" (ohne Bewegungsfugen) hergestellt. Bei den Behälterformen 1. und 2. wird häufig eine Bewegungsfuge zwischen Sohle und Wand wie bei den normalen Wasserbehältern angeordnet. Ein Beispiel hierfür aus der Schweiz zeigt Bild B 2/33.

Bild B 2/32
Prinzipielle Faulschlammbehälterformen:
1. angelsächsische Form
2. klassische kontinentaleuropäische Form
3. Eiform
[B 2/11]

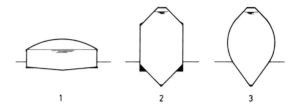

Bild B 2/33
Ausbildung der Sohle/Wandfuge beim Faulturm der Kläranlage Werdhölzli, Zürich; Ausführung 1982 (nach Unterlagen der Locher & Cie AG, Zürich)

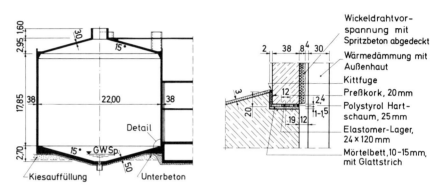

Schnitt durch den Faulturm

Detail Sohle / Wandfuge

Bild B 2/34
Fugenausbildung bei einem Überschußschlammeindicker in Nürnberg; Ausführung 1981 (nach Unterlagen des Tiefbauamts Nürnberg)

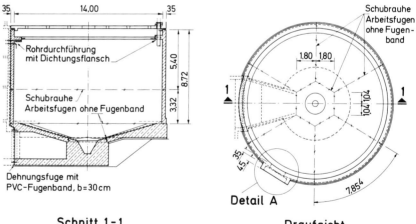

Schnitt 1-1

Draufsicht

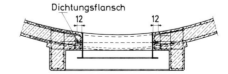

Detail A: Rohrdurchführung mit Dichtungsflansch

Bild B 2/35
Faulschlammbehälter des Klärwerks I, Nürnberg, mit Angabe der Arbeitsfugen; Herstellung in Ringbauweise mit Vorspannung in
Ring- und Meridianrichtung [B 2/3]

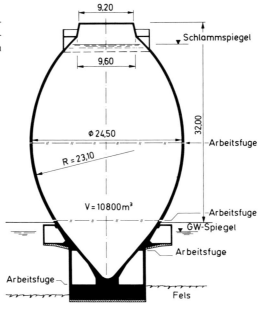

Bild B 2/36
Faulschlammbehälter Berlin-Ruhleben mit
Angaben der Betonierabschnitte und Arbeits-
fugen; Herstellung in Segmentbauweise mit
Vorspannung in Ring- und Meridianrichtung
[B 2/3]

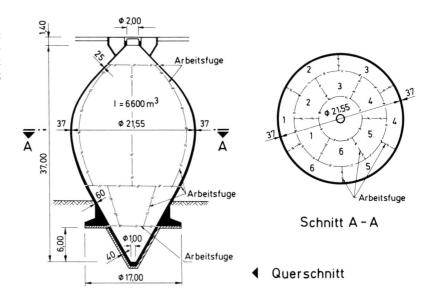

Die Behälter können nicht in einem Zug als ganzes betoniert
werden. Ein Aufteilen in größere und kleinere Betonierabschnitte ist daher unvermeidbar. In die Arbeitsfugen werden
allerdings meist keine Fugenbänder zur Dichtung eingebaut.
Die Anschlußflächen werden vielmehr vor dem Weiterbetonieren sorgfältig aufgerauht, mit Druckluft ausgeblasen und
vorgenäßt. Bei horizontalen Fugen wird zuerst eine weichere
Anschlußmischung mit weniger bzw. ohne Grobkorn (je nach
Bewehrung) eingebaut. Diese Fugenausbildung hat sich insbesondere bei Spannbetonbehältern mit überdrückten Fugen gut
bewährt. Mit innenliegenden Arbeitsfugenbändern wurden
häufig schlechte Erfahrungen gemacht, da die Verdichtung des
Betons im Bereich des Arbeitsfugenbands wegen der halbier-
ten Wanddicke und der Bewehrung nicht ausreichend war.

Die Fugenanordnung bei einem schlaff bewehrten Schlamm-
behälter in Nürnberg zeigt Bild B 2/34. Sowohl die Arbeitsfugen in der trichterförmigen Sohle als auch in der Behälterwand sind schubrauh ohne Fugenbänder ausgeführt.

Bei den eiförmigen vorgespannten Behältern ist die Anzahl
und Anordnung der Arbeitsfugen von der Bauweise abhängig:

– Bei ringweiser Herstellung wird die Wand in 3 bis 4 horizontalen Abschnitten betoniert (Bild B 2/35).

– Bei segmentweiser Herstellung wird die Wand in 4 bis 6
  durch Meridiane begrenzte Segmente betoniert (Bild B 2/36).

– Bei Herstellung in Kletterbauweise wird die Wand mit einer
  Ringsegmenthöhe von rd. 1,45 m betoniert. Bei größeren
  Behältern wird diese Bauweise mit selbstkletternden Gerü-
  sten betrieben, bei kleineren mit solchen, die am Boden stehen (Bild B 2/37).

Die Kletterbauweise stellt die jüngste Entwicklung dar und ist
wirtschaftlicher, als die beiden anderen Verfahren.

Bild B 2/37
Schema der Dywidag Kletterbauweise für
Faulschlammbehälter; Höhe der Ringsegmente
1,45 m [B 2/11]

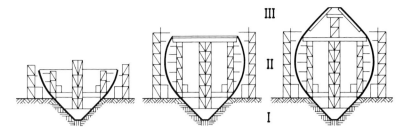

(a) Für kleine Behälter (Beispiel Lahr, V = 2400 m³)

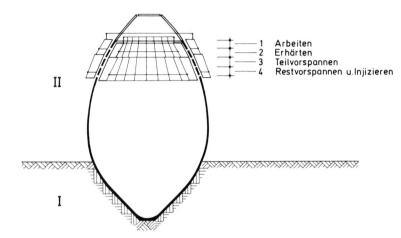

1 Arbeiten
2 Erhärten
3 Teilvorspannen
4 Restvorspannen u. Injizieren

(b) Für große Behälter (Beispiel Augsburg, V = 9000 m³)

Bild B 2/38
Stoßausbildung und Endverankerung der
DYWIDAG-Spannbewehrung im Bereich der
vertikalen Arbeitsfugen bei einem eiförmigen
Faulbehälter in segmentweiser Herstellung
[B 2/14]

Die Spannglieder werden annähernd mittig im Wandquer-
schnitt angeordnet. An den Arbeitsfugen werden sie gestoßen
bzw. zwischenverankert (Bild B 2/38). Bei der Ringvorspannung überlappen sich die Spanngliederenden im letzten Seg-
ment bzw. im Ring und werden in entsprechenden, zunächst
belassenen Aussparungen in der Wand vorgespannt. Durch
diese Aussparungen wird die Anordnung von Lisenen vermieden. Zur Sicherung der Wasserdichtigkeit müssen diese Bereiche mit besonderer Sorgfalt konstruiert und ausgeführt werden.

B 3 Rohrleitungen, geschlossene Kanäle, Düker, Durchlässe

B 3.1 Allgemeines

Fugenanordnung und -ausbildung bei Rohrleitungen, geschlossenen Kanälen, Dükern und Durchlässen sind maßgebend von der Bauweise und dem Bauverfahren abhängig.

Leitungen, Düker und Durchlässe aus Betonrohren bis DN 4000 und größer werden aus einzelnen kurzen, im Werk oder einer Feldfabrik vorgefertigten Rohrschüssen zusammengesetzt. Dabei können grundsätzlich zwei Bauweisen unterschieden werden:

– die Verlegung in offener Baugrube und
– das Vorpressen der Rohre von einem Schacht aus.

Die verschiedenen Fugenkonstruktionen beider Bauweisen werden in den Abschnitten B 3.2 und B 3.3 behandelt.

Geschlossene Kanäle und Durchlässe mit rechteckigen oder anderen Querschnitten werden aus Ortbeton oder Fertigteilen überwiegend in offener Baugrube erstellt. Beispiele für die Fugenanordnung und -ausbildung zu dieser Bauweise enthält Abschnitt B 3.4.

Daneben gibt es eine Reihe von Sonderbauverfahren. Hierzu zählen das Einschwimm- und Absenkverfahren, die geschlossenen Bauweisen wie der Schildvortrieb, der Vortrieb mit Vollschnittmaschinen und verschiedene bergmännische Vortriebsverfahren. Die Auskleidung erfolgt mit Fertigteilen (Tübbingen, Rohren) oder Ortbeton. Beispiele hierzu sind in Abschnitt B 3.5 dargestellt.

Eine wichtige Forderung an Rohrleitungen und Kanäle ist die dauerhafte Dichtigkeit der Fugen.

– Bei Abwasserleitungen darf weder Abwasser austreten, da dadurch die Gefahr einer Grundwasserverschmutzung gegeben ist, noch Fremdwasser in den Kanal eindringen, da dies zu einer hydraulischen Überlastung des Kanals und der Kläranlage führen kann. Eintretendes Grundwasser kann ferner durch Mitnahme von Bodenteilchen die Bettung der Rohrleitung schädigen und zu Setzungen im Bereich der Rohrleitung und zu ihrer Zerstörung führen.

– Bei Trink- und Brauchwasserleitungen sind Wasserverluste zu vermeiden oder stark zu begrenzen, um Aufbereitungs- und Pumpkosten gering zu halten.

– Bei Kabel- und Fernheizkanälen werden von der Nutzung her in der Regel ebenfalls dichte Bauwerke verlangt.

Der Konstruktion, Materialauswahl und Ausführung der Fugen kommt somit eine besondere Bedeutung zu.

(a) (b)

Bild B 3/1
Beispiele für die Fugenanordnung bei Rohrleitungskonstruktionen in offener Baugrube

a) Freispiegelleitung aus Stahlbetonrohren DN 2200 mit Falzmuffe, Krümmer, Zulauf und angebautem Schachtunterteil
b) Druckleitung aus Stahlbetondruckrohren DN 1000 mit Glockenmuffe, Betriebsdruck 3 bar

(Quelle [B 36])

Tabelle B 3/1
Einsatzbereiche für Rohre aus Beton, Stahlbeton und Spannbeton (nach [B 3/1])

Rohrart Benennung		Maßnorm	Technische Lieferbedingungen	Werkstoff	Nenndruck-stufe	Nennweiten-bereich mm	Hauptanwen-dungsgebiet	Besondere Anwendungs-merkmale
Beton-rohre	kreisförmiger Querschnitt	DIN 4032	DIN 4032	Beton nach DIN 4032 und DIN 1045	drucklos	100 × 1500	Abwasser-leitungen,	für normale Bela-stungen und über-wiegend statische Beanspruchungen aus Verkehr mit ausreichender Erd-überdeckung
	eiförmiger Querschnitt					400 × 600 bis 1200 × 1800		
	Sonder-querschnitt	DIN 4032 DIN 4263				–	Durchlässe, Schächte	
Stahl-beton-rohre	kreisförmiger Querschnitt	DIN 4035	DIN 4035	Stahlbeton nach DIN 4035 und DIN 1045	drucklos	250 bis 4000 und größer	Abwasserleitun-gen, Wasserver-sorgungsleitungen, Kühlwasserleitun-gen, Durchlässe, Schutzrohrleitun-gen, Rohre für Behälter, Schächte	für hohe Belastun-gen und dynami-sche Beanspru-chungen aus schwe-rem und starkem Verkehr bei gerin-ger Erdüberdek-kung, Leitungen auf Stützen, Düker, Vorpreßrohre
	Sonder-querschnitt	DIN 4035 DIN 4263						
	Druckrohre	DIN 4035	DIN 4035 und DIN 4279 T1, T5, T9, T10			überwiegend Niederdruck-leitungen bis ND 6 bar Überdruck		
Spann-beton-rohre	kreisförmiger Querschnitt	DIN 4035 (als Anhalt)	DIN 4035 (als Anhalt)	Spannbeton nach DIN 4227, T1	drucklos	500 bis 4000 und größer	Brauch- und Nutzwasser-leitungen	Rohrbrücken
	Sonder-querschnitt	DIN 4035 (als Anhalt) DIN 4263					Wasserkraft-leitungen	sonst wie vor
	Druckrohre	DIN 4035 (als Anhalt)	DIN 4035 (als Anhalt) und DIN 4279, T1, T5, T9, T10	Spannbeton nach DIN 4227, T1	nach den Er-fordernissen d. Einzel-falls z. B. 6/10/12,5/16/ > 16 bar Überdruck			

Anmerkungen:
DIN 1045   Beton und Stahlbeton, Bemessung und Ausführung
DIN 4032   Betonrohre und -formstücke; Maße, Technische Lieferbedingungen
DIN 4035   Stahlbetonrohre, Stahlbetondruckrohre und zugehörige Formstücke aus Stahlbeton; Maße, Technische Lieferbedingungen
DIN 4227, T1 Spannbeton; Bauteile aus Normalbeton mit beschränkter oder voller Vorspannung
DIN 4263   Kanäle und Leitungen im Wasserbau; Formen, Abmessungen und geometrische Werte geschlossener Querschnitte
DIN 4279   Innendruckprüfung von Druckrohrleitungen für Wasser; Teil 1 Allgemeine Angaben, Teil 5 Stahlbetondruckrohre und Spann-betondruckrohre, Teil 9 Muster für Prüfberichte, Teil 10 Übersicht

B 3.2 Rohrleitungen, Düker und Durchlässe in offener Bauweise

B 3.2.1 Fugenanordnung

Leitungen aus Beton-, Stahlbeton- und Spannbetonrohren werden aus einzelnen kurzen, im Rohrwerk oder der Feld-fabrik vorgefertigten Rohrschüssen zusammengesetzt. Die Länge der einzelnen Rohre ist abhängig von:

– den statischen Beanspruchungen bei der Herstellung, beim Transport, beim Verlegen und im eingebauten Zustand

– den Transportmöglichkeiten zur und an der Einbaustelle und nicht zuletzt auch von

– der Bauart der Rohrherstellungsmaschine

Bei unbewehrten Betonrohren gehen die Längen bis herab zu 1 m. Üblich sind heute Rohrlängen von 2,0 m bis 2,5 m.

Stahlbetonrohre werden in Längen von 2,0 m bis zu 5,0 m und Spannbetonrohre in Längen bis zu 8,0 m hergestellt. Rohrlei-tungen weisen daher systembedingt zahlreiche Unterbrechun-gen auf, die als Bewegungsfugen wirken oder wirken können (Bild B 3/1). Beansprucht werden diese Fugen je nach Einsatz-bereich z. B. durch wechselnde Wasserdrücke von innen und außen, Setzungen nach Verlegung der Rohre durch das Verfül-len des Rohrgrabens bzw. das Überschütten der Leitungen. Außerdem können Temperaturwechsel, hydrodynamische Druckstöße, Erdbeben sowie Bodenverformungen durch Berg-senkungen u. a. einwirken. Tabelle B 3/1 gibt einen Überblick über die Einsatzbereiche von Rohren aus Beton, Stahlbeton und Spannbeton.

B 3.2.2 Anforderungen an die Rohrverbindungen

Rohrverbindungen für Abwasserkanäle und -leitungen müssen der DIN 19543 „Allgemeine Anforderungen an Rohrverbindungen für Abwasserkanäle und -leitungen" [B 3/2] entsprechen. Sie ist sinngemäß auch auf Druckrohrleitungen anwendbar. Danach müssen die Verbindungen und Dichtmittel u. a. folgenden Anforderungen genügen:

– Die Rohrverbindungen müssen gegen inneren und äußeren Wasserüberdruck von 0 bis 0,5 bar dauernd dicht sein. Bei höheren Beanspruchungen, z. B. Druckrohrleitungen, sind entsprechend höhere Drücke maßgebend.

– Die Rohrverbindungen müssen dicht bleiben bei mechanischen Beanspruchungen wie:

  • Längenänderungen des Rohrmaterials, die im Betrieb durch Temperatureinwirkungen (bei Abwasserkanälen ≤ DN 400 bis zu + 45 °C, bei Abwasserkanälen > DN 400 und allen Regenwasserkanälen bis zu 35 °C und bei einer Außentemperatur bis zu − 10 °C) entstehen können.

  • Gegenseitige Abwinklung der Rohre (siehe Tabelle B 3/2)

  • Achsverschiebungen rechtwinklig zur Rohrachse bei Einwirkung einer Scherkraft in Newton mit einem Zahlenwert von mindestens dem 10fachen der Nennweite (beispielsweise 4000 N bei DN 400) oder um mindestens 2 mm.

– Die Dichtmittel müssen eingebaut werden können bei Temperaturen von

  • − 10 °C bis + 50 °C bei elastischen Stoffen bzw.
  • + 5 °C bis + 50 °C bei plastischen Materialien.

– Die Dichtmittel müssen auf Dauer voll funktionsfähig bleiben bei den maßgebenden Betriebstemperaturen und im Kontakt mit angreifenden Wässern, Böden oder Gasen. Verschärfte Anforderungen gelten für die Dichtungen von Abwasserkanälen in Wasserschutzgebieten. Hier muß die Funktionsfähigkeit der Dichtmittel zusätzlich während fünfstündiger Einwirkung von Heizöl EL und Kraftstoff Nr. 2 nach DIN 53521 erhalten bleiben. Bei erdverlegten Abwasserkanälen müssen die Dichtmittel außerdem wurzelfest sein.

Die konstruktive Form der Rohrverbindung ist so auszulegen, daß ihre Wasserdichtheit unter Einschluß der herstellbedingten Toleranzen des Dichtspalts und der geforderten Beweglichkeit (Abwinklung, Achsverschiebung) sichergestellt ist. Dynamische Einwirkungen der Verkehrslasten dürfen keine nachteiligen Auswirkungen haben.

Tabelle B 3/2
Zulässige größte Abwinklung von Rohrverbindungen nach DIN 19543 [B 3/2]

Nennweite DN	Abwinklung in cm je m Baulänge	Abwinklung in °
bis 200	5	2,9
über 200 bis 500	3	1,7
über 500 bis 1000	2	1,2
über 1000	1	0,6

B 3.2.3 Ausbildung der Rohrverbindungen

Die Verbindungen von Rohren aus Beton, Stahlbeton und Spannbeton werden meist als bewegliche Steckverbindungen mit Glocken- oder Falzmuffe ausgebildet (Bild B 3/2). In der Leitung wirken sie als Gelenke, so daß Biegemomente von einem Rohr auf das andere nicht übertragen werden. Die gestiegenen Anforderungen an Dichtheit und Beweglichkeit der Rohrverbindungen führten zwangsläufig dazu, daß früher weit verbreitete Dichtverfahren heute überholt sind [B 3/3]: „So wurde das Dichten der Stoßfugen mit Zementmörtel, das ursprünglich einen bedeutenden Anteil hatte, gänzlich aufgegeben. Auch Bitumenmörtel und ähnliche Werkstoffe werden als selbständige Dichtungsträger kaum mehr verwendet. Das gleiche gilt für Stemmdichtungen, die früher zum Abdichten von Glockenmuffen sowohl bei Freispiegel- als auch bei Druckleitungen eingesetzt wurden. Die Abkehr von diesen mehr oder weniger starren Verbindungen führte zu den Dichtungen mit plastischen, vergießbaren Massen und vor allem zu den kalt verarbeitbaren Dichtstoffen, wie Bänder und Kitte. Vergußmassen erlangten für Rohre aus Beton allerdings keine nennenswerte Bedeutung. Im weiteren Verlauf der Entwicklung setzte sich zunehmend die Elastomerdichtung durch. Die Dichtwirkung wird hierbei im wesentlichen durch die Rückstellkräfte des verformten Elastomerprofils erreicht."

DIN 4032 [B 3/4] sieht für Betonrohre Glocken- oder Falzmuffen als Rohrverbindungen vor. Die zugehörigen Dichtmittel werden erst auf der Baustelle beim Verlegen der Rohre montiert:

– Betonrohre mit Glockenmuffen werden heute ausschließlich mit Elastomer-Dichtringen abgedichtet (Bild B 3/2a). Die Anwendung anderer Dichtmittel beschränkt sich auf etwa notwendiges Nachdichten von Rohrverbindungen, die die Prüfung auf Wasserdichtheit nach DIN 4033 [B 3/5] nicht bestanden haben. Der Elastomer-Dichtring muß sorgfältig auf die Muffenspalttoleranzen abgestimmt sein. Um das Liefern nicht passender Ringe zu verhindern, verlangt DIN 4032 im Abschnitt 6.7, daß der Rohrhersteller die Dichtringe nach DIN 4060 [B 3/6] mitliefert. In der Bundesrepublik Deutschland kommen für Abwasserkanäle aus Betonrohren überwiegend Elastomer-Rollringdichtungen mit geschlossenzelliger Struktur zum Einsatz. Sie haben eine flachere Federkennlinie als Dichtringe mit dichter Struktur und werden vorzugsweise verwandt, weil sie größere Toleranzen in der Rohrverbindung zulassen und die Glocken (Muffen) weniger beanspruchen. Aus dichtungstechnischen Gründen sind Rollringe mit dichter Struktur den zelligen Ringen vorzuziehen. Sie haben größere Rückstellkräfte sowie ein günstigeres Relaxationsverhalten und bieten somit eine höhere Dichtungssicherheit in der Rohrverbindung (vgl. Kap. A 2.1.2.3, Pkt. c). Im Ausland werden heute überwiegend Elastomer-Rollringdichtungen mit dichter Struktur eingesetzt.

– Betonrohre mit Falzmuffen sind heute in der Abwassertechnik von untergeordneter Bedeutung. Sie werden in der Regel nur noch in Kanälen für die Regenwasserableitung von Straßen und hier insbesondere beim Autobahnbau verwendet. Als Dichtmittel kommen in erster Linie kaltverarbeitbare Bitumenbänder nach DIN 4062 [B 3/7] in Betracht (Bild B 3/2b).

Bei Stahlbetonrohren nach DIN 4035 [B 3/8] werden Glocken- und Falzmuffen mit Elastomer-Roll- und Gleitringdichtungen als Rohrverbindungen verwendet (Bild B 3/2a, c und d).

Bild B 3/2
Hauptverbindungskonstruktionen und Abdichtungssysteme für Rohre aus Beton, Stahlbeton und Spannbeton

(a) Glockenmuffenverbindung mit Rollringdichtung für Rohre aus Beton, Stahlbeton und Spannbeton
(b) Falzmuffenverbindung mit plastischem Dichtungsband für Rohre aus Beton
(c) Glockenmuffenverbindung mit Gleitringdichtung für Rohre aus Stahlbeton und Spannbeton
(d) Falzmuffenverbindung mit Gleitringdichtung für Rohre aus Stahlbeton und Spannbeton
(e) Glockenmuffenverbindung mit Kammergleitringdichtung für Rohre aus Stahlbeton und Spannbeton

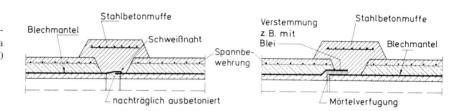

Bild B 3/3
Rohrverbindungen für Spannbeton-Blechmantelrohre; a, b und d Ausführungen in Amerika [B 3/9]; c Bodenseewasserleitung DN 1300 [B 3/10]

(a) Geschweißte Rohrverbindung   **(b) Gestemmte Rohrverbindung**

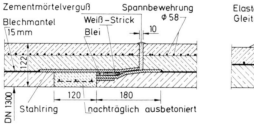

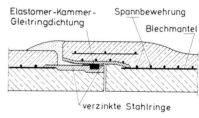

(c) Gestemmte Rohrverbindung   **(d) Steckverbindung mit Elastomer-Dichtung**

Bei den Rohrverbindungen von Spannbetondruckrohren sind Verbindungen für Rohre mit Blechmantel – wie sie überwiegend im Ausland zum Einsatz kommen – und ohne Blechmantel zu unterscheiden:

– Für die Abdichtung der Rohrverbindungen der mit Blechmantel ausgestatteten Rohre kommen drei verschiedene Konstruktionen zur Ausführung:

• Verbindungen mit Schweißnahtabdichtung
• Verbindungen mit eingestemmter Dichtung
• Steckverbindungen mit Elastomerdichtung

Beispiele hierfür zeigt Bild B 3/3.

Bei den geschweißten Verbindungen sind die Enden der Mantelbleche durch angesetzte Stahlringe muffenartig ausgebildet, so daß sie sich bei der Rohrmontage überlappen (Bild B 3/3a). Bei Rohrleitungen mit großen Durchmessern wird die Abdichtungsschweißnaht von innen hergestellt, bei kleinen Durchmessern von außen. Die Verbindung wird auf der Baustelle nach erfolgter Schweißung durch eine äußere Stahlbetonmuffe und eine innere Betonauskleidung ergänzt.

Bild B 3/4
Verlegung von Stahlbetonrohren mit Elastomerdichtung; neuer Flughafen Erdinger Moos
bei München

a) Glockenmuffenrohre mit Rollringdichtung
b) Falzmuffen Maulprofilrohr mit Gleitringdichtung

(Fotos DENSO Chemie, Leverkusen)

(a)

(b)

Bild B 3/5
Sonderausbildung einer Glockenmuffen-Rohrverbindung für extreme Achsialverschiebun-
gen und Abwinkelbarkeit mit Kammer-Gleitdichtung [B 3/11]

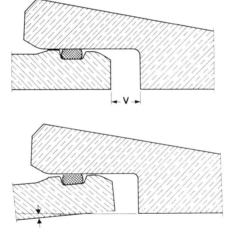

Bild B 3/6
Längsschnitt und Grundriß des Doppeldükers
durch die Nidda in Bad Vilbel im Zuge der
ersten Fernleitung des 20V Kabels von Friedberg nach Frankfurt a.M.; Ausführung 1963
[B 3/10]

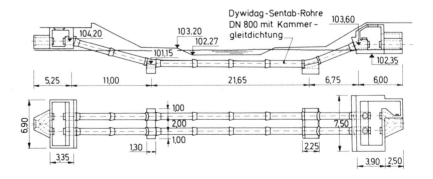

Bild B 3/7
Prüf- und nachdichtbare Muffenverbindungen
für begehbare Abwasserleitungen (Prinzip; a)
nach Ausführungen in Taiwan und b) in der
Bundesrepublik Deutschland)

*) je Rohrverbindung sind 2 Röhrchen einzu-
bauen, eins zum Füllen und eins zum Entlüften

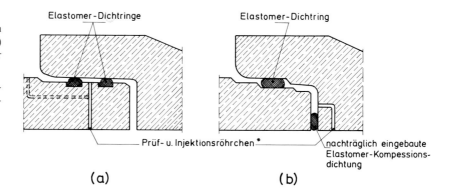

Bei Ausführung einer gestemmten Rohrverbindung verbleibt nach dem Zusammensetzen der Rohrleitung zwischen
den an den Enden der Mantelbleche angeschweißten Muf-
fenringen eine Nut, die mit Dichtungsmaterial z. B. Blei von
außen oder innen verstemmt wird. Die Verbindung wird
nachträglich mit Stahlbeton auf der Außen- (Bild B 3/3b)
bzw. Innenseite (Bild B 3/3c) vervollständigt und die Stoßfuge mit Zementmörtel verfugt.

Für die Steckverbindungen werden auf den Enden der Man-
telbleche Muffenringe aufgeschweißt, die einen Elastomer-
Dichtring aufnehmen (Bild B 3/3d). Zum Schutz gegen
Korrosion sind die teilweise freiliegenden angeschweißten
Stahlmuffenringe hier verzinkt.

– Die blechmantellosen Spannbetondruckrohre werden heute
  in der Bundesrepublik Deutschland ausschließlich mit ela-
  stomer-gedichteten Steckverbindungen zusammengesetzt.
  Die Rohrenden weisen hierzu eine entsprechende Form als
  Glocken- oder Falzmuffe ähnlich wie bei den Stahlbetonrohren auf (Bild B 3/2).

Der Einbau der Elastomer-Dichtringe erfolgt in der Rohrverbindung nach dem Roll- oder Gleitverfahren (Bild B 3/2a bzw.
c sowie Bild B 3/4). Beide Systeme sind bei ordnungsgemäßer
Montage und entsprechender Verbindungskonstruktion der
Rohre dichtungstechnisch gleichwertig und haben sich bei
mittleren und kleineren Rohr-Nennweiten bewährt. Für große
Nennweiten ist wegen des leichteren Zentrierens von Spitzende und Rohrmuffe beim Zusammenbau das Gleitverfahren
mit seinem bereits auf dem Spitzende fixierten Dichtring dem
Einrollverfahren vorzuziehen (vgl. Kap. A 2.1.2.3, Pkt. c).
Hinweise zum Einbau der Dichtringe siehe Kap. A 2.3.3.1.

Für Rohrleitungen mit großen Axialverschiebungen z.B. in
Bergsenkungsgebieten bieten sich verlängerte Glockenmuf-
fen-Rohrverbindungen mit einer Rollringdichtung oder bei
hohen Ansprüchen an die Dichtigkeit (z.B. Druckrohre) mit
einer Kammer-Gleitdichtung an (Bild B 3/5). Üblich ist es im
Bergsenkungsgebiet, Längenänderungen von ± 1% der Rohr-
baulänge am Rohrstoß vorzusehen. Bei einer Baulänge von
z.B. 2,00 m muß also eine Zerrung oder Pressung von ± 2,0 cm
in der Muffe möglich sein, ohne daß sie undicht wird.

Diese spezielle Form der Glockenmuffen-Rohrverbindung mit
Kammer-Gleitdichtung (Bild B 3/5) wird auch bei Rohrverbindungen mit überdurchschnittlich großer Abwinkelbarkeit z.B.
für unter Wasser einzuziehende Dükerleitungen eingesetzt.
Bild B 3/6 zeigt hierfür als Beispiel einen 40 m langen Doppel-
düker aus 5 m langen Spannbeton-Rohren DN 800 mit Glok-
kenmuffenverbindung, der von Froschmännern durch die
Nidda in Bad Vilbel unter Wasser verlegt wurde. Von den
Ufern aus wurde durch Bagger der Rohrgraben auf der Flußsohle ausgehoben und dann das Verlegen der Rohre einschließlich des Einbringens von Unterwasserbeton für
Schächte und Fundamente im Prinzip wie an Land durchgeführt.

In Bild B 3/7 sind zwei prüf- und nachdichtbare Glockenmuf-
fenverbindungen für begehbare Abwasserleitungen im Prinzip
dargestellt. Die Ausführung a) wurde in Taiwan bei Abwasserleitungen mit großen Durchmessern eingesetzt, die Ausführung b) kam in der Bundesrepublik Deutschland zur Anwendung. Interessant sind diese Lösungen für Rohrverbindungen –
z.B. in Wasserschutzzonen –, wo Dichtigkeitsüberprüfungen
in regelmäßigen Abständen (z.B. alle 5 Jahre, [B 3/34]) während des Betriebs verlangt werden.

B 3.2.4 Sonderverbindungen und Formstücke

Sonderverbindungen werden u. a. erforderlich beim Anschluß von Rohrleitungen an Bauwerke, bei Leitungszusammenschlüssen zwischen einzelnen Verlegelosen, bei Reparaturen, an Abzweigen und Krümmern:

– Der Anschluß von Rohren an Bauwerke (z. B. Schächte) ist gelenkig auszuführen [B 3/33]. Das Gelenk soll möglichst in die Bauwerkswand oder dicht an der Bauwerkswand eingebaut werden. Bei Rohren mit einer Baulänge größer als 1 m (Regelfall) ist ein Doppelgelenkanschluß zu empfehlen. Ungleiche Setzungen von Bauwerk und Rohr werden auf diese Weise ausgeglichen (Bilder B 3/8 und B 3/9).

– Leitungszusammenschlüsse werden bei Druckrohren z. B. mit sogenannten Überschiebkupplungen oder Verbindungsringen aus Stahl hergestellt (Bild B 3/10a und b). Zur Abdichtung dienen dabei normale Elastomer-Roll- bzw. -Gleitringe.

Bei Abwasserleitungen mit kleinerem Durchmesser (Freispiegelleitungen) kommen als Rohrkupplungen auch kräftige Elastomer-Manschetten in Frage, die mit Stahlreifen angepreßt werden. Ein Beispiel für eine derartige Rohrkupplung zeigt Bild B 3/11.

– Abzweig- und Krümmerformstücke werden bei Druckrohren manchmal als einfache Stahlüberschiebformstücke hergestellt (Bild B 3/10c und d). Die Abdichtung erfolgt in üblicher Art mit Elastomer-Roll- oder Gleitringen. Häufig werden auch Formstücke aus Stahlbetonblechmantelkonstruktionen verwendet. Hierbei wird ein dünnwandiges Stahlformstück mit einer Stahlbetonummantelung und einer Betonauskleidung versehen, so daß ein einheitlicher Werkstoff für die gesamte Rohrleitung gegeben ist.

Bei Abwasserrohren werden in der Regel als Zuläufe kurze Rohrstücke mit Glocke starr einbetoniert (angeformt; Bild B 3/12a). Bei Zuläufen mit kleinem Durchmesser kann das Rohrstück mit Muffe auch mit einer Gleitringdichtmanschette in einer entsprechenden Bohrung in der Rohrwand gelenkig eingesetzt werden. Schächte können als Aufsatz – oder Tangential-Schächte an große Rohrleitungen (ab DN 800) angeformt werden (Bild B 3/12b). Krümmerformstücke werden bei Abwasserrohren z. B. aus einem oder mehreren Normalrohren durch Auftrennen, Abwinkeln und Ergänzen mit Bewehrung und Beton hergestellt (Bild B 3/12c).

Bild B 3/8
Anschluß von Rohrleitungen an Schachtbauwerke (Prinzip)

(a) statisches System bei Relativsetzungen zwischen Schachtbauwerk u. Rohrleitung

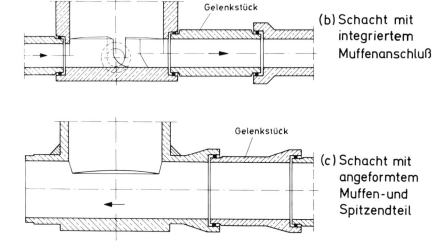

(b) Schacht mit integriertem Muffenanschluß

(c) Schacht mit angeformtem Muffen- und Spitzendteil

Bild B 3/9
Beispiele für Schachtunterteile DN 1000

a) mit zu- und ablaufseitig integriertem Muffenanschluß
b) mit angeformtem Muffen- und Spitzendteil

(Quelle [B 3/35])

(a)

(b)

Bild B 3/10
Sonderverbindungen und Formstücke aus Stahl bei Stahlbeton- und Spannbetondruckrohrleitungen (nach [B 3/11])

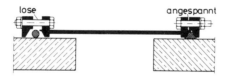

(a) Überschiebkupplung aus Stahl mit Schraubpreß-Elastomer-Dichtung

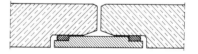

(b) Falzrohre mit Stahlring-Rohrverbindung und Elastomer-Gleitdichtung

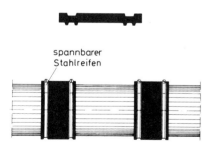

spannbarer Stahlreifen

Bild B 3/11
Elastomer-Manschettendichtung für Reparaturen an Abwasserleitungen (nach Produktinformation Forsheda, Schweden)

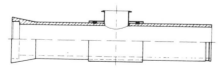

(c) Abzweigformstücke aus Stahl mit Elastomer-Gleitdichtung

(d) Krümmerformstück aus Stahl mit Elastomer-Gleitdichtung

Bild B 3/12
Beispiele für Sonderverbindungen (Formstücke) bei Rohren aus Beton- und Stahlbeton

a) DN 800 mit angeformtem Seitenzulauf DN
   300
b) DN 1500 mit angeformtem Schachtansatz
   DN 1000
c) Krümmer DN 1400 mit 4 Knickstellen
   (Arbeitsfugen)

(Quelle [B 3/3])

(a)

(b)

(c)

B 3.2.5 Dichtungsringe

Die Dichtwirkung der eingesetzten Roll- und Gleitringdichtungen wird im wesentlichen durch die dauerhaften Rückstellkräfte des verformten Elastomermaterials erreicht. Der Auswahl einer geeigneten Gummiqualität kommt daher besondere
Bedeutung zu. Einzelheiten hierzu siehe Kap. A 2.1.2.2,
Pkt. b.

Neben den üblichen kreisrunden Querschnitten kommt sowohl
für Roll- als auch für Gleitringe eine Reihe besonders geform-
ter Profile zum Einsatz. Beispiele hierfür zeigt Bild A 2/15. Die
verschiedenen Formgebungen sollen im wesentlichen die Montage des Dichtrings erleichtern und risikoloser gestalten. Einzelheiten hierzu siehe Kap. A 2.1.2.3, Pkt. c.

Interessante neuere Entwicklungen auf dem Gebiet der elastomeren Rohrdichtungen zeigen die Bilder B 3/13 und B 3/14:

– Die Gleitdichtung in Bild B 3/13 besteht aus einem Kompressionsteil und einer Gleitkrempe. Zwischen beiden Teilen ist bereits vom Hersteller ein Gleitmittel aufgebracht.
  Bei der Montage der Rohre stößt die rauhe Muffenkante auf
  die Gleitkrempe, nimmt diese mit und gleitet so mit geringer
  Reibung über das Kompressionsteil. Das Aufbringen eines
  Gleitmittels in der Glocke erübrigt sich damit auf der Baustelle.

– Die Gleitringdichtungen in Bild B 3/14 sind in der Glocke
  fest einbetoniert (integriert). Dies bringt im wesentlichen
  drei Vorteile:

1. Die richtige Dichtung sitzt von vornherein an der richtigen Stelle und kann auf der Baustelle nicht verwechselt
   oder falsch eingebaut werden, wie es bei losen Dichtungen vorkommt.

2. Die Dichtung sitzt geschützt in der Glocke.

3. Die Verlegung der Rohre auf der Baustelle wird einfacher, wirtschaftlicher und sicherer. Nach Auftragen des
   Gleitmittels auf dem Spitzende müssen die Rohre nur
   zusammengesteckt werden. Es entfällt das Aufziehen des
   Dichtrings.

Bild B 3/13
Gleitdichtung mit Gleitkrempe und werkseitig integriertem Gleitmittel unter der Krempe (Produktinformation Forsheda, Schweden)

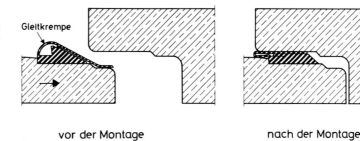

vor der Montage   nach der Montage

Bild B 3/14
Beispiele für Rohrverbindungen mit werkseitig fest eingebauter Dichtung

a) nach Produktinformation DENSO-Chemie, Leverkusen;

b) nach [B 3/12]

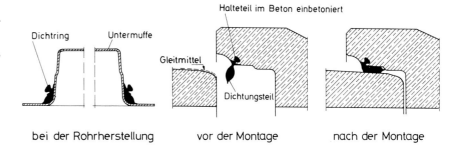

bei der Rohrherstellung   vor der Montage   nach der Montage

(a) DENSO-cret-BM-Dichtung

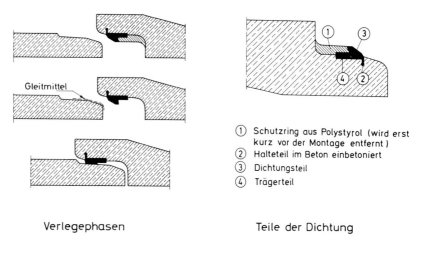

① Schutzring aus Polystyrol (wird erst kurz vor der Montage entfernt)
② Halteteil im Beton einbetoniert
③ Dichtungsteil
④ Trägerteil

Verlegephasen   Teile der Dichtung

(b) Forsheda-Glipp-Dichtung

Voraussetzung für eine einfache und sichere Rohrmontage auf der Baustelle ist allerdings, daß die Rohrverbindungen mit hoher Maßgenauigkeit gefertigt werden. Bei den heutigen Rohrherstellungsverfahren mit sofortiger Entschalung gibt es hierfür zwei Möglichkeiten:

• Das Spitzende wird nach dem Ziehen der Rohrschalung mit Außen- und Innenstützringen bis zum vollen Erhärten des Betons eingeschalt.

• Das Spitzende wird mit einer Obermuffe geformt, die bis zum vollen Erhärten des Betons auf dem Rohr verbleibt.

Die Vorteile der Dichtung in Bild B 3/14a liegen in der Verwendung von Untermuffen, die auch für die normale Rohrverbindung mit Rollring eingesetzt werden. Nachteilig bei dieser Lösung ist, daß die Rohrverbindung sich nicht selbstzentriert und daß sich hinter der Dichtung Schmutz, Wasser

und Eis ansammeln bzw. bilden können und vor der Rohrmontage entfernt werden müssen. Ferner ist die Dichtung nicht verschiebesicher in der Muffe fixiert. Dies kann bei ungünstigen Verformungs- und Gleitbedingungen zu Montageschwierigkeiten führen.

Die Vorteile der Dichtung in Bild B 3/14b sind die Selbstzentrierung der Rohrverbindung, die kammerartige Fixierung der Dichtung im Muffenraum sowie der Verschluß des erforderlichen Verformungsraums hinter der Dichtung mit einem Schutzring aus Polystyrol bis zur Montage auf der Baustelle. Nachteilig bei dieser Lösung ist, daß Spezialuntermuffen hierfür erforderlich sind, die ausschließlich für Rohre mit dieser Dichtung eingesetzt werden können.

B 3.2.6 Ausbildung von Verbindungen bei Fertigteilschächten

Fertigteilschächte aus Beton werden aus Schachtringen oder Schachtrohren hergestellt.

Schachtringe nach der zur Zeit geltenden DIN 4034 [B 3/13] haben bei 9 cm Wanddicke eine Falzverbindung mit 30 mm Tiefe. Für die Dichtung dieser Verbindung kommen neben Zementmörtel in erster Linie plastische Dichtstoffe nach DIN 4062 [B 3/7] zum Einsatz. Vorzugsweise werden kaltverarbeitbare Bitumenbänder in die Falzaussparung eingeklebt und durch das Schachteigengewicht und Erwärmung mit der Flamme in der Stoßfuge verpreßt (siehe Kap. A 2.3.3.4). Zur Aufnahme der vertikalen Lasten werden die Fugen mit Zementmörtel kraftschlüssig verfugt. Bei hohem Grundwasserstand wird zusätzlich außen eine stoßüberlappende Bitumendichtungsbahn aufgeklebt. Beispiele hierzu enthält Bild B 3/15.

Die Schachtringe der „neuen Generation" für Abwasserkanäle, wie sie zum Teil schon auf dem Markt sind und wie sie auch in der zukünftigen DIN 4034, T 1 (Gelbdruck 2.89) genormt werden, haben eine Wanddicke von 12 cm und eine Falzmuffe für den Einsatz von Elastomer-Dichtringen. Bild B 3/16 zeigt zwei Lösungen für diese neuen Schachtringverbindungen. Bei den Dichtungen handelt es sich in beiden Fällen um Gleitringe. Als besondere Merkmale der Dichtung in Bild B 3/16a sind zu nennen: Die dichte Materialstruktur des Profils, die stützende Schulter und die Gleitkrempe, die bereits werkseitig mit einem entsprechenden Gleitmittel versehen ist.

Bild B 3/15
Fugenausbildung und -dichtung bei Fertigteilschächten mit Falzverbindung (nach [B 3/33])

a) Betonschacht- und Brunnenringe
   (DIN 4034): Normalabdichtung der Fugen

b) Betonschacht- und Brunnenringe
   (DIN 4034): Stoßüberlappende Fugendichtung bei hohem Grundwasserstand

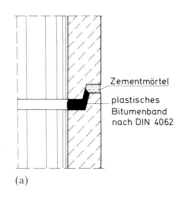

(a)

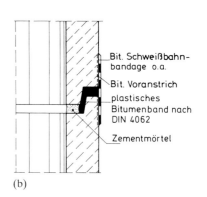

(b)

Bild B 3/16
Beispiele für Schachtringverbindungen mit Falzmuffe und Elastomer-Gleitringdichtung (nach Produktinformationen)

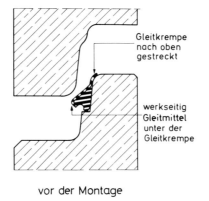

vor der Montage

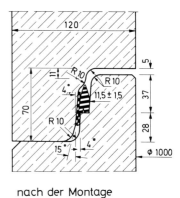

nach der Montage

a) Elastomer-Gleitdichtung mit dichter Struktur (Forsheda, Schweden)

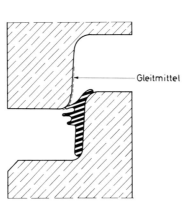

vor der Montage

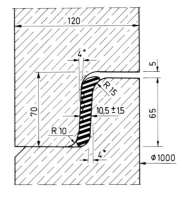

nach der Montage

b) Elastomer-Lippengleitdichtung mit zelliger Struktur (Denso-Chemie, Leverkusen)

Bild B 3/17
Fugenausbildung und -dichtung bei Fertigteilschächten aus Schachtrohren mit Glockenmuffenverbindung [B 3/14]

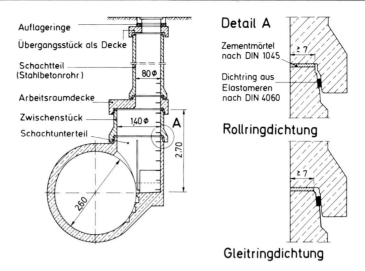

Die daraus resultierende geringe Reibung zwischen Krempe und Dichtungsprofil erfordert nur relativ kleine Montage-kräfte, so daß der folgende Schachtring allein durch sein Eigengewicht heruntergleiten kann. Die zweite Dichtung (Bild B 3/16b) besteht aus Material mit geschlossenzelliger Struktur und drei unterschiedlich langen Dichtlippen. Sie benötigt keine stützende Schulter, da sie die ganze Muffenhöhe aus-füllt. Auch hier ist die Dichtung so ausgelegt, daß der folgende Schachtring allein durch sein Eigengewicht heruntergleitet. Allerdings muß hier die Glocke vorher mit einem Gleitmittel versehen werden.

Fertigteilschächte aus Schachtrohren werden mit den üblichen Rohrverbindungen sowohl mit Roll- als auch mit Gleitring-dichtungen hergestellt. Ein Beispiel mit Glockenmuffenver-bindungen zeigt Bild B 3/17.

B 3.2.7 Verschluß bzw. Dichtung der Rohrstoßfugen in Abwasserleitungen

Bei Abwasserleitungen aus Beton- und Stahlbetonrohren wird heute in zunehmendem Maße neben der äußeren Fugendich-tung aus Elastomer-Dichtungsringen nach DIN 4060 (Roll- oder Gleitringdichtungen) ein zusätzlicher Verschluß bzw. eine zusätzliche Dichtung des inneren Fugenspalts verlangt. Hierfür gibt es verschiedene Gründe:

1. Hydraulisch ist eine durchgehende Fließsohle erwünscht.

2. In dem zumeist recht tiefen Fugenspalt sammeln sich Ab-wasserschlammstoffe an, die den „Nährboden" für Mikro-organismen bilden und unerwünschte Fäulnisprozesse in Gang setzen.

3. Durch Versätze in den Muffenverbindungen z.B. infolge unterschiedlicher Setzungen der Rohre, ungleichmäßiger Hinterfüllung oder Bodenverdichtung kommt es insbeson-dere bei Rohrleitungen mit großem Durchmesser häufig zu Undichtigkeiten.

Bei den nichtbegehbaren Rohren unter DN 1000 wird meist nur ein Fugenverschluß in der unteren Rohrhälfte gefordert. Zum Einsatz kommen hier geschlossenzellige Elastomerprofile oder plastische Dichtungsbänder, die auf den Muffenspiegel geklebt und bei der Rohrmontage verformt bzw. verpreßt wer-den.

Bei den begehbaren Rohren ab DN 1100 wird in der Regel eine vollwertige Dichtung des inneren Fugenspaltes vorge-schrieben. Für den Einbau der inneren Fugendichtung sollte die Fugenbreite nicht kleiner als 15 mm sein, was sich durch Einlegen von Abstandshaltern beim Zusammenziehen der Rohre gewährleisten läßt. Als innere Dichtung der Rohrfuge kommen überwiegend elastische 2-Komponenten-Dichtstoffe auf Polyurethanbasis zum Einsatz. Die Tiefe des Dichtungs-körpers muß hierbei 12 bis 15 mm betragen, wobei die Abgren-zung zum übrigen Fugenraum durch Hinterfüllmaterial erfolgt. Anstelle der Fugendichtstoffe können auch Elastomer-Kom-pressions-Dichtungen mit zelliger oder dichter Struktur als Abdichtung in die Fugen eingestemmt werden. Einzelheiten zu den Fugendichtstoffen und Einstemmprofilen sind in den Kap. A 2.1.3 und A 2.1.2.3, Pkt. c (nachträglich eingebaute Kompressionsfugenbänder) erläutert. Hinweise zur Verarbei-tung siehe Kap. A 2.2.2.2 und A 2.3.3.1, Pkt. a (Einstemm-dichtungen).

Auch der Verschluß des äußeren Fugenspaltes wird vielfach bei Betonrohrleitungen verlangt. Er soll verhindern, daß beim Verfüllen der Rohrleitungen in den Fugenspalt Steine gelan-gen, die bei späteren Bewegungen der Rohre zu Betonabplat-zungen an den Rohrverbindungen führen können. Als Ver-schluß für den äußeren Fugenspalt werden meist plastische, stand- und wurzelfeste 2-Komponenten-Bitumen-Spachtelmas-sen eingesetzt.

Bild B 3/18 zeigt als Beispiel die Regelfugenabdichtung mit innerem und äußerem Fugenverschluß bei Abwasserleitungen der Stadtentwässerung Dortmund.

Bild B 3/18
Fugenabdichtung in Abwasserleitungen bei
der Stadtentwässerung Dortmund, Prinzip
(nach Regelblatt 4.07 B, 1975)

1 Bituminöser 2-Komp.-Reaktionskitt (z.B.
Plastikol SKN oder gleichwertig)

2 Elastomer-Dichtring nach DIN 4060 mit zelliger Struktur

3 Volumenelastisches Dichtungsband, 25 × 25
mm (z.B. Fermacoll-Band oder gleichwertig), bis DN 600, darüber bis DN 1000 wahl-
weise auch plastisches Bitumen-Dichtungs-
band (z.B. TOK-Band 70 oder gleichwertig)

4 Hinterfüllmaterial aus geschlossenzelligen
Schaumstoff-Rundschnüren

5 Elastischer 2-Komp.-Dichtstoff auf Polyurethanbasis (z.B. Arulastic oder Plastikol
K2 bzw. gleichwertig)

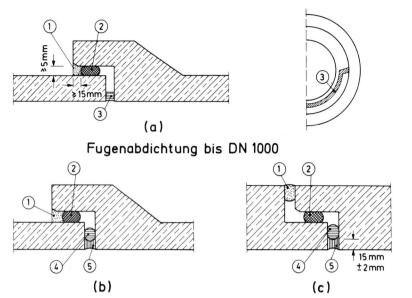

(a)
Fugenabdichtung bis DN 1000

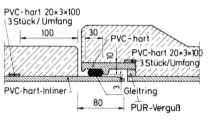
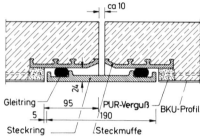

(b)   **(c)**
Fugenabdichtung ab DN 1100

Bild B 3/19
Innere Fugenabdichtung von Beton- und
Stahlbetonrohren für Abwasserleitungen in
offener Bauweise mit Korrosionsschutz aus
PVC hart; a) bis d) für nicht begehbare und
begehbare Leitungen, e) und f) nur für begeh-
bare Leitungen (nach Unterlagen der Firma
Friedrichsfeld GmbH, Mannheim)

  *) Profil muß bei der Rohrmontage ausrei-
chend verpreßt werden!

 **) geschlossenzelliges, rundes Elastomer-
Profil als Kompressionsdichtung nachträglich eingebaut; DENSO-Chemie, Leverkusen

**(a)Gleitgummiringdichtung zwischen
PVC-hart-Muffe und-Spitzende
für Rohre DN 250 bis 400**

**(b)Gleitgummiringdichtungen mit
PVC-hart-Steckringverbindung**

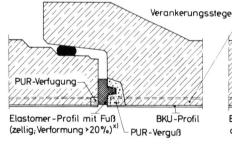
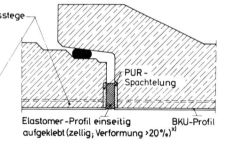

**(c) Dichtung mit Elastomer-Profil
mit einseitigem Fuß als Mon-
tagebefestigung**

**(d) Dichtung mit einseitig am Rohr-
spiegel aufgeklebtem Elastomer-
Profil**

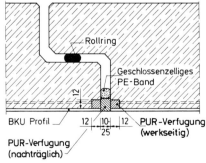
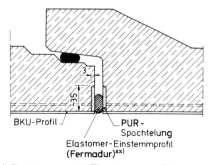

**(e) Dichtung mit 2-Komponenten-
Fugendichtstoff auf PUR-Basis**

**(f) Dichtung mit Elastomer-Ein-
stemmprofil**

Bei Beton- und Stahlbetonrohren mit einer inneren Korrosionsschutzauskleidung ist in der Regel eine Dichtung des gesamten inneren Fugenspalts unabhängig vom Rohrdurchmesser erforderlich, da die Fugenflanken bei den meisten Auskleidungssystemen nicht geschützt sind. Beispiele für die Ausbildung der inneren Fugendichtung bei Abwasserleitungen mit PVC hart Inlinern zeigt Bild B 3/19. Die Ausbildungsarten a) bis d) können sowohl für nicht begehbare als auch für begehbare Rohre eingesetzt werden, da die Dichtung bereits bei der Rohrverlegung eingebaut wird. Bei den Lösungen c) und d) ist für eine sichere Dichtung des inneren Fugenspalts folgendes zu beachten:

– Die Rohrspiegel müssen weitgehend planparallel sein und die Rohre sehr exakt verlegt werden, damit die Toleranz des Fugenspalts von einem Elastomerprofil auf Dauer sicher gedichtet werden kann. Die erforderliche Verformung des Dichtungsprofils in der Fuge muß > 20 % und < 60 % der Profilhöhe sein. D. h., bei 20 mm Profilhöhe des Elastomerprofils darf die Fugenspaltweite zwischen 8 mm und 16 mm liegen.

– Es müssen ausreichend große Montagekräfte zur Verfügung stehen, um die Elastomerprofile i. M. 35 % bis 40 % zu verformen. Bei kleinen Rohren (unter etwa DN 1200) reicht die Reibung eines Rohres auf der Grabensohle als Widerlager für die Rückstellkräfte des verformten Elastomerprofils nicht aus, d. h. das Rohr stellt zurück. Es müssen daher mehrere Rohre gleichzeitig zusammengezogen bzw. geschoben werden, um ein ausreichendes Widerlager für die Soll-Fugenspaltweite zu erhalten, oder aber die Rohre müssen miteinander verspannt werden.

Die beiden Lösungen e) und f) kommen nur für begehbare Rohre in Frage (ab DN 1100), da die Dichtungen nach der Rohrverlegung eingebaut werden.

B 3.3 Rohrleitungen, Düker und Durchlässe nach dem Vorpreßverfahren

Das Prinzip des Vorpreßverfahrens besteht darin, daß von einem Anfahr- oder Preßschacht aus abschnittsweise Rohrschüsse mittels hydraulischer Pressen in das Erdreich eingepreßt werden, wobei der Bodenaushub im Bereich eines lenkbaren Schneidschuhes oder Steuerschilds am Kopf der Rohrleitung erfolgt (Bilder B 3/20 und B 3/21). Der Durchmesserbereich der im Rohrvortrieb eingesetzten Stahl- und Spannbetonrohre umfaßt derzeit Innendurchmesser von 800 bis 4400 mm. Neuere Entwicklungen haben dazu geführt, daß in zunehmendem Maße auch „nicht begehbare" Rohrleitungen mit Innendurchmesser unter 800 mm im Vortriebsverfahren hergestellt werden.

Die Längen der Rohrschüsse liegen im allgemeinen zwischen 2 und 5 m in Abhängigkeit von der Größe des Preßschachtes, dem Rohrdurchmesser und der Trassenführung. Kurze Rohre lassen sich besser steuern und sind daher für gekrümmte Trassen geeignet. Der Mindestradius bei gekrümmten Trassen sollte i. a. 150 × Rohrdurchmesser nicht unterschreiten. Kleinere Radien sind nur unter besonderen Bedingungen und mit Sonderkonstruktionen möglich. 70 m betrug der kleinste Radius einer Krümmung am Ende einer Rohrvorpressung mit DN 2400, die mit aufgekeilten Rohrfugen in Hamburg gefahren wurde. Mit konischen Rohrschüssen lassen sich nötigenfalls noch engere Kurven fahren, z. B. R = 55 m mit DN 2500, wenn die ganze Vorpreßstrecke eine einheitliche Krümmung aufweist (Bild B 3/22a). Neben horizontalen Krümmungen werden auch Rohrstrecken mit vertikaler Krümmung vorgepreßt, siehe z. B. Bild B 3/22b. Längere Rohre haben demgegenüber eine stabilere Lage beim Vorpressen, ergeben ein Bauwerk mit weniger Fugen und erfordern einen geringeren Aufwand beim Rohreinbau. Bei begehbaren Rohren (DN ≥ 800) wurden schon Vortriebslängen bis zu 1000 m von einem Schacht aus hergestellt. Werden die Vorpreßkräfte zu groß, müssen Zwischenpreßstationen in der Vortriebsstrecke angeordnet werden (Bild B 3/20).

Einzelheiten zum Rohrvortrieb nach dem Vorpreßverfahren und dessen vielfältiger Anwendung sind u. a. enthalten bei Scherle [B 3/16] und bei Haefelin/Kittel [B 3/17]. Vortriebsverfahren für nicht begehbare Querschnitte behandeln z. B. Stein und Bielecki in Literatur [B 3/32].

Ein wesentliches Konstruktionsdetail des Vorpreßverfahrens ist die Rohrverbindung, die folgende Aufgaben im Bauzustand zu erfüllen hat:

1. Übertragung der Längskräfte von Rohr zu Rohr

2. Übertragung der Querkräfte bei Richtungsänderung der Rohrstrecke

3. Dichtung von Rohr zu Rohr gegen das Eindringen von Stütz- und Gleitmitteln (Bentonit) und Bodenteilchen

4. Gegebenenfalls Dichtung gegen Grundwasser und Druckluft

Bild B 3/20
Längsschnitt durch einen Rohrvortrieb; Ab-
wasserleitung Flughafen Köln-Wahn (nach
Unterlagen der Fa. Züblin)

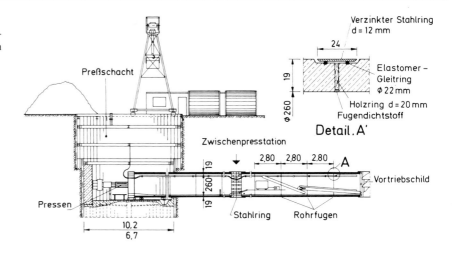

Bild B 3/21
Blick in einen Preßschacht beim Einbauen
eines neuen Rohrs (Foto Denso Chemie,
Leverkusen)

Bild B 3/22
Ausgeführte Beispiele für Vorpressungen in
horizontaler und vertikaler Krümmung [B 3/15]

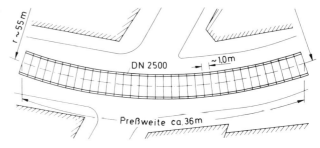

(a) Vorpressen in horizontaler Krümmung

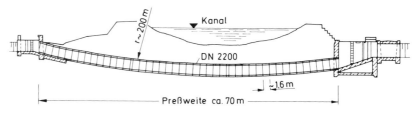

(b) Vorpressen in vertikaler Krümmung

Aufgabe der Rohrverbindung im Betriebszustand ist die dauerhafte Dichtung von Rohr zu Rohr gegen Wasser von außen und innen.

Für die Übertragung der Längskräfte (Preßkräfte) müssen die Stirnflächen der Rohre parallel hergestellt werden. Die Kraftübertragung zwischen den Stirnflächen erfolgt durch Einlagen, die einerseits vorhandene Unebenheiten der Stirnflächen ausgleichen müssen, andererseits aber hohe Preßspannungen von 20 N/mm² und mehr, ohne starke Querdehnungen, zu übertragen haben. Bewährt haben sich hierfür Ringe aus weichem bis mittelhartem Holz, z. B. astfreie Fichte oder Föhre, Sperrholz und Spanplatten. Einlagen aus Gummi- und Kunststoff sind für diesen Einsatz i. a. weniger geeignet, da ihre Querdehnungen über Reibung an den Stirnflächen der Rohre Spaltzugspannungen erzeugen, die zu Abplatzungen an den Kanten der Stirnflächen führen können.

Die Führung der Rohre übernehmen im Fugenbereich meist Stahlmanschetten, auch Stahlführungsringe genannt, die entweder lose oder fest mit dem Rohr verbunden sind:

– Lose Stahlführungsringe sind die preiswerteste Methode der Rohrführung für kleine bis mittlere Rohrdurchmesser (Bild B 3/23a). Nachteilig dabei ist, daß sie sich beim Vortrieb infolge von Steuerbewegungen der Rohrenden verkanten können. Beim weiteren Vorschieben der Rohre wird dann Bodenmaterial zwischen Rohrende und Stahlring eingepreßt, was zu einer wesentlichen Erhöhung des Vortriebswiderstands führt, Auflockerungen im Gebirge zur Folge hat, die Abdichtfunktion der zwischenliegenden Dichtprofile in Frage stellt und ein Aufreißen des Stahlrings nach sich ziehen kann. Lose Stahlführungsringe sollten daher grundsätzlich nur für „gerade" Vortriebe mit kleinen Rohrdurchmessern und kurzen Vortriebslängen eingesetzt werden.

– Feste Stahlführungsringe wie sie heute überwiegend bei Vorpreßrohren zum Einsatz kommen, sind am Ende des vorlaufenden Rohrs fest einbetoniert oder angeschleudert (Bild B 3/23b). Dabei ist darauf zu achten, daß sich die Ringe nicht von den Rohren lösen können. Zu diesem Zweck hat es sich bewährt, an den Stahlmanschetten Bügel anzuschweißen, die in die Rohrbewehrung eingreifen. Um die Stahlringe wasserdicht mit den Rohren zu verbinden, werden u. a. an der Innenseite der Stahlmanschetten umlaufende Stahlprofile mit durchgehender wasserdichter Naht aufgeschweißt (Verlängerung des Wassersickerwegs).

Bei begehbaren Rohren werden die Stahlführungsringe im allgemeinen aus Normalstahl St37 oder St52 ohne besonderen Korrosionsschutz hergestellt. Eine Verzinkung der Ringe oder der Einsatz von Sonderstählen kommen heute nur in Ausnahmefällen in Betracht. In der Regel geht man davon aus, daß die Hauptdichtung der Rohrfuge für das im Rohr fließende Medium nach dem Vortrieb von Rohrinnern her eingebaut wird und der Stahlführungsring somit keinem Korrosionsangriff von innen ausgesetzt ist. Der Korrosionsangriff vom Boden her wird aufgrund der großen Blechdicke als vernachlässigbar klein eingestuft. Inwieweit dies z. B. bei metallischer Verbindung zwischen der Rohrbewehrung und dem einbetonierten Stahlführungsring (in der Regel kaum vermeidbar) noch zutrifft, ist bei den vorhandenen Stahloberflächen und den Boden-Wasserverhältnissen zu überprüfen[*]. Anders sieht

es bei den nicht begehbaren Vortriebskanälen aus. Hier kann eine Innendichtung nachträglich nicht eingebaut werden, so daß in vielen Fällen der Führungsring Teil der endgültigen Dichtung auch für das im Rohr fließende Medium ist und daher aus korrosionsbeständigem Material bestehen sollte.

Die Stahlführungsringe sind sehr genau herzustellen und einzubauen, damit die Abdichtung zwischen den Rohren funktioniert (Bild B 3/24). Es hat sich als zweckmäßig erwiesen, den Außendurchmesser der Manschetten 3 bis 4 mm kleiner zu wählen als den Rohraußendurchmesser, damit gewährleistet ist, daß sie nicht über die Rohroberfläche vorstehen.

Bei großen Rohrdurchmessern können die Kosten der Stahlführungsringe einen erheblichen Anteil an den Gesamtkosten der Rohre ausmachen. Zur Kosteneinsparung wird daher gelegentlich die Dübelverbindung ausgeführt, die jedoch ausreichende Rohrwanddicken voraussetzt (Bild B 3/23c). Eine Falzverbindung für Vorpreßrohre hat sich in der Bundesrepublik Deutschland nicht durchsetzen können, weil hier Zwängungsspannungen leicht zu Betonabplatzungen und damit zur Beeinträchtigung bei der Übertragung der Preßkräfte führen können (Bild B 3/23d).

Die Dichtung der Rohrfugen wird bei begehbaren Rohren in der Regel zweifach ausgelegt:

– Die erste Dichtung während des Vortriebs (äußere Dichtung) besteht aus einem Roll- oder Gleitring aus Elastomermaterial, der zwischen dem Stahlführungsring und dem Rohrspitzende eingebaut wird. Die Roll- und Gleitringdichtung ohne Kammer (nur einseitige Schulter auf dem Spitzende, Bild B 3/23b), wie sie heute aus Herstellungs- und Kostengründen überwiegend zum Einsatz kommt, ist nur für „gerade" Vortriebe und geringe Wasserdruckbeanspruchungen von außen (Grundwasser) geeignet. Grundsätzlich besteht bei dieser Verbindungskonstruktion die Gefahr, daß durch die unkontrollierbaren Drücke beim Einbringen des Stütz- und Gleitmittels (Bentonit) für das Vortreiben der Rohre die Dichtung verschoben werden kann, d. h. vom Spitzende abrutscht und dann nicht mehr dichtet. Um dies zu verhindern, wird zum Teil unterhalb des Stahlführungsrings ein Elastomerprofil eingebaut (siehe nachfolgende Beispiele).

---

[*] Elementbildung zwischen Stahl im feuchten Beton (= Kathode) und Stahlführungsring (= Anode)

Bild B 3/23
Beispiele für Rohrverbindungen von Vorpreßrohren mit unterschiedlicher Querkraftführung
(schematisch)

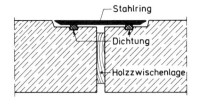

(a) lose Stahlmanschette
    (schwimmend)

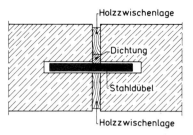

(c) Verdübelung mit Stahl-
    dollen

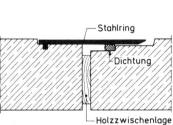

← Vortriebsrichtung

(b) einseitig feste Stahl-
    manschette

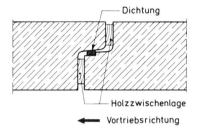

← Vortriebsrichtung

(d) Falzverbindung

Bild B 3/24
Vorpreßrohre mit anbetonierter Stahlmanschette (Quelle Prospekt DYWIDAG Beton-
und Stahlbetonrohre)

Bild B 3/25
Einbau von Fermadur*) als Innendichtung in
einem Vortriebskanal DN 1200 in Stuttgart mit
Maschine

*) Fermadur: Eingestemmtes, geschlossenzel-
   liges rundes Elastomer-Profil; Dichtungs-
   System der Denso Chemie, Leverkusen

Bei hohen Anforderungen an die Dichtigkeit der Verbindung und/oder bei Vortrieb in gekrümmter Trasse ist eine Gleitdichtung in einer Kammer erforderlich (Bild B 3/23a). Die Kammer für das Dichtelement wird entweder aus Beton oder mit Hilfe eines Stahlbundrings gebildet, der bei der Rohrherstellung einbetoniert oder angeschleudert wird und sich auch als Schutz für das Spitzende gut bewährt hat. Für die einwandfreie Funktion und Montierbarkeit der Gleitringdichtung sind u. a. folgende Anforderungen an die Konstruktion der Rohrverbindung zu stellen:

- Der aufgezogene Dichtungsring darf nicht über den Stahlführungsring überstehen. Damit ergibt sich der Dichtringdurchmesser und die Muffenspaltweite in Abhängigkeit von der Dicke des Stahlführungsrings (Bemessungsverfahren nach Scherle [B 3/16], Band 3).

- Bei runden Gleitringen muß die Schulterhöhe für die Abstützung $> 0,5 \times$ Dichtringdurchmesser betragen. Die Höhe der zweiten Schulter bei einer Kammerausbildung muß $> 0,5 \times$ maximaler Muffenspaltweite sein. Hierdurch wird verhindert, daß der Dichtring auf die Schulter aufsteigt.

Bild B 3/26
Fugenausbildungen bei Vorpreßrohren; ausgeführte Beispiele (a und d nach Unterlagen der Ed. Züblin AG, Duisburg; b nach [B 3/18], c nach [B 3/15])

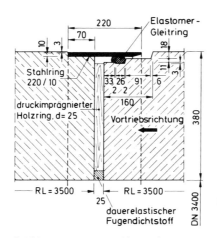

(a) Hauptsammler Hein-Janssen-Straße, Aachen; 1982

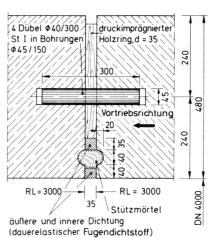

(b) Abwasserdüker unter dem Neckar Mannheim; 1966/68

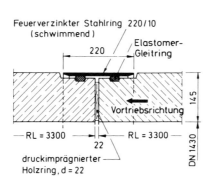

(c) Kühlwasserleitung eines Kraftwerks, Betriebsdruck 2,5 bar; vor 1960

(d) Kölner Randkanal Los 18; 1972/75

Bild B 3/27
Fugenausbildung bei Vorpreßrohren mit Dübeln und Gummi-Falt-Quetschdichtung in der Schweiz [B 3/19]

1 Falt-Quetschdichtung aus Chloropren-Kautschuk (CR), 50° bis 60° Shore A
2 Druckübertragungseinlage
3 Dübel
4 Innere Dichtung (dauerelastischer Fugendichtstoff)

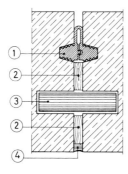

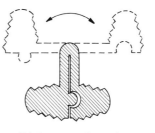

Dichtungsring 1

- Das Kammervolumen muß gleich oder größer dem Volumen des Dichtrings sein. Diese Bemessung berücksichtigt, daß auch bei großen Querkräften die Beanspruchung der Kammerschultern in Grenzen bleibt und somit die Kammer nicht zerstört werden kann.

- Die Rohrfügung muß insgesamt sehr maßgenau hergestellt werden.

- Der Stahlführungsring muß vorne unter 25° bis 30° abgeschrägt sein. Die Abschrägung muß glatt sein, damit der Dichtungsring beim Einfahren nicht beschädigt wird.

– Die zweite Dichtung (innere Dichtung) wird nach Beendigung des Vortriebs vom Rohrinnern zwischen die Rohrspiegel eingebaut. Hierzu werden die Holzringe ca. 2 bis 3 cm tief nach Beendigung des Vortriebs ausgestemmt oder ausgefräst, soweit sie nicht von vornherein beim Einbau um das entsprechende Maß zurückgesetzt wurden. Die geschaffene Nut wird üblicherweise mit einem dauerelastischen Fugendichtstoff verschlossen. Besonders ist dabei auf die ausreichende Haftung des Fugendichtstoffs an den Rohrspiegeln zu achten, da der Fugenverschluß den vollen Wasserdruck von innen und außen aufnehmen muß. Teilweise werden daher zwei dauerelastische Dichtungskörper mit dazwischenliegendem starren Stützkörper von innen in die Fuge eingebaut (siehe nachfolgende Beispiele). Die z. T. schlechten Erfahrungen mit den elastischen Fugendichtstoffen in Abwasserkanälen haben z. B. in Nürnberg dazu geführt, daß der innere Fugenverschluß bei Vorpreßrohren grundsätzlich starr, auf Zementmörtelbasis ausgebildet wird. Bei den Feuchteverhältnissen in den Kanälen sei mit dieser Lösung die beste Reparaturmöglichkeit gegeben. In zunehmendem Maße kommen heute runde Einstemmdichtungen aus geschlossenzelligem Elastomermaterial als innerer Fugenverschluß zum Einsatz (Bild B 3/25). Der besondere Vorteil dieser Dichtung liegt darin, daß sie in die nasse Fuge eingebaut und sofort belastet werden kann.

Die Bilder B 3/26 bis B 3/31 zeigen einige Ausführungsbeispiele von Rohrverbindungen und -dichtungen bei Vorpreßrohren:

– In Bild B 3/26a ist die normale Ausbildung einer Rohrverbindung mit geringer Grundwasserbeanspruchung bei einem Abwassersammler dargestellt. Der Stahlführungsring ist einseitig fest einbetoniert. Die äußere Dichtung erfolgt mit einem Elastomer-Gleitring an einer Schulter des Spitzendes, die innere Dichtung besteht aus einem dauerelastischen Fugendichtstoff.

– Im Beispiel Bild B 3/26b handelt es sich um einen Abwasserdüker, der im Druckluftvortrieb aufgefahren wurde. Wegen der hohen Wasserbelastung (max. 11 m über Rohrsohle) ist am einbetonierten Ende des feuerverzinkten Stahlführungsrings ein umlaufendes Stahlprofil zur Dichtung aufgeschweißt. Zur Führung und Abstützung der Elastomer-Gleitringdichtung ist auf dem Rohrspitzende ein sogenannter Bundring aus Stahl einbetoniert (Kammerdichtung). Der dauerelastische innere Fugenverschluß ist gegen äußeren Wasserdruck durch einen Kupferring und durch glasfaserverstärkte Epoxidharzputz abgestützt.

– Im Bild B 3/26c ist die Rohrverbindung einer Druckwasserleitung aus Stahlbetondruckrohren DN 1430 dargestellt. Die Rohrführung und -dichtung besteht hier aus einem verzinkten auf zwei Kammer-Gleitringdichtungen schwimmenden Stahlring. Ein innerer Fugenverschluß ist nicht vorhanden. Die Verbindung wurde bis 3,5 bar Überdruck getestet. Der Betriebsdruck beträgt 2,5 bar. Die Leitung ist seit über zwei Jahrzehnten in störungsfreiem Betrieb [B 3/15].

Bild B 3/28
Fugenausbildung einer Fernwärmeleitung nach dem Rohrvorpreßverfahren; Kraftwerk – Hafen/Stadtinneres, Hamburg; Baujahr 1963/64

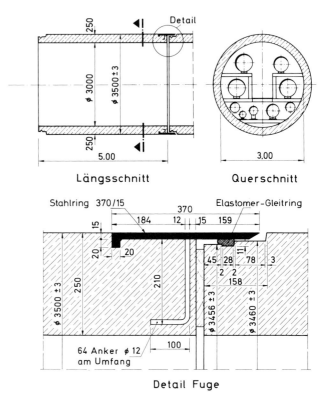

Bild B 3/29
Fugenausbildung von begehbaren Sammlern aus Stahlbeton-Vorpreßrohren mit verschiedenen Rohrauskleidungen in Hamburg (nach [B 3/20] und Ausführungsunterlagen der Baubehörde Hamburg – Amt für Ingenieurwesen III, Hauptabteilung Stadtentwässerung)

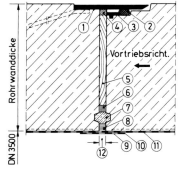

A Rohrauskleidung mit Stegfolie aus PVC-P

Äußere Dichtung
1 Stahlring, St52 – 3, 250 × 14 mm
2 Elastomer-Gleitring, ⌀ 30 mm
3 Bundring, St37, 40 × 8 mm
4 Elastomerprofil
5 Astfreier, druckimprägnierter Holzring

Innere Dichtung
6 Dauerelastischer Fugendichtstoff
7 Stützmörtel
8 Dauerelastischer Fugendichtstoff ≥ 30 mm tief (z. B. Polyurethan)
9 Kupferfolie 0,1 mm
10 PVC-P Folienstreifen, verschweißt
11 PVC-P Folie 2,0 bzw. 2,5 mm dick, mit Verankerungsstegen
12 Mittlere Fugenbreite 22 mm

B Rohrauskleidung mit Stegplatten aus PVC hart

Äußere Dichtung
1 Stahlring, St37 – 2, 250 × 12 mm
2 Elastomer-Gleitring, ⌀ 34 mm
3 Elastomerprofil 40/50 mm
4 Astfreier Holzring mit Hartfaserplatten

Innere Dichtung
5 Styroporeinlage
6 Fugenabdichtung mind. 25 mm tief; bei Fugenbreiten: bis 25 mm = 25 mm tief; über 25–30 mm = 30 mm tief; über 30 mm = 35 mm tief, mit elastischem Kunststoff (z. B. Polyurethan)
7 PVC hart-Platten 3,0 mm dick, mit Verankerungsstegen
8 Fugendichtstoff, 12 × 20 mm im Stirnbereich der abgefrästen Stege, wird bei Rohrfertigung eingebaut
9 Mittlere Fugenbreite 22 mm

C Rohrauskleidung mit PVC hart-Spiralrohren

Äußere Dichtung
1 Stahlring, St37, 250 × 10 mm
2 Elastomer-Gleitring, ⌀ 20 mm
3 Bundring, St37, 30 × 10 mm
4 Elastomerprofil
5 Astfreier Holzring

Innere Dichtung
6 Dauerelastischer Fugendichtstoff
7 Stützmörtel
8 Dämmer
9 PVC hart-Spiralrohr
10 Dauerelastischer Fugendichtstoff ≥ 22 mm tief (z. B. Polyurethan)
11 Mittlere Fugenbreite 22 mm

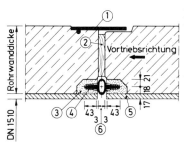

D Rohrauskleidung mit GEKATON-Schutzrohr

Äußere Dichtung
1 Stahlring, St52, 180 × 10 mm
2 Astfreier, druckimprägnierter Holzring

Innere Dichtung
3 Polyesterharz-Formteil
4 Elastomer-Lamellendichtung
5 GEKATON-Schutzrohr
6 Maximale Fugenbreite 24 mm

Bild B 3/30
Innere Fugenabdichtung mit wellenförmiger,
glasfaserverstärkter Epoxid-Harzbeschichtung;
Kühlwasserleitung in Duisburg [B 3/21]

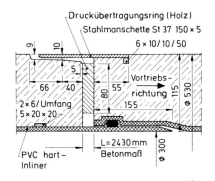

Bild B 3/31
Fugenausbildung bei nichtbegehbaren Abwasserleitungen aus Stahlbetonvorpreßrohren mit
PVC hart-Auskleidungen; verschiedene Lösungen für die innere Fugendichtung mit Elastomerprofilen (nach Unterlagen der Firma
Friedrichsfeld GmbH, Mannheim)

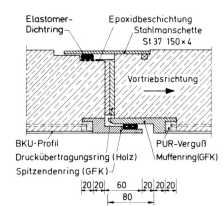

(a) Elastomer-Kammer-Gleitdicht.
zwischen PVC-hart-Manschette
und-Spitzende

(b) Elastomer-Gleitdichtung zw.
GFK-Manschette und-Spitzende

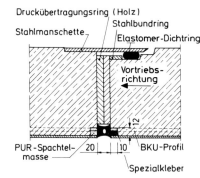

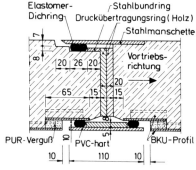

(c) Dichtung mit einseitig am Rohrspiegel befestigtem Elastomer-
Kompressionsprofil

(d) Elastomer-Gleitdichtung mit
PVC-hart Steckringverbindung

– Die Bilder B 3/26d und B 3/27 zeigen Rohrverbindungen mit Dübelführung. Im Beispiel Bild B 3/26d besteht die Dichtung des Abwasserkanals aus einem nachträglich eingebauten äußeren und inneren Dichtungskörper aus dauerelastischem Dichtstoff mit zwischenliegendem Stützkörper aus Mörtel zur Aufnahme des inneren und/oder äußeren Wasserdrucks. Eine besondere Dichtung während des Vortriebs war nicht vorhanden. Im Beispiel Bild B 3/27 ist eine Elastomer-Falt-Quetschdichtung als äußere Dichtung während des Vortriebs eingebaut worden. Die innere Fugendichtung des Abwasserkanals besteht wie üblich aus einem dauerelastischen Fugendichtstoff.

– Die Fernwärmeleitung in Bild B 3/28 liegt bis zu 24 m unter dem Hafenwasserspiegel in Hamburg und wurde unter Druckluft vorgetrieben. Wegen der hohen Wasserbeanspruchung ist am Stahlführungsring am einbetonierten Ende zur Dichtung ein umlaufendes Stahlprofil aufgeschweißt und die Elastomer-Gleitringdichtung in einer Kammer angeordnet. Auf eine innere Fugendichtung wurde verzichtet. Nur wenige Fugen dieser Leitung waren anfangs nicht ganz dicht (leichte Durchfeuchtungen, wenige kleine Stalaktiten).

Bild B 3/32
Beispiele für die Fugenausbildung bei einteiligen Zwischenpreßstationen: a) mit einem
am vorlaufenden Vorpreßrohr anbetonierten
Mantelrohr; b) mit einem auf dem vorlaufenden Vorpreßrohr frei aufliegenden Mantelrohr

1 Ausgefahren
2 Nach Abschluß des Vortriebs zusammengefahren

(nach [B 3/16] und Firmenunterlagen)

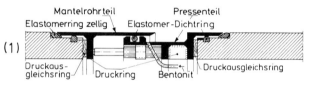

Bild B 3/33
Beispiel für die Fugenausbildung bei einer
zweiteiligen Zwischenpreßstation

1 Ausgefahren
2 Nach Abschluß des Vortriebs ausbetoniert
3 Detail einer auswechselbaren Dichtung zwischen Mantelrohrteil und Pressenteil

(nach [B 3/16])

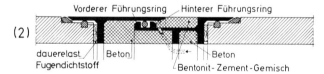

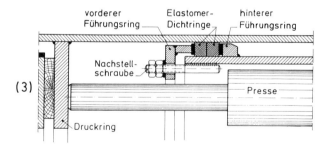

– Bild B 3/29 zeigt Beispiele für die Fugenausbildung von
begehbaren Abwasserkanälen mit Grundwasserbelastung
und unterschiedlicher Rohrauskleidung. Die äußere Dichtung besteht bei den Lösungen A bis C aus dem Elastomer-
Gleitring und einem rechteckigen Elastomerprofil im Eck-
bereich Stahlführungsring/Rohrspiegel. Dieses Profil ersetzt
bei den Lösungen A und C die sonst übliche am Führungsring angeschweißte Stahldichtungsrippe. Bei Lösung B dient
das rechteckige Elastomerprofil am Rohrspiegel unterhalb
des Stahlführungsrings auch zur Abstützung der Gleitringdichtung gegen äußeren Wasserdruck, was in beiden anderen Lösungen durch den Stahlbundring erfolgt.

Die innere Fugenabdichtung besteht bei den Lösungen A bis
C aus dauerelastischen Fugendichtstoffen zum Teil mit einer
Abstützung gegen Innen- und Außendruck (Lösungen A
und C).

Bei der Lösung D besteht die einzige Dichtung – gleichzeitig
innere Dichtung – aus einem speziellen Elastomer-Lamel-
lenprofilring, der beidseitig in einbetonierte Polyesterharz-
Formteile an der Rohrinnenseite beim Vortrieb eingesetzt
wird.

Bild B 3/34
Ausfahr-Lippendichtung; Sammler Ost, Hamburg [B 3/22]

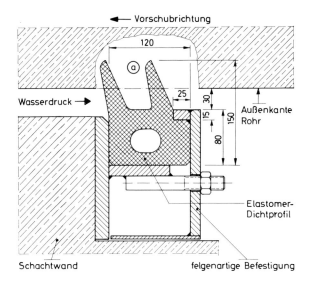

Bild B 3/35
Luftaktivierbare Ausfahr- und Enddichtung;
Rheindüker 2 bei Mannheim, Ausführung 1982
(nach Unterlagen der Firma Hochtief AG,
Frankfurt)

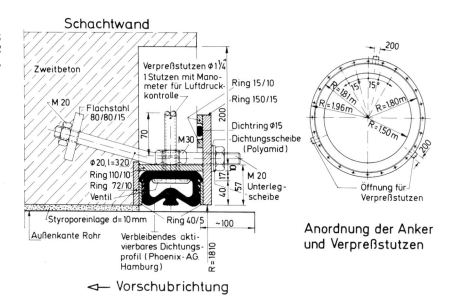

– Eine innere Fugenabdichtung für höchste Beanspruchungen ist in Bild B 3/30 dargestellt. Bei einer Kühlwasserleitung in Duisburg aus Vorpreßrohren mit innerem Stahlblechmantel mußten die Fugen gegen einen Betriebsdruck von maximal 3,6 bar abgedichtet werden. Als Abnahme verlangte der Auftraggeber Dichtigkeit gegen 5 bar. Eine weitere wesentliche Bedingung für die Fugenabdichtung war die schadlose Aufnahme von Setzungen. Die 20 mm breiten Fugen zwischen den Rohren sollten diesbezüglich eine Bewegung von ± 1 mm ausführen können. Nach vorangegangenen Versuchen wurde eine glasfaserverstärkte 3 mm dicke Epoxid-Harz-Beschichtung in Wellenform auf dem zuvor gesandstrahlten Betonuntergrund eingebaut. Die Leitung ist seit 1970 ohne Beanstandung der Fugendichtigkeit in Betrieb.

– Verschiedene Lösungen für die Ausbildung einer inneren Dichtung bei nicht begehbaren Vorpreßrohren mit Innenauskleidung zeigt Bild B 3/31. Anstelle der Fugendichtstoffe werden hier Elastomerprofile als Gleitring- oder Stirnringdichtungen eingesetzt.

Die Fugengestaltung und -dichtung an Zwischenpreßstationen ist abhängig von der Konstruktion der Zwischenpreßstation. Es gibt einteilige (Bild B 3/32) und zweiteilige (Bild B 3/33) Stationen. Mit dem vorlaufenden Vorpreßrohr wird das Mantelrohr fest verbunden (einbetoniert, Bild B 3/32a) oder auf dem vorlaufenden Vorpreßrohr lose aufgelagert (Bilder B 3/32b und B 3/33). Die Verbindungskonstruktion und die Dichtung entspricht hierbei der üblichen Fugenausbildung. Anders sieht es bei der Hauptdichtung der Zwischenpreßstation zum nachlaufenden Vorpreßrohr aus. Wegen der großen Relativbewegungen sind hier zum Teil Sonderkonstruktionen für die Dichtung erforderlich. Das Mantelrohr gleitet über die Hauptdichtung bei jedem Arbeitsspiel der Pressen um die volle Länge des Pressenhubs. Dies geschieht sowohl beim Ausfahren der Pressen in Vorwärtsrichtung als auch beim Einfahren der Pressen in Gegenrichtung. Das heißt, der Gleitweg über die in der Nut eingezwängte und mit großem Druck an das Mantelrohr angepreßte Dichtung ist doppelt so lang wie die von der Zwischenpreßstation zurückgelegte Wegstrecke.

Bild B 3/36
Schachtanschluß und Fugenausbildung bei
Stahlbeton-Vortriebsrohren für Fernwärmeleitungen im Grundwasser (nach Regelblatt Nr.
12 der EWAG Energie und Wasserversorgung, Nürnberg, 1982)

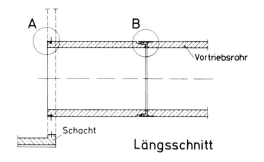

Längsschnitt

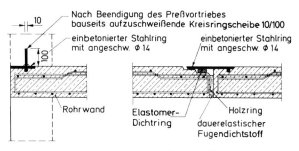

Detail A
Einbindung Vortriebs-
rohr in Schachtwand

Detail B
Fugenausbildung

Bild B 3/37
Fugenausbildung bei den Zugangsstollen zum
Kontrollstollen der Möhnetalsperre; Ausfüh-
rung 1972 [B 3/23]

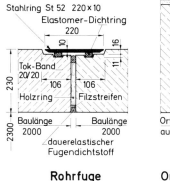

Rohrfuge

Fuge
Ortbetonstollen - Rohr

Wegen der großen Beschädigungsgefahr der Dichtung unter
den rauhen Vortriebsbedingungen ist auf folgendes bei der
Ausführung der Zwischenpreßstationen zu achten:

– Nuttiefe und -breite sowie Dichtungsring und Spaltweite
  müssen sorgfältig aufeinander abgestimmt und sehr maßgenau sein.

– Das Bett des Dichtungsrings und die Gleitfläche des Mantelrohrs müssen glatt und sauber sein.

– Sowohl bei der Montage als auch während des Vortriebs ist
  für eine ausreichende Schmierung des Gleitrings zu sorgen.
  Bewährt hat sich die Anordnung einer Verpreßöffnung für
  Bentonitsuspension in unmittelbarer Nähe der Hauptdichtung. Die Suspension sorgt zum einen für die Schmierung
  der Dichtung und zum anderen verhindert sie das Eindringen von Boden in den Ringspalt zwischen dem Spitzende des
  nachlaufenden Rohrs und dem Mantelrohr.

Bei hohen Anforderungen an die Dichtigkeit und großen Vor-
preßlängen werden doppelte (Bild B 3/32b) oder auswechselbare (Bild B 3/33) bzw. nachstellbare Dichtungen eingesetzt.
Grundsätzlich ist der zweiteiligen Ausführung der Zwischenpreßstation bei hohen Ansprüchen an die Zuverlässigkeit der
Hauptdichtung immer der Vorrang zu geben, da hier die Führung des Dichtungsrings genauer ist.

Nach Abschluß des Vortriebs werden die Pressen und gegebenenfalls die losen Druckverteilungsringe ausgebaut und die
Zwischenpreßstation zusammengefahren oder ausbetoniert.
Die Innenfugen werden mit dauerelastischem Fugendichtstoff
oder Elastomer-Einstemmprofilen abgedichtet (vgl. Kap. A
2.1.3 und A 2.2.2.2 sowie A 2.1.2.3, Pkt. c, nachträglich eingebaute Kompressionsfugenbänder, und A 2.3.3.1, Pkt. a, Einstemmdichtungen).

Besondere Konstruktionen sind für wasserdichte Anschlüsse und Übergänge zu anderen Bauwerksteilen erforderlich. Unterschieden werden können hierbei temporäre Dichtungskonstruktionen für den Bauzustand, sogenannte Aus- bzw. Einfahrdichtungen bei Schachtbauwerken, und endgültige Dichtungsanschlüsse:

– Die Aus- oder Einfahrdichtungen müssen dem anstehenden Wasserdruck widerstehen und gleichzeitig die Außentoleranzen der Rohre, die Toleranzen der Ausfahröffnung sowie die Steuertoleranzen überbrücken können. Sie werden deshalb üblicherweise entsprechend kräftig dimensioniert. Empfehlenswert für die Abdichtung und für die Sicherheit im Schacht ist eine doppelte Installation, verbunden mit einer Auswechselmöglichkeit. Beispiele für Ausfahrdichtungen zeigen die Bilder B 3/34 und 35. Die in Bild B 3/34 dargestellte Ausfahrdichtung für Vorpreßrohre ist eine Lippendichtung, deren Dichtwirkung durch den Wasserdruck verstärkt wird. Bild B 3/35 zeigt eine luftaktivierbare Ausfahr- und Enddichtung, die nach Abschluß der Vorpreßarbeiten mit Mörtel injiziert wird.

– Den endgültigen Anschluß eines Vorpreßrohrs an einen Ortbetonschacht zeigt Bild B 3/36. Nach Beendigung des Vortriebs wurde auf dem einbetonierten Flachstahlring des Rohrendes eine Stahlkreisringscheibe wasserdicht als Dichtungsrippe aufgeschweißt und in die Schachtwand einbetoniert. Der wasserdichte Übergang von einem Vorpreßrohrstrang aus Stahlbetonrohren zu einem Ortbetonstollen erfolgte im Beispiel des Bilds B 3/37 mit einem Stahlführungsring. Am Rohrende wurde die Dichtung wie üblich durch einen Elastomer-Gleitring erreicht. In der Ortbetonauskleidung wirkt der einbetonierte Stahlring gleichsam wie ein Fugenband.

B 3.4 Rechteckige Kanäle und Durchlässe in offener Bauweise aus Ortbeton und Betonfertigteilen

B 3.4.1 Kanäle und Durchlässe aus Ortbeton

Kanäle und Durchlässe aus Ortbeton in offener Bauweise werden in der Regel in Blöcken von 10 bis 15 m Länge hergestellt. Die Fugen werden als Raum- oder Preßfugen mit innenliegenden Dehnungsfugenbändern – meist aus PVC mit mindestens 200 mm Breite – ausgebildet (Bild B 3/38). Bei den Raumfugen beträgt die Fugenbreite üblicherweise 2 cm.

Die Raumfugen in Abwasserkanälen erhalten heute auf der Innenseite in der Regel zusätzlich einen Fugenverschluß. Dieser kann aus einem dauerelastischen Fugendichtstoff (Bild B 3/38 a) oder einem eingestemmten Elastomerprofil (Bild B 3/38 b) bestehen. Für die Aufnahme des Fugenverschlusses muß die Fugeneinlage bis etwa 5 cm Tiefe entfernt werden. Einzelheiten zu den Abdichtungen mit Fugendichtstoffen und eingestemmten Elastomerprofilen sind in Kap. A 2.1.3 und A 2.2.2.2 sowie A 2.1.2.3, Pkt. c (nachträglich eingebaute Kompressionsfugenbänder), und A 2.3.3.1, Pkt. a (Einstemmprofile), erläutert. Für rechteckige Kanalquerschnitte bietet sich als dauerhafter innerer Fugenverschluß ein einbetoniertes Fugenabdeckband aus PVC an (Bild B 3/38 f).

In Nürnberg wurden jahrelang elastische Fugendichtstoffe (u. a. auf Thiokol-, Silikon- oder Polyurethanbasis) für den inneren Fugenverschluß in Abwasserleitungen aus Ortbeton eingesetzt. Die insgesamt schlechten Erfahrungen mit dieser Ausbildung führten dazu, daß seit einiger Zeit in neuen Abwasserkanälen nur Preßfugen ohne zusätzliche innere Dichtung zur Ausführung kommen (Bild B 3/38 c).

Um das Eindringen von Boden beim Öffnen der Fuge zu verhindern, wird häufig auch noch ein äußerer Fugenverschluß ausgeführt. Bei sehr großen Fugenabständen und nennenswerten zu erwartenden Längenänderungen infolge Temperatureinwirkung nach der Verfugung kommen auch hier elastische Dichtstoffe zum Einsatz (Bild B 3/38 d). Im anderen Fall, wenn der Baukörper z. B. sofort mit Erdreich überschüttet wird, werden für die äußere Fugenabdichtung spachtelbare Bitumen-Dichtstoffe oder Abklebungen eingesetzt (Bild B 3/38 e und f).

Üblicherweise wird bei den Ortbetonkanälen und Durchlässen die Sohle vorbetoniert. In der Arbeitsfuge zwischen Sohle und Wand wird vielfach ein Arbeitsfugenband zur Dichtung eingebaut (Beispiel Bild B 3/39). Bei Kanälen im Grundwasser und bei Abwasserkanälen generell wird zur Vermeidung von Schwindrissen im unteren Wandbereich oberhalb dieser Arbeitsfuge eine besondere Schwindbewehrung eingebaut. Das gleiche gilt für den Deckenrand bei Arbeitsfugen, die unter der Kanaldecke angeordnet werden (Beispiel Bild B 3/40).

Bild B 3/38
Fugenausbildung bei Abwasserkanälen aus Ortbeton (Prinzip)

1 Fugendehnungsband aus PVC, b ≥ 200 mm
2 Fugeneinlage
3 Hinterfüllmaterial
4 dauerelastischer Fugendichtstoff
5 Elastomer-Einstemmprofil
6 Kunststoffversiegelung
7 Preßfuge
8 Bitumendichtstoff
9 Stützgewebe (Glasseidengewebe) in 8 eingearbeitet
10 Abklebung mit Dichtungsbahn, evtl. mehrlagig
11 Fugenabdeckband aus PVC

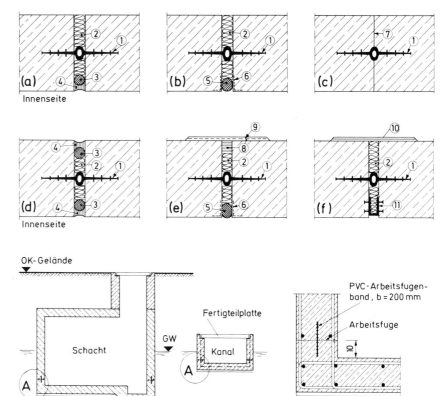

Bild B 3/39
Ausbildung der Arbeits- und Dehnungsfugen bei Schachtbauwerken und Ortbetonkanälen von Fernwärmeleitungen im Grundwasser (nach Richtzeichnungen 10 und 12 der EWAG Energie- und Wasserversorgung, Nürnberg, 1982)

Lage u. Ausbildung der Arbeitsfugen Sohle/Wand

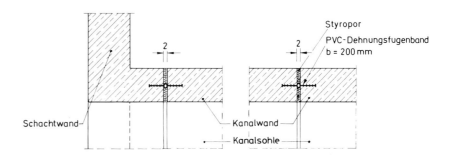

Ausbildung der Kanaldehnungsfugen in Wand u. Sohle

B 3.4.2 Kanäle und Durchlässe aus Betonfertigteilen

Kanäle und Durchlässe aus Betonfertigteilen gibt es hauptsächlich in folgenden Grundkonstruktionen (Bild B 3/41):

– umlaufend geschlossener Querschnitt (a),

– U-förmiger Querschnitt mit Deckenplatte (b und c),

– Bodenplatte mit Haubenquerschnitt (d und e),

– zusammengesetzter Querschnitt aus Boden-, Wand- und Deckenplatten (f).

Die Länge der Fertigteile – und damit die Fugenanzahl in Längsrichtung – ist im wesentlichen Abhängig von

– den statischen Beanspruchungen bei der Herstellung, beim Transport und im Einbauzustand,

– den Transportmöglichkeiten zur Einbaustelle und

– dem Hebegerät auf der Baustelle.

Üblich sind Längen von 2 bis 5 m je nach Querschnittsgröße.

Die Fugen werden in Abhängigkeit von den örtlichen Gegebenheiten starr mit Zementmörtelverguß oder beweglich mit Dichtungen aus Elastomerprofilen oder plastischen und elastischen Fugendichtstoffen ausgebildet. Wird Wasserdichtigkeit verlangt, so werden zum Teil auch in den starr ausgebildeten Fugen zusätzlich Dichtungen eingebaut. Häufig werden die Fugen von Fertigteilkanälen gegen Sickerwasserbelastung von außen aber auch durch äußere Abklebungen mit Dichtungsbahnstreifen oder Überspachtelungen mit glasfaserverstärkten Dichtungsstoffen abgedichtet.

Bild B 3/40
Fugenausbildung und -bewehrung bei Ort-
beton-Abwasserkanälen in Frankfurt am Main
(nach Unterlagen des Stadtentwässerungsamts
Frankfurt/Main; Normalie Blatt 2.12 1978 und
Ri Nr. 15, Juni 1980)

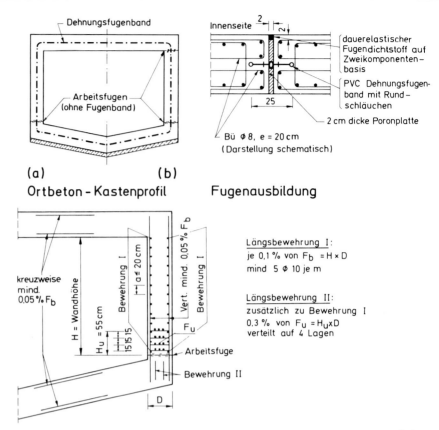

(a) Ortbeton-Kastenprofil   (b) Fugenausbildung

(a) Schwind- und Mindestbewehrung bei Arbeitsfuge über der Sohle

Längsbewehrung I:
je 0,1 % von F_b = H × D
mind 5 ϕ 10 je m

Längsbewehrung II:
zusätzlich zu Bewehrung I
0,3 % von F_u = H_u×D
verteilt auf 4 Lagen

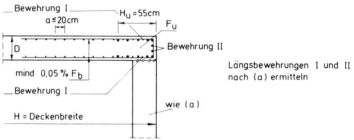

(b) Schwind-und Mindestbewehrung bei Arbeitsfuge unter der Decke

Längsbewehrungen I und II
nach (a) ermitteln

Bild B 3/41
Kanäle aus Betonfertigteilen; Konstruktion
und Anordnung der Fugen im Querschnitt
(Prinzip)

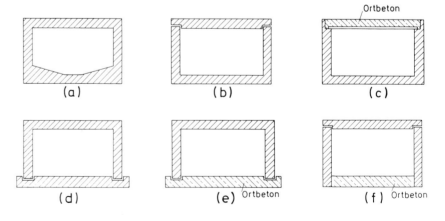

Bild B 3/42
Beispiele für die Fugenausbildung ausgeführter Regen- und Abwasserkanäle aus geschlossenen Rahmenquerschnitten (unmaßstäblich)

Anmerkungen:
1 Dauerelastischer Fugendichtstoff
2 Hinterfüllprofil
3 vorgeformtes Bitumenband nach DIN 4062
4 Schweißbahn mit Stützgewebe
5 Voranstrich, Primer
6 Bitumen-Dichtstoff

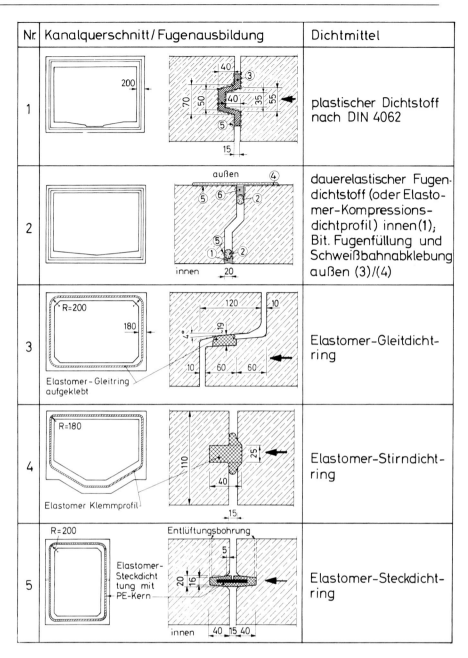

Nr	Kanalquerschnitt / Fugenausbildung	Dichtmittel
1		plastischer Dichtstoff nach DIN 4062
2		dauerelastischer Fugendichtstoff (oder Elastomer-Kompressionsdichtprofil) innen (1); Bit. Fugenfüllung und Schweißbahnabklebung außen (3)/(4)
3		Elastomer-Gleitdichtring
4		Elastomer-Stirndichtring
5		Elastomer-Steckdichtring

Bild B 3/43
Verlegen von Kanalelementen mit rechteckigem Querschnitt und Elastomer-Steckdichtung (Foto Betonwerk Gelissen, Holland)

(a)

(b)

Ohne Anspruch auf Vollständigkeit werden im folgenden verschiedene Ausführungsbeispiele dargestellt und beschrieben:

a) Ausführungsbeispiele bei geschlossenen einteiligen Rahmenquerschnitten (Bild B 3/42):

– Rahmenverbindung mit Nut und Feder; Fugenabdichtung
  mit einem plastischen Bitumenband nach DIN 4062 (Bild B
  3/42, 1). Das Dichtungsband wird vor der Montage der Rahmenteile einseitig aufgeklebt und beim Zusammenziehen
  der Rahmen in der Fuge verquetscht (siehe Kap. A 2.3.3.4
  und Literatur [B 3/7]). Die Verbindung ist sehr empfindlich
  gegen Bewegungen der Rahmenteile nach dem Verquet-
  schen des Bands (Dichtung reißt von den Fugenflanken ab).

– Rahmenverbindung mit Falz; Fugenverschluß außen mit
  Bitumen-Dichtstoff und Abklebung mit einer Schweißbahn
  im Wand- und Deckenbereich; Fugenabdichtung innen
  rundum mit einem dauerelastischen Fugendichtstoff (Bild B
  3/42, 2). Fugenverschluß und Fugendichtung werden nach
  dem Versetzen der Rahmenteile eingebracht (siehe Kap. A
  2.2.2.2). Anstelle des Fugendichtstoffs kann auch ein Ela-
  stomer-Kompressionsdichtprofil nachträglich in die Fugen
  eingestemmt werden (siehe Kap. A 2.3.3.1, Pkt. a).

– Rahmenverbindung mit Falzmuffe und Fugenabdichtung
  aus aufgeklebter Elastomer-Gleitringdichtung ähnlich wie
  bei den Rohrleitungen (Bild B 3/42, 3). Für eine einwandfreie Fugendichtung sind sehr maßgenaue Rahmenfügungen
  erforderlich. Außerdem kann es durch windschiefes Verlegen sowie windschiefe Rahmenteile zu Zwängungen in der
  Verbindung und damit zu Undichtigkeiten kommen.

– Rahmenverbindung stumpf mit Elastomer-Stirndichtung
  (Bild B 3/42, 4). Bei Rahmen mit Stirndichtung ist die
  Gestaltung der Rahmenstirnflächen und die Anbringung der
  Dichtung sehr unterschiedlich. Teilweise ist eine Nut zur
  Aufnahme des Dichtungsprofils an den Stirnflächen vorgesehen (siehe Beispiel), teilweise werden die Profile auf der
  glatten Stirnfläche aufgeklebt oder angeflanscht. Eine
  dauerhaft dichte Verbindung setzt dichte Betonfugenflan-
  ken und einen genügend hohen Anpreßdruck der Dichtung
  an den Beton voraus. Dieser Anpreßdruck muß beim Versetzen der Rahmenteile erzeugt und ständig aufrechterhalten werden. Reicht die Reibung der Rahmenteile auf der
  Grabensohle nicht für die erforderliche Einpreßkraft des
  Dichtungsprofils aus, müssen die Rahmenteile miteinander
  verspannt werden. Bei dieser Dichtungsart ist es erforderlich, daß die Rahmen in den Stirnflächen parallel sind und
  die Verlegung sehr sorgfältig erfolgt. Die Stirndichtungen
  haben nämlich nur einen bestimmten Funktionsbereich (bei
  freier seitlicher Ausdehnung in der Regel zwischen 20 bis
  60% der Dichtungsprofilhöhe). Abwinklungen der Rahmenteile gegeneinander sind aus abdichtungstechnischen
  Gründen nicht zulässig.

Bild B 3/44
Beispiel für die Fugenausbildung bei einem
Rahmendurchlaß aus U-förmigen Fertigteilen
mit Abdeckplatte (nach Unterlagen der Firma
HAGEWE, Ötigheim bei Rastatt)

Anmerkungen:
Denso-Binde*):
Warmverarbeitbare Bitumen-Binde mit Trä-
gergewebe aus verrottungsbeständiger Che-
miefaser, imprägniert und beschichtet mit
Bitumen-Masse, in die eine wärmebeständige,
schwerschmelzbare mit Bitumen verträgliche
Kunststoff-Folie eingelagert ist

Corrisol W*):
Bitumen-Voranstrich

TOK-Band*):
Dauerplastisches Bitumenband (DIN 4062)

*) Produkte der Denso-Chemie, Leverkusen

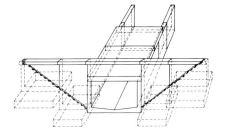

Fugenanordnung Prinzip

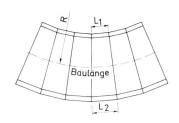

Fugenanordnung im Kurvenbereich

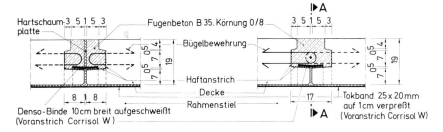

Dehnfuge in der Deckenplatte   Stoßfuge in der Deckenplatte

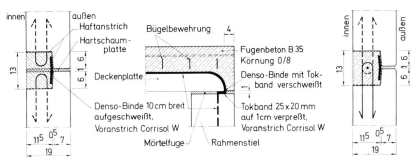

Dehnfuge in der Sohlplatte
und im Rahmenstiel   Schnitt A-A   Stoßfuge in
der Sohlplatte und
im Rahmenstiel

– Rahmenverbindung stumpf mit ausgesteifter Elastomer-
steckdichtung (Bild B 3/42, 5). Beide Rahmenteile haben
eine Nut, in die ein mit einem harten Kern ausgesteiftes
Fugenband eingepreßt wird. Erforderlich sind bei dieser
Verbindung maßgenaue in den Stirnflächen parallele Rahmenteile mit guter Verdichtung im Bereich der Nutaussparungen. Bewegungen der Rahmenteile gegeneinander nach
der Montage in geringer Größe beeinträchtigen nicht die
Dichtigkeit der Verbindung, da der Dichtspalt konstant
bleibt. Für größere Fugenabwinklungen oder -bewegungen
siehe Fugenband Bild A 2/17b und Hinweise in Kap. A
2.3.3.1, Pkt. a, Steckdichtungen. Die Verlegung eines Re-
genkanals mit einer ausgesteiften Elastomer-Steckdichtung
zeigt Bild B 3/43.

b) Ausführungsbeispiele bei zusammengesetzten Rahmen:

– Bild B 3/44 zeigt eine Rahmendurchlaßkonstruktion mit
U−förmigem Querschnitt und Abdeckplatte. Die Fertigteile haben je nach Querschnitt eine Länge von 1 bis 2,50 m.
Die Fugen werden als Stoß- oder Dehnungsfugen ausgebildet. Bei beiden Fugenarten sind die U-förmigen Rahmenteile zum Innern hin im Sohl- und Wandbereich an den
Enden falzförmig ausgespart. Die druckwasserdichte Stoßfugenausbildung erfolgt nach Versetzen der Fertigteile
durch Aufkleben eines 10 cm breiten Bitumen-Schweiß-
bahnstreifens über der Fuge in der Aussparungsnut.
Anschließend werden die parallel zu den Fugenflanken
gebogenen Bewehrungsschlaufen in die Fugenaussparung
gebogen, ein Bewehrungseisen in Fugenlängsrichtung eingebracht und die Aussparung mit Fugenbeton, Körnung 0/8
ausbetoniert. Die Ausbildung der Dehnungsfuge im U-förmigen Rahmenteil erfolgt ähnlich, nur daß hier eine 1 cm
dicke Hartschaumplatte in die Fuge eingebaut und so der
Fugenbeton unterteilt wird.

Bild B 3/45
Fugenausbildung beim Durchlaß Kothbrunnen
in Fertigteilbauweise, Nürnberg; Ausführung
1978/79 (nach Unterlagen des Tiefbauamts
Nürnberg)

Anmerkung:
Als Kompressionsfugenband wurde Fermadur,
ein geschlossenzelliges rundes Elastomerprofil
der Denso-Chemie, Leverkusen, in die Fugen
eingestemmt.

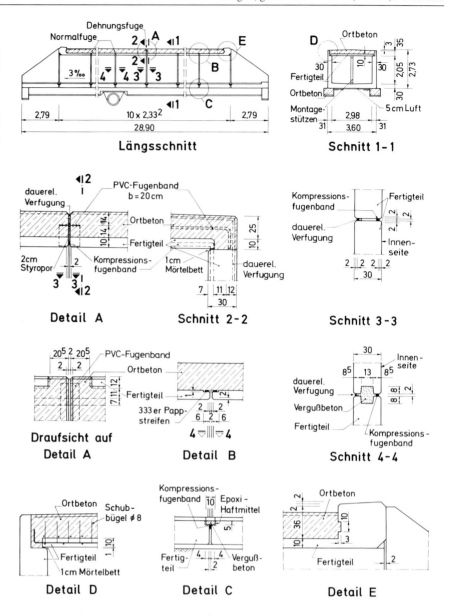

Als Abdichtung der Wand-/Deckenfuge wird ein vorgeformtes dauerplastisches Bitumenband 25 × 20 mm (nach DIN
4062) auf der Rahmenwand aufgeklebt und mit den Bitu-
men-Schweißbahnstreifen der Querfugen verschweißt. Beim
Versetzen der Deckenplatten im Mörtelbett wird das Bitumenband auf rd. 1 cm zusammengepreßt. Die Stoßfugen der
Deckenplatten werden versetzt zu den Stoßfugen der U-förmigen Rahmenteile angeordnet. Die Deckenplatten sind an
den Enden falzförmig mit Unterschneidung ausgebildet, so
daß beim Ausbetonieren eine Querkraftverzahnung der
Platten untereinander entsteht. Die Deckenfugen werden
wie vor mit einem 10 cm breiten Bitumen-Schweißbahnstrei-
fen abgeklebt, die Schweißbahnstreifen mit dem Bitumenband unter der Deckenplatte verschweißt und anschließend
die Aussparungen ausbetoniert.

Diese Ausführung ist nur im unteren Teil für Druckwasser
geeignet. Die Wand-/Deckenfuge sollte nur mit Sickerwasser beansprucht werden (Schwachstelle).

– Der Durchlaß im Bild B 3/45 besteht aus 2,30 m langen
U-förmigen Fertigteilen und 10 cm dicken Elementdecken-
platten mit bis zu 28 cm dickem Aufbeton. Die Fertigteile
des rd. 29 m langen Durchlasses wurden bis auf eine Dehnungsfuge in Bauwerksmitte starr miteinander verbunden.
Die Verbindung erfolgte durch Ausgießen der Fugenaussparungen mit Beton und im Deckenbereich durch den durch-
gezogenen Aufbeton. Die starren Fugen wurden innen in
Sohle und Wand mit einem eingestemmten Elastomer-Kom-
pressionsband abgedichtet und außen im Wandbereich mit
dauerelastischem Fugendichtstoff verschlossen. In der Dehnungsfuge wurde als Abdichtung innen rundherum ein Ela-
stomer-Kompressionsband eingestemmt. Der äußere Fugenverschluß in der Wand erfolgte in gleicher Weise. In der
Decke wurde die Dehnungsfuge zusätzlich mit einem im
Aufbeton einbetonierten PVC-Fugenband abgedichtet und
auf der Außenseite mit einem dauerelastischen Fugendichtstoff verschlossen. Nachteilige Erfahrungen mit der Fugenausbildung wurden bisher nicht bekannt.

Bild B 3/46
Beispiel für die Fugenausbildung bei Hauben-
kanälen für Fernwärmeleitungen im Sickerwasserbereich

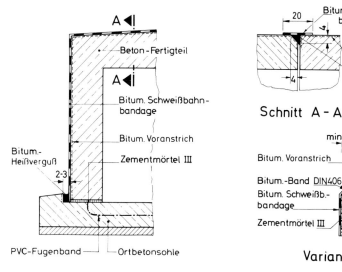

Schnitt A - A

Variante

Bild B 3/47
Fugenausbildung bei der Fernwärmehauptlei-
tung Nürnberg Ost in Fertigteilbauweise; Ausführung 1980 (nach Unterlagen der EWAG
Energie- und Wasserversorgung Nürnberg)

Anmerkungen:
Eska-Flex: Spachtelmasse
Fermadur-Profil:
Kreisprofil aus geschlossenzelligem Elasto-
mer-Material der Denso-Chemie, Leverkusen,
das in die Fuge eingestemmt wird

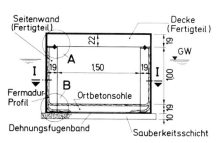

Querschnitt Dehnungsfuge

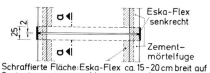

Schraffierte Fläche:Eska-Flex ca. 15-20cm breit auf
Sauberkeitsschicht vor Versetzen der Seitenwandplatten
aufgespachtelt
Grundriß I - I

Querschnitt Stoßfuge

Schraffierte Fläche:Eska-Flex ca. 15-20cm breit auf
Sauberkeitsschicht vor Versetzen der Seitenwandplatten
aufgespachtelt
Grundriß II - II

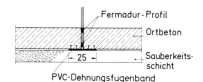

Detail A und B

Schnitt a-a

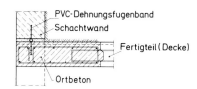

Schnitt durch Schachtanschluß

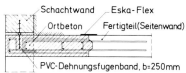

Grundriß Schachtanschluß

– Bild B 3/46 zeigt eine übliche Fugenausbildung bei Hauben-
kanälen für Fernwärmeleitungen im Sickerwasserbereich.
Die Sohle besteht aus Ortbeton mit zweilagiger Bewehrung
aus Baustahlgewebe. Der Dehnungsfugenabstand sollte
höchstens 25 m betragen. In den Fugen wird ein innenliegendes PVC-Dehnungsfugenband mittig eingebaut, das im
Bereich der Kanalwände nach oben bis zur Sohloberfläche
geführt wird. Die Betonfertigteilhauben haben eine Länge
von 1,00 m bis 5,00 m. Sie werden im Mörtelbett auf der
Sohle versetzt. Die Stoßfugen werden mit einem dauerplastischen Bitumenband nach DIN 4062 und einer Bitumen-
Schweißbahnbandage von Sohle bis Sohle abgedichtet. Die
Längsfugen zwischen Sohle und Haube werden bei Sohlen-
randaufkantung mit Verdußmasse oder bei vorspringender
Sohle mit dauerplastischem Bitumenband (Variante in Bild
B 3/46) gedichtet.

– Einen zusammengesetzten Fertigteilkanal aus Ortbetonsohle, Wand- und Deckenplatten für Fernwärmeleitungen
zeigt Bild B 3/47. Der Kanal liegt teilweise im Grundwasser.
Die Fertigteillänge der Wand- und Deckenplatten beträgt
6,165 m. Im Abstand von maximal 4 × 6,165 m = 24,66 m
sind Dehnungsfugen angeordnet.

Nach Herstellung der Sauberkeitsschicht wurden in den
Übergangsbereichen Sohle/Wand 15 cm bis 20 cm breite
Streifen aus Eska-Flex-Spachtelmasse auf die Sauberkeitsschicht aufgetragen und die Seitenwandplatten mit Anschlußeisen zur Ortbetonsohle hin so im Mörtelbett versetzt, daß
eine Einpressung der Wandplatten in die Spachtelmasse
erfolgte. Anschließend wurde die Sohle betoniert. Die nut-
artig ausgesparten Stoßfugen der Wandplatten wurden mit
Beton vergossen.

In den Dehnungsfugen wurde in der Sohle ein außenliegendes Dehnungsfugenband aus PVC einbetoniert. Die Wandfugen und die Sohlfuge wurden mit eingestemmten Elastomer-Profilen abgedichtet (siehe Bild B 3/47, Detail B).

Die horizontalen Fugen zwischen Wand- und Deckenplatten
wurden als Mörtelfugen mit Dichtungsstrick ausgebildet. In
den Stoßfugen der Deckenplatten wurden ebenfalls Dich-
tungsstricke eingebaut.

Alle Stoß- und Dehnungsfugen sowohl in den Wänden als
auch in der Decke wurden außen anschließend mit einem 15
bis 20 cm breiten Streifen aus Eska-Flex-Spachtelmasse
abgedeckt.

Weitere Hinweise zur Fugengestaltung bei Betonfertigteilkon-
struktionen enthalten die Kap. A 2.3 und B 4.2.2.

B 3.5 Sonstige Bauverfahren

Zu den sonstigen Bauverfahren zur Erstellung von Rohrleitungen, Kanälen, Dükern und Durchlässen zählen z.B. das Ein-
schwimm- und Absenkverfahren, das Vorpressen in ausgeba-
gerter Baugrube unter Wasser, verschiedene geschlossene
Bauweisen wie der Schildvortrieb mit Tübbingauskleidung
oder Linerplates und Ortbetoninnenauskleidung, die Messer-
schildbauweise mit Ortbetonausbau, verschiedenartige Spritzbetonbauweisen, aber auch Spreng- und Vollschnittmaschi-
nenvortriebe im Festgestein mit Ortbeton bzw. Betonfertigteil-
auskleidung. Ohne Anspruch auf Vollständigkeit werden im
folgenden anhand von ausgeführten Bauwerken Fugenanordnung und -ausbildung für einige dieser Bauverfahren dargestellt und beschrieben:

(1) Kühlwasserrückgabeleitung des Kernkraftwerks Unterweser
– Einschwimm- und Absenkverfahren (Bild B 3/48) [B 3/24]

Die Kühlwasserrückgabeleitung des Kernkraftwerks Unterweser besteht aus zwei nebeneinanderliegenden Stahlbetonrohren DN 4000. Rund 425 m der Leitung wurden in 50 m langen
Rohrsträngen paarweise eingeschwommen und abgesenkt. Die
Rohre wurden mit 4,17 m Länge in einer Feldfabrik hergestellt
und in einem Trockendock zu rd. 50 m langen Rohrsträngen
aus je zwölf Einzelrohren zusammengebaut (Gewicht rd. 600 t).

Die Rohrverbindungen sind als Falzmuffe mit einer Elastomer-Gleitringdichtung sowie einer inneren weichen Elasto-
mer-Kompressionsdichtung zwischen den Rohrspiegeln ausgebildet. Die normalen Rohrstöße innerhalb der Rohrstränge
mußten während der Schwimm- und Verlegevorgänge absolut
dicht sein. Auch die Rohrstrangstöße mußten so gut dichten,
daß im Endzustand die für jeden der beiden 650 m langen
Stränge zugelassene Leckwassermenge von 20 l/s nicht überschritten wurde. Gegenüber den normalen Rohrstößen mußten die Strangstöße größere Toleranzen für das Zusammenziehen unter Wasser aufweisen.

Zur Aufnahme der stark wechselnden Beanspruchungen beim
Schwimmen, Zwischenlagern und Verlegen wurden die Rohrstränge durch achtzehn 400 kN-Spannglieder mit aufgesetzten
Ankerköpfen zentrisch vorgespannt und die Spannkanäle verpreßt.

Für das Zusammenziehen der Rohrstränge wurden an den
Stahlmanschetten der Endrohre 30 mm dicke Stahlblechhalte-
rungen zum Anschlagen von hydraulischen Pressen angeschweißt. Diese Halterungen wurden auch zum Verbinden der
Rohrstränge untereinander benutzt. Nach dem Absenken wurden die Rohrstränge mit vier hydraulischen Pressen zusammengefahren. Dabei mußte durch Taucher ständig die genaue
parallele Lage von Spitz- und Muffenende überwacht werden.

Die Erfahrungen beim Zusammenziehen der Rohrstränge
zeigten, daß besonders bei etwas größeren Toleranzen in den
Rohrmuffen die hier verwendeten Strangstöße mit einer Gleitringdichtung den bisher bei Unterwasserverlegearbeiten verwendeten Stumpfstößen mit der dann erforderlichen sehr
umständlichen und störanfälligen Dichtungskonstruktion vorzuziehen sind (siehe zum Beispiel Bild B 3/51).

Bild B 3/48
Rohrstoßausbildungen bei der Kühlwasserrückgabeleitung des Kernkraftwerks Unterweser; Bauverfahren: Einschwimm- und Absenkverfahren; Ausführung 1973/75 [B 3/24]

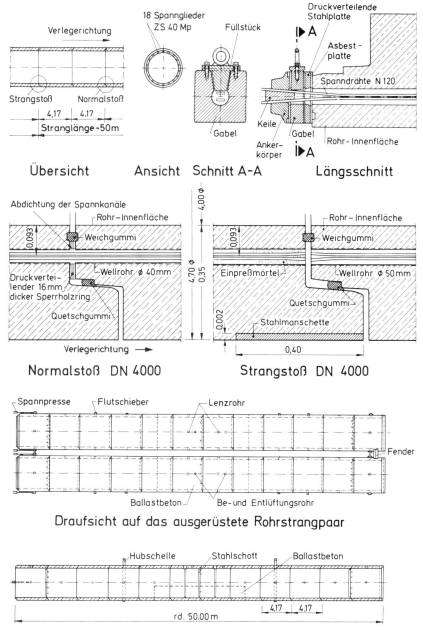

Übersicht   Ansicht   Schnitt A-A   Längsschnitt

Normalstoß DN 4000   Strangstoß DN 4000

Draufsicht auf das ausgerüstete Rohrstrangpaar

Längsschnitt des ausgerüsteten Rohrstrangpaares

(2) Kühlwasser-Rücklaufkanal des Kernkraftwerks Busher im Iran – Einschwimm- und Absenkverfahren (Bilder B 3/49 und B 3/50) [B 3/25]

Für das Kernkraftwerk Busher im Iran wurde ein rd. 1080 m langer Kühlwasser-Rücklaufkanal im offenen Meer nach dem Einschwimm- und Absenkverfahren errichtet. Der Kanal besteht aus 10 Stahlbeton-Einschwimmelementen (Blöcken) von je 105 m Länge, 6,07 m Höhe und 20,85 m Breite sowie einem Verdüsungsbauwerk. Die Dicke der Kanalsohle beträgt 0,60 m, die der Wände und Decken 0,57 m. Unterteilt ist der Kanalquerschnitt in 4 Zellen mit einem lichten Querschnitt von jeweils 4,50 m × 4,90 m. Vier Blöcke wurden flach auf einem unterspülten Sandbett gegründet. Die anderen sechs Blöcke

ruhen auf je 40 Stahlpfählen. Die Sohle des Kanals liegt bis zu 13 m unter dem Meeresspiegel. Busher liegt in einer aktiven Erdbebenzone. Die größte Horizontalbeschleunigung durch Erdbeben, die ohne jeden Schaden überstanden werden muß, liegt bei 0,1 g. Sicherheitstechnisch relevante Bauwerke müssen selbst 0,5 g noch überstehen.

Bild B 3/49
Kühlwasser-Rücklaufkanal des Kernkraftwerks Busher im Iran: Betonierphasen der
Kanalelemente (Blöcke); Bauverfahren: Ein-
schwimm- und Absenkverfahren; Ausführung
1974/78 [B 3/25]

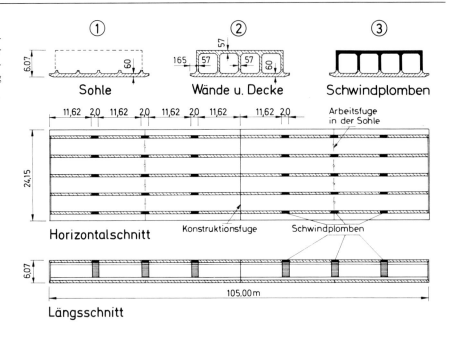

Bild B 3/50
Kühlwasser-Rücklaufkanal des Kernkraft-
werks Busher im Iran: Ausbildung der
Gelenk- und Element-/Blockfugen; Bauver-
fahren: Einschwimm- und Absenkverfahren;
Ausführung 1974/78 [B 3/25]; beachte auch
Bild B 3/49

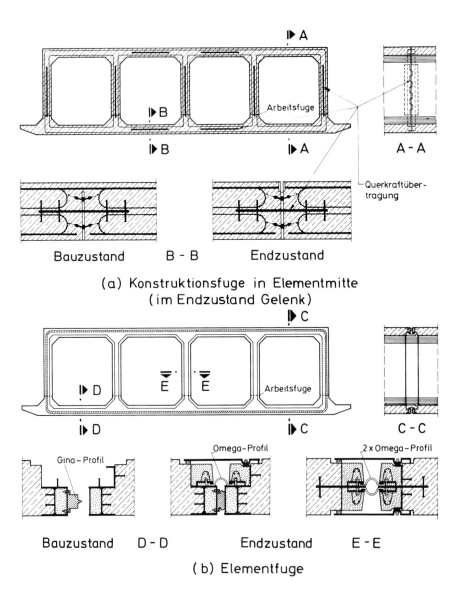

Bild B 3/51
Unterwassertunnel Bakar in Jugoslawien; Anordnung und Ausbildungen der Blockfugen; Bauverfahren: Einschwimm- und Absenkverfahren; Ausführung 1974/78 [B 3/26]

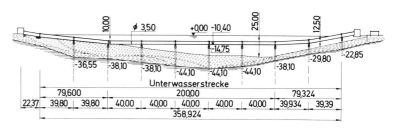

Längsschnitt

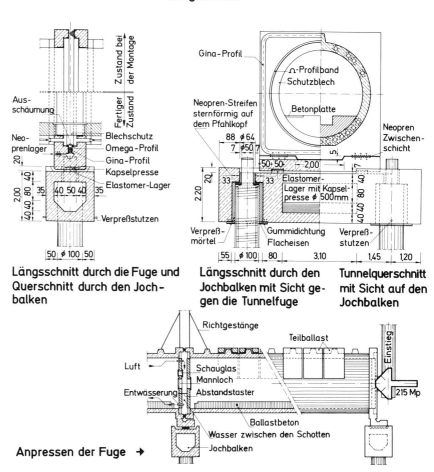

Längsschnitt durch die Fuge und Querschnitt durch den Jochbalken

Längsschnitt durch den Jochbalken mit Sicht gegen die Tunnelfuge

Tunnelquerschnitt mit Sicht auf den Jochbalken

Anpressen der Fuge →

Die Sohle der Blöcke wurde in 4 Abschnitten von je 26,25 m betoniert, die Wände und Decken zusammen in 8 Abschnitten. Wegen des Schwindens sind in Wänden und Decken zunächst alle 11,62 m Lücken von 2,0 m belassen worden, die erst nach weitgehendem Abklingen des Betonschwindens, frühestens nach 4 Wochen, geschlossen wurden. Mit dieser Aufteilung in Betonierabschnitte und dem nachträglichen Schließen der Schwindlücken gelang es, die Tunnelstücke wasserundurchlässig und rissefrei herzustellen (Bild B 3/49). In den Arbeitsfugen (Sohlfugen, Sohle-/Wandfugen und Fugen der Schwindlücken) wurden 24 cm breite mit Klammern ausgesteifte Arbeits-Fugenbänder aus PVC eingebaut.

Im Bauzustand mußte die Blöcke biegesteif sein. Im Endzustand aber war ein Gelenk in der Mitte erforderlich, das Bewegungen im Lastfall Erdbeben zuläßt. Die Längsbewehrung und der Beton wurden deshalb nur auf der Innenseite durchgeführt, während auf der Außenseite bereits eine Fuge ausgebildet war. Die Fuge ist rundumlaufend durch zwei 35 cm breite Elastomer-Fugenbänder mit Stahllaschen gedichtet. Nach endgültiger Lagerung der Blöcke wurde für den Endzustand der Beton und die Bewehrung auf der Innenseite aufgeschnitten und die Fuge mit einem dauerelastischen Dichtstoff verschlossen (Bild B 3/50a).

Bild B 3/52
Unterwassertunnel Bakar in Jugoslawien;
Blick in einen Tunnelblock mit noch offenen
Arbeitsfugen zwischen den 4,55 m langen
Rohrstücken a) und Ansicht einer Endscheibe
mit Ginaprofil b) [B 3/26]

(a)

(b)

Bild B 3/53
Süderelbe-Unterquerung des Sammlers Harburg; Fugenausbildung; Bauverfahren: Vorpreßverfahren; Ausführung 1975/77 (nach [B 3/27] und Unterlagen der Baubehörde Hamburg, Amt für Ingenieurwesen III, Hauptabteilung Stadtentwässerung)

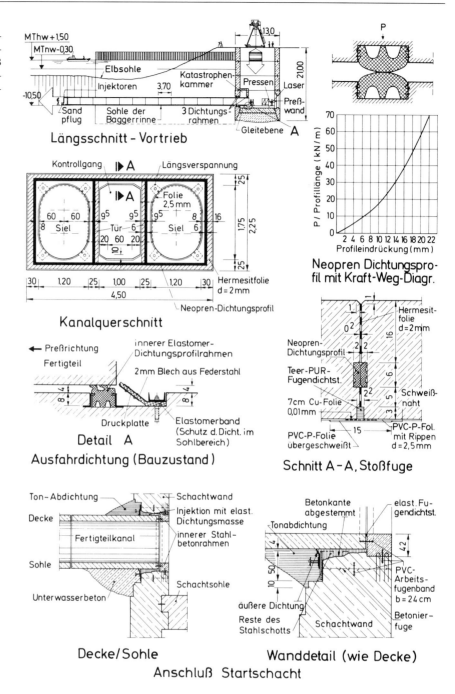

Die Fugen zwischen den Einschwimmelementen (Blöcken) wurden – wie bei dieser Bauweise meist üblich – zunächst mit einem „Gina"-Profilrahmen abgedichtet (Einzelheiten hierzu siehe Kap. B 4.5). In Endausbau wurde von innen eine zweite, endgültige Dichtung in Form eines eingeflanschten Omega-Profils eingebaut. Die Dichtheit des Omega-Bands wurde durch Wasserüberdruck zwischen den beiden Dichtungssystemen geprüft. Der Korrosionsschutz der Klemmleisten ist durch Spritzbeton sichergestellt. Zum Schutz des Fugenbands und aus hydraulischen Anforderungen wurde der Fugenraum zum Kanalinnern hin mit Leitblechen abgeschlossen (Bild B 3/50b).

Die gewählten Fugenkonstruktionen haben sich bei der Bauausführung bewährt.

(3) Unterwassertunnel Bakar in Jugoslawien – Einschwimm- und Absenkverfahren (Bild B 3/51) [B 3/26]

In der Bucht von Bakar wurde ein ca. 400 m langer Fördertunnel für eine Kokerei im Einschwimm- und Absenkverfahren errichtet. Die kreisförmige Tunnelhöhe hat einen Innendurchmesser von 3,5 m und eine Wanddicke von 35 cm. Sie besteht aus neun 40 m langen Einschwimm-Tunnelblöcken, die jeweils an den Enden auf Pfahljochen aufgelagert sind, sowie 2 Endblöcken mit etwa 20 m Länge. Fünf der 40 m langen Blöcke liegen horizontal im Bereich der Schiffahrtsrinne mit einer maximalen Eintauchtiefe von 10,40 m über Rohrsohle. Die Endblöcke führen auf beiden Seiten unter verschiedenen Neigungen zu den Anschlußbauwerken.

Die einzelnen Tunnelblöcke sind aus 8 vorgefertigten, je 4,55 m langen Rohrstücken und 2 Endscheiben von 0,60 m Dicke und einem Querschnitt von 5,00 m × 5,00 m zusammengesetzt (Bild B 3/52). Die etwa 25 cm breiten Fugen zwischen den Rohrstücken wurden ausbetoniert und anschließend die Rohrschüsse einschließlich Endscheiben in Längsrichtung vorgespannt. Für die Rohre wurde ein wasserundurchlässiger Beton der Güte B 25 verwendet.

Die Endscheiben der Tunnelblöcke erfüllen mehrere Aufgaben. Sie dienen als Auflager und verhindern durch ihre Steifigkeit, daß sich die zylindrische Form der anschließenden Rohrschüsse im Bereich der Krafteinleitung verändern kann. Einbetonierte stählerne Verankerungsringe dienen zur Aufnahme der Spannköpfe und als Auflager für die Schottwände aus Stahlbeton, die die Tunnelblöcke während des Einschwimmens und Absenkens wasserdicht abschließen. Außerdem nehmen sie die Fugenabdichtung auf und dienen zur Verschraubung der stählernen Bleche, die die einzelnen Tunnelblöcke zur Weiterleitung der in Bauwerkslängsachse wirkenden Kräfte zum Anschlußbauwerk miteinander verbinden. Durch keilförmige Ausbildung dieser Endscheiben werden die Neigungswechsel in der Tunnelgradiente bewirkt. Um die Kräfte aus den Tunnelblöcken zentrisch in die Pfahljoche einzuführen, wurde jeweils eine Endscheibe an der unteren Seite mit einer Konsole versehen, auf die der anschließende Tunnelblock aufgelagert wird und somit seine Auflagerkraft zur gemeinsamen Einleitung der Lasten in die Pfahljoche auf die andere, zentrisch aufgelagerte Endscheibe überträgt. Mit einem Vakuum von 80 % und einer Kontrollabsenkung wurden die einzelnen mit Schotten verschlossenen Blöcke vor dem endgültigen Absenken auf Dichtigkeit überprüft.

Die Abdichtung der Fugen zwischen den eingeschwommenen Tunnelblöcken erfolgte wie bei dieser Bauweise meist üblich mit einem „Gina"-Profilrahmen als Vordichtung. Nach dem Zusammenschluß der Tunnelblöcke erhielten die Fugen im Innern eine zweite endgültige Abdichtung durch einen eingeflanschten Omega-Profilrahmen, der mit einem nachträglich eingebauten Blechring vor Beschädigungen geschützt ist.

Die gewählte Fugenabdichtung und -konstruktion erlaubt Bewegungen in der Fuge, z. B. bei Erdbebeneinwirkungen, ohne daß die Wasserdichtigkeit des Tunnels beeinträchtigt wird.

(4) Süderelbe-Unterquerung des Sammlers Harburg – Vorpressen in ausgebaggerter Baugrube unter Wasser (Bild B 3/53) [B 3/27]

Die Süderelbe-Unterquerung des Sammlers Harburg hat eine Länge von rd. 370 m. Der kastenförmige Sammlerquerschnitt mit 3 Kammern wurde aus 3,70 m langen Fertigteilen zusammengesetzt und von einem Preßschacht am Nordufer der Süderelbe zum vorhandenen Pumpwerk Harburger Hauptdeich am Südufer in offener Baggerrinne unter Wasser vorgeschoben.

Für den Ausfahrvorgang des Sammlers aus dem Preßschacht waren im Bereich der Schachtwand zwei Dichtungen vorgesehen. Zusätzlich war eine sogenannte „Katastrophenkammer" mit einer dritten Dichtung angeordnet. Als Dichtungsprofile wurden zweilippige Elastomerprofile gewählt, die in den Ecken auf Gehrung geschnitten waren (Bild B 3/53, Detail A). Die lichte Öffnung zwischen Dichtung und Fertigteil war so bemessen, daß die beiden Lippen durch das Fertigteil auf Vorspannung gebracht wurden. Die Kammern zwischen den drei umlaufenden Dichtungsrahmen wurden durch verschließbare Leitungen mit dem Schacht verbunden. So konnte die Funktionstüchtigkeit der Dichtungen kontrolliert und ein sich evtl. aufbauender Wasserdruck in den Kammern entspannt werden.

Die Fertigteile wurden durch jeweils acht Spannglieder Durchmesser 32 St 80/105 mit einer Gesamtvorspannkraft von V = 3730 kN voll in den Fugenquerschnitten vorgespannt, so daß zusätzliche seitliche Führungen in den Fugen entfallen konnten. Die Dichtung der Fugen zwischen den einzelnen Fertigteilen wird durch Dichtungsrahmen aus Neopren[*)]-Zahnprofilen erreicht, die insgesamt 1120 kN Vorspannkraft pro Fuge benötigen, um ausreichend verpreßt zu werden. Für eine gleichmäßige Spannungsverteilung zwischen dem Beton der Stirnflächen sorgt ein 2 mm dicker weicher Kunststoffstreifen. Auf der Innenseite wurden die Fugen mit einem dauerelastischen Fugendichtstoff verschlossen. Im Bereich der PVC-P-Folienauskleidung der Röhren wurde ein 15 cm breiter Folienstreifen über die Fugen geschweißt (Bild B 3/53, Schnitt A-A).

Zur endgültigen Fugenausbildung am Startschacht wurde unter dem Sammler im Anschlußbereich von außen eine Betonplombe aus Unterwasserbeton hergestellt sowie der Wand- und Deckenbereich mit einer Klei-(Ton-)Schürze abgedichtet. Im Schutze der Dichtung wurde ein Stahlbetonrahmen von innen hergestellt. Die Fugen dieses Rahmens zum Schachtbauwerk und Fertigteilkanal sind mit einbetonierten Fugenbändern abgedichtet (Bild B 3/53, Anschluß Startschacht).

(5) Sammler Wilhelmsburg in Hamburg – Schildvortrieb mit Tübbingauskleidung (Bilder B 3/54 und B 3/55) [B 3/28]

Der Sammler Wilhelmsburg, DN 3500, wurde mit einem vollmechanischen Hydroschild (mit bentonitgestützter Ortsbrust) aufgefahren. Der einschalige Ausbau besteht aus 32 cm dicken Stahlbetontübbingen in B 45. Die Breite der Tübbinge beträgt 80 cm. Ein Tübbingring setzt sich aus 5 Segmenten und einem Schlußstein zusammen. Die Tübbingsegmente sind gegeneinander versetzt eingebaut, so daß nur T-Fugenstöße vorhanden sind. Der Außendurchmesser des Tübbingrings beträgt 4,34 m.

Die Tübbinge sind in Längs- und Querrichtung verschraubt. Sie haben eine umlaufende dauerelastische Dichtung aus einem Neopren[*)]-Zahnprofilrahmen, der in einer Nut des Tübbings liegt. Die Dichtung der Fugen ergibt sich durch Kompression der Neopren[*)]-Profile benachbarter Tübbinge beim Verschrauben der Längs- und Ringfugenanker. Die Fugendichtung muß einem äußeren Wasserdruck maximal von 20 m Wassersäule standhalten.

Vom Kanalinnern her sind die Fugen mit einem Fugendichtstoff auf Epoxidharzbasis gedichtet.

Nachträglich wurde in dem ursprünglich als einschalig konzipierten Tübbingausbau ein innerer Korrosionsschutz eingezogen. Dieser besteht aus einer unbewehrten Schale aus Fließbeton B 35 von rd. 10 cm Wanddicke und einer einbetonierten PVC-P-Stegfolie.

[*)] Produktname von Dupont für Chloroprenkautschuk

Bild B 3/54
Sammler Wilhelmsburg, Hamburg; Tübbing-
konstruktion und Fugenausbildung; Bauverfahren: Schildvortrieb; Ausführung um 1974
[B 3/28]

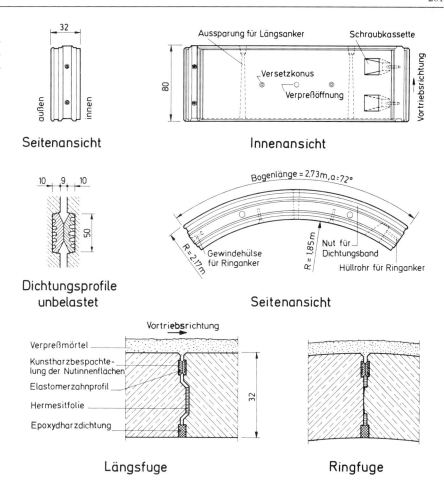

Bild B 3/55
Sammler Wilhelmsburg, Hamburg; Fugenanordnung der Tübbingauskleidung [B 3/28]

Bild B 3/56
Abwasserstollen Aachen-Ost; Kanalquerschnitt und Fugenausbildung; Bauverfahren: Messerschildvortrieb mit Ortbetonauskleidung; Ausführung 1974/75 [B 3/30]

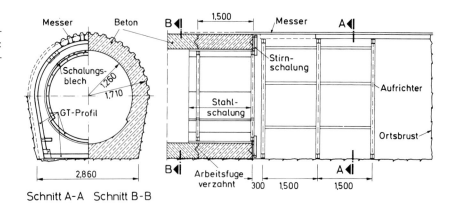

Schnitt A-A   Schnitt B-B

Bild B 3/57
Fernwasserleitung Oberau-München; Konstruktion der Rohrauflager in Pfahlgründungsbereichen [B 3/31]

*) Lucobit:
Ethylencopolymerisat-Bitumen (ECB) Produktname BASF, Ludwigshafen

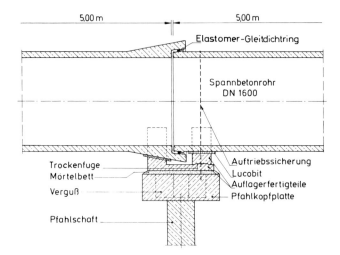

(6) Abwasserstollen zum Gruppenklärwerk in Radevormwald – Sprengvortrieb mit Ortbetonauskleidung [B 3/29]

Die zwei 1,5 und 2,3 km langen Abwasserstollen bei Radevormwald wurden im Sprengvortrieb aufgefahren und mit wasserundurchlässigem Ortbeton, Mindestwanddicke 20 cm, ausgekleidet. Das fertige Profil hat eine lichte Weite von 2,40 m im Durchmesser. Der Ausbruch wurde hufeisenförmig mit 2 m breiter gerader Sohle ausgeführt. Mehrausbrüche wurden vor dem Einbringen der eigentlichen Ortbetonauskleidung soweit mit Beton ausgeglichen, daß in der Endauskleidung maximal Wanddicken von 80 cm auftraten. In 12 bis 36 m Abstand wurden Dehnungsfugen mit Fugenbändern ausgebildet. Der Fugenabstand war abhängig von der Betonmenge (Mehrausbrüche), die innerhalb einer Schicht (12 h) eingebracht werden konnte.

Es wurde ein Beton B35 mit 310 kg/m³ HOZ 45 L und 70 kg/m³ Steinkohlenflugasche als Betonzusatzstoff hergestellt. Ausgeschalt wurde nach 12 Stunden. Zur Verringerung der Rißgefahr durch Schwinden wurde unmittelbar nach dem Ausschalen ein Verdunstungsschutzfilm aufgebracht.

Drei bis fünf Tage nach dem Betonieren traten in den einzelnen Blöcken Risse unterschiedlicher Weite und Form auf, die verschlossen und saniert werden mußten. Die Risse verliefen im allgemeinen senkrecht zur Stollenachse. Die Beobachtungen, Messungen und statistischen Auswertungen über die Rißausbildung und die Rißursachen der Stollenauskleidung können wie folgt zusammengefaßt werden:

– maßgeblichen Einfluß auf die Rißhäufigkeit bzw. die rißfreie Wandlänge hatten die Frischbetontemperatur und die Hydratationswärmeentwicklung.

– in bewehrten Bereichen war die Rißweite geringer.

– der Abstand der Dehnungsfugen war ohne Einfluß auf den Rißabstand.

Erst bei einem erheblich geringeren Dehnungsfugenabstand wäre mit einer wirksamen Verhinderung der Rißbildung zu rechnen gewesen. Eine Auswertung von Betonierabschnitten mit zwei Rissen und mehr ergab einen mittleren Rißabstand von rd. 3,5 m bei sehr großer Streuung. Derartig geringe Fugenabstände sind im wirtschaftlichen Rahmen jedoch nicht durchführbar.

Die gemachten Erfahrungen zeigen, daß bei starker Verzahnung von Gebirge und Auskleidung die üblichen Dehnungsfugenabstände bei derartigen Stollenquerschnitten Risse in der Auskleidung nicht verhindern können. Unter ähnlichen Verhältnissen kann daher hierauf ganz verzichtet werden. Dadurch wird ein kontinuierliches Betonieren der Stollenauskleidung mit Gleitschalungssystemen möglich. Die Kosten für die Sanierung der auftretenden Risse dürfte durch eine kostengünstigere Betoniertechnik durchaus aufgefangen werden (siehe auch Kap. B 4.6.1 Tunnel im Fels).

(7) Abwasserstollen Aachen-Ost – Messerschildvortrieb mit Ortbetonauskleidung (Bild B 3/56) [B 3/30]

Der Kanal hat einen hufeisenförmigen Ausbruchquerschnitt und einen kreisförmigen Innenquerschnitt (Durchmesser 2,52 m im Lichten). Die Ortbetonauskleidung ist rd. 50 cm dick. Im Schutze eines Messermantels im Kalottenbereich wurde die Auskleidung in 1,5 m langen Blöcken betoniert, und zwar pro Tag ein Abschnitt. Die unbewehrten Blöcke erhielten jeweils an den Stirnflächen in der Mitte eine dreieckförmige Aussparung. Durch Gegenbetonieren des nächsten Abschnitts ergab sich so eine Fugenverzahnung. Eine zusätzliche Dichtung wurde in den Fugen nicht eingebaut.

(8) Wasserfernleitung Oberau-München – Spannbetonrohrleitung auf Pfählen gegründet (Bild B 3/57) [B 3/31]

Die Wasserfernleitung Oberau-München wurde in Bereichen mit schwierigen Geländeverhältnissen auf Pfählen gegründet. Die Rohrleitung besteht aus 5 m langen Spannbetonrohren DN 1600, System „Dywidag-Sentab". Als Rohrauflager wurden Betonfertigteile eingesetzt. Sie bestehen aus zwei Teilsätteln auf einer gemeinsamen Grundplatte, die auf dem Pfahlkopf verschraubt wurde. Die beiden Teilsättel nehmen jeweils Muffe bzw. Spitzende einer Rohrverbindung auf und ergeben so eine querkraftfreie Verbindung. Die Schraubverbindung und die Teilung der Sattelkonstruktion ermöglichten den erforderlichen Toleranzausgleich sowohl der Lage im Grundriß als auch der Höhe nach. Zwischen Sattel und Rohr wurde, um Kantenpressungen zu vermeiden, eine elastische Bettungsschicht aus Lucobit eingebaut. Die gesamte Konstruktion war ohne Erhärtungszeit von Beton sofort tragfähig.

Im 1:1-Versuch wurde die Konstruktion vorher überprüft. Unter 10 bar Innendruck wurden die möglichen vertikalen und horizontalen Verschiebungen der Auflager unter Auflast simuliert. Die Dichtung der Rohrverbindungen erfolgte mit Elastomer-Gleitringen.

B 4 Verkehrstunnel

B 4.1 Allgemeines

Die Fugenanordnung und -ausbildung im Verkehrstunnelbau ist stark abhängig vom Bauverfahren und der Abdichtungsmethode. Eine Aufstellung allgemeingültiger Regeln ist hier nicht möglich. Im folgenden werden daher die Beispiele getrennt nach den verschiedenen „offenen" und „geschlossenen" Bauweisen zusammengefaßt und behandelt.

Um die Entwicklung der ausgeführten Fugenkonstruktionen im Verkehrstunnelbau der Bundesrepublik Deutschland werten zu können, müssen die verwendeten Abdichtungsmethoden beachtet werden. Es fällt auf, daß der Weg – aus Gründen der Wirtschaftlichkeit – vor allem bei den offenen Bauweisen – von der kostspieligen Bitumenabdichtung über die preiswertere Kunststoff-Bahnenabdichtung zur wasserundurchlässigen Betonausführung führte. Andererseits verlangen die preiswerteren Abdichtungsmethoden anspruchvollere und teurere Fugensicherungen. So ist hier aus Sicherheitsaspekten eine Entwicklung von preiswerten PVC-P-Fugenbändern zu den teureren Elastomer-Bändern, teilweise mit einvulkanisierten Stahllaschen festzustellen.

B 4.2 Fugenanordnung und- ausbildung bei der offenen Bauweise

B 4.2.1 Tunnelbauwerke aus Ortbeton

B 4.2.1.1 Wasserundurchlässige Ortbetonbauwerke

Im Zusammenhang mit dem umfangreichen U- und S-Bahnbau in zahlreichen Städten der Bundesrepublik Deutschland sowie mit dem Bau einer großen Zahl von Straßentunneln haben sich in den vergangenen zwanzig Jahren Standards und Regeln für die Fugenanordnung und -ausbildung bei Tunnelbauwerken aus wasserundurchlässigem Beton in offener Bauweise herausgebildet. Im folgenden sind wesentliche Regeln und Hinweise für Bewegungs- und Arbeitsfugen sowie Fugensonderkonstruktionen bei dieser Bauweise zusammengestellt:

a) Bewegungsfugen (Raumfugen)

Der *Fugenabstand* liegt bei den ausgeführten Verkehrstunneln in der Regel zwischen 8 und 12 m. Ausnahmen bilden in einigen Fällen die Haltestellenbauwerke, wo die genannten Fugenabstände unter Anwendung von besonderen Maßnahmen bei der Herstellung der wasserundurchlässigen Betonkonstruktion (z.B. Rissebegrenzung durch entsprechende Bewehrung, Kühlung des Betons usw.) erheblich überschritten werden.

Die *Fugenbreite* beträgt üblicherweise 10 bis 20 mm. Häufig wird jedoch nur jede zweite oder dritte Fuge als Raumfuge ausgebildet. Die dazwischenliegenden Fugen werden als Preßfugen hergestellt. Bei Rampenbauwerken mit entsprechendem Längsgefälle werden auch kombinierte Raum-/Preßfugen ausgebildet. Hierbei stützen sich die einzelnen Bauwerksblöcke durch sogenannte Kontaktnasen in der Fuge gegeneinander ab (Beispiel Bild B 4/1). Zu beachten ist, daß bei Sprüngen in den Wand- und Sohldicken, bedingt durch die erforderliche Auftriebssicherung, die Raumfuge auch gegen den Unterbeton bzw. die Baugrubenwand auszubilden ist.

Als *Fugeneinlagen* werden in der Regel Hartschaum-, bituminierte Weichfaser- oder Sandwichplatten (z.B. Kern aus Hartschaumplatten, Außenschale kunststoffbeschichtete Sperrholzplatten) eingesetzt. Aufgrund erhöhter Brandschutzanforderungen werden u.a. beim U-Bahnbau in München ab 1983 bei allen laufenden und künftigen Rohbaulosen anstelle der bis dahin ausgeschriebenen Polystyrol-Hartschaum-Einlagen nicht brennbare Dämmplatten verlangt. Diese Einlagen können z.B. aus hydrophobierten Mineralfasern (Baustoffklasse A nach DIN 4102) mit einer Mindestrohdichte von 50 kg/m^3 und einem Schmelzpunkt von $\geq$ 1000°C bestehen. Sie müssen auf der zuerst betonierten Fugenflanke mit nicht brennbarem Kleber aufgeklebt werden. Eine entsprechende Forderung enthält auch die RABT [B 4/1].

Zur *Abdichtung* der Bewegungsfugen sowohl gegen Bodenfeuchtigkeit als auch gegen drückendes Wasser werden grundsätzlich Fugenbänder, die in den Beton einbinden, eingesetzt. Als Hauptdichtung haben sich im Verkehrstunnelbau weitgehend die robusteren Elastomerfugenbänder mit Rippen- oder Stahlblechdichtstreifen durchgesetzt. Die eingebaute Bandbreite beträgt 32 bis 35 cm. PVC-Fugenbänder sind nur noch in wenigen Städten als Hauptfugendichtung im Tunnelbau zugelassen.

Normalerweise wird als Dichtung ein innenliegendes Fugenbandprofil in Querschnittsmitte oder zur Wasserseite hin angeordnet (vgl. Bild A 2/40). Der Einsatz von zwei innenliegenden Fugenbändern hat sich im Verkehrstunnelbau nicht bewährt, da bei den üblicherweise vorhandenen Wanddicken die Bandabstände zu klein werden und somit eine einwandfreie Betoneinbringung und -verdichtung zwischen den Bändern nicht zu gewährleisten ist (Beispiel Bild B 4/2).

Bild B 4/1
Fugenausbildung der Trogstrecke Zeiss-Straße, Hannover; Ausführung 1981/82 (nach Unterlagen des Tiefbauamts Hannover)

Anmerkungen:
Etwa 320 m langes Bauwerk; Blocklänge ≤ 10 m; Elastomer-Fugenbänder mit Rippendichtung; Dehnungsfugenbänder (DFB) 32 cm breit, Arbeitsfugenbänder (AFB) 24 cm breit; im Wandbereich innen Fugenabdeckbänder (FAB) aus PVC

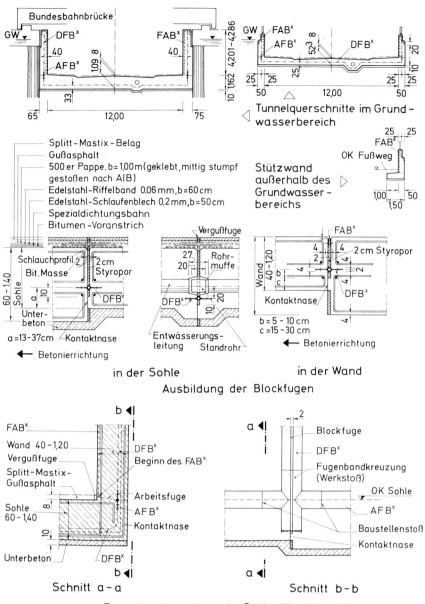

Bild B 4/2
Fugenausbildung und -bewehrung des Stadtbahn-Bauloses H 4, Tunnel Hauptstätter Straße, Stuttgart; Ausführung 1967/70 (nach Unterlagen des Tiefbauamts Stuttgart)

Anmerkungen:
Blöcke 1 bis 72 aus WU-Beton; Tunnelblöcke ohne Arbeitsfugen betoniert; stark sulfathaltiges Grundwasser (betonaggressiv); Fugenabstand 10 m; 15 örtliche Fehlstellen bei 72 Fugen

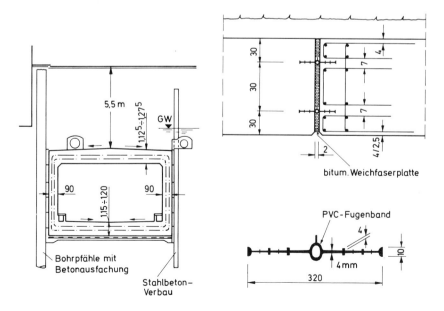

Einige Städte bauen einen zweiten Fugenbandring aus außenliegenden Fugenbändern im Sohl- und Wandbereich sowie Fugenabdeckbändern im Deckenbereich ein (Beispiel Bild B 4/3). Problematisch ist hier die Verbindung zwischen dem Außenfugenband in der Wand und dem Fugenabdeckband in der Decke. Auch bei sorgfältigster Ausführung, s. Bild, ist die freie Beweglichkeit im Endpunkt nicht gegeben. Fugenbewegungen werden nur durch Materialdehnung aufgenommen. Anstelle der außenliegenden Fugenbänder kommen auch ganze Fugenbandrahmen aus Fugenabdeckbändern zum Einsatz. Beide Konstruktionen haben den Vorteil, daß die Betoneinbringung und -verdichtung nicht schwieriger wird als bei einem einzigen innenliegenden Fugenband im Querschnitt.

Für den Verschluß der Raumfugen auf der Innen- und Außenseite gibt es verschiedene Ausführungen:

Im einfachsten Fall werden auf der Tunnelinnenseite die Fugenkanten im Wand- und Deckenbereich abgefast und die Fugeneinlage entsprechend zurückgesetzt eingebaut (Bilder 4/2 und B 4/3). In Straßen- und Haltestellentunneln erhalten sichtbar bleibende Raumfugen aber meist einen Fugenverschluß aus dauerelastischem Fugendichtstoff oder aus einem PVC-Abdeckband, das in die Fugenflanken einbetoniert wird (Bilder B 4/1 und B 4/4). Die Raumfugen in der Sohle werden, wenn die Gefahr besteht, daß Fremdkörper in die Fuge gelangen können, mit Bitumen vergossen oder entsprechend den Wand- und Deckenfugen ausgebildet. Im allgemeinen entfällt in der Sohle jedoch ein besonderer Fugenverschluß.

Eine besondere Ausbildung bzw. ein besonderer Schutz der Fuge erfolgt außen im Regelfall nur im Deckenbereich. Die Fugen werden hier z.B. mit 30 bis 50 cm breiten Streifen auf Dichtungsbahnen abgeklebt oder die Fugeneinlage wird auf ca. 2 cm herausgenommen und die Fuge mit Bitumen vergossen. Eine weitere Möglichkeit besteht darin, ein Fugenabdeckband einzubetonieren. Darüber kommt ein Schutzbetonstreifen (Bild B 4/3) oder eine 25 cm dicke Kiessandschicht und erst dann der normale Verfüllboden. Bei Überdeckungen des Bauwerks von weniger als 2 m wird im Deckenbereich i. a. eine „Tausalzsicherung" in Form einer gespritzten oder geklebten Abdichtung einschließlich Schutzbeton auf der gesamten Bauwerksdecke erforderlich. Über den Fugen wird die Deckenabdichtung entsprechend verstärkt (Bild B 4/4). Abdichtung bzw. Fugendeckstreifen sollten seitlich an den Wänden mindestens 50 cm bzw. bei einer Arbeitsfuge zwischen Wand/Decke mindestens bis 20 cm unter der Arbeitsfuge heruntergezogen werden. Weitere Einzelheiten zur Ausbildung von Deckenabdichtungen über Fugen siehe Kap. A 3 und B 4.2.1.2.

Raumfugen für größere Bewegungen müssen auch im Wandbereich außen verschlossen werden, damit keine Fremdkörper eindringen können. Hierzu werden z.B. Abklebungen, außenliegende Fugenbänder bzw. Fugenabdeckbänder oder Platten aus Faserzement, Beton usw. eingesetzt (vgl. Bild A 2/79).

b) Arbeitsfugen

Für die *Anordnung* von Arbeitsfugen im Tunnelquerschnitt gibt es prinzipiell 4 Möglichkeiten (Bild B 4/5):

– Herstellung des Querschnitts ohne Arbeitsfugen (monolithisch), d. h. Sohlen, Wände und Decken werden in einem Stück betoniert. Dies ist an sich für ein Bauwerk aus wasserundurchlässigem Beton die beste Lösung. Nachteilig ist allerdings die relativ aufwendige Konstruktion des Schalwagens, da die gesamten Lasten für die Wand- und Deckenschalung sowie die zu betonierenden Bauteile abgetragen werden müssen. Beispiele für monolithisch hergestellte Tunnelbauwerke in offener Bauweise sind in Literatur [B 4/3] und [B 4/4] beschrieben.

– Herstellung des Querschnitts mit Arbeitsfugen im Übergangsbereich Wand/Decke. Hierbei werden nur die Wände und die Sohle in einem Guß betoniert. Dieses Verfahren bietet den Vorteil, daß die Arbeitsfugen entweder bereits oberhalb des Grundwassers oder zumindest in Bereichen geringeren Wasserdrucks angeordnet sind. In der Praxis wird diese Ausführung insbesondere für längere Tunnelstrecken gewählt. Dabei liegt die Fuge entweder direkt in Höhe der Deckenunterkante oder etwa 15 cm darunter bzw. am Ansatzpunkt der Deckenvoute.

– Herstellung des Querschnitts mit Arbeitsfugen im Übergang Sohle/Wand. Bei dieser Lösung befindet sich die Arbeitsfuge ziemlich an der Stelle des maximalen Wasserdrucks. Sie ist somit ungünstiger zu bewerten als Lösung 2. Trotzdem wird die Anordnung der Fuge im Übergang Sohle/Wand häufig ausgeführt, da schalungs- und arbeitstechnischen Vorteilen der Vorrang gegeben wird und man sich auf die Fugenabdichtung verläßt (Bild B 4/6). Die Arbeitsfuge wird meist 15 bis 20 cm oberhalb der Sohloberfläche angeordnet, damit ein innenliegendes Fugenband über der Sohlbewehrung eingebaut werden kann. Es ist aber bei entsprechender Bewehrungsausbildung auch möglich, die Fuge direkt in Höhe der Sohloberfläche zu legen und trotzdem ein innenliegendes Fugenband zu verwenden (s. Beispiel in Bild B 4/1).

– Herstellung des Querschnitts mit Arbeitsfugen sowohl im Übergang Sohle/Wand als auch im Übergang Wand/Decke. Auch diese Lösung wird aus den oben erwähnten Gründen herstelltechnischer Vereinfachung häufiger ausgeführt, obwohl sie bezüglich eines wasserdichten Bauwerks vom Prinzip her am ungünstigsten ist.

Bei Haltestellenbauwerken ist die Anordnung von zwei und mehr Arbeitsfugen übereinander gemäß Lösung (4) gar nicht zu vermeiden, da es sich oft um große Bauwerkshöhen handelt und es sich meist nicht lohnt, für die verhältnismäßig kurzen Haltestellenbereiche aufwendige Schalwagen zu bauen (Bild B 4/7).

Die *Ausbildung* der Arbeitsfugen im Tunnelquerschnitt ist überwiegend eben. Es werden aber auch Fugen mit federartigen Aufkantungen und nutartigen Vertiefungen im Verkehrstunnelbau ausgeführt (vgl. Bild A 2/65).

Bild B 4/3
Fugenausbildung beim Stadtbahnbaulos 1S, Düsseldorf (nach Unterlagen des U-Bahnbauamts Düsseldorf)

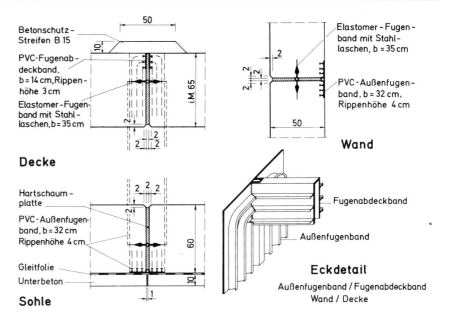

Bild B 4/4
Fugenausbildung bei überschütteten Bauwerken mit Deckenabdichtung (nach BMV-Richtzeichnung Fug 4, 1982, [B 4/2])

*) z. B. PVC-P 2 mm dick

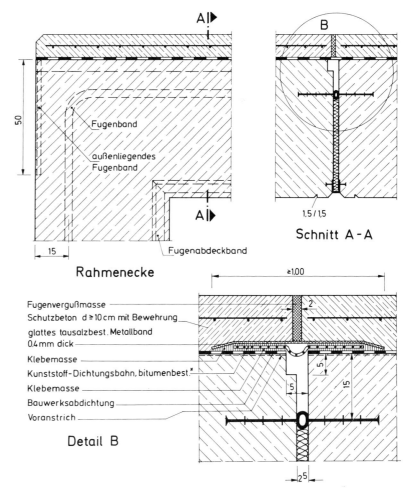

Bild B 4/5
Grundsätzliche Möglichkeiten für die Anordnung von Arbeitsfugen im Tunnelquerschnitt bei offener Bauweise

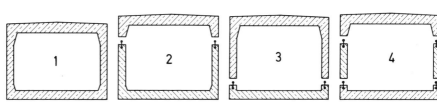

Bild B 4/6
S-Bahn-Tunnel Köln-Chorweiler; Tunnelquerschnitt mit einer Arbeitsfuge zwischen Sohle
und Wand; Ausführung 1972/74 (Technische
Blätter 3/83 der Wayss & Freytag AG.)

Bild B 4/7
Regel-Anordnung von Arbeitsfugen bei Bahn-
hofsquerschnitten (nach Unterlagen des U-
Bahnreferats München vom März 1982)

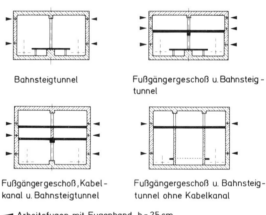

Bahnsteigtunnel

Fußgängergeschoß u. Bahnsteigtunnel

Fußgängergeschoß, Kabel-
kanal u. Bahnsteigtunnel

Fußgängergeschoß u. Bahnsteigtunnel ohne Kabelkanal

◄ Arbeitsfugen mit Fugenband, b = 25 cm

Die *Abdichtung* der Arbeitsfugen erfolgt im Grundwasser
üblicherweise mit innenliegenden Fugenbändern. Zum Einsatz
kommen Stahlblech- (200 bis 320 mm breit, 1 bis 2,5 mm
dick), PVC- oder Elastomer-Fugenbänder (22 bis 32 cm breit).
Wegen des einfachen Einbaus und des geringen Preises werden am häufigsten Stahlbleche in Arbeitsfugen vorgesehen.
Neben der Hauptdichtung durch ein im Querschnitt liegendes
Fugenband oder Stahlblech werden in den Arbeitsfugen auch
außenliegende Fugenbänder als zusätzliche Sicherung eingebaut. Außenliegende Fugenbänder bzw. Injektionsschläuche
als Hauptarbeitsfugendichtung allein sind bisher – anders als
im Tiefgaragenbau (vgl. Kap. B 9.1.2) – im Verkehrstunnelbau nur in Einzelfällen eingesetzt worden. Ein Beispiel für den
Einsatz von Injektionsschläuchen als Hauptarbeitsfugendichtung im Tunnelbau zeigt Bild B 4/50 in Kap. B 4.3.2).

c) Fugensonderkonstruktionen

(1) Ausbildung und Abdichtung von Mittelbohrträger-
Durchdringungen in Bauwerkssohle und -decke

Breite abgedeckte Tunnelbaugruben erfordern Mittelbohrträger für die Abstützung der Baugrubenabdeckung. Beim
Errichten des Tunnelbauwerks sind für diese Träger Aussparungen in Sohle und Decke so anzulegen, daß sie beim Rück-
bau wasserdicht geschlossen werden können. Bild B 4/8 zeigt
ein Beispiel für die Ausbildung derartiger Aussparungen und
die erforderlichen Maßnahmen zur Abdichtung der Arbeitsfugen.

In der Bauwerkssohle können die Mittelbohrträger z.B. von
vornherein mit einem Stahlblechdichtungskragen wasserdicht
in die Sohle einbetoniert werden. Beim Ausbau wird der Träger dann unterhalb der Sohloberfläche abgeschnitten und die
Sohlaussparung bewehrt und ausbetoniert.

Bild B 4/8
Ausbildung und Abdichtung von Mittelbohrträgerdurchdringungen in Verkehrstunneln aus wasserundurchlässigem Beton (nach Unterlagen des U-Bahnreferats München vom März 1982)

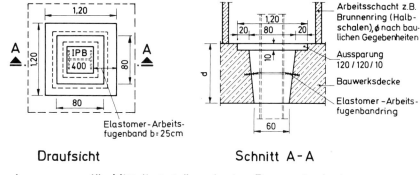

Draufsicht   **Schnitt A-A**

Aussparung für Mittelbohrträger in der Bauwerksdecke

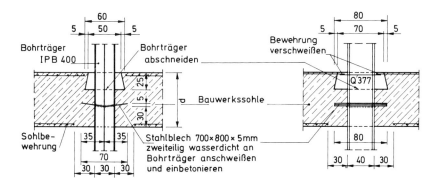

Wasserdichtes Einbetonieren von Mittelbohrträgern i.d. Bauwerkssohle

Da die Träger erst nach Verfüllung der Baugrube ausgebaut werden können, ist eine durchgehende Aussparung in der Decke sowie ein Arbeitsschacht um den Träger bis zur Geländeoberfläche erforderlich. In die Deckenaussparung ist zur Abdichtung der Arbeitsfuge ein Fugenbandring oder ein Injektionsschlauch einzubauen. Nach dem Ziehen des Trägers kann die Decke so wasserdicht mit Beton geschlossen bzw. durch Injektion nachgedichtet werden.

(2) Maßnahmen für den Korrosions- und Streustromschutz bei U-Bahntunneln im Fugenbereich

Beim Betrieb von Gleichstrombahnen in Tunneln aus wasserdurchlässigem Beton (ohne Hautabdichtung) werden Stromaustritte (Streuströme) und damit Korrosion an der Bewehrung sowie die Gefährdung anderer Bauwerke vermieden, indem die Tunnelbewehrung als Faraday'scher Käfig ausgebildet wird. Die Bewehrung innerhalb jedes Bauwerkblocks wird dazu durch Verschweißen elektrisch leitend miteinander verbunden. An den Blockfugen wird durch ein spezielles Potentialkabel eine elektrisch leitende Überbrückung hergestellt. Einzelheiten hierzu siehe z. B. Lit. [B 4/5].

Bild B 4/9 zeigt als Beispiel die Ausbildung des Faraday'schen Käfigs bei Streckentunneln mit Stabstahlbewehrung und die Konstruktion zur Fugenüberbrückung bei der U-Bahn in München.

(3) Ausführung eines provisorischen Baulosendes mit Verwahrung der Fugendichtung

Bild B 4/10 gibt eine Sonderkonstruktion für die Verwahrung des Fugenbands und den wasserdichten Anschluß einer mit Bitumen abgedichteten Stahlbeton-Schottwand am Losende wieder. Die Abdichtung der Schottwand ist mit einem halbseitig einbetonierten Fugenband und einer Los-/Festflanschkonstruktion angeschlossen. Das Fugenband der späteren Hauptdichtung ist halbseitig einbetoniert und mit Mauerwerk verwahrt.

(4) Sanierung eines durch Brand zerstörten Fugenbands

Im zerstörten Bereich wurde ein halbes Elastomer-Fugenband mit seitlich anvulkanisierten 175 mm breiten Gummistegen auf die Stirnfläche des Tunnelblocks angeflanscht (Bild B 4/11). Für den wasserdichten Anschluß ist die Betonstirnfläche mit Kunstharzmörtel vergütet. Außerdem sind unter den angeflanschten Gummistegen Rohkautschukplatten angeordnet, die bei der Montage der Losflansche verquetscht wurden.

Problempunkt ist der Anschluß des vorhandenen Elastomer-Fugenbands an das aufgesetzte Fugenband. Hier wurde das neue Fugenband mit dem aus dem Beton herausstehenden vorhandenen Fugenbandschenkel durch Vulkanisation verbunden und der Übergangsbereich durch einen dauerelastischen Fugendichtstoff verschlossen.

Bild B 4/9
Korrosions- und Streustromschutz im U-Bahn-
bau durch Verschweißung der Bewehrung und
Potentialüberbrückung im Fugenbereich (nach
Unterlagen des U-Bahnreferats München vom
März 1982)

Anmerkungen:
1. In den Kreisen liegende Längseisen Durchmesser = 16 mm der inneren Bewehrung
   sind durchgehend alle ca. 1,00 m mit den
   Quereisen elektrisch leitend zu verschweißen.
2. Werden Quereisen, die mit den Längseisen
   verschweißt sind, gestoßen, so müssen auch
   diese Stoßstellen elektrisch leitend verschweißt werden, damit geschlossene Ringe
   entstehen.
3. Bei Bewehrung mit Betonstahlmatten sind
   die Matten am Überdeckungsstoß 2 × je
   Matte, eventuell mit Überbrückungseisen,
   zu verschweißen.

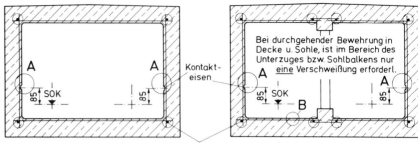

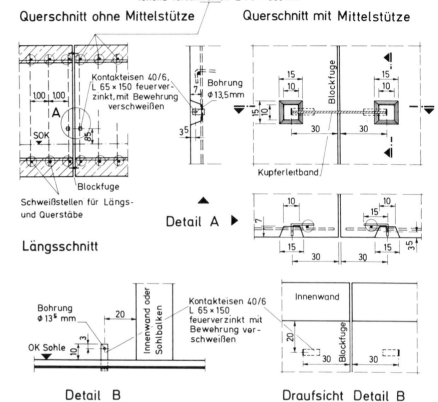

Bild B 4/10
Provisorisches Baulosende bei Tunnelblöcken
aus wasserundurchlässigem Beton mit einer
mit Bitumen abgedichteten Stahlbeton-Schottwand, Stadtbahn Düsseldorf, Baulos 1N (nach
Unterlagen des U-Bahnbauamts Düsseldorf)

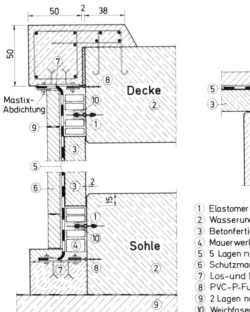

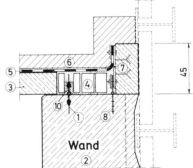

① Elastomer-Fugenband mit Stahllaschen, b = 350 mm
② Wasserundurchlässiger Beton
③ Betonfertigteile, d = 20 cm
④ Mauerwerk, KSV 15
⑤ 5 Lagen nackte Bitumenbahn R 500 N
⑥ Schutzmauerwerk 11,5 cm KSV 15, MG II
⑦ Los- und Festflanschkonstruktion
⑧ PVC-P-Fugenband, b = 350 mm
⑨ 2 Lagen nackte Bitumenbahn R 500 N
⑩ Weichfaserplatte zur Fugenbandsicherung

Bild B 4/11
Sanierung eines durch Brand zerstörten Elastomerfugenbands, Pfingstbergtunnel Los 4b, Bundesbahn-Neubaustrecke Mannheim-Stuttgart (nach Unterlagen der Firma Bilfinger + Berger Bau-AG., Mannheim)

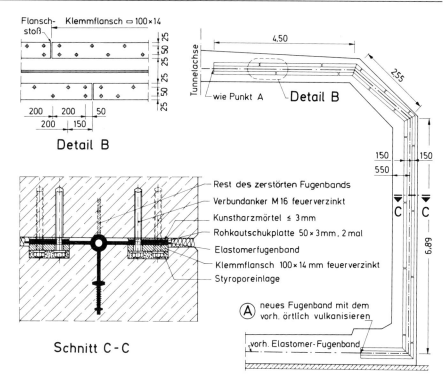

Detail B

Schnitt C-C

Rest des zerstörten Fugenbands
Verbundanker M 16 feuerverzinkt
Kunstharzmörtel ≤ 3mm
Rohkautschukplatte 50×3mm, 2 mal
Elastomerfugenband
Klemmflansch 100×14 mm feuerverzinkt
Styroporeinlage

Ⓐ neues Fugenband mit dem vorh. örtlich vulkanisieren

vorh. Elastomer-Fugenband

(5) Besonderheiten der Fugenausbildung bei Trogbauwerken

Trogbauwerke werden entweder in einem Arbeitsgang (monolithisch, Beispiel Bild B 4/12) oder in mehreren Arbeitsgängen mit Arbeitsfugen zwischen Sohle und Wänden (Bild B 4/1) betoniert. Für Trogbauwerke aus wasserundurchlässigem Beton hat die monolithische Bauweise große Vorteile. Durch den Wegfall der Zwängungen zwischen vorweg betonierter Sohle und den später aufgesetzten Wänden entfällt bei einer solchen Lösung die Gefahr von Rissen in den Wänden. Schadensanfällige, aufwendige Soll-Rißfugen bzw. zusätzliche Bewehrung zur Begrenzung der Rißbreiten lassen sich auf diese Weise vermeiden. Außerdem kann der Fugenabstand wesentlich größer gewählt werden (20 bis 25 m). Die monolithische Bauweise benötigt allerdings einen besonderen Aufwand für das Aufstelzen der Schalung und das Einbringen des Betons.

Der Blockfugenabstand beeinflußt bei Trogbauwerken für Straßen die Fugenausbildung im Fahrbahnbelag und in der Fahrbahnabdichtung:

– Bei Fugenabständen bis 10 m wird z.B. in Karlsruhe der Fahrbahnbelag und die Abdichtung noch fugenlos über der Bauwerksfuge durchgezogen und nur die Abdichtung im Bereich der Fuge verstärkt (Beispiel Bild B 4/13).

In Hannover, Beispiel Bild B 4/1, wurde bereits bei einer Blocklänge ≤ 10 m im Fugenbereich die Fahrbahnabdichtung unterbrochen und die Fuge durch ein in die Abdichtung eingeklebtes Edelstahlschlaufenblech überbrückt. In den Fahrbahnbelag wurde über der Bauwerksfuge nachträglich ein Fugenspalt geschnitten und mit Bitumen-Vergußmasse verfüllt.

– Größere Blockfugenabstände – bis 25 m – erfordern auf alle Fälle eine besondere Ausbildung bzw. Verstärkung der Fahrbahnabdichtung im Fugenbereich und eine geschnittene Fuge im Fahrbahnbelag mit abschließendem Fugenverguß. Ausführungsbeispiele siehe Bilder B 4/12 und B 4/14.

– Bei Fugenabständen ab ca. 20 m werden auch Elastomer-Übergangskonstruktionen in den Fahrbahnbelag eingebaut. Ein Beispiel hierfür ist in Bild 4/15 dargestellt. Weitere Beispiele für Übergangskonstruktionen in Fahrbahnbelägen siehe Kap. 5.2.2.

Blockfugen bei Trogbauwerken für Straßen werden im Sohlbereich zur Querkraftübertragung häufig verdübelt (Bilder B 4/12 und B 4/13). Um bei breiten Trögen Zwängungen in Querrichtung zu vermeiden, sollten die Dübel möglichst nur im mittleren Drittel der Sohle angeordnet werden. Soweit erforderlich, sind für die Dübel in den äußeren Dritteln ovale Hülsen vorzusehen, um die Beweglichkeit der Blöcke gegeneinander sicherzustellen. Anstelle der Verdübelung werden auch Verzahnungen der Fugen mit Nut und Feder in der Sohlplatte ausgeführt.

Wird das Trogbauwerk gegen eine bleibende Spundwand betoniert, so muß das Spundwandtal im Fugenbereich oder die beiden nächstliegenden Spundwandtäler mit Schaumstoff o.ä. ausgefüllt werden, um die Fugenbeweglichkeit sicherzustellen (Schnitt B-B, Bild 4/12).

Bild B 4/12
Fugenausbildung bei vorgespannten Trogbau-
werken aus wasserundurchlässigem Beton in
Hildesheim (nach [B 4/6])

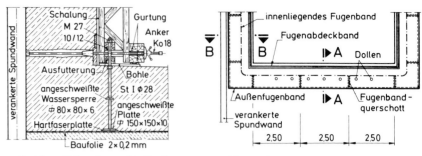

**Sohle-/Wandanschluß ohne
Arbeitsfuge mit aufgestelzter
Schalung**

**Fugenbandführung in der Bewe-
gungsfuge**

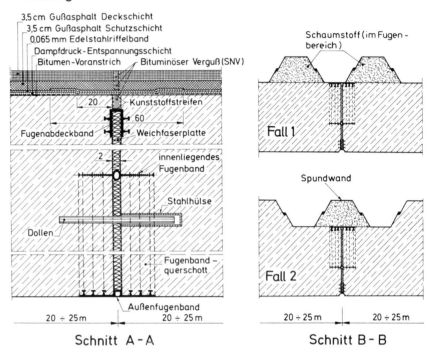

Schnitt A - A

Schnitt B - B

Bild B 4/13
Ausbildung der Sohlenfuge bei einem Trog-
bauwerk der Südtangente in Karlsruhe (nach
Unterlagen des Tiefbauamts Karlsruhe)

*) Kunststoffbeschichtete Fugendübel, Durch-
messer 25 mm, versetzt im Abstand von 25 cm
angeordnet, eine Hälfte mit Blechhülse, eine
Hälfte einbetoniert. Hülsen im mittleren Sohl-
drittel rund, in den äußeren Sohlbereichen
oval.

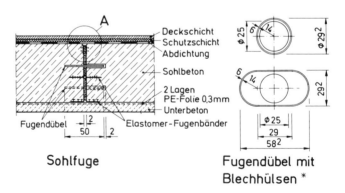

Sohlfuge

**Fugendübel mit
Blechhülsen ***

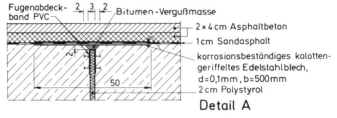

Detail A

Bild B 4/14
Fugenausbildung bei einer aufgespritzten elastischen Kunststoffabdichtung aus Polyurethan-Elastomer unter Gußasphaltbelag (aus den Technischen Informationen 352, 85/1: Elastische rißüberbrückende Kunststoffabdichtung Oldopren S; Büsing & Fasch GmbH. & Co., Oldenburg)

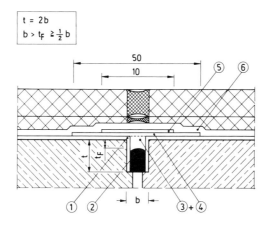

$$t = 2b$$
$$b > t_F \geq \tfrac{1}{2}b$$

Erläuterungen:

1 Grundierungsschicht
  OLDODUR, 304-0070, Einkomponenten-PUR, luftfeuchtigkeitshärtend, Absanden mit Quarzsand der Körnung 0,2 - 0,7 mm
2 Polyäthylenschaum-Rundschnur, Durchmesser ca. 10 mm, breiter als die Fugenbreite
3 Fugendichtungsmasse
  OLDOPREN-S, ungefüllter lösungsmittelfreier 2-Komponenten-Flüssigkunststoff auf Polyurethanbasis, in die mit Rundschnur vorbereitete Dehnungsfuge füllen

4 Verstärkung
  OLDOPREN-S, im Spritzverfahren ca. 50 cm breit über die Dehnungsfuge auftragen. Schichtdicke ca. 1 - 2 mm
5 Trennlage
  Temperaturbeständiges Trennmittel, z.B. Sprühteflon
6 Dichtungsschicht
  OLDOPREN-S, im Spritzverfahren aufgetragen, Sollschichtdicke: im Mittel 3 mm, mindestens 2 mm über den Spitzen

Bild B 4/15
Fugenausbildung im Trogbereich des Radfahr- und Fußgängertunnels der verlängerten Prins Alexanderlaan in Rotterdam; Ausführung 1979/80 (nach Unterlagen der Gemeentewerken Rotterdam)

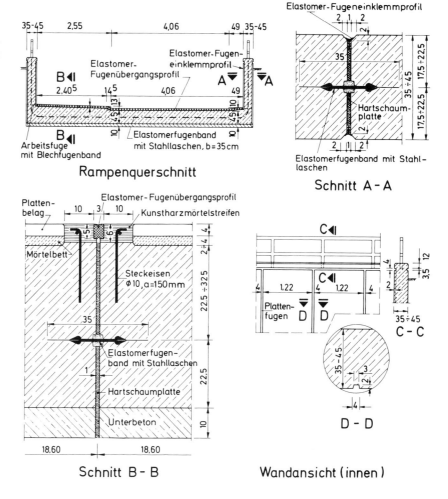

B 4.2.1.2 Ortbetonbauwerke mit Hautabdichtung

Die Abdichtung in offener Bauweise erstellter Verkehrstunnel mit Hautabdichtungen auf Basis bituminöser Bahnen und Stoffe reicht in Deutschland bis in die Anfänge dieses Jahrhunderts. Die U-Bahnbauer in Berlin und Hamburg bedienten sich dieser Technik. Abdichtungen solcher Tunnel mit Kunststoffdichtungsbahnen gibt es dagegen erst seit etwa 20 Jahren. Ende der sechziger, Anfang der siebziger Jahre wurden z.B. beim Stadtbahnbau in Bochum und Dortmund erste Rechtecktunnel mit lose verlegten Kunststoffdichtungsbahnen auf Basis von PVC-P gegen Wasserzutritt geschützt.

Über die konstruktiv angeordneten Fugen wird bei Tunnelbauwerken die Abdichtung im Regelfall durchgeführt. Eine Verstärkung im Fugenbereich erfolgt sowohl bei Bitumen- als auch bei Kunststoffbahnenabdichtungen nach der möglichen mechanischen Beanspruchung und nicht nach der Eintauchtiefe. Diese wurde bereits bei der Bemessung der Flächenabdichtung berücksichtigt. Zur Verstärkung werden bei Bitumenabdichtungen bis zu vier Kupferriffelbänder von 0,2 mm Dicke und 30 bzw. 60 cm Breite verwendet. Bei größeren zu erwartenden Bewegungen müssen Fugenkammern angeordnet werden. Einzelheiten sind in Kap. A 3.3 behandelt (vgl. auch [B 4/7]).

Allgemein sind im Verkehrstunnelbau Zahl und Anordnung von Fugen abhängig von der Konstruktion, ihrer Temperaturbeanspruchung, dem Schwindmaß, den Setzungsunterschieden zweier Baukörper, den betrieblichen Erfordernissen und den Bauzuständen.

Nach der Art der Fugenbeanspruchung wird unterschieden zwischen:

– Dehnungsfugen für Stauch- und Dehnbeanspruchung;
– Setzungsfugen für Scherbeanspruchung;
– Bewegungsfugen für Stauch-, Dehn- und Scherbeanspruchung, d.h. für die kombinierte räumliche Bewegung;
– Arbeitsfugen ohne Beanspruchung.

Da für den Tunnelbau im Normalfall keine Setzungen ohne zugleich auch auftretende Dehnungen oder umgekehrt zu erwarten sind, sollten alle Fugen mit Ausnahme der konstruktiven Arbeitsfugen als Bewegungsfugen ausgebildet werden. Dabei geht man für den Fugenbereich von Temperaturen um 10°C (mittlere Grundwassertemperatur) und Öffnungsgeschwindigkeiten von 0,01 bis 0,1 mm/h, das heißt etwa 2 bis 17 mm in der Woche aus. Fugen sollten bei etwa gleichbleibendem Tunnel-Querschnitt und Anordnung einer Hautabdichtung im Abstand von maximal 25 bis 30 m angeordnet werden. Unterschiedliche Querschnitte und Grundrißformen von Bauwerken sollten durch Fugen voneinander getrennt werden. Fugen sind mindestens 30 cm, besser aber 50 cm von Ecken, Kehlen und Kanten entfernt anzuordnen, damit eine einwandfreie handwerkliche Ausführung der Abdichtung in diesem Bereich möglich ist. Eine Fuge sollte nicht durch eine Ecke geführt und der Schnittwinkel zweier Fugen nicht wesentlich vom rechten Winkel abweichen. Die Ausbildung von Fugen ist abhängig von der Größe der aufzunehmenden Bewegungen und dem Abdichtungssystem. Diese Angaben müssen dem Abdichtungsunternehmer benannt werden, damit er eine ausreichend bemessene Verstärkung einbauen kann.

Je nach Art der Abdichtung – Bitumen- oder Kunststoffdichtungsbahnen – ergeben sich unterschiedliche Ausführungsgesichtspunkte. Hierauf wurde bereits in Kap. A 3.3 eingegangen. Im folgenden werden einige ergänzende Hinweise im Hinblick auf den Verkehrstunnelbau gegeben [B 4/7], [B 4/8]:

a) Bitumenabdichtungen

Die Bitumenabdichtung kann entsprechend Teil 8 der DIN 18195 [B 4/9] über Fugen bis zu einer maximalen Dehnung von 30 mm, einer reinen Setzung von 40 mm oder einer kombinierten Bewegung von 25 mm mit Kupferbandverstärkungen ohne Schlaufe und mit unterschiedlich großen Fugenkammern für bestimmte Bewegungsgrößen ausgeführt werden. Die Verstärkungen und Ausführungen der Abdichtung im Fugenbereich werden nach der Größe der zu erwartenden Bewegungen abgestuft. Bei Bewegungen über 10 mm ist die Ausbildung einer Fugenkammer von 100 mm Breite und 50 mm Tiefe in den beidseitig angrenzenden waagerechten Bauteilen erforderlich, sofern es sich nicht um reine Dehnungen handelt. Dabei können die Fugenkammern mit gefüllter Klebemasse oder Fugenvergußmasse vergossen werden.

Die Verstärkung über den Fugen erfolgt außen auf der Flächenabdichtung mit 30 oder 60 cm breiten, 0,2 mm dicken, kalottenartig geriffelten Kupferbändern. Für den Einbau sind nackte Bitumenbahnen – R 500 N – als außenliegende Zulagen erforderlich, da Kupferbänder nicht unmittelbar mit dem Beton in Berührung kommen dürfen. Der Einbau der 0,2 mm dicken Verstärkungen muß mit gefüllter Klebemasse im Gieß- und Einwalzverfahren erfolgen. Bitumenabdichtungen unter Verwendung von Kunststoffdichtungsbahnen können auch mit Kunststoffbahnenstreifen verstärkt werden. In Bild A 3/21 sind bewährte Möglichkeiten von Fugenverstärkungen für die unterschiedlichen Bewegungen dargestellt. Die richtige Anordnung der Kupferbänder als äußerste Lage und die Größe der Fugenkammern konnte durch Großversuche bei der Studiengesellschaft für unterirdische Verkehrsanlagen e.V. – STUVA – nachgewiesen werden [B 4/10].

b) Kunststoffbahnenabdichtungen

Einlagig lose verlegte Kunststoffbahnenabdichtungen sollten im Fugenbereich immer verstärkt werden. Alle Einzelheiten der Fugenausbildung sind nach dem neuesten Erkenntnisstand in Zusammenarbeit mit dem Bahnenhersteller festzulegen. Im Normalfall werden Fugen durch einbetonierte, 30 cm breite außenliegende Kunststoff-Fugenbänder, mit denen die Dichtungsbahnen verschweißt werden, in senkrechten schrägen und waagerechten Flächen überbrückt. Diese Fugenbänder dienen zugleich – wie in Kap. A 3.3.5.3 ausgeführt – einer Abschottung, d.h. einer Untergliederung der prinzipiell unterläufigen, lose verlegten Kunststoffbahnenabdichtung in überschaubare Teilflächen. Zusätzlich kann die Abdichtung durch bahnenartige Zulagen entsprechend Bilder A 3/22 und A 3/23 verstärkt werden. Neben dieser heute üblichen Lösung wurden früher in stärkerem Maße auch ein- oder beidseitig mit gleichartigem Kunststoff beschichtete Bleche zur Aufnahme des Wasserdrucks unter der Dichtungsbahn angeordnet. Versuche der STUVA [B 4/11] haben jedoch gezeigt, daß diese Art der Fugenabdichtung vor allem bei größeren oder wiederholt auftretenden Fugenverformungen mit beträchtlichen Risiken verbunden sein können. Es besteht die Gefahr, daß das etwa 0,5 bis 0,8 mm dicke Blech die Dichtungsbahn örtlich beschädigt oder sogar zerschneidet.

Bild B 4/16
Fugenausbildung für eine kombinierte Bewegung bis 15 mm; Regelausführung Hamburg
[B 4/13]

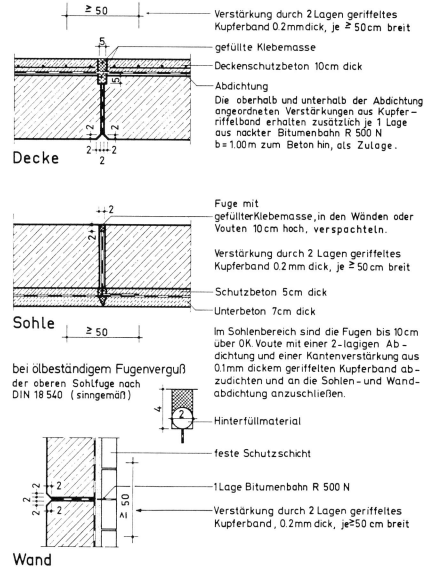

Decke

Verstärkung durch 2 Lagen geriffeltes Kupferband 0.2 mm dick, je ≥ 50 cm breit

gefüllte Klebemasse

Deckenschutzbeton 10 cm dick

Abdichtung

Die oberhalb und unterhalb der Abdichtung angeordneten Verstärkungen aus Kupfer-riffelband erhalten zusätzlich je 1 Lage aus nackter Bitumenbahn R 500 N b = 1.00 m zum Beton hin, als Zulage.

Sohle

bei ölbeständigem Fugenverguß
der oberen Sohlfuge nach
DIN 18540 (sinngemäß)

Fuge mit gefüllter Klebemasse, in den Wänden oder Vouten 10 cm hoch, verspachteln.

Verstärkung durch 2 Lagen geriffeltes Kupferband 0.2 mm dick, je ≥ 50 cm breit

Schutzbeton 5 cm dick

Unterbeton 7 cm dick

Im Sohlenbereich sind die Fugen bis 10 cm über OK. Voute mit einer 2-lagigen Ab-dichtung und einer Kantenverstärkung aus 0.1 mm dickem geriffelten Kupferband ab-zudichten und an die Sohlen- und Wand-abdichtung anzuschließen.

Hinterfüllmaterial

feste Schutzschicht

1 Lage Bitumenbahn R 500 N

Verstärkung durch 2 Lagen geriffeltes Kupferband, 0.2 mm dick, je ≥ 50 cm breit

Wand

Im Haltestellen- und Streckenbereich 2 cm dicke Trennwandplatten (nicht brennbar, umlaufend) nach DIN 4102.

Für kombinierte Bauwerksbewegungen über 25 mm und an Übergängen zwischen Tunnelbauwerken, die in offener und geschlossener Bauweise erstellt werden, sind im Normalfall Sonderkonstruktionen aus stählernen Doppel-Klemmflanschen mit Elastomerbändern erforderlich. Derartige Übergänge sind unabhängig von der sonst ausgeführten Flächenabdichtung einzubauen. Die Bandabmessungen und Formen mit den erforderlichen Gewebeeinlagen richten sich nach der zu erwartenden Beanspruchung. Entsprechend der konstruktiven Gestaltung der Klemmkonstruktion und dem werkseitig geforderten Klemmdruck sind der Bolzendurchmesser und -abstand sowie das Anziehmoment der Muttern festzulegen. An diese Fugenkonstruktionen werden die Flächenabdichtungen mit Hilfe einer Los- und Festflanschkonstruktion angeschlossen (vgl. Kap. A 3.3.5.4 sowie Bilder A 3/36 und A 3/37).

Im allgemeinen werden Hautabdichtungen vor allem auf Bitumenbasis als alleinige Maßnahme zum Schutz des Bauwerks gegen Wasserzutritt ausgeführt. Es gibt aber auch Beispiele, wo der Bauherr eine zusätzliche Sicherheit durch Anordnung von mittig liegenden Fugenbändern in der Betonkonstruktion erreichen will.

Kürzlich festgestellte beträchtliche Schäden an einem mehrlagig mit Bitumen abgedichteten, flach liegenden innerstädtischen Straßentunnel lassen eindeutig erkennen, daß Blockfugen von Verkehrstunneln unbedingt als Raumfugen und nicht als Preßfugen auszubilden sind. Bei Preßfugen und zugleich auch im Fugenbereich vollflächig aufgeklebten Bitumenabdichtungen reicht die Dehnfähigkeit des Abdichtungspakets in keiner Weise aus, die aufgrund von Temperaturänderungen in der Tunnelkonstruktion auftretenden Fugenverformungen auf Dauer schadlos aufzunehmen. Das Abdichtungspaket zerreißt in einem solchen Fall in Einzellagen oder auch als Ganzes ent-

Bild B 4/17
Abdichtung der Bewegungsfuge im Sohlenbereich; Regelausführung Hamburg [B 4/13]

Ausbildung der Bewegungsfuge im Sohlenbereich

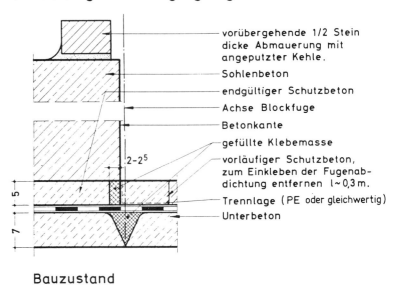

vorübergehende 1/2 Stein
dicke Abmauerung mit
angeputzter Kehle.

Sohlenbeton

endgültiger Schutzbeton

Achse Blockfuge

Betonkante

gefüllte Klebemasse

vorläufiger Schutzbeton,
zum Einkleben der Fugenabdichtung entfernen l~0,3 m.

Trennlage (PE oder gleichwertig)

Unterbeton

Bauzustand

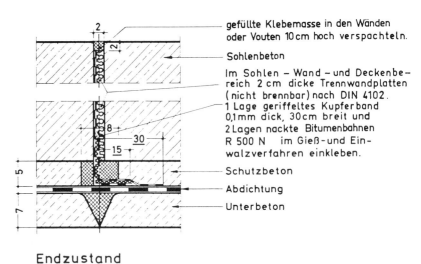

gefüllte Klebemasse in den Wänden
oder Vouten 10 cm hoch verspachteln.

Sohlenbeton

Im Sohlen – Wand – und Deckenbereich 2 cm dicke Trennwandplatten
(nicht brennbar) nach DIN 4102.
1 Lage geriffeltes Kupferband
0,1 mm dick, 30 cm breit und
2 Lagen nackte Bitumenbahnen
R 500 N   im Gieß – und Einwalzverfahren einkleben.

Schutzbeton

Abdichtung

Unterbeton

Endzustand

Fugenkammer in der Sohlenoberfläche anordnen.

lang der Ränder der Metallbandverstärkungen. Die Kosten für die Schadensbeseitigung belaufen sich in diesem Fall – für ca. 900 m Tunnellänge – auf einige Millionen DM, da die Blockfugen im Decken- und Wandbereich soweit möglich freigegraben werden müssen und dann von außen nach einem modifizierten Konzept erneut abgedichtet werden. Während der noch laufenden Arbeiten konnten Fugenbewegungen von etwa 10 mm bei Blocklängen von 30 m und Temperaturdifferenzen von ca. 25 K beobachtet werden.

Da ähnliche Schäden von den vielen km U- und S-Bahntunneln trotz weitgehend ähnlicher Temperaturverhältnisse (mindestens im Bereich von Rampen, Lüftungsschächten, Haltestellen) nicht bekannt sind, kann man davon ausgehen, daß die hier üblicherweise anzutreffende Ausbildung von Raumfugen mit 20 mm Spaltweite für das Abdichtungspaket hinreichend Dehnreserven schafft.

Im folgenden werden anhand ausgeführter Beispiele weitere Einzelheiten erläutert:

a) Bitumenabdichtungen

(1) U-Bahnbau in Hamburg

Die Baubehörde der Freien und Hansestadt Hamburg hat seit Wiederaufnahme des U-Bahnbaus in den ausgehenden fünfziger Jahren Standardlösungen für die Abdichtung der Tunnelbauwerke mit Bitumen erarbeitet. Diese wurden erstmals Ende der sechziger Jahre zusammengefaßt als Normalien veröffentlicht [B 4/12] und sind in [B 4/13] kommentiert. Die Normalien finden Anwendung für Tunnelbauwerke, die bei der spezifischen hydrogeologischen Situation der Hamburger Böden durchaus bis zu 25 m tief in das Grundwasser reichen.

Zur Abdichtung der Bauwerksfugen wird für kombinierte Setzungs- und Horizontalbewegungen in den Normalien eine Lösung nach Bild B 4/16 ausgeführt. Die Bauwerksfugen werden danach in Abständen von etwa 20 bis 25 m auf der Strecke und bis zu 30 m im Haltestellenbereich als Bewegungsfugen ausgebildet. Bei abgedichteten Bauwerken werden im Haltestellenbereich und im Streckenbereich 2 cm dicke, fäulnisbeständige, nicht brennbare Weichfaserplatten eingebaut. Die Abdichtungshaut wird unabhängig vom Wasserdruck mit 0,2 mm dickem geriffelten Kupferband verstärkt. Die Verstärkungen werden mit 1 m breiten Zulagen aus nackten Bitumenbahnen R 500 N abgeklebt und erhalten einen Deckaufstrich.

Im Zuge der Stahlbetonarbeiten ist in Sohl- und Deckenflächen die Ausbildung von dreieckigen oder rechteckigen Fugenkammern mit abgerundeten Kanten vorgesehen. Diese Kammern, mit gefüllter Klebemasse vergossen, ergeben einen größeren Dehnweg und verhindern bei Bewegungen das scharfkantige Abknicken der Abdichtung und damit mechanische Überbeanspruchungen. Dreilagige Fugenverstärkungen haben in Hamburg mehr als 30 mm Setzung ohne Schäden auf Dauer überbrückt.

In den Wandschutzschichten aus halbsteinigem Kalksandsteinmauerwerk müssen sich die nach der DIN 18 195, Teil 8 und 10 geforderten Fugen mit denen in der Tunnelkonstruktion decken. Die in die Fuge der Schutzschicht eingelegte nackte Bitumenbahn R 500 N muß auch im Bereich der 4 cm-Mörtelstampffuge vorhanden sein. Nur so kann bei eventuellen Bewegungen eine Beschädigung der Abdichtung durch scharfkantige Abbrüche der Schutzschicht vermieden werden.

Im Bereich der Sohle werden die Fugen an den Stirnflächen der Tunnelblöcke besonders abgeklebt. Dadurch wird Feuchtigkeit bzw. Wasser unabhängig davon, ob vom Betonieren, vom Regen oder aus Undichtigkeiten stammend, immer in einem Blockbereich gehalten. Zur Ausführung sind mehrere Arbeitsgänge erforderlich, die klar aus dem in Bild B 4/17 dargestellten 1. Bauzustand und dem Endzustand zu erkennen sind. Sowohl im Strecken- als auch im Haltestellenbereich oder auf einer anderen Bauwerkssohle ist ein etwa 30 cm breiter Schutzbetonstreifen für den Abdichtungsanschluß der senkrechten Fugenabklebung zu entfernen, den man zweckmäßig vorher auf eine Trennlage betoniert hat. Ein 0,1 mm dickes und 30 cm breites geriffeltes Kupferband wird als Kehlenverstärkung zusätzlich eingebaut und die Abdichtung der Stirnfläche gegen den abgebundenen Sohlenbeton geklebt. Hierzu gehört auch der einwandfreie Anschluß an die untere Wandabdichtung bis zur Oberkante des Kehranschlusses.

Es empfiehlt sich, die aufgeklebten Abdichtungsflächen abzusteifen, damit freies Abbinde- oder in den Beton eindringendes Oberflächenwasser die Abdichtung nicht abdrückt. Diese Form der abschottenden Fugenabdichtung wird in der Blockfuge in den Wandbereichen bis 10 cm über die Oberfläche des Sohlenbetons hochgeführt.

Als oberen Abschluß erhält die Sohle eine 2 × 2 cm große, mit gefülltem Bitumen zu vergießende Fugenkammer, die 10 cm in die Wand hochgeführt wird (siehe hierzu auch Bild B 4/16). Um Wasseranfall im Fugenbereich infolge Regens bis zum Betonieren der Decke zu vermeiden, empfiehlt es sich, eine ½-Stein dicke Mauerwerksschicht mit angeputzter Kehle auf der Sohle parallel zur Fuge anzuordnen (Bild B 4/17, Bauzustand).

Die Fugeneinlage aus 2 cm Weichfaserplatte muß nach der Abdichtung eingebaut, d. h. die Fugeneinlage auf die Abdichtung geklebt werden. Andernfalls saugt sich die Fugeneinlage voll Wasser und die Abdichtung wird durch den Wasserdruck abgedrückt. Ferner bietet die Weichfaserplatte den Vorteil, daß die Abdichtung leichter vor Beschädigungen beim Bewehren und Betonieren des folgenden Sohlenabschnitts geschützt wird. Abstandhalter der Bewehrung können nicht in die Abdichtung eindringen.

Besondere abdichtungstechnische Maßnahmen werden immer dann notwendig, wenn das folgende Baulos nicht sofort angeschlossen werden kann. Die Abdichtungsanschlüsse im Bereich von Wand und Decke haben in diesem Sonderfall je Lage eine Breite von 25 cm, um ein sicheres Nachschneiden der Anschlüsse bei Beschädigungen zu ermöglichen. Die Sohlen- und unteren Wandabdichtungen werden mit 25 cm breiten Anschlußlängen je Lage über das Bauwerksende vorgezogen, mit einer Trennlage aus Ölpapier oder 0,2 mm dicker PE-Folie oder gleichwertigem Material abgedeckt und mit Schutzbeton versehen. Dieser muß auch die Vorderkante des Unterbetons sichern. Beim Weiterbau darf die Kupferverstärkung in der Sohlenabdichtung über dem Unterbetonanschluß nicht fehlen, da geringe unterschiedliche Setzungen selten ausbleiben.

Das Mauerwerk für den unteren Wandbereich und die Schutzschichten am Baulosende im Bereich der Sohle sowie der nicht verfüllten Wandanschlußbereiche müssen 1 Stein dick und mit Quetschfuge gemauert sein. Das untere 1 Stein dicke Mauerwerk vor dem Sohlenbeton wird auf ganzer Länge mit einer Betonabdeckung versehen. Um ein Eindringen von Wasser in das fertige Baulos im Sohlenbereich zu verhindern, wird die Stirnseite der Sohle entsprechend Bild B 4/18 abgeklebt. Die erste Lage der Wandabdichtung oberhalb des Kehranschlusses endet etwa 30 cm vor der Blockfuge. Die Deckenabdichtung, die auch so weit geführt wird, ist im Anschlußbereich mit einer Trennlage abzudecken und mit einem Schutzbeton zu versehen.

Das 1 Stein dicke Mauerwerk wird am Baulosende nur im Bereich der aufgehenden Wandanschlüsse (vorbereiteter Kehranschluß) angeordnet. Die hier dargestellte Ausführung setzt eine bis zum Weiterbau offene Baugrube voraus.

Der Übergang von einem mit Bitumen abgedichteten Tunnelabschnitt zu einem aus wasserundurchlässigem Beton entsprechend den Hamburger Normalien wurde bereits in Bild A 3/39 dargestellt und in Kap. A 3.4 näher beschrieben.

Bild B 4/18
Verwahrung der Abdichtung am Baulosende;
Regelausführung Hamburg [B 4/13]

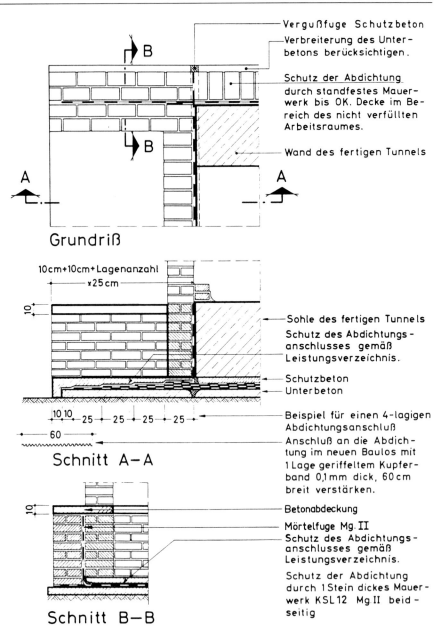

Grundriß

Schnitt A–A

Schnitt B–B

Vergußfuge Schutzbeton

Verbreiterung des Unter-
betons berücksichtigen.

Schutz der Abdichtung
durch standfestes Mauer-
werk bis OK. Decke im Be-
reich des nicht verfüllten
Arbeitsraumes.

Wand des fertigen Tunnels

Sohle des fertigen Tunnels

Schutz des Abdichtungs-
anschlusses gemäß
Leistungsverzeichnis.

Schutzbeton

Unterbeton

Beispiel für einen 4-lagigen
Abdichtungsanschluß

Anschluß an die Abdich-
tung im neuen Baulos mit
1 Lage geriffeltem Kupferband 0,1 mm dick, 60 cm
breit verstärken.

Betonabdeckung

Mörtelfuge Mg. II

Schutz des Abdichtungs-
anschlusses gemäß
Leistungsverzeichnis.

Schutz der Abdichtung
durch 1 Stein dickes Mauerwerk KSL 12 Mg. II beid-
seitig

10 cm + 10 cm + Lagenanzahl
×25 cm

(2) Straßentunnel Gelsenkirchen-Buer

Im Zuge der südlichen Umgehung Gelsenkirchen-Buer wurde 1970/72 ein Linksabbiegertunnel unter der Hauptfahrtrichtung hindurchgeführt. Dabei waren die besonderen Verhältnisse eines Bergsenkungsgebiets zu beachten. Der Tunnel hat eine Länge von 192 m und besteht aus einer Stahlbeton-Rahmenkonstruktion B × H = 11,30 m × 6,60 m. Der Fugenabstand beträgt etwa 13,0 m (Bild B 4/19). Die Tunnelsohle liegt 7 bis 8 m unter Geländeoberfläche. Als Fugenbeanspruchung mußten berücksichtigt werden:

– Fugenbewegungen aus Längenänderungen der Blöcke
– bergbauliche Einwirkungen (Pressungen und Zerrungen aus wechselnder Richtung)
– Grundwasser

Wegen der bergbaulichen Anforderungen wurde eine 6 cm breite Fuge gewählt. In der Sohle wurde die Fuge jedoch oberhalb des Fugenbands auf 3 cm reduziert, um die Fahrbahn ohne aufwendige Fahrbahnübergänge herstellen zu können. Bei extremen Pressungen kann die Fuge ohne Schwierigkeiten erweitert werden, da die Verjüngung oberhalb des Fugenbands liegt.

Der Tunnel ist außen mit einer zwischen 2 nackten Bitumenbahnen R 500 N eingeklebten Kunststoffdichtungsbahn abgedichtet. Im Bereich der Fugen wurde die Abdichtung schlaufenförmig ausgebildet. Als zweite Sicherung ist in den Fugen umlaufend ein 40 cm breites Elastomerfugenband mit Stahllaschen einbetoniert. Innen sind Tunnelwände und -decke verkleidet. Die Fugenbreite in der Verkleidung beträgt 4 cm. Als Verschluß ist ein Elastomer-Zieharmonikaprofil in Aluminiumschienen eingebaut worden. Um eine durchgehende Fahrbahndecke zu erhalten, wurde die auf 3 cm reduzierte Sohlfuge nach oben hin in 4 Fugen von je 1 cm aufgelöst. Die Verteilung erfolgt durch 3 Betonbalken, die gegeneinander verschieblich auf Gleitfolie gelagert sind. Die Fahrbahndecke wurde darüber fugenlos hergestellt.

Nach über 15-jähriger Beanspruchung durch Einflüsse aus Bergbau, Temperatur und Verkehr sind Mängel bisher nicht erkennbar.

Bild B 4/19
Sohlenfugenausbildung beim Linksabbiegertunnel der südlichen Umgehung Gelsenkirchen-Buer im Bergsenkungsgebiet; Ausführung 1970/72 (nach Unterlagen des Tiefbauamts Gelsenkirchen)

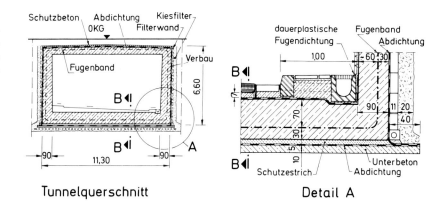

Tunnelquerschnitt   Detail A

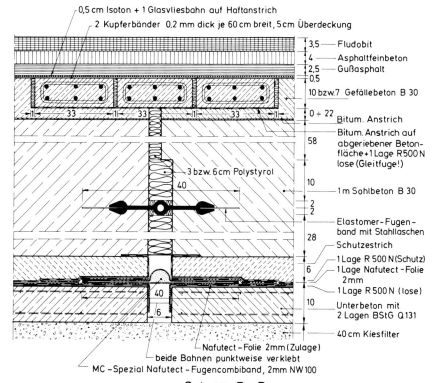

Schnitt B - B

(3) Stadtbahn Duisburg

Für den Übergang eines doppelstöckigen, zweimal zweigleisigen, etwa 440 m langen Streckentunnels der Stadtbahn Duisburg zur Haltestelle Hauptbahnhof war eine Fuge auszubilden, die am Baulosende befindlich über längere Zeit bis zur Fortsetzung der Bauarbeiten verwahrt werden mußte. Der Doppelstocktunnel gliederte sich in 22 Blöcke von jeweils 20 m Länge. Bei einer Tiefenlage bis zu 20 m tauchte er maximal 12 m in das Grundwasser ein. Die Abdichtung besteht aus mehreren Lagen nackter Bitumenbahnen R 500 N.

Bild B 4/20
Blockfuge am Baulosende Haltestelle Hauptbahnhof Duisburg; Ausführung 1975/80 (nach Unterlagen des Tiefbauamts Duisburg)

Erläuterungen:

0	Bitumen-Voranstrich	6	Loch-Glasvliesbahn
1	besandete Dachbahn	7	PVC-P-Dichtungsbahn 2 mm
2	R500N	8	Bitumen-Verguß
3	Cu 0,1 mm	9	Bitumen-Deckaufstrich mit PE-Trennlage
4	Cu 0,2 mm	10	Bitumen-Deckaufstrich
5	PVC-P-Rippenbahn	11	Elastomer-Fugenband mit Stahllaschen
	1,2/1,6 mm	12	PVC-Einfassung

Einzelheiten zur Ausbildung der Blockfuge am Baulosende sind in Bild B 4/20 dargestellt. Die in der Sohle fünflagige, in den Wänden vier- und in der Decke dreilagige Abdichtung wurde für die Fugenüberbrückung mit jeweils 2 Lagen aus 2 mm dicker, bitumenverträglicher PVC-P-Dichtungsbahn verstärkt. Die Schottwand am Baulosende wurde mit 2 Lagen PVC-P-Dichtungsbahnen von ebenfalls 2 mm Dicke abgedichtet, die nur in der Spiegelfläche der Tunnelkonstruktion vollflächig verklebt wurden. Im Bereich des Stahlbetonfertigteils blieben die beiden Lagen unverklebt. Die Blockfuge ist zusätzlich abgesichert durch ein umlaufendes, 400 mm breites Elastomer-Fugenband mit Stahllaschen. Der zunächst freibleibende Teil des Fugenbands wurde durch eine PVC-P-Folie gesichert und ringsum eingemauert.

Die Besonderheit dieser Blockfuge besteht darin, daß die Südwand ohne Arbeitsraum gegen eine Schlitzwand erstellt wurde, die Nordwand mit Arbeitsraum von außen abgedichtet werden konnte. Dementsprechend sind die Anschlüsse für das anschließende Baulos an der Südwand analog zur Sohle über die Blockfuge am Baulosende hinaus in den Bereich des neuen Bauloses gezogen worden, wohingegen sie an der Nordseite wie in der Decke im alten Baulos liegen.

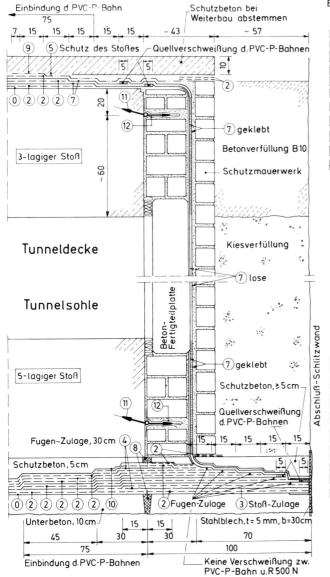

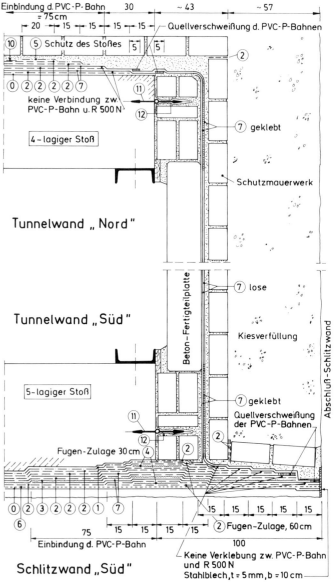

(4) Stadtbahn Düsseldorf, Baulos N3

Beim Baulos N3 (Klever Straße) der Stadtbahn Düsseldorf wurde die fünflagige Bitumenabdichtung aus nackten Bitumenbahnen R 500 N in den Jahren 1973/74 über den Blockfugen ähnlich wie in Hamburg mit 3 Lagen Kupferriffelband 0,2 mm verstärkt. Die beiden äußeren Riffelbänder sind jeweils 30 cm breit (Bild B 4/21) und schließen das durchlaufende Abdichtungspaket ein. Sie werden geschützt durch je eine Zulage R 500 N von 50 cm Breite. Das innerhalb des Abdichtungspakets angeordnete dritte Riffelband ist 60 cm breit. Sohle und Decke weisen 5 cm breite Fugenkammern auf, die mit Bitumen vergossen sind. Die 2 cm breite Raumfuge ist mit einer elastischen Fugeneinlage versehen, deren Rohdichte nach DIN 18164 mit 15 bis 20 kg/m^3 vorgegeben war. Die Blockfugen sind ergänzend gesichert durch ein umlaufendes, 32 cm breites, mittigliegendes PVC-Dehnungsfugenband. Die längslaufenden Arbeitsfugen haben keine besondere Sicherung erhalten.

(5) Stadtbahn Bielefeld

Beim Bau der Haltestelle Hauptbahnhof, Baulos 1321, für die Stadtbahn Bielefeld wurde in den Jahren 1979/82 eine Kombination von wasserundurchlässigem Beton und Hautabdichtung ausgeführt. Das Bauwerk wurde überwiegend in offener Bauweise erstellt. Dabei wurde zuerst der Spannbetondeckel (d = 1,60 m, Stützweite ca. 30,00 m, Länge 8 bis 12 m) auf dem Erdplanum in Teilabschnitten gebaut. Die Bewegungsfuge zwischen zwei benachbarten Deckelabschnitten wurde entsprechend Bild B 4/22 ausgeführt. Zu beachten war, daß vertikale Bewegungen zwischen den Teilabschnitten bis zu 4 cm aufgenommen werden müssen. Die Fugen werden nicht durch Druckwasser, sondern nur durch Oberflächen- bzw. Sickerwasser beansprucht. Nach Angaben des Tiefbauamts der Stadt Bielefeld wurden bis jetzt keine Mängel festgestellt.

Die Abdichtung des Deckels besteht aus 2 Lagen nackter Bitumenbahnen R 500 N und einer abschließenden Lage aus ECB-Dichtungsbahnen. Im Bereich der Fugen wurde die Wärmedämmung aus Foamglas ersetzt durch eine Betonzwischenlage, um eine feste Verankerung für die Klemmkonstruktion zu erhalten. Zwischen die beiden Lagen aus nackten Bitumenbahnen wurde ein Elastomer-Schlaufen-Fugenband eingeklebt. Das gesamte Abdichtungspaket wurde zusammen mit den Schenkeln des Schlaufenbands eingeklemmt und der Fugenbereich

Bild B 4/21
Dehnungsfugenausbildung zwischen Tunnelblöcken mit Bitumenabdichtung, Stadtbahn Düsseldorf, Baulos 3N Kleverstraße; Ausführung 1973/74 (nach Unterlagen des U-Bahnbauamts Düsseldorf)

Erläuterungen:
1 5 Lagen R500N
2 Zulage R500N, 50 cm
3 Cu 0,2 mm, 30 cm
4 Cu 0,2 mm, 60 cm
5 PVC-Dehnungsfugenband, 32 cm
6 Fugeneinlage DIN 18164, Rohdichte 15 - 20 kg/m^3
7 Bitumen-Vergußmasse

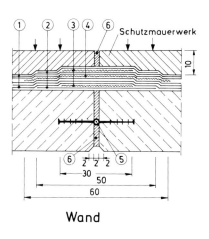

Wand

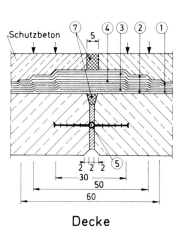

Decke

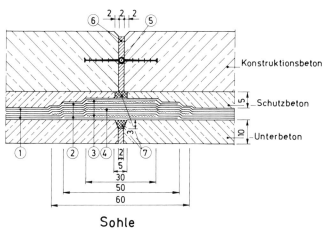

Sohle

abschließend mit einer weiteren ECB-Dichtungsbahn überklebt. Unmittelbar über der 2 cm breiten Fuge ist die Flächenabdichtung unterbrochen. Die Fugenabdichtung besteht damit allein aus dem Elastomerband mit der ECB-Bahn als Schutzlage. Zur Aufnahme der Dehnungsschlaufe ist im Schutzbeton eine 5 cm breite Fugenkammer ausgebildet, die mit Feinsand verfüllt und mit Bitumenverguß versiegelt ist. Den oberen Abschluß bildet eine Art Koppelplatte von 16 cm Breite und 5 cm Dicke. Sie liegt auf einer Trennfolie und ist seitlich durch Bitumen-Weichfaserplatten mit oben abschließendem Bitumenverguß gebettet. Die Deckenabdichtung endet auf einer Konsole an der Unterseite des Deckels. Die aus den WU-Betonwänden hochgeführten außenliegenden Fugenbänder greifen etwa 30 cm unter die Hautabdichtung.

In den Bauwerksteilen unterhalb des Deckels (Sohle und Wände) wurden innenliegende elastomere Dehnungs- und Arbeitsfugenbänder eingebaut.

(6) Normalprofil des Flughafentunnels Zürich/Kloten

Die Länge dieser Strecke mißt etwas über 1000 m. Das Profil des 1975/78 in offener Bauweise erstellten Tunnels ist hufeisenförmig (Bild B 4/23). Der Grundwasserspiegel liegt ungefähr einen Meter über dem Tunnelscheitel. Betoniert wurde der Tunnel in Abschnitten von 10 m Länge, wobei Bodenplatte und Gewölbe nacheinander hergestellt wurden. In der Bodenplatte sind im Abstand von 120 m, im Gewölbe im Abstand von 60 m Dehnungsfugen angeordnet. Einzelheiten zur Ausbildung dieser Fugen sind Bild B 4/24 zu entnehmen. Im Sohlbereich besteht die Grundwasserabdichtung aus WU-Beton mit PVC-Fugenbändern, im Gewölbe aus Bitumendichtungsbahnen mit Jutegewebeeinlage. Die Hautabdichtung des Gewölbes ist durch eine Klemmkonstruktion an der Bodenplatte angeschlossen.

Bild B 4/22
Dehnungsfugenausbildung in der Bitumen-Sickerwasserabdichtung des Deckels bei der Haltestelle Hauptbahnhof, Baulos 1321, Bielefeld; Ausführung 1979/82 (nach Unterlagen des Tiefbauamts Bielefeld)

Erläuterungen:
1 1. Lage nackte Bitumenpappe
2 Elastomer-Fugenband
3 2. Lage nackte Bitumenpappe
4 3. Lage ECB-Kunststoffbahn
5 ECB-Kunststoffbahn über Klemmkonstruktion
6 Bitumen-Weichfaserplatte
7 Klebedübel M12, a = 15 cm
8 Losflansch 60 × 8 mm
9 trockener Feinsand
10 Bitumen-Fugenvergußmasse
11 Trennfolie
12 Foamglas 6 cm
13 Gleitschicht nackte Bitumenpappe
14 Fugenbandstoß werkseitig mit 90°
15 außenliegendes Elastomer-Fugenband
16 innenliegendes Elastomerfugenband, b = 32 cm
17 Schutzmauerwerk

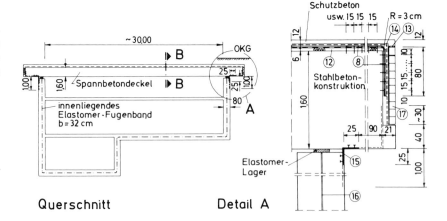

Querschnitt   Detail A

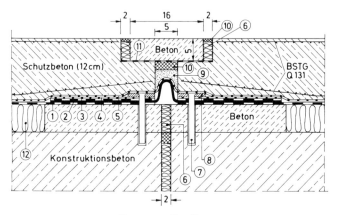

Schnitt B-B

Bild B 4/23
Normalprofil des Flughafentunnels Zürich /
Kloten in offener Bauweise; Ausführung 1975/
78 (nach Unterlagen der Ingenieurgemeinschaft Locher & Cie AG., Schweiz)

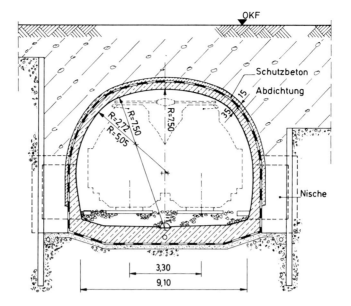

Bild B 4/24
Fugenausbildung beim Flughafentunnel
Zürich / Kloten im Bereich der offenen Bau-
weise; Ausführung 1975/78 (nach Unterlagen
der Ingenieurgemeinschaft Locher & Cie AG.,
Schweiz)

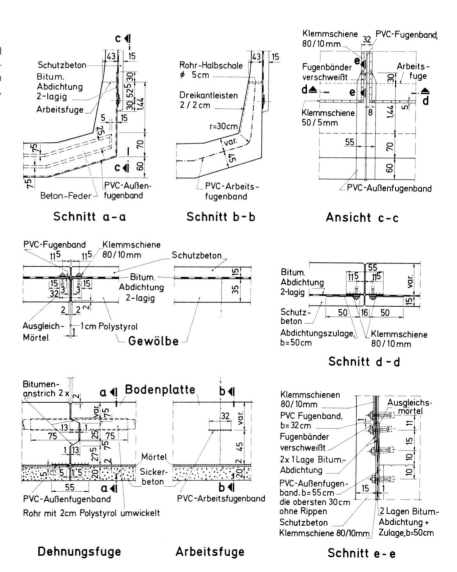

Die folgenden drei Beispiele befassen sich mit dem Sonderproblem des Übergangs von einer Bitumenabdichtung z.B. im Haltestellenbereich (offene Bauweise) zu einer Schildröhre (geschlossene Bauweise) mit unterschiedlichem Tunnelausbau und Abdichtungssystem. Die unterschiedlichen Bauverfahren bringen hier einige Probleme mit sich [B 4/14]. Während die Schildstrecken bei zweischaligem Ausbau mit Stahlbetontübbingen bis Anfang der 70er Jahre normalerweise eine Innenabdichtung erhielten, wurden die Bahnhofskörper bzw. die rechteckigen Tunnelstücke in der Regel mit einer Außenabdichtung versehen. Der Wechsel in der Anordnung des Dichtungssystems bezogen auf die tragende Konstruktion wurde dadurch erschwert, daß die kreisrunden Schildtunnel in einen Rechteckquerschnitt überführt werden mußten. Beides erfolgte im Bereich der Brillenwand, die den als Start- bzw. Zielpunkt für den Schildvortrieb errichteten rechteckig ausgebildeten Schacht gegen die Röhrentunnel abgrenzt. Die verschiedenen Möglichkeiten für die Gestaltung des Dichtungsübergangs zeigen die in den Bildern B 4/25 bis B 4/27 dargestellten Beispiele aus Hamburg, Berlin und München.

(7) U-Bahn Hamburg

In Hamburg erfolgte der Übergang von der Innenabdichtung der Schildröhren zu der Außenabdichtung des Schachtbauwerks am Cityhof (Haltestelle Steinstraße) in der Außenebene der Brillenwand mit Hilfe einer rechtwinkligen Flanschkonstruktion (s. Bild B 4/25d bis f). In der gleichen Ebene wurde eine Bewegungsfuge angeordnet (s. Bild B 5/25f). Sie soll die bei dem schlechten Untergrund (die Bodenschichten wechseln zwischen Schutt, Sand, Klei, Ton, Mergel und teilweise Schlamm) zu erwartenden unterschiedlichen Bewegungen zwischen dem Bahnhofskörper und den Schildröhren gefahrlos für Bauwerk und Abdichtung aufnehmen. Einzelheiten zur konstruktiven Gestaltung dieser Bewegungsfuge sind aus dem Bild zu ersehen. Um die Abdichtung im Fugenbereich hohlraumfrei zu stützen und außerdem die bei Bewegungen unmittelbar betroffene Zone der Abdichtungshaut zu vergrößern und so deren mechanische Beanspruchungen zu verringern, wurden zur Tübbingauskleidung hin dreiecksförmige Fugenkammern angeordnet. Diese Aussparungen sind mit einem Weichbitumen ausgefüllt worden. In den Fugenraum selbst wurden Weichfaserplatten eingelegt. Die Abdichtung wurde zur Fugenüberbrückung durch zwei zusätzlich eingelegte Kupferriffelbänder verstärkt. Aus Gründen der Vortriebstechnik wurden 5 Tübbingringe von der Brillenwand ausgehend in das Bahnhofsbauwerk hineingezogen (s. Bild B 4/25b und c). Diese Maßnahme hatte aber keinerlei Einfluß auf die Gestaltung des Dichtungsübergangs bzw. der Bewegungsfuge.

(8) U-Bahn Berlin

In Berlin [B 4/15] wurde der Querschnitt des anschließenden zweigleisigen Rechtecktunnels im Bereich der Brillenwand zu den Schildröhren hin in Breite und Höhe erweitert (s. Bild B 4/26b und c), was sich für den Übergang von der Außen- zur Innenabdichtung günstig auswirkt. Um unterschiedliche Bewegungen in der Ebene der Brillenwand auszuschließen, wurde die Bewehrung des inneren Ortbetonrings in der Schildröhre an die Bewehrung des Rechtecktunnels angeschlossen und außerdem die Sohle des Schildschachts knapp zwei Meter unter die Schildröhre vorgezogen (s. Bild B 4/26c und e). Die letzte Maßnahme diente gleichzeitig als Aussteifung der Baugrube für den Schildschacht. Die Abdichtung in der Schildröhre aus 2 Lagen Juteschweißbahnen und einer inneren Lage Kupferriffelband wurde auf den letzten 5 m durch eine dritte Lage Juteschweißbahn verstärkt. Auf dem letzten Meter der Schildröhre, auf der Innenseite der Brillenwand und auf dem ersten Meter im Schildschacht wurde wasserseitig zusätzlich eine Lage nackte Bitumenbahn R 500 N und eine Lage Kupferriffelband angeordnet (s. Bild B 4/26d und e). An diese Stelle anschließend erfolgte im Schildschacht der Übergang von der in beiden Schildtunneln eingebauten Abdichtung aus Juteschweißbahnen zu der aus nackten Bitumenbahnen in den Anschlußbauwerken. Wegen der günstigen Bodenverhältnisse (Kies) brauchte im Übergangsbereich nur eine Dehnungsfuge, also keine durch Unterbeton der Sohle bzw. Schutzschichten an Wänden und Decke durchgeführte Bewegungsfuge angeordnet werden. Sie liegt im Rechtecktunnel in einem Abstand von 8 m zur Brillenwand (s. Bild B 4/26c).

Bild B 4/25
U-Bahnbau Hamburg (Unterfahrung Hbf. Süd): Abdichtung im Übergang der schildvorgetriebenen Streckenröhre zu dem in offener Bauweise erstellten Schachtbauwerk am Cityhof, Hst. Steinstraße (nach Unterlagen der Baubehörde Hamburg [B 4/14])

Erläuterungen:
1 Sohltübbing bei Beginn der Abdichtungsarbeiten abstemmen
2 während des Vortriebs verfüllen; wird später ausgepreßt
3 Anker nach Fertigstellung der Schachtabdichtung anschweißen
4 Weichfaserplatte in Streifen bis auf Höhe der Betonwanne eingestemmt

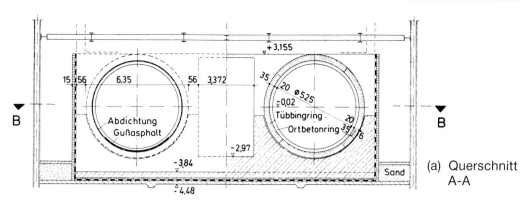

(a) Querschnitt A-A

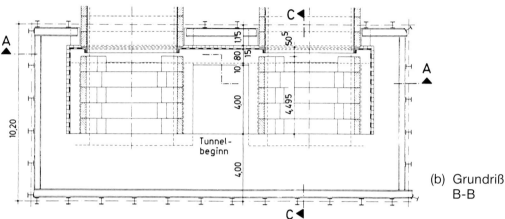

(b) Grundriß B-B

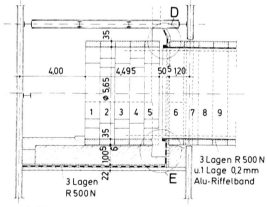

(c) Längsschnitt C-C

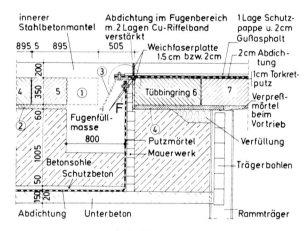

(e) Punkt E

(d) Punkt D

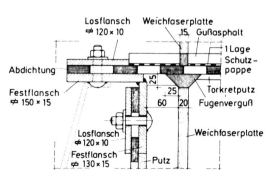

(f) Detail F ▶

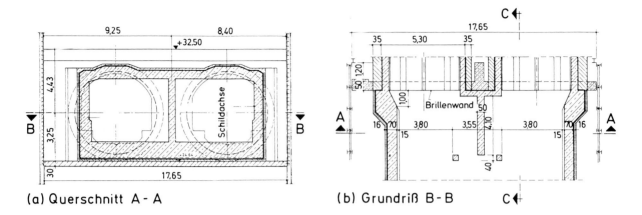

(a) Querschnitt A - A   (b) Grundriß B - B

Bild B 4/26
U-Bahnbau Berlin (Neubaulos H 85): Abdichtung im Übergang von einer Schildröhre zu einem in offener Bauweise erstellten Anschlußtunnel in der Crellestraße [B 4/14], [B 4/15]

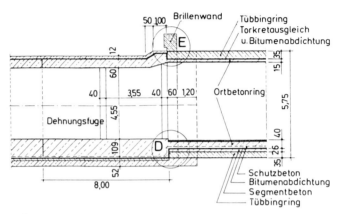

(c) Längsschnitt C - C

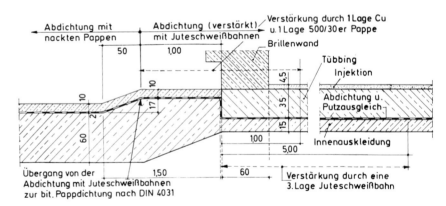

(d) Punkt E

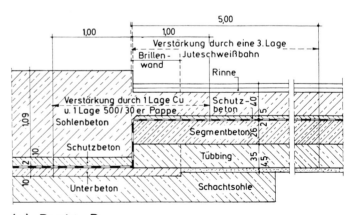

(e) Punkt D

(9) U-Bahn München

In München wurde die Abdichtung bei den U-Bahn-Schildröhren im Übergang zu den Bahnhöfen nach Bild B 4/27 ausgeführt. In den Schildröhren wurde die zweilagige Abdichtung aus Jute- bzw. Glasgewebedichtungsbahnen auf den letzten 2 Metern durch eine äußere und eine innere durchgehende Lage Kupferriffelband verstärkt. Die derart verstärkte Abdichtung wurde sternenförmig aus der Röhre einen Meter weit in die Innenfläche der Brillenwand geklebt (s. Bild B 4/27 d). Im übrigen Bereich wurde die Brillenwand mit der unverstärkten Tunnelabdichtung, also 2 Lagen Jute- bzw. Glasgewebedichtungsbahnen versehen (s. Bild B 4/27 a und f). In den Bahnhöfen des Bauloses 6 wurde eine Abdichtung mit nackten Bitumenbahnen R 500 N eingebaut. Die Anschlüsse zwischen dieser Abdichtung und der Schildröhrenabdichtung aus Schweißbahnen erfolgte im Sohlenbereich mit Hilfe eines rückläufigen Stoßes unmittelbar im Bereich der Brillenwand, im Wand- und Firstbereich dagegen in Form eines Überlappungsstoßes innerhalb des Schachtbauwerks. Die Bahnhöfe des Bauloses 9 wurden nicht wie die des Bauloses 6 mit einer Pappabdichtung versehen, sondern erhielten die gleiche Abdichtung wie die Schildröhren. Die Ausbildung eines speziellen Stoßes zwischen der Abdichtung der Streckentunnel und derjenigen des Bahnhofs ist daher nicht erforderlich. Zur Aufnahme unterschiedlicher Bewegungen zwischen den Tunnelröhren und dem Bahnhofsbauwerk wurde auf der Innenseite der Brillenwand in der Ebene des Dichtungsübergangs eine Bauwerksfuge angeordnet.

Ein Vergleich [B 4/14] der drei beschriebenen Ausführungsbeispiele läßt deutlich Unterschiede in der Anordnung des Dichtungsübergangs zwischen der Innenabdichtung der Schildröhren und der Außenabdichtung des Bahnhofs (bzw. des Schachtbauwerks), der Bewegungsfuge und des Stoßes zwischen beiden Dichtungssystemen erkennen. In Hamburg liegen Dichtungsübergang, Bewegungsfuge und Dichtungsstoß etwa in einer Ebene, und zwar in der Außenfläche der Brillenwand (s. Bild B 4/25). In Berlin wurde demgegenüber der Übergang in der Innenfläche der Brillenwand vorgenommen. Die Dehnungsfuge ist 8 m weit in das Schachtbauwerk hineingezogen. Der Dichtungsstoß liegt in einem Abstand von 1 m zur Brillenwand ebenfalls im Schachtbauwerk (s. Bild B 4/26). In München befinden sich Dichtungsübergang und Bewegungsfuge in der Innenfläche der Brillenwand. Der Stoß entfällt hier, da Bahnhof bzw. Schachtbauwerk und Schildröhren in gleicher Weise abgedichtet wurden (s. Bild B 4/27).

Generell ist zu der Frage der zweckmäßigsten Anordnung von Dichtungsübergang, Bewegungsfuge und Stoß sowie deren gegenseitigen Zuordnung zu bemerken, daß weder der Dichtungsübergang noch der Stoß durch die in der Bauwerksfuge auftretenden Bewegungen in irgendeiner Form gefährdet werden dürfen. Bei Beachtung dieses Grundsatzes ist es gleichgültig, ob man aufgrund der örtlichen Verhältnisse den Dichtungsübergang wie in Berlin und München in der Innenfläche oder wie in Hamburg in der Außenfläche der Brillenwand vorsieht. In diesem Fall spielt auch die Lage der Bauwerksfuge – im Schachtbauwerk (Berlin), in der Ebene der Innenfläche (München) bzw. der Außenfläche (Hamburg) der Brillenwand oder in der Schildröhre selbst – nur eine untergeordnete Rolle.

Allerdings sollte die Fuge nach Möglichkeit in unmittelbarer Nähe der Stelle liegen, wo gegenseitige Verschiebungen der Bauwerke am ehesten zu erwarten sind. Dies ist in der Regel im Bereich des Übergangs Röhre/Schacht der Fall. Wenn die Fuge weit in das Schachtbauwerk oder die Röhre hineingezogen wird, sind konstruktive Maßnahmen zu treffen, die eine Bewegung zwischen Schacht und Röhre ausschließen (s. z.B. verlängerte Schachtsohle in Berlin – Bild B 4/26e).

Bei der in Hamburg ausgeführten Lösung ist eine nachteilige Beeinflussung des Dichtungsübergangs oder des Stoßes durch die Bewegungsfuge nicht zu befürchten, da diese um etwa 9 cm aus der Ebene der Brillenwanddichtung zur Schildröhre hin versetzt ist. Die Abdichtung der Brillenwand ist durch ein Schutzmauerwerk gegen mechanische Beschädigungen aus den in der Fuge möglicherweise auftretenden Verschiebungen der Tunnelröhre gegenüber dem Schachtbauwerk gesichert. Die Dichtungshaut der Tunnelröhre wird dagegen durch die Anordnung der beschriebenen dreiecksförmigen Fugenkammer vor schädigenden Einflüssen geschützt. Für den in diesem Fall in Form einer Flanschkonstruktion ausgebildeten Stoß zwischen der Dichtung der Schildröhre und derjenigen des Bahnhofs besteht ebenfalls keinerlei Gefahr, da die Flanschkonstruktion von der Bauwerksfuge weggerichtet und später einbetoniert worden ist. Bei der beschriebenen Konstruktion sind bisher keine Undichtigkeiten oder mechanische Beschädigungen an der Abdichtung festgestellt worden.

In Berlin sind wegen der aufgegliederten Anordnung von Dichtungsübergang, Dehnungsfuge und Dichtungsstoß gegenseitige störende Beeinflussungen ausgeschlossen. Die drei kritischen Punkte sind hier weit auseinandergezogen. Die Lösung hat sich bewährt. Undichtigkeiten sind bisher nicht aufgetreten.

Bei der Münchener Lösung liegen sowohl Bauwerksfuge als auch Dichtungsübergang in einer Ebene und außerdem in einem Bereich hoher Beanspruchung (Innenseite Brillenwand, wobei letztere mit der Röhre fest verbunden ist – s. Bild B 4/27). Bei größeren Bewegungen ist somit eine Gefährdung der Dichtungshaut trotz der Verstärkung mit 2 Lagen Kupferriffelband nicht auszuschließen. Es haben sich auch in der Fuge und den Anfangsbereichen der Röhre Undichtigkeiten gezeigt, wobei aber nicht genau festzustellen war, ob das in der Fuge anstehende Wasser von Undichtigkeiten in benachbarten Bereichen herrührte oder ob die Fuge selbst undicht war. Auch die Ursachen der Leckstellen ließen sich nicht genau klären. Durch Verpressungen wurden die Undichtigkeiten beseitigt. Obwohl sich bei den später in München ausgeführten Baulosen die Verhältnisse verbesserten (was in erster Linie auf die inzwischen gewonnenen Erfahrungen in der Ausführungstechnik zurückzuführen war), kann festgestellt werden, daß wahrscheinlich die beiden erstgenannten Lösungen eine größere Gewähr für die Dichtigkeit bieten.

Zwei weitere Beispiele für den Übergang einer Bitumenabdichtung im Haltestellenbereich auf die gußeiserne Auskleidung von Schildröhren sollen das Bild abrunden zu der Frage der Anschlußfuge von Bauwerken der offenen Bauweise an solche, die in geschlossener Bauweise zu erstellen sind.

Bild B 4/27
U-Bahnbau München (Nord-Südlinie 6,
Strecke Ludwigstraße und Leopoldstraße,
Baulos 9*): Abdichtung im Übergang vom
Streckentunnel (Schildröhre) zum Bahnhof
(offene Bauweise) [B 4/14]

*) In Baulos 6 erhielten die Bahnhöfe eine
Pappabdichtung. Der Anschluß dieser
Abdichtung an die der Streckentunnel erfolgte
im Sohlenbereich mit Hilfe eines rückläufigen
Stoßes, im Wand- und Firstbereich in Form
eines Überlappungsstoßes.

Erläuterungen:
1 und 4 1 Lage bitumenbeschichtetes Cu-Rif-
         felband 0,1 mm
2 und 3 1 Lage Glasgewebe-Schweißbahn
         5 mm

Abkürzungen:
T = Tunnel; Bhf = Bahnhof

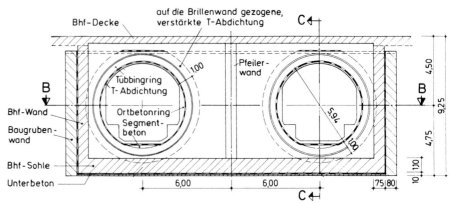

(a) Querschnitt A-A

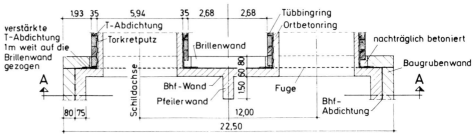

(b) Grundriß B-B

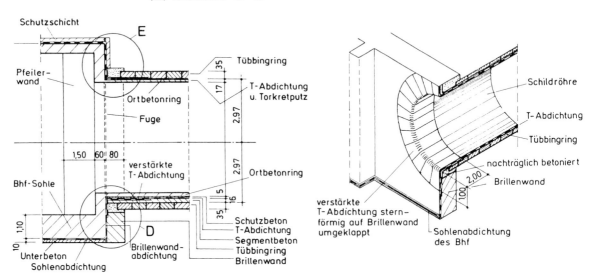

(c) Längsschnitt C-C   (d) Abdichtung am Tunnelende

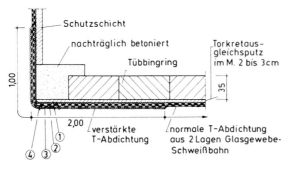

(e) Punkt E

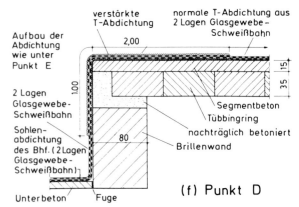

(f) Punkt D

(10) U-Bahn Hamburg

Im Zuge der U-Bahnlinie Billstedt-Stellingen wurde der Anschluß der in offener Bauweise erstellten und mit Bitumen abgedichteten Schacht- und Haltestellenbauwerke an die gußeisern ausgekleideten Streckenröhren nach Bild B 4/28 ausgeführt. Das Grundwasser steht hier bis etwa 13 m über der Tunnelsohle. Ähnlich wie beim Übergang von Schildtunneln mit Stahlbetontübbingauskleidung zu den in offener Bauweise erstellten Bahnhöfen (s. Beispiele 7 bis 9) liegen auch hier die Probleme im Wechsel des Dichtungssystems sowie in der für Bauwerk und Abdichtung gefahrlosen Aufnahme unterschiedlicher Setzungen oder Dehnungen.

Die Gußeisenröhren sind in den Fugen mit Blei, an den Bolzenlöchern mit Kunststoffringen abgedichtet. Dagegen ist das Schachtbauwerk mit einer vollflächigen außenliegenden Hautdichtung versehen, die aus 5 Lagen im Gieß- und Einwalzverfahren eingebauter nackter Bitumenbahnen R 500 N besteht. Zwischen beiden Dichtungssystemen mußte ein wasserdichter Übergang ausgebildet werden, der gleichzeitig die Anforderungen einer Bewegungsfuge erfüllt. Dazu wurde an den letzten gußeisernen Tübbingring ein ungleichschenkliger Winkelring angeschraubt. Die Fugendichtung zwischen Tübbing und Win-

kel erfolgte durch Bleiverstemmung, die Bolzendichtung mit Hilfe von Kunststoffgrummets. Dieser Winkelring übernimmt auf der Seite der Tunnelröhre für den Anschluß der Fugeneinlage die Aufgabe des Festflansches. Die Fugeneinlage selbst besteht aus 4 Lagen jeweils 2 mm dicken, untereinander im Bereich der Einflanschung verschweißten PVC-P-Folien. Zur Verstärkung wurde auf der Losflanschseite nur im unmittelbaren Überbrückungsbereich der Fuge zusätzlich ein doppelt gefaltetes, 30 cm breites Kupferriffelband eingelegt. Um eine Beschädigung des mehrlagigen Folienpakets beim Anziehen des Losflansches zu vermeiden, wurden auf der Seite zum Festflansch zunächst 3 Lagen Bitumenpappe eingebaut. Außerdem sind Fest- und Losflansch an den Kanten abgerundet, die bei Bauwerksbewegungen mit den Folien in Berührung kommen können. Auf der Seite des Schachtbauwerks wurde entsprechend ein Doppelwinkelring als Festflansch einbetoniert. Die beiden Losflansche für die Fugenüberbrückung wurden in einem gegenseitigen Abstand von 10 mm mit versetzt angeordneten Steckschrauben angezogen. An ihren über die Festflansche hinausreichenden Seiten sind die Losflansche zur Versteifung mit einer wulstartigen Verstärkung versehen. An den über den Querschnitt der Tunnelröhre hinausragenden äußeren Schenkel des Doppelwinkels wurde die Bitumendichtung des Schachtbauwerks angeschlossen. Auch hier wurde die Einpressung der Abdichtung zwischen Los- und Festflansch durch Steckschrauben erreicht. Um Korrosionsschäden an den nicht einbetonierten Flächen der Los- und Festflansche auszuschließen, wurden diese entrostet und vorgestrichen. Dieser Voranstrich wurde eingebrannt (vgl. auch [B 4/16]).

Bild B 4/28
Anschluß eines mit Gußeisentübbingen ausgekleideten U-Bahnstreckentunnels an ein Stahlbetonbauwerk (Baulos Rosenstraße der U-Bahnlinie Billstedt-Stellingen, Hamburg (nach Unterlagen der Baubehörde Hamburg; s. auch [B 4/16])

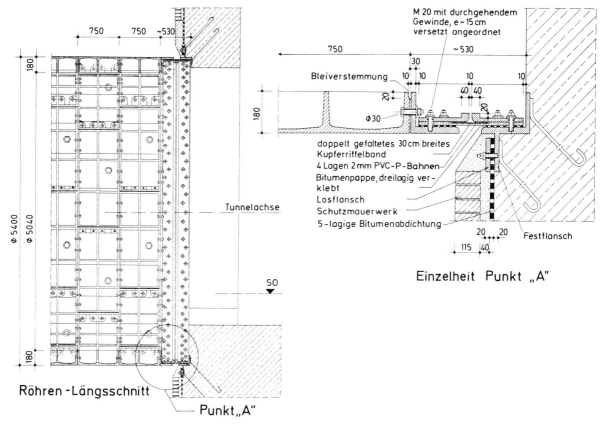

Bild B 4/29
System einer Ringflanschkonstruktion; Regelausführung Hamburg [B 4/13]

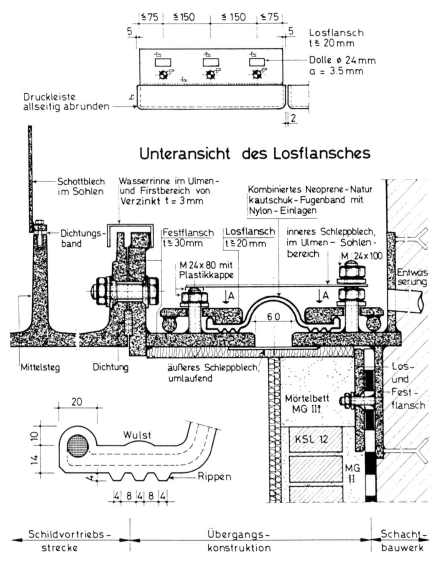

Unteransicht des Losflansches

Los- und Festflanschflächen Normreinheitsgrad Sa 2 1/2
Anstrichstoffe gemäß TL 918300 der DB
Anpressdruck A = 150 KN/m Fugenbandlänge

Zur Beurteilung dieser Konstruktion läßt sich folgendes feststellen: Da die enge Fugenöffnung zwischen den Los-flanschen auf der Tunnelinnenseite, d. h. auf der dem Wasserdruck abgewandten Seite liegt, wird das verstärkte Folienpaket über den größten Teil des Übergangsbe-reichs gegen den Wasserdruck gestützt. Andererseits ermöglicht die rückversetzte Anordnung der Festflansche bei Bauwerksbewegungen eine günstige Kräfteverteilung über eine breitere Zone der Folieneinlage. Durch die Anordnung der Bewegungsfuge unmittelbar im Über-gang zwischen den beiden verschieden gegründeten Bau-werken wird das Entstehen unkontrollierbarer Spannun-gen vermieden, die zu Schäden sowohl an der Tunnelaus-kleidung als auch an der Abdichtung führen können. Da jedoch in diesem Bereich auch die größten Beanspru-chungen aus möglichen Bauwerksbewegungen auftreten, ist es vorteilhaft und sogar notwendig, daß die Einlage zur Fugenüberbrückung im Schadensfall ohne technische Schwierigkeiten ausgewechselt werden kann. Dieser For-derung entspricht die in Bild B 4/28 dargestellte Kon-

struktion durch die Ausbildung von Doppelflanschen, die eine voneinander unabhängige Anflanschung der jeweili-gen Bauwerksdichtung und der Fugendichtung ermögli-chen. Nach den bisher vorliegenden Erfahrungen hat sich die beschriebene Fugenkonstruktion in der Praxis bewährt. So sind seit der Aufhebung der Grundwasserab-senkung am Haltestellenbauwerk Hauptbahnhof Nord im August 1967 keine Schäden festgestellt worden.

Seit Anfang der 70er Jahre wurden die Übergangsfugen beim U-Bahnbau in Hamburg in veränderter Form ausge-führt. Anstelle des PVC-P-Folienpakets wurden elasto-mere Schlaufenbänder, sogenannte Omegabänder gemäß Bild B 4/29 eingesetzt [B 4/13]. Das Omega-Band ist mit textilen Nyloneinlagen verstärkt, da es einem Wasser-druck bis zu 3 bar standhalten muß. Die Klemmwirkung wird von Schweißbolzen M 24 und M 27 über Losflansche ausgeübt. Die im vorderen Teil angeordnete Druckleiste übernimmt das Anklemmen und verhindert das Durchgleiten des Randwulstes im Dichtungsprofil. Als festes Auflager dienen Einzeldollen. Wichtig ist ein genügend großes Bohrloch für den Bolzen, damit die Platte ausreichendes Spiel hat und ausgerichtet werden kann. Ferner dürfen sich die Losflansche untereinander nicht berühren und so die Klemmwirkung behindern. Darum ragt die Druckleiste etwa 5 mm über die Losflanschkante hinaus. Diese Stahlleisten können leichter bearbeitet werden, falls sich Berührungspunkte ergeben. Schließlich müssen alle Kanten gerundet sein, damit eine Beschädigung des Bands vermieden wird. Um das Einfließen von Sand in den Wulst des Bands und in die Lippendichtung auszuschließen, muß ein Schleppblech an der Konstruktionsaußenseite angeordnet sein. Die Luftseite der Konstruktion ist zu reinigen und mit einem Korrosionsschutzanstrich zu versehen. Hierbei muß die Verträglichkeit der Beschichtung mit dem Bandmaterial geprüft werden. Ferner muß die Beschichtung in sich so standfest sein, daß sie keinen Gleitfilm darstellt.

b) Kunststoffbahnenabdichtungen

Die folgenden Ausführungsbeispiele befassen sich mit der Abdichtung aus lose verlegten Kunststoffdichtungsbahnen beim Tunnelbau in offener Bauweise und zeigen die Entwicklung in diesem Bereich auf:

(1) Stadtbahn Dortmund

Im Rahmen des Stadtbahnbaus in Dortmund wurde Mitte der siebziger Jahre das Baulos 1 nördlich des Hauptbahnhofs im Zuge der Linie I ausgeführt. Im Baulos 1 d war im Anschluß an die Haltestelle Leopoldstraße ein Abzweig in westliche Richtung nach Huckarde herzustellen. Dabei mußte das Abzweiggleis 1 unter der Stammlinie hindurchgeführt werden. Den entsprechenden Querschnitt zeigt Bild B 4/30. Das Verzweigungsbauwerk ist rundum mit einer Abdichtung aus lose verlegten PVC-P-Dichtungsbahnen versehen. Der tiefliegende Tunnelkörper zur Aufnahme des Gleises 1 taucht dabei weitgehend in das Grundwasser ein. Die Abdichtung besteht aus einer 2 mm dicken PVC-P-Dichtungsbahn und beidseitig angeordneten jeweils 1 mm dicken, härter eingestellten PVC-P-Schutzlagen. Im Sohlen- und Deckenbereich ist eine Schutzbetonschicht von 5 bzw. 10 cm Dicke aufgebracht. An den Wänden besteht die Schutzschicht aus 4,5 cm dicken Filter-Platten. Längs der horizontalen Arbeitsfugen sind außenliegende PVC-Fugenbänder angeordnet, die zugleich Fixierungsmöglichkeit für die Dichtungsbahnen bieten und eine Abschottung bewirken. Diese Abschottung ist aber nicht konsequenterweise auch in den Blockfugen ausgeführt worden. Hier sind mittig liegende PVC-Dehnungsfugenbänder eingebaut. Die Stützung der Dichtungsbahnen über den 2 cm breiten Raumfugen erfolgt mittels PVC-kaschierter Bleche, die Verstärkung der Dichtungshaut durch eine breiter angelegte Überlappung zweier Dichtungsbahnen. Auf die von der Blecheinlage ausgehenden Risiken für die Abdichtungshaut im Falle größerer, wiederholt auftretender Bewegungen z.B. infolge Temperaturänderung wurde bereits im Zusammenhang mit Bild A 3/22 hingewiesen (vgl. auch [B 4/11]).

Bild B 4/30
Fugenausbildung bei U-Bahntunnel mit PVC-Vollabdichtung, Stadtbahn Dortmund, Linie I, Baulos 1 d; Ausführung 1974/76 (nach Unterlagen des Stadtbahnbauamts Dortmund)

Erläuterungen:
1 PVC-P-Schutzlage 1 mm
2 PVC-P-Dichtungsbahn 2 mm
3 Schutzbeton, B 10, 10 cm
4 Schutzbeton, B 10, 5 cm
6 außenliegendes PVC-Arbeitsfugenband
7 Porosit-Platten 4,5 cm
8 Unterbeton 10 cm
9 Kiesschicht

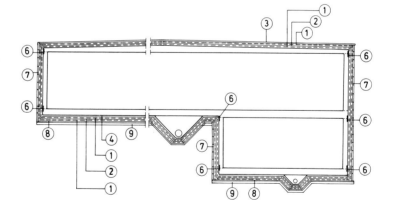

Querschnitt

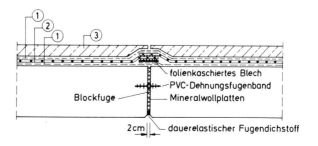

Deckenfuge (Längsschnitt)

Im Übergang vom Baulos 1d auf Baulos 1c „Haltestelle Münsterplatz" wurde u. a. zur Abgrenzung der Gewährleistung eine besondere Blockfugenausbildung gewählt. Sie ist im einzelnen aus Bild B 4/31 ersichtlich. Im Sohlen- und Wandbereich wurden über der Dehnungsfuge ergänzend zur Lösung des Bildes B 4/30 zusätzlich abschottende außenliegende PVC-Dehnungsfugenbänder angeordnet und in den Kreuzungspunkten mit den Arbeitsfugenbändern verschweißt. Die Fugenbänder sind in den Knotenpunkten auf Gehrung gestoßen, wobei der Dehnungsschlauch des Blockfugenbands nicht angeschnitten wurde. Im Deckenbereich ist in die Stirnseite der beiden benachbarten Blöcke jeweils ein halbes außenliegendes Fugenband einbetoniert und mit den Bändern der Wandbereiche Rippe für Rippe verschweißt. An diese Einbetonierprofile sind auf der Seite des zuerst erstellten Blocks aus Baulos 1c sowohl die Dichtungsbahnen der Stirnwand am Baulosende angeschweißt als auch die in die Fuge hineingezogenen Bahnen der Deckenabdichtung. Der im Bild B 4/31 dargestellte Zustand läßt die inzwischen abgeschnittenen Bahnen der Stirnwandabdichtung noch erkennen. Auf der Seite des Bauloses 1d sind wiederum die Bahnen der heruntergezogenen Deckenabdichtung angeschlossen. Die Übergangsfuge zwischen beiden Baulosen wird gesichert durch folienkaschierte Bleche, die ihrerseits im Deckenbereich durch eine Zulage aus PVC-P-Dichtungsbahnen im Abdichtungspaket eingeschlossen sind.

Eine ähnliche Lösung wurde im Baulos K 2 der Stadtbahnlinie II gewählt (Bild B 4/32). Hier sind allerdings die Deckenabdichtungen beider angrenzender Tunnelblöcke miteinander verbunden. Zu diesem Zweck wurde ein schmaler Dichtungsbahnenstreifen schlaufenartig zusätzlich eingeschweißt. Dieses Konzept ist schließlich in Bild B 4/33 nochmals weiterentwickelt, in dem ein umgekehrt eingebautes Fugenabdeckband zur Anwendung gelangte.

Eine gegenüber Bild B 4/31 geänderte Ausführung für die Abdichtung einer Stirnwand am Baulosende ist in Bild B 4/34 dargestellt. Die Stirnwand wird hier in Aussparungen der Tunnelumfassungsbauteile gelagert. Die Fuge zwischen dem Tunnelkörper und der Stirnwand wird durch ein bilderrahmenartig angeordnetes außenliegendes Fugenband überbrückt. Hieran wird die PVC-P-Abdichtung angeschweißt. Bei Fortführung der Bauarbeiten wird die Stirnwandabdichtung zusammen mit einer Hälfte des außenliegenden Anschlußbands weggeschnitten. Die in die spätere Blockfuge hereingezogenen Sohlen-, Wand- und Deckenabdichtungen bleiben durch ihre Verschweißung mit der verbleibenden Bandhälfte einwandfrei verwahrt.

Bild B 4/31
Ausbildung der Übergangsfuge von U-Bahnbaulos „Erw" 1d auf Baulos 1c bei PVC-Vollabdichtung, Stadtbahn Dortmund, Linie I; Ausführung 1974/76 (nach Unterlagen des Stadtbahnbauamts Dortmund)

Anmerkung:
Wandfuge wie Sohlfuge; Unterbeton und Schutzschicht entfallen

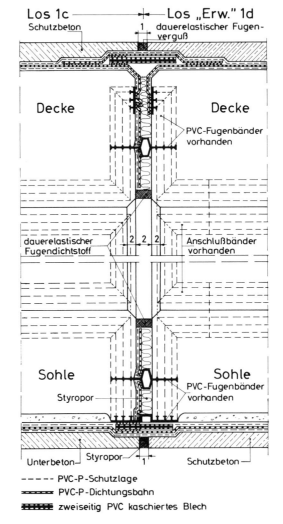

Bild B 4/32
Dehnungsfugenausbildung bei U-Bahntunnel mit PVC-Vollabdichtung, Stadtbahn Dortmund, Linie II, Baulos K2; Ausführung 1982/83 (nach Unterlagen des Stadtbahnbauamts Dortmund)

Erläuterungen:
1 PVC-P-Schutzlage 1 mm
2 PVC-P-Dichtungsbahn 2 mm
3 Schutzbeton, B 10, 10 cm
4 Hartschaumplatte
5 Mineralwollplatte
6 innenliegendes PVC-Dehnungsfugenband 32 cm
7 dauerelastischer Fugendichtstoff
8 beidseitig folienkaschiertes Blech

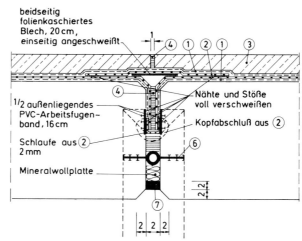

Deckenfuge

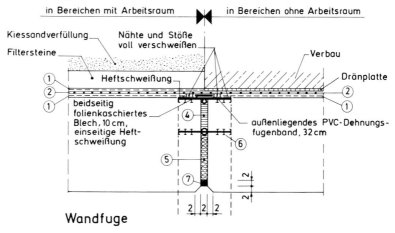

Wandfuge

Bild B 4/33
Fugenbandschweißungen in der Dehnungsfuge bei U-Bahntunnel mit PVC-Vollabdichtung, Stadtbahn Dortmund, Regelausführung (nach Unterlagen des Stadtbahnbauamts Dortmund)

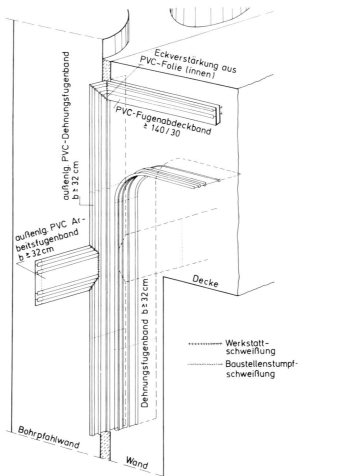

Bild B 4/34
Fugenausbildung am Baulosende bei U-Bahn-tunnel mit PVC-Vollabdichtung, Stadtbahn Dortmund (nach Unterlagen des Stadtbahn-bauamts Dortmund)

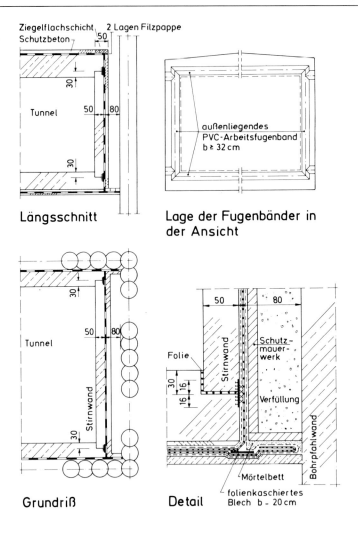

Längsschnitt

Lage der Fugenbänder in der Ansicht

Grundriß

Detail

(2) U-Bahnbau Düsseldorf

Das U-Bahnbaulos N2 Nordstraße wurde in den Jahren 1976 bis 1978 erstellt und ebenfalls mit einer umlaufenden PVC-P-Abdichtung versehen. Eingesetzt wurden 2 mm dicke PVC-P-Dichtungsbahnen mit wasserseitig, im Dek-kenbereich beidseitig angeordneten 1 mm dicken, härter eingestellten PVC-P-Schutzlagen (Bild B 4/35). Die Block-fugen weisen eine Abschottung aus außenliegenden PVC-Fugenbändern im Sohlen- und Wandbereich auf. Im Dek-kenbereich dient ein Fugenabdeckband als Abschottung.

Zusätzlich sind die 2 cm breiten Raumfugen durch 32 cm breite PVC-Dehnungsfugenbänder gesichert. In den Sohl- und Wandflächen sind über der Fuge keine weiteren Ver-stärkungslagen angeordnet. Im Deckenbereich ist dagegen durch eine Dichtungsbahnenzulage eine Verstärkung erfolgt. Die eigentliche Dichtungslage ist linienhaft an das Fugenabdeckband angeschweißt.

Bild B 4/35
Dehnungsfugenausbildung bei U-Bahntunnel mit PVC-Vollabdichtung, Stadtbahn Düsseldorf, Baulos N2 Nordstraße; Ausführung 1976/78 (nach Unterlagen des U-Bahnbauamts Düsseldorf)

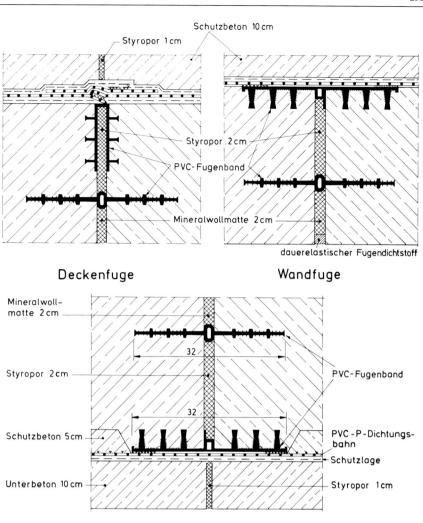

Deckenfuge **Wandfuge**

Sohlfuge

(3) Stadtbahnbau Duisburg

Das Baulos 11/12.3, Mülheimer Straße/Rampe Brauerstraße wurde in den Jahren 1981 bis 1983 ausgeführt. Der zweigleisige Tunnel gliedert sich in 15 Blöcke von jeweils 24 m Länge. Die größte Tiefenlage beläuft sich auf 20 m bei etwa 12 m Eintauchtiefe in das Grundwasser. Die Abdichtung besteht aus 2 mm dicken, lose verlegten PVC-P-Dichtungsbahnen zwischen 1 mm dicken härter eingestellten PVC-P-Schutzlagen (Bild B 4/36). Sie ist feldweise abgeschottet durch Verschweißen mit außenliegenden PVC-Fugenbändern und mit Nachpreßmöglichkeiten für den Fall von Leckwasserdurchtritt versehen. Im Deckenbereich ist ein Fugenabdeckband als Sonderprofil mit seitlich angeformten Anschlußstreifen eingesetzt worden. Dieses Sonderprofil ermöglicht einen zuverlässigeren Anschluß der Dichtungsbahnen als die in Bild B 4/35 aufgezeigte Lösung. Die längslaufende Arbeitsfuge an der Unterseite der bei der Deckelbauweise zuerst erstellten Deckenplatte ist ebenfalls durch ein außenliegendes PVC-Fugenband gesichert. Zusätzlich zur Hautabdichtung ist umlaufend ein 32 cm breites elastomeres Dehnungsfugenband eingebaut.

Eine besondere Aufgabe stellte die Abdichtung der Stirnwand am Baulosende dar. Einzelheiten hierzu zeigt Bild B 4/37. Wegen eines fehlenden Arbeitsraums wurde die Abdichtung für die Stirnwand im Deckenbereich zunächst auf das Planum bzw. auf den Baugrubenverbau aufgebracht. Nach Fertigstellung des Deckels mit der zugehörigen Fugenbandverwahrung wurde das obere Abdichtungsende in die Deckenebene umgeklappt und mit der Deckenabdichtung verbunden. Das auf dem Planum befindliche Abdichtungsende wurde nach entsprechendem Teilaushub unterhalb des inzwischen fertiggestellten Deckels in die Senkrechte umgeklappt, um die Stirnwandabdichtung anschließen zu können. Erst dann konnte die Stirnwand selbst erstellt werden.

Bild B 4/36
Dehnungs- und Arbeitsfugenausbildung bei U-
Bahntunnel mit PVC-Vollabdichtung, Stadt-
bahn Duisburg, Baulos 11/12.1, Mülheimer
Straße / Rampe Brauerstraße; Ausführung
1981/83 (nach Unterlagen des Tiefbauamts –
Abt. Stadtbahnbau – Duisburg)

Erläuterungen:
1 PVC-P-Schutzlage 1 mm
2 PVC-P-Dichtungsbahn 2 mm
3 Schutzbeton, B 15, 10 cm,
4 Mörtelfuge, MGII, 3 cm
5 Schutzmauerwerk, KSV 15, MGII
6 Arbeitsfuge Deckel / Wand
7 Schutzbeton, B 15, 5 cm
8 Unterbeton 10 cm
9 PVC-P-Dichtungsbahn 2 mm, als Eckver-
   stärkung
10 Schlitzwand bzw. Verbauwandglättung
11 außenliegendes PVC-Arbeitsfugenband
12 PVC-Fugensonderprofil
13 PE-Baufolie 0,2 mm
14 PVC-Dränplatte
15 Verschweißung 12 mit 11
16 Hartschaumplatte, PVC-verträglich
17 Elastomer-Dehnungsfugenband 32 cm
18 Mineralwolle
19 dauerelastischer Dichtstoff

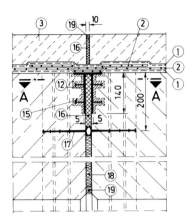

Blockfuge Deckel

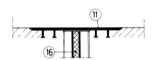

Schnitt A - A

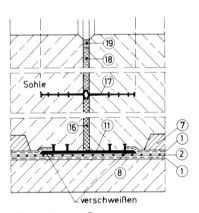

Blockfuge Sohle

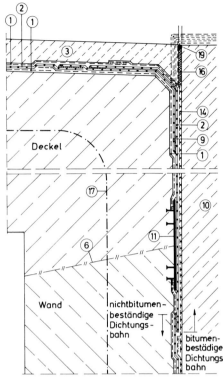

Wand / Deckel Abdichtung

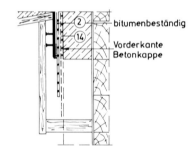

**Verwahrung der Abdichtung
vor Herstellung der Wand**

B 4.2.2 Tunnelbauwerke aus Betonfertigteilen

Bisher wurden im wesentlichen Fuß- und Radwegunterführungen, d.h. Tunnel mit kleinem Querschnitt, als Fertigteilkonstruktionen errichtet. Dabei bestehen diese Bauwerke überwiegend aus einem monolithischen Stahlbetonquerschnitt. Die
Länge der Elemente und damit der Fugenabstand sind von den
Transportmöglichkeiten und den Gegebenheiten auf der Baustelle abhängig. Bei größeren Tunnelquerschnitten werden die
Querschnitte in der Regel aus mehreren Teilen zusammengesetzt. Häufig bestehen die Tunnelsohle bzw. die Tunnelfunda-
mente auch aus Ortbeton. Bild B 4/38 zeigt die prinzipiellen
Möglichkeiten der Querschnittsgestaltung bei Tunnelbauwerken aus Betonfertigteilen.

Die Fugenausbildung erfolgt starr oder elastisch. Die Art der
Fugenabdichtung wird von der Beanspruchung durch Sicker-
bzw. Druckwasser und den zu erwartenden Fugenbewegungen
bestimmt.

Im folgenden werden verschiedene Fugenausbildungen und
-abdichtungen bei Tunnelbauwerken aus Betonfertigteilen
anhand von Beispielen beschrieben und dargestellt:

(1) Fuß- und Radwegunterführungen der DB aus
    geschlossenen Stahlbetonfertigteilrahmen

Bei der Deutschen Bundesbahn wurde in den Jahren 1975 bis
1982 eine Reihe von Fuß- und Radwegunterführungen als
geschlossene Stahlbetonfertigteilrahmen von 2 bis 3 m Länge
in offener Baugrube unter Gleisanlagen eingeschoben. Bei der
Regelabdichtung der Baukörper und der Fugen sind zwei Fälle
zu unterscheiden:

– Das Bauwerk liegt nicht im Grundwasser

   Die Fertigteilrahmen sind außen vom Werk her bereits mit
   einer Beschichtung aus Epoxidharz-Teerpech versehen. Bei
   dieser Lösung gibt es zwei Fugenarten (Bild B 4/39):

Bild B 4/37
Ausbildung des Baulosendes bei U-Bahntunnel mit PVC-Vollabdichtung, Stadtbahn Duisburg, Baulos 11/12.1, Mülheimer Straße / Rampe Brauerstraße; Ausführung 1981/83 (nach Unterlagen des Tiefbauamts – Abt. Stadtbahnbau – Duisburg)
Erläuterungen siehe Bild B 4/36

*) Arbeitsablauf:
1. Aussteifung IPB 600 einbauen
2. Träger im Bereich der Wandrücklage mit Styropor ummanteln
3. vor Weiterbau Träger abtrennen
4. Wandrücklage beiputzen

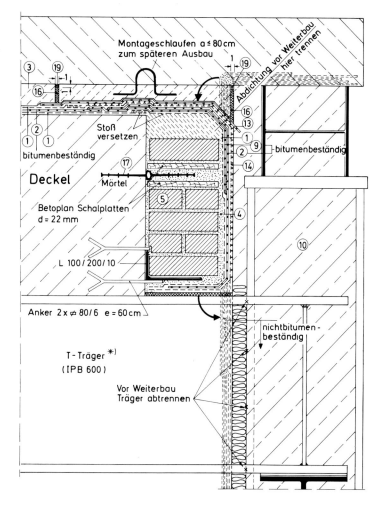

die Kontaktfugen zwischen den mit Spanngliedern zusammengespannten Fertigteilen und

die Dehnungsfugen zwischen den jeweils aus mehreren Fertigteilen zusammengespannten Tunnelteilen.

Die Kontaktfugen sind mit Kunststoffmörtel gespachtelt. Beim Zusammenbau der Fertigteile werden um die Hüllrohre der Spannglieder Dichtungsringe eingelegt, um ein Austreten des Verpreßmörtels zu vermeiden. Die Kontaktfugen erhalten außen im abgefasten Bereich abschließend eine Dichtung aus einem dauerelastischen Fugendichtstoff und werden mit einer 46,5 cm breiten mit Bitumen eingeklebten Rohglasvliesbahn abgedeckt.

In die Dehnungsfugen wird eine 2 cm dicke Weichfaserplatte eingelegt. Außen und innen wird die Dehnungsfuge mit einem dauerelastischen Fugendichtstoff verschlossen und auf der Außenseite zusätzlich mit 2 vollflächig in Bitumen eingeklebten Bahnen aus Rohglasvlies, 46,5 cm breit, abgedeckt.

Im Wandbereich wird die Abdichtung durch eine Filterschicht z.B. aus Porosit geschützt. Im Deckenbereich werden 5 cm Schutzbeton aufgebracht. Der Sohlenbereich erhält generell keine Fugenabdichtung. Das Sickerwasser wird am Fuß de Wandfilterschicht mit Dränagen gefaßt und abgeführt.

– Das Bauwerk liegt im Grundwasser

Die Abdichtung erfolgt hier mit einer Bitumen-Hautabdichtung nach AIB, wobei die Verschubbahn oberhalb der Sohlenabdichtung angeordnet ist. Die Abdichtungsführung mit rückläufigem Stoß zwischen Sohlen- und Wandabdichtung geht aus Bild B 4/40 hervor.

Die Kontaktfugen zwischen den Fertigteilen werden vor dem Zusammenbau mit Kunststoffmörtel gespachtelt und um die Hüllrohre der Spannglieder Dichtungsringe in die Fugen eingelegt. Eine Verstärkung der Abdichtung erfolgt an diesen Stellen normalerweise nicht. Bei allen Kontaktfugen zwischen unterschiedlichen Bauteilen, wie Tunnelröhre, Treppen, Rampen usw. wird jedoch ein Kupferband als Verstärkung in die Abdichtung eingeklebt.

Die Dehnungsfugen werden mit einer 2 cm dicken Weichfaserplatte o.ä. ausgebildet. Die äußere Abdichtung wird entsprechend den erwarteten Bewegungen mit Kupferband verstärkt. Innen wird die Fuge mit einem dauerelastischen Fugendichtstoff verschlossen.

Bild B 4/38
Möglichkeiten der Querschnittsaufteilung bei Tunnelquerschnitten aus Betonfertigteilen (schematisch)

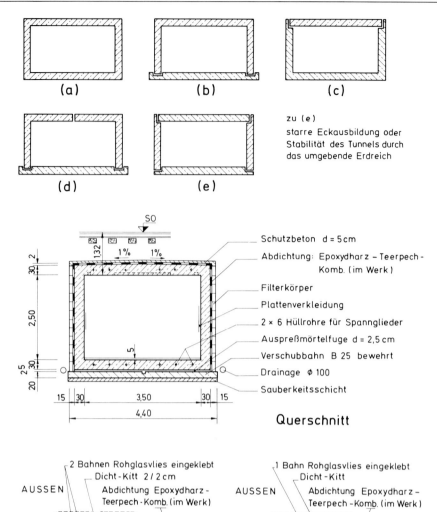

Bild B 4/39
Fugenausbildung bei nicht drückendem Wasser zwischen Stahlbetonfertigteilen; Fußgängertunnel Haltepunkt Sommerrain, S-Bahn Stuttgart-Bad Cannstatt-Waiblingen; Ausführung 1979/80 (nach Ausführungsplänen der Deutschen Bundesbahn)

(2) Zweigleisiger U-Bahntunnel aus Spannbeton-Fertigteilrahmen in Hamburg

Zur Erprobung der Fertigteil-Bauweise mit Fugenbanddichtung im Verkehrstunnelbau wurde im Baulos Lübeckertordamm in Hamburg ein 140 m langer zweigleisiger U-Bahnabschnitt (U-Bahnlinie Hbf-Wandsbek) in dieser Bauweise erstellt. Das Bauwerk besteht aus voll vorgespannten, jeweils 2 m langen kastenrahmenartigen Elementen aus B 45 mit Mittelstütze (Gewicht = 38 t), die unabhängig von Witterungseinflüssen im Betonwerk hergestellt wurden. Die Abdichtung gegen sickerndes bzw. drückendes Wasser ist unmittelbar dem Beton und den zugehörigen Fugendichtungen übertragen (Bild B 4/41).

Als Fugendichtungen wurden in die Stirnflächen der Tunnelelemente um den ganzen Tunnelquerschnitt umlaufende, abgewinkelte Dichtungsbänder aus PVC einbetoniert. In einer offenen Baugrube wurden die Tunnelelemente in stetigem Arbeitsablauf versetzt und die Fugenbänder thermisch miteinander verschweißt. Aufgrund der bisherigen Beobachtungen kann der Fertigteiltunnel als völlig wasserdicht angesehen werden (Ausführung 1957/58). Der höchste festgestellte Grundwasserstand lag ca. 2,5 m über der Tunnelsohle.

Bild B 4/40
Fugenausbildung bei drückendem Wasser zwischen Stahlbetonfertigteilen; Fuß- und Radwegunterführung, BF Mingolsheim, Strecke Heidelberg-Karlsruhe; Ausführung 1981/82 (nach Ausführungsplänen der Deutschen Bundesbahn)

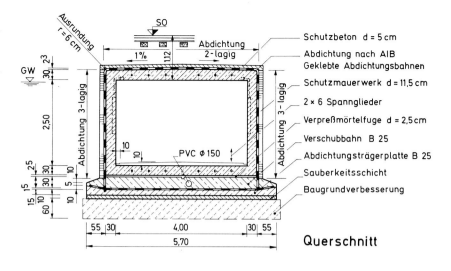

Querschnitt

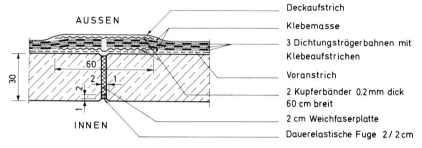

Dehnungsfugenausbildung

(3) Schalentunnel der U-Bahn Rotterdam

Im Zuge der U-Bahn/Schnellbahnlinie Coolhaven-Ommoord-West in Rotterdam wurde in s'Gravenweg zwischen den Bahnhöfen Voorschoterlaan und Kralingse Zoom ein mehr als 1000 m langer Tunnel aus Stahlbetonfertigteilen im sogenannten Schalenverfahren ausgeführt [B 4/17]. Das Bauwerk hat eine Ortbetonsohle, die in 30 m Abschnitten betoniert wurde und auf vorgefertigten Betonpfählen gegründet ist. Auf der Sohle sind schalenförmige Betonfertigteile – insgesamt 348 an der Zahl – von jeweils 3 m Länge versetzt. Sie bilden die Wände und Decke des Tunnels (Bild B 4/42). Die Schalendicke beträgt 35 cm, das Gewicht 37 t je Element.

Die Abdichtung gegen drückendes Wasser war unmittelbar vom Beton und den zugehörigen Fugendichtungen sicherzustellen. An die Fugenausführung und -konstruktion wurden in diesem Zusammenhang folgende Anforderungen gestellt:

– widerstandsfähig gegen einen Wasserdruck bis 12 m WS. Hierbei ist eine 1,5-fache Sicherheit berücksichtigt worden.

– Einpassung in eine Baugeschwindigkeit von 30 m Tunnel pro Woche

– ausreichende Lebensdauer und Widerstandsfähigkeit gegen Feuer und mechanische Beschädigungen.

Im Schalentunnel können drei Fugenarten unterschieden werden:

– die horizontalen Fugen zwischen Sohle und Schalen

– die senkrechten Fugen zwischen zwei Schalen

– die Bewegungsfugen in Sohle und Schale alle 30 m.

Die horizontale Fuge ist als starre Fuge ausgeführt, so daß Momente, Quer- und Längskräfte aufgenommen werden können. Die vorfabrizierten Schalen wurden in die rinnenförmige Konstruktion der Sohle mit Abstandshaltern gestellt. Nachdem alle 10 Schalen für ein Tunnelstück versetzt waren, wurde die Fuge mit einer abgewickelten Länge von etwa 100 cm und einer Breite von 5 cm mit Vergußmörtel vergossen. Die vertikalen Fugen zwischen den Schalen sind als starre Fugen aus bewehrtem Beton ausgeführt. Ihr Abstand beträgt 3 m. In den Fugen ist eine durchgehende Bewehrung, bestehend aus jeweils einander überlappenden Anschlußeisen, vorhanden. Diese sind aus verzinktem Stahl, Durchmesser 10 mm, ausgeführt. Vor dem Ausbetonieren der Fugenkammern wurde an den Fugenflanken die Zementhaut entfernt, um einen dichten Anschluß zu erhalten.

In der alle 30 m ausgebildeten Bewegungsfuge ist ein Elastomerfugenband mit Stahllaschen mit einer Gesamtbreite von 400 mm eingebaut. Nach dem Betonieren der Sohle und dem Versetzen der Schalen wurde das Fugenband endlos zu einem Ring verbunden.

Bis auf zwei Stellen an den Fugen zwischen den Fertigteilen war das Bauwerk nach Fertigstellung völlig dicht. Die Feuchtigkeitsdurchtritte waren jedoch so gering, daß keine zusätzlichen Maßnahmen zu ihrer Dichtung getroffen werden mußten.

Bild B 4/41
Fugenausbildung beim zweigleisigen U-Bahntunnel aus Spannbetonfertigteilen im Lübek-
kertordamm, Hamburg; Ausführung 1957/58
(nach Unterlagen der Paul Thiele AG., Hamburg)

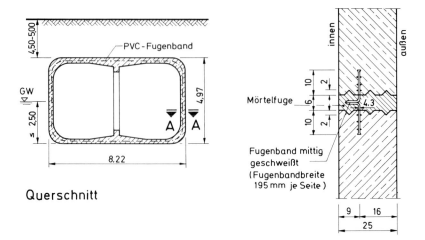

Querschnitt

Fugenausbildung
(Schnitt A-A)

Einbau der Fugenbänder in der Schalung

(4) Fußgängertunnel aus Stahlbetonfertigteilen
     am Praterstern in Wien

Im Jahre 1966 wurde ein 81 m langer Fußgängertunnel am Pra-
terstern in Wien aus Stahlbetonfertigteilen erstellt [B 4/18].
Der Tunnel hat ein Längsgefälle von 4,46 % und liegt an einem
Ende fast ganz im Grundwasser. Er besteht aus zwei einfachen
Grundelementen (Bild B 4/43): Dem geschlossenen Fertigteil
A der Tunnelstrecke (Gewicht = 20 t) und dem u-förmigen,
oben offenen Teil B im Bereich der Treppenaufgänge
(Gewicht = 12,8 t). Die Enden der Fertigteile sind falzartig
mit herausstehender Bewehrung ausgebildet. Alle Teile wur-
den im Werk auf der Außenseite mit glasfaserverstärktem
Polyester als Abdichtung beschichtet. Der Fugenabstand
beträgt 2,0 m. Die Fertigteile wurden mit 3 cm breiten Fugen
(Polystyrol-Fugeneinlage) versetzt und die Fugen im äußeren
Teil zwischen den polyesterbeschichteten Fugenflanken mit
Thiokol-Fugendichtstoff abgedichtet (Tiefe × Breite der Kittfuge = 1,5 cm × 3 cm). Anschließend wurde der innere Fugenraum bewehrt und ausbetoniert, so daß eine außen abgedich-

Bild B 4/42
Fugenausbildung beim Schalentunnel, U-Bahn
Rotterdam; Ausführung 1978/79 (nach [B 4/
17])

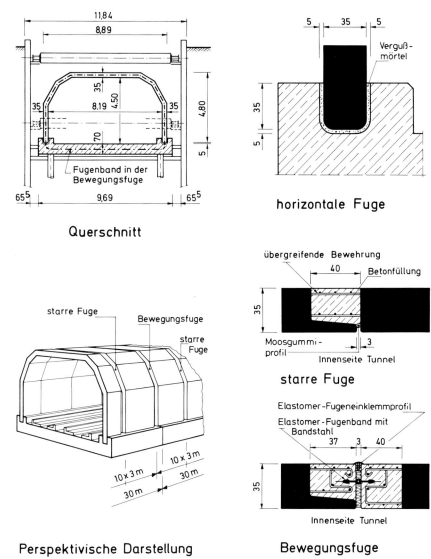

Querschnitt

horizontale Fuge

starre Fuge

Bewegungsfuge

Perspektivische Darstellung
des Tunnels

tete starre Fugenverbindung entstand. Im Decken- und oberen
Wandbereich wurde die Fuge mit einer glasfaserverstärkten
Polyesterkappe gegen Sickerwasser abgedeckt.

Die Ausbildung der Fugen und die Dichtung gegen drückendes
Wasser im Sohl- und Wandbereich konnte so einwandfrei mit
Erfolg gelöst werden.

(5) Überführungsbauwerk aus Spannbetonfertigteilen
    in den USA

Für die Überführung der Bundesstraße 72 über die bestehende
New Haven-Eisenbahnlinie bei Berlin / Connecticut (USA)
ließ die staatliche Straßenbaubehörde einen Tunnel aus Großfertigteilen mit 207 m Länge errichten [B 4/19]. Das Tunnelge-
wölbe besteht aus 115 Paaren vorgefertigter gewölbter Spann-
betonteile, die je 1,80 m breit, 0,46 m dick und 12,75 m hoch
sind. Die größte Durchfahrthöhe beträgt 6,10 m (Bild B 4/44).
Die Bögen sind so ausgeführt, daß sie gut mit entsprechenden
Hebewerkzeugen in die 3,4 m breiten Fundamente eingesetzt

werden können. Diese Fundamentbalken erstrecken sich über
die gesamte Länge des Tunnels und besitzen Aussparungen zur
Aufnahme der Fertigteile.

U-förmige Neopren-Lager, die in der Feldfabrik am Ende der
Bögen angebracht wurden, übernehmen die horizontal und
vertikal auftretenden Kräfte. Durch eine besondere Ausbildung des Lagers an der Innenseite der Bögen werden auch
Bewegungen der Fertigteile in Längsrichtung des Tunnels parallel zu den Gleisen verhindert. Neopren-Lager sind auch in
der Scheitelfuge der Bögen (Gelenkfuge) eingebaut. Die Flächen oberhalb und unterhalb der Gelenklager aus massivem
Neopren sind mit geschlossenzelligem Neopren-Moosgummi
ausgefüllt. Oberhalb des Lagers dient das Moosgummimaterial
als Unterlage zur Aufnahme der Fugenabklebung. Unterhalb
des Lagers schützt das Material die zur Ausrichtung dienenden
Betonnocken vor schwachen, aber korrodierenden Säuren, die
sich in Anwesenheit von Wasser und dem Rauch der mit Kohle
betriebenen Lokomotiven bilden.

Zum Abdichten der Ring- und Längsfugen zwischen den Fer-
tigteilen wurden 305 mm breite und 3,2 mm dicke Neopren-
Bänder erdseitig über die Fugen geklebt. Die dauerhafte
Abdichtung gegen Sickerwasser war an diesen Stellen wichtig,

Bild B 4/43
Fugenausbildung beim Fußgängertunnel aus
Stahlbetonfertigteilen am Praterstern, Wien;
Ausführung 1966 (nach [B 4/18])

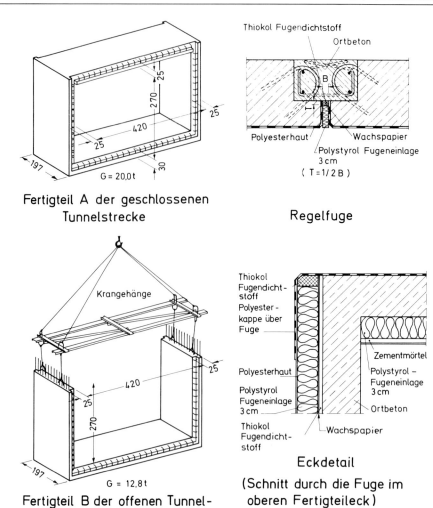

Fertigteil A der geschlossenen
Tunnelstrecke

Regelfuge

Fertigteil B der offenen Tunnelstrecke

Eckdetail
(Schnitt durch die Fuge im
oberen Fertigteileck)

Bild B 4/44
Dreigelenk-Tunnelgewölbe aus Spannbetonfertigteilen mit Neopren-Lagern und -Band-
dichtungen über den Fugen, Eisenbahntunnel,
Berlin, Connecticut, USA [B 4/19]

Anmerkung:
Neopren: DUPONT-Elastomer auf der Basis
von Chloropren-Kautschuk

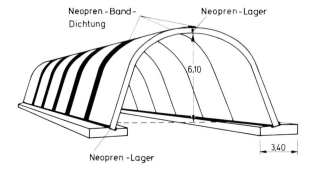

da nach dem Aufschütten die Außenseiten der Bögen nicht
mehr zugänglich sind. Wegen der Beständigkeit von Neopren
gegen Feuchtigkeit, Bodenchemikalien, Schimmel- und Pilz-
befall wurde dieser Abdichtungswerkstoff gewählt.

(6) Zweigleisiger U-Bahntunnel aus vorgefertigten
    Wand- und Deckenteilen mit Hautabdichtung in Hamburg

Im Zuge des Neubaus der Strecke Billstedt-Innenstadt-Stellin-
gen in Hamburg wurde ein 324 m langer U-Bahnabschnitt in
offener Bauweise mit in Spannbeton vorgefertigten Wand- und
Deckenteilen errichtet [B 4/20] (Bild B 4/45). Bei dieser Baumaßnahme sollte die Fertigteilbauweise mit ihren bekannten
Vorteilen (u. a. kürzere Bauzeit, Winterbau) in wirtschaftli-

cher Hinsicht mit der üblichen Ortbetonbauweise verglichen
werden.

Die Ortbetonsohle ist 30 bzw. 40 cm dick und hat ca. alle 30 m
eine Bewegungsfuge. Die 25 cm dicken Außenwand- und Dek-
kenfertigteile aus vorgespanntem Stahlbeton haben eine
Breite von 2,40 m. Die Decke besteht aus zwei Plattenhälften,
die auf der Mittelwand und den Außenwänden lagern. Die
Fertigteile wurden nur in Zementmörtel verlegt. Für die Montage wurden Aussteifungen eingebaut. Die Stabilität erhält der
Querschnitt durch das umgebende Erdreich.

Bei der Ausbildung der Ecken wurde darauf geachtet, die Normalkräfte (Druck) so einzutragen, daß sie die Biegemomente
aus Erddruck verringern. Durch die Verlegung der Fertigteile
in Zementmörtel wurde der Korrosionsschutz der Spanndraht-

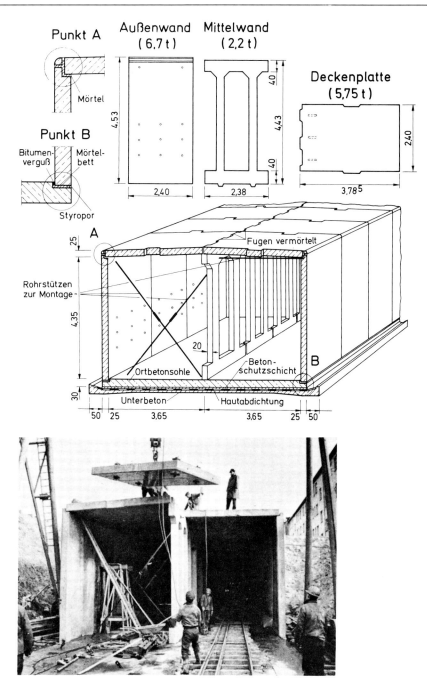

Bild B 4/45
Tunnel aus Stahlbetonfertigteilen mit Hautab-
dichtung auf der Strecke Billstedt-Innenstadt-
Stellingen, Hamburg; Ausführung 1965 (nach
[B 4/20])

enden auf die einfachste und sicherste Art gewährleistet. Die
unvermeidlichen Toleranzen der Fertigteile konnten außerdem so leicht ausgeglichen werden.

Die z. T. sehr knappe Auflagertiefe der Deckenplatten und die
Auflagerungsform der Wandplatten verlangten eine besondere
Sorgfalt bei der Konstruktion der schlaffen Bewehrung (Bügel
und Schrägstäbe) im Auflagerbereich. Eine druckwasserhaltende Abdichtung war wegen des erst unter der Sohle anstehenden Grundwasserspiegels nicht erforderlich. Da das Bauwerk aber unter Grünanlagen liegt, mußte es gegen Sickerwasser geschützt werden. Bei dem Aufbau der Abdichtungshaut
war die Vielzahl der Fugen zu berücksichtigen und mit einer –
wenn auch geringen – Bewegung infolge der Erdverdichtung
zu rechnen. Die Abdichtung besteht daher in der Sohle aus 3
Lagen 500er nackter Bitumen-Wollfilzpappe, an den Wänden

und auf der Decke aus 1 Lage der genannten Pappe und außen
1 Lage Bitumen-Dichtungsträgerbahn mit 0,1 mm Aluminium-
folieneinlage im Gieß- und Einwalzverfahren. Sohl- und
Wandabdichtung sind über rückläufigem Stoß miteinander
verbunden.

Die Bereiche der Längsfugen sowie des rückläufigen Stoßes
und der Nocken wurden durch geriffeltes Aluminiumblech von
0,2 mm Dicke verstärkt. Die Blockfugen der Sohle erhielten
eine Verstärkung durch ein 35 cm breites PVC-Band und zwei
Lagen Kupferriffelband, das zweilagig an den Wänden hochgeführt und einlagig über die Decke weitergeführt wurde.

Die Schutzschichten bestehen auf der Sohle und Decke aus
Beton, an den Wänden aus einer Lage einseitig grob besandeter Dichtungsträgerbahn.

B 4.3 Fugenanordnung und -ausbildung bei der offenen Bauweise unter Einbeziehung der Baugrubenwände in das endgültige Bauwerk

B 4.3.1 Allgemeines

In diesem Abschnitt werden Fugenkonstruktionen von Tunnelbauwerken behandelt, bei denen die Schlitz- bzw. Bohrpfahl- oder Spundwände neben der Funktion des Baugrubenverbaus wesentliche Funktionen des endgültigen Bauwerks übernehmen. Hierzu zählen die Aufnahme der Erddruckbelastung und der Auflasten sowie teilweise die Übernahme der Abdichtungsfunktion.

Die gesammelten Beispiele sind unterteilt in

- Bauwerke mit Ortbetonschlitz- oder Bohrpfahlwänden und wasserdruckhaltender Innenschale (Kap. B 4.3.2)

- Bauwerke mit wasserundurchlässigen Ortbetonschlitzwänden ohne Innenschale (Kap. B 4.3.3)

- Bauwerke mit wasserundurchlässigen Fertigteilschlitzwänden ohne Innenschale (Kap. B 4.3.4)

- Bauwerke mit Stahlspundwänden ohne Innenschale (Kap. B 4.3.5).

B 4.3.2 Tunnelbauwerke mit Ortbetonschlitz- oder Bohrpfahlwänden und wasserdruckhaltender Innenschale

Die Abdichtung des Tunnels gegen drückendes oder nichtdrückendes Wasser kann in diesem Fall von einer Innenschale aus wasserundurchlässigem Beton mit Fugendichtung oder einer zwischen Verbauwand und Innenschale angeordneten Hautabdichtung übernommen werden. Für beide Varianten sind im folgenden Fugenkonstruktionen ausgeführter Beispiele beschrieben und dargestellt:

(1) Bauwerk mit Bohrpfahlwand und wasserundurchlässiger Spritzbetoninnenschale

Bei der Südbahnunterführung Ketzergasse in Wien wurde ein ca. 183 m langes Rampen- und Unterführungsbauwerk als Wanne mit Wänden aus eingespannten überschnittenen Bohrpfählen und einer Schwergewichtssohle ausgebildet [B 4/21]. Das gesamte Bauwerk liegt zum größten Teil im Grundwasser. Der Grundwasserspiegel steht bis zu 6,00 m über der Bauwerkssohle an. Um die Wasserdichtigkeit der Pfahlwände zu erhöhen, wurde auf den Wänden nach sorgfältiger Reinigung mit einem Sandstrahlgebläse, Einschießen von Dübeln und Einhängen von Baustahlgewebe eine Spritzbetonschale mit Dichtungszusatz aufgebracht. Sie weist im Bereich der Bodenplatte mindestens 15 cm und oberhalb mindestens 10 cm Dicke auf und ist im Abstand von 15 m durch 2 cm breite Raumfugen unterteilt. An den Fugen sind in den Pfahlwänden anstelle überschneidender Pfähle zwei bewehrte, einander nur berührende Pfähle angeordnet. Entlang dieser lotrechten Stoßfugen sind 20 cm breite PVC-Fugenbänder eingespritzt, die sich über ein angeschweißtes Kreuzstück in die waagerechte Sohlfuge und die Fuge zwischen Wand- und Betonplatte fortsetzen. Die Schwergewichtssohle wurde anschließend mit 15 m Querfugenabstand entsprechend der Wandfugeneinteilung betoniert. Zwischen Sohle und Wandschale wurde eine 2 cm breite Raumfuge ausgebildet. Alle Sohlfugen sind durch einbeto-

nierte PVC-Fugenbänder abgedichtet. Einzelheiten der Fugenausbildung sind in Bild B 4/46 dargestellt.

(2) Bauwerk mit Bohrpfahlwand und wasserundurchlässiger Ortbetoninnenschale

Beim Baulos 1a der Stadtbahnlinie I in Dortmund wurden für die Streckentunnel als Baugrubenverbau überschnittene Bohrpfahlwände, Durchmesser 90 cm, ausgeführt und statisch in die endgültige Tunnelkonstruktion einbezogen. Die Stahlbetoninnenschale hat im wesentlichen nur den Wasserdruck aufzunehmen. Sie wurde in Blöcken von rd. 10 m Länge hergestellt. Zur Erzielung eines rissefreien wasserundurchlässigen Stahlbetontrogs sind Sohle und Wände in einem Arbeitsgang betoniert worden. Eine Verzahnung des Wandbetons mit der Pfahlwand wurde durch Ausbetonieren der Pfahlzwickel und eine elastische Zwischenlage aus Polystyrol-Hartschaum vermieden. In den Blockfugen sind je ein außen- und ein innenliegendes 32 cm breites PVC-Dehnungsfugenband eingebaut. Nach Fertigstellung des wasserundurchlässigen Betontrogs wurde die Tunneldecke aus wasserundurchlässigem Beton in rd. 10 m langen Abschnitten betoniert. Die Decke lagert „kammförmig" auf den unbewehrten Pfählen der Bohrpfahlwand auf. Die Fuge zwischen Decke und Trog ist gelenkig ausgebildet und wird durch außen- und innenliegende Arbeitsfugenbänder abgedichtet. In den Blockfugen der Decke sind zwei innenliegende Dehnungsfugenbänder eingebaut. Einzelheiten zur Fugenausbildung und -anordnung zeigt Bild B 4/47.

Dichtungstechnisch ist der Fugenbandkreuzungspunkt, in dem ein außenliegendes und innenliegendes Dehnungsfugenband sowie das außenliegende Arbeitsfugenband der Wand-/Deckenfuge zusammenstoßen, nicht zu empfehlen. Da dieser Bereich aber oberhalb des Grundwasserspiegels liegt, ist diese Lösung vertretbar.

(3) Bauwerke mit Schlitzwänden und wasserundurchlässiger Ortbetoninnenschale

- Beim U-Bahnbau in Köln wird die Schlitzwandbauweise in unterschiedlichen Varianten seit vielen Jahren eingesetzt. Für die Fugenanordnung und -ausbildung in Verbindung mit WU-Betoninnenschalen werden 2 Ausführungen im folgenden beschrieben:

  • Bild B 4/48 zeigt den Querschnitt eines eingleisigen Streckentunnels in Schlitzwand-/Deckelbauweise. Bei dieser Bauweise wird die Baugrube zunächst nur bis Unterkante Decke ausgehoben, die Decke betoniert und die Baugrube wieder verfüllt. Der weitere Aushub und die Herstellung der Innenschale erfolgen unterhalb der fertigen Decke. Die Wand-/Deckenfuge im Sickerwasserbereich wurde im vorliegenden Beispiel durch ein außenliegendes PVC-Längsfugenband abgedichtet, das in Winkelform zusammengeschweißt ist. Daran schließen sich in den Blockfugen außenliegende Dehnungsfugenbandstücke nach oben und unten an. Die oberen Bandstücke sind in die Deckenabdichtung eingeklebt. Die unteren Bandstücke sind mit den innenliegenden Blockfugenbändern der Innenschale verbunden. Der Blockfugenabstand der wasserundurchlässigen Betoninnenschale beträgt rd. 10 m.

  • Ein weiteres Beispiel zeigt Bild B 4/49. Hier besteht die Tunnelwand im Sickerwasserbereich nur aus der Schlitzwand. Im Druckwasserbereich wurde zusätzlich eine

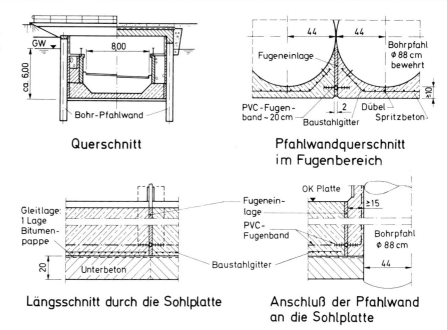

Bild B 4/46
Querschnitt und Fugendetails der Südbahn-Unterführung Ketzergasse, Wien; Ausführung 1964/65 [B 4/21]

Bild B 4/47
Fugenausbildung bei der wasserundurchlässigen Beton-Innenschale des Bauloses 1a, Stadtbahn Dortmund, Linie I (nach Unterlagen des Stadtbahnbauamts Dortmund)

*) Erläuterungen:
AFB = Arbeitsfugenband
DFB = Dehnungsfugenband
alle Fugenbänder sind 32 cm breit und aus PVC-P

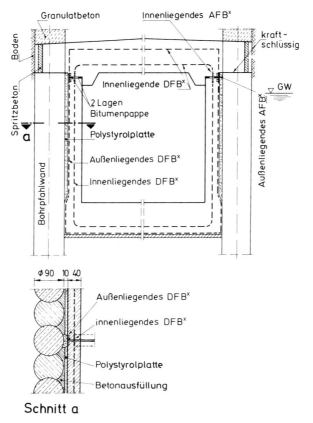

Sperrbetoninnenschale mit Fugenbandabdichtung in den Blockfugen (Fugenabstand rd. 10 m) angeordnet. In der Decke sind die Blockfugen alle 10 m mit innenliegenden Dehnungsfugenbändern aus PVC gedichtet. In der Fuge zwischen Decke und Wand ist ein Fugenabdeckband als Längsfugenband einbetoniert, das mit den Querfugenbändern der Decke verschweißt wurde.

Die Kombination von innenliegenden Fugenbändern mit außenliegenden Fugenbändern (Beispiel Bild B 4/48) und Fugenabdeckbändern (Beispiel Bild B 4/49) ist dichtungstechnisch nur im Sickerwasserbereich vertretbar.
– Beim zweistöckigen Bahnhof Oststraße der Stadtbahn in Düsseldorf wurden erstmals bei einem Verkehrstunnelbauwerk die Arbeitsfugen der wasserundurchlässigen Ortbeton-innenschale als Injektionsfugen ausgebildet [B 4/22]. Das gesamte Bauwerk wurde im Schutz von Schlitzwänden von oben nach unten erstellt, wobei die Decken beim Baugrubenaushub als Aussteifungen eingebaut wurden. Nach dem

Bild B 4/48
Querschnitt durch eine eingleisige Tunnelstrecke der Kölner U-Bahn mit Schlitzwänden
und wasserundurchlässiger Beton-Innenschale
sowie Details der Fugendichtung Deckel /
Innenschale [B 4/23]

Anmerkung:
Alle Fugenbänder sind aus PVC-P

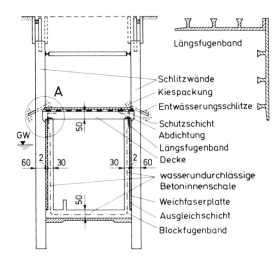

Bild B 4/49
Abdichtung und Fugenausbildung eines U-
Bahntunnels in Köln mit einem wasserundurchlässigen Stahlbetontrog im Druckwasserbereich [B 4/24]

Anmerkung:
Alle Fugenbänder sind aus PVC-P

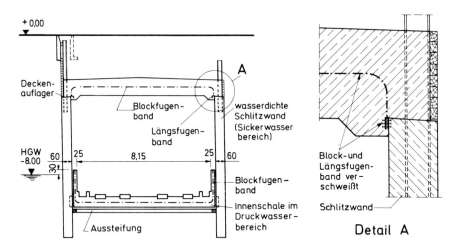

Betonieren aller Decken und der Sohle wurden die Wände und Stützen von unten nach oben hergestellt (Bild B 4/50). Das Tunnelbauwerk ist durch Dehnungsfugen im Abstand von ca. 20 m unterteilt. Alle Decken und Sohlen wurden von Dehnungsfuge zu Dehnungsfuge in einem Betoniervorgang hergestellt. Die nachträglich einzubauenden Wände wurden in Arbeitsabschnitten von 5 bis 7 m Länge unterteilt. Durch die Bauweise von oben nach unten erhält jeder Wandabschnitt Anschlußfugen am Kopf und Fuß zu den vorher betonierten Decken und Sohlen. Alle Arbeitsfugen wurden als Injektionsfugen ausgebildet, mit einem außenliegenden PVC-Fugenband ausgestattet und planmäßig mit Kunstharz verpreßt. Als Injektionsschläuche wurden Jektoschläuche (s. Kapitel A 2.1.4.1, Punkt 2)) in die Fugen einbetoniert, die je nach Anforderungen mit Zweikomponenten-Polyure-than oder Epoxidharz verpreßt wurden. Für die Injektion der Arbeitsfugen, die allein der Abdichtung diente, wurde im Regelfall Polyurethan eingesetzt. Nur die Kontaktfuge zwischen Wandkopf und Deckenunterkante wurde mit Epo-

xidharz verpreßt, da dieses Material außer für die Dicht-funktion auch für die Übertragung hoher Druckkräfte geeig-net ist. Zusammen mit den Festlegungen für die statisch-konstruktive Ausbildung und den betontechnologischen Maßnahmen führte die sorgfältige Ausführung der Injek-tionsfugen zu der gewünschten Wasserundurchlässigkeit des Bauwerks.

(4) Bauwerk mit Bohrpfahlwand, Ortbetoninnenschale und zwischenliegender Hautabdichtung

Im Bereich der U-Bahnhaltestelle Hauptbahnhof in Stuttgart wurden im 4. Bauabschnitt, Baulos B 1 Süd, insgesamt 11 Blöcke von jeweils 10 m Länge nach Bild B 4/51 abgedichtet. Die Baugrubenwand bestand aus Bohrpfahlwänden, die in die tragende Konstruktion als Deckenauflager eingebunden wur-den. Zu diesem Zweck wurde ein Kopfbalken ausgeführt und die Decke mit Elastomerlagern darauf gelagert. Die Abdich-tung der Horizontalfuge zwischen diesem Kopfbalken und der

Bild B 4/50
Fugenausbildung beim Bahnhof Oststraße, Stadtbahn Düsseldorf; Ausführung 1983/85 (nach Unterlagen des U-Bahnbauamts Düsseldorf)

Erläuterung:
Sapefolie = Dränagefolie

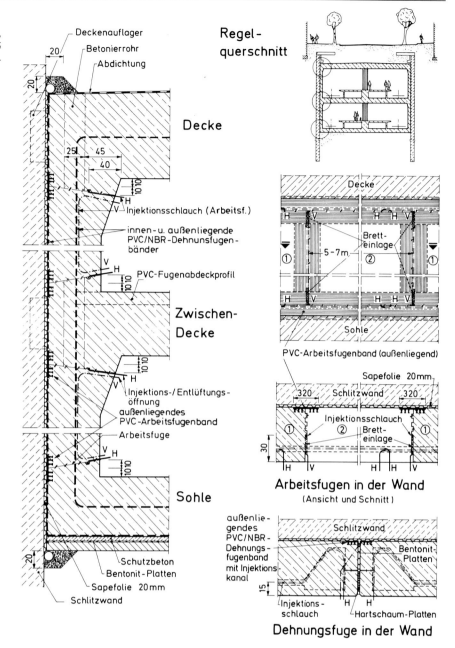

Decke besteht aus einem 24 cm breiten, außenliegenden PVC-Dehnungsfugenband, über das die dreilagige Bitumen-Deckenabdichtung hinweggezogen wurde. Die Deckenabdichtung aus 2 Lagen nackten Bitumenbahnen R500N mit zwischenliegender Lage aus 0,1 mm dicken Kupferriffelbändern konnte gewissermaßen als Mütze ausgebildet werden, da das stark sulfathaltige, betonaggressive Grundwasser nur etwa bis an die Unterseite der Decke über dem Verkehrsgeschoß reicht. Eine Verbindung zwischen der Sickerwasserabdichtung im Deckenbereich und der wasserdruckhaltenden Abdichtung des eigentlichen Haltestellentunnels erfolgte daher nicht. Im Grundwasserbereich wurde die überschnitten hergestellte Bohrpfahlwand zur Aufnahme der Bitumenabdichtung mit einem über den Pfählen mindestens 15 cm dicken Spritzbetonausgleich versehen. In den Zwickeln der Bohrpfahlwand sind gelochte Kunststoffrohre von 80 mm Durchmesser zur Fassung eventueller Restwässer eingesetzt. Die dreilagige Bitumenabdichtung besteht aus einer äußeren Lage nackter Bitumenbahn R500N und, zwei inneren Lagen aus Jutegewebebahnen. Über den

Blockfugen ist diese Abdichtung mit 2 Kupferriffelbändern von 0,2 mm Dicke und 60 cm Breite verstärkt.

Der beschriebene Aufbau der Wandabdichtung läßt keine Gleit- und Sollbruchfuge erkennen, wie sie in Kapitel A 3.5 und B 9.1.3 in verschiedenen Ausführungsformen erläutert wurden. Die Begründung hierzu liegt darin, daß das Tunnelbauwerk ebenso wie die Bohrpfähle bis in felsartige Formationen reichen und somit Relativsetzungen zwischen Baukörper und den Bohrpfahlwänden praktisch ausgeschlossen werden können.

Die gegen Wasserdruck ausgelegte Innenschale ist zusätzlich durch ein mittig liegendes, 32 cm breites PVC-Dehnfugenband gesichert. Dieses Fugenband ist in die Decke unter der Verteilerebene geführt, so daß der Verkehrsraum rundum gesichert ist. Die in der Verteilerebene angeordnete, wesentlich dünner ausgelegte Innenwand ist weder mit einer Hautabdichtung noch mit Fugenbändern versehen. Hier bewirkt die Bohrpfahlwand zusammen mit der Deckenabdichtung ausreichende Dichtigkeit gegen Sickerwasser.

Bild B 4/51
Fugenausbildung bei der U-Haltestelle Haupt-
bahnhof, Stadtbahn Stuttgart, Baulos B1 Süd;
Ausführung 1971/76 (nach Unterlagen des
Tiefbauamts, Abt. Stadtbahn, Stuttgart)

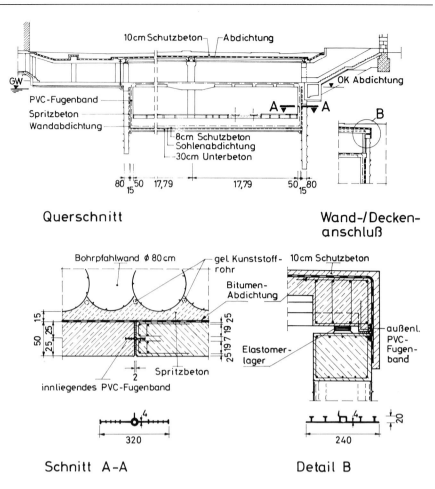

Querschnitt

Wand-/Decken-
anschluß

Schnitt A-A

Detail B

B 4.3.3 Tunnelbauwerke mit wasserundurchlässigen Ortbetonschlitzwänden ohne Innenschale

Ziel der Weiterentwicklung der Schlitzwandbauweise im Verkehrstunnelbau ist es, die gesamte Dichtungsfunktion der
Schlitzwand selbst sowie dem Sohlen- und Deckenbeton zuzu-
weisen. Dabei bereitet die Herstellung der Schlitzwandlamellen, der Sohlen und Decken aus wasserundurchlässigem Beton
keine großen Schwierigkeiten. Die Probleme liegen vielmehr
in der wasserdichten Ausführung der Schlitzwandfugen sowie
in dem wasserdichten Anschluß der Sohlplatte und evtl. auch
der Deckenplatte an die Schlitzwand.

Ortbetonschlitzwände mit Fugenrohrabschalungen oder
Betonfertigteilen zwischen den Lamellen lassen sich nahezu
dicht herstellen, wenn die Anschlußfugen kurz vor dem Betonieren der nächsten Abschnitte mit entsprechendem Gerät
sorgfältig vom abgesetzten Bentonitschlamm gereinigt werden.
Unvermeidbar ist allerdings in jedem Fall ein dünner Bentonit-
film an den Fugen. Infolge der andauernden Durchfeuchtung
durch das Grundwasser weist dieser jedoch eine gewisse Elastizität auf und trägt damit zur Abdichtung der Fugen bei.
Geringfügige Undichtigkeiten der Fugen können ohne große
Schwierigkeiten durch nachträgliche Injektionen abgedichtet
werden. Dieses Verfahren führt jedoch nur dann zu einem
dauerhaft dichten Bauwerk, wenn Temperaturschwankungen

in der Schlitzwand und das Schwinden sehr gering sind. Letzteres ist beim Erhärten des Lamellenbetons in feuchtem Erdreich durchaus gegeben. Anders sieht es mit Temperaturschwankungen aus. Bei Straßen- und U-Bahntunneln treten
infolge der Luftbewegung durch Ventilation bzw. Kolbenwirkung der Züge Temperaturschwankungen in der Tunnelwand
auf, die bei ungünstigen Voraussetzungen (insbesondere eingleisige Tunnelröhren, Rampenbereiche, kurze Tunnel, Bereiche von Lüftungsschächten, Straßentunnel mit Längslüftung)
nahezu den üblichen mittleren Schwankungen der Außenluft-
temperaturen entsprechen können [B 4/23]. Das ergibt bei 7
bis 8 m breiten Schlitzwandlamellen und einer Temperaturdifferenz von etwa 30 bis 40 K Fugenbewegungen in einer Größenordnung von 2 bis 3 mm. Hier sind daher besondere Fugenkonstruktionen erforderlich, um ein dauerhaft dichtes Tunnelbauwerk zu erzielen. Die Entwicklung auf diesem Gebiet ist
noch in vollem Gang. Einige Ausführungen zeigen die folgenden Beispiele:

Bild B 4/52
Regelquerschnitt und Details zur Fugenausbildung der Straßenbahnunterführung Belgrad-Petuelstraße in München; Ausführung 1962/63 (nach [B 4/25], [B 4/26])

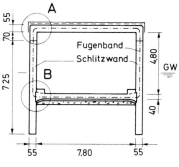

a) Tunnelregelquerschnitt

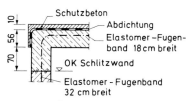

b) Detail A

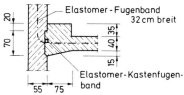

c) Detail B

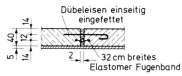

d) Fugenausbildung in der Sohlplatte

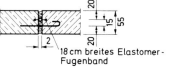

e) Fugenausbildung in der Deckenplatte

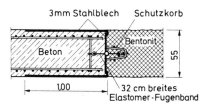

f) Schlitzwandfuge mit Stahlabschalung, Fugenband und Schutzkorb vor dem Betonieren des 2. Abschnittes

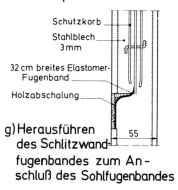

g) Herausführen des Schlitzwandfugenbandes zum Anschluß des Sohlfugenbandes

(1) Fugenausbildung bei der Straßenbahnunterführung Belgrad-Petuelstraße, München [B 4/25], [B 4/26]

Die erstmalige Ausführung eines im Grundwasserbereich liegenden Tunnels in Schlitzwandbauweise mit wasserdichter Fugenausbildung durch Fugenbänder und hierdurch bedingtem vollständigem Wegfall einer Innenschale erfolgte bei der Straßenbahnunterführung Belgrad-Petuelstraße in München. Das Bauwerk liegt 2,5 m im Grundwasser, Schlitzwand und Sohle bilden eine wasserdichte Wanne. Im Bild B 4/52 sind der Tunnelquerschnitt und einige Fugendetails dargestellt.

Bei der Herstellung der Schlitzwand enthielt der erste, dritte, fünfte Bewehrungskorb usw., der eingefahren wurde, an beiden Stirnseiten ein der Länge nach zweigeteiltes Fugenblech von 3 mm Dicke. Zwischen beide Blechstreifen war ein steifes Elastomer-Fugenband eingebaut. Seitlich an den Fugenblechen waren 1,0 m breite Membranbleche angebracht, die sich etwa 60 cm an den Stoßstellen überlappten. Die Membranbleche wurden durch den Kontraktorbeton im Wandschlitz an die Erdwände gedrückt und schlossen so eine Lamelle dicht gegen den schon ausgehobenen nächsten Schlitz ab. Das Fugenband war auf der freien Seite durch Bewehrungsstäbe gegen Beschädigungen, die beim Herablassen des anschließenden Bewehrungskorbs entstehen konnten, geschützt. Im Anschluß Schlitzwand/Sohle wurde ein längslaufendes Elastomer-Fugenband mit kastenförmigem Querschnitt eingebaut. Durch Ventilanschlüsse konnte bei Bedarf das Kastenfugenband durch Injizieren von Zement unter Spannung gesetzt werden, wodurch eine zusätzliche Dichtungswirkung zu erreichen war.

Bild B 4/53
Ausbildung der Raumfugen bei der Rampenstrecke des Bauloses Wibaustraat der Metro in
Amsterdam; Ausführung 1971/74 (nach [B 4/
27])

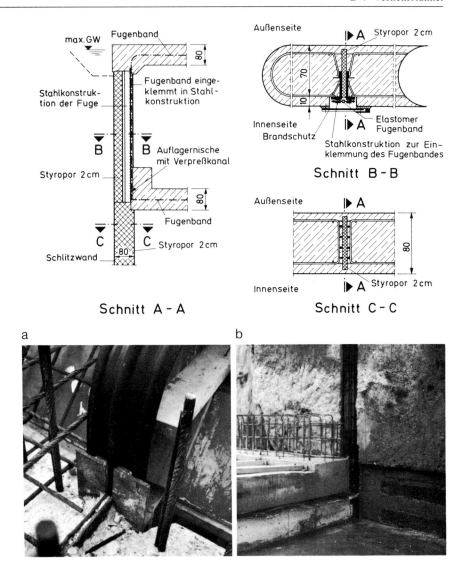

a) Übergang Wand/Decke
b) Übergang Sohle/Wand

(2) Fugenausbildung beim Baulos Wibaustraat der Metro Amsterdam [B 4/27]

Bei einem 200 m langen Teilstück einer Rampenstrecke des Bauloses Wibaustraat der Metro Amsterdam wurden Schlitzwände als endgültige Bauwerkswände im Grundwasserbereich eingesetzt. Um die auftretenden Längenänderungen infolge Temperatur sicher und wasserdicht aufnehmen zu können, wurde die Tunnelröhre durch Raumfugen, in 20 m Abstand, sowohl im Decken- und Sohl- als auch im Wandbereich konsequent getrennt (Bild B 4/53).

Die Raumfugenkonstruktion wurde innerhalb eines Schlitzwandpaneels angeordnet. Sie besteht im Bereich der Schlitzwände über die Höhe des Tunnels aus einer besonderen Stahlkonstruktion, in die nachträglich Elastomerfugenbänder eingeklemmt wurden, die sich in der Tunneldecke und -sohle zu einem geschlossenen Ring fortsetzen. Im Bereich der Wände sind Einklemmkonstruktion und Fugenband auch später zur Unterhaltung zugänglich.

Die Arbeitsfugen zwischen den einzelnen Schlitzwandlamellen wurden nicht besonders gedichtet. Die hier auftretenden geringen Bewegungen werden durch die Bentonitschicht außerhalb der Wände und innerhalb der Fugen überbrückt. Das Schwinden der kraftschlüssig mit den Schlitzwänden verbundenen Decken- und Sohlplatten übt eine gewisse zusammendrükkende Kraft in Längsrichtung auf die Schlitzwände aus und wirkt so dem Öffnen der Fugen entgegen. Der Anschluß der Tunnelsohlenbewehrung erfolgte über Anschweißkonstruktionen, die in die Schlitzwandbewehrungen miteingebaut waren, und über eine Auflagernische, die die Querkraftübertragung ermöglicht. Für die Abdichtung des Anschlusses Sohle/Wand wurden Verpreßkanäle in der Fuge vorgesehen, die bei Undichtigkeiten injiziert werden konnten.

Bis auf wenige geringe Durchfeuchtungen war die Tunnelstrecke nach Aufhebung der GW-Absenkung dicht.

Bild B 4/54
Abdichtung der obersten Bauwerksdecke und wasserdichter Anschluß der Sohle mit einem Sohlenbalken an die bestehende Schlitzwand, U-Bahnhof Ostbahnhof, München; Ausführung 1981 (nach Unterlagen des U-Bahn-Referats München)

Erläuterungen:
DFB = Dehnungsfugenband
AFB = Arbeitsfugenband

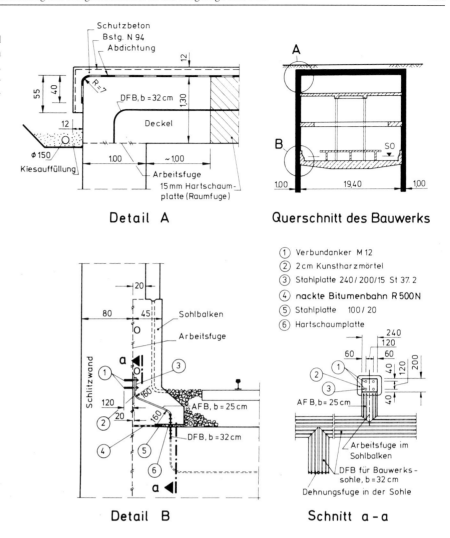

Detail A

Querschnitt des Bauwerks

① Verbundanker M 12
② 2 cm Kunstharzmörtel
③ Stahlplatte 240/200/15 St 37.2
④ nackte Bitumenbahn R 500N
⑤ Stahlplatte 100/20
⑥ Hartschaumplatte

Detail B

Schnitt a-a

(3) Einschalige Schlitzwand-/Deckelbauweise beim U-Bahnbau in München (s. auch Lit. [B 4/28]

Die „einschalige" Schlitzwand-/Deckelbauweise ist in München bei verschiedenen Bahnhofsbauwerken eingesetzt worden. Dabei kamen folgende Konstruktionsprinzipien zur Anwendung:

Die Schlitzwandfugen im Abstand von 3 bis 7 m werden ohne besondere Dichtung ausgeführt. Die Abstellung der einzelnen Wandabschnitte erfolgt mit Abschalrohren. Vor dem Anbetonieren der nächsten Elemente wird die Fugenfläche sorgfältig gesäubert. Auftretende Undichtigkeiten in den Fugen werden nachträglich durch Injektionen abgedichtet. Spätere Durchfeuchtungen infolge geringfügiger Bewegungen in den Fugen sind durch entsprechende Wahl der künftigen Wandverkleidung und druckloses Abführen des eindringenden Wassers unbedenklich. Wichtig ist hier vor allem eine ausreichende Belüftung, damit Durchfeuchtungen abtrocknen können.

Der wasserdichte Sohlanschluß erfolgt mit einem zusätzlichen Auflagerbalken, der durch herausgebogene dünne Anschlußeisen (Durchmesser 10 - 12 mm) biegesteif mit der Schlitzwand verbunden ist. In der Kontaktfuge Schlitzwand/Sohlbalken werden in den Drittelspunkten Injektionsschläuche angeordnet, um die Fuge später bei Bedarf injizieren zu können. Die Sohle wird gelenkig an den Balken angeschlossen. Dabei dient dieser der unter Auftrieb stehenden Bauwerkssohle als Auflager. Die Dichtigkeit zwischen Auflagerbalken und Sohle wird durch ein einbetoniertes 32 cm breites Elastomer-Dehnungsfugenband erreicht. In den Arbeitsfugen des Sohlbalkens ist daran ein Arbeitsfugenband angeschlossen, das an die Schlitzwand wasserdicht angeklemmt wird (Bild B 4/54, Detail B).

Der Fugenabstand in der Sohle beträgt 10 bis 15 m. Die Dehnungsfugenbänder der Sohlquerfugen werden an das Längsfugenband im Sohlbalken wasserdicht angeschlossen.

Bild B 4/55
Verschiedene Ausführungen von direkten
Deckenanschlüssen an Schlitzwände; Beweh-
rungsführung im Bereich der Anschlußfuge

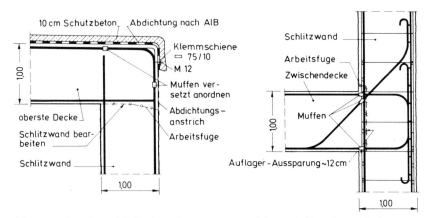

biegesteifer Anschluß oberste
Tunneldecke - Schlitzwand mit
versetzten Muffenstößen

biegesteifer Anschluß
Zwischendecke-Schlitzwand
mit Muffenstößen

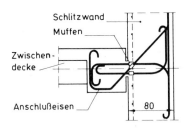

gelenkiger Anschluß
Zwischendecke - Schlitzwand
mit Muffenstößen

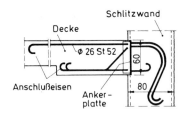

biegesteifer Anschluß
Zwischendecke-Schlitzwand
mit geschweißtem Stoß

Die oberste Bauwerksdecke wird biegesteif mit den Schlitzwänden verbunden (Bild B 4/55). Die aus der fertigen Schlitzwand herausragenden Bewehrungseisen werden entweder
umgebogen und in die Deckenbewehrung als Überlappungs-
stoß integriert oder über direkte Bewehrungsstöße (Schraub-
oder Preßmuffenstöße) mit der Deckenbewehrung kraftschlüssig verbunden. Welche der beiden Möglichkeiten zur Anwendung kommt, hängt in erster Linie davon ab, ob die Anschlußeisen in der Schlitzwand genügend lang sein können oder kurz
gehalten werden müssen. Die Arbeitsfuge zwischen Schlitzwand und Decke erhält in der Regel keine besondere Abdichtung, wenn sie oberhalb des Grundwasserspiegels liegt. Evtl.
werden Injektionsschläuche eingebaut. Etwa alle 10 bis 15 m
ist die Deckenplatte durch Dehnungsfugen unterteilt. Im mittleren Bereich bis etwa 1 m vor der Vorderkante der Schlitzwand sind diese Fugen als Raumfugen, im Randbereich über
der Schlitzwand als Arbeitsfugen ausgebildet. Die Längsbewehrung ist im Deckenrandbereich verstärkt und läuft an den
Fugen durch. Das Fugenband in der Fuge der Deckenplatte
wird bis in den Randbereich über der Schlitzwand hineingezogen (Bild B 4/54, Detail A).

Zwischendecken werden biegesteif oder gelenkig an die Schlitzwände angeschlossen (Bild B 4/55). Um die Fehlermöglichkei-
ten beim Betonieren zu vermeiden, die durch die zahlreichen
Anschlußeisen im Bewehrungskorb der Schlitzwände auftreten
können, ist man mehr und mehr zu den gelenkigen Anschlüssen übergegangen, die bedeutend weniger Eisen erfordern als
biegesteife Anschlüsse.

Üblicherweise werden Baulosgrenzen in eine Dehnungsfuge
gelegt. In Bild B 4/56, Detail A, ist ein Sonderfall dargestellt,
bei dem aus Gründen der Straßenverkehrsführung diese Fuge
als Arbeitsfuge ausgeführt werden mußte. Neben dem Schutz
des Fugenbands war hier auch das Problem des Korrosions-
schutzes für die Anschlußbewehrung zu lösen (Bild B 4/56,
Detail C).

Bild B 4/56
Verwahrung von Fugenband und Bewehrung der oberen Bauwerksdecke und wasserdichter Anschluß der Sohle an die Stirnwand mit einer Klemmkonstruktion, U-Bahnhof Ostbahnhof, München; Baujahr 1981 (nach Unterlagen des U-Bahn-Referats München)

Erläuterung:
DFB = Dehnungsfugenband

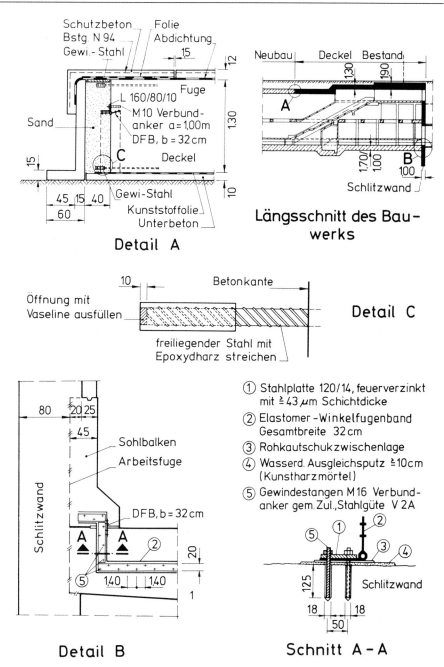

Detail A

Längsschnitt des Bauwerks

Detail C

① Stahlplatte 120/14, feuerverzinkt mit ≧43 μm Schichtdicke
② Elastomer-Winkelfugenband Gesamtbreite 32 cm
③ Rohkautschukzwischenlage
④ Wasserd. Ausgleichsputz ≧10 cm (Kunstharzmörtel)
⑤ Gewindestangen M16 Verbundanker gem. Zul., Stahlgüte V 2A

Detail B

Schnitt A-A

Beim wasserdichten Anschluß von Ortbetonbauteilen an Schlitzwänden oder anderen bereits vorhandenen Betonbauteilen werden Winkel-Fugenbänder mit einer Klemmkonstruktion an der Schlitzwand bzw. dem Altbeton befestigt. Dazu wird die Schlitzwandoberfläche abgespitzt, ein Kunstharzmörtel aufgebracht, Dübel eingeklebt und das Elastomerfugenband mit einem Losflansch angeklemmt (Bild B 4/56, Detail B und Schnitt A-A). Diese Ausführung hat sich u. a. in München für derartige Anschlüsse bewährt.

Ein ähnliches Problem ist der wasserdichte Anschluß von Sohlen bzw. Decken an vorhandene Stützen (Primärstützen). Bild B 4/57 zeigt hierfür ein Beispiel. Das Elastomer-Winkelfugenband wird polygonartig im Werk bis auf einen Baustellenstoß zusammenvulkanisiert. Beim Bandstoß auf der Baustelle wird der horizontal abstehende Fugenbandschenkel warm, der an der Stütze anliegende vertikale Schenkel und der Übergangs-

bereich kalt zusammenvulkanisiert. Mit einem Klemmring wird dann der anliegende Bandschenkel wasserdicht an die Stütze gepreßt.

Bild B 4/58 zeigt die Ausbildung des Faraday'schen Käfigs für den Korrosions- und Streustromschutz im U-Bahnbau bei der einschaligen „Schlitzwand- und Deckelbauweise" durch Verschweißen der Bewehrung und leitende Überbrückung der Fugen. Die Längsverbindung der Schlitzwandbewehrungskörbe erfolgt im Bereich der Sohl- und Deckenanschlüsse.

Bild B 4/57
Wasserdichter Anschluß Sohle / vorhandene
Stütze, Bahnhof Karlsplatz, München; Aus-
führung 1979 (nach Unterlagen des U-Bahn-
Referats München)

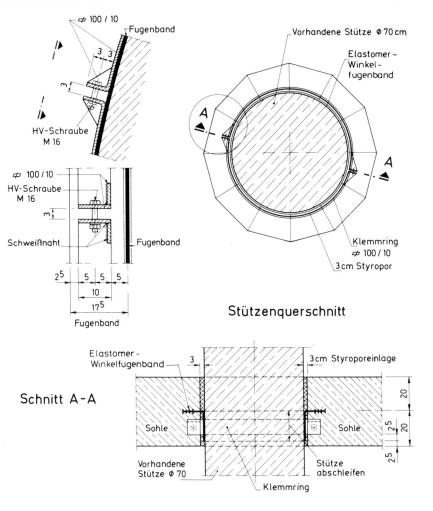

Stützenquerschnitt

Schnitt A-A

Bild B 4/58
Korrosions- und Streustromschutz im U-Bahnbau durch Verschweißung der Bewehrung und
Potentialüberbrückung im Fugenbereich bei
der Schlitzwand / Deckelbauweise (nach
Unterlagen des U-Bahn-Referats München
vom März 1982)

Anmerkung:
Werden Quereisen, die mit Längseisen verschweißt sind, gestoßen, so müssen auch die
Stoßstellen elektrisch leitend verschweißt werden, um ein geschlossenes Bewehrungsnetz zu
erhalten. Bei Bewehrung mit Betonstahlmatten sind die Matten am Überdeckungsstoß 2 ×
je Matte zu verschweißen.

Abkürzungen:
UK Zw.-Decke = Unterkante Zwischendecke
Schweißst. = Schweißstelle
Schlitzw. = Schlitzwand

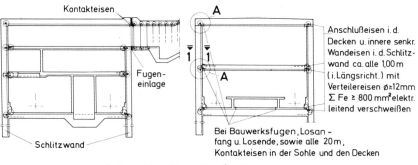

Schweißstellen für die Bewehrung
im Bereich von Bahnhofsköpfen   **im Bahnhofsbereich**

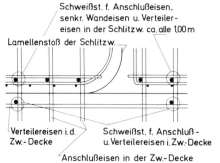

Schnitt 1-1

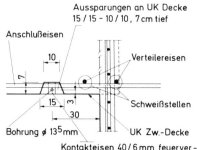

Detail A

(4) Erprobung von Sonderkonstruktionen für die Abdichtung von Fugen in Schlitzwänden beim U-Bahnbau in München

Die Herstellung von wasserdichten Ortbetonschlitzwänden mit möglichst geringer Nachbesserung der Lamellenfugen ist nach wie vor eines der Hauptanliegen bei der Schlitzwandbauweise, das bisher nicht zufriedenstellend gelöst ist. In München wurden 1985/86 drei Sonderkonstruktionen hierfür erprobt (Bild B 4/59):

– Das System „Riepl" wurde bei den Schlitzwandarbeiten für das Baulos 5/9 - 8, Bahnhof Max-Weber-Platz, eingesetzt. Es handelt sich um eine Betonfertigteil-Abstellkonstruktion, die mit dem Schlitzwand-Vorläuferelement durch eingelegte Fugenbänder verbunden ist. Zur Abdichtung gegen das Nachläuferelement sind zwei Gewebe-Injektionsschläuche in das Fertigteil eingelegt (siehe Bild A 2/36), die eine einmalige Dichtungsinjektion der Fuge erlauben.

Abdichtungstechnisch konnte das Verfahren nicht überzeugen. Die ungeschützten Fugenbänder im Abstellfertigteil wurden häufig beim Einbau des Bewehrungskorbs beschädigt und damit wirkungslos. Auf der Seite des Nachfolgeelements konnte durch die nur einmal verpreßbaren Injektionsschläuche eine Abdichtung nicht erzielt werden, da wegen der Hinterfüllung der Abstellfertigteile mit Ziegelschutt sich größere Fugenspaltbreiten ergeben hatten. Es waren umfangreiche Nachpreßarbeiten mit konventionellen Bohrpackern in den Fugenbereichen erforderlich.

– Beim System „Holzmann" wird ebenfalls eine Betonfertigteil-Abstellkonstruktion eingesetzt. Die Lösung wurde beim Baulos 5/9 - 7, Lehel, für die Fahrtreppenschächte und bei einem Nottreppenhaus erprobt. Zur Abdichtung sowohl gegen das Vorläufer- als auch gegen das Nachläuferelement sind in das Fertigteil auf beiden Seiten Manschetteninjektionsrohre (Bild A 2/37) einbetoniert. Später werden die Manschettenrohre mittels Spezialpackern verpreßt. Das Verfahren soll eine mehrfache Nachverpressung der Fugenbereiche ermöglichen. Einzelheiten zu diesem Injektionsverfahren siehe Kapitel A 2.1.4.1. Das generelle Prinzip der Fugenabdichtung bei der Schlitzwandbauweise im U-Bahnbau nach dem System „Holzmann" zeigt Bild B 4/60.

Auch dieses Verfahren brachte im vorliegenden Anwendungsfall keine befriedigenden Abdichtungsergebnisse. Die Injektionsrohre waren bereits nach dem 1. Verpreßvorgang mit Verpreßgut zugesetzt, so daß ein Nachverpressen der Fugenbereiche nicht mehr möglich war. Nachdem der 1. Verpreßvorgang jedoch noch nicht zu einer Abdichtung der Fugen geführt hatte, mußten weitere Verpreßvorgänge mit Packern erfolgen.

Bild B 4/59
Verschiedene Sonderkonstruktionen für die wasserdichte Ausbildung von Schlitzwandfugen, beim U-Bahnbau in München 1985/86 erprobt (nach Unterlagen des U-Bahn-Referats München)

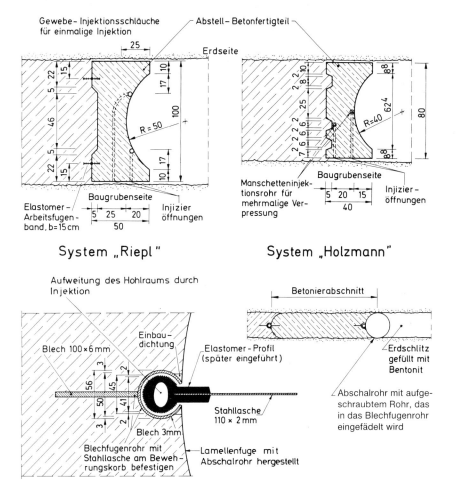

System „Riepl"

System „Holzmann"

System „Dyckerhoff"

Bild B 4/60
Fugenabdichtung mit Manschettenrohren MH
(System Holzmann) bei der Schlitzwandbau-
weise im U-Bahnbau, München (Prinzip)

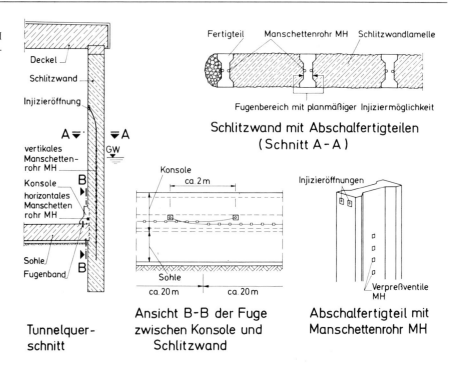

Schlitzwand mit Abschalfertigteilen
(Schnitt A - A)

Tunnelquer-
schnitt

Ansicht B-B der Fuge
zwischen Konsole und
Schlitzwand

Abschalfertigteil mit
Manschettenrohr MH

– Das System „Dyckerhoff" wurde auf dem Baulos 5/9 - 16,
Bahnhof Friedenheimer Straße, versuchsweise bei einigen
Fugen eingesetzt. Dieses System arbeitet mit herkömmli-
chen Abschalrohren und einem Fugenband, welches je zur
Hälfte im Beton der vorlaufenden sowie der nachlaufenden
Lamelle liegt. Das Fugenband besteht aus zwei Teilen. Der
erste Teil, ein geschlitztes Stahlrohr mit Sperrblech, wird am
Bewehrungskorb der Vorläuferlamelle befestigt und beim
Betonieren von einem auf dem Abstellrohr aufgeschraubten
Halterohr fixiert und gegen Eindringen von Beton verschlos-
sen. Durch eine spezielle Verschraubung zwischen Abstell-
rohr und Halterohr reißt beim Ziehen des Abstellrohrs das
Halterohr vom Abstellrohr ab. Erst unmittelbar vor dem
Betonieren der Nachfolgelamelle wird aus dem geschlitzten
Rohrteil des Fugenblechs das Halterohr herausgezogen und
durch ein eingeführtes schlauchförmiges Elastomer-Fugen-
band mit Stahldichtungslasche ersetzt. Der Hohlraum im
Elastomer-Profil wird anschließend mit Kunstharz verpreßt,
wodurch eine Aufweitung des Schlauches erzielt wird.

Mit diesem System konnte tatsächlich eine einwandfreie
Abdichtung in den Schlitzwandfugen erzielt werden.

B 4.3.4 Tunnelbauwerke mit wasserundurchlässigen Fertigteilschlitzwänden ohne Innenschale

Die Entwicklung der Fertigteilschlitzwände – System Panosol –
wurde in Frankreich von der Firma Soletanche durchgeführt.
Nach langjähriger Entwicklungsarbeit konnten inzwischen
erfolgreich mehrere Kilometer Verkehrstunnel mit integrierten wasserdichten Schlitzwänden aus Fertigteilen u. a. in Paris,
Lyon und Lille errichtet werden. Die Entwicklung bezog sich
besonders auf die dauerhafte Dichtung der Fugen zwischen
den Fertigteilen und die erforderliche plastische und selbster-
härtende Stützsuspension für die Schlitze. Die für die Fertigteilbauweise verwendete Suspension besteht aus einem Bento-
nit-Zement-Gemisch, das am Anfang nur die Aufgabe der
Stützung des Schlitzes zu erfüllen hat und später nach dem
Abbindeprozeß eine vorgegebene Festigkeit erreichen muß.

Der zentrische Einbau der Einzelelemente in den kontinuierlich gebaggerten und mit Bentonit-Zement-Suspension
gefüllten Schlitz führt zu einer flächigen Versiegelung der
gesamten Betonwand einschließlich der Fugenbereiche. Dieser
mehrschichtige Aufbau ermöglicht eine risikolose Freilegung
der Schlitzwand auch bei Anwendung des Unterwasseraus-
hubs. Fehlstellen im Beton oder Wassereintritte durch Fugen-
stöße, die zu Einspülungen des Erdreichs führen könnten, sind
bei diesem Verfahren ausgeschlossen.

Im Hinblick auf den geforderten trockenen Tunnel im Endzustand reicht der alleinige Fugenabschluß durch die Dichtmasse
jedoch nicht aus. Hier sind die zeitabhängigen Beanspruchungen, wie Längenänderungen der Wandelemente durch Temperatur, Schwinden der Dichtmasse durch Austrocknung von der
Tunnelinnenseite her oder Verformungen der Wandelemente
aus Biegebelastungen durch Erddruck und Zwängungen aus
Formänderungen der angeschlossenen Sohl- und Deckenschei-
ben maßgebende Ursachen für Rißbildungen im Fugenbereich. Deshalb kann auf den Einsatz von Fugenbändern in der
Regel nicht verzichtet werden. Es wurden speziell Injektions-
fugenbänder für diese Aufgabe entwickelt (vgl. nachstehend

Bild B 4/61
Ausbildung der Fugen zwischen den Schlitz-
wandfertigteilen beim Eisenbahnverbindungs-
tunnel zwischen den Bahnhöfen „Invalides
und Orsay", Paris; Ausführung 1976/78 [B 4/
29], [B 4/30]

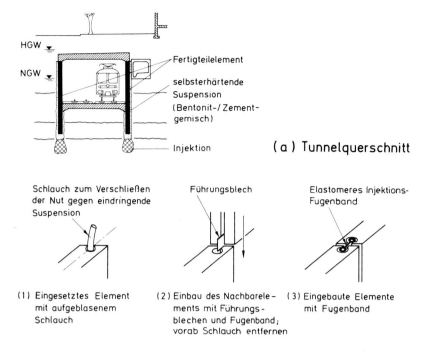

(a) Tunnelquerschnitt

(b) Arbeitsgänge beim Einbau der Elemente

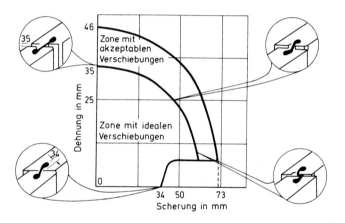

(c) Verschiebungstoleranzen in den Fugen zwischen den Elementen

Beispiel 1). Die Breite der Fertigteile und damit der Fugenabstand beträgt in der Regel etwa 2,50 m. Bestimmendes Krite-
rium für die Elementbreite ist in Verbindung mit der Fertigteillänge das maximal zulässige Montagegewicht für das zur Verfügung stehende Hebezeug.

Aufgrund der guten Erfahrungen im Ausland mit Fertigteilschlitzwänden wurden verschiedene Fugen-Varianten im Kölner U-Bahnbau in Teilabschnitten der Baulose D1 „Deutzer
Bad" und R1 „Friesenplatz" versuchsweise ausgeführt (Beispiel 2).

(1) Einschalige Schlitzwandfertigteil-Bauweise beim
     Verbindungstunnel zwischen den Bahnhöfen Invalides und
     Orsay, Paris

Der Eisenbahn-Verbindungstunnel zwischen den Bahnhöfen
„Invalides" und „Orsay" hat eine Länge von 980 m. In die
Rahmenkonstruktion des Bauwerks wurden wasserdicht aus-
gebildete Fertigteilschlitzwände integriert (Bild B 4/61a).

Die Fertigteilschlitzwandelemente sind 2,40 m breit, rd. 13 m
lang und 0,45 m dick. Als Dichtung zwischen den Elementen
wurde ein injizierbares Elastomerfugenband des Typs „Water-
stop" eingebaut. Im Prinzip besteht das Band aus zwei parallelen Schlauchprofilen, die mit einer glatten Dehnmembran verbunden sind. Der Bandeinbau erfolgte zusammen mit der Fertigteilmontage (Bild B 4/61b). Unmittelbar nach Entfernung
des aufgeblasenen Schlauchs aus der Fugenbandnut des bereits
versetzten Elements wird das folgende Fertigteil einschließlich
Fugenband mit Hilfe von Führungsblechen eingebaut. Die
Führungsbleche greifen in die Nut des bereits versetzten Elements ein. An einem derartigen Blech (Vorschneider) wird
auch das Fugenband befestigt und beim Absenken in die Nut
des bereits versetzten Elements eingezogen.

Bild B 4/62
Abdichtung der Fugen zwischen den Schlitz-
wandfertigteilen sowie der Wand-/Sohle- bzw.
Wand-/Deckenfugen beim U-Bahntunnel, Bau-
los D1, Köln; Ausführung 1978/81 [B 4/24],
[B 4/31]

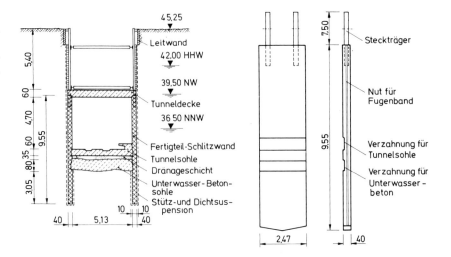

Tunnelquerschnitt   Form der Fertigteile

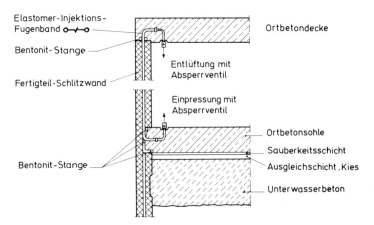

Fugenbandverlauf in den Fertigteilfugen

Der Einbau der Fertigteile erfordert sehr große Sorgfalt und Erfahrung, da die Fugentoleranzen zwischen den Elementen durch das Fugenband begrenzt sind. Aus den zulässigen Zerrungen des Fugenbands ergeben sich als maximale Toleranzen 73 und 46 mm für Scherung bzw. Dehnung des Bands (Bild B 4/61c).

Nach Fertigstellung des Tunnels wurden die Fugenbandschläuche mit quellfähigem Zementleim verpreßt. In Fugen, bei denen Verschiebungen außerhalb der Toleranzgrenzen auftraten, wurden die Vertikaldrän und eine elastische Verfugung auf Epoxidharzbasis vom Tunnelinnern eingebaut. Besonders fehlerhafte Fugen wurden angebohrt und auf der Außenseite des Fugenbands mit einem Bentonit-Zementgemisch injiziert. Nur 3 % der Fugen mußten besonders behandelt werden.

(2) Einschalige Schlitzwandfertigteil-Bauweise beim Baulos D1 Deutzer Bad, Köln

Im Zuge des Bauloses D1 wurde eine 30 m lange Tunnelstrecke mit Fertigteilschlitzwänden nach dem „Panosol"-System ausgeführt. Die Breite der Fertigteile betrug 2,47 m (Bild B 4/62). In den Schlitzwandfugen wurden die in Frankreich entwickelten Elastomer-Injektionsfugenbänder eingebaut (vgl. Bild B 4/61). Der Einbau erfolgte zusammen mit der

Fertigteilmontage. Das Verpressen mit quellfähigem Zementleim wurde nach Fertigstellung der gesamten Tunnelstrecke durchgeführt. Wegen der vorgegebenen Tunnel-Blocklänge von 10 m ist jedes vierte Fugenband aus der Wand mit der Sohle und Decke zu einem geschlossenen Dichtungsring verbunden. Die übrigen Fugenbänder wurden jeweils bis in die Sohle und Decke geführt und enden dort.

Die Vorfertigung der Fertigteilelemente über Tage und die exakte Plazierung im Leerschlitz bietet die Möglichkeit, Nischen und Auflagerflächen für den Anschluß der horizontalen Bauteile beim Schalen, Bewehren und Betonieren so auszubilden, daß kaum besondere Nacharbeiten erforderlich sind. Bei der beschriebenen Baumaßnahme wurden die Unterwasserbetonsohle und die Tunnelsohle durch unbewehrte Betonverzahnung quasi gelenkig an die Fertigteilwände angeschlossen. Ebenso bilden die Schlitzwandköpfe das unmittelbare Auflager für die Decke, wobei über eine Anschlagkante die Horizontalkräfte aufgenommen werden. In den Fugen zwischen Fertigteilwand einerseits sowie Decke und Sohle andererseits wurden Bentonitstangen als Dichtung eingebaut. Die hier verwendeten Bentonitstangen bestehen aus wasserlöslichen Gelatinehüllen, deren Inneres mit granuliertem natürlichen Natrium-Bentonit gefüllt ist.

B 4.3.5 Tunnelbauwerke mit Stahlspundwänden ohne Innenschale

Die Wände dieser Tunnelbauwerke bestehen aus fugenlos gerammten Stahlspundbohlen. Die Schlösser der Bohlen werden bei anstehendem Grundwasser wasserdicht verschweißt oder im Sickerwasserbereich auch mit dauerelastischem Kitt abgedichtet. Decke und Sohle werden als Stahlbeton- oder Spannbetonplatten ausgeführt.

In der Regel wird die Decke oben auf die Spundwände aufgelagert. Die Sohle wird zwischen die Spundwände eingebaut. Bei den Fugen sind zu unterscheiden die Dehnungsfugen in den Betonplatten quer zur Tunnelachse und die Anschlußfugenkonstruktionen der Decke bzw. Sohle an die Spundwände.

Tunnelbauwerke mit Stahlspundwänden werden in Deckel- oder Sohlbauweise hergestellt. Einzelheiten zu den verschiedenen Bauweisen siehe Literatur [B 4/32].

Im folgenden werden Beispiele für Fugenkonstruktionen getrennt nach Decken- und Sohlentragwerken beschrieben und dargestellt:

a) Tunneldecke

Für die Auflagerung der Stahlbeton- oder Spannbetondecken auf den Spundwänden gibt es im wesentlichen zwei Lösungen:

– die Deckenplatten werden mit einer Zwischenkonstruktion gelenkig und längsverschieblich aufgelagert.

– die Deckenplatten werden ohne Zwischenkonstruktion direkt auf die Spundwände betoniert (Schneidenlagerung).

Als Zwischenkonstruktion werden entweder Auflagerholme aus Stahlbeton auf dem Spundwandkopf betoniert oder Stahlprofile als Holm aufgeschweißt. Die verschiebliche Auflagerung der Deckenplatte erfolgt über Gleitschichten oder Stahllager.

Die folgenden Beispiele zeigen verschiedene konstruktive Lösungen des Deckenanschlusses:

(1) Stahlbetonholm mit Gleitschicht

Zur zwängungsfreien Lagerung der Decke beim Rheinalleetunnel in Düsseldorf sind auf dem Kopf der Spundwände durchgehende fugenlose Stahlbetonholme betoniert (Bild B 4/63, Detail A). Die Tunneldecke lagert mit nutartigen Aussparungen und Gleitschichten aus Bitumen, Kupferriffelblech und nackter Bitumenpappe längsverschieblich auf diesen Holmen. Vertikal- und Horizontalkräfte aus der Decke werden über die Nut in den Betonholm und von dort in die Wand geleitet. Im Tunnelquerschnitt wirkt die Auflagerung wie ein Gelenk. Durch die Elastizität der Spundwände ist eine Behinderung der Deckenbewegungen in Querrichtung nicht gegeben.

Die 0,60 m bis 1,10 m dicke Stahlbetondecke ist durch Fugen in Blöcke von 10m Länge unterteilt und gegen Druckwasser mit einer mehrlagigen Bitumenabdichtung versehen. Über den Deckenfugen ist die Abdichtung verstärkt. Der Anschluß der Abdichtung an die Spundwand ist als Los-/Festflanschkonstruktion ausgeführt. In die Spundwand wurde hierzu ein 10 mm dickes Blech (Festflansch) eingeschweißt. Als zweite Dichtung wurde die Decke aus wasserundurchlässigem Beton hergestellt und in die Deckenfugen Elastomer-Fugenbänder mit Stahllaschen einbetoniert. An den Fugenbändern sind an den Enden Kupferbleche angeflanscht, die in die Bitumenabdichtung eingeklebt sind (Bild B 4/64).

Die Bewegungsmöglichkeit der Betonblöcke gegenüber der Stahlkonstruktion an der Anklemmstelle wurde durch Verstärkung der Abdichtung mit einer zusätzlich eingelegten PVC-P-Dichtungsbahn erreicht.

(2) Stahlprofilholm mit Gleitschicht

Zur zwängungsfreien Lagerung der Decke beim Straßentunnel unter der Projensdorfer Straße in Kiel ist auf die Spundwandköpfe ein I-Profil aufgeschweißt, in dem die Decke mit einem anbetonierten U-Profil gelagert ist (Bild B 4/65). Zwischen den Walzprofilen ist eine Gleitschicht angeordnet, die verhindert, daß unterschiedliche Längsdehnungen in der Decke und den Wänden gegenseitig übertragen werden.

Die Decke ist mit einer durchgehenden Sickerwasserabdichtung aus drei Lagen Glasfaserdichtungsbahnen versehen. Als zweite Dichtung wurde die Decke von ca. 0,80 m Dicke aus wasserundurchlässigem Beton mit 22,5 m Fugenabstand hergestellt. In die 2 cm breiten Fugen wurden PVC-Dehnungsfugenbänder einbetoniert. Hautabdichtung und Fugenbänder sind an den Deckenlängskanten bis unterhalb der Wand-/Deckenfugen heruntergezogen.

Aus feuerschutztechnischen Gründen wurde bei diesem Tunnel eine 25 cm dicke Ortbetonverkleidung der Stahlspundwände ausgeführt. Die Dehnungsfugen der Verkleidung im Abstand von 22,5 m liegen jeweils in einem Spundwandtal. Für die Sicherstellung der Bewegungsmöglichkeit sind die Spundwandtäler im Fugenbereich mit einer weichen Bauplatte ausgekleidet. In die 1 cm breiten Dehnungsfugen der Verkleidung wurden PVC-Arbeitsfugenbänder einbetoniert.

(3) Stahlbetonholm mit Stahlgelenklager

Beim Straßentunnel unter dem Adenauer-Platz in Bonn wurde auf die Spundwandköpfe ein Stahlbetonholm hergestellt, in dem als untere Gelenkplatte die Fußplatte einer längsdurchtrennten Schiene S 49 einbetoniert ist. Der obere Gelenkzapfen wird durch den in die Decke einbetonierten Kopf der Schiene S 49 gebildet. Die Wand-/Deckenfuge ist gegen eindringendes Sickerwasser durch ein einbetoniertes Dehnungsfugenband geschützt (Bild B 4/66).

Die 0,70 m dicke Stahlbetondecke hat eine Sickerwasserabdichtung mit Schutzbeton. Im Bereich der Dehnungsfugen ist die Abdichtung verstärkt.

Bild B 4/63
Wasserdichter beweglicher Decken- und Sohlenanschluß an die Spundwände beim Rheinalleetunnel, Düsseldorf; Ausführung 1968/69
[B 4/33]

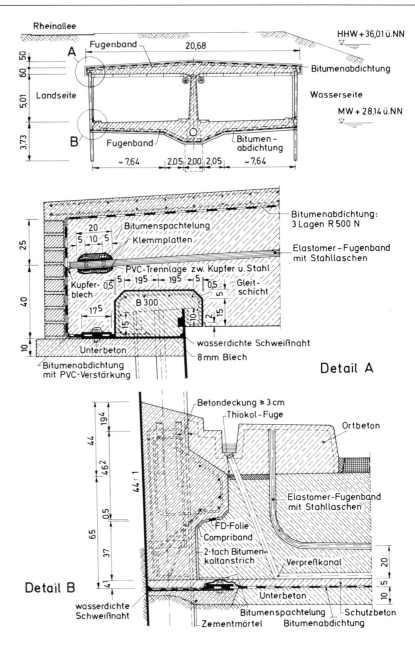

Detail A

Detail B

Bild B 4/64
Auflagerung der Tunneldecke auf die Spundwand beim Rheinalleetunnel, Düsseldorf; Ausführung 1968/69 [B 4/34]
a) Einschweißen der Bleche
b) Vorbetonierter Auflagerholm mit Abdichtung, Abdichtungsrücklage für den Deckenrand und Anschlußblechen für die Querfugenbänder der Decke

(a)   (b)

Bild B 4/65
Beweglicher Anschluß Tunneldecke / Spundwand und Ausbildung der Deckendehnungsfu-
gen (Sickerwasserbereich) beim Straßentunnel
unter der Projensdorfer Straße, Kiel; Ausführung 1969/71 (nach Unterlagen des Autobahn-
amts Schleswig-Holstein)

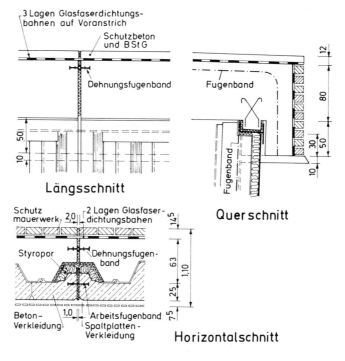

Bild B 4/66
Beweglicher Anschluß Tunneldecke / Spundwand (Sickerwasserbereich) bei der Straßenunterführung am Adenauer-Platz, Bonn; Ausführung 1964 (nach Unterlagen des Tiefbauamts der Stadt Bonn)

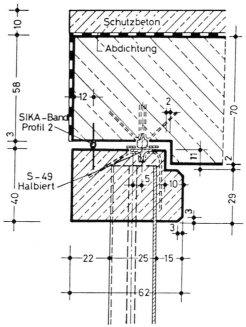

(4) Schneidenlagerung

Ohne Zwischenkonstruktion werden die statischen und dynamischen Vertikal- und Horizontallasten aus der Tunneldecke
mit der Schneidenlagerung direkt in die Stahlspundwände eingeleitet (Bild B 4/67). Der sich hierbei im Stahlbetonkörper
der Decke einstellende dreiachsige Spannungszustand wird
aufgenommen [B 4/36]

– in Längsrichtung durch die Ausnutzung der geometrischen
  Form der Stahlspundbohlen bei nur 15 cm Einbindetiefe der
  Spundbohlen in den Stahlbeton,

– in Querrichtung durch eine schlangenförmig gebogene
  Spaltzugbewehrung dicht über der Spundbohlenschneide
  und durch Bügelbewehrung.

Die Stahlspundbohlen behalten bei der gewählten Bewehrungsführung im Einbindebereich ihre volle Biege- und Dehn-
steifigkeit, da sie nicht mehr zum Durchstecken der Bewehrung geschlitzt werden.

Gegenüber der bisherigen Bauausführung entfallen somit

– das Einschweißen von Konstruktionselementen in die Stahlspundbohlen zur Vergrößerung der Auflagerfläche,

– das Schlitzen der Stahlspundbohlen im Einbindebereich
  bzw. das Herstellen von Löchern für die Bewehrungsführung,

– das Anschweißen von Bewehrungsstäben an den Stahlspundbohlen, um die auftretenden Zugkräfte vom Stahlbeton in die Spundbohlen weiterzuleiten.

Bild B 4/67
Schneidenlagerung der Decke auf den Stahlspundbohlen im Sickerwasserbereich beim Eisenbahntunnel „Roter Hahn", Lübeck; Ausführung 1972/74 [B 4/37]

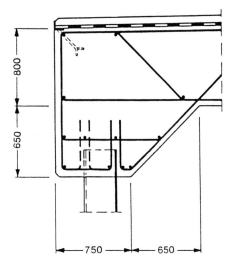

Bild B 4/68
Wasserdichter starrer Sohlenanschluß und Ausbildung der Sohlendehnungsfuge beim Straßentunnel Mülheim / Ruhr; Ausführung 1970/71 [B 4/40]

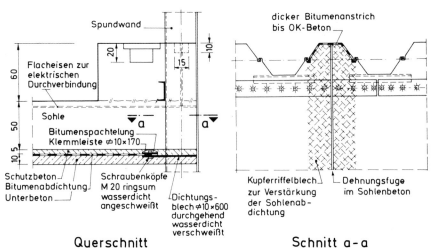

Querschnitt   **Schnitt a-a**

Die erforderlichen Dehnungsquerfugen in der Decke werden in einer nach außen weisenden Welle der Spundwand angeordnet. Die Welle wird z. B. innen und außem mit Bitumen dick beschichtet, so daß die Fugenbewegung durch elastisches Nachgeben der Spundwandwelle fast ohne Zwängungskräfte aufgefangen wird.

b) Tunnel- bzw. Trogsohle

Eine massive Sohlplatte aus Beton oder Stahlbeton ist nur erforderlich, wenn das Grundwasser bis über die Ebene der Sohle ansteigt. Die Sohle erhält in diesem Fall normalerweise eine wasserdruckhaltende Hautabdichtung. Der wasserdichte Anschluß der Abdichtung an die Spundwand erfolgt mit einer Los-/Festflanschkonstruktion. Als Festflansch wird ein 10 mm bis 15 mm dickes Blech horizontal oder leicht nach oben geneigt in die Spundwand wasserdicht eingeschweißt. Wenn das Eigengewicht der Sohlplatte nicht für die Sicherheit gegen Auftrieb ausreicht, werden die Auftriebskräfte in die Spundwand eingeleitet. Hierfür und für die Aufteilung der Sohle in Bauwerkslängsrichtung mit Fugen gibt es verschiedene Lösungen:

(1) Gelenkiger Anschluß der Bauwerkssohle an die Spundwand

Beim Rheinalleetunnel in Düsseldorf erfolgt die Einleitung der Auftriebskräfte aus der Sohle in die Spundwände über durchlaufende Stahlbetonkonsolen mit angeschweißter Bewehrung (Bild B 4/63, Detail B). Gegen diese stützt sich die Tunnelsohle mit Gleitmöglichkeit in Längs- und Querrichtung über eine Kunststoff-Gleitfolie ab.

Die Tunnelsohle wurde wie üblich mit einer mehrlagigen Bitumenabdichtung gegen drückendes Wasser abgedichtet. Der Anschluß an die Spundwände erfolgte über angeschweißte 10 mm dicke Stahlbleche und eine Klemmkonstruktion. Die Anschlußbleche für die Sohlabdichtung wurden unter Berücksichtigung des Setzungsablaufs der Spundwände erst nach Aufbringen der Erdauflast über der Tunneldecke angeschweißt, um ein Abscheren sicher auszuschließen.

Die Stahlbetonsohle aus wasserundurchlässigem Beton ist durch Querfugen in Blöcke von 10 m Länge unterteilt. In die Fugen wurden Elastomerbänder mit Stahllaschen einbetoniert. Schwere Stahlrohr-Betondübel sichern die Fugen gegen unterschiedliche Bewegungen in vertikaler Richtung. Die in Längsrichtung verlaufende Fuge an der Spundwandkonsole ist mit

Bild B 4/69
Anschluß Wannensohle / Spundwand bei der
Grundwasserwanne Umgehung Wörth; Ausführung 1977/79 [B 4/38]

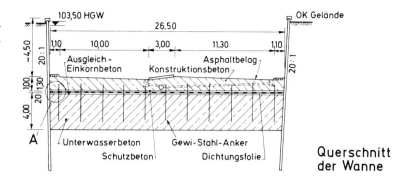

Querschnitt der Wanne

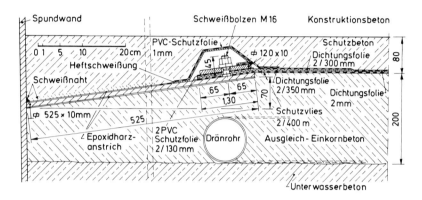

Detail A: Anschluß der Dichtungsfolie

Thiokol-Dichtstoff an der Oberfläche abgedichtet. Ein Auspreß- und Entlastungskanal in jeder Sohlquerfuge war für ein nachträgliches Dichten bei Fehlstellen in der Hautabdichtung vorgesehen.

(2) Starrer Anschluß der Bauwerkssohle an die Spundwand

– Beim Straßentunnel in Mülheim wurde die Tunnelsohle durch Fugen in Blöcke von 6 m unterteilt (Bild B 4/68). Relative Bewegungen zwischen Tunnelsohle und Spundwand sind wegen der Verzahnung und starren Ausbildung des Anschlusses nicht möglich. Die Sohlabdichtung wurde in den Fugenbereichen mit Kupferriffelband verstärkt. Die Spundbohlen im Bereich der Sohlfugen erhielten bis zur Oberkante des Sohlbetons einen Bitumenanstrich, um Korrosionsangriffe durch eindringendes Tagwasser zu verhindern.

– Bei der Grundwasserwanne im Zuge der Umgehung Wörth ist die Konstruktionsbetonsohle mit einer 2 mm dicken PVC-P-Dichtungsbahn abgedichtet (Bild B 4/69). Seitlich ist die am Rand dreilagig ausgeführte Abdichtung mit Klemmprofilen an in die Spundwände eingeschweißte Bleche angeschlossen. Die Konstruktionsbetonsohle wurde fugenlos

ausgeführt, da Bewegungen einerseits durch die Verzahnung in der Spundwandprofilierung und andererseits durch die Verankerung gegen Auftrieb mit der Unterwasserbetonsohle nicht möglich waren [B 4/38], [B 4/39].

– Zwei weitere Beispiele für die Ausbildung von biegesteifen Sohlanschlüssen zeigt Bild B 4/70.

(3) Sohlenanschluß an die Tunnel-Mittelwand aus Spundbohlen

Bei Lage der Sohle im Grundwasser ist der Sickerweg des Wassers in der Längsrichtung der Schlösser zu unterbinden. Bild B 4/71 zeigt hierfür eine einfache Lösung, bei der im Schloß unmittelbar über der Sohlenabdichtung eine kleine Öffnung herausgebrannt und der Spalt wasserdicht zugeschweißt wird. Das Fenster kann zum Durchstecken der Sohlbewehrung benutzt werden.

c) Besonderheiten bei Tunneln mit Gleichstrombahnen

Zur Vermeidung zu hoher Berührungsspannungen und Streustromkorrosion in Tunneln mit Gleichstrombahnen ist die Bewehrung der einzelnen Sohlen- und Deckenabschnitte untereinander im Bereich der Dehnungsfugen sowie mit den Spundwänden elektrisch leitend zu verbinden. Bei Straßen- und Fußgänger-Tunneln ist dies nicht erforderlich.

Bild B 4/70
Beispiele für biegesteife Sohlenanschlüsse an
Spundwände [B 4/41]

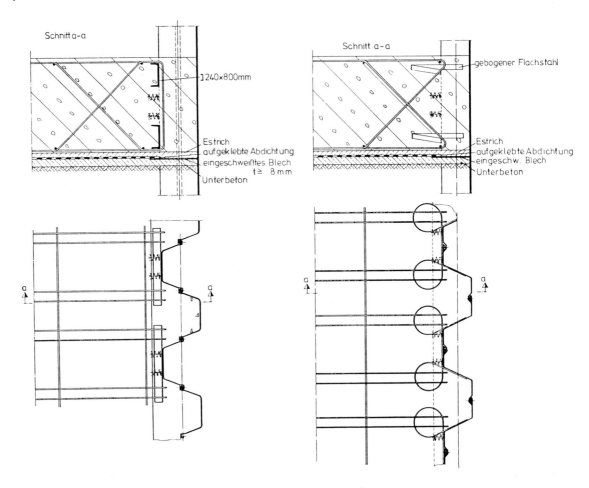

Bild B 4/71
Beispiel für einen Sohlenanschluß an eine
Tunnelmittelwand aus Spundbohlen [B 4/41]

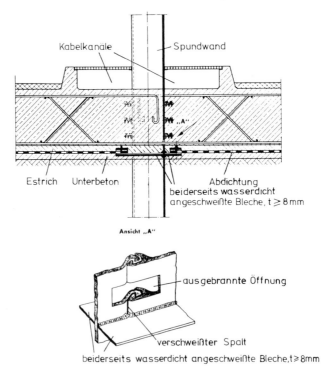

B 4.4 Fugenanordnung und -ausbildung bei der Caisson-Bauweise

Die Caisson-Bauweise wird im Verkehrstunnelbau bei schwierigen Baugrundverhältnissen und hohem Grundwasserstand, der nicht abgesenkt werden kann oder darf, eingesetzt. Bei dieser Bauweise werden 30 bis 50 m lange Tunnelblöcke auf der Erdoberfläche in der späteren Tunneltrasse betoniert oder in Trockendocks hergestellt und anschließend in die Trasse eingeschwommen. Sie werden dann in die gewünschte Tiefenlage unter Geländeoberfläche bzw. Flußsohle durch Entnahme des Bodens aus dem Arbeitsraum unter dem Tunnelblock (gebildet aus einem Schneidenkranz und der Tunnelsohle) abgesenkt. Das Wasser im Arbeitsraum wird durch Druckluft ferngehalten. Herausragende Anwendungsbeispiele im U-Bahnbau sind Berlin [B 4/43], [B 4/44], [B 4/45] und Amsterdam [B 4/46].

Bei der Caisson-Bauweise kommen Fugen einerseits innerhalb der Tunnelblöcke als Betonier- bzw. Arbeitsfugen vor, andererseits sind die Fugen zwischen den Caissons (Tunnelblöcken) unter Wasser auszubilden:

– Die Ausbildung der Arbeitsfugen in den Tunnelblöcken ist abhängig von der Abdichtungsart. Wird der Tunnelblock zweischalig mit einer Hautabdichtung hergestellt, so werden i. a. keine besonderen Maßnahmen bei der Ausbildung der Arbeitsfugen getroffen. Anders sieht es bei den Betonierfugen von einschaligen Tunnelblöcken aus. Hier werden die Arbeitsfugen durch Fugenbleche gesichert und zusätzlich der Beton während der Abbindephase mit Wasser gekühlt, um die Zwängungsspannungen in den Arbeitsfugen gering zu halten (nachstehende Beispiele 1 und 3).

– Zum Schließen der 80 bis 100 cm breiten Fuge zwischen den Caissons ist eine Baugrube mit Verbau und Wasserhaltung erforderlich. Eingesetzt wurden bisher neben örtlicher Wasserhaltung mit Vakuumbrunnen und Behelfsdränagen [B 4/45] das Gefrierverfahren (Beispiel 1) und die Wand-Sohle-Methode mit Schlitzwänden und Unterwasserbeton (Beispiele 2 und 3) sowie im Flußbereich das Druckluftverfahren mit Spundwandbaugrube und druckluftdichter Decke (Beispiel 2). Im Schutze der Baugrube wird dann die Tunnelkonstruktion ergänzt.

(1) Einschalige Caisson-Bauweise des Metro-Bauloses Wibaustraat, Amsterdam

Die einzelnen Caissons sind jeweils bis zu 40 m lang und im Streckenbereich rd. 10 m breit und hoch. Im Bereich der Bahnhöfe beträgt die Breite bis zu 18 m und die Höhe erstreckt sich über 2 bis 3 Stockwerke. Die Tunneldecke liegt bis zu 2 m unter dem Grundwasserspiegel.

Arbeitsfugen wurden in den Streckencaissons nur am Übergang Sohle/Wand, in den Bahnhofscaissons auch oberhalb der 1. Zwischendecke angeordnet. Um die Zwangsspannungen aus Temperaturdifferenzen in den Arbeitsfugen herabzusetzen, wurde der Wandbeton über eingebaute Rohre gekühlt (Bild B 4/72). Als Dichtung wurden in die Arbeitsfugen Stahlbleche einbetoniert.

Für die Fugenkonstruktion zwischen den abgesenkten Caissons war in der Planung ein Sollabstand von 65 cm vorgesehen. Der Fugenschluß erfolgte mit einer Stahlbetonkonstruktion (Bild B 4/73), die auf der einen Seite starr mit dem Caisson verbunden wurde und auf der anderen Seite mit einer Raumfuge zum Nachbarcaisson anschließt. In die starre Fuge ist keine zusätzliche Abdichtung eingebaut worden. Die Raumfuge wurde mit einem Elastomer-Fugenband mit Stahllaschen abgedichtet, dessen eine Hälfte bereits in der Stirnseite des betreffenden Anschlußcaissons einbetoniert war.

Zur Herstellung der Fugenkonstruktion war es erforderlich, das anstehende Grundwasser abzuschirmen, um die Anwendung von Druckluft zu vermeiden. Zu diesem Zweck wurde der Baugrund im Fugenbereich vereist, da es nicht möglich war, das Grundwasser abzusenken. Die Anwendung der Vereisungsmethode war bei den Amsterdamer Baugrundverhältnissen möglich, da praktisch keine Grundwasserströmungen auftreten. Als Gefriermittel für die Herstellung des Eisrings wurde flüssiger Stickstoff verwendet; Einzelheiten hierzu siehe [B 4/46]. Der Aufbau eines kompletten Gefrierrings um eine Fuge zwischen zwei Caissons konnte in etwa 30 bis 36 Stunden erreicht werden.

Für die Gesamtherstellung einer Fuge vom Beginn des Vereisens wurden i. M. 20 Tage benötigt. Nach dem Aufbau des Gefrierrings konnten die provisorischen Schottwände der Tunnelröhren entfernt und die Herstellung der Betonfugenkonstruktion von innen heraus bei atmosphärischem Druck vorgenommen werden. Zum Schutz des Frischbetons wurden auf dem vereisten Boden 5 cm dicke Wärmedämmplatten aufgebracht.

(2) Zweischalige Caisson-Bauweise des U-Bahnloses H 109 Havelunterquerung Berlin-Spandau

Die 30 bis 50 m langen, ca. 11 m breiten und 9,70 m hohen Caissons des Bauloses wurden zweischalig mit bituminöser Hautabdichtung hergestellt. An den Arbeitsfugen der Blöcke wurden keine zusätzlichen Dichtungsmaßnahmen durchgeführt.

Die Verbindung der Caissons außerhalb der Havel erfolgte in der Wand-Sohle-Methode (Bild B 4/74). Dazu wurden parallel dicht neben den Außenwänden zweier benachbarter Senkkästen Schlitzwände hergestellt und der Aushub der Baugrube zwischen den Caissons unter Wasser vorgenommen. Nach Einbau einer Unterwasserbetonplombe und Lenzen der Baugrube konnte die Verbindung der Caissons in herkömmlicher Weise durchgeführt werden. Eventuelle geringe Undichtigkeiten zwischen Schlitzwand und Senkkastenwand bzw. zwischen Unterwasserbetonplombe und Caissonschneide konnten bis zum Erhärten des Konstruktionsbetons mit einer Vakuumanlage beherrscht werden [B 4/43].

Bild B 4/72
Fugenanordnung im Querschnitt und Maßnahmen zur Verhinderung von Rissen in der Caissonwand beim Metro-Baulos Wibaustraat,
Amsterdam; Ausführung 1970/78 [B 4/46]

Schnitte durch einen Streckencaisson

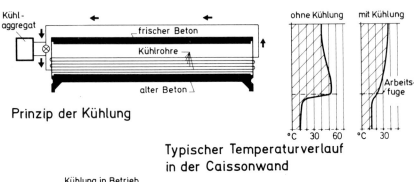

Prinzip der Kühlung

Typischer Temperaturverlauf
in der Caissonwand

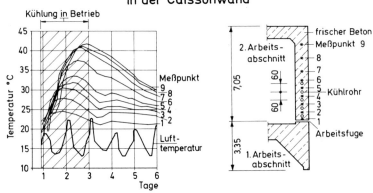

Meßergebnisse beim Betonieren des 2. Abschnittes mit Kühlung

Die Fugen zwischen den Caissons wurden entsprechend Bild
B 4/74 umlaufend ausgebildet als:

– Arbeitsfuge mit durchgehender Verteilerbewehrung und

– Dehnungsfuge mit Verstärkung der Bitumenabdichtung
  durch Cu-Riffelband. Zur Vermeidung größerer Setzungsunterschiede zwischen zwei benachbarten Caissons wurde
  die Dehnungsfuge zur Aufnahme von Querkräften rauten-
  förmig ausgebildet.

Es traten an diesen Fugen bisher keine Beanstandungen auf.

Wesentlich aufwendiger war die Verbindung der Tunnelblöcke
in Havel-Mitte zwischen den Caissons 4 und 5 und am östlichen
Ufer zwischen den Caissons 3 und 4. Eine Ausführung von
Schlitzwänden war im Flußbereich nicht möglich. Deshalb
wurden auf den Caissondecken Aufsatzspundwände im Beton
verankert. Seitlich neben den Caissons wurden 22 m lange
Spundwände, Larssen 22, gerammt. Nach Herstellen dieser
Baugrubenumschließung konnte ein Unterwasserteilaushub
vorgenommen werden. Anschließend wurde eine druckluft-
dichte Decke mit einer Schleuse eingebaut, die Decke mit Bal-
last beschwert und der Arbeitsraum mit Druckluft beauf-
schlagt. Unter Druckluft erfolgte dann die Fortführung des
Erdaushubs und die Verbindung der Caissons.

Vertikale Durchbrüche innerhalb der Caissondecken und -soh-
len wurden gegen drückendes Wasser mit Stahlblechdeckeln
verschlossen und ausbetoniert. Durchbrüche ohne Wasserdruck wurden mit Betonplomben und Abdichtung geschlossen
(Bild B 4/74). Hinsichtlich der Wasserdichtigkeit der verschlossenen Durchbrüche gab es in einigen Fällen Beanstandungen.

Bild B 4/73
Fugenkonstruktion zwischen den Caissons und
Prinzip der Wasserhaltung durch Vereisung
beim Metro-Baulos Wibaustraat, Amsterdam;
Ausführung 1970/78 [B 4/46]

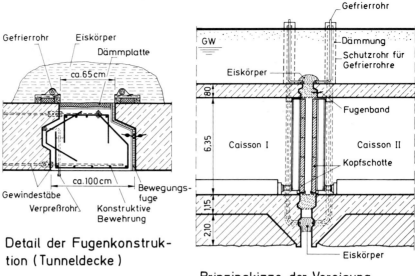

Detail der Fugenkonstruk-
tion (Tunneldecke)

Prinzipskizze der Vereisung
zwischen den Caissons

Bild B 4/74
Anordnung und Ausbildung der Verbindungs-
fugen zwischen den Caissons sowie Verschlie-
ßen von Durchbrüchen in den Caissons des
U-Bahn-Bauloses H 109 (Havelunterquerung
Berlin-Spandau); Ausführung 1978/82 (nach
Unterlagen des Senators für Bau- und Woh-
nungswesen, Abteilung Bahnbau, Berlin und
[B 4/43])

Anmerkung:
Abdichtung = Bitumenabdichtung

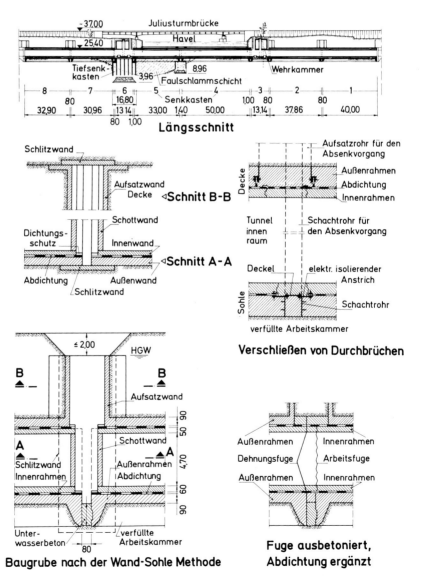

Fuge zwischen den Caissons

(3) Einschalige Caisson-Bauweise des U-Bahnloses H 110 Bahnhof Altstadt Spandau, Berlin

Die einzelnen Caissons sind bis zu rd. 40 m lang, 27 m breit und 11,80 m hoch (Bild B 4/75). In den Wänden der Caissons sind jeweils 3 Arbeitsfugen angeordnet und in der Decke 2. Die Abdichtung der Arbeitsfugen erfolgte mit Fugenblechen 300 × 5 mm. Zur Herabsetzung der Zwangsspannungen in den Arbeitsfugen wurden Kühlrohre in die Wände einbetoniert und der Beton nach Einbringung 2 bis 3 Tage mit Wasser gekühlt.

Für die Herstellung der Verbindungsfugenbaugrube zwischen den Caissons wurde wie beim Baulos 109 (Beispiel 2) die Wand-Sohle-Methode eingesetzt. Die eingebaute Stahlbetonkonstruktion im Fugenbereich ist auf einer Seite mit Schraubmuffen an die Bewehrung des Caissons angeschlossen. Die Abdichtung dieser Arbeitsfuge erfolgte mit einem angeschweißten Fugenblech. Die Fuge auf der anderen Seite ist als Dehnungsfuge ausgebildet und mit einem einbetonierten Elastomer-Fugenband mit Stahllaschen abgedichtet.

Als Dichtungsübergang von der einschaligen zur zweischaligen Tunnelkonstruktion (Baulos 109, Beispiel 2) ist in der Anschlußstirnfläche des zweischaligen Caissons ein Elastomer-Fugenband einbetoniert, das über eine abgewinkelte Los-/Festflanschkonstruktion mit der Bitumenabdichtung verbunden ist.

Bild B 4/75
Fugenanordnung und -ausbildung bei der einschaligen Caisson-Bauweise des U-Bahn-Bauloses H 110 Bahnhof Altstadt Spandau, Berlin; Ausführung 1979/82 (nach [B 4/47] und Unterlagen des Senators für Bau- und Wohnungswesen, Abteilung Bahnbau, Berlin)

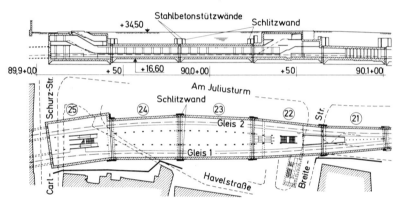

Längsschnitt und Grundriß der Senkkästen

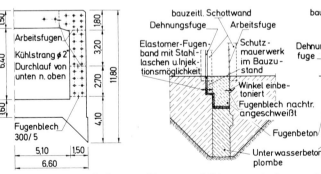

Anordnung der Arbeitsfugen und Kühlrohre im Querschnitt

Fugenausbildung zwischen einschaligen Caissons

Fugenausbildung zwischen ein- und zweischaligen Caissons

B 4.5 Fugenanordnung und -ausbildung beim Einschwimm- und Absenkverfahren

Das Einschwimm- und Absenkverfahren wird vorwiegend beim Unterwassertunnelbau (z. B. Kreuzung von Wasserwegen) angewandt. Das Prinzip besteht darin, daß die Tunnelkörper entweder als ganzes oder in Abschnitten im Trocknen hergestellt, dann eingeschwommen und in einer zuvor durch Naßbaggergeräte ausgehobenen Baugrube unter Wasser abgesenkt, aufgelagert und miteinander verbunden werden. Einzelheiten zum Verfahren und eine Vielzahl von Anwendungen sind in Kretschmer / Fliegner [B 4/48] enthalten.

Bei einer Ausführung der Tunnelelemente aus Stahlbeton oder Spannbeton sind im wesentlichen zwei Fugenarten zu unterscheiden:

– Die Fugen innerhalb der Schwimmstücke, die als Arbeits- oder Bewegungsfugen im Trockenen hergestellt werden (Bewegungsfugen in der Hauptsache quer zur Tunnelachse, Arbeitsfugen sowohl quer als auch längs zur Achse)

– Die Stoß- bzw. Kopplungsfugen zwischen den einzelnen Schwimmstücken, die unter Wasser geschlossen und je nach Beanspruchung beweglich oder starr gestaltet werden (bisher nur quer zur Tunnelachse ausgeführt).

Maßgeblichen Einfluß auf die Fugenausbildung hat die Abdichtungsart der Schwimmstücke. Bisher wurden die meisten Tunnel nach diesem Bauverfahren mit einer Außenabdichtung (Stahlblech, Bitumen, Kunststoff) ausgeführt (Beispiele 1 bis 5). In neuerer Zeit wurden aber auch Unterwassertunnel in wasserundurchlässigem Beton hergestellt (Beispiele 6 bis 8).

a) Bewegungs- und Arbeitsfugen innerhalb der Schwimmstücke

Anzahl und Ausbildung der Bewegungsfugen innerhalb der Schwimmstücke sind abhängig von der Elementlänge, den Untergrundverhältnissen in der Tunneltrasse, der gewählten Gründungsart (z. B. Flächengründung, Auflagerung auf Ein-

zelfundamenten, Einzelpfählen, Pfahljochen), den zu erwartenden Längsverformungen infolge Temperaturänderung, Schwinden und Kriechen und der Art der Bauwerksabdichtung. Bei vielen Unterwassertunneln sind innerhalb der Schwimmstücke keine derartigen Fugen vorhanden, denn für den Einschwimm- und Absenkvorgang sind Bewegungsfugen nicht erwünscht, da die Biegesteifigkeit der Elemente für die Momentbeanspruchungen aus dem Schwimmvorgang erhalten bleiben muß. Sind sie dennoch aus statischen Erwägungen notwendig, so müssen sie während dieser Bauphase durch Fugeneisen oder anderweitig blockiert werden (Beispiele 1, 3 und 4). Die Dichtung der Bewegungsfugen erfolgt durch Fugenbänder bzw. besondere Ausbildung der Außenabdichtung. Üblich sind doppelte Fugendichtungen.

Arbeitsfugen innerhalb der Schwimmstücke, die aus schalungs- und betoniertechnischen Gründen bedingt sind, werden je nach Bauweise und Art der Dichtung (Außenabdichtung, wasserundurchlässiger Beton) durch Fugenbänder oder durch besonders sorgfältige Herstellung des Betonanschlusses abgedichtet. Teilweise werden diese Maßnahmen kombiniert eingesetzt (Beispiele 4, 6 und 8).

b) Stoß- bzw. Kopplungsfugen zwischen den Schwimmstücken

Für die wasserdichte Verbindung der Schwimmstücke untereinander sind sehr unterschiedliche Verfahren und Fugenausbildungen zur Anwendung gelangt. Hier werden die zwei wichtigsten Methoden näher beschrieben:

– Bei den im Querschnitt kreisförmigen Stahlbetontunneln mit Stahldichtung, wie sie bisher vornehmlich auf dem amerikanischen Kontinent gebaut worden sind, wird für den Zusammenschluß der Schwimmstücke unter Wasser, die in dieser Phase nur aus einer Stahlhaut mit Aussteifungen bestehen, folgende Methode angewandt:

Das Kopfstück des zuerst abgesenkten Tunnelelements ragt in der unteren Hälfte um etwa 1 m vor, entsprechend ist das Kopfende des nachfolgenden Tunnelelements in der oberen

Bild B 4/76
Prinzip der Ausbildung der Stoßfuge zwischen den Absenkelementen am Beispiel des BAB-Elbtunnels, Hamburg

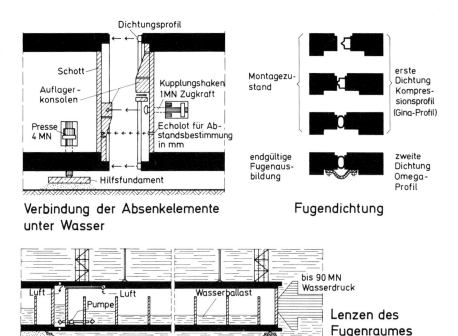

Hälfte um das gleiche Maß vorgezogen. Beim Absenken werden diese beiden Halbschalen aufeinandergesetzt und die Tunnelelemente mit seitlichen Zugvorrichtungen fest zusammengezogen. Ein Taucher führt zur endgültigen Verbindung je einen Bolzen in die Laschen an beiden Seiten der Schalen ein. Durch quadratische Kragenbleche mit Spundwandschlössern hinter diesen Kopfschalen, in die seitlich Spundbohlen oder Buckelbleche eingerammt werden können, läßt sich ein Hohlraum um die Fuge der Tunnelstücke bilden, der mit Unterwasserbeton ausgefüllt wird. Diese Konstruktion stellt die vorläufige Fugendichtung dar. Nachdem der Raum zwischen den Schottwänden von Wasser leergepumpt ist, können die Halbschalen vom Tunnelinneren aus zur endgültigen wasserdichten Verbindung der Tunnelelemente zusammengeschweißt werden. Im Schutze der Stahlröhre wird dann die Stahlbetonauskleidung eingebracht.

In Anlehnung an die amerikanischen Vorbilder wurde eine ähnliche Fugenausbildung für die Verbindung der Stahlbeton-Tunnelstücke beim Parana Tunnel in Argentinien gewählt (Beispiel 2).

– In den letzten Jahren hat sich – besonders bei rechteckig eingeschwommenen Unterwassertunneln – das folgende Verfahren für das Schließen und Abdichten von Stoßfugen unter Wasser als die beste Lösung durchgesetzt (Bild B 4/76).

Das neu abgesenkte Tunnelstück wird von dem freien Ende des bereits abgesenkten aus mit Hilfe eines vom Inneren hydraulisch zu betätigenden Fanghakens gefaßt, herangezogen und gegen eine besonders geformte Gummiwulst, die an der Stirnfläche umlaufend angebracht ist, gepreßt. Dazu wird kein Taucher benötigt. Eine oder zwei Auflagerkonsolen können die Höhenausrichtung der Tunnelelemente erleichtern. Nach dieser ersten Abdichtung wird die Fugenkammer zum Tunnelinneren hin entwässert, so daß der äußere Wasserdruck die beiden Tunnelabschnitte mit großer Kraft zusammenpreßt. Dabei verformt sich der Gummiwulst noch weiter und erhöht somit die Dichtwirkung. An das Dichtungsprofil sind bei dieser Methode folgende Anforderungen zu stellen:

● Die Kraft-Eindrückungslinie des Profils muß am Anfang flach verlaufen, damit bei einer möglichst geringen Anpreßkraft (ca. 10 bis 40 kN/m) Unebenheiten in den Kopfflächen der Tunnelelemente überbrückt und eine Abdichtung erzielt werden können. Dies ist notwendig, da sonst der Zufluß von Wasser so groß sein kann, daß sich beim Auspumpen der Fugenkammer der hydrostatische Druck an der freien Stirnseite nicht aufbaut, der zur weiteren Abdichtung notwendig ist bzw. extreme Pumpenleistungen dazu erforderlich werden.

● Das Profil muß den großen hydrostatischen Seitendruck sicher aushalten können, d. h. es muß eine erhebliche Steifigkeit in Querrichtung aufweisen.

Bild B 4/77
Fugenanordnung und -ausbildung im 140 m langen Mittelstück des Straßentunnels Rendsburg; Ausführung 1957/62 (nach [B 4/49] und [B 4/50])

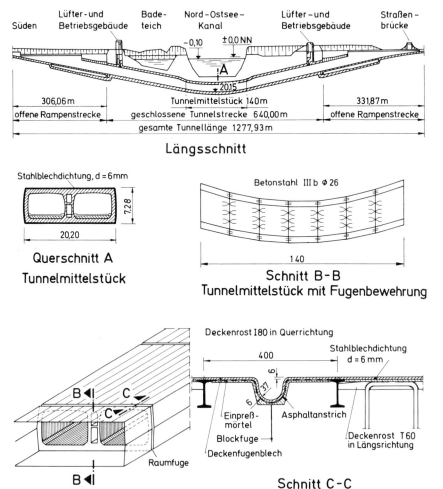

Für diese Aufgabe gibt es verschieden gestaltete Dichtungsprofile. Das in Europa bekannteste und heute am häufigsten angewandte ist das sogenannte „GINA-Profil", das in den Niederlanden für den Bau der Rotterdamer U-Bahn und des Ij-Tunnels entwickelt wurde. Es wird aus Gummischichten verschiedener Shore-Härte durch Vulkanisieren zusammengesetzt. Die Vordichtung wird durch eine weiche Gumminase erzeugt. Nach den Erfordernissen der Bauwerke können Abmessungen und Shore-Härten der einzelnen Gummischichten unterschiedlich ausgelegt werden (s. Bild A 2/23).

Im Schutze dieser ersten Abdichtung kann nun die zweite endgültige Dichtung vom Inneren des Tunnels trocken eingebaut werden. Sie läßt sich entsprechend den Anforderungen an die Fuge (z. B. Größe der Bewegungen, des Wasserdrucks usw.) sehr verschiedenartig gestalten (siehe Beispiele 3, 4, 6 und 8).

Das Schließen einer 1 bis 2 m breiten Endfuge zwischen zwei abgesenkten Tunnelteilen unter Wasser zeigt Beispiel 7. Eine ähnliche Ausführung wurde auch für den Anschluß der Stromstrecke an das Lüfterbauwerk Mitte beim BAB-Elbtunnel in Hamburg (Beispiel 4) gewählt.

Die Ausbildung von Fugen zwischen eingeschwommenen Tunnelabschnitten und den in offener Baugrube im Trockenen hergestellten Anschlußbauwerken werden in den Beispielen 1, 5 und 8 beschrieben.

c) Beispiele

(1) Straßentunnel Rendsburg

Der Rendsburger Tunnel besteht aus einer Stahlbetonrahmenkonstruktion. Das 140 m lange Mittelstück wurde in einem Baudock hergestellt, eingeschwommen und abgesenkt. Wegen der erheblichen mechanischen Belastungen beim Einschwimmen und Absenken wurde es rundum mit einer Stahlhaut von 6 mm Dicke abgedichtet. Die anschließenden geschlossenen und offenen Rampenbereiche wurden in offenen Baugruben errichtet und bituminös abgedichtet.

Bild B 4/78
Ausbildung der Bitumenabdichtung am Anschluß zur Stahlblechabdichtung des Mittelstücks des Straßentunnels Rendsburg; Ausführung 1957/62 (nach [B 4/51])

Anmerkung:
Von der rechten Begrenzung der Schnitte ab geht die Bitumenabdichtung in die normale Ausführung über. Diese besteht bei der Decke aus 4 Lagen Bitumenbahnen R500N im Gieß- und Einwalzverfahren, bei den Wänden aus 3 Lagen Bitumenbahnen R500N und 1 Lage Alu im Gieß- und Einwalzverfahren und bei der Sohle aus 5 Lagen nackte Bitumenbahnen R500N im Streichverfahren

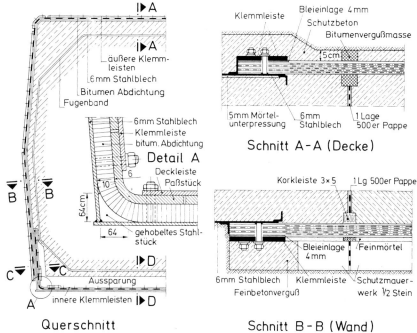

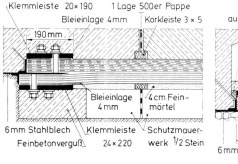

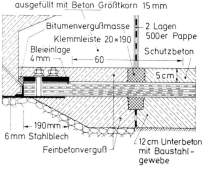

Das Mittelstück ist als Gliederkette ausgebildet (Bild B 4/77). Es besteht aus sieben 20 m langen Blöcken, die in den Fugen nur mit Bewehrungseisen und der Abdichtungsblechhaut verbunden sind. Jeder Block erforderte zwei Betoniervorgänge, einen für die Sohle (rd. 400 m³) und einen für Wände und Decke (rd. 750 m³). Im Abdichtungsblech mit 6 mm Dicke sind an den Blockfugen Dehnschlaufen mit r = 37 mm angeordnet. Messungen und Beobachtungen haben gezeigt, daß diese Schlaufen trotz ihrer Versteifung in den Ecken des Tunnelrahmens eine gewisse Beweglichkeit der Einzelblöcke ohne Überbeanspruchung des Stahlblechs zuließen.

Bild B 4/78 zeigt die Fugenausbildung zwischen Mittelstück und Rampen. Die Fugen sind als Preßfugen ausgebildet. Für eine wasserdichte Verbindung zwischen Stahlblechdichtung des Tunnelmittelstücks und Klebeabdichtung der anschließenden Rampen wurde die Klebeabdichtung mit einer Klemmplattenkonstruktion an die Stahlblechdichtung angeschlossen. Die maximale Setzungsdifferenz an der Fuge wurde auf 30 mm geschätzt. Zur Aufnahme der dadurch bedingten Zerr- und Scherkräfte wurde die Klebeabdichtung über der Fuge umlaufend durch fünf Lagen Kupferriffelband 0,2 mm verstärkt. Spätere Messungen ergaben eine Setzungsdifferenz von maximal 25 mm an den Übergangsfugen. Anschlüsse und Fugen sind bei einem Wasserüberdruck bis rd. 20 m Wassersäule absolut dicht. Weitere Einzelheiten zur Abdichtung sind bei Vogel in [B 4/51] beschrieben.

(2) Straßentunnel Parana in Argentinien

Der Tunnel Parana besteht aus 36 kreisförmigen 65 m langen Stahlbeton-Tunnelelementen (Schwimmstücken) mit 4 mm dicker dreilagig aufgebrachter glasfaserverstärkter Polyesterabdichtung. Die Rohre haben einen lichten Durchmesser von 9,80 m und eine Wanddicke von 0,50 m. Ihre Herstellung erfolgte in 3 Abschnitten: Sohle, Fahrbahnplatte, Gewölbe. Die Gründungssohle liegt an tiefster Stelle etwa 32 m unter dem Wasserspiegel.

Für den Fugenschluß der Schwimmstücke waren an den Elementenden Betonkragen und Halbmuffen ausgebildet. Außerdem waren an einer Stirnfläche ein aufblasbarer Hohlgummischlauch als erste Dichtung eingelassen und an dem Betonkragen seitlich zwei bewegliche Fugentore aus Beton und schließlich unten eine Betonbodenplatte angesetzt. Nach dem Einbau eines neuen Tunnelelements wurde die Fugenkammer zwischen dem Betonkragen mit den Fugentoren geschlossen, der Hohlgummischlauch mit ca. 0,5 bis 1,0 bar Überdruck aufgeblasen und die äußere Fugenkammer mit bewehrtem Unterwasserbeton verfüllt. Im Schutze dieser vorläufigen Dichtung wurden die Schotte ausgebaut und die Fuge im Inneren des Tunnels mit einem an die einbetonierten Winkelprofile angeschweißten Stahlprofil überdeckt. Abschließend wurde der Gummischlauch mit Bentonit gefüllt (Bild B 4/79).

Der Tunnel hat keine besonders ausgebildeten Bewegungsfugen.

Bild B 4/79
Ausbildung der Unterwasserfuge zwischen zwei Schwimmstücken, Tunnel Parana, Argentinien; Ausführung 1964/70 (nach [B 4/52] und Unterlagen der Firma Hochtief)

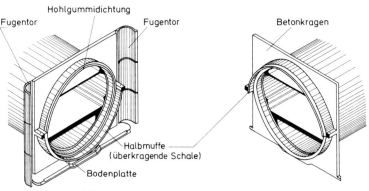

a) Perspektivische Darstellung der Schwimmstücke im Bereich der Stoßfuge

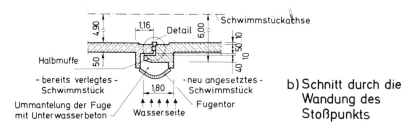

b) Schnitt durch die Wandung des Stoßpunkts

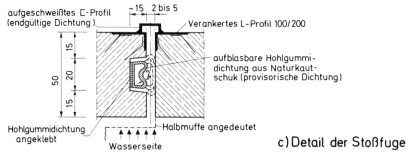

c) Detail der Stoßfuge

(3) Ij-Straßentunnel in Amsterdam

Der Ij-Tunnel ist im geschlossenen Teil 1039 m lang und besteht aus 5 Caissons und 9 Schwimmstücken (Bild B 4/80). Die Gründungssohle liegt etwa 23 m unter dem Amsterdamer Normalpegel. Die Schwimmstücke sind 91,5 m lang, 24,80 m breit und 8,85 m hoch. Außen sind sie an Sohle und Wänden mit 8 mm dickem Stahlblech abgedichtet. Die Decke ist mit einer Bitumenabdichtung und Schutzbeton versehen.

Die Fugen zwischen den einzelnen Schwimmstücken wurden in der Regel als Arbeitsfugen ohne Bewegungsmöglichkeit ausgeführt. Die äußere Dichtung dieser Fugen besteht aus dem sogenannten „Gina-Profil", das für die Rotterdamer U-Bahn und den Ij-Tunnel entwickelt wurde. Im Schutze dieser Abdichtung wurde ein Stahlblech zwischen den mit Stahl verkleideten Fugenflanken rundherum eingeschweißt und die restliche Fuge bewehrt und ausbetoniert (Bild B 4/80b).

In den Drittelspunkten der ca. 91 m langen Schwimmstücke wurden sogenannte Scheinfugen eingebaut (Bild B 4/80a). Diese waren während des Schwimmens und Absenkens blockiert. Nach der Auflagerung der Schwimmstücke auf die Pfahljoche wurde die Längsbewehrung (Blockierung) durchschnitten, so daß Bewegungsfugen entstanden, die in der Lage waren, ungleichmäßige Setzungen aufzunehmen. Nach dem Abklingen der Setzungen wurden die Fugen von innen ausbetoniert und damit weitgehend starr. Derartige Fugen sind noch in der Lage, kleine vertikale Ausknickungen der Tunnelröhre mitzumachen. In Längsrichtung auftretende Druck- bzw. Zugkräfte werden durch die Betonplomben und Spannkabel in der neutralen Zone aufgenommen. Ebenso werden evtl. auftretende Querkräfte (z. B. durch nachträgliche ungleiche Setzung von Einzelpfählen oder Pfahlgruppen) von einem Abschnitt auf den anderen übertragen. Abgedichtet sind die Scheinfugen mit einem Stahlschlaufenblech und einem Elastomerfugenband mit Stahllaschen.

Bild B 4/80
Fugenanordnung und -ausbildung beim Ij-Tunnel in Amsterdam, Holland; Ausführung 1961/68 (nach [B 4/53])

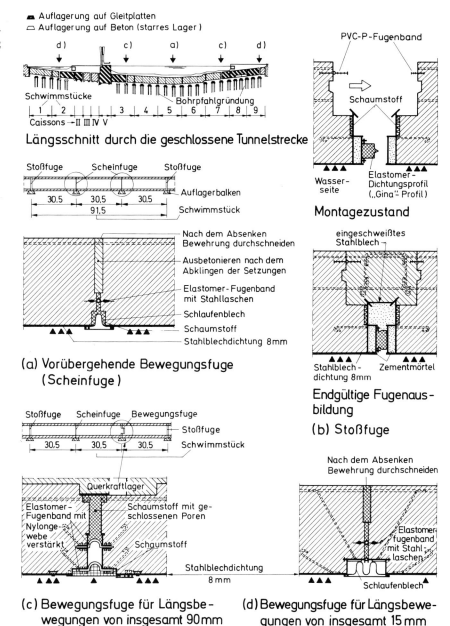

Um die erheblichen Längenverformungen infolge von Temperatureinflüssen auszugleichen, wurden beim Ij-Tunnel zusätzlich Bewegungsfugen innerhalb von Schwimmstücken angeordnet. Dabei sind in Abhängigkeit von der Größe der zu erwartenden Verformungen zwei Typen zu unterscheiden. Fugen, die für eine Bewegung von insgesamt 15 mm vorgesehen sind, wurden mit einem Stahlschlaufenblech und einem Elastomerfugenband mit Stahllaschen abgedichtet (Bild B 4/80 d). Für größere Bewegungen bis zu 90 mm wählte man eine Fugenabdichtung mit zwei angeflanschten textilbewehrten Omega-Elastomer-Fugenbändern (Bild B 4/80 c). Diese Fugen wurden mit besonderen Querkraftlagern versehen, um die Beanspruchung aus Querkräften von der Fugenkonstruktion fernzuhalten.

(4) BAB-Elbtunnel (Baulos I) in Hamburg

Die 1057 m lange Stromstrecke des BAB-Elbtunnels zwischen den Lüfterbauwerken wurde im Einschwimm- und Absenkverfahren aus 8 Elementen von je 132 m Länge, 41,70 m Breite und 8,40 m Höhe hergestellt. An Wänden und Sohle sind die Schwimmstücke mit 6 mm dickem Stahlblech abgedichtet. Die Decke ist mit einer Bitumenabdichtung und Schutzbeton versehen. Die Wasserüberdeckung der Gründungssohle beträgt bis zu 31 m.

Jedes Schwimmstück ist durch 4 Gelenkfugen in 5 Blöcke von ca. 26 m Länge unterteilt. Bei den Gelenkfugen handelt es sich um Querkraftgelenke, die so bewehrt wurden, daß die Biegebeanspruchung in Längsrichtung des Schwimmkörpers beim Einschwimmen und Absenken aufgenommen werden konnte. Nach dem Absetzen des Schwimmkörpers im Flußbett wurde die Bewehrung durchgeschnitten, damit Verdrehungen benachbarter Bauteile in den Momentennullpunkten (Querkraftgelenke) möglich wurden. Für die Querkraftübertragung sind 20 Betonnocken je Fuge ausgebildet. In der Sohlen-, Wand- und Deckenabdichtung sind die Gelenkfugen durch Blechschlaufen berücksichtigt. Als zusätzliche Dichtung ist in den Fugen ein Elastomer-Fugenband mit Stahllaschen eingebaut (Bild B 4/81).

Bild B 4/81
Gelenkfugenausbildung in der Stromstrecke des BAB-Elbtunnels, Hamburg; Ausführung 1968/75 (nach Ausführungsplänen)

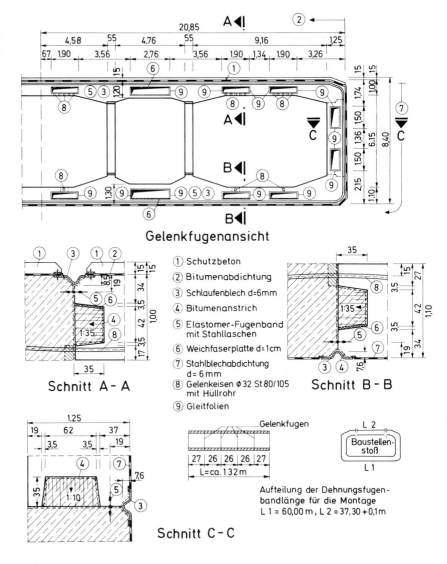

Bild B 4/82
Arbeitsfugenausbildung in der Stromstrecke
des BAB-Elbtunnels, Hamburg; Ausführung
1968/75 (nach Ausführungsplänen)

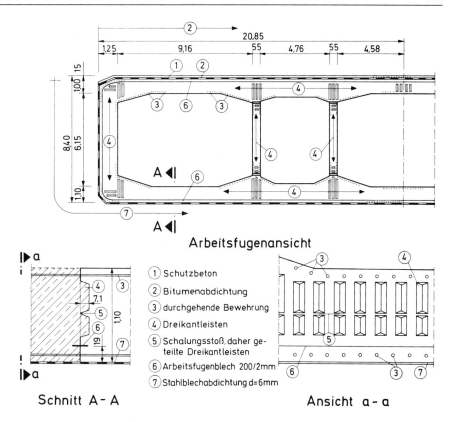

Arbeitsfugenansicht

① Schutzbeton

② Bitumenabdichtung

③ durchgehende Bewehrung

④ Dreikantleisten

⑤ Schalungsstoß, daher geteilte Dreikantleisten

⑥ Arbeitsfugenblech 200/2mm

⑦ Stahlblechabdichtung d=6mm

Schnitt A-A   **Ansicht a-a**

Bild B 4/83
Neuer Elbtunnel, Hamburg
a) Auflagernase und Montage des „Gina-Pro-
fils" an der Stirnseite eines Elements
b) Blick auf die Stirnseiten der Tunnelelemente beim Fluten des Baudocks
(Quelle: Hochtief Nachrichten 48 (1975) Mai/
Juni)

Zwischen den Gelenkfugen ist jeweils noch eine Arbeitsfuge angeordnet, so daß sich Betonierabschnitte von ca. 13 m Länge ergaben. Zur besseren Verzahnung sind die Stirnflächen dieser Fugen mit Dreikantleisten profiliert. Die äußere Dichtungshaut ist ohne Unterbrechung durchgeführt. Als zusätzliche Dichtungsmaßnahme sind Stahlbleche, 200 mm × 2 mm, in den Arbeitsfugen eingebaut (Bild B 4/82).

Der Tunnelquerschnitt wurde im Takt in 3 Arbeitsabschnitten (Sohle-Wände-Decke) hergestellt. Die horizontalen Arbeitsfugen sind abgetreppt ausgebildet und enthalten als zusätzliche Dichtung ein einbetoniertes Fugenblech.

Die Stoßfugen zwischen den einzelnen Schwimmkörpern wurden mit Hilfe spezieller Elastomerprofile (sogenannte „Gina-Profile") vorgedichtet (Bild B 4/83). Als Hauptdichtung ist ein textilbewehrtes schlaufenförmiges Elastomerband (OMEGA-Profil) vom Tunnelinneren her über eine Los- und Festflanschkonstruktion an die stählerne Abdichtung – bzw. im Deckenbereich an die Bitumenabdichtung – angeschlossen (Bild B 4/84). Als Profilierung zum Lichtraumprofil ist eine Stahlbetonverdübelung in der Fuge eingebaut, die so ausgebildet ist, daß die Fuge in Längsrichtung beweglich bleibt, die Elemente sich jedoch nicht verdrehen und gegenseitig verschieben können.

Der Lückenschluß zwischen Absenkstrecke und dem Lüfterbauwerk Mitte erfolgte über eine 2 m breite besonders ausgebildete Fuge. Um den Fugenraum wurden mit Taucherhilfe vier trägerrostartig ausgesteifte Stahlplatten angebracht. Jede Platte hatte einen umlaufenden Elastomer-Dichtungswulst, der etwa dem „Gina-Profil" in den Elementstoßfugen entspricht. Nach dem Abdichten der Fuge rundherum wurde der Fugenraum gelenzt und das fehlende Tunnelstück betoniert. Die Fuge wurde analog den Elementstoßfugen ausgebildet.

Bild B 4/84
Ausbildung der Stoßfuge zwischen den Schwimmstücken beim BAB-Elbtunnel, Hamburg; Ausführung 1968/75 (nach Ausführungsplänen)

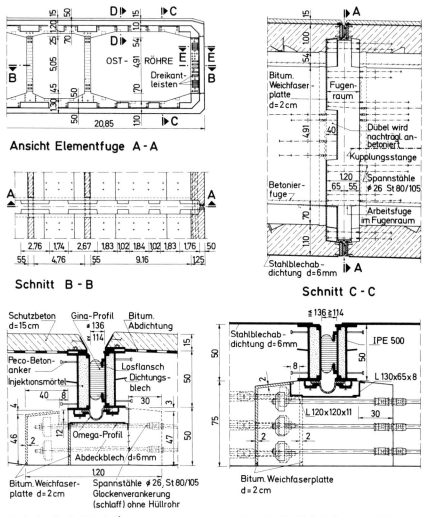

(5) Ausbildung der Anschlußfugen beim Tunnel unter dem Prinses-Magriet-Kanal zwischen dem Ijsselmeer und Groningen

Der Kanal ist über dem Tunnel nur 55 m breit und ungefähr 5 m tief. Ein Einschwimmen des 8 bis 9 m hohen Tunnels von einem Baudock war daher nicht möglich. Das Absenkelement wurde in einer der Rampen gebaut, die dazu verbreitert worden ist. Nach Fertigstellung der beiden Rampen bis auf Deichhöhe im Rohbau und des Absenkelements wurden die Rampen mit Wasser gefüllt und an der Kanalseite der Rampen die Spundwände und Bodendämme entfernt. Anschließend wurde das Absenkelement aufgetrieben, ausgefahren und zwischen den beiden Rampen abgesenkt (Bild B 4/85).

Die Abdichtung zwischen dem Absenkelement, das an beiden Enden mit senkrechten Schottwänden versehen war und den Rampen erfolgte zunächst mit einem speziell dafür entwickelten aufblasbaren Elastomer-Profil. Dieses Profil war als U-Rahmen an den Rampenenden mit Klemmleisten aus Stahl auf dem Sohlen- und Wandbeton befestigt. Nachdem das Absenkelement abgesenkt und ausgerichtet war, wurden die Spalten von ca. 120 mm durch Aufpumpen der pneumatischen Profile geschlossen. Anschließend wurden beide Rampen (gleichzeitig!) leergepumpt und auf beiden Seiten des Absenkelements hinter den pneumatischen Profilen als endgültige Dichtung Omega-Profile angeflanscht.

Bild B 4/85
Ausbildung der Anschlußfuge beim Tunnel unter dem Prinses-Margriet-Kanal zwischen dem Ijsselmeer und Groningen; Inbetriebnahme 1978 (nach [B 4/54])

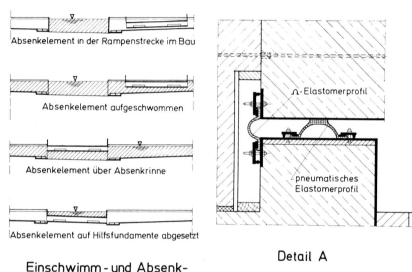

Absenkelement in der Rampenstrecke im Bau

Absenkelement aufgeschwommen

Absenkelement über Absenkrinne

Absenkelement auf Hilfsfundamente abgesetzt

Einschwimm- und Absenkvorgang

∩-Elastomerprofil

pneumatisches Elastomerprofil

Detail A

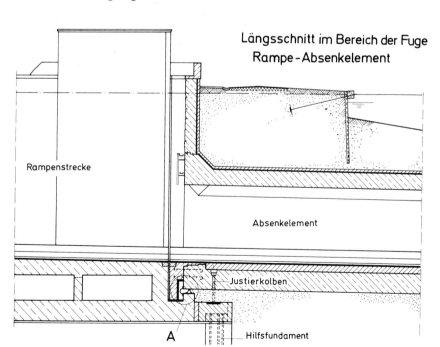

Längsschnitt im Bereich der Fuge Rampe-Absenkelement

Rampenstrecke

Absenkelement

Justierkolben

Hilfsfundament

A

(6) Botlek-Autobahntunnel unter der Alten Maas bei Rotterdam [B 4/55]

Der Botlektunnel hat eine Gesamtlänge von 1120 m. Im Mittelteil unter dem Flußbett besteht er aus fünf abgesenkten Elementen von jeweils ca. 100 m Länge. Den Übergang dieser Absenkstrecke zu den offenen Rampenbauwerken bilden beiderseits die Lüfterbauwerke. Sowohl der Tunnelteil als auch die Rampenteile sind in wasserundurchlässigem Beton ausgeführt. Die Wasserüberdeckung der Gründungssohle beträgt bis zu 24 m (Bild B 4/86).

Die Absenkelemente sind in 6 bzw. 5 Betonierabschnitte von 17,5 m Länge aufgeteilt. Jeder dieser Abschnitte setzt sich aus zwei Unterabschnitten zusammen, nämlich der vorlaufend betonierten Bauwerkssohle und dem Tunnelrahmen aus Wänden und Decke in einem Stück. In den horizontalen Arbeitsfugen der Außenwände sind Fugenbleche 250 × 4 mm mittig eingebaut. Zur Sicherung der aufgehenden Wände gegen Risse wurde der Beton im unteren Wandbereich durch ein Rohrkühlsystem während des Abbindens gekühlt.

Die Abdichtung der Betonierabschnittsfugen alle 17,5 m erfolgte mit 500 mm breiten innenliegenden Elastomer-Fugenbändern mit Mittelschlauch und Stahllaschen. An den Kreuzungspunkten sind die Dehnungsfugenbänder mit den horizontalen Arbeitsfugenblechen verschweißt. Als zweite Dichtung der Betonierabschnittsfugen ist in der Sohle ein 500 mm breites Elastomer-Außenfugenband eingebaut. Im Wand- und Deckenbereich wurden anstelle der Außenfugenbänder die Fugen mit Alcufol-Asphaltstreifen und zwei geklebten Elastomerbahnen gesichert. Die geklebte Außenabdichtung der Fugen

erwies sich im ungeschützten Wandbereich als unzweckmäßig. Sie wurde beim Einschwimmen der Tunnelelemente bereits vom Schraubenwasser der Schleppschiffe abgerissen.

Die Stoßfugen zwischen den Tunnelstücken wurden vollelastisch ausgebildet. Die Dichtung der Fugen besteht aus dem „Gina-Profil" außen und als zusätzlicher Sicherung einem nachträglich angeklemmten Omega-Profil. Beide Stirnflächen der Tunnelstücke sind mit Stahlblech gepanzert, um Kontaktflächen und Anschlußverschraubungen klar und sauber ausbilden zu können. Die Stoßfugen haben Längsbewegungen aus Temperaturschwankungen im Tunnel aufzunehmen sowie die evtl. unterschiedlichen Setzungen der einzelnen Tunnelstücke. Bei 10 K mittlerer Temperaturänderung im Tunnel muß mit rund 10 mm Verschiebungsweg pro 100 m Tunnellänge gerechnet werden. Dieses Maß wird ohne weiteres durch die elastischen Gina- und Omega-Profile aufgenommen.

Das erste Tunnelstück am Bedienungsgebäude wurde 12 cm höher abgesetzt. Durch die unterschiedliche Gründung der Bauteile setzte sich das Tunnelstück insgesamt 18 cm. Die gegenseitige Verschiebung erfolgte nahezu reibungslos dadurch, daß das „Gina-Profil" an der glatten Stirnfläche des Bedienungsgebäudes in die Tiefe rutschte.

Die Schlußlücke von etwa 1 m zwischen dem letzten Tunnelstück und dem festgegründeten Lüfterbauwerk wurde zunächst durch Taucher mit Druckstempeln verkeilt und mit Blechtafeln rundum abgedichtet. Danach wurde die so gebildete Kammer leergepumpt und das fehlende Tunnelstück betoniert. Die Ausbildung der Fugen erfolgte wie vor.

Bild B 4/86
Fugenausführung und -ausbildung beim Botlek-Autobahntunnel unter der Alten Maas bei Rotterdam; Ausführung 1976/80 (nach Unterlagen der Firma Wayss & Freytag)

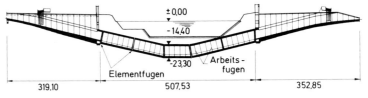

Längsschnitt in Tunnelachse

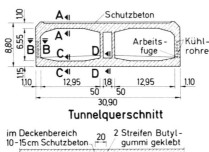

Tunnelquerschnitt

Arbeitsfuge in Decke und Wand Schnitt A-A bzw B-B

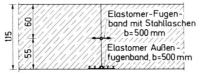

◀ **Arbeitsfuge in der Sohle Schnitt C-C**

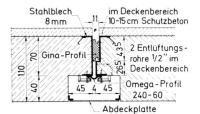

Elementfuge in Decke und Wand Schnitt A-A bzw B-B

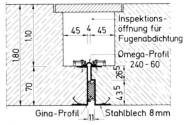

Elementfuge in der Sohle Schnitt D-D

(7) Schließen der Endfuge zwischen Absenkelementen bei der Metro Hoogvliet-Spijkenisse, Rotterdam

Beim Metro-Baulos Hoogvliet-Spijkenisse in Rotterdam war eine 1 m breite Endfuge zwischen Absenkelementen aus wasserundurchlässigem Beton zu schließen. Folgende Bauphasen waren dazu erforderlich (Bild B 4/87):

– Versenken eines trägerrostartigen Bodenschotts aus Stahl in die Baggerrinne im Fugenbereich

– Einschwimmen, Absenken und Positionieren der Tunnelelemente rechts und links der Fuge

– Verkeilen von Druckstempeln zwischen den Tunnelelementen mit Taucherhilfe, damit sich beim Wegnehmen des Wasserdrucks in der Fuge die übrigen Fugen der abgesenkten Tunnelstücke nicht öffnen

– Anheben des Bodenschotts mit Taucherhilfe und Anklemmen mit Bolzen und Traversen an den Sohlen der Tunnelelemente. Die Dichtung zu den Tunnelelementen erfolgt mit Elastomer-Fender-Profilen.

– wasserdichtes Schließen des Fugenraums mit Seitenschotts an den Wänden und einem Stahlkasten als Arbeitsraum im Deckenbereich. Die Befestigung der Schotts an den Tunnelelementen erfolgte an einbetonierten Zugösen.

– Leerpumpen der abgeschotteten Fuge

– Abbrechen der Betonkopfschotte der Tunnelelemente

– Einbauen der Bodenschalung und Leckwasserrohre im Sohlfugenraum

– Einbringen der Bitumenbeschichtung auf einer Fugenflanke

– Betonieren der Sohle und nach Erhärten des Betons Ausbauen der Druckstempel

– Anbringen der Wand- und Deckenschalung

– Betonieren der Wände und Decken

Bild B 4/87
Abdichtung der Schlußfuge zwischen zwei abgesenkten Tunnelelementen der Metro Hoogvliet-Spijkenisse, Rotterdam; Ausführung 1982/83 (nach Unterlagen der Gemeentewerke Rotterdam)

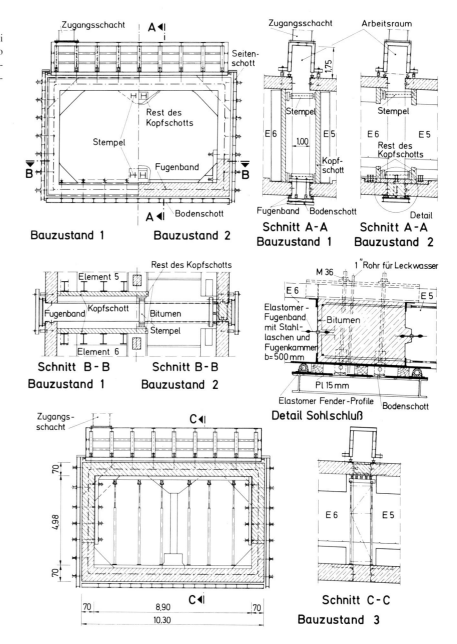

(8) Mainquerung in Frankfurt mit S-Bahn-Tunnelröhren

Die Mainquerung besteht aus zwei über 60 m langen eingeschwommenen Tunnelkörpern aus wasserundurchlässigem
Stahlbeton. Sie wurden in Baudocks am nördlichen und südlichen Mainufer hergestellt (Bild B 4/88). Die Sohlen der Tunnelelemente wurden in drei Betonierabschnitten von je rd.
20 m Länge eingeteilt und auf einer 15 cm dicken Lage aus Einkornbeton betoniert. Zuerst wurde der mittlere Teil und dann
die beiden äußeren Teile der Sohle hergestellt. Nach dem
Betonieren der Sohle erfolgte die Herstellung der Wände und
Decken in einer Tunnelschalung jeweils in einem Arbeitsgang,
wobei vier Hauptabschnitte von 13,7 m Länge durch jeweils
drei Raum- bzw. Schwindfugen von 2,30 m Breite getrennt
waren. Diese wurden erst nach Abklingen der Temperatur-
und Schwindverformungen geschlossen.

In den Arbeits- bzw. Schwindfugen quer zur Tunnelachse wurden 310 mm breite Elastomer-Arbeitsfugenbänder mit Stahllaschen eingebaut. Die horizontalen Arbeitsfugen zwischen
Sohle und Wänden wurden mit 400 mm breiten, 1 mm dicken
Stahlblechen abgedichtet. An den Stößen wurden die Bleche
überlappt und wasserdicht verschweißt. Zum Anschluß der
Querfugenbänder aus Sohle und Wänden an das Fugenblech
hatten die Elastomer-Fugenbänder an den Rändern einvulkanisierte Bleche für eine Schweißverbindung. Um eine Kraftübertragung in der Sohle-/Wandfuge sicherzustellen, wurde
die Fugenfläche rd. 24 Stunden nach dem Erhärten des Sohlbetons abgespitzt.

Bild B 4/88
Fugenanordnung im Gesamtbauwerk und in
den Schwimmstücken bei der S-Bahn Mainquerung, Frankfurt; Ausführung 1980/83
[B 4/56]

Erläuterung:
(29. 4.) = Betonierdatum

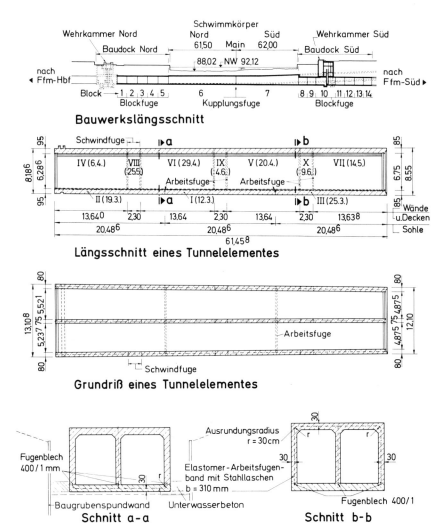

Der Raum zwischen Baugrubenspundwand im Main und den Schwimmstücken wurde nach dem Einschwimmen der Elemente im Bereich der Sohle-/Wandfuge mit Unterwasserbeton verfüllt. Hierdurch sollte die Fuge geschützt und einer Korrosion der Bewehrung vorgebeugt werden. Dieser Unterwasserbeton überträgt auch Rückstellkräfte aus der „Gina-Profildichtung" in der Stoßfuge in Flußmitte auf die Spundwände.

Die Stoßfuge der Schwimmstücke ist beweglich ausgebildet. Sie hat neben der rundumlaufenden „Gina-Profildichtung" eine nachträglich eingebaute Omega-Profildichtung (Bild B 4/89). Nach innen ist das Omega-Profil im unteren Wandbereich durch eine Blechabdeckung geschützt. In der Sohle ist es durch Fertigbetonplatten abgedeckt.

Zur Abdichtung der Uferbaugruben wurden unter den Schwimmstücken in Sohlnischen Nylongewebeschläuche montiert, die nach dem Absenken der Tunnelstücke mit Zementmörtel injiziert und zu einer Abdichtungswurst verpreßt wurden. Oberhalb der Tunneldecke und seitlich zwischen Tunnel und Baugrubenwand wurden doppelte Spundwände aufgesetzt (sogenannte Reiterspundwände) und der Zwischenraum ausbetoniert. Für den wasserdichten Anschluß der angrenzenden Bauteile außerhalb des Flußbetts waren in den Stirnflächen der Schwimmstücke 400 mm breite Elastomer-Dehnungsfugenbänder mit Stahllaschen einbetoniert. Die Anschlußfugen wurden als Raumfugen mit 20 mm dicken Weichfaserplatten ausgebildet.

Bild B 4/89
Ausbildung der Stoßfuge zwischen den Schwimmstücken bei der S-Bahn Mainquerung, Frankfurt; Ausführung 1980/83 (nach Unterlagen der Firma Dyckerhoff & Widmann AG., Frankfurt)

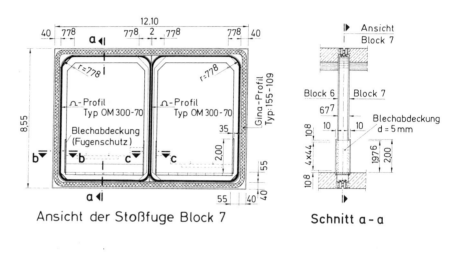

Ansicht der Stoßfuge Block 7

Schnitt a–a

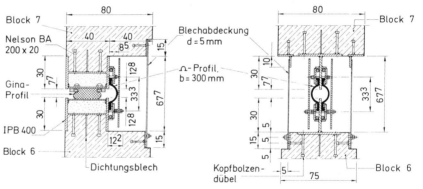

Schnitt b–b (Außenwand)

Schnitt c–c (Mittelwand)

B 4.6 Fugenanordnung und -ausbildung bei bergmännischem Vortrieb

B 4.6.1 Tunnel im Fels

Im Felstunnelbau wird der Hohlraum im allgemeinen nicht vollständig abgedichtet, vielmehr wird das Bergwasser in Dränageleitungen am Ulmenfuß gefaßt und abgeleitet. Eine dichte Tunnelauskleidung ist daher nur im Kalotten- und Ulmenbereich erforderlich. Die Dichtigkeit der Auskleidung wird auf verschiedene Art erreicht:

– durch Einbau einer Abdichtung zwischen äußerer Sicherung und Auskleidung [B 4/57]

– durch Einbau einer Auskleidung aus wasserundurchlässigem Beton mit Fugenbanddichtung in den Blockfugen

– durch Einbau einer Auskleidung aus wasserundurchlässigem Beton mit als Dränage ausgebildeten Blockfugen

Der Einsatz von Innenschalen aus wasserundurchlässigem Beton (WU-Beton) erfordert eine konsequente und sauber durchgeführte Vorabdichtung (z.B. Abschlauchung) der Ausbruchleibung, damit der Beton einwandfrei eingebracht und verdichtet werden kann. Besondere Probleme bereitet die Rißbildung der Innenschalen bei den großen Querschnitten der heutigen Eisenbahn- und Straßentunnel. Risse im WU-Beton bedeuten nicht nur Leckagen, sondern auch Korrosion der Bewehrung und müssen daher möglichst vermieden bzw. nachträglich saniert werden.

Fugen in geringem Abstand, z.B. 8,8 m Blocklänge, reichen zur Rißvermeidung nicht aus, da Außen- und Innenschale durch die Unebenheiten der Ausbruchleibung mehr oder weniger stark verzahnt sind. Semperich, Martinek und Schuck beschreiben in [B 4/60] Untersuchungen von Maßnahmen zur Herabsetzung der Rißbildung bei Tunnelinnenschalen am Eichbergtunnel der Neubaustrecke Hannover-Würzburg. Eindeutig positiv waren die Ergebnisse bei Verwendung von HOZ 35L anstatt PZ 35F und bei der Trennung von Außen- und Innenschale durch PE-Folien oder Vliese; eine Rißbildung wurde durch diese Maßnahmen nahezu vollständig verhindert. Weitere Literatur zu diesem Thema siehe [B 4/61] und [B 4/62].

Im folgenden wird die Anordnung und Ausbildung der Fugen bei den verschiedenen Abdichtungsarten an Hand von Beispielen dargestellt und erläutert:

(1) Milchbuck-Straßentunnel in Zürich

Der Milchbucktunnel wurde bergmännisch auf 1310 m Länge aufgefahren (Querschnitt s. Bild B 4/90). In der Moränenstrecke besteht das Außengewölbe aus einer fugenlos erstellten Spritzbetonauskleidung, in der Molassestrecke aus einer Ortbetonauskleidung in Betonierabschnitten von 4 bis 8 m Länge. Die einzelnen Abschnitte wurden ohne Fugeneinlage direkt aneinanderbetoniert.

Als Abdichtung für das Gewölbe wurde eine 2 mm dicke PVC-P-Dichtungsbahn eingebaut. Die einzelnen Bahnen sind mit einer mittels Druckluft prüfbaren Doppelnaht verschweißt. Die Unterlage besteht aus Kunstfaservlies, 350 g/m², 20 mm dick. Über die Fugen wurde die Abdichtung ohne Verstärkung durchgeführt.

Das Innengewölbe wurde in Blöcken von 8 m betoniert. Es wurde zunächst jeder zweite Block hergestellt. Die Zwischenblöcke folgten später. Die Fugenflächen zwischen den Blöcken sind ohne jede Profilierung, Anstrich und Abfasung ausgebildet.

Die Elementlänge der Fahrraumdecke und der Trennwand zwischen Zu- und Abluftkanal beträgt analog dem Innengewölbe 8 m. Die Fugen sind in Längsrichtung am gleichen Ort angeordnet. Betoniert wurden je zwei Elemente gleichzeitig. Die Fugentrennung wurde durch das Einlegen von 5 mm dikken Hartfaserplatten bzw. Einbau von Sollrißstellen durch Querschnittsschwächung erreicht. Abgedichtet wurden diese Fugen durch Aufkleben einer 1 mm dicken Hypalonfolie* mit Epoxidharz.

Um die Körperschallübertragung an die Geländeoberfläche möglichst gering zu halten, wurde die Fahrbahnplatte von 1310 m Länge fugenlos mit durchgehender Bewehrung hergestellt. Die einzelnen Betonierabschnitte betrugen 12 m.

---

*) Hypalon: DUPONT-Elastomer auf der Basis von chlorsulfoniertem Polyethylen

Bild B 4/90
Fugenanordnung im Querschnitt des Milchbucktunnels, Zürich; Ausführung 1980/84 (nach Unterlagen der Locher & Cie AG., Zürich)

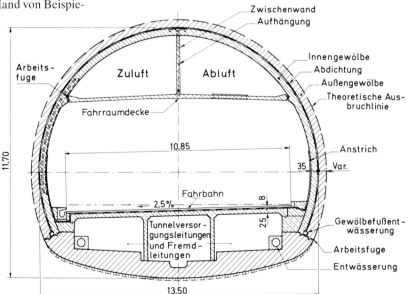

(2) Krämerskuppe-Tunnel, DB-Neubaustrecke Hannover-Würzburg

Der etwa 840 m lange Krämerskuppe-Tunnel liegt westlich von Bad Hersfeld im Zuge der Neubaustrecke Hannover-Würzburg. Der zweigleisige Tunnel mit etwa 110 m² Ausbruchquerschnitt ist wie die meisten Tunnel dieser Neubaustrecke im Firstgewölbe mit einer Kunststoffbahnenabdichtung versehen (Bild B 4/91). Eingesetzt wurden hier 2 mm dicke ECB-Dichtungsbahnen. Das flache Sohlgewölbe ist aus wasserundurchlässigem Beton erstellt. Im Sohlbereich ist zur Abdichtung der alle 11 m ausgebildeten Blockfugen ein 32 cm breites, außenliegendes ECB-Blockfugenband eingebaut. Dieses Band endet in Höhe des längslaufenden Arbeitsfugenbands am unteren Rand der Hautabdichtung und ist mit diesem werksmäßig verschweißt. Die Gewölbeabdichtung ist über den Blockfugen gemäß DS 853 [B 4/58] mit einem 50 cm breiten Dichtungsbahnenstreifen verstärkt und gegen eventuelle Beschädigung durch die Stirnschalung gesichert. Die längslaufenden Arbeitsfugen zwischen Sohl- und Firstgewölbe sind durch ein spezielles außenliegendes Arbeitsfugenband gesichert. Dieses Profil ist mit seiner unteren Hälfte in den wasserundurchlässigen

Beton der Sohle eingebunden und in seiner glatten oberen Hälfte mit der Dichtungsbahn verschweißt. Die Dichtungsbahnen enden oberhalb der Arbeitsfuge auf einem Dränbeton mit eingelegtem Dränrohr. Das Dränrohr ist ausgelegt für die Reinigung über Druckspülung. Zu diesem Zweck sind im Abstand von jeweils 88 m, d. h. in jedem achten Block, Spülrohre angeordnet, die vom Dränrohr ausgehend jeweils in einem Revisionsschacht münden. Die Durchdringung dieser Spülrohre erforderte ein Absenken und Ausklinken des längslaufenden Arbeitsfugenbands gemäß Detail B und Schnitt C-C in Bild B 4/91. Der wasserdichte Anschluß der Spülrohre an die Abdichtungshaut erfolgte über eine aus ECB-Dichtungsbahnen gebildete Tülle, die einerseits mit der Hautabdichtung verschweißt und andererseits mittels Rohrschellen an das Spülrohr angeklemmt wurde.

Bild B 4/91
Fugenabdichtung gegen Sickerwasser beim Krämerskuppe-Tunnel, Neubaustrecke Hannover-Würzburg; Ausführung 1984/86 (nach Unterlagen der Deutschen Bundesbahn)

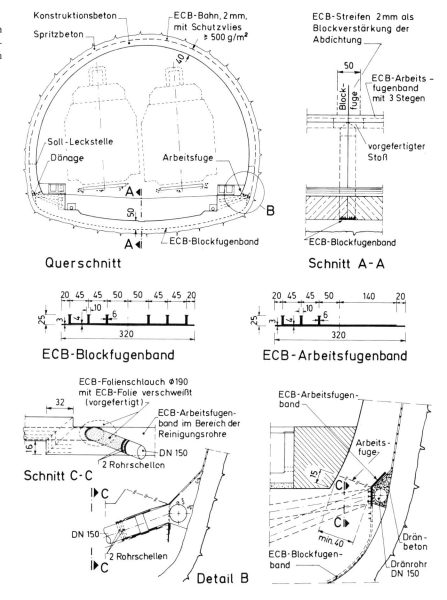

(3) Rauheberg-Tunnel, DB-Neubaustrecke Hannover-Würzburg

Für den 5210 m langen Rauheberg-Tunnel war ursprünglich ein ähnliches Abdichtungskonzept geplant wie für den Krämerskuppe-Tunnel beschrieben. Während der Vortriebsarbeiten von Süd nach Nord wurde nach etwa 3500 m eine Gelbkalkformation angefahren, die dem Tunnel beträchtlich mehr Wasser zuführte als aufgrund der geologischen Vorerkundung erwartet worden war. Das gesamte Auskleidungs- und Abdichtungskonzept mußte daraufhin umgestellt und neu geplant werden. Für die verbleibenden etwa 1700 m war von drückendem Wasser auszugehen [B 4/59]. Die tiefgewölbte Sohle wurde in diesem Abschnitt aus wasserundurchlässigem Beton hergestellt (Bild B 4/92). Das bewehrte Firstgewölbe erhielt eine Hautabdichtung aus 3 mm dicken lose verlegten ECB-Dichtungsbahnen und war außerdem ebenfalls aus wasserundurchlässigem Beton erstellt. Dementsprechend sind über dem gesamten Querschnitt umlaufend in allen Blockfugen, d. h. im Abstand von 11 m sowohl ein außenliegendes ECB-Dehnungsfugenband als auch ein mittig liegendes Elastomer-Dehnungsfugenband angeordnet. Beide Bänder sind jeweils 50 cm breit.

Das ECB-Band dient zugleich als Abschottband im Sinne von DS 853 [B 4/58] und Bild A 3/25. Aus diesem Grunde sind auch die längslaufenden Arbeitsfugen zwischen Sohl- und Firstgewölbe mit ECB-Arbeitsfugenbändern gesichert. Diese bilden außerdem den unteren Abschluß der Hautabdichtung und damit deren Übergang zum Sohlgewölbe aus wasserundurchlässigem Beton (Bild B 4/93). Bei der Ausführung hat es sich als ungünstig erwiesen, daß der Übergang zwischen beiden Abdichtungssystemen nur durch ein Arbeitsfugenband unmittelbar im Bereich der Arbeitsfuge gesichert wurde. Hier fällt der Betonierdruck des Sohlgewölbes auf Null. Die satte Einbettung der Dicht- und Ankerrippen in diesem für die Dichtfunktion wesentlichen Bereich ist daher nicht so zuverlässig zu erreichen, wie bei einem für künftige vergleichbare Baumaßnahmen empfohlenen zweiten, etwa 1 m unterhalb der Arbeitsfuge angeordneten Arbeitsfugenband.

Zum Ausgleich vortriebsbedingter Unregelmäßigkeiten in der Spritzbetonschale und zumindest für den Firstbereich auch aus Gründen der besseren Entlüftung bzw. Betoneinbettung wur-

Bild B 4/92
Blockfugenausbildung und -abdichtung gegen drückendes Wasser beim Rauhebergtunnel, Neubaustrecke Hannover-Würzburg; Ausführung 1986/88 (nach Unterlagen der Deutschen Bundesbahn)

Erläuterungen:
1 Gleitschicht: PE-Folie, 2-lagig, 0,5 mm, Aussparung in Blockmitte auf ca. 3,0 m
2 PP-Vlies 500 g/m^2
3 PP-Vlies 800 g/m^2
4 Dichtungsbahnen aus ECB 3 mm
5 außenliegendes ECB-Dehnungsfugenband, b = 50 cm, mit Moosgummikammer
6 außenliegendes ECB-Dehnungsfugenband, b = 50 cm, mit vertikalem Schenkel, 4,00 m im Firstbereich
7 außenliegendes ECB-Arbeitsfugenband, b = 40 cm
8 werkseitig vorgefertigtes Fugenbandkreuz
9 innenliegendes Elastomerdehnungsfugenband, b = 40 cm, mit Moosgummikammer
10 im Bereich der Arbeitsfuge werkseitig einvulkanisierter Blechstreifen 500 × 100 × 1 mm
11 Arbeitsfugenblech 300 × 1 mm
12 Sohlfuge oberhalb des Fugenbands mit Bentonit-Platteneinlage, unterhalb des Fugenbands als Preßfuge

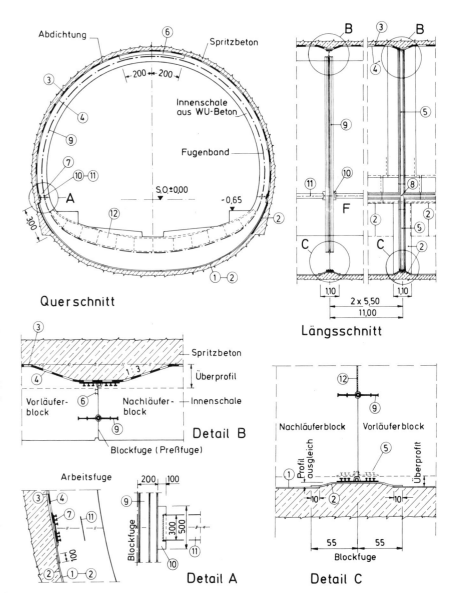

den im Bereich der Blockfugen vor dem Einbau der außenliegenden Blockfugenbänder Betonvouten (Faschen) in gut 50 cm Breite aufgespritzt. Um die Entlüftungsprobleme in der Firstlinie noch weiter zu entschärfen, wurde auf 4 m Abwicklungslänge ein speziell entwickeltes Stegfugenband sowie ein System von Entlüftungsschläuchen eingebaut. Einzelheiten hierzu sind in den Bildern A 3/26 und A 3/27 dargestellt und im Kapitel A 3.3.5.3 beschrieben. Das Fugenbandkreuz zwischen Blockfugenband und Arbeitsfugenband wurde im Lieferwerk vorgefertigt, so daß auf der Baustelle nur einfache, rechtwinklig zur Bandachse verlaufende Stöße zu fertigen waren.

Für das mittig im Beton angeordnete Fugenbandsystem wurden in den Arbeitsfugen Bleche von 300 mm Höhe und 1 mm Dicke eingelegt. Diese Bleche wurden mit den Dehnungsfugenbändern in den Blockfugen über speziell einvulkanisierte Anschlußblechlaschen verschweißt.

Alle Blockfugen wurden als Preßfugen ausgebildet. Um eventuell auftretende Fugenverformungen schadlos in den Fugenbändern aufnehmen zu können, wurden kammerartige Moosgummiauflagen angeordnet.

In Portalnähe sind die ersten fünf Blöcke jeweils in Blockmitte mit einer Scheinfuge ausgestattet, um den hier anzunehmenden stärkeren Witterungseinflüssen mit den temperaturbedingten Längenänderungen des Tunnelausbaus besser begegnen zu können. Die Scheinfugen wurden nachträglich eingeschnitten und erfassen knapp ein Drittel der hier 40 cm dicken Innenschale. Die Innenbewehrung ist zu diesem Zweck unterbrochen worden, die Außenbewehrung im Bereich der Scheinfuge mit reduziertem Querschnitt durchgezogen.

(4) Eisenbahntunnel Nocera-Salerno in Italien

Beim Eisenbahntunnel Nocera-Salerno in Italien wurde als Kalottensicherung sofort nach dem Ausbruch ein Außengewölbe aus Stahlbetonfertigteilelementen (Tübbings), Breite 1 m, eingebaut. Je zwei Elemente bilden einen Gewölbering, der sich auf längslaufenden Stahlbetonfertigteilen abstützt. Unmittelbar nach dem Fixieren wurde durch die in den Segmenten und deren Querfugen angeordneten Aussparungen mit Druckluft Sand eingeblasen, um den Raum zwischen dem Außengewölbe und Fels völlig dicht auszufüllen. Darauf folgte das Ausfugen der Quer- und Scheitelfugen mit einem Spezialmörtel sowie anschließend die Applikation einer mehrlagigen Dichtungsmembran auf der Basis von Epoxidharz. Das Innengewölbe wurde aus Ortbeton hergestellt (Bild B 4/94).

Im einzelnen wurden die Dichtungsarbeiten in 4 Etappen vorgenommen:

– Die 2 bis 6 cm breiten Querfugen zwischen den Elementen sowie die Scheitelfuge wurden ausgemörtelt, und zwar mit einem Spezialzementmörtel mit Zusatz von Epoxidharz.

– Eine Grundschicht auf Epoxidharzbasis wurde mit einer Graco-Zweikomponentenspritzanlage in einer Schichtdicke von ca. 0,7 mm aufgetragen.

– Die Fugen wurden mit einer 3 bis 4 mm dicken, pigmentierten, leicht gefüllten und flexibilisierten Epoxidharz-Spachtelmasse auf einer Breite von 30 cm überdeckt.

– In einem abschließenden Arbeitsgang erfolgte das Aufspritzen der Deckschicht auf Epoxidharzbasis wiederum in ca. 0,7 mm Dicke. Diese Schicht wurde zusätzlich mit Sand abgestreut, um einen Verbund mit dem nachfolgenden Betongewölbe zu gewährleisten.

Insgesamt wurden 50 000 m² Gewölbe in dieser Art zuverlässig abgedichtet.

Die Haftfestigkeit der Grundschicht war so gut, daß ein eventuell sich aufbauender Bergwasserdruck zumindest bis zum Einbau des Innengewölbes aufgenommen werden konnte. Die Abdichtung wurde auch auf feuchter Betonoberfläche problemlos aufgetragen und war im Fugenbereich so elastisch, daß Verschiebungen in beschränktem Ausmaß rissefrei aufgenommen werden konnten.

Bild B 4/93
Fugenbänder im Übergang vom Sohlgewölbe aus wasserundurchlässigem Beton zum Firstgewölbe mit Hautabdichtung, Rauhebergtunnel, Neubaustrecke Hannover-Würzburg; Ausführung 1986/88 (Foto STUVA, Köln)

Bild B 4/94
Tunnelquerschnitt und Fugendetail des Außengewölbes mit Abdichtung beim Eisenbahntunnel Nocera-Salerno, Italien; Ausführung 1969/71 (nach [B 4/63])

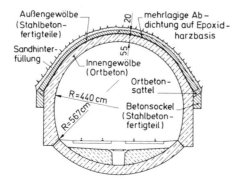

Tunnelquerschnitt

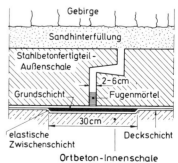

Fugendetail

(5) Steinschlag- und Lawinengalerietunnel zwischen Urfeld und Walchensee, Bayern

Die Auskleidung des Steinschlag- und Lawinengalerietunnels besteht aus einer äußeren Spritzbetonschale und einer 35 cm dicken Innenschale aus wasserundurchlässigem Ortbeton B 25. Im Abstand von ca. 5,0 m sind in der Innenschale Preßfugen mit einer Bitumenschweißbahneinlage angeordnet. Gedichtet werden diese Fugen gegen Bergwasser durch ein außenliegendes Elastomer-Dehnungsfugenband mit 35 cm Breite (Bild B 4/95).

(6) Gotthard-Straßentunnel, Schweiz [B 4/64]

Das Grundprinzip der im ca. 17 km langen Gotthard-Straßentunnel zur Ableitung des Sickerwassers angewandten Methode besteht aus einer aktiven Dränage. In regelmäßigen Abständen von 8 m sind 40 cm breite Aussparungen im Auskleidungsbeton belassen. Diese Fugen sind nach außen durch die Felsoberfläche begrenzt und zum Tunnelinneren im Gewölbebereich abgedeckt (Bild B 4/96). Dem ausfließenden Sickerwasser wirkt so praktisch kein Widerstand entgegen. Damit soll erreicht werden, daß sich ein wesentlicher äußerer Wasserdruck auf das Gewölbe nicht aufbauen kann.

Die Abdeckung der Ringfuge im oberen Teil des Gewölbes besteht aus einer Abdichtungsfolie, einer 4 cm dicken Hartschaumstoffplatte und Spritzbeton. Durch den Einbau der wärmedämmenden Hartschaumplatte konnte erreicht werden, daß nur bei sehr tiefen Temperaturen und sehr kleinen Wassermengen der Wärmeinhalt des zufließenden Wassers nicht mehr ausreicht, um die Lufttemperatur in der Nische über 0°C zu halten. Die Kurven im Bild B 4/96 zeigen, daß für eine Sickerwassertemperatur von 10°C, die für die Tunnelabschnitte in Schachtnähe angenommen werden darf, bereits eine Wassermenge von 0,12 l/min ausreicht, um die Ringfugentemperatur über 0°C zu halten. Die dieser Wassermenge entsprechende Eismenge ist sehr gering und gibt keine besonderen Probleme. In den Portalzonen, mit 5°C Sickerwassertemperatur, kann bis zu einer Wassermenge von 1,0 l/min Eis entstehen. Daher wurden bis auf Kilometer 0,8 ab Portal Leerrohre für den eventuellen späteren Einzug von Heizungskabeln vorgesehen. In den Ulmenbereichen sind die Ringfugen in der Auskleidung offen. Sie können während des Tunnelbetriebs vom Unterhaltungspersonal durch eine Sichtöffnung in der Verkleidungswand kontrolliert werden.

Bild B 4/95
Fugenanordnung und -ausbildung beim Steinschlag- und Lawinengalerietunnel zwischen Urfeld und Walchensee; Ausführung 1983 (nach Unterlagen der Thosti Bau-AG., München)

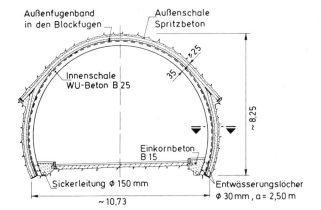

Tunnelquerschnitt

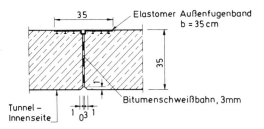

Blockfugenausbildung der Innenschale (Fugenabstand rd. 5 m)

Bild B 4/96
Sickerfugenausbildung in der Auskleidung des
Gotthard-Straßentunnels, Schweiz; Ausfüh-
rung 1969/80 (nach [B 4/64])

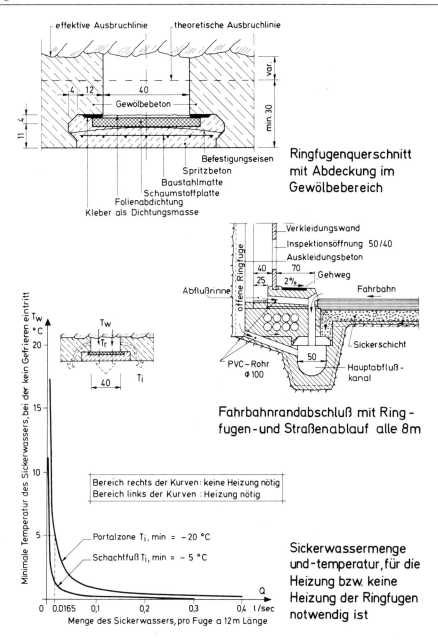

Zusammen mit einer konsequenten und sauber durchgeführten Vorabdichtung und einem wasserundurchlässigen Beton
wurde durch die drucklose Sickerwasserableitung über die
offenen Ringfugen im Auskleidungsbeton eine dichte Tunnelröhre erreicht. Nur in den Portalzonen wurde eine großflä-
chige Folienabdichtung zusätzlich zu den Ringfugen angeordnet. Die Strecken mit einer vollflächigen Folienabdichtung im
Gewölbebereich machen mit einer Gesamtlänge von 1600 m
nur knapp 10 % der gesamten Tunnellänge aus.

(7) Vingelz-Eisenbahntunnel, Schweiz [B 4/65]

Rund 2000 m des 2400 m langen Vingelz-Eisenbahntunnels werden mit Dränagefugen trockengehalten. Nur die Portalbereiche sind mit einer Hautabdichtung versehen. Die Auskleidung des Tunnels wurde kontinuierlich betoniert und die Dränagefugen später eingefräst (Bild B 4/97). Zur Vermeidung von Schwindrissen im Betongewölbe erfolgte das Ausfräsen der Fugen im frischen Beton, unmittelbar nach dem Ausschalen der einzelnen Betonierabschnitte.

Der Abstand der Fugen beträgt 6 m. Der Dränagehohlraum ist jeweils 4 cm breit und 15 cm tief. Zu seiner Herstellung wurden zwei dünne, parallele Schnitte mit Diamantfräsblättern im Abstand der Fugenbreite ausgeführt und der verbleibende Betonkern zwischen den beiden Schnitten herausgebrochen. Im oberen Gewölbebereich wurde zur Verbesserung der Dränagewirkung der verbleibende Fugenbeton bis zum Fels mit 12 radialen Bohrungen, Durchmesser 32 mm, durchbohrt. Der Fugenhohlraum ist im oberen Gewölbebereich durch ein eingestemmtes Elastomer-Hohlkammer-Profil derart abgeschlossen, daß kein Fugenwasser auf die Fahrleitungen und Gleise tropfen kann.

(8) Seelisberg-Straßentunnel, Los Rütenen, Schweiz

Eine ähnliche Ausbildung der Dränagefugen wie beim Vingelz-Eisenbahntunnel wurde beim Seelisberg-Straßentunnel ausgeführt. Der Abstand der geschnittenen Fugen beträgt hier 7,50 m. An die Fugenabdichtung im Gewölbebereich wurden folgende Anforderungen gestellt:

– Die Fugen müssen für drucklos abfließendes Wasser dicht verschlossen sein

– Die Fugen müssen mit einem Fugenprofil verschlossen sein, das für die Fugenreinigung und zu Inspektionszwecken herausgenommen und wieder eingesetzt werden kann

– Das Material des Fugenprofils muß beständig sein gegen:

  • Sickerwasser mit Sand, Mergel usw. vermischt

  • Autoabgase, Kohlenmonoxyd (CO) in einer max. Konzentration von 230 ppm

  • höhere Kohlenwasserstoff-Verbindungen aus den gasführenden Gesteinsformationen

– Bei einem Unterdruck von 0,983 bar absolut im Abluftkanal sowie bei einer Windgeschwindigkeit von 33 m/s im Frischluftkanal, muß das Profil durch seine eigene Vorspannung – ohne Verklebung – über Jahre in der Nut verankert bleiben.

Auch hier wurde ein Elastomer-Hohlkammer-Profil gewählt, das in die Fugen eingestemmt wurde (Bild B 4/98).

Bild B 4/97
Fugenausbildung beim Vingelz-Tunnel, Schweiz, Schnitte durch die ausgefräste Dränage-Ringfuge; Ausführung vor 1968 [B 4/65]

Anmerkung:
Neopren: DUPONT-Elastomer auf der Basis von Chloropren-Kautschuk

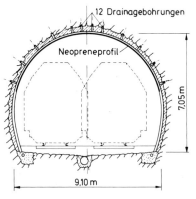

Tunnelquerschnitt

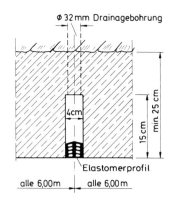

Fugendetail

Bild B 4/98
Fugenanordnung und -ausbildung beim Seelisberg-Straßentunnel, Los Rütenen, Schweiz; Ausführung 1972/78 (nach Unterlagen des Ingenieurbüros Angst + Pfister, Zürich)

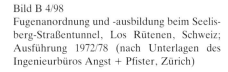

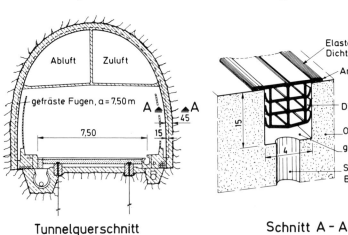

Tunnelquerschnitt   **Schnitt A - A**

(9) Autotunnel Abschnitt T 6 Biel-Reuchenette, Schweiz [B 4/66]

In diesem Tunnel erfolgte die Entwässerung in 10 cm breiten Fugenaussparungen in der Betonauskleidung, die mit einer 2 mm dicken Hypalonfolie* abgeklebt sind. An der Sohle werden die Aussparungen an das Entwässerungssystem angeschlossen. Die Abdeckung der Fugen endet etwa 30 cm über der Gehwegkante, so daß eine Kontrollöffnung vorhanden ist (Bild B 4/99).

---

*) Hypalon: DUPONT-Elastomer auf der Basis von chlorsulfoniertem Polyethylen

(10) Instandsetzung und Erneuerung der Blähstrecke des Kappelesberg-Tunnels

In Abschnitten mit weiterhin zu erwartenden hohen Gebirgsdrücken aus dem umgebenden anhydrithaltigen Gebirge und sehr schlechtem Zustand der vorhandenen alten Auskleidung wurde im Kappelesberg-Tunnel eine neue Auskleidung aus Stahlbeton eingebaut (Bild B 4/100). Sie besteht aus einem geschlossenen Kreisring mit 5 Gelenken und ist mit einer 3 mm dicken ECB-Dichtungsbahn abgedichtet. Die Blocklänge der Stahlbetontragringe beträgt in der Regel 3 m.

Durch die Anordnung der Gelenke konnte die Wanddicke der Auskleidung – 55 cm – gering gehalten werden. Die Gelenke der Auskleidungssegmente bestehen aus dem 25 cm breiten durchgehenden Betonmittelteil des Ringquerschnitts, der sich bis zur Tunnelinnenleibung bzw. zum Tunnelrücken zu einer trapezförmigen Fuge von 1 bis 2 cm Breite öffnet. Sie wurden mit einer die Gelenke nicht kreuzenden Spaltzugbewehrung verstärkt. Der Beton konnte trotz der Gelenke problemlos eingebracht werden.

Bild B 4/99
Dränfugenausbildung mit einem aufgeklebten Kunststoffband beim Autotunnel Abschnitt T 6 Biel-Reuchenette, Schweiz [B 4/66]

Anmerkung:
Combiflex-Band: Hypalonfolie, DUPONT-Elastomer auf der Basis von chlorsulfoniertem Polyethylen

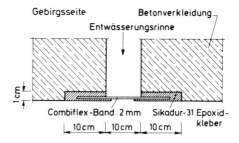

Bild B 4/100
Instandsetzung des Kappelesberg-Tunnels der DB (Streckenabschnitt Backnang-Schwäbisch Hall-Hessental) durch Einbau eines Stahlbeton-Gelenktragrings; Ausführung 1982/83 [B 4/67]

Anmerkung:
Bauzustand I (Sohle):
Sohlenaushub, Außensohlengewölbe, Ausgleichsbeton, Abdichtung, Sohlenbeton

Bauzustand II (Gewölbe):
Abdichtung, Bewehrung, Ringbeton

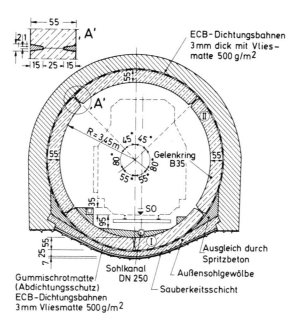

B 4.6.2 Tunnel in zeitweise standfestem Lockergestein

Tunnelbauwerke für den innerstädtischen Verkehr in zeitweise standfestem Lockergestein werden in zunehmendem Maße bergmännisch in Spritzbetonbauweise aufgefahren. Bis in die 70er Jahre erhielten die mit einer Betoninnenschale ausgekleideten Tunnel bei anstehendem Grundwasser generell eine Flächenabdichtung. Die Probleme bei Flächenabdichtungen im bergmännischen Vortrieb wie

– die Brandgefahr, insbesondere beim Verschweißen von Bitumen-Dichtungsbahnen und

– die Sanierung von Schadstellen (die Schadstelle in der Abdichtung und der Wassereintritt im Tunnel können weit auseinanderliegen)

führten dazu, daß heute – im Falle nichtaggressiven Grundwassers – die Innenschale überwiegend aus wasserundurchlässigem Beton (WU-Beton) hergestellt wird. Bei der WU-Betoninnenschale kann die auftretende Rißbildung durch betontechnologische und konstruktive Maßnahmen auf ein akzeptables Maß beschränkt werden (vgl. Untersuchung Literatur [B 4/60]. Die Sanierung der Risse ist technisch gelöst und kalkulierbar [B 4/68].

Die Innenschalen aus WU-Beton erhalten in der Regel Dehnungsfugen im Abstand von 8 bis 12 m. Bei kleineren Tunnelquerschnitten (eingleisigen Streckentunneln) werden die Fugen zum Teil als Preßfugen mit oder ohne Trennschicht (Bitumenpappe, Bitumen-Anstrich) ausgebildet. Ansonsten beträgt die Breite dieser Fugen 1 bis 2 cm. Als Fugeneinlagen werden bei den Raumfugen Polystyrolschaum oder Weichfaserplatten eingesetzt. Neuerdings werden aus Brandschutzgründen in einigen Städten der Bundesrepublik Deutschland für die Fugeneinlagen auf der Tunnelinnenseite nichtbrennbare Baustoffe (z.B. Mineralwollplatten) oder eine Abdeckung aus nichtbrennbaren Baustoffen verlangt. Die Abdichtung der Dehnungsfugen erfolgt überwiegend mit 300 bis 400 mm breiten innenliegenden Elastomer-Bändern. Ein Beispiel für die Anordnung von Dehnungs- und Preßfugen und deren Abdichtung im Verschneidungsbereich zwischen einem Strecken- und Bahnsteigtunnel sowie einem Aufzugsschacht zeigt Bild B 4/101. Üblicherweise wird die Sohle der Innenschale vorbetoniert und das Gewölbe in einem zweiten Arbeitsgang hergestellt. Die Arbeitsfugen zwischen Sohle und Gewölbe werden bevorzugt mit Stahlblechen von 250 bis 300 mm Breite und 1,0 bis 1,5 mm Dicke abgedichtet. Der Anschluß der Bleche an Elastomer-Dehnungsfugenbänder mit Stahllaschen erfolgt durch Schweißen. Bei Elastomer-Fugenbändern ohne Stahllaschen werden im Bereich der Arbeitsfugen hierzu Blechlaschenanschlüsse (Abmessungen etwa $500 \times 150 \times 2$ mm) werksmäßig einvulkanisiert.

Bild B 4/101
Fugenanordnung und -abdichtung beim Aufzugsschacht Ostkopf des U-Bahnhofs Lehel, München (nach Unterlagen des U-Bahn-Referats München)

Anmerkung:
Fugenbandbezeichnungen nach DIN 7865
FMS: innenliegendes Fugenband mit Mittelschlauch und Stahllaschen
FS: innenliegendes Fugenband ohne Mittelschlauch mit Stahllaschen

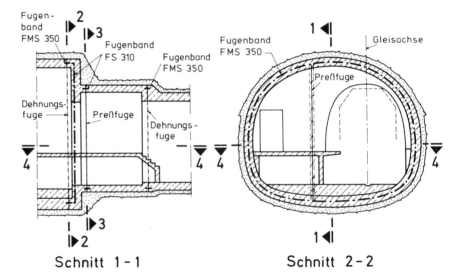

Schnitt 1-1   Schnitt 2-2

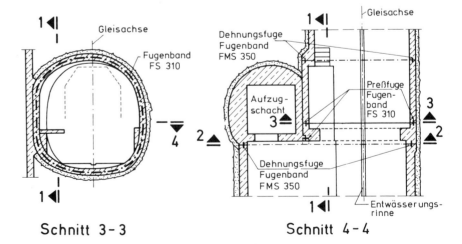

Schnitt 3-3   Schnitt 4-4

Innenschalen für eingleisige Streckentunnel werden in zunehmendem Maße auch ohne Arbeitsfugen in einem Stück (monolithisch) betoniert.

Die relativ robusten Elastomer-Fugenbänder für die Dehnungsfugen und die steifen preiswerten Stahlbleche für die Arbeitsfugen haben sich im unterirdischen Baubetrieb bewährt. Elastomer-Fugenbänder mit Stahllaschen führen im Gewölbebereich bei kleinen Längenabweichungen und geringen Gewölbedicken jedoch häufig zu Einbauschwierigkeiten. Hier ist das Elastomerfugenband ohne Stahllaschen mit Rippen (Labyrinthdichtung) anpassungsfähiger und wird daher teilweise bevorzugt.

Im folgenden einige Beispiele mit besonderen Fugenausbildungen bei Innenschalen aus WU-Beton:

(1) Fugenabdichtung mit innen- und außenliegenden Fugenbändern

Bei mehrschiffigen Bahnhofsquerschnitten wurden in einigen Städten der Bundesrepublik Deutschland zusätzlich zu dem innenliegenden Fugenbandsystem außenliegende PVC-Fugenbänder vorgesehen. Bild B 4/102 zeigt beispielhaft den Einsatz eines doppelten Dichtungssystems bei einem Bauwerk im Sikkerwasserbereich. Das außenliegende Fugenband ist nur im Gewölbebereich bis zur Sohle eingebaut.

Bild B 4/102
Fugenführung und -abdichtung im Sickerwasserbereich beim Baulos K2 der Stadtbahnlinie II, Dortmund; Ausführung 1982/83 (nach Unterlagen des Stadtbahnbauamts Dortmund)

Erläuterungen:
DFB = Dehnungsfugenband
AFB = Arbeitsfugenband
I, II = Betonierreihenfolge

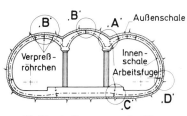

Haltestellenquerschnitt

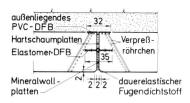

Detail ‚B'

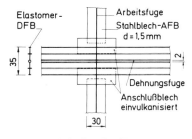

Schnitt E-E

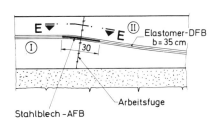

Detail ‚C'

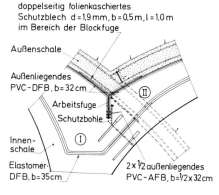

Detail ‚A'

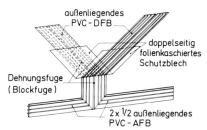

Isometrische Darstellung der Fugendichtung Detail ‚A'

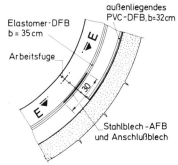

Detail ‚D'

(2) Fugenabdichtung nur mit außenliegenden Fugenbändern

Als alleinige Abdichtungsmaßnahme in den Fugen wurden beim Tunnel Westtangente in Bochum im Druckwasserbereich außenliegende Elastomer-Fugenbänder eingesetzt (Bild B 4/ 103). Der Grundwasserspiegel steht hier bis etwa 1 m oberhalb der Tunnelfirste an. Im First wurden auf 6 m Länge Injektions-schläuche am Fugenband befestigt, um einerseits den Firstbereich zu entlüften und andererseits gezielt eine fehlerhafte Betoneinbettung der Bänder in diesem Bereich nachträglich

beheben zu können. Wesentlich für den Erfolg erscheint hier die Anwendung eines robusten Fugenband-Profils aus vollelastischem Material (Elastomer-Band). Ein Umkippen der Stege war daher weder durch Betondruck noch durch ungünstige Lagerung vor dem Einbau bzw. durch die gekrümmte Verlegung in Radien bis herab zu 2 m gegeben.

Bild B 4/103
Ausbildung der Blockfugen beim Tunnel Westtangente, Bochum; Ausführung 1982 (nach Unterlagen des Tiefbauamts Bochum)

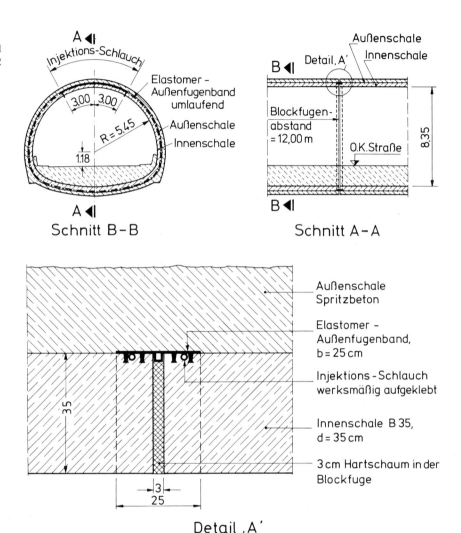

Schnitt B-B

Schnitt A-A

Detail ‚A'

(3) Fugenausbildung bei der Verbundbauweise

Bei der Stadtbahn in Bochum wurde die Auskleidung des Bauloses C1/D1a in Verbundbauweise erstellt. Der Fugenabstand in der vorgesetzten Ortbetonschale beträgt 10 m. Jede 3. Fuge ist als Dehnungsfuge, die dazwischenliegenden Fugen sind als Preßfugen ausgebildet. Bild B 4/104 zeigt die Fugenkonstruktion. Als Dichtung wurden Elastomer-Fugenbänder mit Stahllaschen und Injektionskanal eingebaut. Außerdem wurden im äußeren Fugenspalt Bentonitpappen (Volclay-Platten) angeordnet, die durch ihre Quellwirkung bei Wasserzutritt eine zusätzliche Abdichtung der Fuge bewirken. Nachteilig bei dieser Fugenausbildung war die geringe Betondeckung der Bänder auf der Tunnelinnenseite (bei einem 40 cm breiten Band nur 12,5 cm!), was in einigen Fällen zu Undichtigkeiten geführt hat.

Bild B 4/104
Fugenausbildung beim Baulos C1/D1a in Verbundausbau Spritzbeton / Ortbeton, Stadtbahn Bochum; Ausführung 1981/83 (nach Unterlagen des Stadtbahnbauamts Bochum)

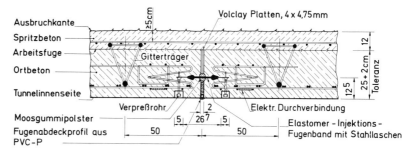

Detail Dehnungsfuge

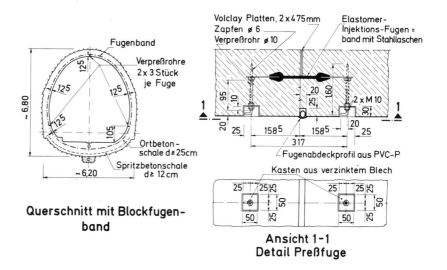

Querschnitt mit Blockfugenband

Ansicht 1-1
Detail Preßfuge

(4) Fugenabdichtung mit Injektionsfugenbändern

Im U-Bahnabschnitt Lorenzkirche/Weißer Turm in Nürnberg wurden die Innenschalen zweier 80 m langer Tunnelröhren im Anschluß an den Bahnhofsbereich Lorenzkirche mit einem Elastomer-Injektionsfugenband abgedichtet (Bild B 4/105). Dieses Band zeichnet sich durch eine geringe Breite aus (nur 200 mm), hat jedoch von seiner abdichtungstechnischen Funktion her gesehen die gleichen Einsatzbereiche wie die 300 bis 400 mm breiten Elastomer-Fugenbänder. Die Dichtung des Bands wird durch Auspressen der Randwülste mit einem Kunstharz gezielt herbeigeführt. Da das Gummimaterial der Randwülste bei der Auspressung mit hohem Druck zur Fuge hin ausweichen kann, bleibt durch die Rückstellkraft des Gummis auch bei geringem Schwund der Kunstharzfüllung ein aus-

reichender Anpreßdruck für die Dichtwirkung auf Dauer erhalten. Die flächenhafte Dichtung der Randwülste durch Anpressung wird im Bereich der Arbeitsfuge durch die flächenhafte Dichtung der Stahl-Anlaschklemmen durch Haftung bzw. satte Einbettung ersetzt [B 4/70].

Die Injektionskanäle in den Randwülsten sind zwischen Einpreß- und Entlüftungsöffnung durch eine im Stoß einvulkanisierte Trennwand geteilt. Hierdurch und durch entsprechend viskose Einstellung des Kunstharzes ist es möglich, sie ohne Lufteinschlüsse zu füllen.

Bild B 4/105
Fugenausbildung in einem 80 m langen Tunnelstück des U-Bahnabschnitts Lorenzkirche / Weißer Turm im Anschluß an den Bahnhofsbereich Lorenzkirche, Nürnberg; Ausführung 1979 [B 4/69]

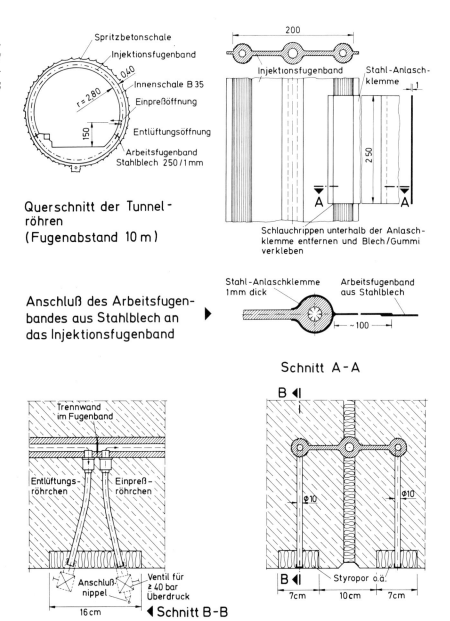

(5) Wasserdichter Anschluß Innenschale / Schlitzwand

Bild B 4/106 zeigt ein Beispiel für den wasserdichten Anschluß einer Tunnelröhre aus WU-Beton an ein bestehendes Bauwerk ebenfalls aus WU-Beton. Der Anschluß erfolgt mit einem winkelartig ausgebildeten Elastomer-Fugenband, das am bestehenden Bauwerk mit einer Klemmkonstruktion befestigt ist. Bisher war es üblich, die Bänder in einer Los-/Festflanschkonstruktion am bestehenden Bauwerk anzuklemmen.

In München (s. Beispiel), aber auch in anderen Städten der Bundesrepublik Deutschland, hat sich für derartige Aufgaben eine Klemmkonstruktion nur mit Losflansch durchgesetzt. Der Festflansch wird hierbei durch einen 1 bis 2 cm dicken Kunstharzputz am bestehenden Bauwerk ersetzt, die Bolzen werden als Dübel eingeklebt (Verbundanker). Theoretische Untersuchungen zu dieser Konstruktion siehe Emig / Spender Literatur [B 4/71].

Bild B 4/106
Wasserdichter Anschluß der Tunnelröhre an die Schlitzwand des U-Bahnhofs Max-Weber-Platz mit einer Klemmkonstruktion, München (nach Unterlagen des U-Bahn-Referats München)

Anmerkung:
Anziehmoment = 28 Nm, nach 2 bis 3 Tagen Bolzen nochmals anziehen!

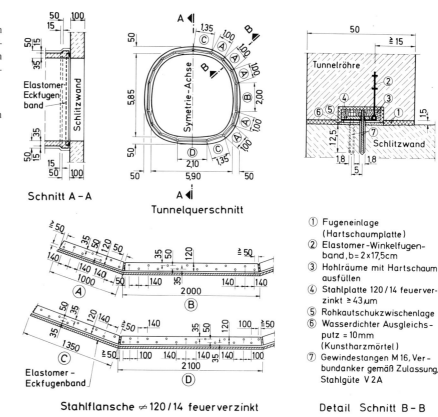

Schnitt A - A

Tunnelquerschnitt

Stahlflansche ⌐ 120 / 14 feuerverzinkt

① Fugeneinlage (Hartschaumplatte)
② Elastomer-Winkelfugenband, b = 2 x 17,5 cm
③ Hohlräume mit Hartschaum ausfüllen
④ Stahlplatte 120 / 14 feuerverzinkt ≥ 43 μm
⑤ Rohkautschukzwischenlage
⑥ Wasserdichter Ausgleichsputz = 10 mm (Kunstharzmörtel)
⑦ Gewindestangen M 16, Verbundanker gemäß Zulassung, Stahlgüte V 2 A

Detail Schnitt B - B

Bild B 4/107
Nachträgliche Abdichtung von Betonierfugen bei der U-Bahn Paris; Ausführung 1974/75 [B 4/72]

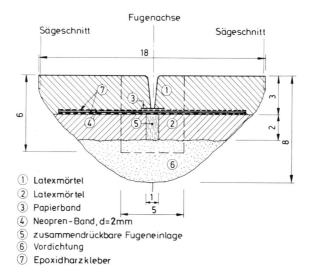

① Latexmörtel
② Latexmörtel
③ Papierband
④ Neopren-Band, d = 2 mm
⑤ zusammendrückbare Fugeneinlage
⑥ Vordichtung
⑦ Epoxidharzkleber

(6) Nachträgliche Fugenabdichtung gegen hohen Wasserdruck

Im Baulos 10 der U-Bahn-Strecke Börse-Chatelet in Paris sind die Betonierfugen (Preßfugen) der im Minimum 70 cm dicken Betonauskleidung nachträglich abgedichtet worden. Die Tunnel liegen in rund 30 m Tiefe und sind einem stetigen Wasserdruck von maximal 25 m ausgesetzt. Gefordert wurde eine Fugenabdichtung, die 7 bar Wasserdruck aushält.

Die Fugen wurden wie folgt ausgeführt (Bild B 4/107):

– Ziehen der Fugengrenzen durch Aufsägen von 2 in 9 cm Abstand parallel zur Fugenachse verlaufenden Schnitten von je 1 cm Tiefe

– Aufspitzen der Fugennut in V-Form von 18 cm Breite und 8 cm Tiefe

– Vordichten der Fuge mit Schnellbinder und Zement

– Einbringen eines Latexmörtels (Dosierung des Latex zu 10 % des Zementgewichts) mit einer Oberfläche parallel zur Tunnelwandung in 3 cm Tiefe und anschließendes Einschneiden einer Fugenöffnung von 1 cm Breite

– Verfüllen dieses Fugenspalts mit einer zusammendrückbaren Fugeneinlage

– Aufkleben eines 2 mm dicken Neopren-Bands von 15 cm Breite mit Epoxidharzkleber

– Auffüllen der Fugennut mit Latexmörtel unter Aussparung einer Blindfuge.

In Vorversuchen wurde diese Fugenausführung erst bei 12 und 18 bar undicht. Die Kosten pro Fuge beliefen sich 1974 bei der Ausführung auf ca. Fr. 150,– [B 4/72].

(7) Korrosions- und Streustromschutz im Fugenbereich

Die Ausbildung des Faraday'schen Käfigs für den Korrosions- und Streustromschutz im Fugenbereich durch Verschweißen der Bewehrung und leitende Überbrückung der Fugen beim bergmännischen Tunnelbau für Gleichstrombahnen zeigt Bild B 4/108 am Beispiel der U-Bahn München.

Bild B 4/108
Verschweißung der Bewehrung mit Potential-anschlußpunkten in Strecken und zweizelligen Bahnhofstunnel bei der bergmännischen Bauweise der U-Bahn München (nach Konstruktionsblättern des U-Bahn-Referats München, Stand März 1982)

Anmerkung:
Werden Quereisen, die mit Längseisen verschweißt sind, gestoßen, so müssen auch die Stoßstellen elektrisch leitend verschweißt werden, um ein geschlossenes Bewehrungsnetz zu erhalten. Bei Bewehrung mit Betonstahlmatten sind die Matten am Überdeckungsstoß 2 × je Matte zu verschweißen.

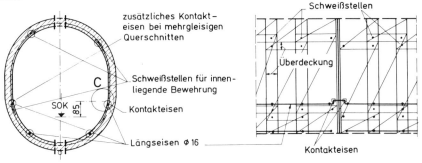

Querschnitt Streckenbereich

Längsschnitt
(Bewehrung Betonstahlmatten)

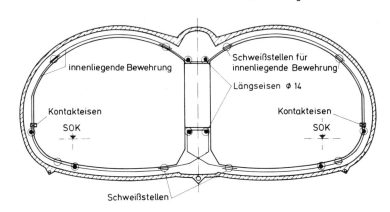

Querschnitt Bahnsteigtunnel

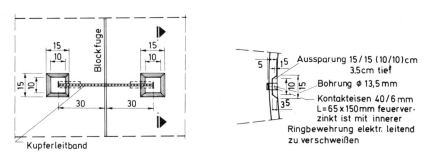

Detail C

B 4.7 Fugenanordnung und -ausbildung beim Schildvortriebsverfahren

B 4.7.1 Schildvortrieb mit Tübbingauskleidung

Der Schildvortrieb zählt zu den „geschlossenen" Tunnelbauweisen. Im Schutze eines in den Boden eingepreßten Stahlzylinders – dem Schild – wird der Baugrund im vorderen Teil abgebaut und der Tunnelausbau aus Tübbings im hinteren Teil eingesetzt. Beim Vorpressen des Schilds stützen sich die Vorschubpressen auf den fertigen Tunnelausbau ab. Der Spielraum zwischen Ausbau und Gebirge – der sogenannte Ringspalt – muß sofort, nachdem der Tunnelausbau den schützenden Stahlzylinder verläßt, sorgfältig verpreßt werden, um Setzungen zu vermeiden.

Einzelheiten zum Verfahren und dessen vielfältiger Anwendung sind z.B. enthalten in Apel [B 4/73], Wagner [B 4/74], Krabbe [B 4/75] und Maidl [B 4/76]. Speziell die Tunnelauskleidung beim Schildvortrieb behandeln Krabbe [B 4/77], Craig / Muir Wood [B 4/78].

In der Bundesrepublik Deutschland ging die Entwicklung beimSchildtunnel etwa ab 1973 von der zweischaligen Stahlbetonbauweise mit äußerem Tübbingring, Bitumenabdichtung und Ortbetoninnenschale zum einschaligen Tunnelausbau mit Stahlbetontübbings über.

Bei der mehrschaligen Lösung übernimmt im wesentlichen die Tübbingaußenschale die Erddruckkräfte. Sie besteht in den meisten Fällen aus 4 Blocktübbings und ist aufgrund der Lastsymmetrie ein biegesteifer Ring. Die Breite der Tübbings beträgt 0,80 bis 1,20 m. Die Wanddicken liegen beim U-Bahnbau üblicherweise um 35 cm. Die in den meisten Fällen aus Bitumenbahnen gebildete Abdichtung wurde nach dem Auffahren des Tunnels im Gieß- und Einwalzverfahren oder im Schweißverfahren eingebaut [B 4/15], [B 4/79], [B 4/80]. Anschließend wurde eine Ortbeton-Innenschale eingebracht, die im wesentlichen nur den Wasserdruck aufzunehmen hatte. Aus konstruktiven Gründen ist die Wanddicke dieser Schale ≥ 15 cm. Der Fugenabstand der Innenschale beträgt 15 bis 20 m. Die Fugen sind als Raumfugen ohne besondere Dichtungsmaßnahme ausgebildet (Beispiel s. Bild B 4/109).

Bild B 4/109
Zweischaliger Ausbau mit Stahlbetontübbings, Bitumen-Hautabdichtung und Ortbetoninnenschale (Beispiel: U-Bahn München, Los Leopoldstraße, 1968)

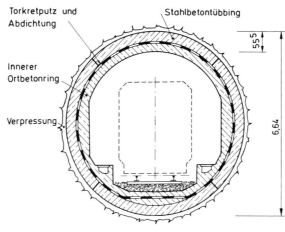

Bild B 4/110
Zweischaliger Ausbau mit Stahlbetontübbings und wasserundurchlässiger Ortbetoninnenschale (Beispiel: U-Bahn München, Los 03, 1969/70)

Anmerkung:
WU-Beton = wasserundurchlässiger Beton

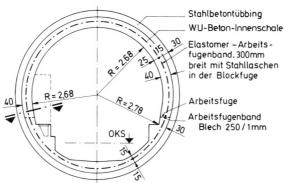

Tunnelquerschnitt

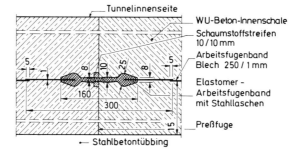

Schnitt durch die Blockfuge

Im Zuge der weiteren Entwicklung entfiel die Hautabdichtung. Stattdessen wurde die Ortbeton-Innenschale mit 40 cm Dicke aus wasserundurchlässigem Beton hergestellt. Die Innenschale übernimmt damit die Funktion der Abdichtung. Der Fugenabstand in der Innenschale beträgt 8 bis 10 m. Die Fugen sind als Preß- oder Raumfugen mit einbetoniertem innenliegendem Fugenband ausgebildet (Beispiel s. Bilder B 4/110 und 111).

Die erste Anwendung einer einschaligen Tübbingauskleidung aus Stahlbeton in der Bundesrepublik Deutschland erfolgte 1974/75 beim U-Bahnbau in München. Es kamen dort Stahlbeton-Kassettentübbings mit einer speziellen Elastomer-Profil-Abdichtung gemäß Bilder B 4/112 und B 4/113 zum Einsatz. Das Prinzip dieser Abdichtung wurde in Hamburg bereits im U-Bahnbau und beim Bau des Neuen Elbtunnels Ende der 60er Jahre im Zusammenhang mit Gußeisentübbingauskleidungen erprobt. Der Außendurchmesser der beiden 1320 m und 990 m langen U-Bahnröhren in München beträgt 6,90 m. Die Tübbings weisen eine Breite von 1 m auf. Insgesamt 8 Elemente und ein Schlußstein bilden einen Ring. In Ring- und Längsrichtung sind die Tübbings verschraubt. Jedes Tübbingsegment ist mit einem Elastomer-Dichtungsprofil-Rahmen umschlossen, der in einer ringsumlaufenden Nut eingeklebt ist.

Der Dichtungseffekt basiert auf Kompression der im Endzustand aneinanderliegenden Elastomerprofile jeweils zweier Tübbings. Um die Umläufigkeit der Dichtungsprofile im Beton auszuschließen, sind die Fugenbandnuten mit Epoxidharzspachtel behandelt. Die Längsfugen der Tübbingringe sind so gegeneinander versetzt, daß mit den Ringfugen nur T-Stöße vorhanden sind.

Umfangreiche Forschungsarbeiten der STUVA [B 4/81] führten zu weiteren Verbesserungen dieser Abdichtungstechnik. Dazu zählt u. a. auch die Empfehlung, die Ecken der Elastomer-Dichtungsrahmen als Vollquerschnitt mit wulstartiger Verstärkung auszubilden (Bild A 2/19). Eine Weiterentwicklung dieser Bauweise erfolgte bei Baumaßnahmen in Hongkong, Antwerpen und Berlin [B 4/82], [B 4/83].

Bild B 4/114 zeigt die Druckstauchungslinien der verschiedenen Fugeneinlagen, wie sie beim einschaligen U-Bahnbau in Berlin zum Einsatz kamen. Neben dem Elastomer-Dichtungsprofil sind die Kennlinien für den äußeren Fugenverschluß und die plastischen Zwischenlagen zur Kraftübertragung der Längs- und Dübelkräfte dargestellt. Der äußere Fugenverschluß besteht aus selbstklebenden Schaumstoffprofilen längs der Außenränder der Tübbings. Sie sollen das Eindringen von Mörtel oder Boden in die Fugen vermeiden. Die plastischen

Bild B 4/111
Fugenbandeinbau in der Ortbetoninnenschale, U-Bahn München, Los 03; Ausführung 1969/70 (siehe auch Bild B 4/110; Fotos STUVA, Köln)

Bild B 4/112
Fugenanordnung und -ausbildung beim einschaligen Tunnelausbau mit Stahlbetontübbings, U-Bahn-Los 7.1 – Isarunterfahrung,
München (nach Unterlagen der Wayss & Freytag AG.)

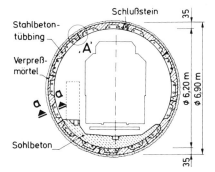

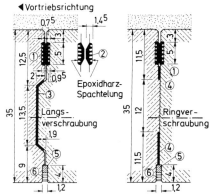

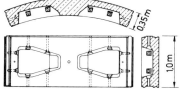

Bild B 4/113
Versetzen der Tübbings beim
einschaligen Tunnelausbau,
U-Bahn-Los 7.1 – Isarunter-
fahrung, München (Quelle
[B 4/84])

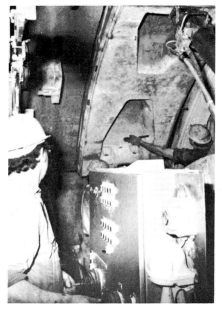

Bild B 4/114
Druckstauchungsdiagramme der verschiedenen Fugeneinlagen beim einschaligen Tübbingausbau, U-Bahn-Los 110 – Unterfahrung
der Spandauer Altstadt, Berlin [B 4/82]

Anmerkungen:
a) Polyäthylenschaumband der Fa. Kaubit-
   chemie. Die Kennlinie entspricht dem
   arithmetischen Mittelwert aus 5 Messungen
   bei Nennmaß der Profildicke von 17 mm
b) Zahnprofil der Fa. Phoenix. Die Kennlinie
   entspricht dem arithmetischen Mittelwert
   aus 5 Messungen bei Nennmaß der Profildicke, Abnahme der Profildicke durch
   erforderliche Vorspannungen der Profile
c) Tübbingdistanzbahn. Die Kennlinie entspricht dem arithmetischen Mittelwert aus
   10 Messungen bei Nennmaß der Profildicke
   von 4,5 mm

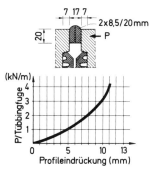

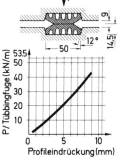

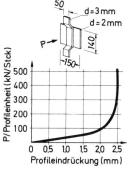

Tabelle B4/1
Zulässige Anwendungsbereiche der Tübbingzahnprofilabdichtung
[B4/81]

Wasser-Überdruck (bar)	ohne T-Stöße	Fugenspiel in mm	
		mit T-Stößen (verbessert gemäß Bild A2/19)	
		in einer Fuge	in beiden Fugen gleichzeitig
2	4	3,5	3
4	3	2	1,5

Berücksichtigt man die Relaxation der Dichtungsprofile und eine entsprechende Sicherheit, so ergeben sich die in Tabelle B 4/1 zulässigen Anwendungsbereiche. Das geringe zulässige Fugenspiel zeigt, daß bei dieser Abdichtungsart hohe Anforderungen an die Fertigungs- und Versetzgenauigkeit der Tübbings gestellt werden. Die Herstellungstoleranzen der Tübbings werden mit ± 0,5 mm für die Außenmaße und ± 0,2 mm für die Ebenheit der Kontaktflächen von Anheuser [B 4/83] angegeben.

Zwischenlagen zur Kraftübertragung bestehen aus einer hart eingestellten Grundplatte und einem aufgelegten weichplastischen Querstreifen aus Kautschukbitumen. Der Querstreifen erleidet bei der Montage starke Fließverformungen und gleicht dadurch unterschiedliche Lagerungsbedingungen aus.

Bild B 4/115
Fugenausbildung beim Ahmed Hamdi Tunnel unter dem Suezkanal, Ägypten; Ausführung 1978 (nach Unterlagen von William Halcrow & Partners, London)

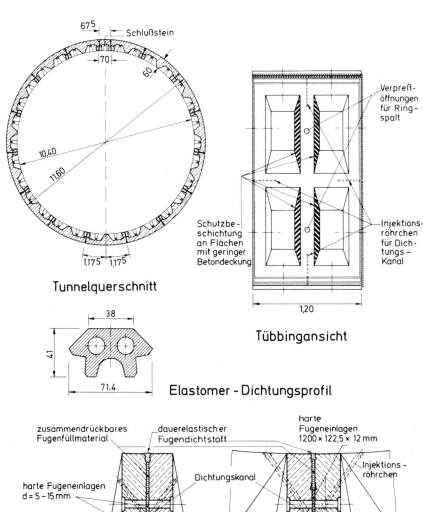

Tunnelquerschnitt

Tübbingansicht

Elastomer - Dichtungsprofil

Fugendetails

Ringfuge   Längsfuge

Mit wesentlich höheren Anforderungen an die Tübbingdichtung hinsichtlich Fugenbreite und -versätze wurde das gleiche Dichtungssystem wie in München, Hongkong, Antwerpen und Berlin beim Ahmed Hamdi Tunnel unter dem Suezkanal in Ägypten eingesetzt. Die Auskleidung des Tunnels mit 11,6 m Außendurchmesser besteht aus 1,20 m breiten Tübbingsegmenten. 15 Segmente plus Schlußstein bilden zusammen einen Ring (Bild B 4/115). Die Längsfugen der Tübbingauskleidung sind durchgehend, so daß an den Ringfugen Kreuz-Stöße entstehen. An die Elastomer-Fugendichtungen wurden folgende Forderungen gestellt:

– aufnehmbarer Wasserdruck bis 4 bar

– Fugendehnungen von 0 bis 10 mm.

Die Dichtungsprofile wurden wie üblich zu rechteckigen Rahmen zusammenvulkanisiert und in die zuvor mit Epoxidharz-Primer behandelten Aussparungen an den Tübbingflanken eingeklebt.

Der wasserdichte Anschluß der einschaligen Tunnelauskleidung aus Stahlbeton-Kassettentübbings an die angrenzenden Betonbauwerke erfolgt grundsätzlich über einen Formstahlring, der mit der Tübbingauskleidung fest verschraubt wird. Die Dichtung der Fuge zwischen Stahl- und Tübbingring wird durch Kompression des Elastomer-Dichtungsprofils wie in den übrigen Tübbingfugen erzielt.

Der Formstahlring kann in einer Übergangsstahlbetonkonstruktion in Verbindung mit einem Fugenband einbetoniert werden, wobei das Fugenband den wasserdichten beweglichen Übergang zum angrenzenden Bauwerk herstellt (Bilder B 4/116 und B 4/117). Bei großen zu erwartenden Bewegungen zwischen Tübbingröhre und angrenzendem Bauwerk wird der Formstahlring mit einer Los-/Festflanschkonstruktion ergänzt. Das Gegenstück der Klemmkonstruktion wird in das angrenzende Bauwerk einbetoniert und die Fuge mit einem eingeklemmten Elastomer-Omega-Profil abgedichtet (Bild B 4/118).

Bild B 4/116
Wasserdichter Anschluß der einschaligen Tunnelauskleidung mit Stahlbeton-Kassettentübbings an den Bahnhof Sendlinger-Tor (Zielschacht der Schildfahrt), U-Bahnlos 7.1 – Isarunterfahrung, München; Ausführung 1974/75 (nach Unterlagen des U-Bahn-Referats München)

Anmerkung:
Baufolge: ① bis ⑤

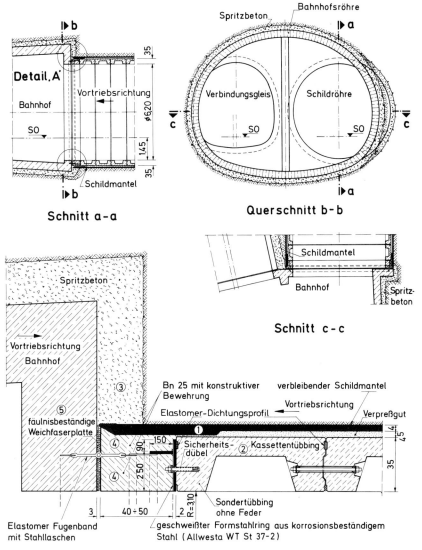

Bild B 4/117
Wasserdichter Anschluß der einschaligen Tun-
nelauskleidung mit Stahlbeton-Kassettentüb-
bings an das Bauwerk „Notausstieg" Schott-
hauerstraße (Startschacht der Schildfahrt), U-
Bahnlos 7.1 – Isarunterfahrung, München;
Ausführung 1974/75 (nach Unterlagen des U-
Bahn-Referats München)

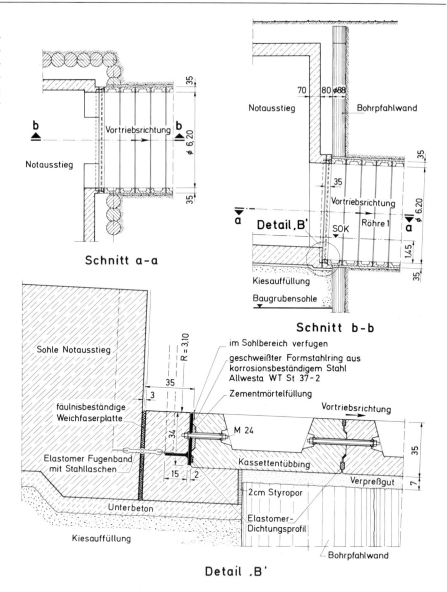

Schnitt a–a

Detail „B'

Bild B 4/118
Wasserdichter Übergang der einschaligen U-
Bahnröhren mit Stahlbeton-Kassettentübbings
im Start- und Zielschacht, U-Bahn-Los H 110
– Unterfahrung der Spandauer Altstadt, Ber-
lin; Ausführung 1979/82 (nach Unterlagen des
Senators für Bau- und Wohnungswesen,
Abteilung Bahnbau, Berlin)

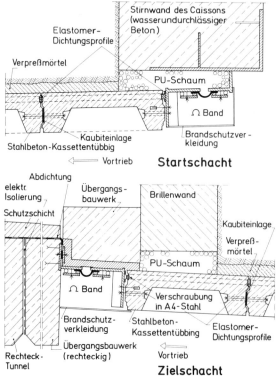

Startschacht

Zielschacht

Bild B 4/119 zeigt den wasserdichten seitlichen Anschluß eines Notausstiegs an eine einschalig ausgebaute Tübbingröhre. Das Notausstiegsbauwerk ist in diesem Fall als Caisson vor dem Auffahren der Tunnelröhren abgeteuft worden. Im Bereich der Schilddurchfahrt waren Stahlrohre in dem Bauwerk eingebaut. Beim Auffahren der Tunnelröhren wurden an den Stellen der späteren Durchgänge die Stahlbeton-Kassettentübbings durch Stahltübbings ersetzt und nach Einbau einer Aussteifkonstruktion wieder ausgebaut. Die Dichtung des Tunnelausbaus gegen die Aussteifkonstruktion erfolgte mit den normalen Elastomer-Tübbingprofilen. Die Aussteifkonstruktion selbst wurde mit Stahlblech wasserdicht an das Notausstiegsbauwerk angeschlossen.

In der Schweiz werden große Schildtunnel mit Gelenktübbings ausgekleidet. Dadurch ergeben sich selbst bei großen Durchmessern, z. B. 11 m, Wanddicken von nur 25 bis 30 cm. Das Bild B 4/120 zeigt als Beispiel einen Straßentunnel im Sickerwasserbereich mit Stahlbeton-Gelenktübbing-Auskleidung und Innenschale mit Abdichtung im First- und Ulmenbereich. Der Tübbingring besteht aus 5 Tübbings mit Schlußstein. Zwischen First-, Ulmen- und Sohltübbings sind Gelenkfugen angeordnet. In Tunnellängsrichtung sind Ringfugen im Abstand von 1 m vorhanden. Die Gelenkfugen müssen die Drehbewegungen im Gelenk aufnehmen und die sehr hohen Normalkräfte möglichst zentrisch übertragen. Durch die Ringfugen werden die Tübbings in Längsrichtung miteinander verzahnt. Nut und Kamm werden derart ausgebildet, daß die Vorschubkräfte des Schilds möglichst zentrisch übertragen werden. Die Fugen haben keine besonderen Einlagen weder zur Dichtung

noch zur Kraftübertragung. Im Bereich der Gelenkfugen sind die Tübbings mit einer verstärkten Bewehrung versehen, um Abplatzungen zu verhindern. In den Ringfugenschlitzen werden im First- und Ulmenbereich Kunststoffhalbschalen zur Ableitung des anfallenden Wassers im Bauzustand eingemörtelt. Im vorliegenden Beispiel wurde als Abdichtung der Tübbingschale im Gewölbebereich eine 2 mm dicke PVC-P-Dichtungsbahn mit aufkaschiertem Filzrücken eingebaut. Die 25 cm dicke Ortbeton-Innenschale besteht aus 10 m langen Blöcken mit Preßfugen, ohne besondere Behandlung, die in den Fugen mit Dreikantleisten 7/7 cm abgefast sind. Diese Innenschale befindet sich nur im Gewölbebereich bis knapp unter Fahrbahnoberfläche.

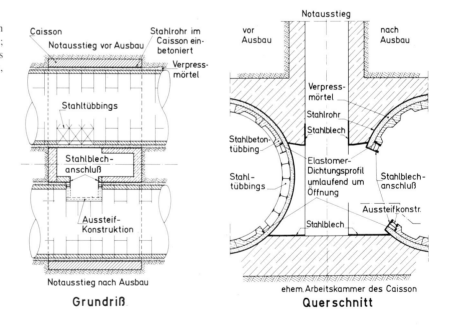

Bild B 4/119
Wasserdichter Anschluß des Notausstiegs in der Schildstrecke, U-Bahn-Los D 79, Berlin; Ausführung 1979/82 (nach Unterlagen des Senators für Bau- und Wohnungswesen, Abteilung Bahnbau, Berlin)

Ein weiteres Beispiel für einen Tunnel mit einer Außenschale aus Gelenktübbings zeigt Bild B 4/121. Aufgrund der geologischen Prognosen und der Beobachtungen im Erschließungsstollen war im Mergel mit äußerst geringer bzw. keiner Wasserführung zu rechnen. Da außerdem der Fahrraum mit einer vorgesetzten Wandverkleidung versehen ist, entschied man sich für eine einschalige Tübbingverkleidung ohne Abdichtung und Innengewölbe. Die Längsfugen zwischen den einzelnen Tübbings wurden mit konischen Holzzapfen gelenkig ausgebildet. Dieses Konzept entsprach der felsmechanischen Forderung nach einem nachgiebigen Ausbau und wurde nach umfangreichen Abklärungen über Qualität, Deformationen und Langzeitverhalten sowie Imprägnierung des Holzes übernommen. Die Gelenke sind so ausgebildet, daß im Moment des Einbaus der Holzzapfen zwischen den Tübbings jeweils ein

Spielraum von 5 bis 6 mm verbleibt. Beim Aufbau des Gebirgsdrucks werden dann die Holzzapfen so lange zusammengepreßt, bis die Kräfte über die gesamte Betonfläche übertragen werden. Durch dieses nachgiebige Verhalten, bei dem sich der Durchmesser der Tunnelauskleidung um 1 bis 2 cm verkürzt, reduzieren sich die errechneten Betonspannungen um rund 30 % [B 4/85].

Ein einschaliger wasserdichter Gelenktübbingausbau wurde bisher nicht ausgeführt, da das Fugendichtungsproblem noch nicht zufriedenstellend gelöst werden konnte.

Bild B 4/120
Fugenausbildung der Tübbingschale Quartentunnel, Schweiz; Ausführung 1983/84 (nach Unterlagen der Locher & Cie AG., Zürich)

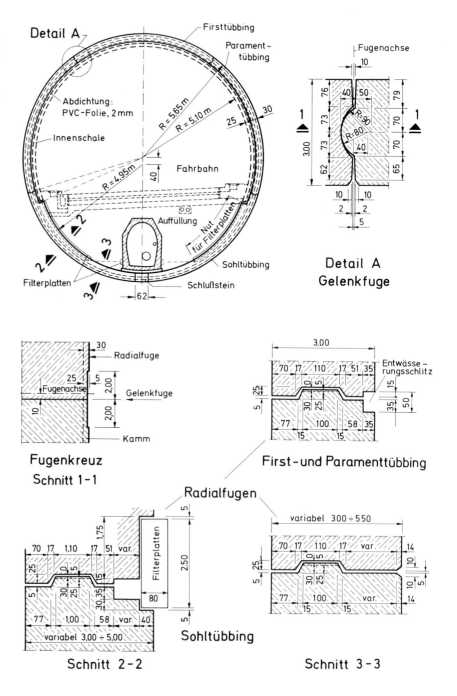

Bild B 4/121
Fugenanordnung und -ausbildung in der Tübbingstrecke des Seelisberg-Straßentunnels, Schweiz; Ausführung 1976/80 [B 4/85]

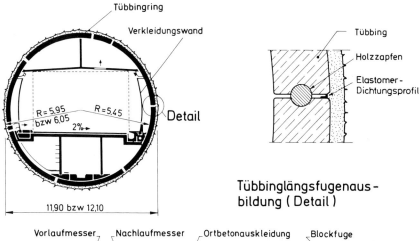

Tübbinglängsfugenausbildung (Detail)

Bild B 4/122
Fugenanordnung und -ausbildung beim Messerschildvortrieb der U-Stadtbahn in der Rüttenscheider Straße, Essen; Ausführung 1976/78 [B 4/87]

Längsschnitt Messerschildvortrieb mit Ortbetonauskleidung

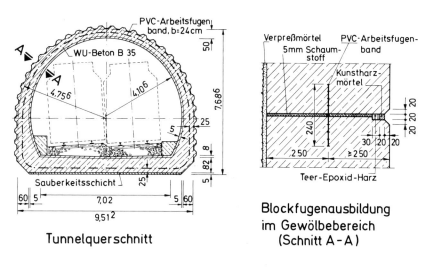

Tunnelquerschnitt

Blockfugenausbildung im Gewölbebereich (Schnitt A-A)

B 4.7.2 Messerschildvortrieb mit Ortbetonauskleidung

Der Messerschildvortrieb ist eine Kombination von Schildvortrieb und Ortbetonbauweise. Er kommt bei der Herstellung von Hohlräumen in nicht standfesten Böden zur Anwendung. In seinem Aufbau und in seiner Arbeitsweise unterscheidet sich der Messerschild grundsätzlich von einem Vollschild mit starrem Mantel. Der Messerschild setzt sich aus dem Vorläufer und dem mit ihm gelenkig verbundenen Nachläufer zusammen. Der Vorläufer besteht aus dem Stützrahmen, den an ihn in Längsrichtung zwangsgeführten 50 bis 60 cm breiten Vortriebsmessern, die den Schildmantel bilden und den zum Vorschub der Messer erforderlichen Einrichtungen. Der Nachläufer sichert als Verzug den Querschnitt und dient bei der Einbringung des endgültigen Ortbetonausbaus als äußere Schalung. Beim Vorschieben einzelner Messer werden die Vorschubkräfte über Bodenreibung der übrigen Messer abgetragen und nicht wie beim Schildvortrieb auf die Auskleidung.

Eingesetzt wurde der Messerschildvortrieb mit einschaligem Ortbetonausbau in der Bundesrepublik Deutschland bisher im U-Bahnbau in Essen [B 4/86] und Herne. Bild B 4/122 zeigt die Fugenanordnung und -ausbildung bei der U-Stadtbahn in Essen. Die Ortbetonschale wurde in Abschnitten von 2,50 m Länge betoniert. In den Fugen zwischen den Betonierabschnitten wurde ein 24 cm breites PVC-Arbeitsfugenband im Abstand von 25 cm zu den Nachlaufmessern eingebaut. Der Abstand zum Tunnelinnern ist ≥ 25 cm. Zu beiden Seiten des Fugenbands wurde eine 5 mm dicke Schaumstoffplatte aufgeklebt. Die Fugennut auf der Innenseite wurde im Sohlbereich unmittelbar nach dem Ausbau der Sohlschalung gereinigt, nachgearbeitet und mit einer Fugenvergußmasse auf Bitumenbasis ausgefüllt. Im Gewölbebereich wurden die Fugennuten später ca. 3 cm tief mit einem Teer-Epoxid-Harz und anschließend etwa 2 cm tief mit Kunstharzmörtel verschlossen.

B 4.8 Fugenanordnung und -ausbildung beim Vorpreßverfahren

Das Vorpreßverfahen findet zunehmend Anwendung beim Bau von Verkehrstunneln unter Bahn- und Straßendämmen. Dabei wird der Baukörper seitlich neben dem Damm auf einer Gleitfläche hergestellt und anschließend in die Endposition unter Abbau des anstehenden Bodens im Schneidenbereich vorgepreßt. Das Vorpressen kann in geschlossener Bauweise oder offen, z.B. unter Gleisabfangungen, durchgeführt werden. Kurze Bauwerke werden in einem Stück hergestellt und eingepreßt. Lange Bauwerke werden in mehreren Blöcken betoniert und mit Zwischenpreßstationen in den Fugen in die Endposition vorgepreßt.

Die folgenden Beispiele zeigen Ausbildungen von Blockfugen bei dieser Bauweise:

(1) Tunnel der Hamburger City-S-Bahn [B 4/88], [B 4/89]

Beim Bau der City-S-Bahn, Hamburg, wurden Gleisanlagen sowie der Straßenzug Lombardsbrücke an der Alster mit einem 170 m langen 2-gleisigen S-Bahntunnel in einem Bogen von 300 m Halbmesser im Vorpreßverfahren unterfahren. Der Tunnel liegt voll im Grundwasser. Während der Bauzeit wurde es um rund 12 m abgesenkt.

Die Tunnelröhre besteht aus 30 rechteckigen Stahlbetonfertigteilrahmen (B × H = 10,23 m × 6,83 m) mit einer Länge von i. M. 5,70 m. Die Tunnelteilstücke haben im Grundriß Trapezform, so daß sie aneinandergereiht den bogenförmigen Tunnel ergeben. Zur Abdichtung gegen Grundwasser hat jedes Fertigteil eine 6 mm dicke Stahlblechaußenhaut. Um beim Vorschub die Preßfuge mit 10 bis 40 mm dicker Holzeinlage zwischen den einzelnen Fertigteilen abzudecken, steht der Stahlblech-

mantel über der Heckfläche eines jeden Fertigteils rundumlaufend entsprechend weit über. Innerhalb dieser auf 12 mm Dicke verstärkten Manschette waren über den Umfang verteilt Austrittsöffnungen für eine Bentonit-Schmierung angeordnet (Bild B 4/123).

Als Fugendichtung zwischen den Fertigteilen sind rundumlaufende Elastomer-Profile eingebaut (siehe Bild A 2/25). Während des Vorpressens drückte die Dichtungslippe des Elastomer-Profils an die Stirnfläche des folgenden Tunnelabschnitts und dichtete damit die Baufuge zwischen beiden Fertigteilen gegen das Eindringen von Wasser ab. Um sicherzustellen, daß die Dichtung auch nach Fertigstellung des Tunnels wirksam bleibt, wurde nach Erreichen der Endlage des Tunnelabschnitts in einem Hohlraum zwischen Dichtungsprofil und Nut im Beton Injektionsmörtel gepreßt. Infolge des gewählten Querschnitts wird der Dichtungskörper des Profils durch den Mörteldruck kolbenartig an die Nutwandungen gedrückt. So erreicht man, daß die Spaltbreite der Fuge von 10 bis 40 mm zwischen den Enden der Tunnelteilstücke durch diese Vorspannung ausgeglichen wird. Als Werkstoff für das Dichtungsprofil wurde ein Chloropren-Gummi mit 200 % Bruchdehnung und 11 N/mm^2 Zugfestigkeit gewählt.

Zum Tunnelinneren wurden die Fugen mit einer elastischen Dichtungsmasse aus Epoxidharz mit Gummimehlzusatz verschlossen, die über 2 bar Wasserüberdruck aufnimmt.

Um Beschädigungen und zu große Pressendrücke beim Vorpressen zu vermeiden, wurden 12 Zwischenpreßstationen eingerichtet, und zwar hinter jedem zweiten oder dritten Tunnelstück. Die Pressen der Zwischenpreßstationen wurden in Pressennischen (je 4 in Sohle und Decke und 3 je Wand) um den Tunnelumfang verteilt. In den Fugen sind die Tunnelfertigteile mit je vier großen Schubbolzen gegen Verschiebungen gesichert.

Bild B 4/123
Fugenausbildung bei einem vorgepreßten zweigleisigen Tunnel der City-S-Bahn, Hamburg; Ausführung 1971/72 [B 4/88], [B 4/89], [B 4/90]

(a) Tunnelquerschnitt mit Fugenband

(b) Fugenausbildung der Tunnelteilstücke (Decke und Wand) ohne Zwischenpreß-station

(c) Zwischenpreßstation mit 2 × 7 Pressen von je 2,74 MN Schub und 0,3 m Hub

(d) Fugenausbildung (Decke und Wand) mit Zwischenpreßstation bei ausgefahrener Presse

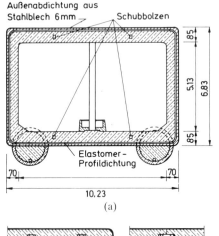
(a)

(c)

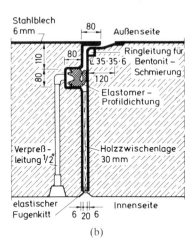
(b)

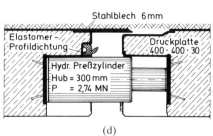
(d)

(2) Fußgänger- und Radwegtunnel unter der A 46 in Düsseldorf [B 4/91]

Der Fußgänger- und Radwegtunnel durchquert den Autobahndamm in einem Winkel von rd. 62° und hat eine Länge von 61,62 m. Er besteht im vorgepreßten Teil aus 10 biegesteifen Stahlbeton-Rechteckrahmen mit einer Breite von 7,20 m und einer Höhe von 5,35 m und liegt oberhalb des Grundwasserspiegels im Sickerwasserbereich. Die einzelnen Blöcke haben eine Länge von maximal 5 m und sind aus wasserundurchlässigem Beton in einem Stück hergestellt. In jeder zweiten Blockfuge wurde eine Zwischenpreßstation angeordnet, um die Vorschubkräfte in Grenzen zu halten.

Die Fugenausbildung zwischen den Tunnelblöcken zeigt Bild B 4/124. Außen ist die Fuge durch einen Blechkragen gegen eindringenden Boden geschützt. Je 10 Schubbolzen pro Fuge sorgen für eine Verbindung der Blöcke beim Vorpressen. Für die Abdichtung der Fuge sind in 24 cm tiefen Aussparungen an den Blockenden rundumlaufende PVC-Fugenbandstreifen mit Rippen einbetoniert. Auf diesen wurde wasserdicht ein PVC-Schlaufenband über die Fuge geschweißt. Die Aussparungen in den Stirnflächen wurden anschließend bewehrt und ausbetoniert. Im Bereich der Fuge ist der Aussparungs-Beton durch eine dicke Fugeneinlage getrennt.

Bild B 4/124
Fugenausbildung beim vorgepreßten Fußgänger- und Radwegtunnel in Düsseldorf unter der A 46; Ausführung 1978/79 [B 4/91]

Erläuterungen:
WU-Beton: wasserundurchlässiger Beton
Compri-Band: bitumenimprägniertes Schaumstoffband der Fa. Chemiefac, Düsseldorf

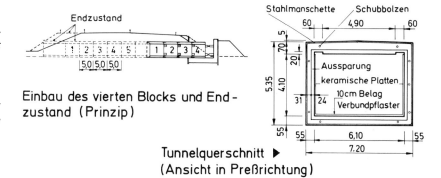

Einbau des vierten Blocks und Endzustand (Prinzip)

Tunnelquerschnitt ▶
(Ansicht in Preßrichtung)

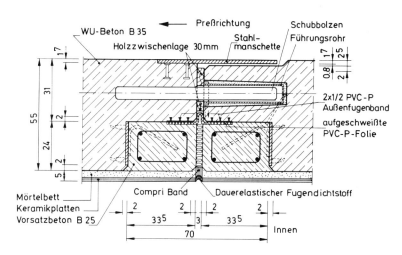

Fugenausbildung der Tunnelwand

(3) Straßenunterführungsbauwerk K 25/DB, Köln-Weiden [B 4/92], [B 4/93]

Das 48 m lange Bauwerk für die Straßenunterführung wurde als zweistöckiger Rahmen unter den Gleisen des 12 m hohen Bahndamms in 2 Blöcken eingeschoben. Bild B 4/125 zeigt Quer- und Längsschnitt des Bauwerks und die Ausbildung der Blockfuge als Zwischenpreßstation im Bau- und Endzustand.

Um eine waagerecht und senkrecht gleiche Bewegung beider Blöcke zu erzwingen, waren in der Blockfuge Führungen angeordnet worden, die Querkräfte in waagerechter und senkrechter Richtung übertragen konnten. Beim Vorpressen zeigte sich, daß schon bei kleinen Abweichungen Kräfte in einer Größenordnung auftraten, deren Aufnahme nicht mehr möglich war. Nach dem Versagen der Querkraftführungen stellte sich heraus, daß eine ausreichend genaue Parallelführung beider Blöcke auch ohne besondere Führung möglich war.

Das Bauwerk ist aus wasserundurchlässigem Beton B 35 hergestellt. Zur Vermeidung unkontrollierter Risse in den Wänden wurden im Abstand von 5 bis 6 m Scheinfugen angeordnet. Hierzu wurden Bügelkörbe aus Betonstahlmatten mit Rippenstreckmetall umwickelt und zum Freihalten des Fugenraums in die zu betonierende Wand eingebaut. Die große Steifigkeit der in jedem Knoten punktverschweißten Matten hat sich gut bewährt und wesentlich dazu beigetragen, daß die Körbe ihre Form und Lage beim Betonieren beibehielten. Am Fußpunkt der Aussparungskörper waren Schläuche eingebaut, damit die

beim Betonieren eingedrungene Zementschlämme abfließen konnte. Zur Markierung und späteren Abdichtung der zu erwartenden Risse wurden im Fugenbereich 10 cm breite Trapezleisten an den Wandinnen- und -außenseiten angeordnet. Die Hohlräume im Innern der Körbe wurden zu einem möglichst späten Zeitpunkt ausbetoniert, wobei dem Beton ein Quellmittel beigegeben wurde. Um eine glatte Außenwand zu erreichen, wurden die trapezförmigen Aussparungen an den Scheinfugen vor dem Einpressen des Bauwerks mit einem Kunststoffmörtel auf Epoxidharzbasis ausgespachtelt.

Nach dem Einpressen des Bauwerks wurde die Blockfuge ausbetoniert. Die Fugen zwischen Bauwerksrahmen und Betonplombe sind im Wandbereich mit einbetonierten Fugenbändern gedichtet. Die Decke einschließlich Deckenfuge ist mit Bitumenbahnen abgedichtet. In der Sohlfuge war keine besondere Dichtung der Fuge erforderlich, da der Tunnel im Sickerwasserbereich liegt.

Bild B 4/125
Fugenanordnung und -ausbildung beim vorgepreßten Unterführungsbauwerk K25/DB, Köln-Weiden; Ausführung 1978/80 [B 4/92], [B 4/93]

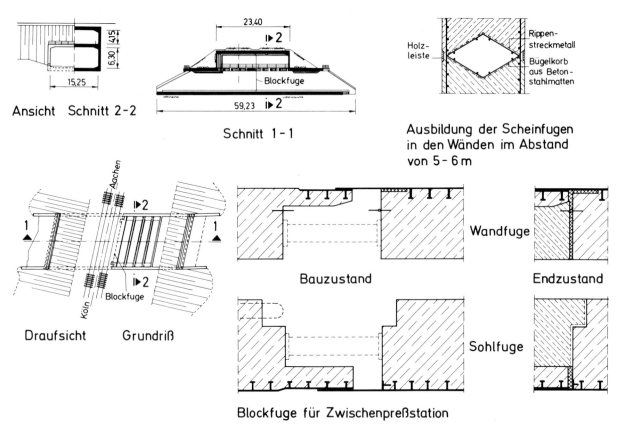

(4) Blockfugenausbildung beim Tunnel Westbahnhof Aachen

Bei der Unterführung der Landstraße 260 unter dem Rangier-
bahnhof Aachen-West wurde ein 126 m langer Tunnel in drei
Blöcken unter den Gleisen eingepreßt. Die Blöcke (Länge 44
bzw. 38 m, Breite 35 m, Höhe 9 m) bestehen aus Stahlbeton
und sind rundum zur Abdichtung gegen das anstehende
Grundwasser mit einer 8 mm dicken Blechhaut versehen.

Bild B 4/126 zeigt den Bauwerksquerschnitt und die Ausbildung der Blockfugen. Die Blechhaut ist an den Stirnflächen
der Blöcke nach innen herumgeführt. Ein rundum überstehen-
der Blechkragen im Fugenbereich verhinderte während des
Vorpressens das Eindringen von Boden und Bentonit in die
Fuge. Nach dem Zusammenschieben der Blöcke wurde über
die Fuge ein nichtrostendes Schlaufenblech wasserdicht aufgeschweißt.

Bild B 4/126
Ausbildung der Blockfuge beim vorgepreßten
Tunnel unter dem Westbahnhof Aachen; Aus-
führung 1980/83 (nach Unterlagen der Züblin
AG.)

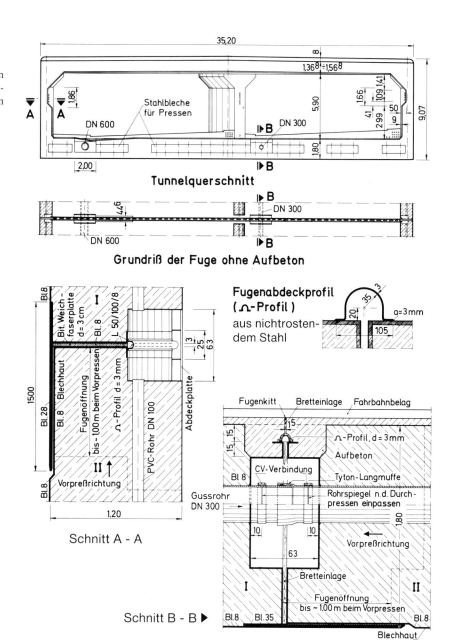

B 5 Straßen- und Eisenbahnbrücken

B 5.1 Allgemeines

Bei Brücken sind die Fugen und ihre Ausbildung im allgemeinen nach besonderen Gesichtspunkten zu wählen. Insbesondere bestimmt die statische Grundform der Brücke die Lage und Anzahl der Fugen. Im wesentlichen können folgende Fugen unterschieden werden:

– Fugen im Widerlager sowie zwischen Widerlager und Flügelmauern (siehe Kap. B 1 Stützbauwerke und Schutzwände)

– Bewegungsquerfugen zwischen Widerlager und Überbau sowie bei langen Brücken im Überbau über den Stützen

– Bewegungslängsfugen im Überbau bei breiten Brücken

– Sonderfugen im Überbau, wie z.B. Gelenkfugen, Koppelfugen usw.

Die in den Überbaufugen auftretenden Bewegungen resultieren aus Vorspannung, Kriechen, Schwinden, Temperaturänderungen, Verformungen des Tragwerks unter Verkehrslast und Setzungen der Unterbauten. Durch den stabförmigen Charakter der meisten Tragwerke sind insbesondere die Längenänderungen für die Fugenausbildung von Bedeutung. Nicht zu vernachlässigen sind außerdem der Einfluß der Bauwerksdurchbiegungen, die Gradientenneigung und die Krümmung der Brückentrasse (siehe Bild B 5/1). Besondere Anforderungen hinsichtlich der zu verwendenden Dichtungsmaterialien und Fugenkonstruktionen ergeben sich aus den Erschütterungen und Schwingungen durch den Fahrzeugverkehr. Die abdichtenden Einlagen der Fugenkonstruktionen müssen aus öl-, bitumen-, tausalz-, mikroorganismen- sowie alterungs- und witterungsbeständigen Materialien bestehen. Sie müssen, sofern sie direkt in der Fahrbahn liegen, genügend abriebfest und widerstandsfähig gegen Durchstanzen sein und eine hohe Weiterreißfestigkeit besitzen [B 5/1].

Die im Bereich der Straßen- und Brückenbauverwaltungen anfallenden Fugenkonstruktionen bei massiven Brücken werden in der Regel nach Richtzeichnungen des Bund/Länderfachausschusses Brücken- und Ingenieurbau [B 5/2] oder speziellen Richtzeichnungen der einzelnen Länder ausgeführt. Bei den Richtzeichnungen handelt es sich durchweg um bewährte Detailausführungen, die den Erfordernissen der konstruktiven Durchbildung und der Bauausführung gleichermaßen gerecht werden. Sie stellen eine weitreichende und erprobte Beispiel- und Erfahrungssammlung dar, die ständig dem neuesten Stand der Technik angepaßt wird. Gleichermaßen werden bei massiven Eisenbahnbrücken im Regelfall die Fugenkonstruktionen nach den Richtzeichnungen der DS 804/III [B 5/3] ausgeführt.

Im folgenden werden verschiedene Arten der Fugenkonstruktionen bei Brücken behandelt. Nicht in der Arbeit aufgenommen wurden die Belagsfugen auf Straßenbrücken. Einzelheiten zur Anordnung und Ausbildung dieser Fugen siehe z.B. [B 5/2] und [B 5/25].

Bild B 5/1
Schematische Darstellung der in Überbaufugen
von Brücken aufzunehmenden Bewegungen
a) bei Hauptträgerdurchbiegung
b) bei Stützendrehung
c) bei geneigtem Brückengradient
d) bei gekrümmtem Oberbau

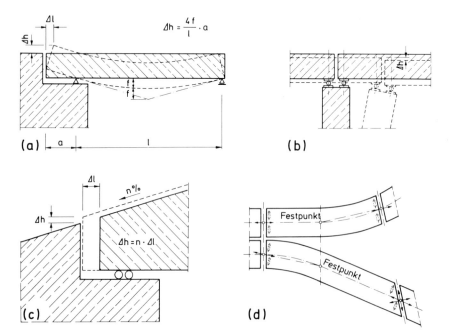

B 5.2 Querfugen zwischen Widerlager und Überbau und im Überbau über den Stützen

B 5.2.1 Querfugenanordnung und -ausbildung bei Straßen- und Eisenbahnbrücken

Die Anordnung und Ausbildung der Bewegungsfuge (Übergangsfuge) zwischen Widerlager und Überbau richtet sich nach der Überbaulänge (vgl. Bild B 5/2):

– Bei Überbaulängen zwischen Bewegungsnullpunkt und Übergangsfuge bis 20 m wird die Fuge unterhalb der Brückenoberfläche angeordnet und mit Fugenbändern aus PVC oder Elastomeren abgeschlossen und abgedichtet. Beispiele für die Ausbildung einer solchen Fuge bei Straßenbrücken zeigen die Bilder B 5/3 und B 5/4. Ähnliche Konstruktionen sind auch bei Eisenbahnbrücken üblich.

– Bei Überbaulängen größer 20 m vom Bewegungsnullpunkt bis zur Übergangsfuge wird die Fuge in der Brückenoberfläche angeordnet und eine besondere Übergangskonstruktion eingebaut.

Bewegungsfugen im Überbau über Stützen erfordern stets eine Übergangskonstruktion.
Fugenübergangskonstruktionen werden durch Bewegungen kinematisch, statisch und dynamisch beansprucht. Außerdem müssen sie eine Reihe von betriebstechnischen Forderungen erfüllen:

Für *Straßenbrücken* gelten folgende Anforderungen:

– Die veränderliche Fahrbahnfuge muß in allen Bewegungszuständen so verschlossen werden, daß in der Fahrbahnebene keine störenden Unterbrechungen auftreten.

– Die den Fugenspalt überquerenden Lasten müssen abgetragen werden. Dazu gehören insbesondere auch die Bremslasten.

– Das Überfahren der Fuge muß stoßfrei und geräuscharm bei gleichzeitig griffiger Fugenoberfläche möglich sein.

– Die Konstruktion muß widerstandsfähig sein gegen Verschleiß, Korrosion und Vereisung. Sie muß eine lange Lebensdauer haben und weitgehend wartungsfrei sein.

– Die verschleißanfälligen Bauteile müssen bei halbseitiger Sperrung der Fahrbahn einfach und rasch ausgewechselt werden können.

Eisenbahnbrücken, die üblicherweise mit durchgehendem Schotterbett gebaut werden, erfordern schotterfeste Übergangskonstruktionen. Sie müssen die Beanspruchung aus dem Schotterbett so aufnehmen, daß die Gleislage nicht unzulässig beeinflußt wird.

Bild B 5/2
Verschiedene Überbauabschlüsse bei Straßenbrücken (Übersicht)

  *) gemessen in Brückenachse
 **) in untergeordneten Verkehrswegen bis 25 m

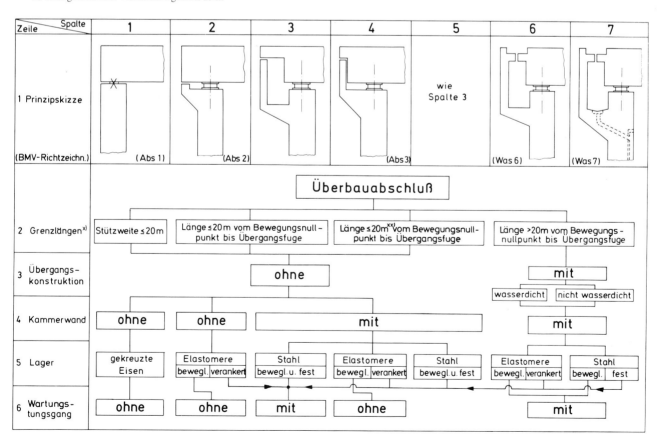

Bild B 5/3
Überbauabschlüsse nach BMV-Richtzeichnungen Abs 1 und 2 (1985) sowie 3 und 4
(1982) [B 5/2]

*) Abdeckung aus dichtem und druckfestem
Material z. B. kunststoffbeschichteter Sperr-
holzplatte

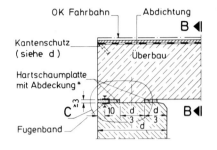

Schnitt A - A

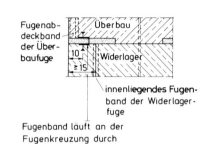

Detail C

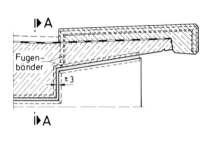

Schnitt B - B

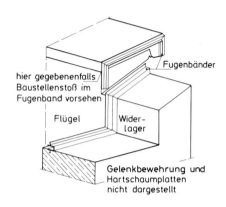

(a) bei festem Lager
(nach BMV-Richtzeichnung Abs. 1)

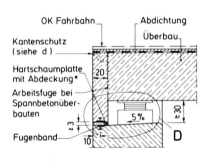

(b) bei beweglichem Lager ohne Kammerwand
(nach BMV-Richtzeichnung Abs. 2)

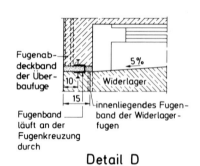

Detail D

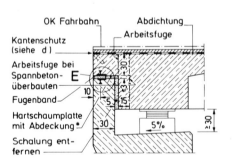

(c) bei beweglichem Lager mit Kammerwand
(nach BMV-Richtzeichnung Abs. 3)

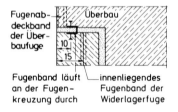

Detail E

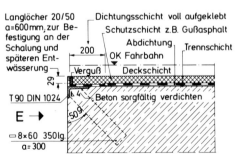

(d) Kantenschutz
(nach BMV-Richtzeichnung Abs. 4)

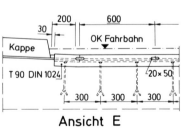

Ansicht E

Bild B 5/4
Fugenbandführung beim Überbauabschluß am
festen Lager nach Richtzeichnung 3321 der
Autobahndirektion Nordbayern, 1982

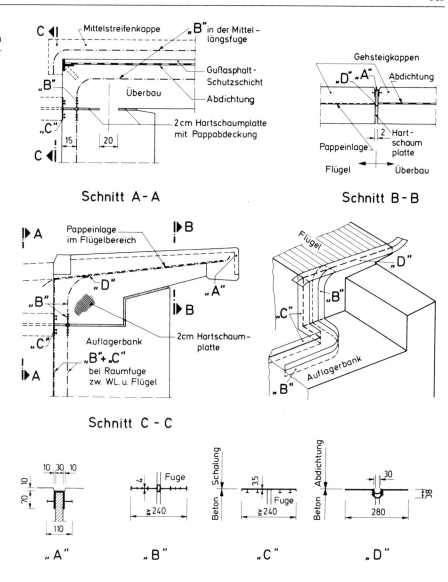

Bild B 5/5
Konstruktionsprinzipien der heute eingesetzten Fahrbahnübergänge bei Straßenbrücken

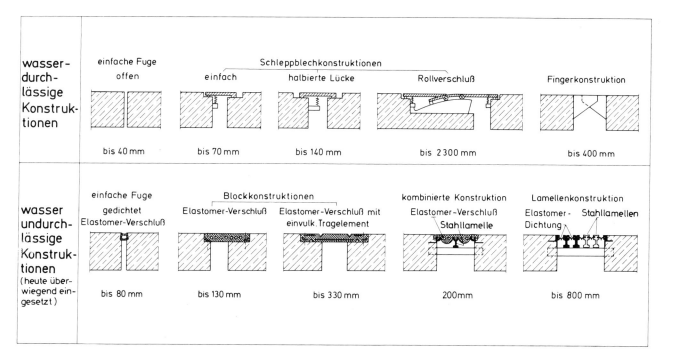

Bis vor etwa zwei Jahrzehnten waren Übergangskonstruktionen ausschließlich wasserdurchlässig. Das Oberflächenwasser lief von der Brückenoberfläche durch den Übergang hindurch und mußte durch Entwässerungsrinnen unterhalb der Fuge gesammelt und abgeleitet werden. Erst durch die Entwicklung sehr haltbarer Elastomere wurde es möglich, wasserdichte Übergangskonstruktionen auszubilden. Hierdurch ergeben sich sowohl für das Bauwerk im Fugenbereich als auch für den Übergang selbst erhebliche Vorteile, da damit ein großer Teil der Korrosionsschäden insbesondere bei Straßenbrücken infolge von Tausalzen vermieden werden kann. Außerdem entfällt bei wasser- und schmutzdichten Fugen der Einbau von besonderen Entwässerungseinrichtungen und deren regelmäßige Reinigung. Im Straßen- und Eisenbahnbrückenbau hat sich die Verwendung von wasserdichten Übergangskonstruktionen in den letzten Jahren weitgehend durchgesetzt. Die Forderung nach Wartungsfreiheit hat diese Entwicklung besonders gefördert.

B 5.2.2 Übergangskonstruktionen bei Straßenbrücken

Eine Zusammenstellung der wichtigsten Konstruktionsprinzipien von Fahrbahnübergängen bei Straßenbrücken zeigt Bild B 5/5. Im folgenden werden die verschiedenen Konstruktionen und ihre Einsatzbereiche an Beispielen erläutert. Ausführlich wird das Thema Fahrbahnübergänge von Köster in [B 5/4] behandelt.

1. Einfache Fugen

Bei den einfachen Fugen wird zwischen offenen und gedichteten Fugen unterschieden. Für den darüber hinwegrollenden Verkehr wirken sie aber gleichartig. In beiden Fällen muß ein Spalt überwunden werden. Spaltbreiten bis 80 mm können ohne störende Radstöße befahren werden, wenn beide Fugenkanten genau in der Fahrbahnebene liegen. Die Beanspruchung wächst mit der Spaltbreite und verlangt i. a. einen Kantenschutz z. B. aus Stahlprofilen oder aus Kunstharz-Mörtel- bzw. Stahlfaserbetonstreifen, der eine unlösbare Verbundkonstruktion mit dem Bauwerk bildet.

Bild B 5/6
Konstruktion einer offenen Fuge nach Richtzeichnungen für die italienischen Autobahnen bei Schwarzdeckenbelägen [B 5/4]

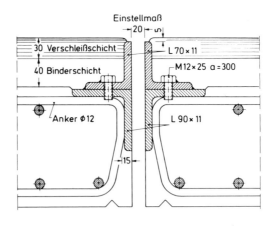

Bild B 5/7
Bewegungsfugenausbildung in einer Straßenbrückenfahrbahn mit Übergangskonstruktion aus Stahlfaserbeton-Kantenstreifen und einem Elastomer-Dichtungsprofil; Fugenabstand rd. 58 m (Verkehrsviadukt in der Verlängerung der Prinz-Alexander-Straße in Rotterdam; Ausführung 1981/82; nach Unterlagen der Gemeentewerken Rotterdam)

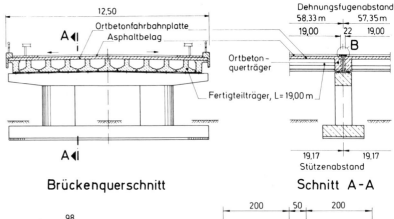

Brückenquerschnitt   Schnitt A-A

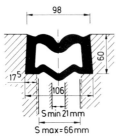

Vredestein Elastomerprofil
Typ VA 45
(wirksam ab 5 mm Mindestvorspannung)

Detail B

Fugenausbildung

Bei der offenen Fuge müssen Schmutz und Wasser auch bei der kleinsten Spaltbreite frei hindurchtreten können. Die Entwässerung sollte so konstruiert sein, daß anfallendes Wasser auch den Schmutz abschwemmt. Offene Fugen bis 40 mm Spaltweite wurden insbesondere für reine Kraftfahrzeugstraßen eingesetzt (Beispiel Bild B 5/6).

Bei der gedichteten Fuge, wie sie heute im allgemeinen üblich ist, haben die Randkonstruktionen nicht nur die Fugenkanten zu schützen, sondern auch die Verformungskräfte der elastischen Dichtungselemente aufzunehmen. Als Dichtungselemente kommen Elastomer-Profile unterschiedlichster Form zum Einsatz. Die Bilder B 5/7 bis B 5/11 zeigen einige Beispiele hierfür:

– In Bild B 5/7 ist eine Fugenkonstruktion mit einem Elastomer-Dichtungsprofil, das in Stahlfaserbeton-Kantenstreifen eingebettet ist, dargestellt. Die Lage des Fugenprofils wird allein durch seine Rückstellkräfte und die Form der Einbettung gewährleistet. Als zulässige minimale Fugenbreite wird für das Profil 21 mm und als maximale Fugenbreite 66 mm angegeben.

Für die Herstellung der Fugenkonstruktion wurde der zunächst durchgehend aufgebrachte Asphaltbelag eingesägt und im Fugenbereich entfernt. Anschließend wurde die Bewehrung für die Kantenstreifen mittels entsprechender Bohrungen in den Beton der Fahrbahnplatte eingeklebt, der Untergrund gesandstrahlt, sorgfältig vorgenäßt und der

Bild B 5/8
Elastomer-Dichtungsprofile für Bewegungsfugen in Straßenbrücken (nach Wegvoegstroken, Vredestein, Holland, BDM8/N/2)

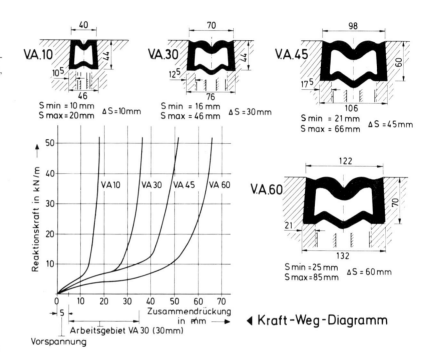

Bild B 5/9
Bewegungsfugenausbildung in Straßenbrücken mit Übergangskonstruktion aus Epoxydharz-Mörtel-Kantenstreifen und Elastomer-Dichtungsprofil (nach Prospekten Lumisilice, Frankreich, und Ciba-Geigy aspects 1/1977)

Erläuterungen:
a = Asphaltbeton
b = Epoxydharz-Mörtel
c = Beton-Fahrbahnplatte
d = Elastomer-Profil
e = Stahlplatte
f = Drain
g = sinusförmig gebogener Verankerungsstahl

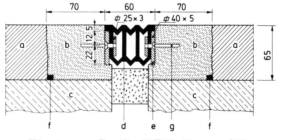

Elastomer-Profil JEP 3 für Δs = ±15 mm

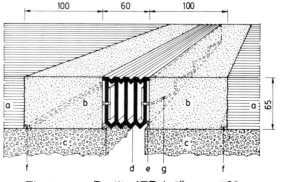

Elastomer-Profil JEP 4 für Δs = ±20 mm

Stahlfaserbeton für die Kantenstreifen eingebracht. Die Oberfläche der Kantenstreifen wurde mit einer Epoxydharz-Grundierung abgedeckt und mit Calcium versehenem Bauxit abgestreut, um Farbunterschiede zum Asphaltbelag zu vermeiden.

Die Stahlfaserbeton-Kantenstreifen wurden hier erstmalig erprobt. Sie sind insbesondere preiswerter als die bisher in Holland bei dieser Fugenausbildung bewährten Kantenstreifen aus Kunstharzmörtel. Nach den bisher vorliegenden Ergebnissen sind sie als gleichwertig einzustufen.

Die hier eingesetzten Fugenprofile stellt die Firma Vredestein, Holland, aus Chloroprenkautschuk (CR) in vier verschiedenen Größen für Fugenbreiten (min/max) von 10/20, 16/46, 21/66 und 25/85 mm her (Bild B 5/8).

Bild B 5/10
Bewegungsfugenausbildung in einer Straßenbrücke mit Übergangskonstruktion aus Stahlprofilen und Elastomer-Dichtungsprofil, Verschiebungsweg 65 mm; System „Sollinger Hütte", Uslar

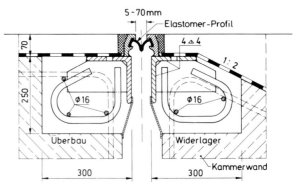

Schnitt A-A Fahrbahnbereich

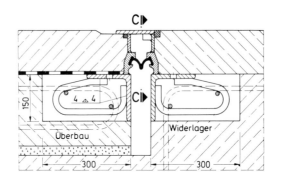

Schnitt B-B Kappenbereich

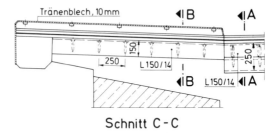

Schnitt C-C

Bild B 5/11
Perspektivische Darstellung der Bewegungsfugenausbildung Fahrbahn/Gehweg mit einer Übergangskonstruktion aus Stahlprofilen und Elastomer-Dichtungsprofil; System „MAN/GHH", Sterkrade

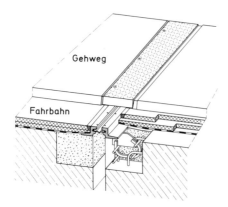

– Eine ähnliche Fugenkonstruktion wie vor zeigt Bild B 5/9. Hier wird allerdings das Elastomerprofil durch eine Flanschkonstruktion mit Verankerung im Kantenstreifen befestigt. Bei der Ausführung eines Fahrbahnübergangs mit dem Elastomerprofil JEP4 auf dem Boulevard peripherique in Paris kam für die Kantenstreifen eine Epoxyd-Teer-Kombination mit Füllstoffen, sehr flexibel eingestellt, zur Anwendung. Im Gegensatz zu dem Profil des Bildes B 5/7 ist das Profil JEP4 nicht austauschbar, ohne den Kantenstreifen zu entfernen.

– Bild B 5/10 zeigt ein Beispiel für einen wasserdichten Übergang bei einer lichten Fugenspaltweite von 5 bis 70 mm. Der Übergang besteht aus Unterkonstruktion und wasserdichter Oberkonstruktion (Stahlrandprofile und Elastomer-Dichtungsprofil). Die Unterkonstruktion wird in der Betonaussparung an der Bauwerksbewehrung angeschweißt. Die Stahlteile sind aus St37 und erhalten an den nicht betonberührten Flächen einen Korrosionsschutz. Das Dichtungsprofil ist in die Randprofile eingepreßt und kann ohne Zerstörung der Randstreifen ausgewechselt werden. Im Bereich des Gehwegs ist die in Fahrbahnebene durchgeführte Übergangskonstruktion durch eine Schleppblechkonstruktion überbrückt (Bild B 5/10, Schnitt B-B und Bild B 5/11). Das System erlaubt aber auch eine Aufkantung im fahrbahnseitigen Kappenrand, so daß das Schleppblech entfallen kann (vgl. Bilder B 5/24 und B 5/29).

Eine neuartige Fugenkonstruktion für Straßenbrücken mit Verschiebungswegen bis zu 25 mm zeigt Bild B 5/12. Auf 50 cm Breite wird hier der zunächst ohne Unterbrechung durchgeführte Brückenbelag beidseitig der Fuge entfernt und durch ein elastisch eingestelltes kautschuk-modifiziertes Bitumen-/Zuschlagsstoffgemisch ersetzt. Das System hat sich unter schwersten Beanspruchungen auf stark befahrenen Brücken in Großbritannien bewährt. Es wurde in enger Zusammenarbeit mit der TRRL (Transport und Road Research Laboratory) getestet und wird unter dem Handelsnamen Thorma Joint auch in der Bundesrepublik Deutschland erfolgreich eingesetzt [B 5/24].

2. Schleppblech- und Mehrplattenübergänge

Schleppblech- und Mehrplattenübergänge gehören zu den wasserdurchlässigen Fugenkonstruktionen in Straßenbrücken. Schleppblechkonstruktionen nach Bild B 5/13 kommen heute als alleinige Fugenüberbrückung in Fahrbahnen nur noch selten zum Einsatz. Sie werden weitgehend durch wasserundurchlässige, wartungsarme Block- oder Lamellenkonstruktionen nach Punkten 4. und 5. ersetzt. In Kombination mit den Lamellenübergangskonstruktionen und einfachen wasserdichten Fugenkonstruktionen (Bild B 5/11) werden Schleppbleche heute noch als Abdeckung im Gehwegbereich gebraucht. Die Begrenzung des Verschiebungswegs aus fahrtechnischen Gründen auf 70 bis 80 mm (maximale Lückenbreite) bei einfachen Schleppblechen und 120 bis 140 mm bei Schleppblechen mit halbierter Lücke (Bild B 5/13 c) ist für Fugenabdeckungen in Gehwegen nicht erforderlich.

Bild B 5/12
Bewegungsfugenausbildung in einer Straßenbrückenfahrbahn nach dem Thorma-Joint-Verfahren, Verschiebungsweg bis 25 mm

a) Fugenquerschnitt (Prinzip)

b) Mit kautschukmodifizierter Bitumen-Füllmasse wasserdicht ausgekleidete Fugenmulde. Der Metallschutzstreifen ist über der Fuge angeordnet.

c) Verfüllen der Hohlräume des heißen Mineralstoffgerüsts mit kautschukmodifizierter Bitumen-Füllmasse

[B 5/24]

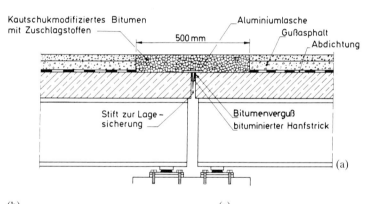

Mehrplattenübergänge, wie z.B. die Rollverschlüsse (Bild B 5/14) werden für große Fugenbewegungen bis 2300 mm eingesetzt. Die Schleppblechlücke wird beim Rollverschluß vollkommen geschlossen; die Fahrbahnoberfläche bleibt praktisch eben. Der Verschiebungsweg kann theoretisch beliebig groß werden. Die Konstruktion besteht aus Pendelplatte, Gleitplatten, Gleitbock und Zungenplatte. Als Sonderkonstruktion gibt es schmutz- und wasserabweisende Ausführungen, bei denen die Fugen zwischen den einzelnen Elementen durch Elastomer-Profile gedichtet sind. Auf eine Fugenentwässerung kann aber auch in diesem Fall nicht verzichtet werden. Bild B 5/15 zeigt den Einbau einer Rollverschluß-Fugenkonstruktion.

Nach ZTV-K80 [B 5/1] sind bei Schleppblechen und Mehrplattenübergängen folgende Konstruktionshinweise zu beachten:

– Die Dicke der Schleppbleche und der Zungenplatten muß bei Mehrplattenübergängen im Fahrbahnbereich mind. 50 mm und an der Zungenspitze mind. 14 mm, im Gehweg- und Kappenbereich jedoch mindestens 10 mm, bei Randwinkeln mind. 14 mm betragen.

– Die Oberflächenhärte von Gleitböcken muß größer sein als die der aufliegenden Gleitnocken. Die Kanten der Gleitnocken sind auszurunden.

– Die Auflagerung muß auf voller Fahrbahnbreite (Linienlagerung) gewährleistet sein.

– Häufig bewegte Teile wie Federn, Gelenke und Gleitbahnen müssen auch vom Kontrollgang aus zugänglich sein und sind gegen Verschmutzungen und Korrosion zu schützen. Tellerfedern sind nicht zugelassen. Schrauben und Bolzen, welche die Platten halten, müssen kugelig gelagert sein.

3. Fingerkonstruktionen

Die Fingerkonstruktionen gehören zu den wasserdurchlässigen Fugenübergängen. Durch Verzahnen der Lücke können Fugenbewegungen bis 400 mm überbrückt werden. Ebenso wie die einfachen Schleppbleche sind heute die Fingerkonstruktionen weitgehend durch wasserdichte Übergangskonstruktionen verdrängt.

Bei den üblichen Konstruktionen werden die Fingerplatten mit einer zweireihigen Verschraubung befestigt (Bild B 5/16a). Große Verschiebungswege erfordern infolge der großen Auskragung entsprechend dicke Fingerplatten und für die zweireihige Befestigung eine große Basis und damit auch sehr breite Fingerplatten. Eine wirtschaftliche Lösung der verzahnten Fugenkonstruktion für große Verschiebungswege stellt die abgestützte Kragkonstruktion z.B. nach Bild B 5/16b dar. Die Finger erhalten dabei etwa in ihrer Mitte mit einer vorgeschobenen Stützleiste ein Zwischenauflager, das ihre Auskragungslänge halbiert. Über die Stützleiste der Gegenseite bewegen sie sich aber frei.

Beim Einsatz von Fingerkonstruktionen sind nach ZTV-K80 [B 5/1] folgende Konstruktionshinweise zu beachten:

Fingerplatten müssen mindestens 50 mm dick sein. Das Lichtmaß zwischen den Fingern einer Platte darf max. 45 mm betragen. Der Abstand zwischen zwei ineinandergreifenden Fingern muß mind. 4 mm und darf höchstens 8 mm betragen. Die geringste verbleibende Verzahnungslänge der Finger soll 10 mm sein.

Bild B 5/13
Beispiele für Fahrbahnübergangskonstruktionen in Straßenbrücken mit Schleppblechen

a) einfaches Schleppblech mit gerader Gleitfläche, Verschiebungsweg bis 70 mm

b) einfaches Schleppblech mit geneigter Gleitfläche, Verschiebungsweg bis 80 mm

c) mit Zahnrad und Zahnstangen starr gesteuertes Schleppblech der VOEST AG, Linz, eingebaut auf der Donaubrücke Aschach 1962; Verschiebungsweg bis 120 mm [B 5/4]

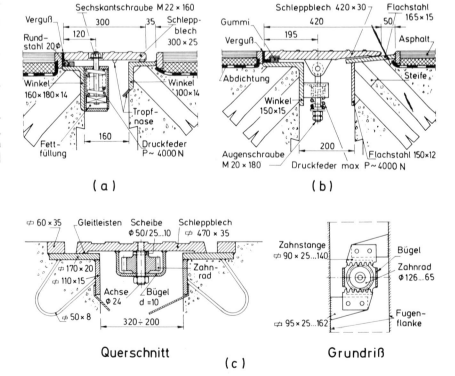

4. Blockkonstruktionen

Blockkonstruktionen sind wasserdichte, elastisch verformbare, einteilige Dehnungselemente, vorwiegend aus Chloropren-Kautschuk, die eine große Breite besitzen, um einen Dehnweg in praktisch brauchbarer Größe zu erzielen. Die Fugenränder sind in der Regel so weit voneinander entfernt (> 80 mm), daß die Dehnelemente vom Verkehr direkt belastet werden. Einvulkanisierte Bewehrungen und direkte Unterstützungen wirken als Tragelemente. Die Verschlußbewegungen dürfen nur geringe Kräfte in den Elementen hervorrufen, jedoch sollen vertikale Kräfte dehnsteif aufgenommen werden. Gleichzeitig muß die Oberfläche eben und dicht bleiben.

Es werden heute Dehnelemente dieser Art mit Verschiebungswegen von 30 mm (± 15 mm) bis 330 mm (± 165 mm) für Straßenbrücken angeboten. Teilweise werden die großen Verschiebungswege durch Hintereinanderschalten zweier Dehnelemente erreicht. Die besonderen Vorteile dieser Blockkonstruktionen für Fugen in Straßenbrücken sind:

– Geräuscharmut durch die geschlossene Oberfläche

– Verkehrssicherheit für Fahrzeuge und Fußgänger durch die spaltfreie, rutschfeste Oberfläche

– Wartungsfreiheit durch Fehlen von beweglichen Teilen

Ein kompletter Übergang wird in der Regel im Werk aus mehreren Abschnitten (abhängig von der Brückenbreite einerseits und der Fertigungslänge der Profile andererseits) und Paßstücken im Schrammbord und Gehwegbereich zusammenvulkanisiert. Ausnahmen bilden die Montagestöße, die mit Rücksicht auf den Transport, die Montage und die Auswechselbarkeit der Übergangskonstruktion erforderlich sind. Sie müssen auf der Baustelle vulkanisiert werden. Klebeverbindungen sind nicht zulässig [B 5/1].

Als Abdichtungsanschlüsse werden Kupfer- oder Edelstahlblech, Elastomer-Folie oder ähnliches unter die Blockkonstruktionen eingeklemmt. Im Bereich des Chlorophren-Kautschuk-Übergangs darf keine bituminöse Abdichtung eingebaut werden.

Die Bilder B 5/17 bis B 5/20 zeigen einige Fahrbahnübergänge in Blockkonstruktion für Straßenbrücken:

– Der Fahrbahnübergang System „Stog" (Bild B 5/17) besteht aus einem massiven Chloropren-Kautschukband, in das an den Längsrändern T-Profilstähle zur Befestigung einvulkanisiert sind. Er wird für Verschiebungswege von 30 mm (± 15 mm) bis 130 mm (± 65 mm) hergestellt. Für größere Verschiebungswege können zwei Übergangskonstruktionen gekoppelt werden. vgl. hierzu Beispiel in Abschnitt B 5.2.3. Der Anschluß an die Flächenabdichtung erfolgt über eine Elastomerfolie, die auf der Fugenseite mit Hilfe des einvulkanisierten T-Profils eingeklemmt und auf der Fahrbahnseite zwischen zwei Dichtungsbahnen eingeklebt wird.

Bild B 5/14
Rollverschluß-Bewegungsfugenkonstruktion für Straßenbrücken in schmutz- und wasserabweisender Ausführung, Typ W und Gehwegkonstruktion mit Schlepp-Platte (nach Prospekt 29.2 der Sollinger Hütte GmbH, Uslar, Ausgabe Nov. 1976)

Bezeichnung der Einzelteile:
 1 Zungenplatte
 2 Gleitplatte
 3 Pendelplatte
 4 Federtopf
 5 Gleitbock
 6 Nocke
 7 Gelenknocke
 8 Begrenzungsleiste
 9 Unterbauträger
10 Abschlußträger
11 Schlepp-Platte

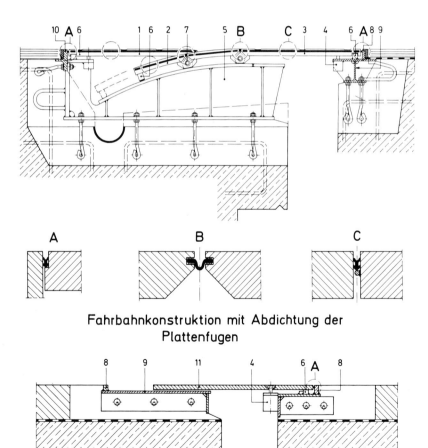

Fahrbahnkonstruktion mit Abdichtung der Plattenfugen

Gehwegkonstruktion

– Blockübergangskonstruktionen nach dem System „Trans-flex" sind in Bild B 5/18 dargestellt. Sie bestehen aus alterungsbeständigem Chloropren-Kautschuk, in den Stahlteile zur Befestigung und Überbrückung der Fuge einvulkanisiert sind. Es gibt diese Übergangskonstruktionen für maximale Verschiebungswege von 50 mm (± 25 mm) bis 330 mm (± 165 mm). Befestigt werden sie an den Rändern mit Verbundankern im Abstand von 250 mm. Ab einem Verschiebungsweg von 100 mm werden in der Mitte der Fugenüberbrückung Niederhalterungen im Abstand von 2 m erforderlich, die an der Brückenkonstruktion befestigt und vorgespannt sind (Bild B 5/19).

– Bild B 5/20 zeigt eine Übergangskonstruktion mit durchgehender profilierter Chloropren-Kautschuk-Oberfläche nach dem System „Stalkoflex". Das Dichtungsprofil wird auf einer einbetonierten Stahlunterkonstruktion mit besonders ausgebildeten Befestigungsprofilen aufgezogen. Vorteil dieser Ausbildung ist, daß der Teppichbelag mit einem einfachen Montiereisen ohne Lösen von Schrauben ausgebaut werden kann. Bei breiteren Fugen werden aufwendige Stahlkonstruktionen wie bei den Lamellenkonstruktionen 5. mit beweglichen Teilen erforderlich.

Bild B 5/15
Einbau einer Rollenverschluß-Fugenkonstruktion auf der Brücke Viadotto di Albinengo, Autostrada Chiasso-San Gottarde, Kanton Tessin/Schweiz (Quelle Prospekt 29.1 der Sollinger Hütte GmbH, Uslar, Ausgabe April 1976)

Bild B 5/16
Beispiele für Fahrbahnübergangskonstruktionen in Straßenbrücken mit Fingerplatten [B 5/4]

a) Typenkonstruktion 1C der Maschinenfabrik Esslingen mit zwei Schraubenreihen für 120 mm Verschiebungsweg

b) Fugenkonstruktion mit Stützleisten in der Hangbrücke Krahnenberg aus dem Jahre 1963 mit 215 mm Verschiebungsweg

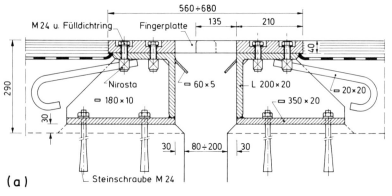

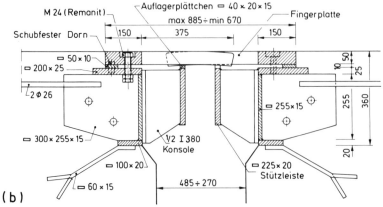

Für geringere Belastungen, wie z.B. bei Fußgängerbrücken, gibt es eine ganze Anzahl von verschiedenen Blockübergangskonstruktionen in leichterer Ausführung. Ein Beispiel hierfür zeigt Bild B 5/21:
Die Fugen der Fußgängerbrücke aus Stahlbetonfertigteilen wurden wegen des trogförmigen Querschnitts zunächst mit einem angeflanschten Dichtungsband, das seitlich an den Brüstungen rd. 15 cm hochgezogen wurde, gedichtet. Als Gehwegübergang wurde eine 20 mm hohe Blockkonstruktion, System Migua, mit 16 mm Verschiebungsweg (± 8 mm) eingebaut. Der Anschluß der nur im Gehflächenbereich eingebauten Blockkonstruktion an die seitlich hochgezogenen Dichtungsbänder erfolgte mit einer elastischen Vergußmasse.

5. Lamellenkonstruktionen

Bei Lamellenkonstruktionen wird die tragende Spaltbrücke durch in Fugenrichtung verlaufende, parallel zueinander angeordnete Längsträger (Lamellen) gebildet. Sie ruhen auf Querträgern (Traversen), die in Bewegungsrichtung angeordnet sind und die Kräfte in das Brückenbauwerk abgeben. Die zwischen den Lamellen verbleibenden Spalte werden mit elastisch verformbaren Elastomer-Profilen wasserdicht verschlossen. Die lichte Weite von Fugenspalten darf 5 mm nicht unterschreiten und ohne Berücksichtigung der horizontalen Verformung aus Bremslasten 70 mm nicht überschreiten. Bei Berücksichtigung der horizontalen Verformung aus den Bremslasten sind die größten Spaltbreiten auf 80 mm zu begrenzen.

Folgende besondere Anforderungen sind an wasserdichte Lamellenkonstruktionen zu stellen:

– Wasserdichte und dauerhafte Verbindung der Dichtprofile mit den Stahllamellen bei stoßfreiem, dem Brückenquerschnitt folgendem Verlauf des Dichtprofils.

– Aufnahme der Fugenbewegung durch die Dichtprofile unter geringstmöglichen Verformungswiderständen bei unterschiedlicher Geometrie des Fugenverlaufs (gerade, schief, gekrümmt)

– Aufnahme stoßartig auftretender hoher Verkehrsbelastung in vertikaler und horizontaler Richtung. Ableitung dieser Kräfte in die Betonkonstruktion

– Bewegungssteuerung der Lamellen, durch die die Fugenbewegung gleichmäßig auf die Einzelspalte zwischen den Trägern aufgeteilt wird

– Schutz gegen Blockierungen der Lamellen durch eingeklemmte Fremdkörper, Schmutz oder Vereisung

– Unempfindlichkeit gegen außerplanmäßige Bauwerksbewegungen, wie Widerlagersetzungen und Verdrehungen

Die Lamellenkonstruktionen werden heute für Gesamtbewegungen bis 800 mm hergestellt. Grundsätzlich sind auch Übergänge mit größeren Bewegungen möglich. Im wesentlichen unterscheiden sich die auf dem Markt befindlichen Konstruktionen durch die Form und Befestigung der Dichtungsprofile, durch die Kraftübertragung in die Brückenkonstruktion und die Spaltsteuerung zwischen den Lamellen.

Bild B 5/17
Schnittperspektive eines wasserdichten Fahrbahnübergangs, System „STOG" Typ 130 (max. Verschiebungsweg 130 mm, ± 65 mm) für Straßenbrücken (nach Unterlagen der Fa. STOG GmbH, Waltrop)

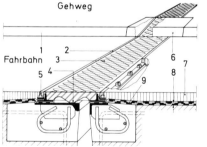

Erläuterungen:
1 Bordsteinaufkantung
2 Plastischer Fugenverguß
3 Chloropren-Fugenband
4 Teflonbeschichtung
5 Befestigungsschrauben
6 Blechabdeckung
7 Straßendecke
8 Abdichtung
9 Elastomerfolie

Bild B 5/18
Übersicht über wasserdichte Fahrbahnübergänge nach dem System „Transflex" für Straßenbrücken (nach Unterlagen der Fa. MAN/GHH, Sterkrade)

Querschnittskizze mit Typen-Bezeichnung	Dehn-weg in mm	Breite A in mm	Dicke H in mm	Schr-⌀ Abst.in mm	Gewicht pro m in kg
T 50/4	±25= 50	326	48	M 16 250	60
T 70/2	±35= 70	391	53	M 16 250	80
T 100/5	±50= 100	591	55	M 16 250	150
T 160/2	±80= 160	726	80	M 20 250	230
T 230/2	±115= 230	901	95	M 20 250	380
T 330/1	±165= 330	1211	135	M 20 250	450

Die Dichtungsprofile bestehen i. a. aus band- oder kastenförmigen Elastomerprofilen mit vorgeformten Gelenken für einen gesteuerten Faltmechanismus. Die wasserdichte Befestigung der Dichtungsprofile in den Stahlprofilen erfolgt z. B. durch (Bild B 5/22):

– Einknöpfen mittels oben und unten angeordneter Nocken

– Einspannen mit einer Dichtungsschnur aus Elastomermaterial

– Einklemmen mit Klemmleisten und Stiften oder Schrauben

Ein Zug- und Druckdiagramm für derartige Dichtungsprofile zeigt beispielhaft Bild B 5/23. Die geringen Rückstellkräfte bei Fugendehnungen von 5 bis 65 mm und die damit geringen Druckkräfte, die auf die Widerlager bzw. Lamellen einwirken, können vernachlässigt werden. Der große Dehnweg bis zum Bruch des Dichtungselements zeigt erhebliche Sicherheitsreserven der Konstruktion.

Für die Kraftübertragung und Spaltsteuerung kommen unterschiedliche Konstruktionssysteme zur Anwendung (Bilder B 5/24 bis B 5/29):

– Bei der Übergangskonstruktion, System „GHH 3W" (Bild B 5/24) werden die Vertikal- und Horizontalkräfte sowie die Momente aus den Lamellen über scherenartig ausgebildete Querträger abgetragen. Durch die Scherenkonstruktion ist immer eine gleichmäßige Spaltbreite zwischen den Lamellen sichergestellt.

– Beim System „Maurer" (Bild B 5/25) werden die Kräfte und Momente aus den Lamellen über elastisch gelagerte Biegequerträger abgetragen. Die Querträger sind an den Fugenrändern in Kästen auf elastisch nachgiebigen PTFE-Gleitlagern verschieblich gelagert und werden durch Gleit-Elastomerfedern mit Vorspannung auf die Gleitlager gepreßt. Zur Steuerung ist jede Lamelle mit einem eigenen Querträger versehen und durch Verschweißung mit ihm starr verbunden. Zwischen den Querträgern sowie zwischen Randquerträgern und Fugenrand sind Elastomerfedern angeordnet, so daß eine von Fugenrand zu Fugenrand durchlaufende Federkette gebildet wird. Durch diese Federkette werden die Spaltweiten zwischen den Lamellen ausgeglichen und die Horizontalkräfte in die Brückenkonstruktion geleitet.

Bild B 5/19
Niederhalterung und Befestigungsdetail sowie Ausbildung des Schrammbordbereichs bei Fahrbahnübergängen nach dem System „Transflex" für Straßenbrücken (nach Unterlagen der Fa. MAN/GHH, Sterkrade)

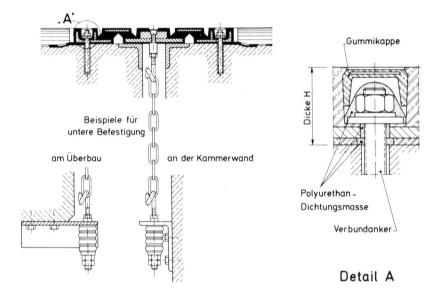

– Bei den Dehnungsfugenüberbrückungen des Lehnenviadukts Beckenried, Schweiz, wurden die in Bild B 5/26 dargestellten Übergangskonstruktionen eingebaut. Die zulässige Längsbewegung beträgt insgesamt 480 mm (± 240 mm). Fünf parallel zu den Fugenrändern verlaufende Lamellen sind über Stützträger an elastischen Hängestäben aufgehängt. Die sechs Zwischenöffnungen lassen je eine Bewegung von 0 bis 80 mm zu. Die Steuerung der Zwischenlamellen erfolgt durch die Wahl entsprechender Stahlquerschnitte bzw. Trägheitsmomente der verformbaren Hängestäbe. Die Öffnungen zwischen den Lamellen bleiben dadurch immer gleich groß. Anfahr- und Bremskräfte werden durch entsprechende Puffer und Anschläge aufgenommen, d.h. die Öffnung von Lamelle zu Lamelle kann nie größer als 80 mm sein.

– Bei den Übergangskonstruktionen der Fa. Honel, Rorbas/Zürich, Schweiz, sind die Mittellamellen je mit einer Auflagertraverse verschweißt. Der gleichmäßige Lamellenabstand wird hier mit einer mechanischen Parallelogramm-Steuerung erreicht (Bild B 5/27).

– Bei den Übergangskonstruktionen nach dem System Stalko-Tensoprene erfolgen Lastabtragung und Steuerung der Lamellen getrennt. Für die synchrone Bewegung der Lamellen sorgt eine scherenartige, mechanische Zwangssteuerung (Bild B 5/28).

Abknickungen im Verlauf der Fuge in vertikaler wie auch in horizontaler Ebene (Dachneigungen in der Fahrbahn, Schrammbord- und Gesimsaufkantungen, schräger Verlauf der Fuge zur Bewegungsachse) können bei Lamellenkonstruktionen ausgeführt werden, ohne die abdichtenden Fugenbänder zu unterbrechen oder zu stoßen (Bild B 5/29). Läuft bei Gehwegen die Übergangskonstruktion in Höhe der Fahrbahnebene durch, so wird die Fuge mit einer Schleppblechkonstruktion in der Gehwegebene abgedeckt (Bild B 5/28, Schnitt B-B).

Bild B 5/30 zeigt ein Beispiel für den Einbau einer Übergangskonstruktion mit Lamellen in einer Straßenbrücke.

Bild B 5/20
Wasserdichte Fahrbahnübergänge System „STALKOFLEX" für Straßenbrücken (nach Unterlagen der Fa. Stalko-Metallbau, Hohenwart/Obb.)

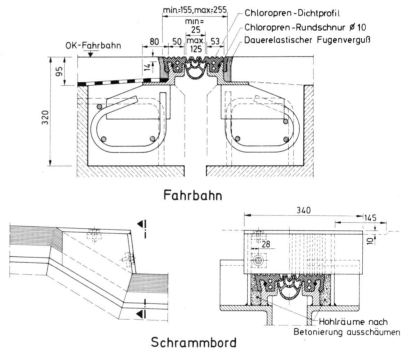

Fahrbahn

Schrammbord

STF 100 Standardausführung Dehnweg 100 mm (± 50 mm)

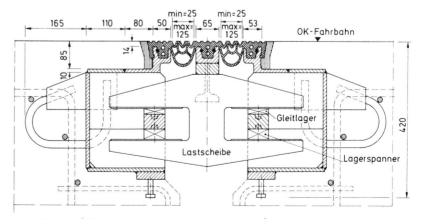

STF 200 Mittellamellenausführung mit Lastscheibenauflagerung Dehnweg 200 mm (± 100 mm)

Bild B 5/21
Ausbildung der Bewegungsfuge mit System
Migua bei einer Fußgängerbrücke in Böblin-
gen; Ausführung 1981 (nach Unterlagen des
Stadtbauamts Böblingen)

① Inertol-Elastomasse 20
mit Einstreusplitt 2-5mm 1-1,5 kg/m²absanden
② Inertol-Elastomasse 10
mit Quarzsand 0,4-0,7mm absanden
③ Icosit-Kunststoff 275
mit Quarzsand 0,1-0,4mm,d=1mm,
mit Quarzsand 0,4-0,7mm absanden

④ Zementmörtel
0/8 - 0/16 B 35
⑤ Icoment Additiv
als Haftbrücke
⑥ Betonkonstruktion,B 35
Flamm-oder Sandstrahlen

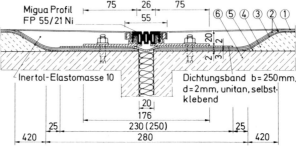

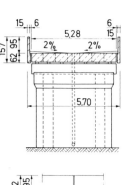

Schnitt A - A

Schnitt B - B

Grundriß

⑦ Alu Blech d=3,0mm
⑧ Dichtungsband d=2,0mm,
b=250mm,unitan Streifenware,
selbstklebend
⑨ Inertol Elastomasse 10

⑩ Icosit Kunststoff 275
mit Quarzsand 0,1-0,4mm,d=1,0mm,
mit Quarzsand 0,4-0,7mm absanden
⑪ Brüstungsfertigteil
Flamm-oder Sandstrahlen

**Brücken-Quer-
und-Längsschnitt
im Bereich der Fuge**

Bild B 5/22
Verschiedene wasserdichte Befestigungen von
Elastomer-Fugenbändern in Stahlprofilen für
Übergangskonstruktionen

Einknöpfen mit Nocken
(z.B. System Maurer)

**Vorspannen mit Elasto-
merschnur**
(System STALKO)

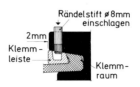

**Einklemmen mit Klemm-
leiste und Stift**
(System GHH)

Bild B 5/23
Zug- und Druckdiagramm eines Dichtungsprofils; Übergangskonstruktion System „GHH
3W" für Straßenbrücken (nach Unterlagen der
Fa. MAN/GHH, Sterkrade)

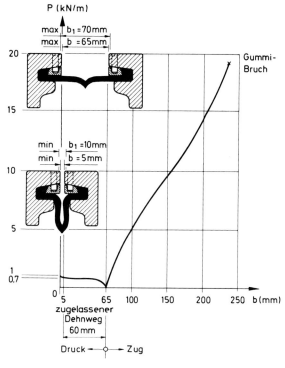

Bild B 5/24
Lamellenübergangskonstruktion   System
„GHH 3W" für Straßenbrücken mit Stützung
und Steuerung durch scherenartige Bauglieder
(nach Unterlagen der Fa. MAN/GHH, Sterkrade)

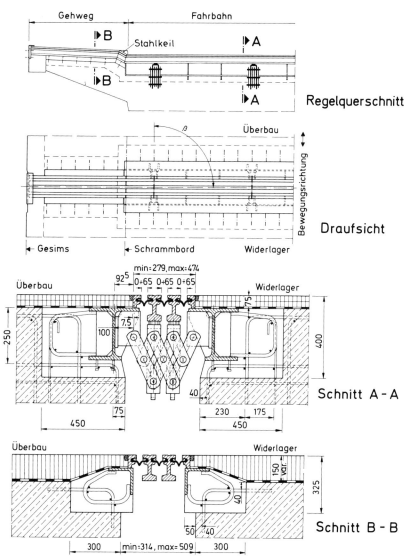

Bild B 5/25
Prinzip der elastischen Steuerung der Lamellen bei der Übergangskonstruktion System
„Maurer" für Straßenbrücken (nach Unterlagen der Fa. Maurer, Dortmund)

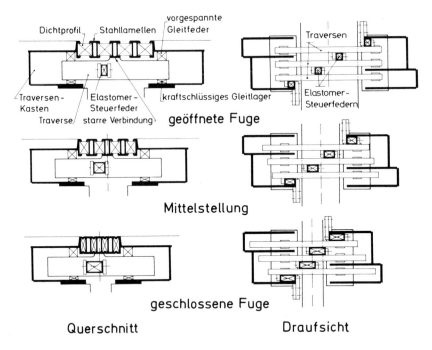

Bild B 5/26
Lamellenübergangskonstruktion beim Lehnenviadukt Beckenried, Schweiz [B 5/5]

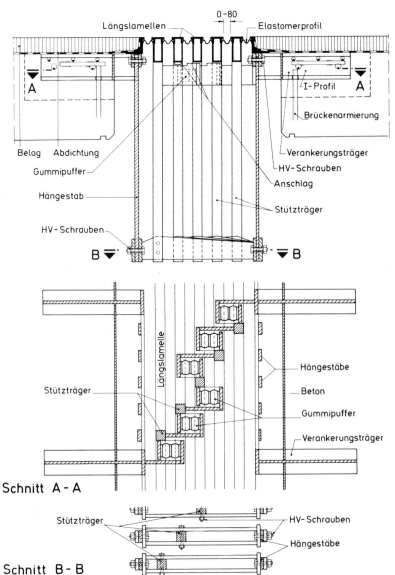

Bild B 5/27
Synchronsteuerung für die Mittellamellen der
Fahrbahnübergangskonstruktionen der Fa.
Honel, Rorbas/Zürich, Schweiz

Erläuterungen:
1 Drehzapfen
2 bewegliche Lagerung, Drehzapfen
3 Zange für synchrone Lamellenverschiebung
4 Auflagertraverse
5 Mittellamellen, je mit einer Auflagertraverse verschweißt

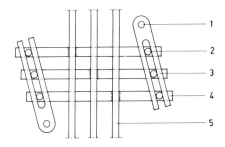

Bild B 5/28
Lamellenübergangskonstruktion System
„STALKO-Tensoprene" für Straßenbrücken
mit Stützung durch Traversen und mechanischer Steuerung durch scherenartige Bauglieder (nach Unterlagen der Fa. Stalko-Metallbau, Hohenwart/Obb.)

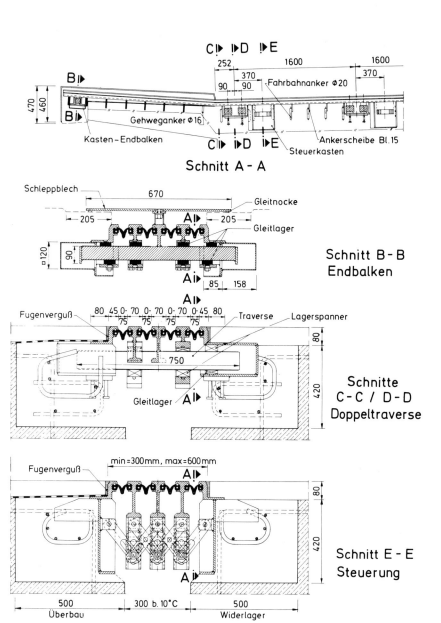

Bild B 5/29
Beispiel für eine Schrammbordaufkantung bei
einer Lamellenübergangskonstruktion in einer
Straßenbrücke mit aufgeschweißten Stahlkeilen
im Schrammbordbereich (siehe Bild B 5/24;
Regelquerschnitt) (Prospekt Maurer Dehnfugen 1/74, Maurer Söhne, München)

(a)   (b)

Bild B 5/30
Beispiel für den Einbau einer Lamellenübergangskonstruktion in einer Straßenbrücke

a) vorbereitetes Betonbett
b) das Einlegen der Konstruktion mit Auto-
   kran
c) eingelegte Konstruktion

(Prospekt Maurer-Dehnfugen 1/74, Maurer
Söhne, München)

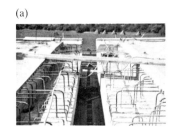 

(c)

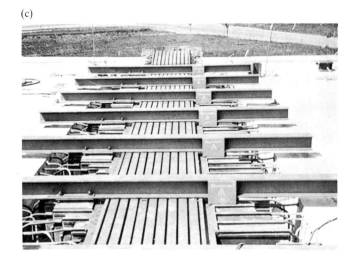

B 5.2.3 Übergangskonstruktionen bei Eisenbahnbrücken

Bei Eisenbahnbrücken gibt es grundsätzlich zwei verschiedene Möglichkeiten, die Übergänge an den Querfugen im Überbau auszubilden:

– als offene wasserdurchlässige Fuge mit lose aufliegendem Stahlrost und untergehängter, an die Brückenentwässerung angeschlossener Entwässerungsrinne oder

– als geschlossene, wasserdichte Fuge in unterschiedlicher Ausführung.

Bei der offenen wasserdurchlässigen Übergangskonstruktion (Bild B 5/31) wird das auf den Überbau anfallende Niederschlagswasser durch die Abdeckroste in eine unter der Fuge hängende Entwässerungsrinne abgeführt. Entwässerungseinläufe in der Fahrbahntafel sind daher nicht notwendig. Die offene Übergangskonstruktion wird im Regelfall nach DS 804/III Richtzeichnung MBR 19810 ausgebildet.

Die geschlossene Übergangskonstruktion für Eisenbahnbrücken ist in der Regel wasserdicht ausgebildet. Das auf den Überbau anfallende Niederschlagswasser wird durch separate Entwässerungseinläufe in der Fahrbahntafel abgeführt. Die Bilder B 5/32 bis B 5/35 zeigen Beispiele für verschiedene Ausführungen:

– Beim Feuerbach-Eisenbahn-Viadukt in Stuttgart wurden geschlossene Querfugen nach dem System Maurer ausgeführt (Bild B 5/32). Die Konstruktion weicht von den DB-Richtzeichnungen insofern ab, als sie durch ein Abdeckblech aus Edelstahl (sonst verzinktes Blech) geschützt wird, und das Fugenband mit Schlauch und Trichter an die Brückenentwässerung angeschlossen ist. Es handelt sich hier um eine Kombination aus offener und geschlossener wasserdichter Fuge, da das Schleppblech nicht wasserdicht ist.

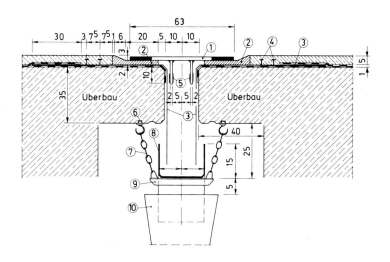

Bild B 5/31
Ausbildung der Querfugen bei der neuen Rosental-Eisenbahnbrücke in Friedberg [B 5/6]

Erläuterungen:
1 Abdeckrost aus Stahlblech mit Schlitzen, verzinkt
2 Auflagerplatten aus Chloropren-Kautschuk mit Tropfbahn
3 Tropfbahn aus Chloropren-Kautschuk-Folie, in die Überbaudichtung eingeklebt
4 Verankerungsprofile aus Chloropren-Kautschuk mit Tropfbahn zusammenvulkanisiert
5 Rundstahl mit Gummimanschette
6 Ankerschiene, verzinkt
7 Hakenschraube und Kette, verzinkt
8 Kastenrinne aus Stahlblech, verzinkt
9 Traverse, verzinkt
10 Einlauftrichter

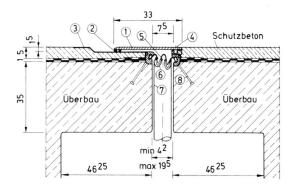

Bild B 5/32
Ausbildung der Querfugen beim Feuerbach-Eisenbahn-Viadukt in Stuttgart; Ausführung 1980/82 [B 5/6]

Erläuterungen:
1 Abdeckblech aus Edelstahl
2 Gleitprofil, abriebfest
3 Betonoberfläche, kunststoffversiegelt
4 Schraube M16 aus Edelstahl
5 Fugenband aus Chloropren-Kautschuk
6 Chloropren-Kautschuk-Rundprofile an Fugenband anvulkanisiert
7 Entwässerungsschlauch aus Chloropren-Kautschuk in Brückenachse
8 Nelson-Betonanker

– Bild B 5/33 zeigt ein Beispiel für den Einbau eines wasserdichten Fahrbahnübergangs nach dem System „Sollinger Hütte" Typ T80 (max. Verschiebungsweg 80 mm = ± 40 mm) in der Querfuge einer Eisenbahnbrücke. Die Konstruktion besteht aus einem im Querschnitt gelochten dicken Chloropren-Kautschukband und z-förmigen Stahlprofilen, die das Band mechanisch am Rand umfassen und einklemmen. Die Übergänge gibt es für Dehnwege von 30, 40 und 80 mm.

An der Stirnseite wird das Chloropren-Kautschukband durch eine anvulkanisierte Elastomer-Platte abgeschlossen. Unterhalb des Kappenbetons wird eine Trennschicht aus nackter Bitumenbahn R500N zum Fugenband eingebaut, damit keine Bewegungsbehinderung entsteht.

– Ein wasserdichter Fugenübergang für Eisenbahnbrücken nach dem System „Transflex" Typ T70 (Verschiebungsweg 70 mm = ± 35 mm) ist in Bild B 5/34 dargestellt. Das Dichtungsprofil besteht aus Chloropren-Kautschuk mit einvul-

kanisierten Stahlteilen zur Befestigung und Fugenüberbrückung. Durch anvulkanisierte Moosgummistreifen in den Randbereichen wird eine glatte Oberfläche für das Schotterauflager erreicht. Im Kappenbereich werden Beton und Fugenband durch einen aufgeklebten Moosgummistreifen von 10 mm Dicke getrennt, um die Dehnung nicht zu behindern.

– Für große Verschiebungswege können z. B. zwei Übergangskonstruktionen „System Stog" Typ 130 gemäß Bild B 5/35 gekoppelt werden. Dadurch wird ein Verschiebungsweg von insgesamt 260 mm möglich.

Übergangskonstruktionen für Querfugen in Eisenbahnbrücken müssen wegen schneller Auswechslung im Sanierungsfall generell durch Schraubenverbindungen lösbar mit einer einbetonierten stählernen Unterkonstruktion verbunden werden. Über Elastomerstreifen ist die Konstruktion zudem wasserdicht in die Abdichtung des Überbaus einzukleben. Bei in Längsrichtung versetzten Überbauten soll die Übergangskonstruktion der Querfuge im Bereich des Versatzes wegen der aufzunehmenden Überbaubewegungen nicht unterbrochen werden, d. h. im Versatzbereich auch über die Längsfuge eingebaut werden.

Bild B 5/33
Wasserdichter Querfugenübergang System „Sollinger Hütte" Typ T80 für Eisenbahnbrücken; max. Verschiebungsweg 80 mm (nach DB-Richtzeichnung 003 MBR 1952 u. 1954)

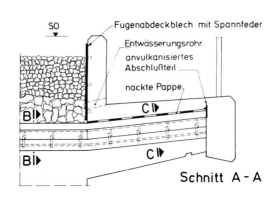

Schnitt A - A

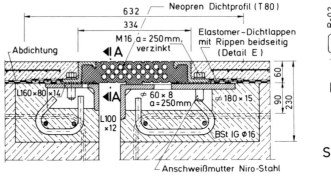

Schnitt B - B

Detail E

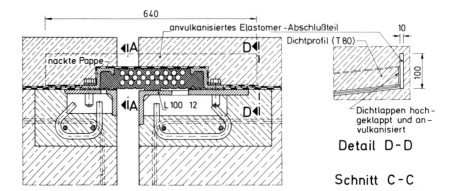

Detail D-D

Schnitt C - C

Als Sonderfall ist bei Eisenbahnbrücken die Querfuge mit Schotterbettunterbrechung anzusehen (Bild B 5/36). Mit zugehörigen Schienenauszügen wird sie erforderlich bei Betonüberbauten mit Dehnlängen über 90 m. Die Schotterabschlußbleche werden je nach Bewegungsmöglichkeit des Schienenauszugs beidseitig fest oder bei sehr langen Brücken einseitig für Verkürzungen des Überbaus aus Schwinden und Kriechen nachstellbar eingebaut. Das feste Schotterabschlußblech wird zum Überbau hin durch ein Elastomerband abgedichtet, das in die Fahrbahnabdichtung eingeklebt und am Blech mit Losflansch geklemmt ist. Das auf dem Überbau anfallende Niederschlagwasser wird durch Entwässerungseinläufe in der Fahrbahntafel abgeleitet. Das nachstellbare Schotterabschlußblech ist wasserdurchlässig, wobei das auf dem Überbau anfallende Niederschlagwasser durch eine Entwässerungsrinne abgeführt wird [B 5/7].

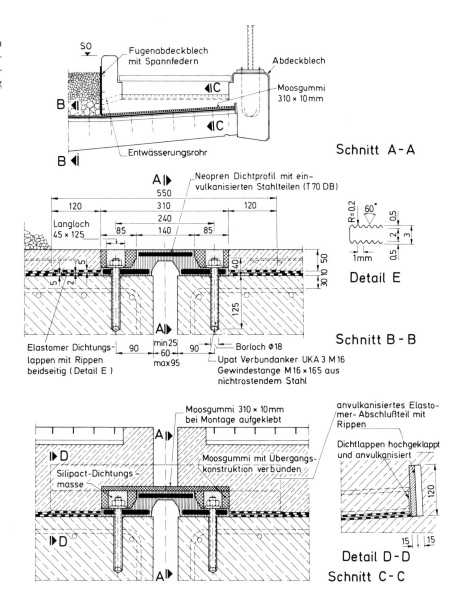

Bild B 5/34
Wasserdichter Querfugenübergang System „Transflex" Typ T70 (MAN/GHH, Sterkrade) für Eisenbahnbrücken; max. Verschiebungsweg 70 mm (nach DB-Richtzeichnung 003 MBR 1903 und 1904)

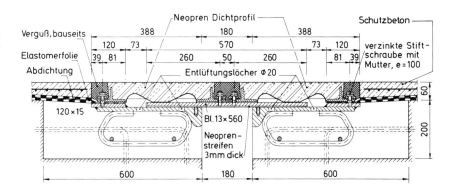

Bild B 5/35
Wasserdichter Querfugenübergang System „STOG" Typ 260 DB für Eisenbahnbrücken; Verschiebungsweg 260 mm (STOG GmbH, Waltrop)

Bild B 5/36
Übergangskonstruktion mit Schotterbettungs-
unterbrechung (nach DB-Elementrichtzeich-
nung 164 MBR DL 560011)

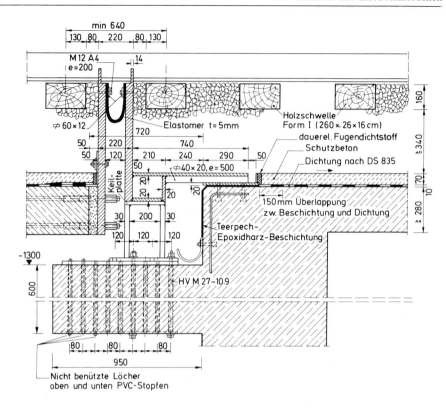

B 5.3 Längsfugen zwischen Überbauten

Die großen Breiten der Autobahn- und Schnellstraßenbrücken zwingen meistens zu einer Aufteilung in zwei Überbauten, die mit einer Längsfuge im Mittelstreifen voneinander getrennt sind. In der Regel bleiben die Fugen zwischen den Überbauten offen. Nur in Stadtbereichen über Fußgängerwegen werden Abdeckungen und Dichtungen eingebaut. Im folgenden einige Beispiele:

– Bild B 5/37 zeigt Längsfugenausbildungen zwischen Überbauten im Bereich der Mittelkappe nach BMV-Richtzeichnungen [B 5/2]. Die Breite der Fuge soll größer als 4 cm sein. In Bild B 5/37a ist die offene Regelfuge dargestellt. Bei Brücken in Stadtbereichen über Fußgängerwegen werden die Längsfugen mit angeflanschten Elastomerbändern abgedeckt (Bild B 5/37b).

– Beim 3147,50 m langen Lehnen-Viadukt Beckenried, Schweiz, wurden zwischen den getrennten Überbauten sechs Überfahrten von je 50 m Länge als offene Fugen nach Bild B 5/38 ausgebildet. Die Fugenbreite zwischen den Stahlprofilen beträgt 20 mm. Zur Wasserabführung wurde eine Konstruktion mit Abtropfblechen aus nicht rostendem Stahl eingebaut. Bei Überfahrten, wo das Wasser der Fahrbahn gegen die Fuge geleitet wird, wurde unter der Fuge eine Entwässerungsrinne aus Hochdruckpolyethylen (HDPE) angebracht.

– Nicht bewährt haben sich mit Kappen abgedeckte Längsfugen nach Bild B 5/39. Der Abstand der Fugenränder bleibt zwar praktisch konstant. Durch unterschiedliche Schwingungen und Durchbiegungen der Überbauten kommt es jedoch zur Zerstörung der Vergußfuge am freien Kappenrand.

– Bild B 5/40 zeigt eine Längsfugenabdeckkonstruktion, wie sie bei Autobahnbrücken in Berlin zum Einsatz kommt. Das Fugenprofil ist auswechselbar angeflanscht.

Werden Längsfugen in Straßenbrücken überfahren und sollen wasserdicht ausgebildet werden, so können vorteilhaft Blockkonstruktionen nach Kap. B 5.2.2, Pkt. 4 eingesetzt werden.

Bei Eisenbahnbrücken wird teilweise für jedes Gleis ein eigener Überbau vorgesehen. Das Schotterbett wird in der Regel jedoch auch bei getrennten Überbauten durchgeführt. Erforderlich ist somit eine schotterfeste Längsfugenüberbrückung, die die wechselnden Überbaudurchbiegungen sowie die hohen dynamischen Beanspruchungen aufnehmen kann. Die Fugenbreite der Längsfuge bleibt unter Beanspruchung nahezu konstant.

Zwei bewährte Ausführungen der Längsfugenüberbrückung in Verbindung mit einer geschlossenen Querfugenübergangskonstruktion sind in Bild B 5/41 dargestellt. Bei Überbaudurchbiegungen bis 25 mm ist es zulässig, ein Elastomer-Fugenprofil in die Abdichtung des Überbaus einzukleben [B 5/7] (siehe Bild B 5/41a). Bei größeren Durchbiegungen muß die Längsfugenkonstruktion durch Schraubverbindungen lösbar mit einer einbetonierten stählernen Unterkonstruktion verbunden werden (siehe Bild B 5/41b).

Für die konstruktive Anordnung und Gestaltung der Längsfuge bei Eisenbahnbrücken im Grundriß und Querschnitt gibt Bild B 5/42 wichtige Hinweise.

Zur Erzielung der vollen Schotterbreiten werden an bestehenden Eisenbahnbrücken häufig die alten Stirnmauern durch neue Gehstege ersetzt. Für die einwandfreie Abdichtung der entstehenden Längsfuge nach AIB ist der Hinweis zur Fugenausbildung in Bild B 5/43 zu beachten.

Bild B 5/37
Offene und abgedeckte Längsfugenausbildung
in Mittelkappen bei Straßenbrücken mit getrennten Überbauten (nach BMV-Richtzeichnungen Kap 3 (1982), Kap 4 (1982), Fug 6
(1987) [B 5/2])

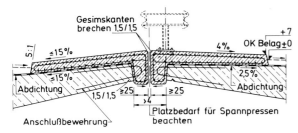

Getrennte Überbauten mit Sägeformquerschnitt

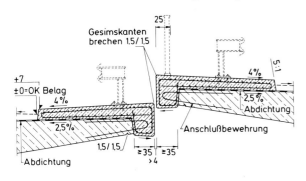

abgestufter Mittelstreifen

(a) offene Längsfugenausbildung

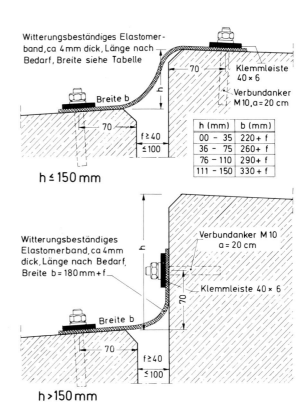

h (mm)	b (mm)
00 – 35	220 + f
36 – 75	260 + f
76 – 110	290 + f
111 – 150	330 + f

h ≤ 150 mm

h > 150 mm

(b) abgedeckte Längsfugenausbildung

Bild B 5/38
Fahrbahnübergang bei Überfahrten zwischen
den getrennten Überbauten des Lehnenviadukts Beckenried, Schweiz [B 5/5]

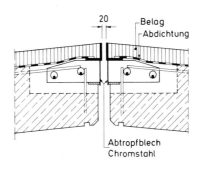

Bild B 5/39
Überbrückung der Längsfuge zwischen getrennten Überbauten einer Straßenbrücke mit einseitig anbetonierter Mittelkappe (Panzerunter-
führung Lennebergspange, Ausführung 1975)

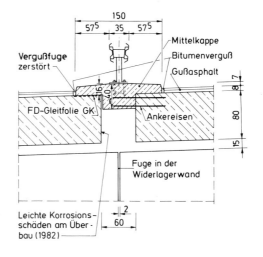

Bild B 5/40
Längsfugenabdeckkonstruktion bei Auto-
bahnbrücken (nach Richtzeichnung RZ94 des
Senators für Bau- und Wohnungswesen, VIIb,
Brücken- und Ingenieurbau, Berlin 1977)

Erläuterungen:

1 PVC-P, betongrau (extrem kältefest, d.h.
  leicht beweglich bis −20°C, alterungs- und
  tausalzbeständig sowie weitgehend beständig gegen Kraftstoffe)

2 PVC-HS 15; L = 1948 mm

3 PVC-HS 15; L = 1948 mm

4 Sechskantschraube M12 × 35 DIN 933,
  Polyamid 6.6, a = 150 mm

5 Unterlegscheibe 12 DIN 9021, Polyamid 6.6

6 Unterlegstreifen aus PE, gelocht

7 Sechskantschraube M12 × 60 DIN 933,
  Polyamid 6.6, a = 150 mm

8 Sechskantmutter M12 DIN 934,
  Polyamid 6.6

Bild B 5/41
Wasserdichte Fugenausbildungen von Quer-
und Längsfugenstößen bei Eisenbahnbrücken

a) System „STOG" Typ 80 (Querfuge) und
   STOG-Längsfugenband

b) System „Sollinger Hütte" Typ T 80 (Querfuge) und Typ T 30 (Längsfuge)

(nach DB-Richtzeichnungen 003 MBR 1936
und 1956)

Anmerkung:
Kreuzungsstöße vulkanisiert

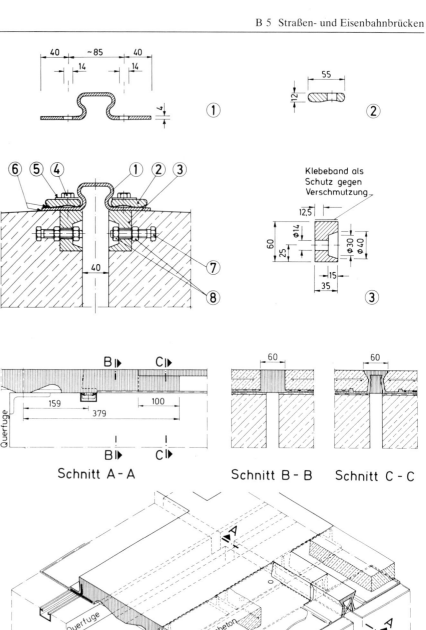

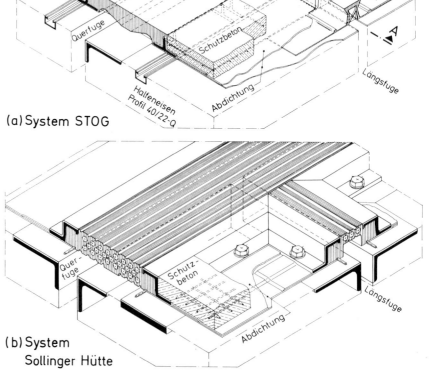

Bild B 5/42
Konstruktive Hinweise für die Anordnung und
Gestaltung der Längsfuge bei Eisenbahnbrük-
ken (nach Unterlagen des BZA München)

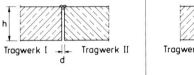

falsch

Längsfugenband

Draufsicht

Tragwerk I   Tragwerk II

Das Längsfugenband kann an den
Enden nicht herumgezogen werden.

richtig

Querfugenübergangskonstruktion

Längsfugenband

Draufsicht

Tragwerk I   Tragwerk II

Versatz in den Tragwerken ausbilden.
Das Längsfugenband kann nun herumgezogen werden bzw. bei einer Querfugenübergangskonstruktion in der Fahrbahn kann diese an der Längsfuge
durchlaufen.

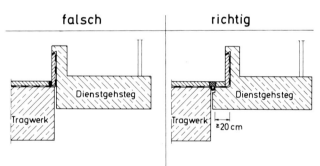

h

Tragwerk I   Tragwerk II
            d

Bei einem ungünstigen Verhältnis
von h/d ist der Einbau des Fugenbandes und die Kontrolle der Fuge
schwierig.

ca. 3cm

Tragwerk I   Tragwerk II
            ≥ 50 cm
      (in Abhänigkeit von der
       Konstruktionshöhe)

Bei großen Tragwerkshöhen Kragarm
im Fugenbereich vorsehen. Der Einbau
des Fugenbandes und die Kontrolle
der Fuge werden erleichtert.

Bild B 5/43
Hinweis für die Längsfugengestaltung bei
einem nachträglich an eine Eisenbahnbrücke
angesetzten Gehsteg (nach Unterlagen des
BZA München)

falsch

Dienstgehsteg

Tragwerk

Die Formgebung des Gehsteges
läßt eine einwandfreie Ausführung
der Abdichtung im Fugenbereich
nicht zu. Bei größeren Bewegungen
droht sich die Abdichtung abzulösen
und undicht zu werden

richtig

Dienstgehsteg

Tragwerk   ≥ 20 cm

Den Gehsteg mit einer ca. 20 cm
breiten waagerechten Abdich-
tungsanschlußfläche ausbilden.

B 5.4 Fugen in Gehwegkappen, Gesimsen und Brüstungen

Bei Brückenkappen von *Straßenbrücken* können zwei Konstruktionen unterschieden werden (Bild B 5/44):

– die auf der Abdichtung schwimmende Kappe

– die mit der Brücke vernadelte Kappe.

Bei der schwimmenden Kappe sind für eine rissefreie Konstruktion grundsätzlich Querfugen im Kappenbeton erforderlich, wenn die Brücke länger als 50 m ist. Im allgemeinen sollte der Fugenabstand etwa 35 m betragen. Bei Grundrißkrümmungen R < 100 m müssen die Fugen in geringerem Abstand angeordnet werden, da durch die Krümmung wegen der Klemmwirkung Zwänge auftreten können. Außerdem ist hier zwischen Plattenrand und Kappe eine 2 bis 3 cm breite Fuge mit einer Hartschaumplatte auszubilden. Bei starken Kuppenrundungen sollten ebenfalls kleinere Fugenabstände gewählt werden. Bei biegeweichen Überbauten, etwa l/d > 20, sollten über den Mittelstützen Bewegungsfugen angeordnet werden.

Ein wesentlicher Nachteil der schwimmenden Kappe sind die Fugen als anfälliges Konstruktionsglied. Ferner müssen vielfach Lärmschutzwände auf den Kappen angeordnet werden. Dabei reicht bei geringer Gehwegbreite wegen der hohen Windbeanspruchung die normale schwimmende Kappe zur Verankerung der Wand nicht aus. Es werden zusätzliche Verankerungen erforderlich. Einen Vorschlag für eine Gleitlagerverankerung einer schwimmenden Brückenkappe mit Lärmschutzwand zeigt Bild B 5/45.

Bild B 5/44

Möglichkeiten der Kappenausbildung bei Straßenbrücken

a) schwimmend mit Schubschwelle, Querfugenabstand i. M. 35 m (Vorschlag nach [B 5/8])

b) vernadelt, raum- und preßfugenlos mit rissebegrenzender Bewehrung (nach BMV-Richtzeichnung Kap. 1, 1982 [B 5/2])

Anmerkung:
± 0 = OK-Belag

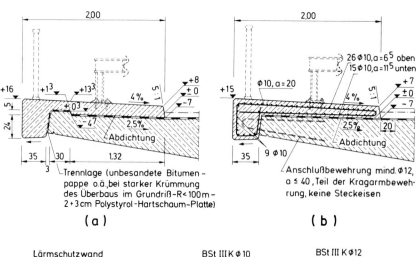

Bild B 5/45

Vorschlag für eine schwimmende Kappe bei einer Straßenbrücke mit Lärmschutzwand und Gleitlagerverankerung [B 5/8]

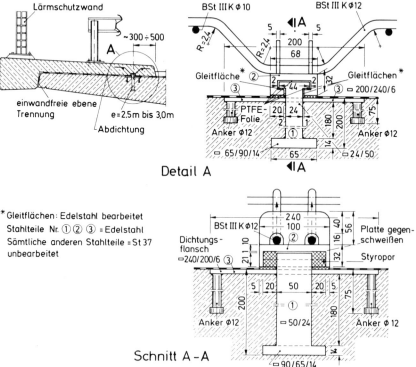

Brückenkappen werden heute in der Regel bei Straßenbrükken nach den BMV-Richtzeichnungen (Kap 1 bis Kap 10 [B 5/2]) ohne Raum- und Preßfugen als vernadelte Kappen hergestellt. Durch entsprechende Längsbewehrung wird die Rißbreite auf ≤ 0,1 mm begrenzt. An Betonierfugen läuft die Längsbewehrung voll durch. Ein Fugenband wird hier nicht angeordnet. Um die Zwängungsspannungen gering zu halten, sollen die Kappen möglichst frühzeitig betoniert werden. Die vernadelten Kappen nach den BMV-Richtzeichnungen haben den wesentlichen Vorteil, daß später bis zu 2,50 m hohe Lärmschutzwände ohne zusätzliche Verankerung der Kappe angebracht werden können. Außerdem entfallen die anfälligen Fugen. Rißbreiten ≤ 0,1 mm gelten als unbedenklich, wenn die Kappenoberfläche mit einem Reaktionsharz gegen Tausalzangriff imprägniert wird.

Querfugen in schwimmenden Gehwegkappen und Gesimsen sowie auf betonierten Brüstungen werden bei Straßenbrücken nach den BMV-Richtzeichnungen mit einbetonierten, alterungsbeständigen PVC- oder Elastomerabdeckbändern abgedichtet und verschlossen. Bezüglich der Fugenbandführung in Gehwegkappen sind in Bild B 5/3 a, Schnitt B-B und Bild B 5/4, Schnitte C-C und B-B Einzelheiten enthalten. Ein Beispiel für die Fugenausbildung in aufbetonierten Brüstungen bei vernadelten Kappen zeigt Bild B 5/46. Querfugen im Bereich der Überbaufugen werden mit Übergangskonstruktionen gemäß Kap. B 5.2.2 ausgebildet.

Bild B 5/46
Fugenausbildung in einer aufbetonierten Betonbrüstung bei einer Straßenbrücke (nach BMV-Richtzeichnung LS 2, 1982 [B 5/2])

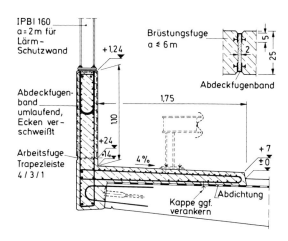

Bild B 5/47
Trennfugen in Gehwegkappen mit nach innen geneigter Fugenbandführung bei Eisenbahnbrücken zur Ableitung des Wassers zum Schotterbett (nach Unterlagen des BZA München)

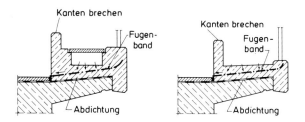

Bild B 5/48
Trennfugenausbildung in der Randkappe mit Brüstung und Schotterstützwand beim Feuerbach-Eisenbahn-Viadukt in Stuttgart; Ausführung 1980/82 [B 5/6]

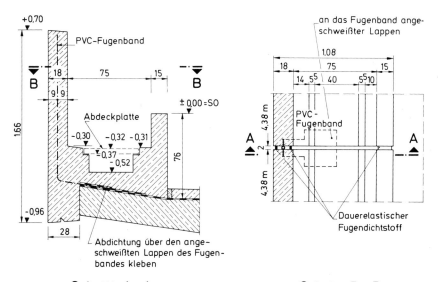

Schnitt A - A   Schnitt B - B

Bild B 5/49
Überbauquerfugenausbildung in der Randkappe mit Brüstung und Schotterstützwand
beim Feuerbach-Eisenbahn-Viadukt in Stuttgart; Ausführung 1980/82 [B 5/6]

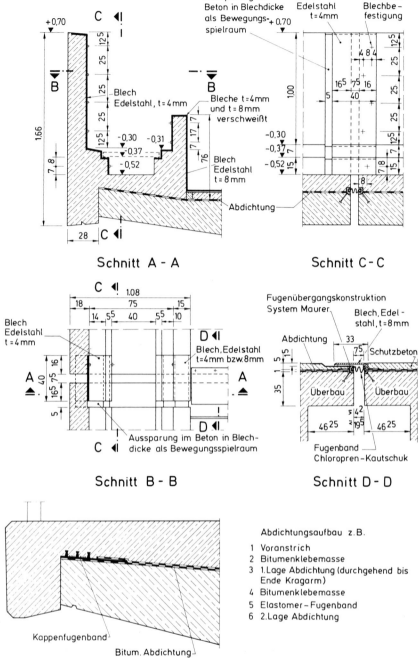

Schnitt A - A

Schnitt C - C

Schnitt B - B

Schnitt D - D

Bild B 5/50
Abdichtung der Fuge zwischen Überbau und
Gehwegkappe am Kragarmende einer Eisen-
bahnbrücke (nach DB-Richtzeichnung)

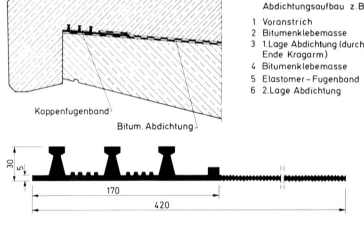

Abdichtungsaufbau z.B.

1 Voranstrich
2 Bitumenklebemasse
3 1.Lage Abdichtung (durchgehend bis
  Ende Kragarm)
4 Bitumenklebemasse
5 Elastomer–Fugenband
6 2.Lage Abdichtung

Bei *Eisenbahnbrücken* werden Gehwegkappen heute noch
häufig mit geringem Trennfugenabstand (5 bis 8 m) ausgeführt. Besondere Sorgfalt ist dabei auf die Fugendichtung zu
legen, damit kein Wasser am Gesims austritt. Empfohlen wird,
Fugenbänder mit Gefälle zum Schotterbett in die Fugen einzubauen (Bild B 5/47). Ein Fugenverschluß mit elastischer
Fugenmasse ist auf Dauer allein nicht zuverlässig dichtend.

Bild B 5/48 zeigt die Fugenausbildung der Randkappe mit mas-
siver Brüstung beim Feuerbach-Eisenbahn-Viadukt in Stuttgart. Randkappe, Brüstung und Schotterstützwand wurden
ohne waagerechte Arbeitsfugen in einem Arbeitsgang hergestellt. In Brückenlängsrichtung wurden im Abstand von 4,38 m
jeweils 2 cm breite Trennfugen angeordnet. Die Abdichtung
dieser Fugen erfolgte in der Brüstung durch ein PVC-Fugenband, das mit einem angeschweißten Lappen in die Brückenabdichtung einbindet. Zusätzlich wurden die Fugen mit einem
dauerelastischen Dichtstoff verschlossen.

An den Überbauquerfugen im Abstand von 44 m wurde der 7,5 cm breite Querfugenspalt auf der Brüstungsinnenseite wie auch auf der Schotterseite durch ein Blech aus Edelstahl abgedeckt (Bild B 5/49). Als Abdichtung ist darunter im Fahrbahnbereich eine Übergangskonstruktion nach dem System Maurer eingebaut; vgl. hierzu auch Bild B 5/32.

Bei Kappen mit Fugenabständen von 30 bis 35 m bzw. fugenlosen Kappen mit entsprechender Schwindbewehrung werden die Schotterstützwände meist später aufbetoniert. Um eine Rißbildung in diesen Wänden zu vermeiden, empfiehlt es sich, offene, 2 cm breite Fugen im Abstand von 2 bis 3 m bis OK-Gehweg anzuordnen. Gleichzeitig dienen die Fugen als Entwässerungsschlitze vom Gehweg zum Schotterbett. Diese Schlitze sind im allgemeinen besser als Entwässerungsröhrchen in der Stützwand, die evtl. mit Zementschlempe oder später mit Schmutz verstopft sind oder auch zu hoch sitzen, vgl. Bilder B 5/33 und B 5/34.

Die Fuge zwischen Kragarmende und Gehwegkappe wird bei Eisenbahnbrücken heute mit einem Kappenfugenband K40 nach DS 835 (AIB [B 5/23]) abgedichtet. Das Fugenband wird auf der einen Seite in die Brückenabdichtung eingeklebt und bindet auf der anderen Seite mit 3 Rippen im Beton der Kappe ein (Bild B 5/50). Es verhindert wirksam, daß die bei der Überfahrt von Eisenbahnzügen entstehenden Bewegungen zwischen Überbau und Gehwegkappe zum Wasseraustritt zwischen Kragarmende und Kappengesims führen, was früher häufig der Fall war.

B 5.5 Fugen bei abschnittsweiser Brückenherstellung

Brücken werden heute überwiegend nicht mehr in einem Arbeitsgang betoniert, sondern verfahrensbedingt in mehr oder weniger großen Abschnitten. Dadurch entstehen eine Reihe von Problemen mit der konstruktiven Ausbildung der Arbeitsfugen. In Tabelle B 5/1 sind die gebräuchlichsten Verfahren der abschnittsweisen Herstellung einschließlich der Fugenanordnung zusammengestellt.

Beim feldweisen Vorbau, Taktschiebeverfahren und Freivorbau in Ortbeton kreuzen im allgemeinen die schlaffe Bewehrung und die Spannbewehrung die Arbeitsfugen. Zur Eintragung der für den Bauzustand benötigten Vorspannung in dem zuletzt hergestellten Bauabschnitt muß zumindest ein Teil der Spannglieder an der Arbeitsfuge verankert werden. Falls diese Spannglieder im nächsten Bauabschnitt weitergeführt werden sollen, wird eine Zwischenverankerung erforderlich, die es gestattet, die Spannglieder mit Hilfe einer Kopplung zu verlängern. Für eine schadensfreie Fugenausbildung sind von wesentlichem Einfluß:

- die Lage der Fuge im Bauwerk
- die Verteilung der Spannglieder in der Fuge
- die Anzahl der gekoppelten Spannglieder und
- eine ausreichende schlaffe Bewehrung in den Randbereichen des Brückenquerschnitts im Fugenbereich.

Im Rahmen dieser Arbeit kann auf die Bemessung und Konstruktion dieser Fugen nicht weiter eingegangen werden. Soviel sei jedoch angemerkt: Bei vielen Brücken haben sich an diesen Fugen im Laufe der Zeit klaffende Risse und Schäden eingestellt. Es wurden umfangreiche Untersuchungen zu diesem Problem durchgeführt, die Ergebnisse in den Normenausschüssen beraten und in den betreffenden Regelwerken verarbeitet. Hinweise zum Koppelfugenproblem enthalten [B 5/10] bis [B 5/12].

Tabelle B 5/1
Übersicht der Bauarten, Verfahren bzw. Systeme und der Fugenanordnung bei abschnittsweise hergestellten Brücken [B 5/9]

Bauart	Verfahren bzw. System	Fugenanordnung
Feldweiser Vorbau	Unten laufendes Vorschubgerüst Oben laufendes Vorschubgerüst[1] Umsetzbares Lehrgerüst Lehrgerüst mit integrierter Schalung Längsverziehbare Rüstung	Koppelfugen, Abstand ≈ Feldlänge [1] Zusätzliche Fugen in vorbetonierten Querträgern
Taktschiebebrücken	Hohlkasten[2] Plattenbalken	Taktfugen, Abstand ≈ 15 bis 25 m [2] Zum Teil mit Längsfugen
Freivorbau	Waagebalken mit Vollquerschnitt Waagebalken mit Teilquerschnitt[3] Einseitiger Kragbalken	Querfugen, Abstand ≈ 3 bis 5 m [3] Zusätzliche Längsfugen
Segmentbauart	Vorgefertigte Segmente	Querfugenabstand ≈ 2 bis 4 m
Fertigteilbrücken	Vollmontage Mischsystem[4]	Längsfugen, Abstand ≈ 1 bis 4 m [4] Zum Teil mit zusätzlichen Querfugen im Ortbeton

Bei der Segmentbauart werden vorgefertigte komplette Brückenquerschnitte in Längsrichtung zusammengespannt. In der Vornorm DIN 4227, Teil 3, werden Preßfugen und Verfüllfugen unterschieden. Gegenwärtig werden überwiegend Preßfugen unter Verwendung von Kunststoffklebern oder kunststoffvergüteten Zementfeinmörteln ausgeführt. Die Fugendicke nach dem Zusammenspannen beträgt in Abhängigkeit von der Art des Fugenfüllstoffs bei Preßfugen mit Kunststoffklebern 1 bis 4 mm und bei Mörtel-Verfüllfugen 2 bis 3 cm. Der Fugenfüllstoff hat die Aufgabe, das Schubtragvermögen in der Fuge zu verbessern und vorhandene Unebenheiten der Kontaktflächen auszugleichen. Außerdem soll er einen zusätzlichen, passiven Korrosionsschutz der Spannglieder im Fugenbereich durch Abdichtung der Fuge herbeiführen. Wichtige Eigenschaften der Fugenfüllstoffe sind: Festigkeit, Haftvermögen, Temperaturbeständigkeit sowie Alterungs- und Witterungsbeständigkeit. Ferner interessieren in der Regel auch Topfzeit und Erhärtungsgeschwindigkeit des Fugenfüllstoffs, um Verarbeitungsdauer und frühestmöglichen Zeitpunkt des Aufbringens der Vorspannkräfte angeben zu können.

Untersuchungen ergaben, daß nur in Preßfugen mit einer Feinverzahnung der Fugenflächen die volle Schubtragfähigkeit eines monolithischen Bauteils erreicht wird. Für den Montagezustand sind die Fertigteile im Fugenbereich so auszubilden, daß durch Verzahnung, Bolzen, oder Beton-Konsolen die Schubkräfte übertragen werden können, ohne daß die Schubfestigkeit des noch nicht erhärteten Fugenfüllstoffs in Anspruch genommen wird [B 5/14]. Ein Beispiel für die Fugenausbildung zeigt Bild B 5/51.

Besonderer Beachtung bedarf bei der Segmentbauart die Verteilung der Spannglieder über den Querschnitt, um den Fugenbereich gegen unerwünschte klaffende Risse zu sichern.

Einzelheiten zur Fugenausbildung bei der Segmentbauart sind in [B 5/14] bis [B 5/19] zu finden.

Bild B 5/51
Beispiel für die Fugenausbildung und -anordnung bei der Segmentbauart; Imobrücke, Nigeria [B 5/13]

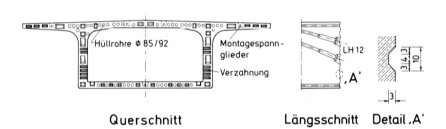

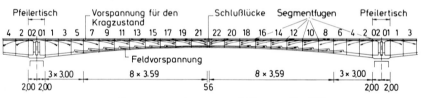

Bild B 5/52
Brückensysteme aus Stahl- und Spannbetonfertigteilen [B 5/9]

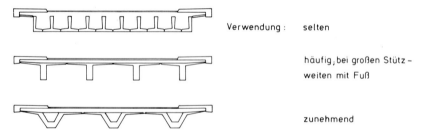

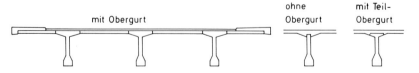

Bild B 5/53
Prinzip der Längsfugenausbildung bei Fertig-
teilüberbauten ohne Ortbetonplatte [B 5/20]

*) nur bei Fußgängerbrücken und Tragwerken
   für Brücken bis Kl. 12 nach DIN 1072 oder
   allgemein für Überschüttungshöhen h ≥ 1 m

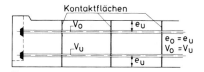

**Überbau mit Trockenfugen und
Quervorspannung**

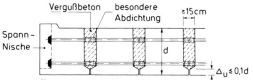

**Überbau mit Ortbetonfugen und
Quervorspannung**

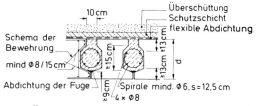

**Überbau mit Ortbetonfugen ohne
Querbiegesteifigkeit** *

Bild B 5/54
Schlaffbewehrte und vorgespannte Koppelplatten [B 5/9]

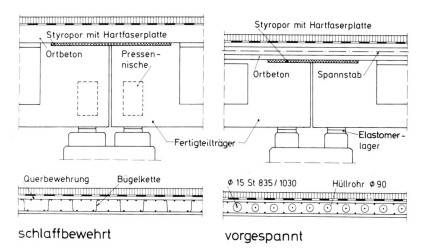

schlaffbewehrt   **vorgespannt**

Bild B 5/55
Ausbildung einer elastisch-plastischen Koppelfuge [B 5/20]

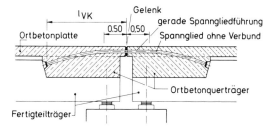

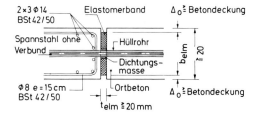

Gelenkausbildung

Bild B 5/56
Nachträgliche Herstellung der Durchlaufwir-
kung durch Einlegen von kurzen Spanngliedern [B 5/9]

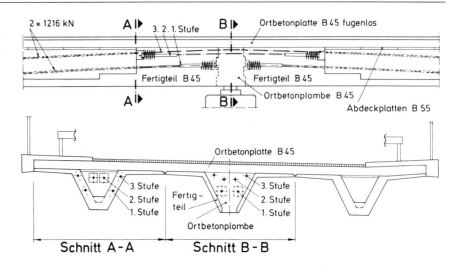

Bild B 5/57
Beispiel für eine verstärkte Abdichtung im Bereich der Koppelfugenplatte bei einer Fertig-
teilbrücke (Stand bis 1987)*) [B 5/20]

Erläuterungen:
1 Bitumen-Voranstrich
2 Asphaltbeton-Ausgleichsschicht
3 Lochglasvliesbitumenbahn als
  Trennschicht
4 Bitumenklebemasse gefüllt
5 Abdichtung aus tausalzbeständigem Me-
  tallriffelband 0,2 dick im Gieß- und Einwalzverfahren
6 Kunststoffdichtungsbahn 2 mm dick, wär-
  mebeständig 15 min bei 220°C oder mit
  wärmedämmender Abdeckung
7 Gußasphalt-Schutzschicht
8 Gußasphalt-Deckschicht
9 Gußasphalt-Abschottung
10 Sickerschicht Bitukies 8/12 oder kunstharz-
   gebundener Einkornbeton 8/16
11 Asphaltmastix-Abdichtung; Dicht   1/2
   (1982), Dicht 11 (1981) [B 5/2]

Hinweis:
*) Die Abdichtungsausführung mit Dampf-
   druckentspannungsschicht ist nach dem allgemeinen Rundschreiben Straßenbau Nr.
   10/1987 des Bundesministers für Verkehr
   für Betonbrücken der Bundesfernstraßen
   nicht mehr zulässig.

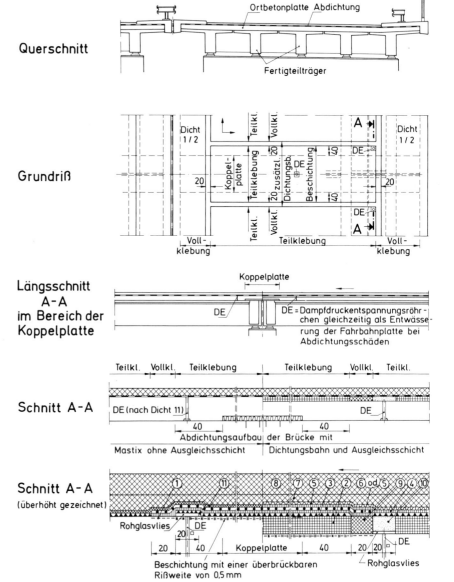

Bei Fertigteilbrücken sind Längsfugen und Querfugen auszubilden bzw. zu überbrücken. Bild B 5/52 zeigt die wesentlichsten Brückensysteme aus Fertigteilen im Querschnitt. Bei ausschließlicher Verwendung von Fertigteilen ohne Ortbeton kann der Längsfugenabstand unter 1 m liegen. Verschiedene Längsfugenausbildungen hierbei zeigt Bild B 5/53. Bei dicht an dicht verlegten Fertigteilen, die durch eine Ortbetonplatte und erforderlichenfalls auch durch Ortbetonträger ergänzt werden, reicht der Längsfugenabstand bis zu knapp 4 m.

Die Standardbauart bei Fertigteilbrücken sind dicht an dicht verlegte Fertigteile mit Ortbetonplatte. Für die Querfugenausbildung über den Stützen gibt es hierbei verschiedene Konstruktionen:

– Fuge mit Fahrbahnübergang (z. B. Bild B 5/7)

– Einfeldträgerkette mit Koppelplatten (Bild B 5/54):

Als Koppel- oder Federplatten werden die in der Ebene der Fahrbahnplatte kontinuierlich anschließenden Verbindungselemente bezeichnet, die zwischen einfeldrigen Überbauten im Zuge der Ortbetonergänzung ausgebildet werden. Die Mindestdicke muß als Fahrbahnplatte 20 cm betragen. Sie werden schlaff bewehrt oder vorgespannt ausgeführt. Die Länge l_k der Weicheinlage zwischen OF-Fertigteilträger und Fahrbahnplatte aus Ortbeton wird durch die Beanspruchungen und die Bedingungen für die Bemessung bestimmt. Hinweise zur Bemessung von Koppelplatten sind in [B 5/20] enthalten.

– Einfeldträgerkette mit elastisch-plastischer Koppelfuge (Bild B 5/55):

Diese Fuge wird durch Einfügen eines unbewehrten Elastomer-Bands zwischen den Fahrbahnplatten zweier benachbarter Überbauten hergestellt. Sie ist immer vorzuspannen. Der Gelenkpunkt muß in der Mitte der Ortbeton-Fahrbahnplatte liegen. Einzelheiten zu den Güteanforderungen an das Elastomer-Band, den Einbau des Bands und die statisch, konstruktive Ausbildung der Fuge sind in [B 5/20] behandelt.

– Durchlaufträger mit nachträglich hergestellter gleicher Biegesteifigkeit (Bild B 5/56):

Im gezeigten Beispiel wird nach dem Betonieren der Querträgerplomben das Durchlaufsystem durch kurze Spannglieder über den Stützen hergestellt und anschließend die Fahrbahn aus Ortbeton fugenlos aufgebracht.

Über den Koppelplatten ist die Abdichtung der Fahrbahnplatte zu verstärken. Ein Beispiel hierfür zeigt Bild B 5/57. Zu berücksichtigen sind bei der Wahl der Abdichtung Rißbreiten von max. 0,5 mm. Bei der elastisch plastischen Koppelfuge sind bei der Abdichtungsausbildung die örtlich großen Bewegungen durch Einbau einer Übergangskonstruktion nach Kap. 5.2.2 zu berücksichtigen.

B 5.6 Sonderkonstruktionen

(1) Sanierung der Gerbergelenke bei der Marconi-Brücke in Rom [B 5/21]

Der Brückenüberbau wurde 1953 fertiggestellt. Er ist als sogenannte Gerberkonstruktion – durchlaufender Träger mit eingehängten Zwischenstücken – ausgebildet (Bild B 5/58). Die Stahlbetonkonstruktion besteht aus 5 Längsträgern, die durch Querträger und die darüberliegende Platte verbunden sind.

Die Einhängeträger sind jeweils 18 m lang. An den Gerbergelenken betrug die Auflagerfläche 0,3 m × 24 m. Die Auflager selbst waren mit Stahlplatten verstärkt und an den beweglichen Lagern mit Bleiplatten ausgerüstet. Die Fugendichtung über den Gerbergelenken bestand nur aus einem rinnenförmigen Blech. Ein besonders ausgebildeter Fahrbahnübergang war nicht vorhanden.

Im Jahre 1974 waren die Zerstörungen der Gelenkzonen derartig fortgeschritten, daß eine Sanierung erforderlich wurde. Gründe für die Zerstörungen lagen in der ungenügenden Dimensionierung und Ausbildung der Gelenk-Auflagerzonen, der ungenügenden Betonqualität sowie den starken vom Schwerverkehr herrührenden Schlägen an den Fahrbahnübergängen. Da der Überbau ansonsten weitgehend in gutem Zustand war, wurde eine Erneuerung der Gelenkauflager, ohne den Verkehr ganz zu unterbrechen, durchgeführt.

Zur Sanierung wurde die Brückenplatte der Einhängeträger der Länge nach geteilt und soweit angehoben, daß die Gelenkbereiche erneuert werden konnten. Im einzelnen wurde folgendermaßen vorgegangen:

– Abtragen des beschädigten Betons und Erneuerung der Auflager an den Gelenken mit Stahlblechverstärkung

– Vergrößerung der Auflagerflächen, um die Spannungen zu vermindern.

– Einbau von Kippgleitlagern aus rostfreiem Stahl mit Teflon-Zwischenlage und Führungsleiste

– Einbau von wasserdichten, funktionstüchtigen Fahrbahnübergängen

(2) Schwimmende Großbrücke über den Hood-Canal-Meeresarm in den USA [B 5/22]

In den Jahren 1981/82 wurde das 1140 m lange westliche Teilstück der schwimmenden insgesamt an die 2 km langen Hood-Canal-Meeresbrücke erneuert, nachdem es durch ein Unwetter zerstört worden war.

Die wesentlichen Elemente der neuen Konstruktion sind:

– Beton-Pontons

– die aufgeständerte Betonfahrbahn

– und die Kabelabspannung als Verbindung zu den Schwerkraftankerkörpern auf dem Meeresboden.

Bild B 5/58
Sanierung der Gerbergelenke bei der Marconi-Brücke in Rom; Ausführung 1974/75 [B 5/21]

Erläuterungen:
E   = Einhängeträger
G   = Gerbergelenke
I (II) = erste (zweite) Sanierungsphase

Schadensart:
a = ausgebrochene Betonschürze
b = Druckplatte
c = neues Teflon-Stahllager
d = Stahlbleche (s = 20 mm)
e = Beton mit Embeco-Zusatz
f = Haftvermittler Georepox B

Detail (A):
1 = Stahlblech-Armierung
2 = Verankerungsbolzen
3 = Schutzanstrich
4 = Injektionsharz
5 = Beton mit expandierendem Zusatz
6 = Verankerungsmörtel
7 = Haftvermittler

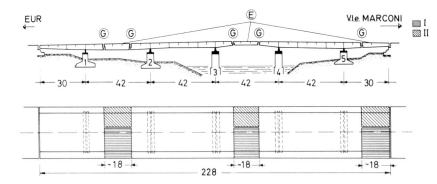

Längsschnitt und Draufsicht

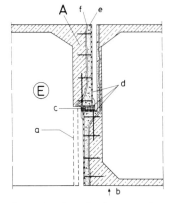

Schnitt durch das sanierte Gerbergelenk

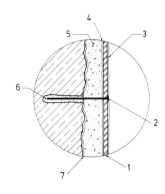

Detail A

Im folgenden wird die Fugenanordnung und -ausbildung in und zwischen den Beton-Pontons beschrieben (Bild B 5/59):

Ein typischer Ponton ist 110 m lang, 18 m breit und 5,5 m hoch. Doppel-T- und U-förmige Fertigteilelemente in den Längsachsen und vorgefertigte Querwände wurden durch Ortbeton zum fertigen Ponton ergänzt. Die Endbereiche und die Spannkammern für die Ankerkabel in der Mitte der Pontons wurden in Ortbeton hergestellt. Die Pontons sind längs und quer vorgespannt. In den Arbeitsfugen wurden keine Dichtungen eingebaut.

Nach Herstellung der 110 m langen Pontons im Dock wurden sie aufgeschwommen, zur Einbaustelle geschleppt, verankert und über die Gesamtlänge zu einer monolithischen Einheit zusammengefügt.

Für die Verbindung der Pontons miteinander wurde die Stirnplatte wie folgt vorbereitet: Seitlich und im Bereich der Bodenplatte wurde ein durchlaufendes Elastomer-Profil zur Abdichtung beim Fugenschluß angebracht. Um zu erreichen, daß

beim späteren Ausbetonieren der Querfuge zwischen den Einzelpontons nur Wände, Decke und Sohle kraftschlüssig verbunden sind, wurde auf die dazwischenliegenden Wandbereiche eine elastische Platte aufgeklebt. Die noch nicht benutzten Spannkanäle wurden durch aufblasbare Schläuche verschlossen.

Beim Zusammenziehen der Pontons mittels Winden am Einbauort war die millimetergenaue Justierung der Schwimmkörper in der Fuge durch zwei Führungsdorne unterhalb der Pontondecke gegeben. Durch die U-förmig angeordneten Elastomer-Profile wurde die Fuge wasserdicht abgeschlossen. Der Fugenhohlraum wurde ausgepumpt, mit Süßwasser gespült und anschließend mit Mörtel gefüllt. Nach Aushärten des Fugenmörtels wurde die endgültige biegesteife Fugenverbindung durch 60 Litzenspannglieder hergestellt. Zunächst wurde eine Teilvorspannung aufgebracht. Die Endvorspannung erfolgte nach Fertigstellung des Überbaus und Aufbringung aller sonstigen permanenten Lasten. Anschließend wurden die Hüllrohre mit den Spanngliedern ausgepreßt.

Bild B 5/59
Fugenausbildung der Beton-Pontons bei der schwimmenden Großbrücke über den Hood-Canal-Meeresarm in den USA; Ausführung 1981/82 (nach Unterlagen der Fa. Holzmann, Frankfurt)

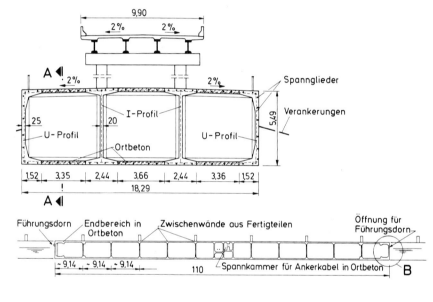

Ponton-Querschnitt mit Brückenfahrbahn, U- und I-Profil-Fertigteilen

Schnitt A - A

Detail B: Stoßfugenausbildung zwischen den Pontons

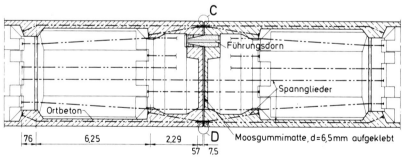

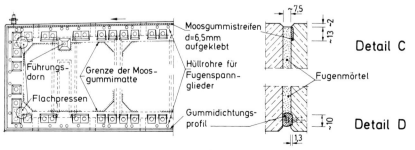

Ansicht der Ponton-Stirnfläche

B 6 Straßen, Wege, Parkflächen und Flugplätze

B 6.1 Straßen

B 6.1.1 Allgemeines

Nach Eisenmann [B 6/1] kann aufgrund der historischen Entwicklung eine Unterteilung der Betonfahrbahndecken in folgende Bauweisen vorgenommen werden:

a) Plattenlänge kleiner als die 25- bis maximal 30fache Plattendicke; unbewehrt, mit oder ohne Raumfugen

b) Plattenlänge größer als die 30fache Plattendicke; Flächenbewehrung (3 bis 5 kg/m²) im oberen Bereich des Querschnitts, mit und ohne Raumfugen

c) durchgehend stark bewehrt (7 bis 12 kg/m²) mit freier oder gesteuerter Rißbildung; Bewehrung im mittleren Bereich des Querschnitts

d) vorgespannte Platten

Mit Ausnahme der Bauweise c) mit durchgehender Längsbewehrung und freier Rißbildung ist jede Fahrbahndecke aus Beton zur Vermeidung von wilden Rissen und zum Ausgleich der Längenänderungen durch Fugen in einzelne Platten zu unterteilen. Dabei wird zwischen Raumfugen, Scheinfugen und Preßfugen unterschieden. Die Erfahrungen mehrerer Jahrzehnte zeigen, daß die Lebensdauer der Betondecken hauptsächlich von der Art und Konstruktion der Fugen und deren planmäßigem Verhalten unter den verschiedenen Beanspruchungen einschließlich des Verkehrs abhängt. Besonders wichtig ist in der Regel die Wasserdichtigkeit der Fugen, denn durch Eindringen von Feuchtigkeit, durch Gefrieren und Wiederauftauen, wird die meist aus Lockergestein bestehende Unterlage im Fugenbereich aufgeweicht und dadurch die Tragfähigkeit beeinträchtigt. Rißbildungen und Plattenbrüche unter Verkehrslast sind die Folge.

In der Bundesrepublik Deutschland hat sich eine raumfugenlose Deckenbauweise mit unbewehrten Betonplatten nach a) auf gebundener Tragschicht durchgesetzt. Die früher vielfach verwendete Bauweise mit Scheinfugen und Raumfugen in größeren Abständen (30 m bis 100 m) hat sich nicht bewährt. Die wesentlichen Nachteile bei dieser Lösung waren:

– Die Rückstellkraft der Bretteinlage in der Raumfuge läßt schon nach kurzer Zeit nach, so daß sich die Scheinfugen beiderseits der Raumfuge im Winter stark öffnen. Als Folge reißt die Fugenvergußmasse, und es dringen Schmutz und Wasser in die Fugen ein. Dies führt zu Schäden im Fugenbereich (Risse, Plattenabbrüche) und damit verbunden zur Verschlechterung des Fahrkomforts.

– Die Sicherheit der Decken mit Raum- und Scheinfugen gegen Ausknicken ist durch die verschmutzten Scheinfugen geringer. Bei Erwärmung der Betondecke im Sommer kommt es durch Schmutz und Streusand in den Fugen zu einer Behinderung der Ausdehnung im oberen Bereich. Infolge der dabei konzentrierten Kraftübertragung kann dies zu schalenförmigen Abplatzungen an der Deckenoberseite oder zum Ausknicken der Betondecke führen.

Aufgrund dieser Nachteile kommt diese Bauweise in der Bundesrepublik Deutschland nicht mehr zur Anwendung.

Richtlinien und Vorschriften zur raumfugenlosen Deckenbauweise mit unbewehrten Betonplatten sind in der RSto 75 [B 6/2], in der ZTV Beton 78 [B 6/3] sowie in den Änderungen und Ergänzungen dazu [B 6/4] enthalten. Ausführlich wird diese Bauweise in [B 6/1] beschrieben. Im folgenden Kap. B 6.1.2 wird speziell die Fugenanordnung und -ausbildung bei raumfugenlosen Decken behandelt.

Bei Plattenlängen größer als die 30fache Plattendicke (Bauweise b)) besteht die Gefahr, daß wilde Querrisse entstehen. Durch Anordnung einer Flächenbewehrung im oberen Bereich wird versucht, einem Öffnen der Risse entgegenzuwirken. Außerdem soll die Tragfähigkeit der Betondecke im Rißbereich durch die Bewehrung aufrechterhalten und eine negative Auswirkung auf den Fahrkomfort sowie einer weiteren, raschen Zerstörung der Betondecke vorgebeugt werden. Der Bewehrungsgehalt von 3 bis 5 kg/m² reicht jedoch nicht aus, um „kleine" Rißabstände und Rißweiten zu erzwingen. In den zum Teil „großen" auftretenden Rissen ist der Korrosionsschutz der Stahleinlagen nicht mehr gewährleistet, so daß eine schnelle Zerstörung der Bewehrung die Folge ist. Damit entfällt die Verdübelung im Rißbereich, und die Zerstörung der Betondecke kann weiter fortschreiten. Diese Bauweise wird heute daher in der Bundesrepublik Deutschland nicht mehr angewandt.

Sowohl in den USA als auch in Großbritannien und Belgien werden in beachtlichem Umfang durchlaufend bewehrte Betondecken ohne Fugen nach Bauweise c) überwiegend mit freier Rißbildung hergestellt. In der Bundesrepublik Deutschland und Schweden wurden durchgehend bewehrte Betondecken mit gesteuerter Rißbildung entwickelt und erprobt. Vorteil der gesteuerten Rißbildung ist ein wesentlich geringerer Bewehrungsanteil. Einzelheiten dieser Bauweise bezüglich der Fugenausbildung werden in Kap. B 6.1.3 behandelt.

Bei vorgespannten Betonfahrbahnen (Bauweise d)) lassen sich lange fugenlose Platten ausführen. Durch eine ausreichende Druckvorspannung werden sowohl die mit dem Fugenabstand linear wachsenden Längszugspannungen der Platte als auch die Biegezugspannungen aus Verkehrslasten und dem Temperatur- und Feuchtigkeitsgradienten so weit überdrückt, daß die zulässigen Randzugspannungen eingehalten werden können. Das Vorspannen führt wegen der indirekten Erhöhung der Biegezugfestigkeit des Betons zu dünneren Platten und dadurch zu einer Herabsetzung der Biegebeanspruchung infolge Temperatur- und Feuchtigkeitsgefälle zwischen Ober- und Unterseite. Seit Beginn der fünfziger Jahre bis zur Gegenwart sind in zahlreichen Ländern Versuchsstrecken nach verschiedenen Spannsystemen hergestellt worden, mit dem Ziel, den Spannbeton im Straßenbau konkurrenzfähig zu machen. Der merkbar teurere Spannbeton konnte sich jedoch bisher gegen die Straßendecken in konventioneller Bauart nicht durchsetzen.

Anders sieht es im Flugplatzbau aus. Auf die Ausbildung der Fugen bei Start- und Landebahnen aus Spannbeton wird in Kap. B 6.3.3 eingegangen.

B 6.1.2 Raumfugenlose Decken aus unbewehrten Platten

B 6.1.2.1 Fugenanordnung

Aufgrund der von Eisenmann [B 6/1] angestellten Untersuchungen ist die Länge von unbewehrten Deckenplatten i. a. auf die 25fache Plattendicke zu begrenzen. Bei quadratischen Platten auf Plätzen dürfen die Kantenlängen das 30fache der Plattendicke betragen, maximal bis zu 7,50 m.

In der Regel werden als Querfugen nur Scheinfugen angeordnet (Bild B 6/1). Straßendecken von mehr als 4 m Breite (bei einseitiger Querneigung höchstens 5 m [B 6/1] erhalten eine, Decken von mehr als 10 m Breite mindestens zwei Längsfugen [B 6/3]. Um die Anzahl der Fertigungsbreiten auf ein Mindestmaß zu reduzieren, werden die Randstreifen mit den benachbarten Fahrstreifen zusammengefaßt. Für die Richtungsfahrbahnen der großen Regelquerschnitte ergeben sich die in Bild B 6/2 dargestellten Fertigungsbreiten und Längsfugenanordnungen. Die Fugen zwischen den Plattenstreifen werden als Preßfugen ausgebildet. Die 8,50 m breiten Plattenstreifen werden jeweils durch eine Längsscheinfuge unterteilt, die auf die Markierung der Fahrstreifen abgestimmt ist. An den Längsfugen dürfen die Querfugen nicht gegeneinander versetzt sein, da sonst Risse entstehen können. Querfugen verlaufen i. a.

rechtwinklig zur Straßenachse. In den USA und anderen Ländern werden teilweise die Querfugen bei unverdübelten Decken zur Vermeidung von Stufenbildung schräg zur Fahrtrichtung – meist unter 81° – und in unregelmäßigen Abständen angeordnet (Bild B 6/3).

Vor größeren Bauwerken (Brücken, Gebäuden usw.) sind Raumfugen vorzusehen, die eine Ausdehnung der Betondecke – ohne einen unzulässigen Längsdruck auf das Bauwerk gewährleisten. In der Regel sind in Abhängigkeit von der Herstellungstemperatur je Seite zwei bis drei Raumfugen hierfür ausreichend (Bild B 6/4b und c). Bei kleinen Brücken mit 6 bis 8 m lichter Weite und durchgehender Betonfahrbahn (möglichst gleiche Dicke!) kann auf die Anordnung von Raumfugen ganz verzichtet werden. Die Querfugen sind hierbei so anzuordnen, daß je eine Scheinfuge an den Brückenenden liegt. Durch die Wirkung der auf der Brücke aufgebrachten Abdichtung und Schutzschicht aus Asphaltbeton als Gleitschicht werden kleinere Längsbewegungen zwängungsfrei ausgeglichen (Bild B 6/4a). Ansonsten werden unverdübelte Raumfugen zwischen Bauwerk und Betonfahrbahn angeordnet. In allen Fällen wird die hydraulisch gebundene Tragschicht bis zum Bauwerk bzw. der Kammerwand geführt und die angrenzenden Fahrbahnplatten bewehrt. Bei einer setzungsempfindlichen Hinterfüllung sind zusätzliche Maßnahmen erforderlich wie z. B. Verfestigung mit Zement (Bild B 6/4b).

Bild B 6/1
Fugenanordnung und -ausbildung bei Betondecken von Bundesautobahnen – neue Bauweise seit 1980

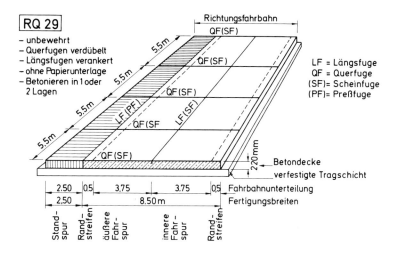

Bild B 6/2
Längsfugenanordnung und -ausbildung sowie Fertigungsbreiten bei verschieden breiten Betonfahrbahnen in der Bundesrepublik Deutschland

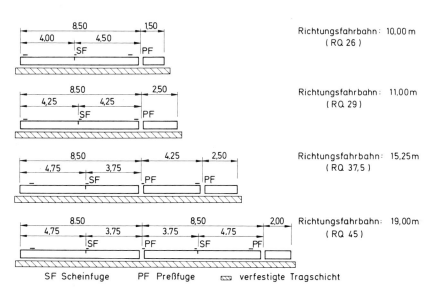

Bild B 6/3
Fugenanordnung bei einer Betonfahrbahn mit
unverdübelten Querscheinfugen in den USA
[B 6/5]

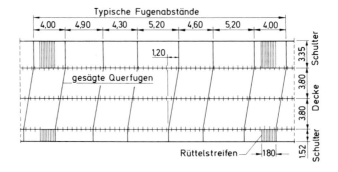

Bild B 6/4
Fugenanordnung und -ausbildung in Beton-
fahrbahnen bei Brückenanschlüssen [B 6/1],
[B 6/6]

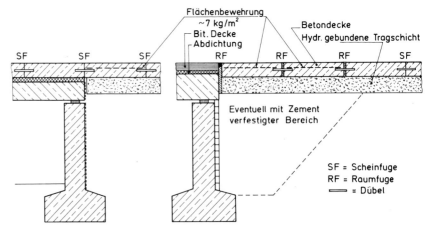

(a) Lichte Weite kleiner
    als 6 bis 8 m

(b) Lichte Weite bis zu 20 m

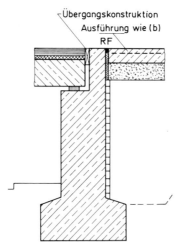

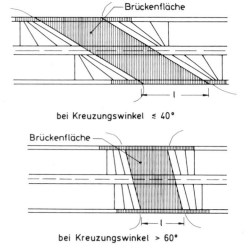

(c) Lichte Weite größer
    als 20 m

(d) Fugeneinteilung der Fahrbahn-
    platten bei verschiedenen Kreu-
    zungswinkeln (l ≥ 13 m)

Zur Vermeidung oder wenigstens Minderung der Setzungen zwischen Fahrbahn und Brückenbauwerk werden auch Schlepp-Platten ausgeführt [B 6/6]. Es sind dies doppelt bewehrte Betonplatten von etwa 30 cm Dicke und in der Regel 4 m Länge. Sie werden mit dem Bauwerk durch eine Gelenkfuge verbunden und können durch Schrägstellung Höhendifferenzen ausgleichen, ohne daß eine den Verkehr gefährdende Stufenbildung an der Fuge eintritt. An die Betonfahrbahndecke schließt die Schlepp-Platte über eine normale Querraumfuge mit Verdübelung an (Bild B 6/5a). Bei höheren Dämmen reicht die 4 m lange Schlepp-Platte nicht aus, um die Setzungen auszugleichen. In solchen Fällen wurden weitere, ebenfalls doppelt bewehrte Platten gelenkig angeschlossen (Bild B 6/5b). Nachteil der Schlepp-Plattenlösungen ist, daß die Platten infolge der Setzung des Unterbaus zum Teil hohl liegen und dadurch erhebliche zusätzliche Beanspruchungen erhalten.

Auf Raumfugen im Anschluß an Brücken kann ganz verzichtet werden, wenn an den Brückenbelag auf einer Länge von mindestens 15 m eine bituminöse Fahrbahnkonstruktion anschließt [B 6/3]. Voraussetzung hierfür ist eine Betonfahrbahn auf hydraulisch gebundener Tragschicht, bei der die Längsbewegungen der Betondecke durch Reibung zwischen Tragschicht und Decke bereits reduziert sind.

Bei Brückenanschlüssen in Gefällstrecken und an schiefwinkligen Brücken sollten an Stelle der Raumfugen – mit Ausnahme der Anschlußfugen an der Brücke selbst – Betonsporne angeordnet werden. Aufgrund der vorliegenden Erfahrungen sind in solchen Fällen je nach Untergrund 1 bis 3 nacheinandergeschaltete, kraftschlüssig mit der Betondecke verbundene Sporne erforderlich, um die im Sommer aktivierten Längskräfte ohne nennenswerte Bewegungen in den Untergrund abzuleiten. Die Einbindetiefe der Sporne beträgt 0,9 bis 1,2 m. Der Abstand vom Bauwerk sollte größer als 10 m und der gegenseitige Abstand größer als 5 m bzw. der Plattenlänge entsprechend sein (Bild B 6/6a). Bei einer Vergrößerung der Einbindetiefe, z.B. Betonsporn mit Spundwand, ist auch ein Sporn ausreichend (Bild B 6/6b [B 6/6]).

Raumfugen sind ferner in gekrümmten Abschnitten mit Halbmessern kleiner 250 bis 300 m zur Ausschaltung eines Hinauswanderns der Betondecke zur Bogenaußenseite anzuordnen. Anstelle der Raumfugen kann auch ein Sporn am äußeren Fahrbahnrand vorgesehen werden.

Bild B 6/5
Anschlüsse von Betonfahrbahnen an Brückenbauwerken mit Schlepp-Platten-Konstruktionen [B 6/6]

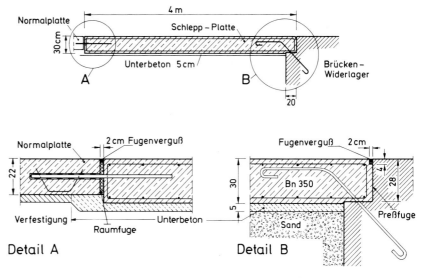

(a) einfache Schlepp-Platte

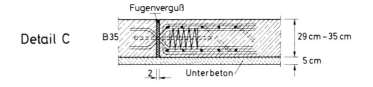

(b) Schlepp-Plattenkette

Bild B 6/6
Beispiele für Betonsporne bei raumfugenlosen
Betonfahrbahnen im Anschluß an Brücken-
oder sonstige Bauwerke (nach [B 6/6])

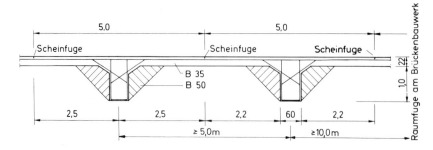

(a) Anordnung von 2 Betonspornen

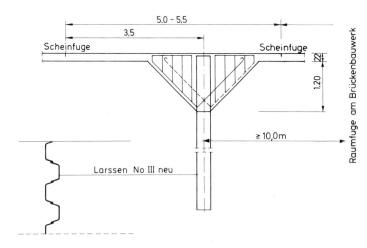

(b) Anordnung von 1 Betonsporn mit gerammter Spundwand

Bild B 6/7
Verschiedene Scheinfugenausbildungen bei
Betonfahrbahnen mit Lage und Exzentrizität
der Längskraft und Verlauf der Spannungstrajektorien [B 6/8]

Spannungstrajektorien   Ausbildung

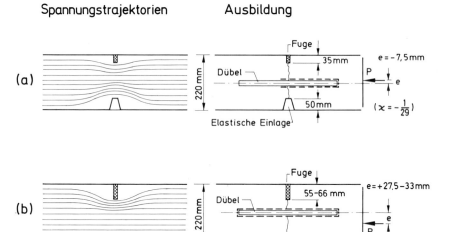

Beim Anschluß der Betonfahrbahnen an schiefwinklige Bauwerke ist in einem ausreichend langen Übergangsbereich die Fugeneinteilung dem Kreuzungswinkel anzupassen [B 6/6]. Die dabei sich ergebenden asymmetrischen Fahrbahnplatten sind zu bewehren (Bild B 6/4 d).

Feste Einbauten in Betondecken (z.B. Sinkkästen, Einstiegschächte usw.) sowie Bordsteine sind stets durch Raumfugen von der Decke zu trennen, um die freie Beweglichkeit der Fahrbahnplatten nicht zu behindern [B 6/3].

B 6.1.2.2 Scheinfugen als Querfugen

Bei Scheinfugen sind Kerben anzuordnen, die so frühzeitig und ausreichend ausgebildet sein müssen, daß beim Abkühlen des Betons während der Erhärtungsphase Risse nur an den Kerbstellen auftreten. Die Scheinfugen haben im wesentlichen zwei Aufgaben zu erfüllen:

1. Sie müssen in den zwischenliegenden Feldern eine weitgehend zwängungsfreie Verkürzung der Betondecke bei Abkühlung ermöglichen und

2. im Sommer bei einer Erwärmung der Betondecke eine Druckkraft in Längsrichtung schadlos übertragen können.

Tabelle B 6/1
Erforderliche Fugenspaltbreiten und -tiefen für Querscheinfugen bei Plattenlängen bis zu 6 m und Einsatz von Heißvergußfugenmassen in Abhängigkeit von der vorhandenen Rißweite (nach [B 6/4])

Rißweite[1]	Fugenspalt-breite[2]	Fugenspalt-tiefe[3]	Bemer-kungen
bis 1 mm	8 mm	25 mm	Regelfall
zwischen 1 und 2 mm	12 mm	30 mm	–
größer als 2 mm	15 mm	35 mm	–

[1] Rißweite unmittelbar vor dem Schneiden des Fugenspalts frühmorgens feststellen (Betonalter mindestens 7 Tage)

[2] für Heißvergußmasse mit einer zulässigen Gesamtverformung von 15 %

[3] für Unterfüllung und Vergußtiefe

Tabelle B 6/2
Zuordnung der Verkehrsklasse, Bauklasse, Verkehrsbelastungszahl und Deckendicke bei Betonfahrbahnen [B 6/2], [B 6/3]

Verkehrsklasse	Bau-klasse	Verkehrsbelastungszahl Anzahl der Lkw > 5 t Nutzlast und der Busse in 24 h (DTV)	Dicke der Decke (cm)
sehr starker und	I	über 3000	22
starker Verkehr	II	über 1500 bis 3000	20
(z.B. Bundesfern-straßen)	III	über 500 bis 1500	20
mittlerer Verkehr	IV	über 100 bis 500	18
schwacher und sehr schwacher Verkehr	V	bis 100	16

Letzteres erfordert, daß zur Vermeidung eines Ausknickens der Betondecke die Umlenkung der Druckspannungstrajektorien durch die Kerbe nicht zu groß ist. Außerdem muß für eine ausreichende Sicherheit gegen ein Ausknicken der Betondecke an der Fuge die Längsdruckkraftübertragung möglichst weit unterhalb der Nullinie erfolgen [B 6/1]. Die Scheinfugenausbildung (Bild B 6/7b) ohne untere Fugeneinlage (früher üblich) und mit einer Begrenzung der Kerbtiefe auf 25 bis 30 % der Plattendicke erfüllt diese beiden Aufgaben voll und ganz. Wichtig ist ferner, daß im Fugenbereich keine größeren Festigkeitsschwankungen im Beton auftreten. Hierauf ist besonders bei Tagesendfugen zu achten. Schließlich darf die Deckendicke im Fugenbereich keine größeren Änderungen aufweisen. Bei einer unvermeidlichen Änderung der Deckendicke um mehr als 5 bis 10 % ist zum Abbau des Kräftestaus entweder eine Raumfuge vorzusehen oder ein Betonsporn anzuordnen [B 6/1].

Damit alle Scheinfugen möglichst gleichmäßig reißen, ist ein guter Verbund mit der Unterlage erforderlich. Nach den vorliegenden Erfahrungen [B 6/9] wird dies z.B. durch Verwendung von hydraulisch gebundenen Tragschichten erreicht.

In Abhängigkeit von der Herstellung der Einkerbung und des Fugenspalts werden die nachstehenden beiden Scheinfugenarten unterschieden:

– geschnittene Scheinfugen: Einige Stunden nach dem Betonieren (oder spätestens am folgenden Tag) wird die Scheinfuge auf 25 bis 30 % der Deckendicke 3 mm breit eingeschnitten (Kerbschnitt). In die Kerbe ist eine Schutzeinlage einzupressen, womit eine Verschmutzung des entstehenden Risses verhindert wird. Zu einem späteren Zeitpunkt, mindestens 7 Tage nach dem Betonieren, wird die Fuge auf 25 bis 35 mm Tiefe und je nach vorhandener Rißweite beim Schneiden auf 8 bis 15 mm Breite für die Aufnahme der Fugenvergußmasse erweitert (Stufenschnitt, siehe Tabelle B 6/1). Fugenspaltbreiten von 12 bis 15 mm sind darüber hinaus – unabhängig von der Rißweite zum Zeitpunkt des Schneidens – auch bei Zwischenschaltung von Raumfugen vor Bauwerken wegen der allmählichen Öffnung der Scheinfugen im Atmungsbereich auf ca. 180 bis 360 m Länge anzuordnen. Hierdurch wird einem vorzeitigen Abreißen der Vergußmasse von den Fugenflanken vorgebeugt. Bei Anordnung von Betonspornen vor Bauwerken kann darauf verzichtet werden.

– Gerüttelte Scheinfugen: Entweder wird im frischen Beton zunächst mit einem Rüttelschwert eine Kerbe erzeugt und in diese die Einlage (aus Kunststoff) mit Vibration eingebracht oder die Einlage wird direkt eingerüttelt. Um Störungen des Betongefüges und Unebenheiten an den Fugenkanten auszuschließen, ist ein besonders sorgfältiges Arbeiten bei diesem Verfahren erforderlich. Nach Einbringen der Fugeneinlage in den frischen Beton wird bei Decken der Bauklassen I bis III (siehe Tabelle B 6/2) noch ein schräg zur Straßenachse arbeitender Nachlaufglätter mit Rüttelwirkung eingesetzt.

Gewährleistet die eingerüttelte Einlage keine wirksame Fugenabdichtung, so ist sie später ganz oder im oberen Teil soweit wieder zu entfernen, wie es der gewählte Fugenfüllstoff erfordert.

Einzelheiten zur Fugenabdichtung bzw. zum Fugenverguß siehe Kap. B 6.1.2.5.

Bild B 6/8
Beispiel einer Scheinquerfuge bei Betonfahr-
bahnen, Bauklasse I–III, mit eingerüttelten
Dübeln

HGT: hydraulisch gebundene Tragschicht

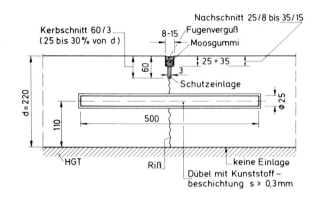

Bild B 6/9
Dübelanordnung bei 2streifiger Beton-Rich-
tungsfahrbahn [B 6/3]

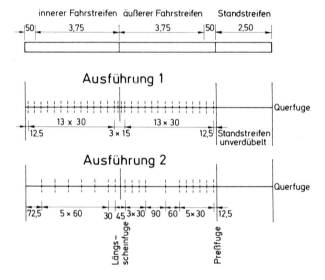

Die Querfuge stellt einen Schwachpunkt im Tragsystem dar. Bei fehlender Querkraftübertragung wächst beim Überrollen die Biegebeanspruchung der Plattenränder ungünstigenfalls auf den doppelten Wert und die Einsenkung des Plattenrands auf den 3,5fachen Wert gegenüber dem Lastfall Plattenmitte an [B 6/8]. Dies begünstigt die Erosion an der Grenzschicht Fahrbahnplatte/Tragschicht und führt zunächst zur Stufenbildung. Anschließend stellen sich dann Querrisse und Eckrisse ein, die zu einer raschen Zerstörung der Betondecke führen. Im allgemeinen werden daher zur Lastübertragung und zur Sicherung der Höhenlage an den Querfugen Dübel eingebaut.

Bei Decken der Bauklassen I bis III (siehe Tabelle B 6/2) sind in den Querfugen stets Dübel einzubauen (Bild B 6/8). Sie müssen einen Durchmesser von 25 mm und eine Länge von 500 mm haben. Zum Korrosionsschutz sind die Dübel mit einem geeigneten, gut haftenden, mindestens 0,3 mm dicken Kunststoffüberzug auf ganzer Länge zu versehen. Hierdurch wird auch die Voraussetzung für einen möglichst kleinen Auszugwiderstand geschaffen.

Die Dübelanordnung bei einer 2streifigen Richtungsfahrbahn zeigt Bild B 6/9. Bei der Normalverdübelung – Ausführung 1 – muß der Dübelabstand gleichmäßig sein und darf nicht mehr als 30 cm betragen. Entsprechend der Funktion der Dübel sind diese jedoch nur im Bereich der Radspur erforderlich. Hierauf basiert die Sparverdübelung – Ausführung 2. Sie kommt vor allem bei Straßen mit weitgehend kanalisiertem Verkehr seit einigen Jahren zur Anwendung. Beim Regelquerschnitt RQ29 reduziert sich dadurch die Dübelanzahl z.B. um 40 %. Im Bereich von stark befahrenen Ein- und Ausfahrten ist die Verdübelung jedoch immer nach Ausführung 1 auszubilden [B 6/3].

Die Dübel der Querfugen werden heute überwiegend eingerüttelt. Dabei ist sicherzustellen, daß die Dübel genau in Neigung und Längsrichtung der Fahrbahn und in Plattenmitte zu liegen kommen, damit die Längsbewegungen der Platten nicht behindert werden. Vor dem Einbau der Dübel muß die Betonfahrbahn voll verdichtet sein.

Bild B 6/10
Beispiele für die Ausbildung von Längsfugen bei Betonfahrbahnen, Bauklasse I bis III

HGT: hydraulisch gebundene Tragschicht

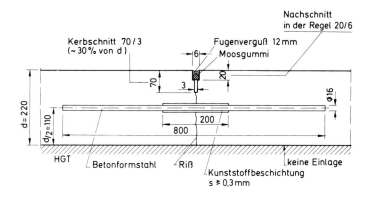

(a) Längsscheinfuge bei max. zwei verankerten Platten-streifen

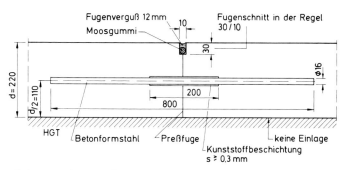

(b) verankerte Längspreßfuge

Bild B 6/11
Beispiel einer verdübelten Raumfuge bei Betonfahrbahnen, Bauklasse I bis III

HGT: hydraulisch gebundene Tragschicht

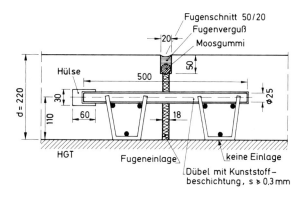

B 6.1.2.3 Schein- und Preßfugen als Längsfugen

In Querrichtung werden Betondecken durch Längsfugen unterteilt (Bilder B 6/1 und B 6/2). Je nach Fertigungsbreite werden diese Fugen als Schein- oder als Preßfugen ausgebildet. Bei den in der Regel begrenzten Fahrbahnbreiten kann ohne die Gefahr der Ausbildung eines wilden Längsrisses von einer freien Beweglichkeit der durch die Längsfugen unterteilten Deckenfelder abgesehen werden. Dies ermöglicht den Einbau von Ankern, womit ein Öffnen der Längsfugen, verbunden mit dem Eindringen von Oberflächenwasser in das Decken-system, weitgehend verhindert wird. Bild B 6/10 zeigt die beiden üblichen Längsfugenausbildungen.

Die Anker werden bei Decken der Bauklassen I bis III (siehe Tabelle B 6/2) aus Betonformstahl mit einem Durchmesser von 16 mm und einer Länge von 800 mm hergestellt. Bei geringer belasteten Decken beträgt der Durchmesser 14 mm und die Länge 600 mm. Im mittleren Bereich sind die Anker auf einer Länge von 200 mm mit einer geeigneten, gut am Stahl haftenden, mindestens 0,3 mm dicken Kunststoffbeschichtung als Korrosionsschutz zu versehen.

Anker werden normalerweise in der Mitte der Deckendicke angeordnet. Bei Längsscheinfugen mit einer Kerbtiefe von mehr als 30 % sind die Anker im unteren Drittelspunkt der Deckendicke einzubauen. Auf geraden Strecken beträgt der Ankerabstand in Längsscheinfugen 1,5 m. In Krümmungen mit einem Halbmesser von 600 m und weniger sowie in verankerten Längspreßfugen ist die gleiche Ankeranzahl nur im mittleren Drittel der Plattenlänge mit 0,5 m Abstand anzuordnen [B 6/4]. Für den Einbau der Anker werden heute in der Regel kombinierte Dübel- und Ankersetzgeräte eingesetzt.

Die Herstellung der Längsscheinfugen erfolgt in gleicher Weise wie bei den Querscheinfugen (Kap. B 6.1.2.2). Die zum kontrollierten Reißen notwendigen Kerben an der Oberseite der Decke müssen mindestens 30 %, dürfen jedoch höchstens 40 % der Deckendicke tief sein. Bei breiten Fahrbahndecken mit mehr als zwei verankerten Streifen müssen die Kerben mindestens 40 %, dürfen jedoch höchstens 45 % der Deckendicke tief sein. Ist eine Fugenfüllung vorgesehen, so ist die Kerbe an der Deckenoberfläche auf einen Fugenspalt zu erweitern, dessen Breite und Tiefe auf den vorgesehenen Fugenfüllstoff abgestimmt sein muß. Im Regelfall ist der zu verfüllende Fugenspalt 6 mm breit [B 6/4].

Preßfugen, die bei der getrennten Herstellung benachbarter Plattenfelder (auch zwischen Fahrbahn und Randeinfassungen) in zeitlichem Abstand entstehen, erhalten im oberen Bereich einen Fugenspalt, der in Breite und Tiefe auf den vorgesehenen Fugenfüllstoff abgestimmt sein muß. Der zu verfüllende Fugenspalt ist im Regelfall 10 mm breit [B 6/3].

B 6.1.2.4 Raumfugen [B 6/3]

Feste Einbauten (z. B. Sinkkästen, Einstiegschächte usw.) sind stets mit einer nachgiebigen Fugeneinlage von der Decke zu trennen, um die Bewegungsmöglichkeiten der Fahrbahnplatten nicht zu behindern. Außerdem sind Raumfugen meist auch an Brückenbauwerken erforderlich (Bilder B 6/4 und B 6/5), um die bei Erwärmung in den Fahrbahnplatten aktivierten Längskräfte abzubauen.

Die Raumfugen erhalten bis knapp an die Betonoberfläche reichende Einlagen, die vor dem Betonieren verlegt werden. Die Dicke der Einlagen beträgt bei Decken der Bauklasse I bis III (siehe Tabelle B 6/2) 18 mm, sonst 13 mm. Die Fugeneinlagen dürfen die Ausdehnung der Betonplatten nicht wesentlich behindern, sie müssen aber so steif sein, daß sie bei der Betonverdichtung nicht verformt werden. Auch dürfen sie nicht wasserlöslich sein oder das Wasser aus dem frischen Beton absaugen. Werden Weichholzbretter verwendet, so müssen sie vollkantig, astarm und gerade sein.

Nach dem Erhärten des Betons wird der an der Deckenoberfläche zu verfüllende Fugenspalt ausgeschnitten. Der Schnitt muß mindestens 2 mm breiter sein als die Einlage. Die Schnitttiefe des Fugenspalts muß auf den gewählten Fugenfüllstoff abgestimmt sein.

Bei Decken der Bauklassen IV und V (siehe Tabelle B 6/2) sowie bei Stand- und Randstreifen darf die bleibende Einlage unverdübelter Raumfugen in den frischen Beton eingerüttelt werden. Bei Decken der Bauklasse V erhält die bleibende Einlage eine Höhe gleich der Deckendicke. Fugenschnitt und Fugenverguß können hier entfallen.

In Raumquerfugen werden Dübel gemäß Bild B 6/9 angeordnet. Jeder Dübel erhält auf einer Seite eine Blech- oder Kunststoffhülse, die am Dübelende einen Dehnungsraum von etwa 15 mm frei läßt. Die Dübel werden mit der Fugeneinlage vor dem Einbringen des Betons verlegt. Zur Fixierung werden Stützkörbe aus Betonstahlmatten, mit denen die Dübel zu verbinden sind, verwendet. Bild B 6/11 zeigt ein Beispiel für die Ausbildung einer verdübelten Raumfuge.

B 6.1.2.5 Fugenfüllungen

Der Fugenfüllung sind zwei Aufgaben zugewiesen:

1. Sie soll das Eindringen von Feststoffen in den Fugenspalt verhindern, damit die freie Beweglichkeit der einzelnen Platten gewährleistet bleibt.

2. Sie soll das Eindringen von Oberflächenwasser unterbinden, damit eine Wassererosion der unteren Tragschicht verhindert wird.

Bisher ist die ideale Fugenfüllung noch nicht gefunden worden. Die Unterhaltung der Fugen erfordert trotz aller Fortschritte auf diesem Gebiet noch immer große Aufwendungen.

Nach der ZVT Beton 78 [B 6/3] kann der Fugenspalt mit heiß oder kalt verarbeitbaren Vergußmassen geschlossen werden. Es können hierfür aber auch geeignete elastische Kunststoffe oder elastische Profile verwendet werden. Allgemeine Hinweise und Erläuterungen sowie Bauvertragstexte über Fugenfüllungen enthält das „Merkblatt für die Fugenfüllung in Verkehrsflächen aus Beton", Ausgabe 1982 [B 6/10]. Bei den Hinweisen und Erläuterungen werden im einzelnen behandelt: Begriffe, Anwendungsbereich und Beanspruchung, Baugrundsätze und Baustoffe. Die Bauvertragstexte enthalten: Anforderungen an die Baustoffe, Füllen der Fugen, Prüfungen, Abnahme, Gewährleistung und Abrechnung.

Fugenvergußmassen

Bei den Fugenvergußmassen sind Heiß- und Kaltvergußmassen zu unterscheiden, die sowohl plastisch als auch elastisch eingestellt sein können:

– Heißvergußmassen sind im geschmolzenen Zustand zu verarbeitende Fugenfüllstoffe auf der Basis von Bitumen (übliche Massen) oder Teer (treibstoffresistente Massen) mit verschiedenen Zusätzen. Die Heißvergußmassen und die gegebenenfalls dazugehörigen Voranstriche bilden ein geschlossenes System. Für sie gelten die „Technischen Lieferbedingungen für bituminöse Fugenvergußmassen" TL bit Fug 82 [B 6/11].

– Kaltvergußmassen sind reaktive, im allgemeinen kalt zu verarbeitende Ein- oder Zweikomponenten-Systeme mit dazugehörigen Voranstrichen. Zur Zeit liegen noch keine Vertragsbedingungen für Prüfung und Beschaffenheit dieser Massen vor.

Plastische und elastische Fugenvergußmassen wurden in jüngster Zeit vergleichend untersucht. Die hierbei gemachten Beobachtungen werden von Bartels [B 6/12] wie folgt diskutiert:

„Die Bewegungen in den Fugen einer Betonfahrbahn werden vor allem durch zwei Einflüsse ausgelöst:

1. Das Schwinden des Betons führt zu einer einmaligen bleibenden Fugenerweiterung. Wirksam wird nur der nach dem Verguß auftretende Schwindanteil.

2. Temperaturänderungen bewirken eine wechselnde Veränderung der Fugenweite.

Die einmalige Fugenerweiterung führt bei elastischen Fugenfüllungen zu bleibenden Zugspannungen, die über kurz oder lang zu Ablösungen an den Haftflächen führen. Man muß davon ausgehen, daß bis heute kein diesen Dauerbeanspruchungen gewachsenes Haftsystem besteht. Plastische Fugenfüllungen ertragen eine solche einmalige Dehnung, zumal sie im mittleren Temperaturbereich auftritt, wesentlich besser, da die Zugspannungen sofort abgebaut werden.

Die Wechselbewegung in den Fugen wird von den elastischen Fugenfüllungen besser ertragen als von plastischen, die durch den Kaugummieffekt eine Querschnittsveränderung erfahren und, ohne die ihnen innewohnende Selbstheilungsfähigkeit, nach einiger Zeit Schäden zeigen. Dieser Selbstheilungseffekt bei plastischen Fugenfüllungen kann nur dann aufgetretene Risse oder Ablösungen wieder schließen, wenn der Spalt nicht verschmutzt ist. Daher wirkt sich die Abfasung, die den vertikalen Spalt im oberen Fugenbereich in einen schrägliegenden umwandelt, der durch den Verkehr sehr schnell wieder zugewalzt wird, so positiv aus (Bild B 6/12).

Die plastische Vergußmasse benötigt den rollenden Verkehr und eine Abfasung, um eine optimale Lebenserwartung zu erreichen. Bei nicht befahrenen Fugen sind elastische Vergußmassen besser geeignet, wobei der Einbau so spät wie möglich vorgenommen werden soll, damit ein möglichst hoher Schwundanteil bereits abgeschlossen ist.

Elastische Fugenfüllungen kennen keinen Selbstheilungseffekt. Wenn das rollende Rad mit der Fugenfüllung in Kontakt kommt, werden starke Horizontalkräfte auf die Oberfläche der Füllung übertragen, so daß Ablösungen eine unvermeidbare Folge sind. Elastische Fugenfüllungen müssen also so tief liegen, daß keine Berührung zwischen Reifen und Fugenfüllung auftreten kann."

Zusammenfassend läßt sich sagen, daß eine weitgehend plastische Bitumen-Kautschuk-Vergußmasse nach TL bit Fug 82 [B 6/11] oder amerikanischer Specification „SS-S-164" bzw. Schweizer Norm „SNV 671625" bei Verwendung der notwendigen Kunstharzvoranstriche für befahrene Fugen in Betondecken zur Zeit die beste und dauerhafteste Lösung darstellt. Durch eine Abfasung des Fugenspalts kann die Lebenserwartung dieser Fugenfüllung wesentlich erhöht werden.

Elastische Vergußmassen sind für nicht befahrene Fugen besser geeignet. Sie sollen möglichst nach Beendigung des Schwindens eingebaut werden. Bei befahrenen Fugen muß ihr Einbau so erfolgen, daß die Fuge nicht bis oben verfüllt ist.

Vergossene Fugen müssen je nach Verkehrsbelastung und Qualität der Ausführung nach 4 bis 6 Jahren saniert werden.

Bild B 6/12
Einfluß der Fugenausbildung auf die Lebenserwartung bei plastischen Vergußmassen unter Verkehr [B 6/12]

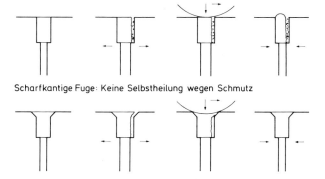

Scharfkantige Fuge: Keine Selbstheilung wegen Schmutz

Abgefaste Fuge: Selbstheilung der plastischen Vergußmasse

Fugenprofile

Für geschnittene Scheinfugen kommen auch Hohl- und Vollprofile mit dichter oder zelliger Struktur aus Chloropren-Kautschuk (CR) und Ethylen-Propylen-Kautschuk (EPDM) als Fugenfüllung zum Einsatz. Die Profile werden in die Fugen eingepreßt. Der Anpreßdruck des Profils muß auf Dauer eine sichere Verankerung im Fugenspalt gewährleisten. Eine Verklebung in der Fuge kann nicht empfohlen werden, da eine Langzeitwirkung des Klebers sehr fragwürdig ist. Auf Flughäfen und Plätzen mit ruhendem Verkehr sind die praktischen Erfahrungen mit Elastomer-Fugenprofilen recht gut. Bei Straßen und Autobahnen ist bisher noch keine befriedigende Lösung gefunden worden [B 6/13]. Seit 1984 ist ein Versuchsabschnitt im Zuge der BAB 6 Mannheim-Saarbrücken, km 588,730 – km 590,230 mit Elastomer-Fugenprofilen unter Verkehr und wird regelmäßig beobachtet. In die 8 mm breit geschnittenen Scheinfugen mit einseitig 3/3 mm Abfasung wurden maschinell kreisförmige Elastomer-Profile mit 12 mm Durchmesser und geschlossenzelliger Struktur eingebaut (Beispiel Bild B 6/13). Die Beobachtungen nach 4 Jahren Liegezeit können wie folgt zusammengefaßt werden [B 6/32]:

– Die Profile liegen insgesamt etwas ticfer in den Fugen als zum Zeitpunkt des Einbaus und sind bei vielen Längs- und Querscheinfugen leicht gewellt.

– In den Fahrstreifen sind einige Kantenabplatzungen aufgetreten. Dies führte jedoch zu keinen Undichtigkeiten, da die Profile verhältnismäßig tief in den Fugen liegen.

– Die Verklebung der Profile in den Kreuzungspunkten ist an einigen Stellen gelöst. Dies ist durch die für den Fugenverguß unterschiedlich tief geschnittenen Quer- und Längsfugen und der damit unterschiedlichen Tiefenlage der Profile an den Kreuzungspunkten bedingt.

Eine abschließende Bewertung ist noch nicht möglich. Aufgrund der gemachten Erfahrungen wird jedoch angenommen, daß sich in den nächsten Jahren keine schnellen Änderungen ergeben. Die offenen Kreuzungspunkte sind die einzigen Stellen, wo zur Zeit Wasser in die Deckenkonstruktion eindringen kann.

Für gerüttelte Scheinfugen gibt es stabilisierte Elastomer-Einlagen zum Einrütteln in den Frischbeton (Beispiel Bild B 6/14). Entsprechend dem Querschnitt des Profils wird mit einer Rüttelbohle in die frischverdichtete Betondecke ein Spalt gerüttelt und deckenbündig das Profil eingesetzt. Hierauf überläuft der diagonal arbeitende Nachlaufglätter die eingesetzte Fugeneinlage und glättet dabei den durch die Spaltrüttelung über die Deckenoberfläche hinausverdrängten Frischbeton. Der neu verdichtete Frischbeton umschließt unter dem Druck der Glättbohle die wechselseitig heraustehenden Zähne des Profils und verankert es. Hierauf wird mit einer Fugenkelle die Schlempe von der Oberfläche des eingesetzten Profils abgezogen. Eine Variante dieser Bauweise ist, das Elastomer-Profil unmittelbar in den Frischbeton einzurütteln.

Bild B 6/13
Beispiel für den maschinellen Einbau eines runden geschlossenzelligen Elastomerprofils*) in eine geschnittene Querfuge

*) Fermadur-System, Denso Chemie, Leverkusen

Bild B 6/14
Beispiel für ein stabilisiertes Elastomerprofil zum Einrütteln in den Frischbeton [B 6/14] (links: Profil; rechts mit Rüttelbohle vorgerüttelter Spalt)

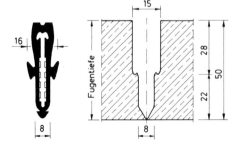

Fugen ohne Füllung

Da die bisherigen Fugenfüllungen keineswegs eine Gewähr dafür bieten, daß das Eindringen von Oberflächenwasser in die Fugen auf Dauer verhindert wird, werden in Österreich die Querscheinfugen z.T. unvergossen belassen. Anstelle des 8 mm breiten Fugenspalts wird nur der 2 bis 3 mm breite Kerbeinschnitt ausgeführt.

Wrana berichtet in [B 6/15] über ein 1982 abgeschlossenes Untersuchungs- und Meßprogramm zum Langzeitverhalten einer raumfugenlosen Decke mit unvergossenen Fugenspalten auf einem Streckenabschnitt der Tauernautobahn bei Golling. Die wesentlichen Ergebnisse sind:

– Wie vermutet waren in die Fugenspalten Fremdstoffe eingedrungen und hatten diese vielfach verfüllt. Die größte Verfüllung war in dem dem Deckeneinbau folgenden Winter eingetreten. Die Fugen öffneten sich zwar jeweils in der kalten Jahreszeit, schlossen sich jedoch im darauffolgenden Sommer fast auf die Spaltbreite des Vorjahres, wobei sich die Weitenänderungen im $\frac{1}{10}$ mm-Bereich bewegten. Es zeigte sich, daß die Zunahme des Eindringens von Fremdkörpern im Laufe der Zeit zum Stillstand kommt.

– Die anfangs gemessene Nullspannungstemperatur*) von 35 °C zeigte mit der Zeit einen deutlichen Abfall, so daß sich vom Ende des Beobachtungszeitraums von 5 Jahren als Rechenwert eine Nullspannungstemperatur von 6 °C ergab. Ein weiterer Abfall dieser Temperatur wird für unwahrscheinlich gehalten. Infolge der niedrigen Nullspannungstemperatur von 6 °C steht die Betondecke einen Großteil des Jahres unter Längsdruckspannungen, was hinsichtlich der Lebensdauer der Decke nicht unerwünscht ist, da die Biegezugspannungen aus den Verkehrslasten abgemindert werden. Rechnerische Abschätzungen zeigten, daß auch in einem heißen Sommer hierdurch keine Gefahr für das Ausknicken der Decke besteht. Die höchsten Werte der Längsdruckspannungen lagen weit unter der Betondruckfestigkeit.

– Kantenschäden wurden auf der 800 m langen Versuchsstrecke nur an einer Stelle festgestellt. Dieser Schaden kann als geringfügig bezeichnet werden. Er beeinflußt weder den Gebrauchswert der Platte nachteilig, noch schmälert er den Fahrkomfort.

– Hinsichtlich der Bildung von Stufen an verdübelten Querfugen hat sich selbst bei schwerem Verkehr zwischen dem Verhalten von vergossenen und unvergossenen Fugen kein Unterschied gezeigt.

Sobald sich Querscheinfugen z.B. infolge des Paketreißens oder in der Nähe von Raumfugen weiter öffnen, müssen sie umgehend vergossen werden, damit keine Kantenabplatzungen auftreten.

Längsfugen werden in Österreich stets vergossen, da durch die Anker ein Auseinanderwandern der Platten verhindert wird und so eine satte Abdichtung mit größerer Sicherheit erreicht werden kann.

B 6.1.3 Durchgehend bewehrte Decken mit freier und gesteuerter Rißbildung

Bei durchgehend bewehrten Betonfahrbahnen ist zwischen einer Bauweise mit freier und einer Bauweise mit gesteuerter Rißbildung zu unterscheiden.

Die Bauweise mit durchgehender Bewehrung und freier Rißbildung wird sowohl in den USA als auch in Großbritannien und Belgien in beachtlichem Umfang eingesetzt. Durch einen hohen Bewehrungsanteil werden bei dieser Bauweise der Rißabstand und die Rißweite kleingehalten. In den USA wird z.B. bei der dort üblichen Betonqualität und einem Bewehrungsprozentsatz von 0,66 bis 0,74 % (Lage der Bewehrung in Plattenmitte) bei 18 bzw. 20 cm Deckendicke ein mittlerer Rißabstand von etwa 1,8 m und eine Rißöffnung von max. 0,5 mm erzielt. Diese kleine Rißöffnung wird beim Befahren nicht wahrgenommen; außerdem ist nach amerikanischen Erfahrungen ein ausreichender Korrosionsschutz der Bewehrung auch bei einer geringen Streusalzbehandlung der Straße gewährleistet [B 6/1], [B 6/16].

Die Bauweise mit gesteuerter Rißbildung wurde in Schweden und Deutschland entwickelt. Hierbei werden in kurzen Abständen Scheinfugen (Schwächung des Querschnitts durch eingeschnittene oder eingerüttelte Fugen) in der Fahrbahnplatte angeordnet. Im Bereich der Scheinfugen wird der Verbund zwischen durchlaufender Bewehrung und Beton auf eine Länge von 60 bis 80 cm durch Beschichtung oder Hüllrohre unterbrochen. Bei Verkürzung der Platten im Winter wirkt der Stahl im Bereich des unterbrochenen Verbunds wie eine Feder. Hierdurch wird die Verkürzung der Betonplatte nur wenig behindert und die Längszugkraft kleingehalten, so daß das Auftreten eines durchgehenden wilden Risses in der Betonplatte zwischen den Scheinfugen vermieden wird. Der Vorteil der gesteuerten Rißbildung gegenüber der freien Rißbildung liegt nach [B 6/17]

– in einem gleichmäßigeren Reißen und

– in einem geringeren Bewehrungsprozentsatz, etwa 0,3 bis 0,5 % bei einem Beton B35.

Diese Bauweise wurde in der Bundesrepublik Deutschland 1973/74 auf der Autobahn Hamburg-Bremen bei Sittensen in einem Großversuch erprobt. Dabei wurde eine 16 cm dicke durchgehend bewehrte Decke im Hocheinbau auf eine schadhafte abgängige Betondecke verlegt, nachdem diese unterpreßt worden war. Die elastische Plattenkopplung wurde im Abstand von 4,20 m durch Bitumenanstrich bzw. Hüllrohre auf der durchgehenden glatten Längsbewehrung und einem Fugenschnitt erreicht (Bild B 6/15). Ausgeführt wurden 4 Versuchsvarianten mit unterschiedlicher Zwischenschicht bei Verwendung von Baustahlgewebe oder schlaffer durchlaufender Einzelstabbewehrung.

---

*) Nullspannungstemperatur, Temperatur bei der die Fugen sich schließen und ab der Längsdruckspannungen in der Betondecke erzeugt werden.

Bild B 6/15
Durchgehend bewehrte Betonfahrbahndecke
im Hocheinbau mit gesteuerter Rißbildung
[B 6/18]

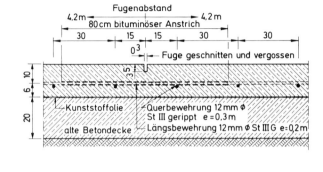

Einsenkungsmessungen über 4 Jahre zeigten eine Abnahme des Wirksamkeitsindexes der Querkraftübertragung im Fugenbereich von 90 % auf 60 bis 80 %. Grundsätzlich ist mit dieser Bauweise eine ausreichende Sicherheit gegen Überbeanspruchung ohne wilde Risse unter der Voraussetzung gegeben, daß die durchlaufende Bewehrung im Fugenbereich auf Dauer gegen Korrosion geschützt ist. Dies setzt eine genügend dicke und widerstandsfähige Beschichtung sowie eine wirksame Fugenabdichtung voraus [B 6/19].

Die durchgehend bewehrten Decken sind vor Brücken durch Betonsporne zu verankern, die sowohl Längungen wie auch Verkürzungen der Plattenkette aufnehmen sollen. Ein Beispiel hierfür zeigt Bild B 6/16.

B 6.1.4 Deckenerneuerung mit Fertigteilplatten [B 6/1]

Im Jahre 1962 wurde auf der Autobahn Karlsruhe-Stuttgart damit begonnen, auf größeren Abschnitten Deckenerneuerungen mit vorgefertigten Fahrbahnplatten auszuführen. Bis 1967 wurden insgesamt 180 000 m² verlegt. Derzeit kommt eine Erneuerung mit Fertigteilplatten jedoch nur noch bei kurzen Abschnitten zur Anwendung, bei denen die kurze Sperrzeit die höheren Baukosten rechtfertigt.

Die entwickelten Fertigteilplatten sind bis zu 12,5 m lang (Regellänge 10 m) bei 3,74 m Breite und 18 cm Dicke. Es wurden sowohl längs als auch längs und quer vorgespannte Platten eingebaut. Die in Längs- und Querrichtung vorgespannten Fertigteilplatten zeigten keine Risse und haben sich gut bewährt.

Die Querfugen zwischen den Fertigteilplatten werden verdübelt. Hierzu ist in den Fahrbahnplatten ein Halbdübel mit einem Gewinde eingesetzt, der vor dem Verlegen durch einen Schraubdübel verlängert wird. Bei Tausalzeinsatz sind mit Kunstharz beschichtete Schraubdübel zu verwenden. Nach dem Justieren werden die Platten in der richtigen Höhenlage mit einem Injektionsgut aus Zement- oder Bitumenmörtel unterpreßt und die Dübelaussparungen einschließlich des Fugenspalts mit einem Zementmörtel unter Druck ausgefüllt. Es wird damit eine kraftschlüssige Verbindung, ähnlich einer Scheinfuge, erreicht. Anschließend wird die Fuge mit einer Bitumen-Vergußmasse verschlossen (Bild B 6/17).

B 6.1.5 Sanieren von Rissen durch nachträgliches Einsetzen von Dübeln [B 6/9]

Die Behandlung von Rissen in Betondeckenplatten allein durch Vergießen mit Reaktionsharz oder Bitumen-Vergußmasse führt i. a. nicht zu einer dauerhaften Sanierung:

– Bei großen Längszugkräften in der sanierten Platte (z. B. bei noch nicht gerissenen benachbarten Scheinfugen) reißt der Kunstharzverguß wegen seiner hohen Festigkeit an den Rißrändern unvermeidlich ab. Dabei verläuft der erneute Riß im angrenzenden durch Temperatur- und Verkehrsbewegungen bereits mürben Beton. Es ist daher mit Reaktionsharzen in der Regel weder eine dauerhafte Abdichtung noch eine Erhöhung der Querkraftübertragung im Rißbereich zu erreichen.

– Bei Bitumenvergußmassen ist es für eine erfolgreiche Sanierung erforderlich, daß der Riß ausreichend breit nachgeschnitten werden kann, da sonst bei großen Rißbewegungen die auftretenden Dehnungen vom Vergußmaterial nicht aufgenommen werden. Dieses Aufweiten ist bei einem stark gezackten Rißverlauf nicht möglich. Nachteilig bei dieser Sanierungsart ist außerdem die fehlende Querkraftübertragung im Bereich des Risses, die weitere Zerstörungen an der Betondecke verursachen kann.

Für die dauerhafte Sanierung von Rissen in Betondeckenplatten wurden vom Prüfamt für den Bau von Landesverkehrswegen an der TU in München Verfahren entwickelt und untersucht. Folgende Fälle werden dabei unterschieden:

a) Risse, die die Sanierung einer ganzen Platte erfordern

b) Querrisse im Fugenbereich im Abstand < 0,7 bis 1,0 m von der Fuge, wobei eine vorschriftsmäßig gerissene oder nicht gerissene Scheinfuge vorliegen kann

c) Querrisse außerhalb des Fugenbereichs in einem Abstand ≥ 1,0 m von der Fuge.

Zu a):
Die schadhafte Platte wird entfernt. Im freigewordenen Feld wird eine neue Betonplatte betoniert und an ihren beiden Enden mit der alten Betondecke durch Dübel und Anker entsprechend der ZTV Beton 78 [B 6/3] verbunden. Es sind dazu entsprechende Löcher in die alte Betondecke zu bohren und Dübel bzw. Anker mit Zementmörtel einzusetzen. Nach dem Erhärten der neuen Betonplatte sind die Fugen nachzuschneiden und mit Bitumen-Vergußmasse zu vergießen.

Bild B 6/16
Verankerung bei den durchgehend bewehrten
belgischen Autobahnen vor Bauwerken mit
Betonspornen [B 6/6]

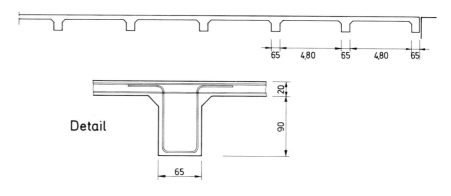

Bild B 6/17
Ausbildung der Querfugen bei quer- und längs-
vorgespannten Betonfertigteil-Fahrbahnplat-
ten für die Erneuerung von alten, abgängigen
Betondecken [B 6/1]

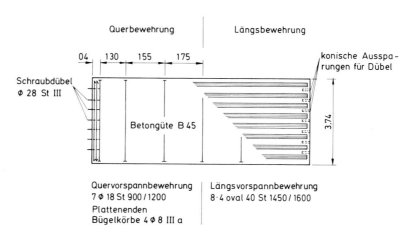

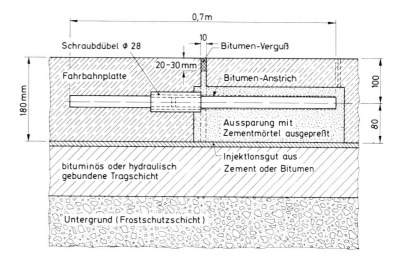

Zu b):
Bei planmäßig gerissener Fuge und Rissen nahe neben der
Fuge (Bild B 6/18a) kann die Sanierung wie folgt ausgeführt
werden:

– Der mit Rissen durchsetzte Plattenbereich ist bis zur Fuge zu
  entfernen. Dazu ist der Ausbruchrand mit einem Fugen-
  schneidgerät parallel zur Scheinfuge etwa auf halbe Deckendicke vorzuschneiden.

– Im Bereich der Radspuren sind mindestens 3 Löcher,
  Durchmesser 50 mm, horizontal in die angeschnittene Betondecke zu bohren und ca. 80 cm lange Anker, Durchmesser 24 bis 26 mm, aus Betonformstahl mit Zementmörtel
  einzusetzen.

– Die vorhandenen freigelegten Dübel sind parallel zur Straßenachse und -oberfläche auszurichten und mit einer Auf-
  steckhülse wie bei einer Raumfuge zu versehen. Falls erforderlich, sind die Dübel neu zu beschichten.

Bild B 6/18
Sanieren von Rissen in Betonfahrbahndecken
durch nachträgliches Einsetzen von Dübeln
(vorgeschlagene Maßnahmen nach [B 6/9])

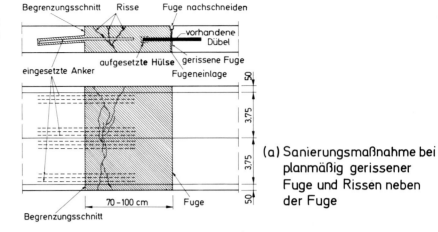

(a) Sanierungsmaßnahme bei
    planmäßig gerissener
    Fuge und Rissen neben
    der Fuge

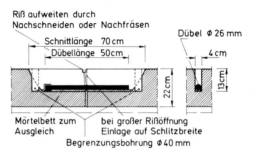

(b) Sanierungsmaßnahme bei
    nicht gerissener Fuge und
    Rissen neben der Fuge

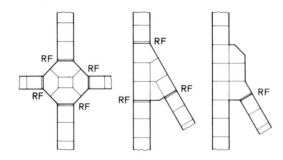

(c) eingeschnittene Schlitze
    für das nachträgliche
    Einsetzen von Dübeln

Bild B 6/19
Beispiele für die Fugeneinteilung im Anschluß-
bereich von landwirtschaftlichen Wegen und
Radwegen aus Beton [B 6/1]

RF = Raumfuge; alle anderen benachbarten
     Fugen sind als Scheinfugen auszubilden

– Die freigelegte Stirnseite der Scheinfuge ist mit einer Einlage aus Wollfilzpappe o. ä. vollflächig zu belegen, um zu große Druckspannungen im Fugenbereich zu vermeiden.

– Die Sanierungsplombe ist zu betonieren.

– Die Querfuge und evtl. Längsfugen sind nachzuschneiden und zu vergießen.

Sind nur sehr kurze Sperrzeiten möglich, werden für die Betonformstahlanker Schlitze in die alte Betondecke geschnitten und die Anker mit Reaktionsharzmörtel eingesetzt. Anschließend wird die Plombe auch aus Reaktionsharzmörtel hergestellt.

Ist die Scheinfuge nicht gerissen und treten wilde Risse unmittelbar neben der Fuge auf (Bild B 6/18b), so kann die Sanierung wie folgt ausgeführt werden:

– Die nicht gerissene Fuge ist auf der ganzen Dicke durchzuschneiden einschließlich der Dübel.

– Es ist ein Begrenzungsschnitt neben dem Riß parallel und senkrecht zur Fuge bis zur Tiefe von etwa 13 cm zu führen.

– Zwischen den alten Dübeln im Bereich der Fahrspur sind mindestens drei Schlitze für das Einsetzen von neuen Dübeln herzustellen.

– Der Beton ist im Schadensbereich auszubrechen und auf die durch Fugenschnitt freigelegte Stirnfläche der Scheinfuge eine Einlage aus Wollfilzpappe o. ä. anzubringen.

– Die neuen Dübel sind mit Aufsteckhülsen einzulegen.

– Dübelschlitze und Plombe sind mit Beton oder Reaktionsharzmörtel aufzufüllen.

– Längs- und Querfuge sind nachzuschneiden und zu vergießen.

Zu c):
Risse in einem größeren Abstand von der Querfuge ($\geq 1,0$ m) können ohne Ausbruch durch die nachträgliche Anordnung von 2 bis 3 Ankern oder Dübeln im Bereich der Radspuren saniert werden (Bild B 6/18c):

– Anker werden eingesetzt, wenn die dem Riß benachbarten Scheinfugen planmäßig gerissen sind. Voraussetzung hierfür ist jedoch ein geschlossener Riß, um eine Längskraftübertragung über die Anker zu vermeiden. Die Sanierungsmaßnahmen können daher nur bei hohen Betontemperaturen durchgeführt werden oder der Riß ist vorher durch Verguß mit Kunstharz zu schließen. Zur Abdichtung des Risses sollte in jedem Fall ein Verguß mit Kunstharz auf voller Länge erfolgen.

– Dübel werden eingesetzt, wenn der Riß an der Oberfläche der Betondecke durch Fräsen oder Nachschneiden aufgeweitet und der Spalt mit einer Bitumen-Vergußmasse ausgefüllt werden kann. Die Dübel sind hierbei mit einer Hülse wie bei Raumfugen zu versehen, um das Schließen des Risses bei Temperaturanstieg zu ermöglichen. Anker bzw. Dübel sind mit Reaktionsharzmörtel in die eingeschnittenen Dübelschlitze einzusetzen. Bei großen Rißbreiten zum Zeitpunkt des Sanierens ist die Mörtelbrücke im Bereich des Risses durch eine Einlage aus Wollfilzpappe o. ä. zu trennen.

B 6.2 Landwirtschaftliche Wege, Radwege und Parkflächen

B 6.2.1 Landwirtschaftliche Wege und Radwege [B 6/1], [B 6/20]

Als Betondeckendicke sind nach RLW 75 [B 6/30] und ZTV Beton 78 [B 6/3] für landwirtschaftliche Wege i. a. 12 cm bis 16 cm ausreichend. Damit ergibt sich bei unbewehrten Decken der Fugenabstand zu 3 m bis 4 m (25fache Plattendicke). Ab einer Fahrbahnbreite von 3,5 m bis 4,0 m ist eine Mittellängsfuge vorzusehen.

Bei Radwegen beträgt nach RSt RG 80 [B 6/31] und nach ZTV Beton 78 [B 6/3] die Betondeckendicke 10 cm, wenn die Wege nicht von Kraftfahrzeugen befahren werden. Gelegentlicher KFZ-Verkehr, z. B. mit Reinigungsfahrzeugen erfordert eine Betondecke von 14 cm Dicke. An Überfahrten und Rad- und Mopedwegen, die als Mehrzweckspuren unmittelbar neben der Fahrbahn liegen und häufig auch durch PKWs und LKWs benutzt werden, ist die Dicke gemäß ZTV Beton 78 auf 20 cm zu erhöhen. Entsprechend beträgt der Fugenabstand bei unbewehrten Decken 2,5 m bis 5 m.

Aufgrund der geringen Verkehrsbelastung werden in der Regel die Querfugen von landwirtschaftlichen Wegen und Radwegen nicht verdübelt und die Längsfugen nicht verankert.

Die Querfugen werden als Scheinfugen ausgebildet. Zum gezielten Reißen der Scheinfugen sind an der Oberseite der Decke Kerben von mindestens 20 % und höchstens 30 % der Deckendicke erforderlich. In einfacher Weise können diese Kerben mittels eines handbedienten Fugenschwertes in den Frischbeton eingerüttelt werden. Nach dem Ziehen des Schwertes ist in die Kerbe eine ca. 4 mm dicke Einlage aus Faserzement, bituminierten Hartfaserplatten oder Kunststoffolienstreifen einzurütteln, die gleichzeitig als Fugenverschluß dient. Bei weichem Fließbeton können die Fugeneinlagen direkt in den weichen Beton eingedrückt werden. Wie bei Straßendecken können die Fugen aber auch durch rechtzeitiges Einschneiden des frisch erhärteten Betons hergestellt werden.

Die Tagesendfuge sollte als Raumfuge mit einer 18 mm bis 20 mm dicken Bretteinlage aus gewässertem Weichholz ausgebildet werden, weil hier ein gestörtes Betongefüge nicht auszuschließen ist. Ansonsten sind Raumfugen nur vor Bauwerken, bei stark setzungs- oder frostempfindlichem Untergrund, bei einer niedrigen Temperatur beim Betonieren und im Bereich von Bögen mit einem Halbmesser im Lage- und Höhenplan kleiner als 300 m vorzusehen. Damit wird der kleinen Deckendicke und den unvermeidlichen Ungenauigkeiten im Wegebau, die sich nachteilig auf die Sicherheit gegenüber einem Ausknicken auswirken, Rechnung getragen. Bei einer regelmäßigen Anordnung von Raumfugen sollte der Abstand 30 bis 60 m betragen.

Im Bereich von Einmündungen ist die Fugenteilung so vorzunehmen, daß spitzwinklige Ecken mit ihrer erhöhten Beanspruchung vermieden werden. Beispiele von Fugenteilungen bei Einmündungen und Kreuzungen zeigt Bild B 6/19. Zur Vermeidung von Zwängungen sind die Fugen im Bereich der Anschlüsse als Raumfugen auszubilden.

B 6.2.2 Parkflächen

Für Parkflächen aus Beton gelten als Anhalt für die Betondek-kendicke [B 6/21]:

– bei reinem PKW-Verkehr und PKW-Verkehr mit geringem LKW- und Busverkehr 14 cm

– bei Schwerverkehr (LKW und Bus) 16 cm.

Der Fugenabstand (Quer- und Längsfugen) ist bei unbewehrten Decken auf das 25fache (maximal 30fache) der Deckendicke zu begrenzen. Die Fugen werden als Schein- oder Preß-fugen ausgebildet. Eine Verdübelung bzw. Verankerung ist nur bei Verkehrsflächen vorzusehen, auf denen Schwerverkehr zu erwarten ist. Bei Flächen mit schwerem Längs- und Querverkehr sind die Fugen so auszubilden, daß Bewegungen und Kraftübertragungen in beiden Richtungen möglich sind.

In der Regel werden im Abstand von maximal 100 m Raum-fugen sowohl für die Längs- als auch für die Querrichtung angeordnet. Auf diese Raumfugen kann verzichtet werden, wenn die Decke mindestens 16 cm dick ist. Beim Anschluß an ein Bauwerk ist jedoch stets eine Raumfuge vorzusehen.

Im Bereich von Zapfsäulen müssen etwaige Fugenfüllstoffe öl- und treibstoffbeständig sein, vgl. hierzu z. B. [B 6/11]. Der Fugenplan von Parkflächen ist in Verbindung mit dem erforderlichen Entwässerungsplan aufzustellen. Aus einbautechnischen Gründen ist bei der Gestaltung der Oberfläche die Dachform vorzuziehen. Einbauten wie Schächte, Einläufe usw. sollten an die Plattenränder gelegt und durch Raumfugen von der übrigen Fläche getrennt werden.

B 6.3 Flugplätze

B 6.3.1 Allgemeines

Für den Bau von Flugbetriebsflächen kommen folgende Bauweisen weltweit zum Einsatz [B 6/18]:

– Betondecken mit Scheinfugen mit und ohne Bewehrung. Ohne Bewehrung werden Plattengrößen bis 7,50 m × 7,50 m (Bundesrepublik Deutschland) gebaut, mit Bewehrung auch größere (Frankreich z. B. 11,25 m × 11,25 m).

– Betondecken mit durchgehender Bewehrung ohne Fugen. Sie wurden in der Bundesrepublik Deutschland bisher nicht hergestellt.

– Spannbetondecken. In der Bundesrepublik Deutschland sind sie bisher nur in Einzelfällen ausgeführt worden.

Die Flächenbefestigungen großer Flughäfen werden heute in zunehmendem Maße aus sehr dickem unbewehrtem Beton raumfugenlos – nur mit Schein- und Preßfugen – auf gebundener Tragschicht hergestellt. Ein wesentlicher Vorteil dieser Bauweise ist die einfache Reparaturmöglichkeit durch das partielle Auswechseln schadhafter Plattenfelder. Für die Fugenausbildung gelten im wesentlichen die allgemeinen konstruktiven Grundsätze wie beim Straßenbau (Abschnitt B 6.1).

B 6.3.2 Raumfugenlose Decken aus unbewehrtem Beton

Die raumfugenlosen, unbewehrten Betondecken auf Flugplätzen werden mit einem Fugenabstand bzw. einer Plattenbreite kleiner als 25 bis maximal 30facher Plattendicke hergestellt. Im Hinblick auf die Fugenbewegungen sollen die Plattenabmessungen jedoch kleiner als 7,50 m sein. In der Regel werden die Platten quadratisch ausgebildet. Bezüglich der Bemessung von Betondecken auf Flugplätzen siehe [B 6/1] und [B 6/22].

Bild B 6/20
Konstruktive Durchbildung und Herstellungsdetails von Längsfugen bei Betondecken auf Flugplätzen (nach [B 6/24])

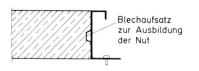

Belagherstellung zwischen festen Schalungen

Belagherstellung mit Gleitschalungs-Fertiger

a) unverankerte Fugen

b) verankerte Fugen

Bild B 6/21
Anordnung von Dübeln und Ankern sowie
Nut und Feder als Querkraftübertragung in
Quer- und Längsfugen von Start-/Landebahnen [B 6/24]

*) Portland Cement Association

	Pisten-Achse h (cm)	Rand h min (cm)
nach PCA x) 1973	40	33
auf zement-stabilisiert. Unterlage d > 45 cm	30	20

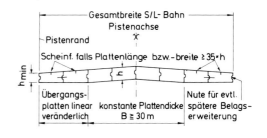

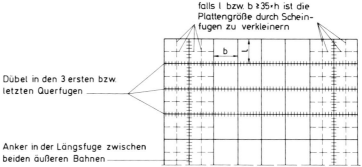

Dübel in den 3 ersten bzw. letzten Querfugen

Anker in der Längsfuge zwischen beiden äußeren Bahnen

Bild B 6/22
Beispiel für die Ausbildung einer verdübelten
Raumquerfuge mit begrenzter Querbeweglichkeit; Flughafen Hannover-Langenhagen [B
6/25]

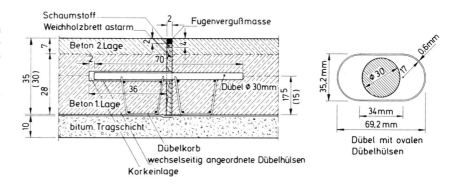

Zur Lastübertragung und zur Sicherung gleicher Höhenlage an den Quer- und Längsfugen werden, wenn erforderlich, Dübel und zur Verhinderung des Auseinanderwanderns der Platten in den Längsfugen Anker eingebaut. Bei größeren Deckendikken können anstelle der Anker die Längsfugen im mittleren Bereich der Bahnen mit Nut und Feder ausgebildet werden (Bild B 6/20) [B 6/23], und nur in die äußeren Längsfugen werden Anker eingebaut. Bild B 6/21 zeigt ein Beispiel für die Anordnung von Dübeln und Ankern sowie Nut und Feder als Querkraftübertragung in Quer- und Längsfugen bei Start- und Landebahnen.

Raumfugen werden im wesentlichen nur beim Zusammentreffen verschiedener Betonierrichtungen angeordnet. Um eine gewisse horizontale Bewegung der Platten gegeneinander zu ermöglichen, werden – falls Verdübelung erforderlich – ovale Dübelhülsen eingebaut (Bild B 6/22). Diese Ausführung kann auch durch bewehrte Unterlagsbankette unter der Raumfuge gleichwertig ersetzt werden [B 6/23].

Im Bereich der Einmündung von Zurollwegen ist die Fugenteilung besonders sorgfältig zu planen. Spitzwinklige Ecken können durch eine entsprechende Ausbildung der Platten vermieden werden (Bild B 6/23). Zur Vermeidung von Zwängungen ist an der Anschlußstelle im Beispiel Bild B 6/23a eine unverdübelte Raumfuge ausgebildet. Diese Lösung erfordert ein bewehrtes Unterlagsbankett unter der Raumfuge. Die Raumfuge kann aber auch in 20 bis 30 m Abstand im Zurollweg, z.B. als verdübelte Fuge angeordnet werden (Bild B 6/23b). Die Anschlußfuge selbst kann dann als unverankere Längsfuge mit Nut und Feder ausgeführt werden. Nach [B 6/1] ist der letztgenannten Ausführung bei Fehlen einer ausreichend dicken hydraulisch gebundenen Tragschicht der Vorzug zu geben.

Bild B 6/23
Beispiel für die Fugeneinteilung und -ausbil-
dung einer Startbahn mit Einmündung eines
Zurollwegs bei unterschiedlich dicker hydraulisch gebundener Tragschicht [B 6/1]

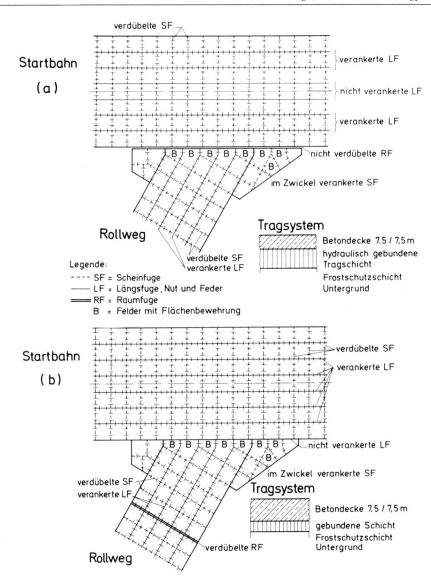

Werden Längsfugen im Mittelbereich einer 50 bis 60 m breiten Start- und Landebahn verankert, so ist die Begrenzung der Tragschichtdicke auf maximal das 1,5fache der Dicke der Betondecke zu beachten, da sonst bei einer Abkühlung die Zugspannungen in Querrichtung der Betondecke zu groß werden [B 6/1]. Zum Teil werden nur die äußeren Längsfugen einer breiten Bahn verankert. Aufgrund der dadurch erzeugten Widerlagerwirkung wird ein Öffnen der Längsfugen im mittleren Bereich verhindert. Eine Begrenzung der Dicke der hydraulisch gebundenen Tragschicht entfällt damit (Bild B 6/23a).

Zumbrock berichtet in [B 6/25] über die Erfahrungen mit Verkehrsflächen aus Beton auf dem Flughafen Hannover-Langenhagen. Die Verkehrsflächen liegen hier teilweise bereits seit 1966 unter Verkehr und befinden sich noch in ausgezeichnetem Zustand. Über die Fugenanordnung, -ausbildung und -unterhaltng schreibt er folgendes:

Die Größe der Deckenplatten beträgt auf allen Flugbetriebsflächen (Start- und Landebahnen, Zurollbahnen, Vorfelder) 7,5 × 7,5 m, wobei die Betondeckendicke zwischen 30 und 35 cm variiert. Die Querfugen sind als Scheinfugen ausgebildet und verdübelt, die Längsfugen sind Preßfugen mit Nut und Feder. Nur in den Kurven der Zurollbahnen sind die Längsfugen verankert.

Raumfugen sind bei den Vorfeldern beidseitig an den Entwässerungsrinnen angeordnet, und jeweils die dritte Querfuge vom Außenrand der Betondecke ist hier als Raumfuge ausgebildet (Bild B 6/22).

Besonders hingewiesen wird auf eine regelmäßige Fugenpflege. Der Fugenverguß wird alle 5 Jahre erneuert. Bei der Auswahl der Vergußmasse wird größter Wert auf eine gute Flankenhaftung und Dehnfähigkeit des Materials gelegt. Abplatzungen an Fugenkanten werden grundsätzlich mit Kunststoffmörtel repariert.

Bild B 6/24 zeigt die Fugenausbildung bei der Erneuerung und Ergänzung der Verkehrsflächen des Flughafens Zürich. Eine Verdübelung der Querscheinfugen war bei dem zementstabilisierten Unterbau nicht erforderlich (Bild B 6/24a bis c). Eine Ausnahme bilden die Querscheinfugen in der Betondecke über den Kabelblockeinbauten, die nur auf Kiessand aufliegen (Bild B 6/24d).

Bild B 6/24
Fugenausbildung und -anordnung in den Ver-
kehrsflächen aus Beton des Flughafens Zürich;
Ausführung um 1976 (nach Unterlagen der
Locher & Cie AG, Zürich)

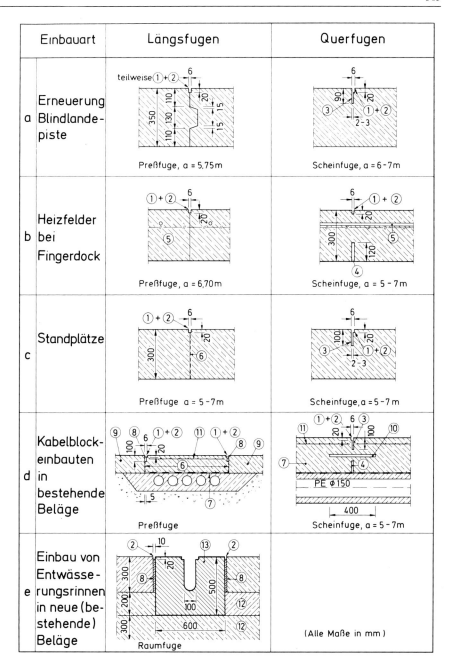

Erläuterungen:

1 Frässchnitt in erhärtetem Beton 6/20 mm,   8 Hartschaumplatte angeklebt
  Kanten abgefast   9 bestehender Beton
2 Kautschuk-Bitumen-Heißverguß   10 Rundstahldübel, Durchmesser 20 mm,
3 Vorfrässchnitt sofort nach Begehbarkeit   a = 300 mm
  des Betonbelags   11 Bewehrungsmatte
4 Welleternitstreifen   12 stabilisierter Unterbau
5 Heizröhrchen, Durchmesser 18 mm   13 Fertigteil
6 Bitumenanstrich
7 Trennfolie

B 6.3.3 Spannbeton-Decken

Bei den Spannbetondecken sind 2 Bauverfahren zu unterscheiden:

a) die interne Vorspannung der Fahrbahndecke in Längsrichtung unter Verwendung einer Spannbewehrung. Diese Art der Vorspannung hat sich bewährt und wurde beispielsweise bei den Flugplätzen Köln-Bonn in Wahn (ab 1960), Schiphol in Amsterdam, Holland, und Rio de Janeiro, Brasilien, sowie bei zahlreichen militärischen Anlagen eingesetzt.

b) die externe Vorspannung der Fahrbahndecke in Längsrichtung über Widerlager und Pressen. Es wurden Versuchsstraßen und Startbahnen mit unterschiedlicher Ausbildung der Endwiderlager und unterschiedlichen Vorrichtungen zum Erzeugen der Längsvorspannung gebaut. Trotz der verhältnismäßig großen Zahl sind diese Bauwerke in ihren Varianten ausnahmslos Einzelerscheinungen geblieben.

Nachfolgend wird daher nur auf die Fugenanordnung und -ausbildung bei der internen Vorspannung eingegangen.

Wesentliche Merkmale einer intern vorgespannten Betondecke in Bezug auf die Fugen sind:

– Längsvorgespannte Betonplatten von 100 bis 150 m Länge mit ausreichender Längsbeweglichkeit in den Querraumfugen. Innerhalb der Betonplatten sind Arbeitsfugen unzulässig. Der Abstand der Querraumfugen ist deshalb der Leistung eines Arbeitstags anzupassen [B 6/26].

– Überdeckte Raumfugen mit Stahlkonstruktionen, die ein erschütterungsfreies Überrollen sicherstellen.

– Durch Quervorspannung überdrückte, deshalb stets geschlossene Längsfugen, die als solche gar nicht in Erscheinung treten. Sie sind nur noch Arbeitsfugen, deren Abstand von der Fertigerbreite abhängt.

Bei den intern vorgespannten Betondecken kommen zwei Spannverfahren zur Anwendung:

– die Vorspannung mit nachträglichem Verbund und
– die Vorspannung mit sofortigem Verbund.

Eine detaillierte Darstellung beider Verfahren hinsichtlich Konstruktion und Bemessung sowie ihrer Vor- und Nachteile wird in [B 6/22] gegeben.

Beim Spannverfahren mit nachträglichem Verbund werden Spannglieder in Hüllrohren in die Fahrbahnplatte einbetoniert und gegen den erhärteten Beton vorgespannt, sobald dieser die notwendige Festigkeit erreicht hat. Durch anschließendes Auspressen der Hüllrohre mit Zementmörtel wird der Verbund zwischen den Spanngliedern und dem Beton hergestellt.

Die großen Fugenbewegungen bei diesem Bauverfahren infolge der täglichen und jahreszeitlichen Temperaturschwankungen einschließlich der Kriech- und Schwindverkürzung des Betons erfordern eine Fugenkonstruktion ähnlich wie im Brückenbau. Außerdem werden Auflagerschwellen im Fugenbereich eingebaut, die den Lastfall „freier Plattenrand" entschärfen (Bilder B 6/25 und B 6/26). Bei der gebräuchlichsten Fugenkonstruktion (Bild B 6/25) wird die Spannpresse innerhalb der Plattendicke angesetzt. Dazu bleibt zunächst zwischen den Feldern eine Spann-Nische von etwa 1 m Breite offen. Auf der einen Seite wird ein U-Eisen eingebaut, das die Verankerungen der Längsspannglieder aufnimmt, auf der anderen Seite werden die vorgespannten Stäbe mittels Spannschlössern und Anschweißenden bis zur gegenüberliegenden Formstahlkonstruktion verlängert. Dieses Zwischenstück wird später ausbetoniert, wobei in der Längsrichtung dieses Streifens, d. h. quer zur Start- und Landebahn Spannglieder zur Vermeidung von Längsrissen eingebaut werden. Mit einem Schleppblech von 15 mm Dicke wird die Konstruktion oben abgeschlossen. Die Stahlkonstruktion der Fuge erwärmt sich stärker als der Beton, und die Befestigungsschrauben der Bleche werden durch Längenänderungen und Verwölbungen zusätzlich beansprucht, so daß es sich als zweckdienlich gezeigt hat, diese Fugenkonstruktion nicht in Längen von 7,5 m, sondern besser in zwei Teilen je 3,75 m einzubauen [B 6/27].

Die Fugenkonstruktion Bild B 6/26 bietet den besonderen Vorteil, daß der Deckenbeton ausschließlich mit dem Fertiger eingebracht wird. Außerdem entfallen die sonst erforderlichen Schraubenköpfe an der Deckenoberfläche. So können Schäden an Schrauben, besonders durch dynamische Beanspruchungen, nicht auftreten. Zwischen den mit U-Eisen abgeschlossenen Feldern ist nur eine Nische von 0,3 m vorhanden. Zum Spannen der Längsstäbe greift die Presse von oben in die Fuge. Die gelängten Stabenden (3–5 mm je m Länge) werden mit Flexscheiben beim Vorspannen abgetrennt. An den U-Eisen werden Gußteile angeschraubt, die an der Oberfläche fingerförmig ineinandergreifen und deren freie Enden auf einer Schiene in der Mitte des Fugenspalts aufliegen.

Bei vorgespannten Flächen von mehr als 120 bis 130 m Breite, wie sie bei Vorfeldern auf Flugplätzen vorkommen, müssen auch Längsfugen als Raumfugen ausgebildet werden, beispielsweise nach Art des Bilds B 6/25. Es entstehen so Plattenfelder von mehr als 10000 m² Fläche. Die Abdeckungen der gleichartigen Quer- und Längsfugen müssen Bewegungen der Plattenränder hier nicht nur senkrecht zur Fuge, sondern auch parallel zu ihr ermöglichen. Aus diesem Grund entfällt eine Lösung nach Bild B 6/26.

Beim Spannverfahren mit sofortigem Verbund werden die Decken durch unverschiebliche Widerlager in Spannfelder unterteilt. Die bereits vor dem Betonieren gespannten Einzeldrähte bzw. die Spannglieder bleiben solange an den Widerlagern verankert, bis die Spannkräfte auf den Beton übergeleitet werden können.

Beim Bau eines NATO-Flugplatzes in Südwesteuropa in den Jahren 1963/64 hat die Philipp Holzmann AG eine 4 km lange Startbahn von 60 m Breite und eine 3,2 km lange Rollbahn von 30 m Breite in Längsrichtung mit sofortigem Verbund nach dem sogenannten Spannfeldverfahren vorgespannt [B 6/28], [B 6/29]. Als Spannwiderlager sind im Boden verbleibende, unterhalb der eigentlichen Betonplatte liegende Schwergewichtskörper im Abstand von maximal 680 m (Abstand durch lieferbare Spanndrahtlänge bestimmt) hergestellt worden (Bild B 6/27). Der Zwischenfugenabstand beträgt ca. 97 m.

Bild B 6/25
Spannfugenausbildung mit nachträglich ausbe-
tonierter Spannische und einer Schleppblechkonstruktion für Fugenbewegungen bis 10 cm;
Flughafen Köln-Bonn in Wahn; Ausführung
um 1960 (nach Unterlagen der Fa. Dyckerhoff
& Widmann AG)

Erläuterung:
x = Fugenweite beim Einbau temperaturabhängig

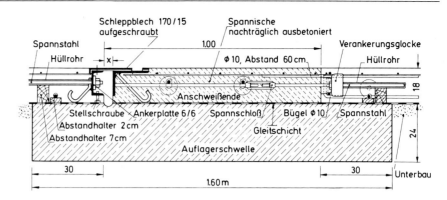

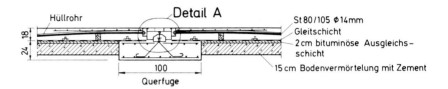

Bild B 6/26
Spannfugenausbildung mit einer Fingerkon-
struktion; zum Vorspannen greift die Spann-
presse von oben in die Fuge; Flughafen Köln-
Bonn in Wahn; Ausführung ab 1964 (nach
Unterlagen der Fa. Dyckerhoff & Widmann
AG)

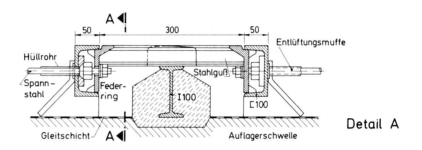

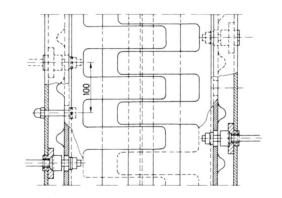

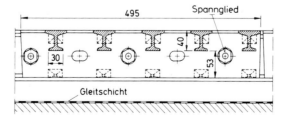

Bild B 6/27
Schematische Darstellung des Spannfeldver-
fahrens am Beispiel der Rollbahn [B 6/29]

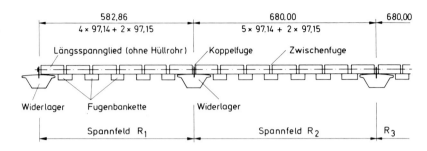

Draufsicht

Bild B 6/28
Fugenkonstruktion beim Spannfeldverfahren
[B 6/22]

Anmerkungen zu b) Schnitt C-C:
Bei E enden die von links kommenden Spannbündel; bei D werden die Spannbündel des folgenden 680 m langen Spannfelds angeklemmt

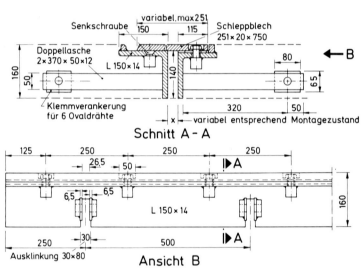

(a) Konstruktion der Zwischenfugen

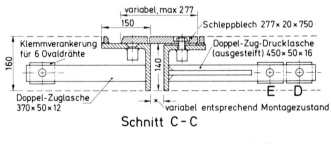

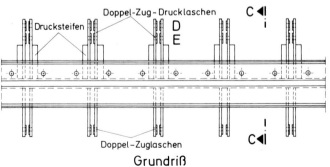

Grundriß
(b) Konstruktion der Koppelfugen

Bild B 6/29
Widerlagerausbildung mit eingebauter Spann-
fugenkonstruktion beim Spannfeldverfahren
[B 6/22], [B 6/29]

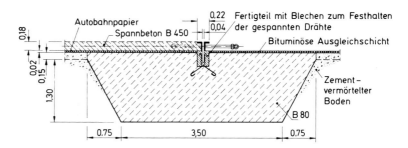

Die Fugenkonstruktionen bestehen aus Stahlwinkeln mit Schleppblech und angeschweißten Laschen (Bild B 6/28). Die senkrecht stehenden Schenkel der Winkel sind im Abstand der Spannglieder geschlitzt, so daß sich die beiden provisorisch mit Montageblechen zusammengehaltenen je 7,50 m langen Hälf-ten der Fugenkonstruktion als Ganzes über die Spanndrähte stülpen ließen. Die Laschen mit Klemmverankerungen für die Spanndrähte waren notwendig, um im Fugenbereich eine aus-reichende „freie Drahtlänge" zu erhalten (sonst brechen die Drähte!). Durch Zerschneiden einzelner Drahtgruppen inner-halb der Querfugenspalte wurde eine allmähliche Überleitung der Vorspannung von den Widerlagern auf die ca. 97 m langen Einzelplatten erreicht.

Bild B 6/29 zeigt die Ausbildung eines Spannwiderlagers mit der eingebauten Fugenkonstruktion.

Die Quervorspannung der in 7,5 m breiten Streifen gefertigten Betonbahnen erfolgte durch Spannglieder in Hüllrohren mit nachträglichem Verbund.

B 7. Verkehrswasserbauwerke

B 7.1 Allgemeines

Verkehrswasserbauten werden für eine lange Nutzungsdauer ausgelegt. Der Fugenanordnung und -ausbildung kommt daher besondere Bedeutung zu. Ein wesentlicher Punkt sind hier Materialfragen bezüglich der Fugenabdichtung und des Fugenverschlusses. In der Regel werden die Fugen heute mit einbetonierten Kunststoffprofilen abgedichtet. Zum Einsatz kommen überwiegend schwere Elastomerbänder mit und ohne Stahllaschen oder verstärkte PVC-Profile. Vielfach werden doppelte Dichtungssicherungen in den Fugen, teilweise mit Abschottungen untereinander vorgesehen. Als Fugenverschlüsse auf der Wasserseite haben sich bei hoher Beanspruchung nur einbetonierte Kunststoffprofile bewährt.

Die Fugen von Verkehrswasserbauten können folgenden Einwirkungen ausgesetzt sein:

- statischem und dynamischem Wasserdruck sowie Wasserstoß
- Erddruck
- Grundwasserdruck
- Belastung durch Treibgut oder auch Eis
- Belastung durch Sog
- chemischen Einflüssen insbesondere durch aggressive Wässer
- Belastung durch Luftpressungen
- Witterungseinflüssen wie UV-Wirkung, Atmosphärilien, Wärme, Kälte
- Bauwerksbewegungen durch Setzungen und wechselnde Betriebslasten

Im allgemeinen sind Bewegungsfugen in Verkehrswasserbauwerken heute wasserdicht und strömungssicher auszuführen. Staubtrockene Fugen werden jedoch nur in Ausnahmefällen gefordert. Besondere Sorgfalt ist bei der Ausbildung der Anschlußfugen zwischen Bauwerk und Dammdichtungssystemen – z. B. bei Kreuzungsbauwerken unter künstlichen Wasserstraßen (Kanalunterführungen) und Entnahmebauwerken – erforderlich. Fehler in diesem Bereich können zur Gefährdung der Standfestigkeit des Damms und des Bauwerks führen. Als Beispiel sei in diesem Zusammenhang auf den Unfall am Elbe-Seiten-Kanal im Jahre 1976 verwiesen [B 7/6].

Im folgenden wird auf die Fugenanordnung und -ausbildung bei Wehren und Schleusen sowie Kanalunterführungen eingegangen.

B 7.2 Wehre

Bei der Anordnung von Bewegungsfugen in Stauwehren sind feste und bewegliche Wehre zu unterscheiden [B 7/10]:

- Der übliche Verlauf der Fugen bei festen Wehren ist aus Bild B 7/1 zu ersehen. In der Regel wird der steife, praktisch nicht verformbare, sondern allenfalls verdrehbare Stützkörper durch eine konstruktive Fuge von der relativ elastischen Tosbeckenplatte getrennt. Diese Fuge sollte so ausgebildet sein, daß

  • horizontale Kräfte übertragen werden können (Preßfuge; dadurch Einbeziehung des Tosbeckens bei der Gleitsicherheit möglich) und

  • kein Überstand der Tosbeckenplatte auftreten kann (abgetreppte oder verzahnte Fuge; Überstand im Bereich von schießenden Abflüssen immer gefährlich, da Teil des Schußstrahles in die Fuge eindringen kann).

In Fließrichtung verlaufende Fugen werden nur angeordnet, wenn die Wehrlänge größer als 15 bis 30 m wird.

Weitere Fugen werden zwischen Vorboden und Stützkörper und in der Regel zu den Wangenmauern angeordnet, die als Gewichtsmauern, Winkelstützmauern o. ä. ausgebildet werden.

- Die Fugenanordnung bei beweglichen Wehren ist sehr unterschiedlich. Sie ist u. a. von den Untergrundverhältnissen, den baubetrieblichen Anforderungen sowie der konstruktiven Gestaltung abhängig. Das Haupttragwerk kann aufgelöst oder rahmenartig ausgebildet sein. In Fließrichtung ist es in der Regel so breit wie die Wehrpfeiler, so daß am Pfeilerkopf und Pfeilerende Fugen das Haupttragwerk von den anderen Wehrelementen trennen (Bild B 7/2). Bei hohen Stauwehren mit breiten Pfeilern ist das Tosbecken im Haupttragwerk integriert (Bilder B 7/3 und B 7/5), bei kleineren Stauwehren mit schmalen Pfeilern ist die Tosbeckenplatte in der Regel durch eine konstruktive Fuge vom Haupttragwerk getrennt (Ausbildung wie beim festen Wehr siehe oben; Bild B 7/4).

Die Bewegungsfugen im Wehrkörper werden heute in der Regel wasserdicht ausgebildet, um die Gefahr von Sekundärströmungen, die feines Korn der Gründungssohle durch die Fugen absaugen und so den Baugrund auflockern, zu verhindern. Als Dichtungselemente kommen überwiegend Elastomerfugenbänder zum Einsatz. Vielfach werden doppelte Fugenbandsicherungen, teilweise mit Abschottung, eingebaut (Bild B 7/4). Wird bei den Bewegungsfugen auf eine Fugenbandabdichtung verzichtet, so ist eine erosions- und suffosionsfeste Unterlage der Fuge erforderlich.

Die Anordnung der erforderlichen Arbeitsfugen im Wehrkörper richtet sich nach der Größe des Bauteils, der Betonierleistung, der verwendeten Schalung, der Bewehrung und dem Baufortschrittsplan. Um dichte Fugen zu erzielen, werden die Fugenflächen in der Regel vor dem Anbetonieren einer sehr sorgfältigen Behandlung unterworfen; siehe Erläuterungen zu den Beispielen Bild B 7/3 und Bild B 7/5. Fugenbänder als zusätzliche Dichtungsmaßnahme werden nur in Sonderfällen z.B. im Bereich von Maschinen-, Arbeits- und Kontrollräumen in den Pfeilern und im Wehrboden eingesetzt (Bild B 7/4).

Im folgenden sind beispielhaft Einzelheiten zur Fugenanordnung und -ausbildung von drei ausgeführten Stauwehren beschrieben und dargestellt:

(1) Wehranlage der Staustufe Iffezheim, Rhein

Die Wehranlage der Staustufe Iffezheim besteht aus sechs Wehrfeldern mit jeweils 20 m Länge, fünf je 4 m breiten Pfeilern sowie zwei Wehrwangen. Alle Wehrfelder sind in der Mitte durch eine Dehnungsfuge in der Wehrsohle unterteilt, so daß ein Fugenabstand von 24 m gegeben ist (Bild B 7/3).

Die Breite der Dehnungsfugen beträgt 2,0 cm. Als Fugendichtung sind innenliegende Elastomer-Dehnungsfugenbänder mit Mittelschlauch und Rippendichtung eingebaut. Im Bereich der Verschlüsse und der Tosbeckenschwelle sind Fugenbandschotte angeordnet und an die Stahlpanzerungen angeflanscht. Zur Querkraftübertragung sind zwei 10 m bzw. 7 m lange Betonverzahnungen in der Fugenfläche ausgebildet. Horizontalkräfte quer zur Wehrachse werden durch einen 1,50 m breiten Versatz in der Sohlfuge aufgenommen.

Die horizontalen Arbeitsfugen in der Wehrsohle und den Pfeilern wurden wie folgt hergestellt: Die Fugenoberfläche wurde vor Weiterführung der Betonierarbeiten aufgerauht (Unebenheiten mindestens 5 cm), sämtliche minderwertigen und losen Betonteile wurden entfernt und der Beton ausreichend vorgenäßt. Beim Betonieren des anschließenden Abschnitts wurde dann zunächst eine höchstens 10 cm dicke Betonschicht mit etwa 500 kg Bindemittel je m³ und Körnung ≤ 16 mm aufgebracht, bevor der Normalbeton folgte. Diese Ausführung der Arbeitsfugen ohne zusätzliche Fugendichtung hat sich sehr gut bewährt.

Die Raumfuge zwischen dem oberwasserseitigen Wehrholm mit Dichtungsschlitzwand und der Wehrsohle ist mit einem einbetonierten Elastomer-Dehnungsfugenband abgedichtet. An dieses Band wurden die Fugenbänder aus der Wehrsohle mit einer Stahlwinkelkonstruktion angeflanscht. Diese Konstruktion ist dichtungstechnisch nicht zu empfehlen, da mit dem Stahlwinkel ein starres Element in die Dehnungsfuge eingebaut wurde. Besser wäre hier ein T-Stoß der Fugenbänder auf Gehrung mit einer entsprechenden Ausrundung der Fugenbandführung in der Sohlfuge gewesen.

Für den nachträglichen dichten Anschluß der Asphaltböschungsdichtung an die Wehrwange wurde ein 500 mm breites Dehnungselement aus 2 mm dickem Kupferblech mit einer Gummidichtung angeflanscht und in die Asphaltdichtungsschicht eingebunden. Die Fuge zwischen Asphaltdichtung und Betonkonstruktion wurde abschließend mit Asphalt vergossen.

Bild B 7/1
Fugenanordnung bei einem festen Wehr (nach [B 7/10])

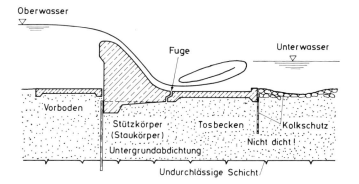

Regel – Längsschnitt

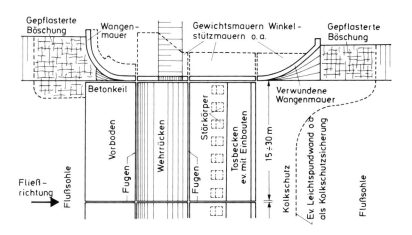

Regel – Grundriß

Bild B 7/2
Fugenanordnung bei einem beweglichen Wehr
(nach [B 7/10])

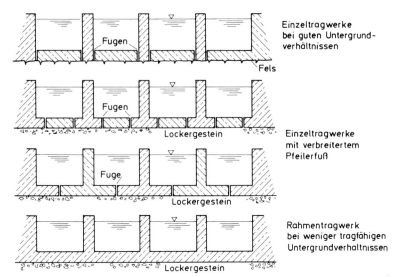

Beispiele für die Fugenanordnung des Haupttragwerks
im Querschnitt

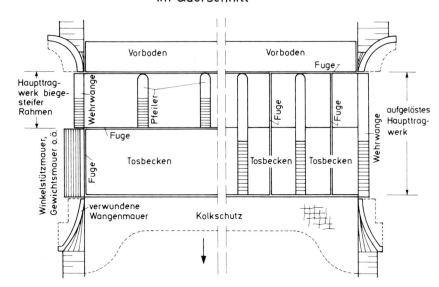

Beispiele für die Fugenanordnung im Grundriß

(2) Stauwehr am Kemnader See

Das Kemnader Wehr besteht aus vier Wehrfeldern mit je 25 m
Länge, drei jeweils 3,70 m breiten Pfeilern und zwei Wehrwangen (Bild B 7/4). Ein Wehrfeld und ein Pfeiler bilden jeweils
einen Block. Die Dehnungsfugen verlaufen direkt neben den
Pfeilern. Die Fugenbreite beträgt 3 cm. Als Fugendichtung
sind zwei bzw. drei innenliegende Elastomer-Dehnungsfugenbänder mit 32 cm Breite und Mittelschlauch sowie Rippendichtung eingebaut. Sie sind untereinander durch Schotte verbunden. Die Fugenbandschotte wurden dicht an die Schwellen-
und die Verschlußkonstruktionen in der Wehrsohle herangeführt bzw. dort angeflanscht.

Die Arbeitsfugen der Wehrsohle sind zum Kontrollgang und
zu den Räumen im Pfeiler hin mit je einem 24 cm breiten
gerippten Elastomer-Arbeitsfugenband abgedichtet.

Für die Ausführung wurden weitgehend vorgefertigte Fugenbandsysteme werkseitig geliefert, so daß auf der Baustelle nur
wenige Stumpfstöße zu vulkanisieren waren.

(3) Stauwehr Beznau, Schweiz

Der Neubau des Stauwehrs Beznau an der Aare ca. 10 km vor
der Einmündung in den Rhein umfaßt fünf Wehröffnungen
von je 20,50 m Breite (Bild B 7/5). Der ganze ca. 134 m breite
Wehrkörper einschließlich Schleuse wurde ohne Dehnungsfugen erstellt.

Bild B 7/3
Fugenausbildung bei der Wehranlage der Staustufe Iffezheim, Rhein; Ausführung 1975/76 (nach Unterlagen des Neubauamts Oberrhein in Rastatt)

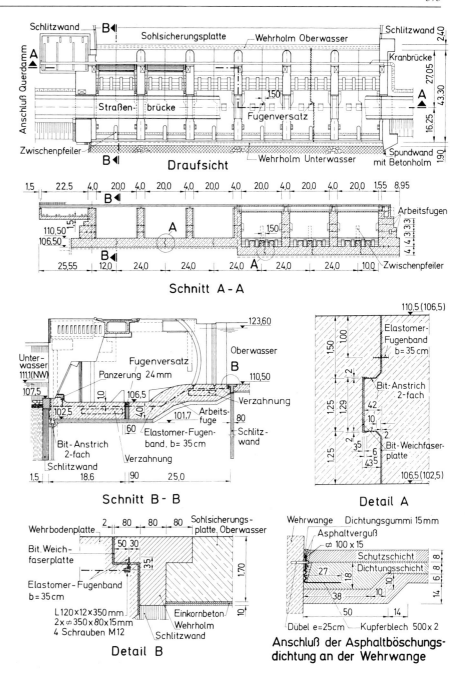

Zur Ausbildung, Anordnung und Herstellung der Arbeitsfugen ist folgendes anzumerken:

– Die Bewehrung läuft an den Arbeitsfugen durch; Dichtungselemente wurden keine eingebaut.

– Innerhalb der Wehröffnungen gibt es keine vertikalen Arbeitsfugen. Die Arbeitsfugen in Wehrlängsrichtung liegen nur an den Pfeilern.

– Die vertikalen Arbeitsfugen wurden mit Holz abgeschalt, das mit Rugasol (Abbindeverzögerer) angestrichen war. Sie wurden möglichst rasch ausgeschalt und mit Druckwasser abgespritzt. Dabei entstand eine Waschbetonstruktur auf der Fugenoberfläche.

– Die horizontalen Arbeitsfugen wurden einige Stunden nach dem Betonieren mit Druckwasser abgespritzt.

Die gewählte Ausführung der Arbeitsfugen hat sich bewährt. Die Fugen sind dicht, obwohl keine zusätzlichen Dichtungsmaßnahmen ergriffen wurden.

Bild B 7/4
Fugenausbildung beim Kemnader Wehr,
Essen; Ausführung 1976/77 (nach Unterlagen
des Ruhrtalsperrenvereins, Essen)

*) Fugenbandanschluß für Stahlkonstruktion

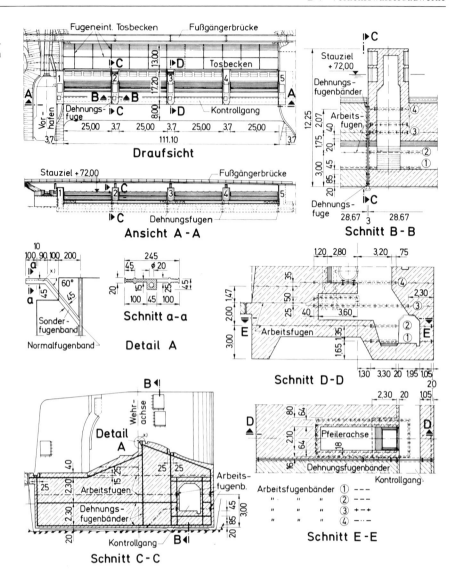

Bild B 7/5
Anordnung der Bewegungs- und Arbeitsfugen
beim Stauwehr Beznau, Schweiz; Ausführung
1977/85 (nach Unterlagen der Locher & Cie
AG, Zürich)

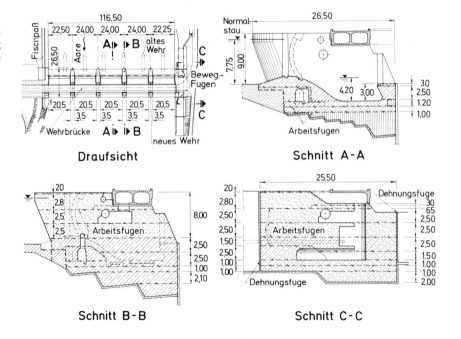

B 7.3 Schleusen

Schleusenbauwerke werden in der Regel durch senkrechte, glatt durchlaufende Bewegungsfugen in Blöcke von 12 m bis 15 m Länge unterteilt. In den Blockfugen werden ein oder zwei Fugenbänder als Dichtung einbetoniert (Beispiel Bild B 7/6 a). Durch das Füllen und Leeren der Schleusenkammer sind die Fugendichtungen ständig wechselnden Beanspruchungen ausgesetzt. Hierzu gehören:

– Relativbewegungen der Kammerwandabschnitte u. a. durch Temperatureinflüsse und wechselnde hydrostatische Beanspruchung

– wechselnde Wasserdruckhöhe

– wechselnde Wasserdruckrichtung durch Kammerwasser von innen und Grundwasser von außen sowie

– Sog und Druckstoß

Besonders große Relativbewegungen treten beim Leeren und Füllen hoher Schleusenkammern zwischen den meist steiferen Schleusenhäuptern und den Kammerwänden auf. Hier wird teilweise zusätzlich zu den üblichen fest einbetonierten Fugenbändern eine auswechselbare Dichtung eingebaut.

Die Regelfugenbreite der Bewegungsfugen beträgt 2 cm. In Bergsenkungsgebieten sind Fugenbreiten von 5 cm und mehr erforderlich. Größere Fugenbreiten als 2 cm werden teilweise auch zu den Schleusenhäuptern hin notwendig.

Die Entwicklung der Fugenabdichtung bei Schleusenbauwerken seit etwa 1960 kann am Beispiel der Schleusen des Main-Donau-Kanals aufgezeigt werden [B 7/1]:

Auf der Nordstrecke sind die Bewegungsfugen mit 30 cm breiten PVC-Bändern gedichtet (3 Schleusen). Ab Hausen wurde ein doppeltes Dichtungssystem durch zusätzliches Einbringen einer Fugenabdichtung zum Kammerinnern hin mit Hilfe eines dauerelastischen Fugendichtstoffs angewendet. Aus den negativen Erfahrungen mit Fugendichtstoffen beim Einbau (die Fugenflanken müssen trocken sein, der Beton darf kein Schalmittel und keine Nester aufweisen, die Hinterfüllung muß der Lage nach und in stofflicher Hinsicht richtig abgestimmt sein etc.) und unter Betrieb wurde für die Schleusen der Südstrecke ein doppeltes Fugenbanddichtungssystem entwickelt, das in der Regel aus zwei 50 cm breiten innenliegenden PVC-Fugenbändern besteht. Auch dieses System entsprach nicht den Anforderungen.

Seit 1978 gilt als Regelfugenabdichtung bei Schleusen-Neubauten des Main-Donau-Kanals der Einbau eines 45 cm breiten Elastomer-Fugenprofils mit Stahllaschen. Auf einen Fugenverschluß an der Kammerinnenseite wird verzichtet. Bei der Konstruktion werden jedoch Aussparungen für einen eventuell erforderlichen späteren Fugenbandeinbau an der Kammerinnenseite vorgesehen [B 7/11].

Bei anderen Schleusen, zum Beispiel im Zuge des Saarausbaus wurden die Fugen auf der Kammerinnenseite mit einbetonierten PVC-Abdeckbändern verschlossen. Dies ist zur Zeit sowohl baubetrieblich als auch unter Verkehr bei Sog- und Druckbeanspruchung durch das Wasser die beste Lösung für den Fugenverschluß.

Bild B 7/6
Beispiele für die Abdichtung von Fugen bei Schleusenbauwerken.

a) doppelte Fugenbandsicherung in der Blockfuge; neue Schleuse Henrichenburg (Quelle Betoninformation 27 (1987) H 2)

b) Fugenblech in waagerechter Arbeitsfuge; Schleuse Kanzem, Saar (Quelle [B 7/4]).

(a)

(b)

Neben den Bewegungsfugen ergeben sich beim Betonieren der Schleusenblöcke eine Reihe von Arbeitsfugen aus der Baubetriebsabwicklung. Für die Anordnung dieser Fugen im Gründungsteil der Schleusen sind vor allem die Betonmassen maßgebend, während bei den aufgehenden Schleusenwänden, insbesondere bei Stahlbetonkonstruktionen, die Lage der Arbeitsfugen durch die Schalung und durch die Länge und Befestigung der senkrechten Bewehrungsstäbe bestimmt wird. Fugenflächen der Betonierabschnitte, die unter einseitigem Wasserdruck stehen, werden vor dem Anbetonieren sehr sorgfältig nach den einschlägigen Regeln der Betontechnik behandelt. Als zusätzliche Abdichtung in Bauteilen mit geringer Wanddicke und in Wänden, die an Trockenräume wie Antriebsräume, Kabelgänge usw. grenzen, werden in den Arbeitsfugen Fugenbänder aus Kunststoff oder Blech eingebaut (Beispiel Bild B 7/6 b).

Beim Einbau von Fugenbändern in Arbeits- und Bewegungsfugen ist auf eine lückenlose Führung der Bänder zu achten. Dies gilt insbesondere beim Anschluß von Arbeitsfugenbändern an Dehnungsfugenbänder sowie auch bei sich kreuzenden Arbeits- und Bewegungsfugen. Für alle selbständigen wasserbenetzten oder wasserdurchströmten Räume, wie z. B. die Schleusenkammer, die Umläufe, die Pumpenkanäle und die Gänge, sind separate geschlossene Fugenbanddichtungssysteme vorzusehen.

In den folgenden 5 Beispielen werden Einzelheiten zur Fugenanordnung und -ausbildung bei ausgeführten Schleusenanlagen behandelt:

Bild B 7/7
Fugenausbildung bei der Schleuse Uelzen, Elbe-Seitenkanal; Ausführung 1970/75 (nach Unterlagen der Wasser- und Schiffahrtsdirektion Mitte, Hannover)

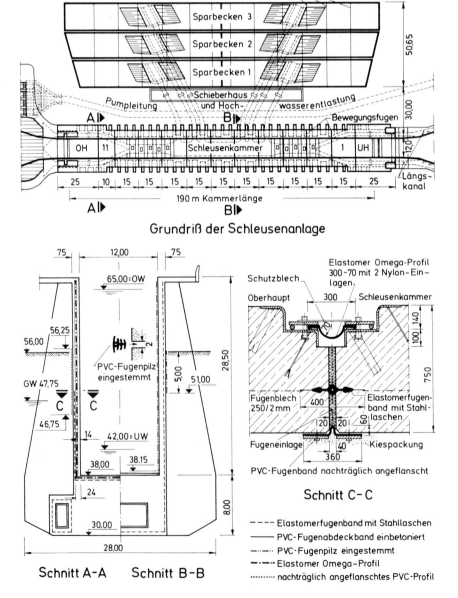

(1) Schleuse Uelzen, Elbe-Seitenkanal [B 7/2]

Die Schleuse Uelzen wurde in aufgelöster Konstruktion mit schlanken Bauteilabmessungen ausgeführt (Bild B 7/7). Sparbecken und Schleuse sind durch Bewegungsfugen in rd. 15 m lange Blöcke unterteilt. Durch die Art der Herstellung traten Arbeitsfugen nur zwischen der Sohle und den Wänden sowie oberhalb davon nur in den Schleusenhäuptern auf. Hier erfolgte das Betonieren in möglichst kurzen zeitlichen Abständen, so daß unterschiedliche Schwindverkürzungen von Betonierabschnitt zu Betonierabschnitt kleingehalten werden konnten. Oberhalb der Sohle-/Wandfuge wurde in den Kammerwänden auf 2 m Höhe und in den Sparbeckenwänden auf 1 m Höhe eine Schwindbewehrung zusätzlich zur statischen erforderlichen Bewehrung von 0,27 % des Betonquerschnitts eingelegt.

In den Arbeitsfugen ist als Dichtung ein Stahlblechfugenband von 2 mm Dicke und 250 mm Breite mittig angeordnet. Damit es beim Betonieren seine planmäßige Lage beibehielt, wurde das Blech bei der Montage an die Bewehrung angeschweißt. Außerdem wurde nach dem Erhärten des Betons durch leichtes Sandstrahlen der Arbeitsfuge zusammen mit dem Blech eine hervorragende Haftungsoberfläche für den folgenden Frischbeton geschaffen.

Die Bewegungsfugen zwischen den einzelnen Bauwerksblöcken sind in Abhängigkeit von der Höhe des Wasserdrucks und der Größe der erwarteten Verformung unterschiedlich ausgebildet worden:

– In den 2 cm breiten Bewegungsfugen der Sparbecken wurden bei Wasserdrücken bis maximal 10 m WS und geringfügigen Verformungen der benachbarten Blöcke (bis etwa 1 cm in jeder Richtung) 32 cm breite Dehnungsfugenbänder aus PVC eingebaut.

– In den 2 cm breiten Fugen der Schleusenkammer wurden bei Wasserdrücken bis 35 m WS und Druckstoßeinwirkungen bis 46 m WS mittig angeordnete Elastomer-Fugenbänder mit Stahllaschen, Breite 40 cm, eingebaut.

– Zwischen den Schleusenhäuptern und den angrenzenden Kammerblöcken, bei denen unter ungünstigen Annahmen maximale Relativbewegungen von 3 cm in jeder Richtung auftreten konnten, wurden 4 cm breite Fugen angeordnet. Die Fugenabdichtung besteht hier zur Grundwasserseite hin aus einem 40 cm breiten Elastomerband mit Stahllaschen und zur Kammerseite hin aus einem auswechselbaren Elastomer-Omega-Profil mit doppeltem, einvulkanisiertem Stützgewebe aus Nylon.

Der Verschluß der Wandfugen in der Schleusenkammer und in den Sparbecken mit eingestemmten PVC-Fugenpilzen hat sich nicht bewährt. Infolge mangelnden Reibungswiderstands durch Abbau der Rückstellkräfte haben sich die Fugenverschlußprofile unter Betrieb zum größten Teil herausgelöst und wurden nicht wieder ersetzt. Bewährt haben sich dagegen die einbetonierten Fugenabdeckbänder aus PVC in den Sohlfugen der Schleusenkammer und der Sparbecken sowie in den Pumpleitungen.

Zur Verhinderung von Sandeintrieb wurden die Wandfugen auf der Außenseite von 25 cm oberhalb Gelände bis etwa 5 m unterhalb Gelände mit PVC-Fugenpilzen verschlossen. Hier haben die Fugenpilze ihre Funktion problemlos erfüllt. Bei den Fugen zu den Schleusenhäuptern wurden hierfür PVC-Schlaufenfugenbänder bis 10 m unter Gelände nachträglich angeflanscht.

Bild B 7/8
Nachträglich angeflanschtes 2. Fugenband bei der Schleuse Uelzen, Elbe-Seitenkanal (nach Unterlagen der Wasser- und Schiffahrtsdirektion Mitte, Hannover)

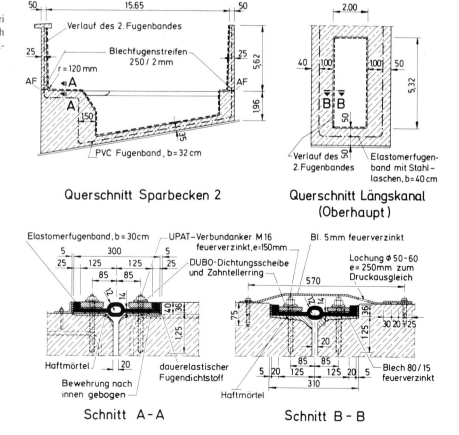

Querschnitt Sparbecken 2

Querschnitt Längskanal (Oberhaupt)

Schnitt A-A

Schnitt B-B

Sowohl in den Sparbecken als auch in den Längskanälen der Schleusenkammer waren Fugenbandschäden aufgetreten, teilweise hervorgerufen durch zu große Setzungen (bis 80 mm). Als Reparaturmaßnahme wurden hier 30 cm breite Elastomerbänder als zweite Fugendichtung von innen angeflanscht (Bild B 7/8).

In den 15 m langen Blockabschnitten der Schleuse traten nur vereinzelt Schwindrisse auf. Starke Rißbildung wurde hingegen in den Schleusenhäuptern und Sparbeckenwänden mit Abmessungen größer 15 m beobachtet.

(2) Schleuse der Staustufe Iffezheim, Rhein

Die Schleusenanlage besteht aus zwei Schleusenkammern von je 24 m Breite und 270 m nutzbarer Länge (Bild B 7/9). Durch Bewegungsfugen ist das Bauwerk in Blöcke mit 15 m Länge unterteilt.

In allen Blockfugen wurden 35 cm breite Elastomer-Fugenbänder mit Mittelschlauch und Rippendichtung eingebaut. Die Fugeneinlagen bestehen aus 2 cm dicken Weichfaserplatten. Zur Ableitung eines Schiffsstoßes in Fahrtrichtung von 20 000 kN in den Baugrund wurden die Blockfugen im Sohlbereich des Oberhaupts und der ersten anschließenden Blöcke als Kontaktfugen ausgebildet.

Im Gegensatz zur Tragkonstruktion der Schleuse Uelzen (Bild B 7/7) handelt es sich bei der Schleuse Iffezheim um Schleusenkammern, die durch Schwergewichtsmauern gebildet werden. Kammerwände und Kammersohlen waren im Bauzustand durch Raumfugen getrennt. Nach dem Abklingen der Schwindspannungen, jedoch vor Aufhebung der Wasserhaltung wurden diese vertikal laufenden Fugen auf 85 cm Tiefe mit Beton kraftschlüssig ausgegossen, so daß ein gelenkiger Sohle-/Wandanschluß entstand. Als Dichtung sind hier wie in den Blockfugen 35 cm breite Elastomer-Fugenbänder eingebaut.

Die horizontalen Arbeitsfugen in den Wänden wurden wie folgt hergestellt: Die Fugenoberfläche wurde vor dem Weiterbetonieren aufgerauht (Unebenheiten mindestens 5 cm), sämtliche minderwertigen und losen Betonteile wurden entfernt und der Beton ausreichend vorgenäßt. Beim Betonieren des anschließenden Abschnitts wurde dann zunächst eine höchstens 10 cm dicke Betonschicht mit etwa 500 kg Bindemittel je m³ Beton und Körnung ≤ 16 mm aufgebracht, bevor der Normalbeton folgte. Diese Ausführung der Arbeitsfugen ohne zusätzliche Fugendichtung hat sich bewährt.

Bild B 7/9
Fugenausbildung bei der Schleusenanlage der Staustufe Iffezheim, Rhein; Ausführung 1975/82 (nach Unterlagen des Neubauamts Oberrhein in Rastatt)

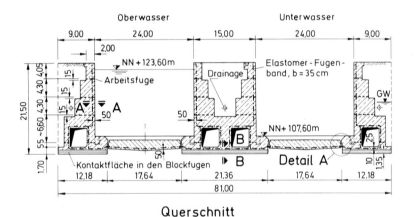

Querschnitt

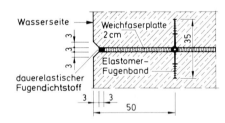

Schnitt A-A, Blockfuge in der Wand

Detail A
Ausbildung der Sohlfuge

Schnitt B-B, Blockfuge in der Sohle

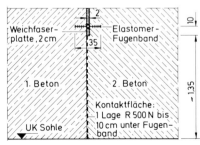

Auf der Wasserseite wurden die Raumfugen (Wand- und Sohlfugen) mit einem dauerelastischen Fugendichtstoff auf der Basis von Teer/Polyurethan verschlossen. Diese Maßnahme hat sich nicht bewährt. Zum größten Teil ist der Fugendichtstoff nicht mehr in den Fugen vorhanden.

In vielen Blöcken der Schleuse sind in den Wänden Haarrisse entstanden. Schädliche Auswirkungen wurden hierdurch jedoch nicht festgestellt, da sich die Risse mit der Zeit zugesetzt haben.

(3) Schleuse Kanzem, Saar [B 7/4]

Die Schleusenkammer ist durch Raumfugen in Blöcke von 15 m Länge unterteilt. Abgedichtet sind diese Fugen durch 40 cm breite, innenliegende Elastomer-Fugenbänder mit Mittelschlauch und Stahllaschen. Zur Wasser- und Luftseite hin sind die Fugen mit einbetonierten PVC-Abdeckbändern verschlossen (Bild B 7/10).

Um Risse in den 15 m langen Wandabschnitten, wie sie bei der Schleuse Lisdorf aufgetreten sind [B 7/3], zu vermeiden, wurden die Blöcke zusätzlich in den Wandbereichen durch zwei Scheinfugen im Abstand von etwa 5 m unterteilt. Zur Schwächung des Betonquerschnitts wurden in diese Fugen Spanplatten und einseitig bituminierte Trapezbleche eingebaut. Die Abdichtung der Scheinfugen (Sollbruchstellen) besteht aus 2 einbetonierten Elastomer-Fugenverschlußbändern. Durch die Anordnung dieser Fugen gelang es, die Risse aus Zwangsspannungen in den Wänden gezielt zu lokalisieren. Die verbleibenden Betonabschnitte waren rissefrei.

Die waagerechten Arbeitsfugen in den Kammerwänden sind zur Erreichung einer guten Verzahnung über die ganze Blocklänge mit einer 20 cm hohen und 40 cm breiten Betonrippe versehen. In der Mitte der Aufkantung sind Fugenbleche, 400 × 3 mm, einbetoniert. An den Blockfugen wurden die Bleche zu den Fugenbändern hin verzogen, jedoch nicht mit den Stahllaschen der Fugenbänder verschweißt. Die Stöße der Fugenbleche wurden durch unverschweißte Überlappung hergestellt. Im Stoßbereich verblieb ein Blechabstand von etwa 3 cm zur Erzielung einer satten Einbindung der Endstücke im Beton. Im Gegensatz hierzu wurden bei den Staustufen Rehlingen (Baujahr 1979/83) und Serrig (Baujahr 1982/86) an der Saar die Fugenbleche sowohl untereinander als auch mit den Stahllaschen der Fugenbänder verschweißt.

Bild B 7/10
Fugenausbildung bei der Schleuse Kanzem, Saar; Ausführung 1980/84 (nach Unterlagen des Wasser- und Schiffahrtsamts Saarbrücken)

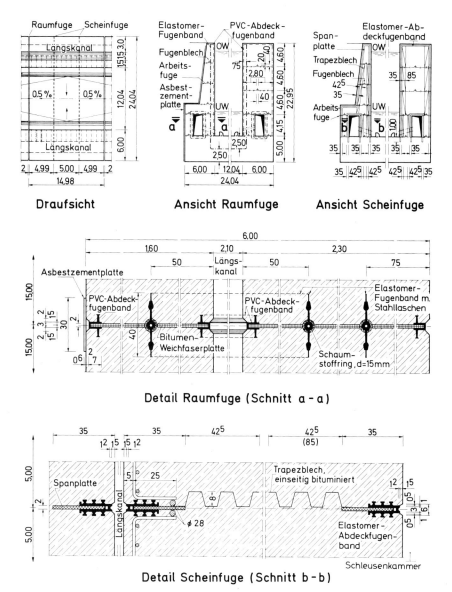

Bild B 7/11
Regelzeichnung für den Einbau von Fugenbändern in Bewegungsfugen für Schiffahrtsanlagen des Main-Donau-Kanals; 1978 (nach
Unterlagen der Rhein-Main-Donau AG, München)

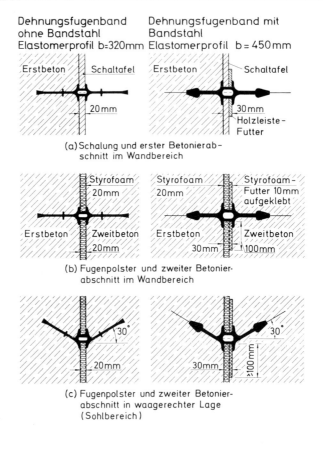

Bild B 7/12
Regelanschluß der Arbeitsfugendichtungen
aus Stahlblech an das Fugenband der Bewegungsfuge für Schiffahrtsanlagen des Main-
Donau-Kanals; Regelausführung ab 1982
(nach Unterlagen der Rhein-Main-Donau
AG, München)

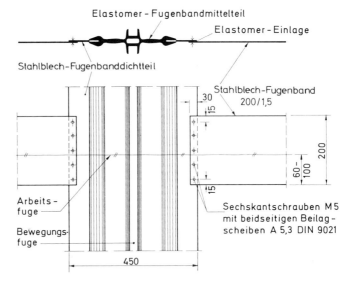

(4) Schleusenanlagen des Main-Donau-Kanals

Fugenausbildung allgemein

Grundsätzlich werden in den Dehnungs- und Bewegungsfugen Elastomer-Fugenbänder in SBR (Styrol-Butadien-Rubber)-Qualität eingebaut. Für Fugen mit normalem Qualitätsanspruch*) kommen Bänder ohne Stahllaschen mit einer Breite von 32 cm zum Einsatz, für Fugen mit hohem Qualitätsanspruch**) dagegen Bänder mit Stahllaschen bei einer Breite von 45 cm. Beide Fugenbandtypen haben einen Mittelschlauch mit U-förmigen Schalungstaschen (Bild B 7/11). Diese sichern die Zentrierung der Bänder in Fugenmitte und verhindern das Auslaufen von Zementmilch und damit eine Minderung der Betonqualität im Fugenbereich.

---

*) z.B. Fugen in Ufer- und Leitwänden von Schleusen

**) z.B. Fugen in Schleusenkammern

In Bild B 7/11 ist der Regeleinbau von Fugenbändern in Bewegungsfugen dargestellt. Die Fugenbreite beträgt 20 mm. Als Fugeneinlage werden robuste, vergütete Schaum-Kunststoff-Platten eingesetzt, die mit Haftzement einseitig aufgeklebt werden. Bei den hochbeanspruchten Bewegungsfugen wird die Fugenbreite im Bereich des Dehnungsschlauchs durch eine 10 mm dicke Zulage auf 30 mm erhöht. Die Schenkel der Bänder werden bei waagerechter Bandlage, z.B. im Sohlbereich, unter 30° nach oben gebogen, um Lufteinschlüsse unter dem Band zu vermeiden.

Soweit möglich, werden Fugenbandstöße im Werk gefertigt. Baustellenstöße werden in beheizter Vorrichtung vulkanisiert. Bei den Fugenbändern mit Stahllaschen werden die Blechenden im Werk durch Punktschweißung verbunden bzw. auf der Baustelle zusammengenietet.

Bild B 7/13
Übersicht der Bewegungsfugenanordnung und -abdichtung bei der Schleuse Eckersmühlen, Main-Donau-Kanal; Bauausführung ab 1982/84 (nach Unterlagen der Rhein-Main-Donau AG, München)

Anmerkungen:
– Fugen 1-1 bis 4-4 Elastomer-Dehnungsfugenband mit Bandstahllaschen
  b = 45 cm
– Fugen 5-5 bis 6-6 Elastomer-Dehnungsfugenband
  b = 32 cm
– Fugenverschlußprofil aus Elastomermaterial

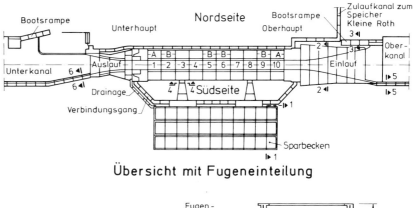

Übersicht mit Fugeneinteilung

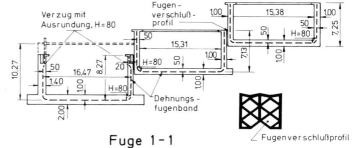

Fuge 1-1

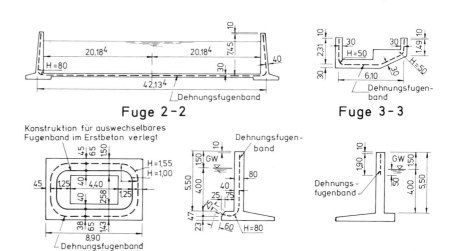

Fuge 2-2   Fuge 3-3

Fuge 4-4   Fuge 5-5   Fuge 6-6

Für Kreuzungen von Bewegungsfugen kommen ausschließlich im Werk gefertigte Formstücke aus gleichem Fugenbandmaterial zum Einsatz. Kreuzungen mit Arbeitsfugen werden bei Bauwerken mit normalem Qualitätsanspruch nicht besonders ausgebildet (Arbeitsfugen ohne Dichtungselement). Bei Bauwerken mit hohem Qualitätsanspruch werden in den Arbeitsfugen 200 mm breite und 1,5 mm dicke Bleche eingebaut, die mit den Stahllaschen der Dehnungsfugenbänder verschraubt werden. Einzelheiten des Anschlusses zeigt Bild B 7/12.

Grundsätzlich werden Fugenbänder auch bei sonst unbewehrten Betonkonstruktionen in einem Bewehrungskorb eingebaut. Die Bewehrung nimmt die Spaltzugkräfte auf und sichert zwangsweise die Lage der Fugenbänder beim Einbetonieren.

Die Fugenbänder müssen aufgerollt auf Trommeln zur Baustelle geliefert werden. Beim Einbau sind sie vor Abknicken z. B. an Arbeitsfugen durch Aufrollen und Abstützen zu schützen.

Bild B 7/14
Fugenausbildung bei der Schleuse Eckersmühlen; Bauausführung 1982/84 (nach Unterlagen der Rhein-Main-Donau AG, München)
 *) siehe Übersicht in Bild B 7/13
**) Aussparung für eventuellen späteren Fugenbandeinbau

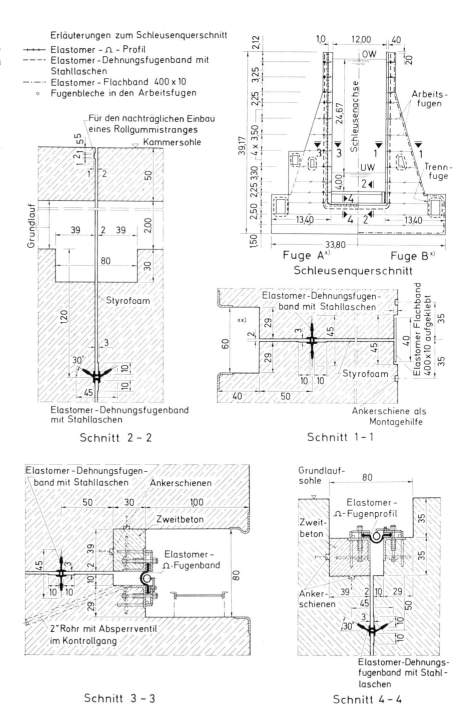

Bild B 7/15
Auswechselbares Elastomer-Omega-Fugen-
profil aus Chloropren-Kautschuk (CR) mit
Gewebeeinlage und spannungshaltender
Klemmung an den Fugen zwischen Schleusen-
wand und Ober- bzw. Unterhaupt; Schleuse
Eckersmühlen, Main-Donau-Kanal; Bauaus-
führung 1982/84 (nach Unterlagen der Rhein-
Main-Donau AG, München)

*) Entlüfungslöcher im Festflansch zur Ver-
meidung von Lufteinschlüssen unter dem
Flansch beim Betonieren

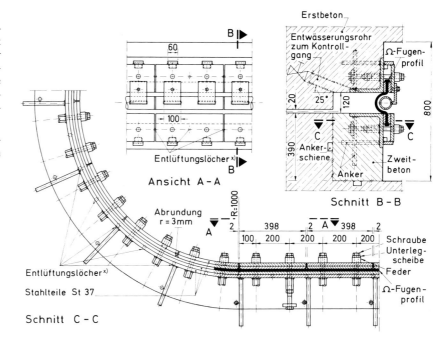

Bild B 7/16
Fugenabdichtung in der Leitmauer des Ober-
kanals der Staustufe Kelheim, Main-Donau-
Kanal; Bauausführung 1980 (nach Unterlagen
der Rhein-Main-Donau AG, München)

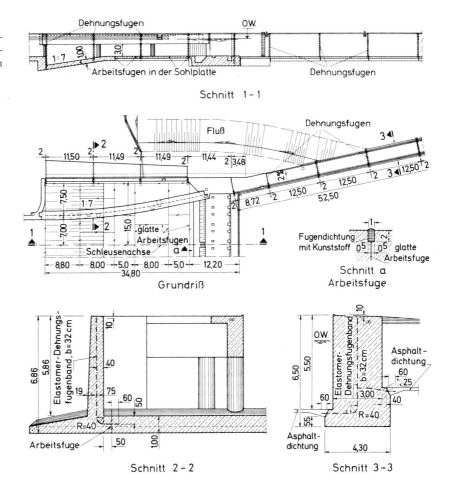

Fugen der Schleuse Eckersmühlen

Eine Übersicht der Bewegungsfugenanordnung und -abdichtung sowohl in der Schleusenkammer als auch in den Sparbekken zeigt Bild B 7/13. In der Schleusenkammer sind im wesentlichen zwei Fugentypen von der Beanspruchung her zu unterscheiden (Bild B 7/14):

– die Fugen zwischen Kammerwand und Ober- bzw. Unterhaupt der Schleuse (Typ A) und

– die übrigen Fugen in der Kammerwand selbst (Typ B)

Die Fugen zwischen Kammerwand und Schleusenhäuptern (Typ A) waren für folgende Beanspruchungen auszulegen:

– Wasserdruck 35 m WS, abwechselnd von beiden Seiten möglich

– Verschiebung der Fugenränder vertikal um 100 mm

– Verschiebung der Fugenränder horizontal, bei jeder Schleusung hin- und hergehend, um ± 30 mm

Gewählt wurde für die Abdichtung dieser Fugen zusätzlich zur normalen Bewegungsfugenabdichtung mit hohem Qualitätsanspruch (45 cm breites Elastomerfugenband mit Stahllaschen siehe oben) ein auswechselbares Elastomer-Omega-Fugenband aus Chloropren Kautschuk (CR) mit Gewebeeinlage. Einzelheiten der Klemmkonstruktion des auswechselbaren Fugenbands gehen aus Bild B 7/15 hervor. Zur Kontrolle der Dichtungswirkung wurde der Raum zwischen den beiden Dichtungen durch ein Entwässerungsrohr mit dem Kontrollgang verbunden (Bild B 7/15, Schnitt B-B) und somit die Möglichkeit der Überwachung geschaffen.

Bild B 7/17
Fugenausbildung bei der 1. Ersatzschleuse in Gelsenkirchen; Ausführung 1982/84 (nach Unterlagen der Wasser- und Schiffahrtsverwaltung des Bundes, Neubauamt Datteln)

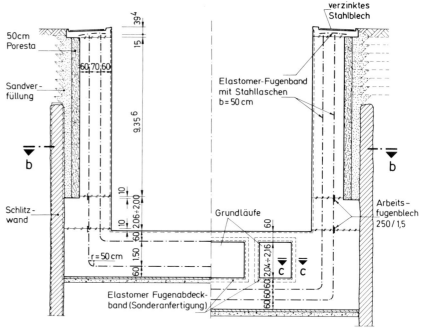

Unterhaupt bis Block 6   Block 9 bis Oberhaupt
Querschnitte a-a

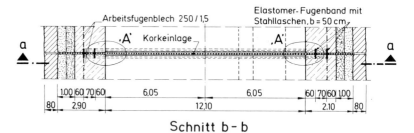

Schnitt b-b

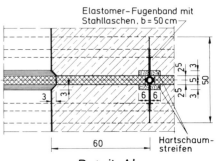

Schnitt c-c   Detail ‚A'

Der Fugenabstand in der Kammerwand beträgt ca. 18 m. Für die Fugen (Typ B) waren folgende Beanspruchungen zu berücksichtigen.

– Wasserdruck 35 m WS

– Verschiebung in allen Richtungen ± 30 mm

Ausgeführt wurde eine Fugenausbildung und -abdichtung für Bewegungsfugen mit hohem Qualitätsanspruch, d. h. es wurde ein 45 cm breites Elastomerfugenband mit Stahllaschen eingesetzt. Für den evtl. späteren Einbau eines Fugenbands an der Kammerinnenseite sind an den Kammerfugen Aussparungen vorgesehen (Bild B 7/14, Schnitt 1-1 und Schnitt 2-2).

Fugen in der Leitmauer der Schleuse Kelheim

Die Dehnungsfugen in der Leitmauer haben einen Abstand von rd. 12,50 m (Bild B 7/16). Für die Fugen waren Beanspruchungen zu berücksichtigen von:

– Wasserdruck 8 m WS

– Verschiebung in der Fuge gering, zahlenmäßig nicht definiert

– Fugenband teilweise in Heißasphalt eingebunden (Temperatur beim Einbau!)

Gewählt wurde die Fugenabdichtung für Fugen mit normalem Qualitätsanspruch, d. h. es wurde ein Elastomerfugenband von 32 cm Breite ohne Stahllaschen eingesetzt.

Die Arbeitsfugen in der Sohlplatte wurden glatt abgeschalt, später 1 cm breit und 2 cm tief aufgefräst und mit einem Fugendichtstoff auf Kunststoffbasis verschlossen.

(5) Ersatzschleusen Gelsenkirchen, Rhein-Herne-Kanal

Die Ersatzschleusen in Gelsenkirchen sind in Stahlbetonbauweise ausgeführt worden. Die Abmessungen der Kammern betragen:
B × H × L = 12,10 m × 11,90 m × 188,20 m. Die Blocklänge liegt bei 15 m. Einzelheiten der Bauaufgabe und Durchführung sind in [B 7/5] beschrieben.

Bei der Fugenkonstruktion (Bilder B 7/17 und B 7/18) waren bergbaubedingte Einflüsse zu berücksichtigen. Vom Bergbau wurden folgende Beanspruchungen benannt:

– Senkungen bis 1,40 m

– Zerrungen und Pressungen bis 2‰

– Schieflagen bis 2‰

– Krümmungsradien für die Geländeverformung an der Oberfläche 50 bis 100 km

Die Krümmungsradien in der genannten Größe waren für die Fugenkonstruktion praktisch ohne Auswirkung. Ebenso waren Schieflagen nicht von ausschlaggebender Bedeutung, da nennenswerte Schieflagenunterschiede zwischen benachbarten Blöcken nicht zu erwarten sind.

Bild B 7/18
Fugenausbildung bei der 2. Ersatzschleuse in Gelsenkirchen; Ausführung 1982/84 (nach Unterlagen der Wasser- und Schiffahrtsverwaltung des Bundes, Neubauamt Datteln)

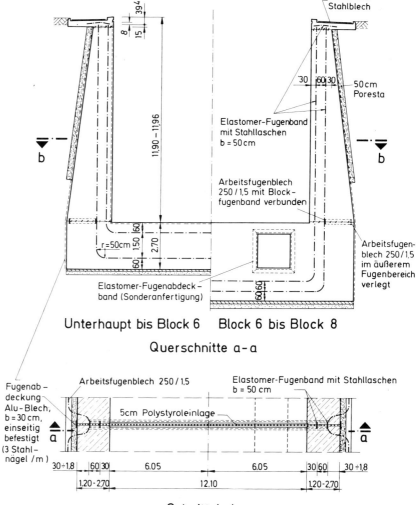

Unterhaupt bis Block 6   Block 6 bis Block 8

Querschnitte a-a

Schnitt b-b

Zerrungen und Pressungen in der Größe von 2‰, das sind positive und negative Längenänderungen von 2 mm pro m Bauwerkslänge, haben bei 15 m Fugenabstand zur Folge, daß sich die Fugenweite gegenüber der Ausgangsweite um 3 cm vergrößert bzw. um 3 cm verringert. Diesen möglichen Bewegungen Rechnung tragend ist die Fugenweite auf 5 cm ausgelegt worden. Im Zustand maximaler Zerrung weitet sich die Fuge dann auf 8 cm. Im Zustand maximaler Pressung verengt sie sich dagegen auf 2 cm. Zur Aufnahme der Pressungen quer zur Schleusenachse wurden 50 cm dicke Poresta-Polsterschichten außen an den Kammerwänden angebracht.

Der Fugenverschluß zur Trennung von Schleusenwasser und Grundwasser erfolgte durch 50 cm breite Elastomer-Fugenbänder mit Mittelschlauch, Labyrinthdichtung und Stahllaschen. Die Bänder entsprechen in Abmessungen und Materialeigenschaften der DIN 7865 (Form: FMS 500). Um die Sicherheit der Fugendichtung zu erhöhen, wurden zwei Bänder je Fuge eingebaut (Abstand ≥ 60 cm). Auf eine Verschottung der Bänder untereinander wurde verzichtet, um die Materialeigenschaft nicht durch Konfektionierungsarbeiten (Wärmebehandlung) zu verschlechtern. Aus dem gleichen Grund wurden keine Stöße – weder Baustellen- noch Werkstöße – zugelassen. Zur Vermeidung von Querströmungen in den relativ breiten Fugen zwischen den Füllkanälen in der Schleusensohle und der Schleusenkammer, die zu Störungen im hydraulischen Füllsystem hätten führen können, wurden die Blockfugen in den Kanälen mit Elastomer-Abdeckfugenbändern verschlossen (Bild B 7/17, Schnitt c-c).

Als Fugeneinlagen sind 5 cm dicke Kork- bzw. Polystyrolplatten eingebaut. Im Bereich der Fugenbänder wurde der 5 cm breite Fugenraum zusätzlich durch beidseitige Zulagen aus 6 cm breiten, 3 cm dicken Plattenstreifen zu einer Kammer erweitert. Damit kein Regenwasser zwischen den Fugenbändern eindringt, wurde der Fugenraum zwischen den Fugenbändern am Kopf der Kammerwände durch ein querliegendes Fugenband abgeschlossen. Das Eindringen von Boden in die Fugen wird im Wandbereich bei der 2. Ersatzschleuse durch außen angeordnete, 30 cm breite, einseitig aufgenagelte Alu-Bleche verhindert. Ein Fugenverschluß auf der Kammerinnenseite ist bei beiden Schleusen nicht vorhanden.

Die Arbeitsfugen zwischen Sohle und Kammerwänden bzw. in den Wänden sind mit 250 mm breiten, 1,5 mm dicken Stahlblechen abgedichtet. In den Kreuzungspunkten mit den Blockfugen wurden die Bleche wasserdicht mit den Stahllaschen der Dehnungsfugenbänder verschweißt.

B 7.4 Kanalunterführungen

Kanalunterführungsbauwerke für Bäche und Vorfluter, Straßen- und Schienenverkehrswege kreuzen die Wasserstraßen vorwiegend in Dammstrecken. Sie sind dem Kanalbett angepaßt und übernehmen dessen Funktion in diesem Bereich. Zum Teil ersetzen sie auch die Kanaldichtung. Es gibt bei diesen Bauwerken im wesentlichen zwei Fugenarten, nämlich die Fugen des Kreuzungsbauwerks selbst sowie die Übergangsfugen und Anschlüsse zur Kanaldichtung. Letztere müssen in Dammstrecken besonders sorgfältig konstruiert und ausgeführt werden, da davon die Standsicherheit des Kanals entscheidend abhängt. Schadlos aufzunehmen sind in diesen Anschlußbereichen Setzungsunterschiede, Bauwerksverformungen und -schwingungen. In der Regel werden mehrfache Sicherungen eingebaut. Neben der Verstärkung der Kanaldichtung im Übergangsbereich bzw. dem Anschluß der Kanaldichtung an das Betonbauwerk mit Dehnungselementen und Klemmkonstruktionen werden zusätzlich die aus dem Kanalprofil herausragenden Kopfbauwerke mit weitreichenden und tief herunterragenden Dichtungsschürzen gesichert.

Anordnung und Ausbildung der Bauwerksfugen sind abhängig vom statischen System des Kreuzungsbauwerks und der Bauweise. Zu unterscheiden ist zwischen Bauwerken im Zuge eines Neubaus einer künstlichen Wasserstraße, wie z.B. beim Elbe-Seitenkanal oder Main-Donau-Kanal und solchen, die unter Wasser und unter Verkehr herzustellen, anzupassen oder zu erneuern sind. Letzteres war beispielsweise beim Ausbau des Mittellandkanals bei den meisten Baumaßnahmen der Fall. Verschiedene Konstruktionen sind in den Bildern B 7/19 bis B 7/24 dargestellt und im folgenden beschrieben. Allgemein gilt, daß die Bauwerksfugen einwandfrei wasserdicht ausgeführt sein müssen, da sie von außen durch Sicker- oder Druckwasser (Grundwasser) beansprucht werden. Je nach Nutzung der Unterführung kann auch von innen eine Druckwasserbeanspruchung zu berücksichtigen sein.

Der Dammbruch im Juli 1976 am Elbe-Seitenkanal bei Nutzfelde machte die Verstärkung von 9 Brückenbauwerken sowie vom Anschluß des oberen Vorhafens an das Schiffshebewerk Scharnebeck notwendig. Als Konsequenz aus dem Schadensfall wurden für die Fugenausbildung bei künftigen Kreuzungsbauwerken folgende Forderungen erhoben [B 7/6]:

– Dichte Anschlüsse von Dichtungsschürzen (meist Spundwände) an die Betonbauteile.

– Einwandfreie Dichtung von Bewegungsfugen der Bauwerke mindestens bis 0,5 m über den höchsten Kanalwasserstand.

– Anschluß der Asphalt-Kanaldichtung an Kunstbauwerke nicht allein über Haftung. Für Wasserstraßen kommen in der Regel nur Lösungen mit Dehnungselementen und Klemmkonstruktionen (Bilder B 7/19 Detail A, B 7/21 Detail F und B 7/23) in Frage, weil die relativ geringen Wassertiefen keinen ausreichenden Anpreßdruck für die zuverlässige Wirksamkeit eines überlappenden Anschlusses gewährleisten [B 7/7].

– Sicherung der Unstetigkeitsstellen unter der Kanalabdichtung durch keilförmige Verdickungen und Schutzschichten mit Amierungsgewebe (Bild B 7/19 Detail B und Bild B 7/21 Detail E).

Bild B 7/19
Fugenausbildung und Anschluß der Kanaldichtung bei der Unterführung der Aller unter
dem Elbe-Seitenkanal; Ausführung um 1973
(nach Unterlagen der Wasser- und Schiffahrtsdirektion Mitte, Hannover)

Erläuterungen:
1 8 cm Asphaltbeton
2 6 cm Asphaltfeinbeton
3 18 cm Asphaltgrobbeton
4 Bitumenhaftanstrich
5 10 cm Schutzbeton
6 Bauwerksabdichtung
7 PVC-Abdeckfugenband
8 Bit.-Weichfaserplatte, d = 2 cm
9 1 Lage nackte Bitumenpappe
10 Eternitschalung, d = 1 cm
11 2 cm Styropor
12 Umwicklung mit Zellkautschuk, d = 6 mm
   + Inertolanstrich
13 Anker Durchmesser 40 mm, St 37.2
14 Ankerplatte 120 × 120 × 35 mm, St 32.2
15 5 cm Styropor
16 Gleitschicht 1 Lage nackte Pappe
17 10 cm Unterbeton
18 Stahlblech, t = 10 mm
19 3 cm Estrich

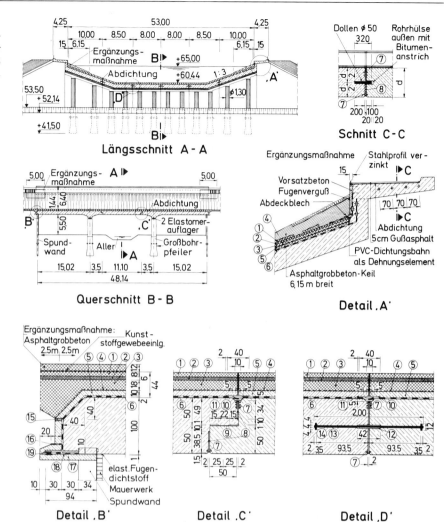

Längsschnitt A - A

Schnitt C - C

Querschnitt B - B

Detail ,A'

Detail ,B'

Detail ,C'

Detail ,D'

Eine weitere Forderung aus dem Schadensfall war, jegliche Vorflutmöglichkeit durch geeignete Abschottungen im benachbarten Dammkörper zu unterbinden oder zumindestens zur Unschädlichkeit einzuschränken z. B. durch ausreichend lange Dichtungsschürzen [B 7/8]. Die Folge ist ein erhöhter Druckaufbau bei Sickerwasserzutritt unmittelbar am Bauwerk, für den dieses dann zu bemessen ist. Aus Wirtschaftlichkeitsgründen erfüllen Durchlaßbauwerke häufig diese Forderung jedoch nicht. Es wurde daher in solchen Fällen im Nahbereich der Kreuzungsanlagen, der vom Wasserdruck freizuhalten ist, zusätzlich eine Sperrschicht unterhalb der Kanaldichtung eingebaut. In Kanallängsrichtung ist ihre Anordnung auf einer solchen Länge erforderlich, daß die vom Ende der Sperrschicht möglicherweise ausgehende Einsickerung das Kreuzungsbauwerk bei Vollausbildung der Sickerlinie nicht mehr erreicht oder jedenfalls nicht früher erreicht, als die Sickerlinie aus der Seitenböschung erkennbar zu Tage tritt. Als Sperrschicht haben sich Kunststoffolien als besonders geeignet

erwiesen. Sie müssen absolut dicht verschweißt und an das Betonbauwerk mit einer Klemmkonstruktion angeschlossen werden (siehe Bilder B 7/21 Detail E und B 7/23 Detail E sowie Literatur [B 7/12]). Im Böschungsbereich ist die Sperrschicht bis über den Kanalwasserspiegel hochzuführen. Neben der Fernhaltung des Sickerwassers vom Bauwerk haben die Sperrschicht und die eingebauten Beobachtungseinrichtungen auch die Aufgabe, Ort und Menge etwa eintretenden Sickerwassers zweifelsfrei und sofort anzuzeigen. Im folgenden werden beispielhaft Einzelheiten zur Fugenanordnung und -ausbildung bei Kanalunterführungen des Elbe-Seitenkanals und des Mittellandkanals behandelt:

Bild B 7/20
Fugenausbildung bei der Kanalunterführung
Wipperau unter dem Elbe-Seitenkanal; Ausführung 1974/77 (nach Unterlagen des Wasser-
und Schiffahrtsamts Uelzen)

*) bitumenbeständig; an Abdeckfugenband
angeschweißt und in die Deckenabdichtung umgelegt, mindestens 30 cm eingebunden
**) siehe Bild B 7/21
***) 2 Lagen Glasvlies-Bitumenpappe

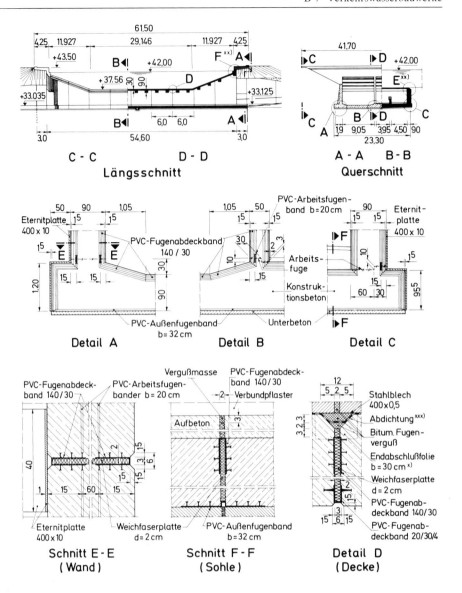

(1) Unterführung der Aller unter dem Elbe-Seitenkanal

Die Kanalunterführung besteht aus einer dreifeldrigen Stahl-
beton-Brückenkonstruktion in Kanalbettform mit einer Mittel-
feldplatte als Gerberträger (Bild B 7/19). Im Bereich der beiden mittleren Auflager sind die seitlichen Brückenplatten zu
Plattenbalken verstärkt, die auf eingespannten Stützenreihen
gelenkig gelagert sind. Außen liegt die Brückenkonstruktion
auf Spundwänden gelenkig auf.

Die Brückenlängsfugen parallel zur Kanalachse werden mit
2 m langen Ankern Durchmesser 40 mm im Abstand von 1 m
zusammengehalten (Detail D). Die Fugen sind 2 cm breit und
unten sowie oben mit Fugenabdeckbändern aus PVC abgedichtet und verschlossen. Die Bauwerksabdichtung läuft über
den Fugen in Schlaufenform durch. Die Querfugen an den
Gerbergelenken sind in gleicher Weise abgedichtet (Detail C).
Im Schutzbeton und in der Kanalabdichtung sind die Fugen
der Brückenplatte als Vergußfugen ausgebildet. Der Anschluß
der Bauwerksabdichtung an die Spundwand erfolgt über ein
10 mm dickes mit der Spundwand verschweißtes horizontales
Blech (Detail B).

In der Gehwegkragkonstruktion sind die Querfugen glatt aus-
geführt und zur Querkraftübertragung verdübelt (Schnitt C-C).
Die Abdichtung dieser Fugen entspricht den anderen Fugen im
Unterführungsbauwerk.

Die Kanalbettabdichtung aus Asphaltbeton läuft im Bauwerksbereich mit Unterbau und Schutzschicht voll durch. Am
Übergang Bauwerk/Dammkörper ist der Unterbau der Abdichtung aus Asphaltgrobbeton keilförmig verstärkt. Außerdem wurde in diesem Bereich als Ergänzungsmaßnahme eine
zusätzliche Asphaltgrobbeton-Schutzschicht in 12 cm Dicke
und 5 m Breite mit einer Kunststoffmaschengewebeeinlage
aufgebracht (Detail B).

Der seitliche Anschluß der Kanalbettabdichtung an das Bauwerk wurde ebenfalls durch Ergänzungsmaßnahmen verbessert (Detail A). Es wurde ein Dehnungselement aus einer
PVC-Dichtungsbahn an das Bauwerk angeflanscht und in
einem 6,15 m breiten Asphaltgrobbeton-Schutzkeil eingebunden.

Bild B 7/21
Anschluß der Kanaldichtung bei der Kanalunterführung Wipperau unter dem Elbe-Seitenkanal (siehe auch Bild B 7/20)

*) AGB = Asphalt Grobbeton
**) Sperrschicht: Trocal Dichtungsbahn Typ RAR 4.6/5.2 mm der Hüls Troisdorf AG, Troisdorf

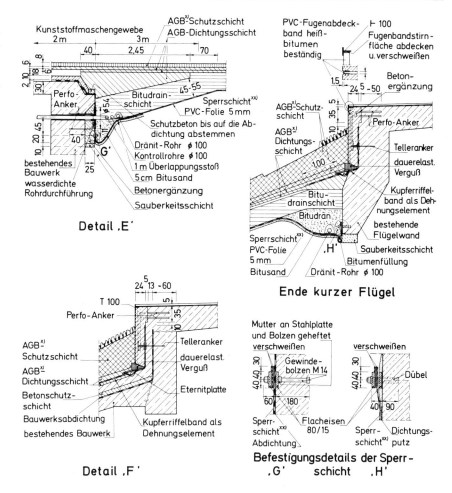

Detail ‚E'

Ende kurzer Flügel

Detail ‚F'

Befestigungsdetails der Sperr-
‚G' schicht ‚H'

(2) Unterführung der Wipperau unter dem Elbe-Seitenkanal

Diese Kanalunterführung besteht aus einer geschlossenen zweizelligen Stahlbetonrahmenkonstruktion (Bild B 7/20). Sie ist in Achsrichtung in 9 Blöcke von etwa 6 m Länge unterteilt. Im Sohlbereich sind die Blockfugen mit einem PVC-Außenfugenband und einem Fugenabdeckband aus PVC mit beidseitig je 3 Rippen abgedichtet. In den Wand- und Deckenfugen sind jeweils zwei PVC-Abdeckfugenbänder mit beidseitig 3 Rippen bzw. 1 Rippe (nur in der Decke) eingebaut. Die Arbeitsfugen zwischen der Sohle und den Wänden sind mit einem bzw. zwei innenliegenden PVC-Arbeitsfugenbändern abgedichtet. Neben den üblichen Bewegungen aus Schwinden, Temperaturänderungen und Setzungen der Bauwerksteile werden die Fugen in der einen Rahmenhälfte von innen durch Wasserdruck der Wipperau und von außen durch Sickerwasser beansprucht.

Die Bauwerksdecke ist mit einer Abdichtung aus 2 Lagen 500er Glasvlies-Bitumenpappe sowie einem 10 cm dicken Schutzbeton versehen. Im Fugenbereich ist die Abdichtung schlaufenförmig verlegt, mit Kupferriffelband verstärkt (60 cm breit, 0,2 mm dick) und in Bitumenvergußmasse eingebettet.

Die Kanalbettabdichtung läuft im Bauwerksbereich durch. Zusätzlich zu ähnlichen Verstärkungs- und Ergänzungsmaßnahmen am Übergang Bauwerk/Dammkörper und Kanalabdichtung/Bauwerk wie beim Beispiel der Aller-Unterführung wurde hier eine Sperrschicht aus 5 mm dicken PVC-Bahnen an das Bauwerk angeflanscht (Bild B 7/21). Diese hat die Aufgabe, im Anschluß an das Bauwerk Erosionen im Dammkörper zu vermeiden und soll zusammen mit den eingebauten Beobachtungseinrichtungen Ort und Menge des Sickerwassers zweifelsfrei und sofort anzeigen.

Bild B 7/22
Fugenanordnung und -ausbildung beim südlichen Widerlager der Elbe-Seitenkanalbrücke Ilmenau Nord; Ausführung um 1975 (nach Unterlagen der Wasser- und Schiffahrtsdirektion Mitte, Hannover)

*) siehe Bild B 7/23

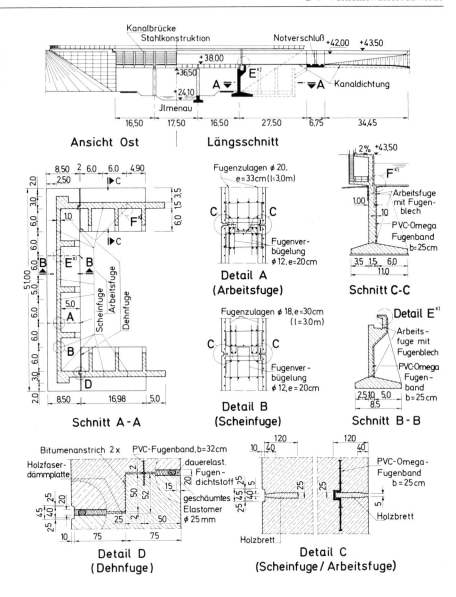

(3) Überführung des Elbe-Seitenkanals über die Ilmenau (Nord)

Die Kanalüberführung besteht aus einer Stahltrogbrückenkonstruktion (B × H × L : 49 × 7 × 51 m) über 3 Felder. Der Unterbau – Stützen und Widerlager mit Flügelwänden – ist aus Stahlbeton hergestellt (Bild B 7/22). Widerlager und Flügelwände sind Winkelstützmauerkonstruktionen mit Rippenaussteifung, die durch verzahnte Bewegungsfugen voneinander getrennt sind. Die Fundamentplatten und anschließend die aufgehenden Wände wurden in ca. 17 m langen Abschnitten betoniert. Zwischen den Arbeitsfugen wurden die Wandabschnitte jeweils durch 2 Scheinfugen in 5 m bis 6 m breite Felder unterteilt. Sowohl die Scheinfugen als auch die Arbeitsfugen sind von der Bewehrung her verzahnt ausgebildet. Zur Abdichtung der vertikalen Wandfugen wurden PVC-Fugenbänder eingebaut:

– in den Bewegungsfugen 32 cm breit
– in den Schein- und Arbeitsfugen 25 cm breit.

Die horizontalen Arbeitsfugen zwischen Fundamentplatte und Wand sowie in Höhe der Trogunterkante wurden mit Betonaufkantung und Fugenblech abgedichtet.

Die Schein- und Bewegungsfugen des Widerlagers und der Flügelwände im Bereich der Kanaldichtung wurden mit 5 mm dicker PVC-Bahn – teilweise zweilagig – abgedeckt und mit einem 33 cm breiten aufgeflanschten Elastomerband geschützt. An die PVC-Abdeckung der Fugen wurden unterhalb der Kanalsohle in zwei Ebenen PVC-Bahnen angeschweißt bzw. zwischen den Fugen an die Betonkonstruktion angeflanscht und mit einer Schlaufe in die verstärkte Kanalabdichtung aus Asphaltbeton eingebunden (Bild B 7/23).

Die Übergangsfuge Stahlbetonwiderlager/Stahltrog ist mit zwei angeflanschten, trevirabewehrten Elastomerbändern abgedichtet. Nach oben ist die Fugenkonstruktion mit einem Schleppblech abgedeckt (Bild B 7/23, Detail E).

Bild B 7/23
Anschluß der Brückenkonstruktion und der
Kanalabdichtung an das Widerlager bei der
Elbe-Seiten-Kanalbrücke Ilmenau Nord (s.
auch Bild B 7/22)

  *) AGB = Asphalt Grobbeton
 **) PVC-Bahn: Trocal Dichtungsbahn Typ
     RAR 4.6/5.2 mm der Hüls Troisdorf AG.,
     Troisdorf
***) Anpreßseiten beim Flachstahl mit Äthyl-
     azetat, beim Elastomer-Schutzband und
     bei der PVC-Bahn mit Aceton gereinigt
     und dauerelastischen Fugendichtstoff auf
     die Anpreßflächen vollflächig aufgetra-
     gen

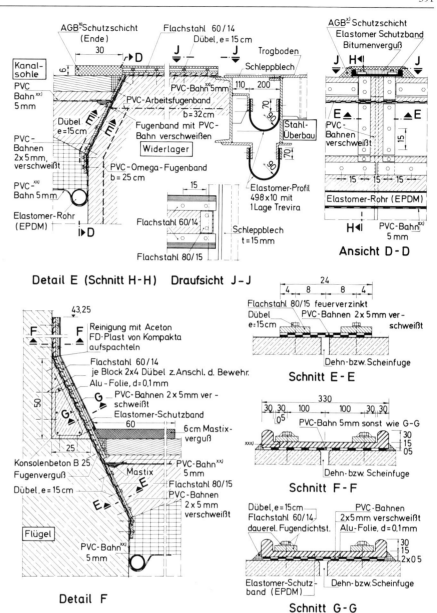

**(4) Straßentunnel unter dem Mittellandkanal
in Minden-Dankersen [B 7/9]**

Für die Unterführung einer Kreisstraße östlich von Minden
wurde ein 10000 t schwerer Schwimmkörper aus einer seitlichen Dockbaugrube in den Mittellandkanal eingeschwommen
und dort in seine endgültige Lage abgesenkt (Bild B 7/24). Der
rd. 56 m lange und 26 m breite Einschwimmkörper wurde in 7
Betonierabschnitten hergestellt, wobei jeweils zunächst die
Sohle (d = 1,0 m) und danach die Seitenwände (d = 1,0 m)
und Decke (d = 0,90 m) in einem Arbeitsgang betoniert wurden. In den horizontalen und vertikalen Arbeitsfugen sind
50 cm breite Stahlbleche als Dichtung eingebaut. Der gesamte
Körper ist in mehreren Stufen längs und quer vorgespannt
(BBRV-Verfahren). Bei der Längsvorspannung sind teils Kop-
pelglieder eingebaut, teils ermöglichten durchlaufende Glieder
am Schluß eine Vorspannung aller 7 Blöcke. Zusätzlich erhielt
der gesamte Körper eine 2 mm dicke geklebte ECB-Abdich-
tung. Als Schutz gegen Beschädigungen ist die Abdichtung an
den Seitenwänden mit Filzbahnen überklebt und auf der Tunneldecke mit einem 10 cm dicken Schutzbeton abgedeckt. Zum
Einschwimmen wurden die Tunnelenden provisorisch verschlossen.

Zum dichten Anschluß des Tunnelkörpers waren in den Kopfbauwerken Gummiprofile (sogenannte Gina-Profile) angeklemmt. Sie folgten dem U-förmigen Verlauf der Kopfbauwerke und wurden beim horizontalen Einschub des Tunnelkörpers im Süden durch die Stirnwände und auf der Nordseite
durch einen eigens dazu anbetonierten umlaufenden Kragen
angepreßt (Bild B 7/24, Detail A und B). Hierzu mußten die
Abmessungen von Tunnelbauwerk und Kopfbauwerken genau
aufeinander abgestimmt sein, damit die Gummiprofile jeweils
nördlich und südlich des Kanals, 56 m voneinander entfernt,
möglichst gleichen Anpreßdruck erfahren. Nach Anlage der
Gummidichtungen wurde die südliche Kopfbaugrube ausgepumpt, so daß der von Norden her noch vorhandene Wasserdruck die Dichtungsprofile zusammenpressen konnte. Die
Gina-Profildichtungen waren nach der vorgesehenen Verformung absolut dicht.

Bild B 7/24
Fugenanordnung und -ausbildung beim Straßentunnel unter dem Mittellandkanal in Minden-Dankersen; Ausführung 1978/80 (nach Unterlagen der Wasser- und Schiffahrtsdirektion Mitte, Hannover, Neubauamt für den Ausbau des Mittellandkanals in Minden)

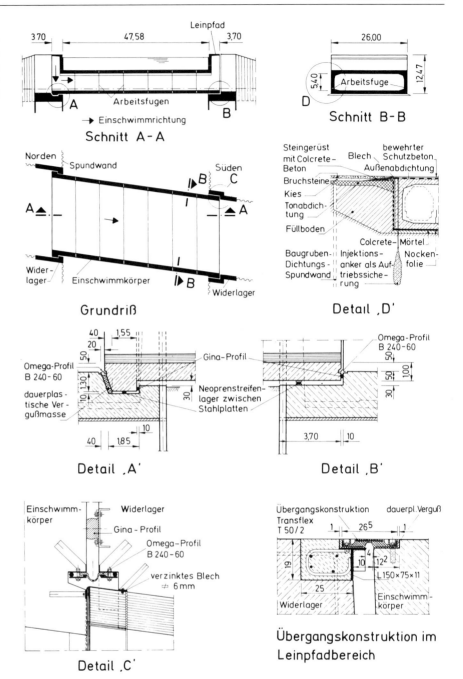

Im gleichen u-förmigen Verlauf ist zur Sicherheit jeweils landseitig vor dem Gina-Profil ein auswechselbares Omega-Dichtungsprofil angeflanscht. Dieses Profil ist durch ein abschraubbares 6 mm dickes verzinktes Stahlblech geschützt (Bild B 7/24, Detail C).

Die 40 cm hohe Fuge zwischen der Sohle des Einschwimmgrabens und dem Tunnelkörper wurde zum Erreichen einer flächigen Auflagerung mit Zementmörtel verpreßt.

Die Tondichtung des Kanals läuft im Bauwerksbereich nicht durch. Der dichte Anschluß an die Kopfbauwerke erfolgt über Spundwandschürzen. Am Bauwerk selbst wurde die Tondichtung der Kanalsohle keilförmig verstärkt. Auf diese Weise konnte ein setzungsunempfindlicher Übergang geschaffen werden, da sich der plastische Ton an der glatten Bauwerkswand bewegen kann, ohne daß Hohlräume und Risse entstehen. Zur Kolk- und Ankerwurfsicherung ist der Übergangsbereich durch ein vermörteltes Steingerüst abgedeckt.

B 8 Staudämme und Staumauern

B 8.1 Staudämme

Staudämme bestehen in der Regel aus Erd- und/oder Steinschüttmaterial als Stützkörper und einer Dichtung, die auf der wasserseitigen Böschung oder im Damminnern angeordnet ist. Ferner gehören zu einem größeren Dammbauwerk meist eine Anzahl von Massivbauwerken aus Stahlbeton wie zum Beispiel:

– die Herdmauer, mit und ohne Kontrollgang, als Gründung der Dammdichtung (Kern- oder Außendichtung) und Ansatzpunkt für Injektionen zur Vergütung des Untergrundes (z.B. Dichtungsschleier, Kontaktinjektionen)

– die Hochwasserentlastungsanlage, bestehend z.B. aus Überlaufturm, Stollen und Tosbecken oder aus einem Überlaufbauwerk im Damm mit Tosbecken

– der Grundablaßstollen mit Einlaufbauwerk und Tosbecken und

– die Entnahmeanlage für Trink- und Brauchwasser, bestehend z.B. aus Entnahmeturm und -stollen.

Bei diesen Konstruktionen können zwei wesentliche Fugenarten unterschieden werden:

a) die Bewegungs- und Arbeitsfugen in den Bauwerken selbst, die zur Vermeidung von Rissen bzw. aus baubetrieblichen und bautechnischen Gründen erforderlich sind

b) die Anschlußfugen zwischen den Bauwerken und der Dammdichtung.

Grundlegende Hinweise zur Beanspruchung, Anordnung und Ausbildung dieser Fugen sind in Literatur [B 8/1] und [B 8/2] zu finden. Die Beanspruchung der Fugen ist abhängig von der Stauhöhe des Dammes sowie der Lage, Nutzung und Konstruktion der einzelnen Bauwerke. Im folgenden einige Ausführungsbeispiele:

(1) Innerstetalsperre, Harz

Der Staudamm der Innerstetalsperre hat eine Asphaltbeton-Außendichtung. Die Herdmauer mit Kontrollgang (Bild B 8/1) liegt am wasserseitigen Böschungsfuß des Dammes und ist rd. 650 m lang. Dazu kommen noch beidseitig Betonmauern ohne Kontrollgang von rd. 150 m bzw. 30 m Länge in den Nebendämmen. Die Wasserdruckbeanspruchung der Fugen beträgt maximal 40 m.

Bild B 8/1
Blockfugendichtung der Herdmauer und Anschluß der Asphaltbeton-Außendichtung des Damms an die Herdmauer; Innerstetalsperre, Harz; Ausführung um 1966 (nach Unterlagen der Harzwasserwerke)

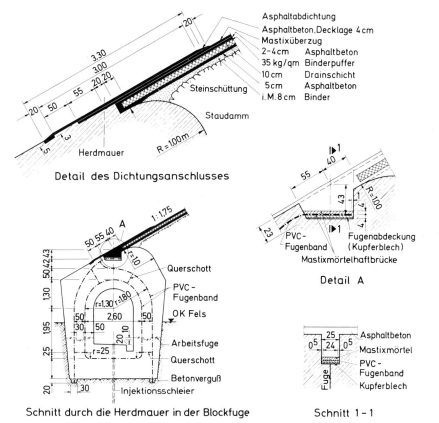

Betoniert wurde die Herdmauer in 10 m-Blöcken mit profilierten Arbeitsfugen zwischen Sohle und Gewölbe. In den als Preßfugen ausgebildeten Blockfugen wurden jeweils zwei PVC-Dehnungsfugenbänder von 24 cm Breite im Abstand von 50 cm mit 4 Schott-Verbindungen eingebaut. Zum Anschluß der Blockfugendichtung an die Dammaußendichtung endet das äußere Fugenband oben an der Herdmauer in einer „Mastixtasche" unter der Asphaltdichtung.

Der Anschluß der Asphaltbeton-Außendichtung des Dammes erfolgte über Haftung auf der entsprechend abgetreppten Herdmauer.

Bild B 8/2 zeigt die Fugenausbildung zwischen Hochwasser-Überlaufturm und der Asphaltbeton-Außendichtung des Damms. Da beim Betrieb des Überlaufturms Vibrationen auftreten, wurde eine Bewegungsfugenkonstruktion mit einem Vibrationsbalken als Übergang gewählt. Neben Vibration wird die Fuge durch 30 bis 40 m Wasserdruck beansprucht. Die Fugendichtung zwischen Bauwerk und Balken besteht aus 2 je 50 cm breiten PVC-Fugenbändern. Der Anschluß der Asphaltbetondichtung erfolgte wie bei der Herdmauer über Haftung. Über der 2 cm breiten Bewegungsfuge und der Unstetigkeitsstelle des Balkens (Dickensprung) sind Fugen im Asphaltbelag ausgebildet. Als Abdichtung sind dort 0,2 mm Cu-Folie schlaufenförmig eingebaut und die Fugen vergossen.

An den Überlaufturm schließt der rd. 100 m lange Hochwasserabflußstollen parallel mit einem Zugangsstollen an. Dieses Doppelstollenprofil wurde in Blöcken von 9,80 m betoniert. Die Fugen wurden mit PVC-Fugenbändern ähnlich wie die Herdmauer gedichtet.

(2) Breitenbachtalsperre im Siegerland [B 8/3]

In den Jahren 1975 bis 79 wurde der bestehende Damm der Breitenbachtalsperre auf der Luftseite verstärkt und um 12,50 m erhöht (Bild B 8/3). Der Lehmdichtungskern des alten Damms wurde als Asphaltbeton-Innendichtung fortgeführt und der vorhandene Kontrollgang in Form einer nicht begehbaren Herdmauer beidseitig verlängert. Ferner wurden ein neuer Entnahmeturm und eine neue Hochwasserentlastungsanlage gebaut.

Bild B 8/4 zeigt die Herdmauer an der linken Talflanke. Sie wurde in 6,20 m langen Blöcken mit 2 cm breiten Bewegungsfugen betoniert. Die Fugendichtung besteht aus einem 50 cm breiten Elastomer-Fugenband, das in einer Mastixtasche unter der Asphaltbeton-Kerndichtung endet. Die 2 cm breite Fuge wurde auf der Mauerkrone und seitlich mit Silikon-Dichtstoff verschlossen. Die Krone der Herdmauer ist so konstruiert, daß bei horizontalen Bewegungen der Kerndichtung eine Flanke der muldenförmigen Anschlußfuge immer unter Druck steht und dadurch wasserdicht gehalten wird.

Bild B 8/2
Ausbildung der Bewegungsfuge zwischen der Asphaltbeton-Außendichtung des Damms und dem Überlaufturm; Innerstetalsperre, Harz; Ausführung um 1966 (nach Unterlagen der Harzwasserwerke)

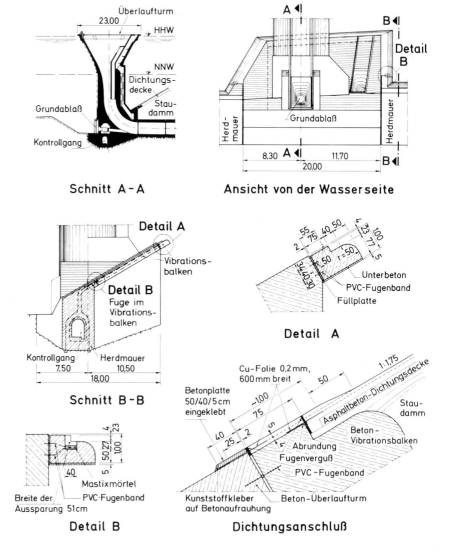

Bild B 8/3
Lageplan und Regelquerschnitt des Damms der Breitenbachtalsperre im Siegerland mit Verstärkung und Erweiterung auf der Luftseite; Endausbau 1975/79 [B 8/3]

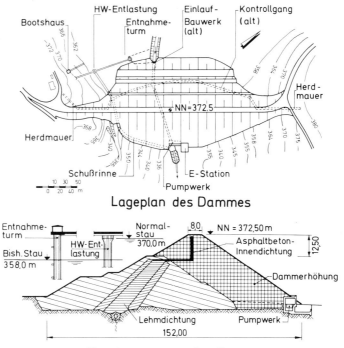

Lageplan des Dammes

Regelquerschnitt des Dammes

Bild B 8/4
Fugenteilung und -ausbildung bei der Herdmauer (linke Talflanke) der Breitenbachtalsperre im Siegerland; Endausbau 1975/79 (nach Unterlagen des Wasserverbands Siegerland)

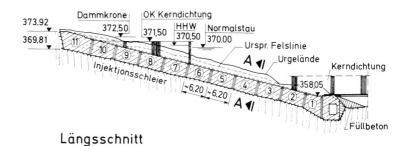

Längsschnitt

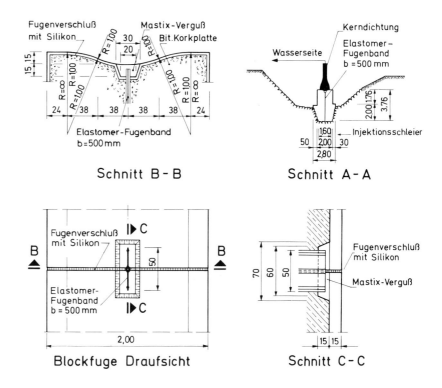

Schnitt B-B

Schnitt A-A

Blockfuge Draufsicht

Schnitt C-C

Der Wasserentnahmeturm (Bild B 8/5) besteht aus einer Stahlbeton-Fertigteilkonstruktion auf Bohrpfählen. Bei einem Bau-Wasserstand von + 355 m ü. NN mußte der Turm teilweise unter Wasser montiert werden. Nach Absenken des quadratischen Gründungskörpers auf ein Schüttpolster aus Grobschotter und Herstellen der 4 Großbohrpfähle mit 1,5 m Durchmesser wurden die 10 je 50 t schweren Turmschaftringe montiert. Die Dichtung zwischen den einzelnen Fertigteilen besteht aus 2 Elastomer-Profilringen mit je zwei schlauchartigen Wülsten. Außerdem sind Dichtungsringe mit je einer Schlauchwulst um jeden der 12 durch die Fuge gehenden Spannkanäle angeordnet. Das Material des äußeren Fugen-Dichtrings, der mit dem Sperrenwasser in Berührung kommt, entspricht den KTW-Empfehlungen[*] für Trinkwasser. Zur Zentrierung der Fertigteile sind 3 Dorne und zur Sicherung der Fugenbreite 6 Baulager je Fuge eingebaut. Nach der Montage der Plattform unter dem Turmkopf wurde der Schaft in Achsrichtung vorgespannt und der Zwischenraum zwischen den Dichtungsringen mit Mörtel ausgepreßt. Die Gummidichtungen in den Fugen waren zunächst nur als Primärdichtung vorgesehen. Als Sekundärdichtung sollten innen Dichtungsbänder angeflanscht werden. Da die Fugen jedoch absolut dicht waren, entfiel diese zusätzliche Fugendichtung.

[*] Kunststoff-Trinkwasser-Empfehlungen der Arbeitsgruppe „Trinkwasserbelange" der Kunststoffkommission des Bundesgesundheitsamts, 1. Mitteilung im Bundesgesundheitsblatt 20 vom 7. 1. 1977

Bild B 8/6 zeigt die Fugenausbildung bei der Hochwasserentlastungsanlage. Der Fugenabstand im neuen Verbindungsstück aus betonummantelten Schleuderbetonrohren mit Falzmuffen entspricht zwei Rohrlängen. Im Bereich der Bewegungsfugen wurden die Rohre stumpf gestoßen. Als Fugendichtung wurden 40 cm breite Elastomerbänder mit Stahllaschen im Mantelbeton einbetoniert. Auf der Innenseite wurden die Rohrfugen mit dauerelastischem Fugendichtstoff verschlossen. Außen wurden die Fugen gegen die Dammschüttung mit Vollziegeln abgedeckt.

(3) Kinzigtalsperre Ahl, Main-Kinzig-Kreis

Der rd. 15 m hohe Damm der Talsperre besteht aus Steinschüttmaterial mit einer Asphaltbeton-Außendichtung auf der wasserseitigen Böschung. Die Hochwasserentlastungsanlage – eine 20 bis 35 m breite Stahlbetonkonstruktion – durchschneidet den Damm auf ganzer Höhe und Breite. Bild B 8/7 zeigt den Längsschnitt und Grundriß des Bauwerks mit Anordnung und Ausbildung der Bewegungsfugen. Die Fugen sind mit 32 cm breiten PVC-Fugenbändern gedichtet. Im Bereich des Einlaufs sind die Fugen in der Sohle und in den Flügelmauern mit Nut und Feder verzahnt.

Bild B 8/5
Fugenausbildung beim Entnahmeturm der Breitenbachtalsperre im Siegerland; Endausbau 1975/79 (nach Unterlagen des Wasserverbands Siegerland)

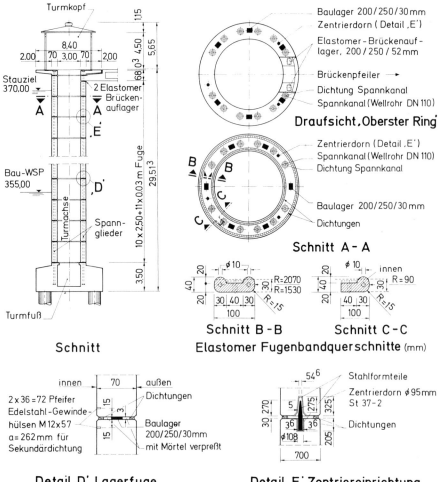

Die Flügelmauern der Hochwasserentlastungsanlage mußten wasserdicht und beweglich an die Dammaußendichtung angeschlossen werden. Hierzu wurde zwischen den Mauern und der Asphaltbetondichtung eine Schlaufe von 100 mm × 20 mm aus geriffeltem Kupferblech (Dicke = 0,2 mm, Breite = 600 mm) eingebaut und mit einem elastoplastischen Bitumen-Fugenverguß ausgefüllt (Bild B 8/8). Das geriffelte Kupferblech bindet auf der einen Seite in der Mitte der auf 20 cm verstärkten Asphaltbetondichtung ein, auf der anderen Seite ist es in einer 10 cm × 15 cm großen Aussparung mit dem Beton der Flügelmauer auf einer Fläche von 15 cm Breite verklebt. An den Blockfugen der Flügelmauern wurde das Fugenband aus der Wand durch eine besondere Gleitkonstruktion mit dem Kupferblech verbunden, siehe Bild B 8/8, Detail D und Schnitt 3-3. In die Aussparung der Flügelmauer wurden nach Aufkleben des Kupferblechs als Abschluß Decksteine in Klebemörtel versetzt. Die Fugen der Decksteine wurden an der Oberseite zusätzlich mit einer elasto-pastischen Masse vergossen.

(4) Staudamm Finstertal, Österreich [B 8/9]

Der Staudamm Finstertal ist ein Felsschüttdamm mit einer 96 m hohen Asphaltbeton-Kerndichtung. Der Dichtungsanschluß an den Untergrund erfolgte über den in eine ausgesprengte Felsrinne betonierten Kontrollgang. Der Kontrollgang wurde in 10 m langen Blöcken einschließlich Sohle und Gewölbe in einem Stück betoniert. Die Blockfugen erhielten als Hauptdichtung ein Fugenband, das mit den Enden in einer Mastixtasche unter der Asphaltbeton-Kerndichtung eingebunden ist (Bild B 8/9). Als Sanierungshilfe ist ein Sperrschlauch außerhalb des Fugenbandrings angeordnet worden, der, bei möglichem Versagen des Fugenbands, mit hohem Druck aufgepumpt eine zusätzliche Dichtung bildet.

Die äußeren Fugenbereiche wurden über eingelegte Injektionsschläuche mit Zementsuspension verpreßt.

Bild B 8/6
Fugenausbildung bei der Hochwasserentlastungsanlage der Breitenbachtalsperre im Siegerland; Endausbau 1975/79 (nach Unterlagen des Wasserverbands Siegerland)

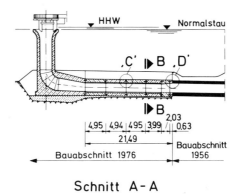

Schnitt A-A

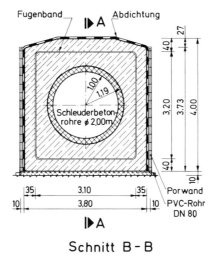

Schnitt B-B

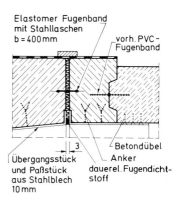

Detail ‚C'

Detail ‚D'

Bild B 8/7
Fugenausbildung bei der Hochwasserentla-
stungsanlage der Kinzigtalsperre Ahl, Main-
Kinzig-Kreis; Ausführung 1975/80 (nach
Unterlagen des Wasserwirtschaftsamts Fried-
berg)

*) Detail C siehe Bild B 8/8

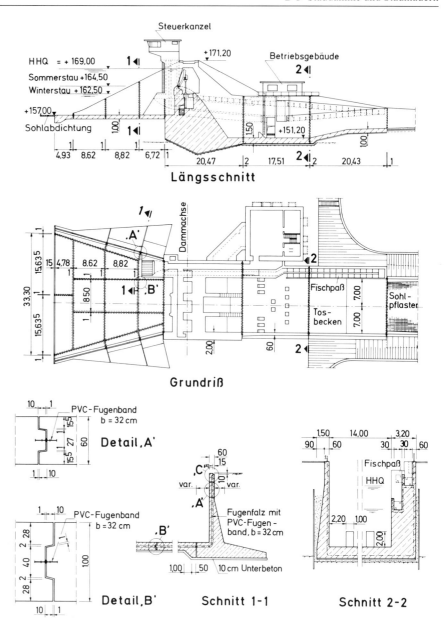

Bild B 8/8
Bewegungsfugenausbildung zwischen den Flügelmauern der Hochwasserentlastungsanlage und der Asphaltbetonaußendichtung des Damms; Kinzigtalsperre Ahl, Main-Kinzig-Kreis; Ausführung 1975/80 (nach Unterlagen des Wasserwirtschaftsamts Friedberg)

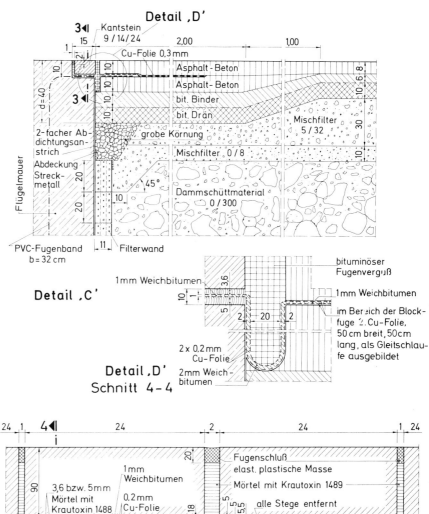

Bild B 8/9
Fugenausbildung beim Kontrollgang des Staudamms Finstertal in Österreich; Ausführung 1976/80 [B 8/9]

B 8.2 Staumauern

Staumauern sind „Massenbeton"-Bauwerke, meist mit einer großen Längenausdehnung. In der Regel werden sie durch Querfugen (talparallele Fugen) in lotrechte Blöcke von voller Mauerdicke und 15 m bis 20 m Breite unterteilt. Diese Blöcke werden durch horizontale Arbeitsfugen in einzelne Betonierabschnitte von 1,5 m bis 4,0 m Höhe gegliedert. Der Beton wird in 40 cm bis 60 cm hohen Schüttlagen frisch auf frisch eingebracht und verdichtet. Die Höhe der einzelnen Betonierabschnitte innerhalb der Blöcke richtet sich nach den Ergebnissen der wärmetechnischen Berechnung. Im Interesse einer möglichst geringen Anzahl von waagerechten Arbeitsfugen und der Rationalisierung der Schalungsarbeiten soll die Höhe möglichst groß gewählt werden. Dies führt jedoch zu einer stärkeren Erwärmung des Betons und zu größeren Wartezeiten bis zum Einbau des nächsten Abschnitts [B 8/4]. Zur Beschleunigung des Arbeitsablaufs wird häufig eine Kühlung des eingebauten Betons durchgeführt. Hierzu werden Kühlrohrschlangen in die einzelnen Abschnitte einbetoniert und der Beton mit Wasser gekühlt. Bei sehr dicken Staumauern (etwa ab 40 m) ist es erforderlich, auch Längsbetonierfugen anzuordnen. Die Zahl der erforderlichen Betonierabschnitte in Mauerdicke reduziert sich nach oben bei dünner werdender Mauer. Ein Beispiel für die Betonier- und Blockfugenanordnung und -ausbildung bei einer Bogenstaumauer zeigt Bild B 8/10. Es sind hier sowohl Querfugen bzw. Blockfugen (Radialfugen) als auch – wegen der großen Mauerdicke – Längsfugen angeordnet. Betoniert wurde in Blöcken von 15 m × 15 m Grundfläche und 1,5 m Höhe.

Bild B 8/10
Blockfugenausbildung bei der Boulder-Sperre
(Bogenstaumauer), USA [B 8/5]

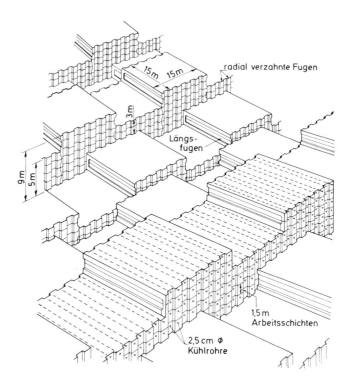

Bild B 8/11
Blockfugenausbildung bei der Staumauer Wadi Jizan in Saudi Arabien (Beton-Gewichtsmauer); Ausführung 1967/70

Bild B 8/12
Blockfugenausbildung der Staumauer Kops (Hauptmauer), Österreich; Ausführung 1962/ 67 (nach Unterlagen der Vorarlberger Illwerke AG, Schruns)

*) Schnitt C-C siehe Bild B 8/15
**) nach dem 1. Betonierjahr wurden die PVC-Fugenbänder Z15 durch Z20 ersetzt, da sich die schmaleren Bänder nicht bewährt hatten.

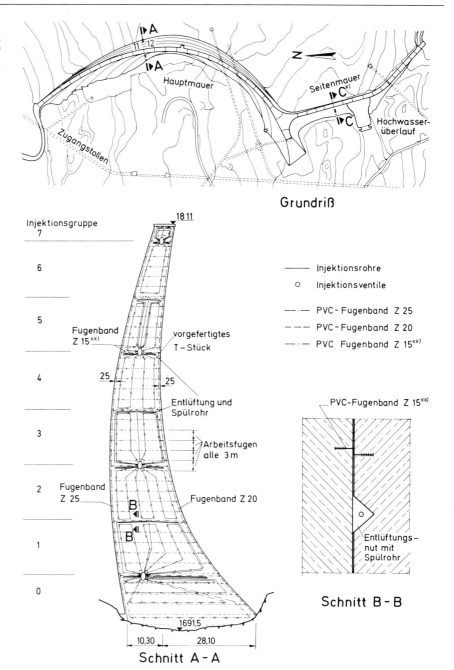

Die horizontalen Fugenflächen der Betonierabschnitte müssen vor dem Anbetonieren sehr sorgfältig von Feinteilen gereinigt werden, um einen ausreichenden Verbund und eine dichte Fuge zu erzielen. Für senkrechte Betonierfugen werden zur Verbesserung des späteren Verbunds Schalungen verwendet, die eine rauhe bzw. abgestufte Oberfläche ergeben. Nach Abkühlen des neuen Betonierabschnitts wird die Fuge, die sich durch die Verkürzung der Teilblöcke infolge der Temperaturerniedrigung und des Schwindens eingestellt hat, mit Zementmörtel verpreßt.

Der Abstand der durch den ganzen Mauerquerschnitt laufenden Querfugen (Blockfugen) ist von der Baugrundelastizität, der Hangausbildung, der Mauerhöhe und -breite, dem Zementgehalt des Betons, der Betonherstellung u. a. abhängig. Bei starrem Felsuntergrund ist die Fugeneinteilung enger zu wählen. Das gleiche gilt stets für die Hänge (Mauerflanken)

wegen der größeren Berührungsfläche mit dem Fels und wegen der Stufen [B 8/5]. Die Ausführung der Querfugen richtet sich nach der Formgebung und statischen Wirkung der Staumauer:

– Bei geraden Gewichts- und Pfeilerkopfstaumauern werden die Querfugen in der Regel durchgehend glatt als Preß- oder Raumfugen ausgebildet. Die Fugendichtungen – möglichst doppelt und nachdichtbar – sind wasserseitig anzuordnen und zur Aufnahme von Bauwerksbewegungen nachgiebig auszubilden. Als Hauptdichtungen werden heute Fugenbänder aus Kupferblech, PVC und Elastomeren eingesetzt. Der Anschluß der Fugendichtungen auf der Wasserseite an die Gründungssohle und die Untergrunddichtung (Dichtungsschleier) ist besonders sorgfältig auszuführen. An der Luftseite der Fugen ist ebenfalls ein Fugenband anzuordnen, das die Fuge gegen Verunreinigungen und Regenwasser verschließt (Beispiel Bild B 8/11).

– Bei Bogenstaumauern werden die Querfugen radial angeordnet und zur gegenseitigen Abstützung der Blöcke in der
Regel verzahnt ausgebildet. Der später betonierte Block
wird direkt ohne Trennmittel an den vorhandenen Block
anbetoniert. Zur Erzielung einer monolithischen Mauerwir-
kung werden die Querfugen nach Abklingen der Abbinde-
temperaturen abschnittsweise wiederholt mit Zementsuspensionen ausgepreßt. Als Anhalt für den richtigen Zeitpunkt der Verpressung sollte nach Literatur [B 8/1] die
innere Staumauertemperatur etwa der mittleren Jahrestemperatur entsprechen.

Die in den Blockfugen einzubauenden Fugendichtungen
haben neben der eigentlichen Dichtungsfunktion für die
Fuge hier auch die Aufgabe, die Fugenfläche für die Verpressung in einzelne Injektionsabschnitte zu unterteilen.

Eine große Anzahl von Beispielen über die Fugenausbildung
bei Staumauern bis etwa 1958 sind bei Press [B 8/5] und Kleinlogel [B 8/6] zu finden. Im folgenden wird die Fugenausbildung
von drei neueren Staumauern beschrieben:

(1) Staumauer Kops in Österreich [B 8/7]

Die Talsperre Kops besteht aus einer Bogenstaumauer (Hauptmauer) und einer Schwergewichtsstaumauer (Seitenmauer)
(Bild B 8/12).

Die Mauern wurden in Blöcken von rd. 16 m Breite hergestellt. Die Höhe der Betonierabschnitte war mit 3 m festgelegt.
Der Beton wurde je Abschnitt in 5 bis 6 Lagen eingebaut. Spätestens nach 4 Stunden mußte jede Betonlage mit Frischbeton
bedeckt sein. Die Forderung, den gesamten Staumauerbeton
der Hauptmauer möglichst bald auf die Fugenschlußtempera-
tur von 3°C bis 4°C (= mittlere Jahrestemperatur) zu bringen,
zwang dazu, den Beton künstlich zu kühlen. Es wurde ein
Wasserkühlsystem mit einer Kühlschlange (Abstand der Kühl-
stränge 2 m) in jeder horizontalen Arbeitsfuge eingebaut.
Speise- und Rücklaufleitungen wurden durch die Blockfugen
geführt und mit den Hauptsträngen in den Kontrollgängen verbunden.

Bild B 8/13
Schnitt durch ein vertikales Injektionsventil
(Typ Stump) in den Blockfugen der Staumauer
Kops (Hauptmauer), Österreich (nach Unter-
lagen der Vorarlberger Illwerke AG, Schruns)

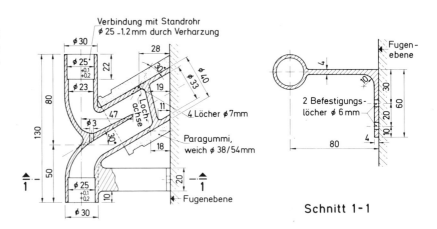

Bild B 8/14
Blockfugeninjektionen, Übersicht über Injek-
tionsgutaufnahmen; Staumauer Kops (Hauptmauer), Österreich [B 8/7]

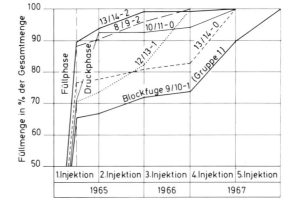

Behandlung der Arbeitsfugen

Kurz nach Beginn des Abbindevorgangs im Beton wurde die Zementschlempe von der Oberfläche der Arbeitsfuge mit einem ölfreien Preßluft-Wasserstrahl weggewaschen und das Korngerüst freigelegt. Meist waren hierzu mehrere Arbeitsgänge in Abständen, die vom Ablauf des Abbindevorgangs bestimmt wurden, erforderlich. Vor dem Weiterbetonieren erfolgte dann eine letzte Reinigung. Anschließend wurde auf die noch feuchte Betonoberfläche eine 1 cm bis 2 cm dicke Mörtelschicht aufgebracht und kräftig eingebürstet.

Ausbildung und Verpressung der Blockfugen in der Hauptmauer

Die Blockfugenflächen in der Hauptmauer sind als Wendel-Flächen ausgebildet, die um eine Lotrechte verwunden sind. Zur besseren Verzahnung wurden Buckelbleche an der Fugenschalung befestigt. Die weich ausgerundete Form dieser Bleche ergibt eine ausgezeichnete Verzahnung, schließt aber jede Kerbwirkung aus.

Zur Dichtung der Blockfugen in Bogenmauer und Widerlager wurde wasserseitig ein 25 cm breites und luftseitig ein 20 cm breites, z-förmiges Fugenband aus alterungsbeständigem Kunststoff (PVC) einbetoniert (Bild B 8/12). Um die Blockfugeninjektionen einwandfrei ausführen zu können, war es überdies erforderlich, die Fugenflächen in Abschnitte von 12 m bis 15 m Höhe zu unterteilen. Solche Teilungen wurden in Höhe der Kontrollgänge sowie jeweils in der Mitte zwischen zwei Gängen eingebaut. Hierfür fanden zunächst 15 cm breite Fugenbänder in Z-Form Verwendung, die im ersten Betonierjahr horizontal eingebaut wurden. Bei versuchsweise ausgeführten Fugeninjektionen konnte man aber feststellen, daß die so ausgeführten Zonenabschlüsse nicht ausreichend dicht waren, weshalb auf Fugenbänder mit 20 cm Breite übergegangen wurde. Auch wurden diese Bänder in weiterer Folge dachförmig mit nach oben steigenden Bandschenkeln angeordnet, da diese Anordnung eine bessere Einbettung im Beton gewährleistete. Die an Wasser- und Luftseite eingebauten Bänder haben den Anforderungen gut entsprochen.

Nach Abkühlung des Staumauerbetons auf etwa 3°C bis 4°C wurden die Blockfugen der Bogenmauer mit Zementsuspension ausgepreßt. Das hierzu erforderliche Injektionssystem wurde im Zuge der Betonierung in der Fugenfläche der vorauseilenden Blöcke eingebaut. Es besteht aus Injektionsventilen Fabrikat Stump (ein Ventil auf 12 m² bis 16 m²), die mit einer Ringleitung verbunden sind. Deren Beginn und Ende liegt in einem Kontrollgang. Die Injektionseinrichtung ist ferner so konstruiert, daß sie bei entsprechender Spülung immer wieder funktionsfähig ist (Bilder B 8/12 und 13).

Zur Entlüftung der Fugen wurde am oberen Rand der Injektionsabschnitte knapp unterhalb des Fugenbands eine dreieckförmige Nut, die mit einem Blechstreifen abgedeckt war, angeordnet (Bild B 8/12. Schnitt B-B). Diese Nut stand über ein Rohrsystem mit dem Kontrollgang in Verbindung, durch das einerseits die während des Injektionsvorganges ausgepreßte Luft in den Kontrollgang strömen, andererseits die Spülung der Entlüftungsnut erfolgen konnte (Bild B 8/12, Schnitt A-A).

Die Verpressung der Fugen erfolgte nach Ausklingen der Frostperiode jeweils im Frühjahr. Der Verpreßvorgang begann im untersten Injektionsabschnitt (Gruppe 0, Bild B 8/12, Schnitt A-A) etwa in der Mitte der Bogenmauer in Blockfuge 13/14 und schritt im Wechselrhythmus zur rechten bzw. linken Mauerflanke vor. Zur Verpressung gelangten Zementsuspensionen mit Wasser-Zement-Faktoren von 1,0 bis 0,65. Die Suspensionen waren durch Beigabe entsprechender Mengen einer Injektionshilfe weitgehend stabilisiert. Die erreichten Druckfestigkeiten der Mischungen betrugen nach 28 Tagen 17 N/mm² bis 23 N/mm².

Bild B 8/15
Blockfugenausbildung der Staumauer Kops (Seitenmauer), Österreich; Ausführung 1962/67 (nach Unterlagen der Vorarlberger Illwerke AG, Schruns)

*) Lage des Schnitts C-C siehe Bild B 8/12

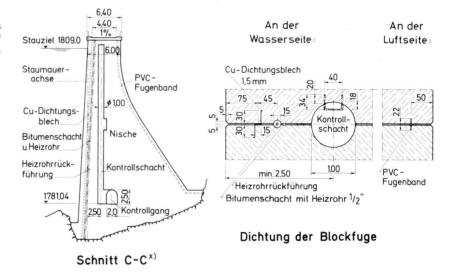

Schnitt C-C[x)]

Dichtung der Blockfuge

Die Fugenflächen wurden zunächst über den tiefstliegenden Injektionsstrang bzw. von der Wasserseite her gefüllt. Der erforderliche Förderdruck betrug etwa 5 bar. Das Entlüftungssystem stand zur Entlastung offen. Zu Beginn wurde Injektionsgut mit einem Wasser-Zement-Faktor = 1,0 eingepreßt. Je nach Breite und Injektionsgängigkeit der Fuge – die Fugenbreite schwankte zwischen 0,3 mm und 2,7 mm mit einem Mittelwert von etwa 2,2 mm – erfolgte im weiteren Verlauf eine Umstellung auf Mischungen mit kleineren Wasser-Zement-Faktoren. Der Austritt von dickem Injektionsgut aus dem Entlüftungssystem zeigte die Füllung der Fuge an. Nach einer Pause von etwa 3 Stunden, während der sich das Überschußwasser abscheiden sollte, erfolgte eine Nachfüllung und schließlich nach Schließen der Ventile am Entlüftungssystem die zweite Phase des Injektionsvorganges – die Druckphase. Im Zuge dieser Injektionsphase wurden der Reihe nach sämtliche Injektionssysteme eines Fugenabschnitts angeschlossen. Der Injektionsvorgang galt als beendet, wenn am oberen Ende des Fugenabschnitts ein Druck von 3 bar erreicht und einige Minuten gehalten werden konnte. Abschließend wurde das Injektions- und Lüftungssystem kräftig gespült. Um die durch die Injektion auftretende Belastung in der Mauer besser zu verteilen, stand die Nachbarfuge jeweils unter einem Wasserdruck von 2 bar bis 3 bar. Konnte bei dem ersten Injektionsdurchgang nicht jene Mindestmenge verpreßt werden, die sich aus Fugenfläche und im Kontrollgang gemessener Fugenweite ergab, so wurde nach einigen Tagen oder Wochen der Injektionsvorgang wiederholt. Aber auch in jene Fugen, die bei

dem ersten Injektionsdurchgang genügend Suspension aufnahmen, konnten nach einiger Zeit mitunter bedeutende Mengen nachgepreßt werden. Im Durchschnitt mußten im Hauptinjektionsgang die Fugen zwei- bis dreimal, bei den Nachinjektionen in den darauffolgenden Jahren ein- bis zweimal behandelt werden.

Die Gesamtaufnahme an Zement betrug einschließlich der Spülverluste 4 kg/m^2 bis 12 kg/m^2, im Mittel 8 kg/m^2 und lag in der Regel bedeutend höher als sich dies rechnerisch ergeben hatte. In Bild B 8/14 ist die Injektionsgutaufnahme bei den einzelnen Injektionsgängen für einige charakteristische Fälle dargestellt. Während des Injektionsvorgangs wurden die Fugenbewegungen in Höhe der Injizierstelle und im Kontrollgang darüber mittels Setz-Deformeter laufend beobachtet. Die durch die Injektion hervorgerufenen Fugenerweiterungen beliefen sich auf etwa 0,2 mm bis 0,4 mm.

Der gewählte Injektionsvorgang wie auch die hierzu benützte Installation haben sich im allgemeinen sehr gut bewährt. Als Mangel wurde nur die relativ schlechte Regulierbarkeit der Triplex-Pumpen und das Fehlen eines absolut sicheren Druckregulierventils empfunden.

Bild B 8/16
Ausbildung und Abdichtung der Fugen bei der Pfeilerkopfmauer Al Massira in Marokko; Ausführung 1975/77 (nach Unterlagen der Motor-Columbus Ingenieur-Unternehmung, Baden/Schweiz)

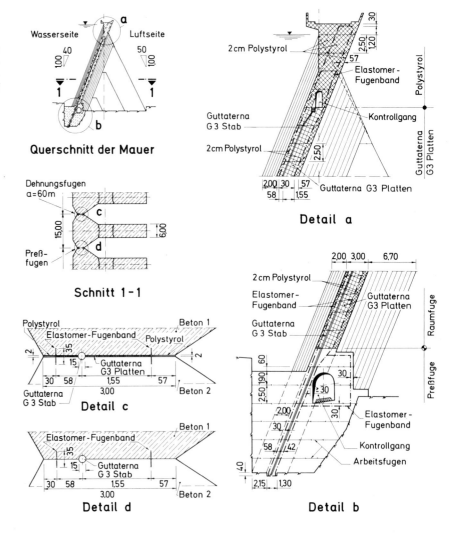

Ausbildung der Blockfugen in der Seitenmauer

Die Blockfugen in der Seitenmauer wurden als glatte Preßfugen ausgebildet. Der später betonierte Abschnitt wurde
direkt ohne Trennmittel an den vorhandenen Abschnitt betoniert. Zur Dichtung der Blockfugen fand an der Wasserseite
die schon bei der Staumauer Lünersee angewandte, bewährte
Konstruktion aus einem z-förmig gefalzten Kupferblech und
einem Bitumenschacht mit 15 cm Durchmesser im Abstand
von 45 cm hinter dem Blech Anwendung (Bild B 8/15). Das
1,5 mm dicke Kupferblech greift jeweils 30 cm in den Beton
ein und weist eine gesamte Abwicklungsbreite von 78 cm aus.
In den Längsstößen ist es überlappt genietet und verlötet.
Über ein in der Mitte des Bitumenschachts verlegtes Heizrohr
kann das Bitumen jederzeit zu Nachdichtungszwecken plastifi-
ziert werden. An der Luftseite der Mauer wurde ein 22 cm
breites PVC-Fugenband mit Dehnungsschlauch angeordnet.

(2) Pfeilerkopfstaumauer Al Massira in Marokko

Die Staumauer Al Massira besteht aus einzelnen Pfeilern mit
15 m Kopfbreite (Bild B 8/16). Jede 4. Fuge ist als Dehnungsfuge mit 2 cm Fugenspalt ausgebildet. Die Zwischenfugen sind
Preßfugen. In den Fugen müssen Bewegungen infolge Abkühlen des Betons und unterschiedlicher Setzungen der Pfeiler
aufgenommen werden können, ohne die Dichtigkeit der Fugenkonstruktion zu gefährden. Die Wasserdruckbelastung beträgt
maximal 60 m Wassersäule.

Die einzelnen Pfeiler wurden in Stahlbeton in Abschnitten von
2,50 m Höhe hergestellt. An allen vertikalen Fugen ist die
Bewehrung unterbrochen. Als Abdichtung sind sowohl in den
Dehnungs- als auch in den Preßfugen je Fuge zwei 35 cm breite
innenliegende Elastomer-Dehnungsfugenbänder im Abstand
von 2,13 m bzw. 1,00 m im Bereich des Kontrollgangs einbetoniert. Außerdem ist eine rohrartige Fugenerweiterung mit
15 cm Durchmesser zwischen den beiden Fugenbändern mit
einem Guttaterna G 3-Stab[*] gefüllt. Als Fugeneinlage ist in
den Dehnungsfugen zwischen den Fugenbändern Guttaterna
G 3 in Platten mit 2 cm Dicke und außerhalb der Fugenbänder
2 cm Polystyrol eingebaut.

Diese Fugenausbildung hat sich bei Pfeilerkopfstaumauern
bewährt. Bisher sind keine negativen Erfahrungen bezüglich
der Fugenabdichtung bei der Staumauer Al Massira bekannt.

---

[*] Guttaterna G 3 ist eine dauerplastische Fugenfüllung auf der Basis
von Rohkautschuk und Kunstharz mit guter Klebefähigkeit. Dichtigkeit, Haltbarkeit und Verformungseigenschaften bleiben auch
bei extremen Temperaturen erhalten

Bild B 8/17
Sanierung der Fontana-Staumauer durch nachträgliches Herstellen einer Dehnungsfuge im
Übergangsbereich Hauptdamm/Hochwasser-
entlastungsanlage [B 8/8]

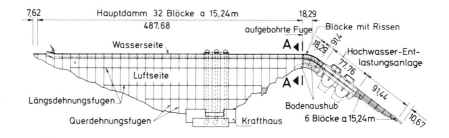

Grundriß der Mauer

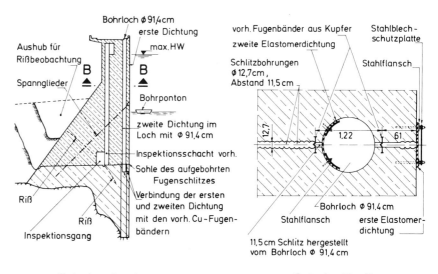

Schnitt A - A   **Schnitt B - B**

(3) Sanierung der Fontana-Staumauer, USA, durch eine
    nachträglich hergestellte Dehnungsfuge [B 8/8]

Die um 1940 erbaute Fontana-Staumauer (USA, Nord Caro-
lina) ist eine Beton-Gewichtsmauer mit einer Gesamtlänge von
721 m und einer größten Höhe von 146 m. Die Mauerachse
verläuft im Grundriß in ihrem Hauptbereich gerade, die im
unteren Bereich geböschte Luftseite zeigt nach Süden. Im östlichen Schulterbereich bilden drei Blöcke mit einer Gesamtlänge von ca. 50 m und einer Höhe von ca. 40 m einen bogenförmigen Übergang zur Hochwasserentlastungsanlage (Bild B
8/17). Vor einigen Jahren wurde in diesem Übergangsbereich
ein Riß entdeckt, der – wie Kernbohrungen zeigten – nahe an
der Wasserseite der Mauer oberhalb der Mauersohle beginnt,
im Winkel von ca. 45° aufsteigt und sich durch den Kontrollgang bis an die Luftseite fortsetzt. Messungen ergaben eine
größte Rißbreite von 2,5 mm im Sommer an der Luftseite. Als
Ursache der Rißbildung wurde die Wärmeausdehnung der
Hauptmauer im Sommer ermittelt (die Dehnungsfugen sind
überdrückt), wobei der gekrümmte Übergangsbereich durch
den dabei entstehenden Horizontalschub Kräfte in Richtung
Becken erhält. Durch das Quellen des Betons infolge einer
leichten Alkali-Reaktion wurde der Effekt der Wärmeausdehnung noch vergrößert.

Die Sanierung der Mauer, zunächst durch Spannglieder (insgesamt 25 Stück mit je 3302 kN Vorspannung), senkrecht zur
Rißebene und die Verpressung des Risses brachten keinen
Erfolg. Es wurde deshalb zwischen der Hauptmauer und dem
gekrümmten Bereich eine Dehnungsfuge mit einer Breite von
mehr als 7,6 cm mittels übergreifender Kernbohrungen von
12,7 cm Durchmesser über den gesamten Mauerquerschnitt
und bis zu einer Tiefe von ca. 30 m (gemessen von der Krone)
ausgeführt. Die Schwierigkeiten, die sich aus der Forderung
nach geraden Bohrungen ergaben, wurden durch Pilotbohrun-
gen mit kleinerem Durchmesser und Leiteinrichtungen befriedigend gelöst. Zur Abdichtung dieser Dehnungsfuge wurden
zwischen den zwei vorhandenen Kupferfugenblechen in der
an dieser Stelle vorhandenen Arbeitsfuge eine Bohrung mit
91,4 cm Durchmesser niedergebracht. In diesem Schacht und
an der Wasserseite der Mauer wurden breite, bewehrte Gummi-
bänder (Förderbänder) über der Fuge an den Beton mit
Dübeln, Stahlflanschen und Bolzen angeklemmt.

Spannungsmessungen nach der Fertigstellung der Dehnungsfuge bestätigten die Ergebnisse einer vorher durchgeführten
FE-Rechnung. Die jahreszeitliche Änderung der Dehnungsfu-
genbreite ist jedoch größer als die Rechnung ergeben hatte.

B 9 Tiefgaragen, Tiefkeller und industrielle Tiefbauten

B 9.1 Tiefgaragen und Tiefkeller

B 9.1.1 Allgemeines

Tiefgaragen und Tiefkeller erfordern, sofern sie im Grundwasserbereich liegen, eine wasserundurchlässige Gründungswanne. Bis in jüngster Zeit wurde hierfür in aller Regel die Betonkonstruktion mit einer wasserdruckhaltenden Bitumen-Außenabdichtung versehen. Diese Ausführung wird allgemein als „Schwarze Wanne" bezeichnet. In neuerer Zeit wurden auch lose verlegte, dicht geschweißte Kunststoffbahnen z.B. aus PVC-P oder ECB für solche Aufgaben eingesetzt. Mit beiden Methoden sind ungeachtet von Fugen, Rißbildungen und Undichtigkeiten in der Betonkonstruktion staubtrockene Räume im Grundwasserbereich zu erwarten, wenn die anerkannten Konstruktionsregeln für druckwasserhaltende Außenabdichtungen eingehalten und Ausführungsfehler vermieden werden. Weist die Hautabdichtung jedoch Fehlstellen auf, so muß häufig – da eine Ortung und Reparatur der Fehlstellen oft nur schwer möglich ist – die Betonkonstruktion die Abdichtung übernehmen. Fugen und undichte Stellen im Betonbauwerk müssen dann mit hohem Aufwand abgedichtet werden.

Aus Kostengründen werden in jüngster Zeit Tiefgaragen und Tiefkeller immer häufiger aus wasserundurchlässigem Beton (WU-Beton) ohne Außenhautabdichtung hergestellt. Im Gegensatz zur „Schwarzen Wanne" spricht man dann von einer „Weißen Wanne". Auch hiermit lassen sich trockene Räume im Grundwasserbereich herstellen. Allerdings muß die höhere Luftfeuchtigkeit in diesen Räumen durch entsprechende Lüftung ausgeglichen werden. Hauptaufgabe bei der „Weißen Wanne" ist die Herstellung einer weitgehend rissefreien Betonkonstruktion bzw. die Beschränkung der Rißbreiten. Erreicht wird dies durch betontechnologische Maßnahmen, sorgfältige Verarbeitung und Nachbehandlung des Betons sowie gezielte Fugenanordnung und Bewehrung. Ein wesentlicher Vorteil der Bauweise liegt darin, daß Fehlstellen direkt sichtbar sind und durch Injektion abgedichtet werden können. Schwachpunkte der WU-Beton-Konstruktion sind die Arbeits- und Bewegungsfugen.

Eine technische Zwischenlösung zwischen „Schwarzer" und „Weißer" Wanne stellt die sogenannte „Braune Wanne" mit dem in den USA entwickelten Volclay-Abdichtungssystem dar. Hierbei wird die Betonkonstruktion mit Bentonit-Panels (Volclay-Panels) umhüllt. Durch die Quellwirkung des Bentonits werden Arbeitsfugen und Risse in der Betonkonstruktion geschlossen. Zu den Schwachpunkten auch dieses Abdichtungssystems gehören u.a. die Bewegungsfugen. Außerdem setzt die volle Funktionsfähigkeit das ständige Vorhandensein von Feuchtigkeit bzw. Wasser voraus.

Oberhalb des Grundwassers sind die Bauwerke gegen Sickerwasser bzw. Bodenfeuchtigkeit abzudichten. Befahrbare Kellerdecken und Parkdecks als oberer Abschluß von Bauwerken erfordern eine besondere Ausbildung und Abdichtung, um die darunter liegenden Räume trocken zu halten. Sie sind in Kapitel B 10 abgehandelt.

In den folgenden Abschnitten werden Fugenanordnung und -ausbildung bei Tiefgaragen und Tiefkellern aus wasserundurchlässigem Beton (Kap. 9.1.2) und mit Hautabdichtung (Kap. 9.1.3) sowie industrielle Tiefbauten (Kap. 9.2) beschrieben und an Hand von Beispielen dargestellt.

B 9.1.2 Bauwerke aus wasserundurchlässigem Beton

Bei der „Weißen Wanne" übernimmt der Beton außer der tragenden Funktion auch die abdichtende Aufgabe. Damit das Bauwerk einwandfrei funktioniert, müssen Planung, Konstruktion und Ausführung auf diese Bauweise abgestimmt sein. Einzelheiten hierzu sind z.B. enthalten bei Grube [B 9/1], Lohmeyer [B 9/2] und Falkner [B 9/3].

Grundsätzlich können für „Weiße Wannen" zwei Konstruktionsarten unterschieden werden [B 9/2]:

a) die rißvermeidende Bauweise mit Bewegungsfugen
   Zwangsspannungen in den Bauteilen werden durch Unterteilung in kurze Abschnitte gering gehalten; es werden Dehnungs- und Arbeitsfugen angeordnet.

b) die rißsteuernde Bauweise ohne Bewegungsfugen
   Zwangsspannungen in den Bauteilen werden durch engliegende, rißverteilende Bewehrung aufgenommen; es entstehen nur feine Risse, die die Wasserundurchlässigkeit und Dauerhaftigkeit des Bauwerks nicht beeinträchtigen.

Bei der *rißvermeidenden Bauweise* (a) mit Bewegungsfugen sind die Zwänge im Beton so zu begrenzen, daß die entstehenden Zwangsspannungen nicht größer als die Zugfestigkeit des Betons werden. Die einzelnen Bauteile müssen sich weitgehend ungehindert bewegen können. Folgende Grundregeln sind nach Möglichkeit bei Planung, Konstruktion sowie Bauausführung zu beachten:

1. Bauwerksteile mit unterschiedlichen Höhen und/oder stark unterschiedlichen Belastungen des Baugrunds oder auf verschiedenartigem Baugrund gegründet sind durch Bewegungsfugen voneinander zu trennen. Das gleiche gilt für im Grundriß stark gegliederte Baukörper.

2. Bei längeren Bauwerken oder Bauteilen, bei denen durch Wärmewirkungen und Schwinden Zwänge entstehen können, sind Dehnungsfugen anzuordnen.

3. Die Bauwerksunterseite ist auf eine Ebene zu legen und als Gleitfläche auszubilden, damit Längenänderungen der

Sohle weitgehend zwängungsfrei auf dem Untergrund stattfinden können.

4. In den abdichtenden Flächen sind scharfe Querschnittsänderungen zu vermeiden.

5. Alle anschließenden Bauwerksteile sind später als die abdichtenden Flächen herzustellen; Innenwände dürfen also nicht gemeinsam mit Außenwänden betoniert werden.

6. Alle abdichtenden Bauwerksteile sind in einem einzigen Arbeitsgang zu betonieren oder die Zwängungen beim späteren Anbetonieren durch die Anordnung von Fugen gering zu halten.

7. Es ist ein Beton mit niedriger Wärmeentwicklung und geringer Schwindneigung zu wählen.

8. Die Betontemperatur beim Betonieren ist möglichst gering zu halten.

9. Der Beton ist intensiv bis zum ausreichenden Erhärten nachzubehandeln.

Bei der Fugenanordnung und der Fugenausbildung sind folgende Fälle zu unterscheiden:

– Bewegungsfugen (Dehnungsfugen)

Die Bewegungsfugen sind gemäß den Grundregeln 1 und 2 anzuordnen. Sie müssen das Bauwerk in den Wänden und in der Sohle bis zum Baugrund trennen. Die Unterteilung und Aufgliederung der Sohle mit Bewegungsfugen richtet sich nach den baulichen Gegebenheiten und Abmessungen sowie nach den Betoniermöglichkeiten der Baustelle. Das Verhältnis Länge/Breite sollte bei Sohlplatten möglichst $< 2/1$ (in Ausnahmefällen bis 4/1) betragen [B 9/1]. Am günstigsten sind quadratische Platten. Bei einwandfreiem Baugrund, ebener Bauwerksunterseite, Anordnung einer Gleitschicht zwischen Sauberkeitsschicht und Betonplatte (z.B. PE-Folien $2 \times 0,3$ mm) und bei entsprechenden betontechnologischen Maßnahmen können Sohlplatten bis zu 30 m $\times$ 30 m, d.h. 900 m² Grundfläche ohne Dehnungsfugen und ohne rißverteilende Bewehrung ausgeführt werden [B 9/1], [B 9/2].

In den Bewegungsfugen sind Fugenbänder einzubauen, die die Dichtfunktion gegen Sicker- bzw. Druckwasser übernehmen und die auftretenden Bewegungen schadlos aufnehmen können. Die Fugen sind im allgemeinen 20 mm breit, damit bei ungleichmäßigen Setzungen oder Wärmewirkungen keine Zwängungen zwischen den Baukörpern entstehen. Als Fugendichtung kommen innen- und/oder außenliegende Bänder aus PVC, PVC/NBR oder Elastomeren zur Anwendung.

– Arbeitsfuge Sohle/Wand

In der Regel wird die Sohle bei einer „Weißen Wanne" vorbetoniert. Die zwischen Sohle und den Wänden entstehende Arbeitsfuge ist gegen Wasserdurchtritt zu sichern. Dies kann auf verschiedene Weise geschehen, z.B. durch:

• sorgfältige Arbeitsweise beim Vorbereiten der Fugen und Betonieren der Wand: Fugenfläche aufrauhen, anfeuchten und mit zementreicher Mörtelmischung einige cm dick vorbetonieren. Diese Lösung wird nur selten bei Tiefkellern und Tiefgaragen ausgeführt.

• Einbau von innen- oder außenliegenden Fugenbändern

• Einbau von Injektionsschläuchen und gezieltes Verpressen der Fuge mit Kunstharz

– senkrechte Arbeits- und Scheinfugen (Sollrißfugen) in den Wänden

In den auf die Sohle anbetonierten Wandabschnitten zwischen den Bewegungsfugen sind, abhängig von der Wanddicke und von den Herstellungsverhältnissen, in bestimmten Abständen (üblich 5 m bis 8 m, s. Tabelle A 1/1) Sollrißfugen anzuordnen. Die Fugen können als Arbeits- oder Scheinfugen ausgeführt werden. Die horizontale Wandbewehrung läuft in beiden Fällen durch.

Für die Ausbildung der Scheinfugen in den Wänden sind im wesentlichen folgende zwei Ausführungsarten üblich:

• Schwächung des Wandquerschnitts durch säulenförmige, im Querschnitt rautenartig ausgebildete Rippenstreckmetallkörbe, die über Eck in die Wände eingestellt und frühestens 7 bis 14 Tage nach dem letzten Betonieren mit Beton kraftschlüssig verfüllt werden. Zur Abdichtung der Fuge wird in der Regel ein außenliegendes Fugenband eingebaut.

• Schwächung des Wandquerschnitts auf mindestens ein Drittel der Wanddicke durch ein oder mehrere einbetonierte Bretter, Rohre oder sonstige Formteile. Die Dichtung erfolgt durch innen- oder außenliegende Fugenbänder oder es wird ein Injektionsschlauch eingebaut, der später mit Kunstharz verpreßt wird.

Ähnlich wie die Scheinfugen können auch die Arbeitsfugen in den Wänden mit den säulenförmigen Rippenstreckmetallkörpern ausgebildet werden. Ansonsten werden die Arbeitsfugen meist gerade abgeschalt. Zur Querkraftübertragung werden die Fugenschalungen profiliert oder die Fuge wird mit Rippenstreckmetall abgeschalt. Bei dicken Wandkonstruktionen ist auch eine Nut- und Feder- oder eine Falzausbildung möglich.

Maßgebend für eine erfolgreiche Fugenabdichtung bei „Weißen Wannen" ist ein konsequent durchkonstruiertes und sorgfältig ausgeführtes Dichtungssystem aus außen- oder innenliegenden Fugenbändern sowie evtl. aus Injektionen. Bei der Abdichtung der Arbeits- und Scheinfugen durch Verpressen mit Kunstharz ist besonders auf einen wasserdichten Anschluß an die Fugenbänder in den Bewegungsfugen zu achten.

Bei der *rißsteuernden Bauweise* (b) ohne Bewegungsfugen werden die unvermeidbaren Zwänge durch Bewehrung so gesteuert, daß die entstehenden Risse möglichst fein verteilt sind. Diese Risse beeinträchtigen die Wasserundurchlässigkeit und Dauerhaftigkeit des Bauwerks nicht, sofern sie eng genug sind. Für wasserundurchlässige Betonbauteile muß die Rißbreite $\leq 0,2$ mm sein. Bei starkem Korrosionsangriff darf die Rißbreite 0,1 mm nicht überschreiten.

Bemessungsverfahren für die erforderliche rißverteilende Bewehrung sind z.B. von Falkner [B 9/7] und von Rostasy / Henning [B 9/8] veröffentlicht worden.

Auch die Bauwerke ohne Bewegungsfugen werden nicht in einem Stück, sondern aus baubetrieblichen Gründen in einzelnen Abschnitten betoniert. Um die hierdurch auftretenden Zwängungen möglichst gering zu halten, werden z.B. Schwindfugen oder Schwindgassen zwischen den Betonierabschnitten zunächst offengelassen und frühestens 7 bis 14 Tage nach dem letzten Betonieren mit Beton kraftschlüssig geschlossen. Eine andere Methode besteht in einem schachbrettartigen Betonieren der Sohle, so daß zwischen dem Herstellen angrenzender Abschnitte mindestens 7 bis 14 Tage Differenz verbleiben. Auch Wandflächen können entsprechend alternierend betoniert werden, so daß ein Teil der Zwänge aus Wärmeänderungen und Schwinden beim Schließen der Lücke bereits abgebaut ist. Zur Querkraftübertragung werden die Fugenflächen möglichst „rauh" ausgebildet. Die Abdichtung der Arbeitsfugen erfolgt in der Regel durch außen- oder innenliegende Fugenbänder, durch Einlegen von Blechstreifen oder durch Einbau von Injektionsschläuchen und abschließendes gezieltes Verpressen mit Kunstharz.

Im folgenden werden einige Ausführungsbeispiele erläutert:

(1) Tiefgeschosse des Amtsgerichts-Erweiterungsbaus in Hannover (Bild B 9/1)

Der Erweiterungsbau hat eine Grundfläche von rund 3000 m². Von den zwei Untergeschossen wird das 2. als Tiefgarage und Schutzraum genutzt. Alle umschließenden Bauteile waren daher gas- und wasserdicht herzustellen und miteinander zu verbinden. Der höchste Grundwasserstand liegt 35 cm über der Decke des 2. Untergeschosses bzw. 3,50 m über OF Sohlplatte.

Erstellt wurde das Bauwerk in „rißsteuernder Bauweise" ohne Bewegungsfugen. Alle Fugen sowohl in der Sohle als auch in den Wänden sind dementsprechend als Sollrißstellen in Form von Arbeitsfugen mit durchgehender Bewehrung ausgeführt worden und durch 32 cm breite außenliegende Fugenbänder aus PVC gegen Wassereintritt gesichert.

Die Sohlplatte hat eine Dicke von 50 cm. Unter den Stützreihen beträgt die Dicke 1 m. Durch Arbeitsfugen im Abstand von 17 bis 24 m ist die Gesamtfläche in 8 Teilflächen von 280 bis 490 m² Größe aufgeteilt worden. Die Arbeitsfugen wurden durch Streckmetall keilförmig ausgebildet. Sie blieben mindestens 14 Tage offen und wurden dann mit Fließbeton ausbetoniert.

Die Kranfundamente im Bauwerksinnern wurden vor der Sohlplatte betoniert und an diese mit rechtwinklig verschweißten PVC-Außenfugenbändern angeschlossen.

Die Dicke der Außenwände beträgt 30 cm. Sie wurden geschoßweise betoniert. Durch Arbeitsfugen (Sollrißstellen) sind sie, abhängig von den örtlichen Verhältnissen, in

Bild B 9/1
Fugenanordnung und -ausbildung der Tiefgeschosse des Amtsgerichts-Erweiterungsbaus in Hannover; Ausführung 1983 [B 9/4]

Erläuterungen:
AF = Arbeitsfugenband
DF = Dehnungsfugenband

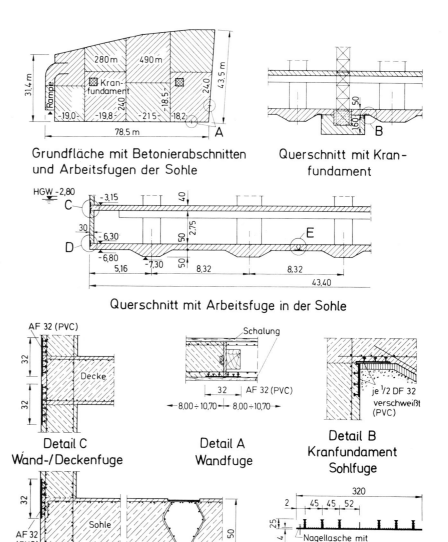

Grundfläche mit Betonierabschnitten und Arbeitsfugen der Sohle

Querschnitt mit Kranfundament

Querschnitt mit Arbeitsfuge in der Sohle

Detail C
Wand-/Deckenfuge

Detail A
Wandfuge

Detail B
Kranfundament
Sohlfuge

Detail D
Sohl-/Wandfuge

Detail E
Sohlfuge

PVC-Arbeitsfugenband
AF 32

Abschnitte von 8 bis 10,70 m Breite unterteilt. Die Fugen-
absperrung erfolgte mit Holzschalung und Trapezleiste. Der
nächste Wandabschnitt wurde nach dem Entfernen der
Absperrung ohne Vorbehandlung wie bei einer Preßfuge dagegen betoniert.

Vor dem Verfüllen der Arbeitsräume wurden die außenliegenden Fugenbänder durch Hartfaserplatten geschützt.

(2) Tiefgarage Buddenbergplatz, Bochum (Bild B 9/2)

Die fünfgeschossige Tiefgarage liegt über einem Stadtbahntunnel. Ihre Grundfläche beträgt rd. 3400 m². Das Grundwasser
steht bis etwa 6 m oberhalb OF Bauwerkssohle an. Das Bauwerk hat keine Bewegungsfugen. Die 85 cm dicke Sohle wurde
in drei Abschnitten betoniert. Die Betonierfugen sind mit
Streckmetall abgeschalt und mit einem PVC-Außenfugenband
von 35 cm Breite abgedichtet.

Die 40 cm dicken Wände wurden geschoßweise hergestellt und
in Abständen von 5,0 bis 8,0 m durch vertikale Schein- bzw.
Arbeitsfugen unterteilt. Im Bereich der Scheinfugen ist der
Betonquerschnitt durch quadratische Aussparungskörper aus
Bewehrungseisen und Rippenstreckmetall zwischen der durchlaufenden Bewehrung geschwächt. Als Dichtung sind für die
horizontalen und vertikalen Fugen im Grundwasserbereich
35 cm breite PVC-Außenfugenbänder verwendet worden.
Zusätzlich wurden in allen horizontalen Arbeitsfugen 2 × 2 cm
große Moosgummistreifen als Injektionskanäle mit Verpreß-
röhrchen im Abstand von 4 m eingebaut, um undichte Fugen
gezielt nachträglich verpressen zu können. Nach dem Abklingen der Temperatur- und Schwindspannungen wurden die
Aussparungen in den Wandfugen mit Quellmörtel (Fabrikat
Pagel) verfüllt.

Oberhalb des Grundwasserspiegels sind die Arbeitsfugen mit
einer dauerelastischen Spachtelmasse auf Polyurethanbasis
(Arulastic 2020) gegen Sickerwasser abgedichtet. Dazu waren
in den Fugen 9 cm breite und 1 cm tiefe Aussparungen vorgesehen.

Bild B 9/2
Fugenanordnung und -ausbildung bei der Tiefgarage Buddenbergplatz in Bochum; Ausführung 1979/80 (nach Unterlagen des Tiefbauamts Bochum)

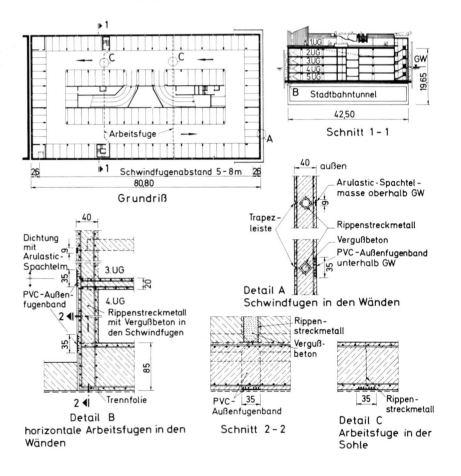

(3) Tiefgeschosse der Kunstsammlung in Düsseldorf
 (Bild B 9/3)

Die Tiefgeschosse der Kunstsammlung tauchen maximal bis zu 8 m ins Grundwasser ein. Die 6400 m² große, 1 m dicke Sohlplatte des Gebäudes wurde in 10 Betonierabschnitte von jeweils 400 bis 600 m² unterteilt. Zuerst wurde der tiefer liegende Technikbereich betoniert. Danach wurden die sich anschließenden höherliegenden Bereiche erstellt.

In der Sohle gab es nur Arbeitsfugen. Mit Hilfe von Noppenfolien wurden die vertikalen Fugenflächen besonders profiliert, um eine gute Querkraftverzahnung zu erhalten. Zur Abdichtung der vertikalen und horizontalen Arbeitsfugen in der Sohle wurden Injektionsschläuche eingebaut. Alle Fugen erhielten zusätzlich ein außenliegendes PVC-Fugenband, damit beim Verpressen der Schläuche kein Injektionsmaterial in den Boden gelangen konnte.

Die 70 cm dicken Wände wurden in 10 m langen Abschnitten rund 6 m hoch (zwei Geschosse) betoniert. In der Mitte erhielten die Wandabschnitte eine vertikale Scheinfuge (Sollrißfuge). Zur Schwächung des Betonquerschnitts wurden hier zwei 15 cm breite Bretter eingebaut. Die vertikalen Arbeitsfugen in den Wänden sind wie in der Sohlplatte mit einer Noppenfolie in der Schalung profiliert. In den Schein- und in allen Arbeitsfugen wurden zur Abdichtung Injektionsschläuche eingebaut. Zusätzlich erhielten alle Fugen wie in der Sohle außenliegende PVC-Fugenbänder.

Die eigentliche Abdichtung aller Arbeits- und Scheinfugen in der Sohle und in den Wänden erfolgte durch das spätere Verpressen der Injektionsschläuche mit Epoxidharz.

Die beiden Dehnungsfugen in den Außenwänden oberhalb der Sohle (Achsen 3/B und 3/L) wurden durch ein innenliegendes Elastomerfugenband mit Stahllaschen und Injektionskanälen, fünf Lagen Bentonit-Pappen im äußeren Fugenspalt und ein außenliegendes PVC-Fugenband gesichert.

Bild B 9/3
Fugenanordnung und -ausbildung bei den Tiefgeschossen der Kunstsammlung in Düsseldorf; Ausführung 1982/83 [B 9/5]

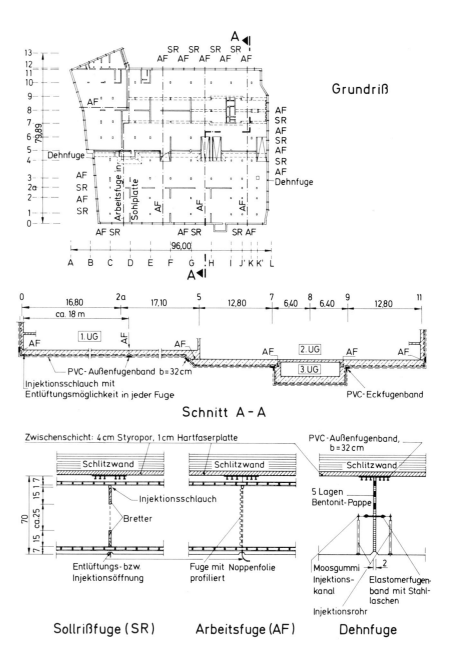

(4) Tiefgarage des Landtags in Düsseldorf (Bild B 9/4)

Die zweigeschossige Tiefgarage hat eine Grundfläche von rd. 18 700 m². Je nach Rheinwasserstand liegt der Grundwasserspiegel unter der Bauwerkssohle (NGW) bzw. oberhalb der Decke (HGW) in Geländehöhe. Maximal stehen 8,10 m Wassersäule über der Bauwerkssohle an.

Die Sohlplattendicke beträgt im Bereich der Hochhausbebauung 1,80 m und im Bereich der Flachbebauung 1,30 m. Durch Bewegungsfugen (BF) ist das Bauwerk in fünf Bauteile gegliedert. Die Verformungen im Bereich dieser Gebäudefugen wurden in x-, y- und z-Richtung mit jeweils maximal 15 mm abgeschätzt.

Insgesamt beträgt die Länge der Bewegungsfugen rd. 460 m. Als Hauptdichtung wurden in den Fugen innenliegende, 35 cm breite Elastomer-Fugenbänder mit Rippen und angeklebten bzw. angeklemmten Injektionsschläuchen eingebaut. Zusätzlich wurden 32 cm breite außenliegende Elastomer-Fugenbänder angeordnet und der 3 cm breite Fugenspalt zwischen beiden Fugenbändern mit quellfähigen Bentonitplatten ausgefüllt.

Die Arbeitsfugen in der Bodenplatte sind mit Hilfe einer sogenannten Spundwandfolie profiliert. Zur Abdichtung wurden Injektionsschläuche eingebaut. Den Abschluß der Arbeitsfugen zum Unterbeton bilden 40 cm breite Streifen aus besandeter Bitumenpappe. Diese sollten beim Verpressen der Schläuche ein Austreten von Injektionsmaterial aus den Fugen verhindern. Die Länge der Injektionsschläuche beträgt 7 m. An den Stoßstellen sind die Schläuche mit Kontakt verlegt, um nach der Injektion eine durchgehend abgedichtete Fuge zu erzielen. Beim Aufeinandertreffen von Arbeits- und Bewegungsfuge wurde aus gleichem Grund der Schlauch an das Fugenband geklemmt.

Die 50 cm dicken Außenwände wurden in 7,0 bis 7,5 m breiten Abschnitten über zwei Geschosse in einem Arbeitsgang betoniert. Sowohl die horizontalen Arbeitsfugen zwischen der Bodenplatte und den Wänden als auch alle senkrechten Arbeitsfugen sind zur Abdichtung mit Injektionsschläuchen ausgerüstet und zum Boden hin mit außenliegenden PVC-Fugenbändern verschlossen, um den Austritt von Injektionsmaterial zu verhindern.

Bild B 9/4
Fugenanordnung und -abdichtung bei der Tiefgarage des Landtags in Düsseldorf; Ausführung 1982/84

Erläuterungen:
BF = Bewegungsfuge
AF = Arbeitsfuge
① bis ⑬ Betonierreihenfolge der Sohlabschnitte

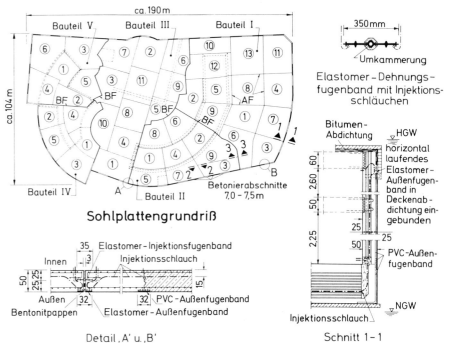

Sohlplattengrundriß

Bewegungs- u. Arbeitsfugen in der Wand

Arbeitsfuge Sohle/Wand

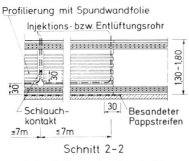

Arbeitsfuge in der Sohle

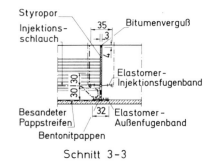

Bewegungsfuge in der Sohle

Die eigentliche Abdichtung der Arbeitsfugen in Sohle und Wand erfolgte durch das Verpressen der Injektionsschläuche mit einem niedrig viskosen Epoxidharz.

Die Bitumenabdichtung der Tiefgaragendecke im Bereich der Geh- und Fahrwege der Innen- und Anlieferhöfe sowie der bepflanzten Flächen wurde wasserdicht an die „Weiße Wanne" mit einem um das ganze Bauwerk verlaufenden horizontalen außenliegenden Elastomerfugenband angeschlossen. Dieses Fugenband ist einerseits mit den außenliegenden Elastomer-Fugenbändern der Bewegungsfugen in den Wänden verbunden und andererseits auf ganzer Länge in die Abdichtung eingeklebt (siehe Kapitel 10, Bild 10/19). Außerdem wurden auch die innenliegenden Elastomer-Fugenbänder der Bewegungsfugen in die Abdichtung eingebunden.

B 9.1.3 Bauwerke mit Hautabdichtung

Tiefgaragen und Tiefkeller werden vor allem dann mit einer Hautabdichtung versehen, wenn von der Nutzung her eine verhältnismäßig geringe Luftfeuchtigkeit gefordert wird. Das ist beispielsweise der Fall, wenn die unter Erdgleiche befindlichen Räume für den längeren Personenaufenthalt oder für die Lagerung feuchtigkeitsempfindlicher Güter wie Lebensmittel oder Papier bestimmt sind. Auch die Unterbringung von Archiven oder EDV-Anlagen stellt hohe Anforderungen an das Raumklima. Dementsprechend werden die Tiefgeschosse von Banken, Ministerien, Konzernzentralen oder Anlagen der Telefonvermittlung in der Regel mit Hautabdichtungen versehen.

Im folgenden werden hierzu zwei Beispiele beschrieben:

(1) Landeszentralbank Konstanz (Bilder B 9/5 bis B 9/7)

Beim Bau der Landeszentralbank Konstanz in den Jahren 1982/83 wurden die Tiefgeschosse in einer Baugrube erstellt, die großenteils aus Bohrpfählen bestand. Die dreilagige Bitumenabdichtung aus einer wasser- und einer luftseitig ange-

Bild B 9/5
Neubau Landeszentralbank, Konstanz; Abdichtungsrücklage und Anschluß Notausstieg (nach Unterlagen der STUVA)

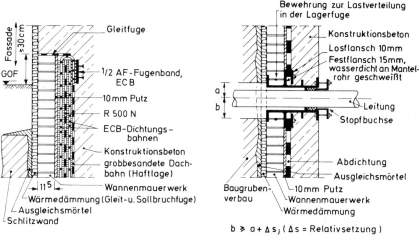

(a) oberer Abschluß der Abdichtung mit Gleit- und Sollbruchfuge

$b \geqslant a + \Delta s_j \ (\Delta s = \text{Relativsetzung})$

(b) Rohrdurchführung

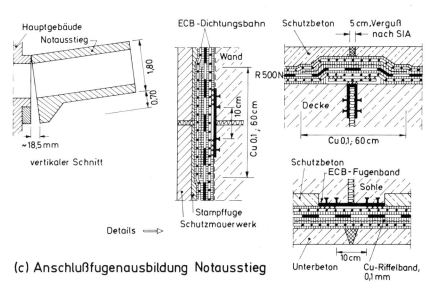

(c) Anschlußfugenausbildung Notausstieg

ordneten Lage aus 2,5 mm dicken ECB-Dichtungsbahnen und
einer mittig liegenden nackten Bitumenbahn R500N mußte im
Wandbereich ohne Arbeitsraum aufgebracht werden. Die Sollbruchfuge (vergl. Kap. A 3.5) wurde gesondert nach dem Prinzip des Bildes A 3/45 ausgebildet. Zu diesem Zweck wurde die
Baugrubenwand mit einem Ausgleichsmörtel versehen. Als
Gleit- und Sollbruchfuge dient die Wärmedämmung. Davor
wurde ein halbsteiniges Kalksandsteinmauerwerk gesetzt, das
luftseitig einen 10 mm dicken Kalkzementputz aufwies. Darauf
wurde die Abdichtung geklebt. Auf voller Wandhöhe wurde
abschließend eine Haftlage aus einer grobbesandeten Dachbahn V 13 aufgebracht. Diese Lage ist an den Nähten stumpf
gestoßen. Am oberen Rand der Wannenabdichtung wurde die

äußere ECB-Dichtungsbahn schützend über das gesamte
Abdichtungspaket geklappt und mit der inneren ECB-Dich-
tungsbahn verschweißt. Zur Verwahrung und Sicherung gegen
Hinterläufigkeit wurde schließlich ein halbes außenliegendes
Arbeitsfugenband aufgeschweißt (Bild B 9/5 a).

Wegen der generellen Wannenlage der Abdichtung waren
besondere Überlegungen bezüglich der Rohrdurchführung
anzustellen. Sie führten dazu, daß der Festflanschring des
Mantelrohrs im Wannenmauerwerk anzuordnen war (Bild B 9/
5 b). Um hier eine ausreichende Verankerung zu erreichen,
erhielt das Mantelrohr am wasserseitigen Ende einen zweiten
Ringflansch. Abdichtung und mehrteiliger Losflansch wurden

Bild B 9/6
Neubau der Landeszentralbank, Konstanz;
Gebäudefuge (nach Unterlagen der STUVA)

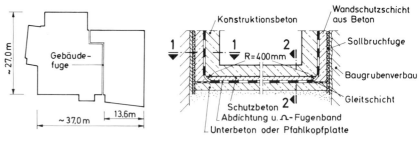

Bild B 9/7
Ausführung der Gebäudefuge bei der Landeszentralbank Konstanz (Fotos: STUVA)
a) Übergang Sohle / Wand
b) Bereich eines Sohlversprungs

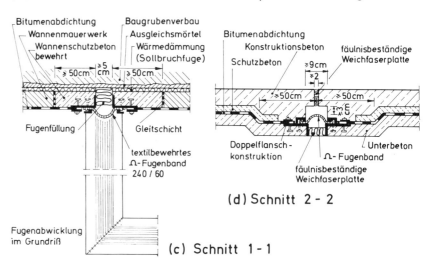

von der Innenseite her vor Erstellen des Bauwerks aufgebracht. Im Konstruktionsbeton befindet sich ein weiterer Ver-
ankerungsflansch und schließlich auf der Gebäudeinnenseite
eine Stopfbuchse. Um die erwarteten Relativsetzungen von
etwa 25 mm zwischen Bauwerk und Baugrubenverbau zwängungsfrei für das Leitungsrohr zu halten, mußte ein entsprechend großes Fenster in den Verbau gestemmt werden.

Im Anschluß eines Notausstiegs mußte für den Sohlen- und
unteren Wandbereich mit größeren Fugenöffnungen gerechnet
werden. Dies ergab sich aus der Annahme einer Setzung des
Hauptgebäudes bis zu 25 mm und einer damit verbundenen
Drehung des Notausstiegbauwerks entsprechend Bild B 9/5c.
Vor diesem Hintergrund erhielt das durchlaufende dreilagige
Abdichtungspaket eine Verstärkung durch ein 60 cm breites
und 0,1 mm dickes Kupferriffelband sowie ein luftseitig angeordnetes Außenfugenband aus ECB. Im Deckenbereich
wurde das Außenfugenband durch ein Abdeckfugenband
ersetzt. Dessen geringere Dehnfähigkeit störte wegen der ein-
gangs getroffenen Verformungsannahmen nicht. Mit den einbetonierten Dicht- und Ankerrippen der ECB-Fugenbänder
wurde eine zusätzliche Sicherheit gegen Umläufigkeit erreicht.

Bei der abdichtungstechnischen Ausbildung der Gebäudefuge
waren Einflüsse aus Erdbeben zu berücksichtigen. Deshalb
wurde hier eine Lösung mit Omegaband, Typ 240/60 gewählt
(Bild B 9/6). Der Anschluß der Bitumenabdichtung erfolgte
über Doppelflansch (vgl. auch Bild A 3/37). Einzelheiten der
Ausführung zeigt Bild B 9/7.

Bild B 9/8
Erweiterung Knotenvermittlungsstelle Mönchengladbach; Anschlußfuge Altbau / Neubau
(nach Unterlagen der STUVA)

[1] Durchdringung im Stirnblech mit Stopf-
    buchse und Schraubarmatur

(2) Knotenvermittlungsstelle Mönchengladbach
    (Bilder B 9/8 bis B 9/10)

In den Jahren 1988/89 hat die Deutsche Bundespost ihre Knotenvermittlungsstelle Mönchengladbach erweitert. Die Abdichtung des Erweiterungsbaus erfolgte in Abstimmung auf die
am Altbau vorgefundenen Verhältnisse mit Hilfe mehrlagig
aufgebrachter nackter Bitumenbahnen R500N. Für die Sohlenabdichtung ist im Bereich der Aufzugunterfahrten mit einer
größten Eintauchtiefe im Sinne von DIN 18 195, Teil 6, von
etwa 11,2 m zu rechnen. Dementsprechend beläuft sich die
Zahl der Lagen hier auf fünf. Sie reduziert sich nach oben bis
auf drei im Bereich der Geländeoberfläche.

Ein besonderes Problem stellte der abdichtungstechnische
Anschluß von Altbau zu Neubau dar (Bild B 9/8). Hier ging es
darum, die vorhandene fünf- bis dreilagige Wandabdichtung
dauerhaft zuverlässig aufzugreifen, um die eigentliche Fugenabdichtung mit einem Elastomerprofil vorzunehmen. Zu
diesem Zweck wurde die alte Wandabdichtung bis nahezu in
den Kehlenbereich Sohle / Wand gestaffelt zurückgeschnitten.
Eine neu angeschlossene vierlagige Abdichtung mit vollfläch-
iger 0,1 mm dicker Kupferriffelbandverstärkung wurde in einen
Winkelflansch geführt. Dieser war zuvor mit Klebeankern auf
Kunstharzausgleichsmörtel am Altbau befestigt worden. Er
diente zugleich als Festflansch für das elastomere Fugendicht-
band. In der Ansicht war er von der Sohle ausgehend im

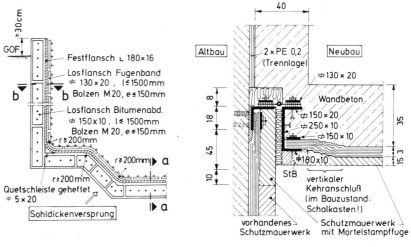

Ansicht gegen Altbau   Schnitt b - b

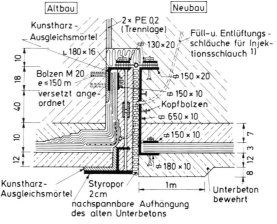

Schnitt a - a

Bereich der beiden Neubauaußenwände nach oben umgelenkt, so daß sich insgesamt ein nach oben offener U-Rahmen ergab. Im Bereich eines Sohlversprungs wurde er entsprechend DIN 18195 mit einem Halbmesser von 200 mm zweimal umgelenkt und unter 45° verzogen (siehe Ansicht in Bild B 9/8 und Bild B 9/10a). Auf der Neubauseite wurde die Sohle stirnseitig mit einem Stahlblech von 10 mm Dicke abgedichtet, an das die Festflansche für das elastomere Fugenband einerseits und die mehrlagige Bitumenabdichtung andererseits angeschweißt waren. Im Klemmbereich wurde die Bitumenabdichtung mit einem 30 cm breiten und 0,1 mm dicken Kupferriffelband verstärkt.

Bei den Anschlußarbeiten auf der Altbauseite war vor allem auch dafür Sorge zu tragen, daß sich die gestaffelt auf der obersten Lage der Sohlabdichtung angeschlossene Wandabdichtung nicht ablöst. Gefahr hierfür bestand infolge einer möglichen Absenkung des Unterbetons im Zuge des Baugrubenaushubs für den Neubau. Dies hätte einen irreparablen Leckwasserweg in den Altbau bewirkt. Neben einer äußerst vorsichtigen Vorgehensweise beim Baugrubenaushub wurde daher etwa alle Meter eine nachspannbare Aufhängung des Altbau-Unterbetons angeordnet. Weiterhin wurde in der Sohle vor-

beugend in diesem kritischen Bereich ein Injektionsschlauch auf voller Länge der Übergangsfuge eingelegt, der von der Neubauseite her zu befüllen und zu entlüften war. Die damit zwangsläufig verbundene Durchdringung der Stahlblechabdichtung für den Neubau wurde mit Hilfe von Stopfbuchsen gedichtet.

Zur Vorbereitung einer für später geplanten zweiten Erweiterung wurde eine weitere Fugenkonstruktion eingebaut (Bild B 9/9). Sie ermöglicht den Übergang zwischen erster und zweiter Erweiterung entweder mit einer entsprechend verstärkten mehrlagigen Bitumenabdichtung oder mit Hilfe eines Elastomer-Profils abzudichten. Hierfür ist der Festflansch vorbereitet. Die Bolzen sind noch nicht aufgesetzt, sondern sollen später in dem für das dann gewählte Abdichtungssystem erforderlichen Abstand über Hubzündschweißung montiert werden. Das vorläufige Weglassen der Bolzen erleichtert im übrigen den Einbau des Schutzmauerwerks und läßt evtl. nicht ausschließbare, korrosionsbedingte Probleme hinsichtlich der Nutzbarkeit der Schrauben zum Zeitpunkt der zweiten Erweiterung gar nicht erst auftreten. Der Festflansch ist als T-Profil ausgebildet, auf das Sohlen- und Wandabdichtung der ersten Erweiterung gesondert angeschlossen werden. Diese Lösung

Bild B 9/9
Erweiterung der Knotenvermittlungsstelle Mönchengladbach; Vorbereitung der Anschlußfuge für eine zweite, spätere Erweiterung (nach Unterlagen der STUVA)

Erläuterung:
EB = Erweiterungsbau

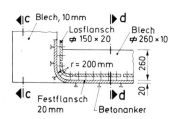

Schnitt a - a

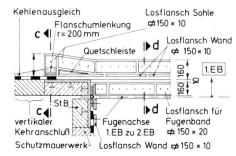

Schnitt b - b

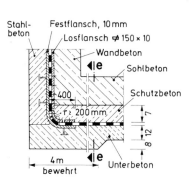

Schnitt c - c

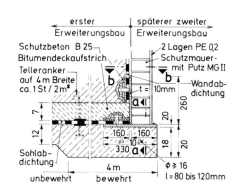

Schnitt d - d

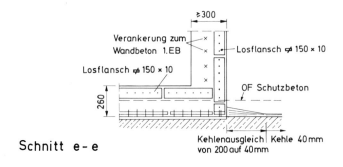

Schnitt e - e

Bild B 9/10
Erweiterung der Knotenvermittlungsstelle
Mönchengladbach; Los- und Festflanschkon-
struktionen (Fotos: STUVA)

a) Ansicht der Übergangsfuge Altbau / Neubau mit der neubauseitigen Flanschkonstruktion
b) Detail der Flanschkonstruktion zur Vorbereitung des Anschlusses einer späteren 2.
   Erweiterung (vgl. Schnitte b-b und c-c in
   Bild B 9/9)

(a)

(b)

erübrigt es, beim Bau der zweiten Erweiterung die Abdichtung
der ersten Erweiterung in irgendeiner Weise im Übergangsbereich neu zu fassen. Die Abdichtungskehle Sohle / Wand ist
durch die Blechausführung unempfindlich gegen baubedingte
mechanische Beschädigungen. Durch Anordnung von Tellerankern auf insgesamt 4 m Breite ist das für die erste Erweiterung aufgezeigte Risiko eines Absenkens des Unterbetons bei
Aushub der Baugrube für die zweite Erweiterung von vornherein ausgeschlossen. Weitere Einzelheiten zeigen die verschiedenen Schnitte des Bilds B 9/9 und Bild B 9/10 b.

Auf die besonderen Probleme in den Fällen, wo die Abdichtung im Wandbereich nicht auf das fertige Bauwerk aufgebracht werden kann, wurde in Kapitel A 3.5 näher eingegangen. Hier kommt es darauf an, daß sich das Abdichtungspaket unter Einwirkung des Wasserdrucks insbesondere bei
Schwindverkürzungen der Bauwerkslängen auf Dauer möglichst geschlossen gegen das Bauwerk stützt und sich zu diesem
Zweck von seiner Arbeitsrücklage ablöst. Dies wird erreicht
durch Ausbildung einer geeigneten Sollbruchfuge. Beispiele
hierfür werden nachstehend beschrieben:

(1) Kunden-Kreditbank, Hauptverwaltung Düsseldorf
    (Bild 9/11)

Für den Bau der Hauptverwaltung der Kunden-Kreditbank in
Düsseldorf mit 4 Untergeschossen wurde 1983 eine rückveran-
kerte tiefe Baugrube mit Schlitzwandumfassung erstellt. Der
Einbau der mehrlagigen Bitumenabdichtung mußte bei einer
Eintauchtiefe bis zu 10,6 m ohne Arbeitsraum erfolgen. Wie in
Kapitel A 3.5 ausgeführt, wird die Art der dann erforderlichen
Sollbruchfuge von der Größe der zu erwartenden Relativsetzungen zwischen Baugrubenverbau und abgedichtetem Baukörper sowie vom Endschwindmaß bestimmt. Die Relativsetzungen waren nach Auffassung des Bodengutachters unter
5 mm anzunehmen. Das größte maßgebliche Endschwindmaß
war rechnerisch zu etwa 3 bis 3,5 mm ermittelt worden. Damit
waren die Voraussetzungen für eine kombiniert auszuführende
Sollbruchfuge eingehalten.

Vorbereitend wurde die Schlitzwand mit einem in der Oberfläche abgezogenen Spritzbetonausgleich versehen. Hierauf
wurde ein Bitumenlösungsmittel-Voranstrich aufgetragen. Es
folgte das Aufschweißen einer Stollen-Schweißbahn (vgl. Bilder A 3/43 und A 3/44) mit etwa 50 % effektiver Haftfläche.
Diese Schweißbahn diente mit den zur Wasserseite weisenden
angeformten Bitumenstollen zugleich als Sollbruchebene, Gleitschicht, Dränfuge und Abdichtungsrücklage (siehe Detail A
in Bild B 9/11). Darauf wurde das dreilagige Abdichtungspaket aus zweimal R500N und einem außenliegenden Cu-Blech,
0,1 mm, im Gieß- und Einwalzverfahren aufgebracht.

Bild B 9/11
Neubau   Kunden-Kreditbank   Düsseldorf;
kombinierte Sollbruchfuge (nach Unterlagen
der Fa. Hochtief AG., Essen)

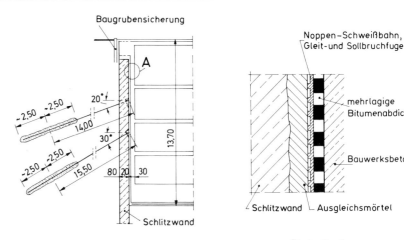

Detail A

Bild B 9/12
Erweiterung Kreditanstalt für Wiederaufbau,
Frankfurt / Main (nach Unterlagen der Arge
KfW)

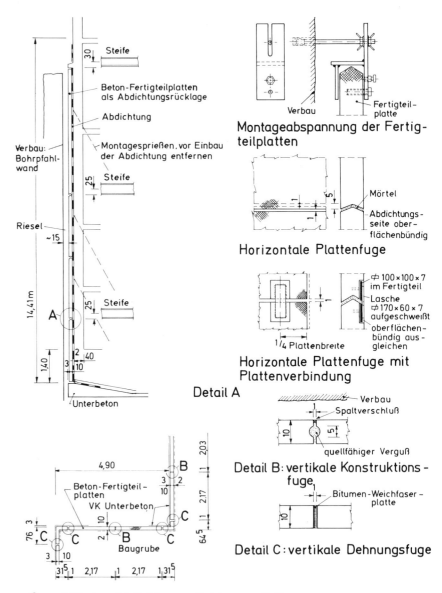

Grundriß der Abdichtungsrücklage mit Fugen

Bild B 9/13
Erweiterung Dresdner Bank, Frankfurt / Main
(nach Unterlagen der Fa. Züblin, Frankfurt)

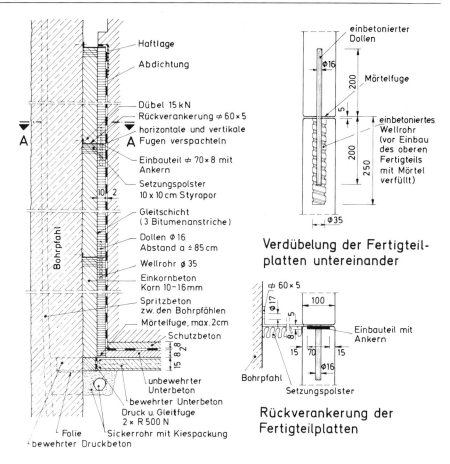

Verdübelung der Fertigteilplatten untereinander

Rückverankerung der
Fertigteilplatten

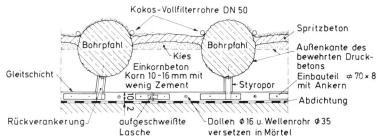

Schnitt A - A

(2) Erweiterung Kreditanstalt für Wiederaufbau,
Frankfurt / Main (Bild B 9/12)

Im Zuge der Erweiterung für die Kreditanstalt für Wiederaufbau wurden in den Jahren 1984 und 1985 zur Erstellung der 3
bzw. 5 Untergeschosse entsprechend tiefe Baugruben erstellt.
Die mehrlagige Bitumenabdichtung aus zwei Lagen nackter
Bitumenbahn R500N und einer mittig angeordneten Dichtungsbahn mit Kupferriffelbandeinlage (Cu 0,1D nach DIN
18190, Teil 4) mußte im Wandbereich bei einer Eintauchtiefe
bis etwa 12,5 m großenteils ohne Arbeitsraum eingebaut werden. Da Relativsetzungen zwischen Baugrubenverbau und den
Baukörpern mit 7 Obergeschossen bis zu 40 mm und Schwindmaße bis zu einer Größenordnung zwischen 5 und 10 mm zu
erwarten waren, kam für dieses Projekt nur eine getrennte

Ausbildung von Sollbruchfuge und Abdichtung in Betracht.
Die ausführende Firmengruppe schlug hierfür die Verwendung
von 10 cm dicken Stahlbetonfertigteilen als Abdichtungsrücklage vor und den Einsatz einer etwa 15 cm dicken Perlkies-
schüttung als Gleit- und Sollbruchfuge zwischen diesen Fertigteilen und der Bohrpfahlwand. Die Abmessungen der Fertigteile orientierten sich der Höhe nach an der Lage der
Geschoßdecken unter Berücksichtigung der jeweils benötigten
Anschlußlängen für Bewehrung und Abdichtung. In Längsrichtung der Baugrubenwandabwicklung wiesen die Betonplatten eine Breite zwischen 2,0 und 2,5 m auf oder sie waren für
Bereiche von Gebäudeecken winkelig ausgebildet. An ihrem
oberen Ende wurden die Fertigteile zur Aufnahme des Schütt-
drucks aus der Perlkiesschicht gegenüber dem Baugrubenverbau abgespannt. Um eine abdichtungstechnisch unabdingbare
Unverschieblichkeit der Fertigteilplatten untereinander sicherzustellen, wurden die horizontalen Plattenfugen nut- und
federartig ausgebildet und stellenweise über Stahllaschen und
einbetonierte Flacheisen miteinander verschweißt (Detail A in

Bild B 9/12). Die Vertikalfugen wurden entweder schubfest durch Quellmörtelverguß oder als Dehnungsfuge im Sinne der von DIN 18195, Teil 10, geforderten Aufgliederung einer Schutzschicht ausgeführt (Details B bzw. C). Die Anordnung von Tellerankern zur Vermeidung von Relativbewegungen zwischen Abdichtungsrücklage und Bauwerk konnte entfallen, da die Baukonstruktion am Kopf der Fertigteilrücklage eine entsprechend bewehrte Konsole aufwies. Dadurch wurden für die Abdichtung kritische Scherbeanspruchungen von vornherein und sicher ausgeschlossen.

(3) Erweiterung Dresdner Bank, Frankfurt / Main
      (Bild B 9/13)

Die Erweiterung der Dresdner Bank in der Weserstraße, Frankfurt / Main weist 3 Unter- und 5 Obergeschosse auf. Die Untergeschosse wurden 1988/89 im Rohbau fertiggestellt. Die Baugrube bestand zum großen Teil aus Bohrpfählen mit zwischenliegender leicht nach außen gewölbter Spritzbetonausfachung. Die Relativbewegung zwischen Baugrubenverbau und Gebäudekomplex wurde mit maximal 30 mm erwartet, das größte Schwindmaß in der gleichen Ebene zu 10 mm ermittelt. Dies bedeutete für die Sollbruchfuge eine Ausführung getrennt von der Abdichtung. Entsprechend einem Sondervorschlag der ausführenden Firma wurde die Sollbruchfuge folgendermaßen ausgebildet: Die Dränaufgabe übernahm ein

Einkornbeton 10/16 zwischen Baugrubenverbau und der Abdichtungsrücklage aus 10 cm dicken Stahlbetonfertigteilen. Die als innenliegende Schalung für den Einkornbeton genutzte Abdichtungsrücklage war auf der Wasserseite mit einem Gleitfilm aus 3 Bitumenanstrichen versehen. Die luftseitig aufgebrachte Abdichtung bestand aus einer Lage Dichtungsbahn Cu 0,1D gemäß DIN 18190, Teil 4 und zwei nach innen folgenden Lagen R500N mit Deckaufstrich. Die Stahlbetonplatten waren in den horizontalen Fugen über Dollen unverschieblich miteinander verbunden. Die Vertikalfugen wurden durch kopfseitig angeschweißte Laschen auf einbetonierten Flacheisen der Lage nach gesichert. Um den Betonierdruck beim Einbringen des Einkornbetons aufnehmen zu können, wurden die Fertigteile über abgewinkelte Flacheisen mit den Bohrpfählen verbunden. Die zwängungsfreie Setzung der Abdichtungsrücklage zusammen mit dem Baukörper wurde an diesen Befestigungspunkten durch Einlegen von Styropor-Setzungspolstern sichergestellt. Am Kopf der Abdichtungsrücklage kragt die Baukonstruktion wie für Beispiel 2 beschrieben wiederum konsolenartig aus. Um in diesem Bereich eine Hinterläufigkeit der Abdichtung oder deren Ablösen vom Konstruktionsbeton zu verhindern, ist luftseitig eine Haftlage aus grob besandeter Dachbahn angeordnet. Am Fuß der Abdichtungsrücklage sorgt eine Ringdränleitung in Kiespackung für eine drucklose Entwässerung der Gleit- und Sollbruchfuge (vgl. auch Bild A 3/45).

Bild B 9/14
Anschluß eines bitumenabgedichteten Bauteils an ein Bauteil aus wasserundurchlässigem Beton (Übersicht); Erweiterungsbauten Kernkraftwerk Krümmel (nach Unterlagen der Arge)

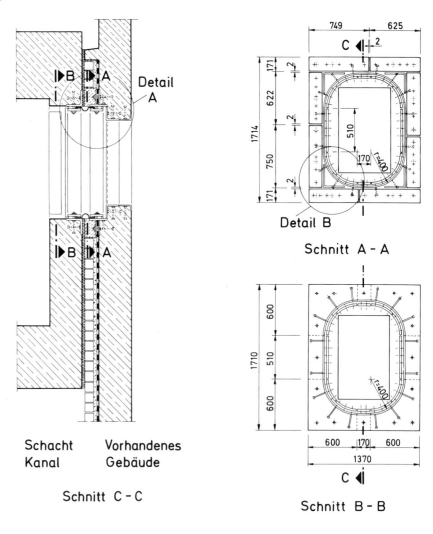

Schacht   Vorhandenes
Kanal   Gebäude

Schnitt C - C

Detail
A

Detail B

Schnitt A - A

Schnitt B - B

B 9.2 Industrielle Tiefbauten

Industrielle Tiefbauten werden prinzipiell nach den gleichen Gesichtspunkten geplant und ausgeführt wie Tiefgaragen und Tiefkeller. Vor diesem Hintergrund wird auf die einleitenden Anmerkungen in Kapitel B 9.1 verwiesen. Nachfolgend werden einige Ausführungsbeispiele vor allem aus dem Kraftwerksbau beschrieben:

(1) Kernkraftwerk Krümmel (Bilder B 9/14 und B 9/15)

Im Rahmen einer Erweiterung wurden im Jahre 1975 verschiedene Kanalanschlüsse beim Kernkraftwerk Krümmel erforderlich. Dabei wurden sowohl bitumenabgedichtete als auch aus wasserundurchlässigem Beton erstellte Kanalbauwerke an vorhandene mit Bitumenabdichtungen versehene Gebäudekomplexe ausgeführt. Die Bilder B 9/14 und B 9/15 zeigen einen Übergang der letztgenannten Art.

Das vorhandene Gebäude steht in einer Abdichtungswanne, die bis in den Deckenbereich des anzuschließenden Kanals reicht (Schnitt C-C in Bild B 9/14). Die mehrlagige Bitumenabdichtung wird über eine Los- und Festflanschkonstruktion mit der eigentlichen Fugenabdichtung aus einem elastomeren

Omegaband verbunden. Auf der Kanalseite erfolgt der Anschluß des Omegabandes über einen Winkelfestflansch an den wasserundurchlässigen Beton. Diese Lösung wurde einige Jahre später deutlich verbessert durch Anordnung einer Labyrinthdichtung in Form aufgeschweißter Stahlrippen (vgl. Beispiel 2, Bild B 9/18).

Der Anschluß der Bitumenabdichtung erfolgte mit 10 mm dicken Losflanschen und Bolzen M20. Das Omegaband ist demgegenüber mit 25 mm dicken Kippflanschen angeklemmt (Bild B 9/15). Der kleinste Ausrundungsradius für derartige Omega-Fugenbänder beträgt 400 mm. Die Losflansche sollten so gestückelt werden, daß sie im Bereich des Mindestradius maximal 3 Bolzen je Losflanschstück aufweisen. Dies wurde beim Kernkraftwerk Krümmel beachtet, wie aus Detail b des Bilds B 9/15 ersichtlich. Das Detail läßt auch die zur Sicherung der Bitumenabdichtung gegen Ausfließen infolge Klemmdrucks erforderlichen Quetschleisten erkennen.

Bild B 9/15
Anschluß eines bitumenabgedichteten Bauteils an ein Bauteil aus wasserundurchlässigem Beton (Details und Schnitte Bild B 9/14); Erweiterungsbauten Kraftwerk Krümmel (nach Unterlagen der Arge)

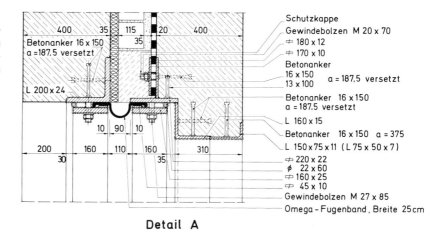

Detail A

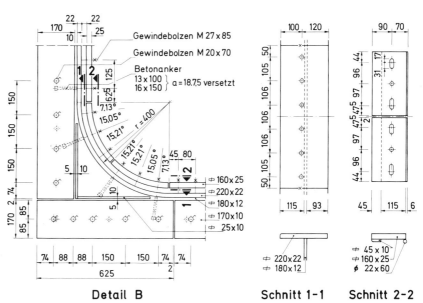

Detail B   Schnitt 1-1   Schnitt 2-2

(2) Standarddetails für die Abdichtung von Kernkraftwerken (Konvoi-Anlagen; Bilder B 9/16 bis B 9/18)

Zur Vorbereitung neuer Kraftwerksvorhaben wurden in den Jahren 1982 bis 1985 Standarddetails für die Abdichtung ausgearbeitet. Die Bilder B 9/16 bis B 9/18 zeigen in diesem Zusammenhang verschiedene Lösungen für den Anschluß eines mit Bitumen abgedichteten Kanals an ein ebenfalls abgedichtetes oder aus wasserundurchlässigem Beton gefertigtes Gebäude. In allen drei Fällen erfolgt die eigentliche Fugenabdichtung mit einem 350 mm breiten elastomeren Omega-Fugenband. Das Schlaufenprofil ist jeweils mit einem Kippflansch an eine stählerne Festflanschkonstruktion angeklemmt (vgl. auch Bild A 3/37). Im Bild B 9/16 wird die Bitumenabdichtung des Kanals in der Sohle wannenartig, in den Wänden und Deckenflächen über einen rückläufigen Stoß in Ebene des Kanalspiegels angeschlossen. Dies setzt das Aufstellen eines Betonrahmens voraus. Wichtig ist das Einschachteln des rückläufigen Stoßes mit einer Kappe aus Kupferriffelband, damit kein Wasser von der Stirnseite des Anschlusses her zwischen die Lagen gelangen kann. Hierauf wurde im Kapitel A 3.2.1 hingewiesen (vgl. auch Bild A 3/2). Das Omega-Fugenband bleibt zugänglich, so daß es später nachgespannt oder sogar auch ausgewechselt werden kann. Aus betrieblichen Gründen erfolgt eine Blechabdeckung des Fugenbandkanals.

Das in Bild B 9/17 dargestellte Prinzip ist dem des Bildes B 9/16 sehr ähnlich. Der Unterschied besteht im wesentlichen in der Anordnung des rückläufigen Stoßes im Wand- und Deckenbereich des Kanalbauwerks. Der rückläufige Stoß ist nunmehr parallel zur Kanalachse angelegt. Dadurch wird ein spornartiges Vorstehen des rückläufigen Stoßes mit der Gefahr eines Abreißens bzw. Wegbrechens bei Verfüllen der Baugrube vermieden. Im Falle des Bildes B 9/16 ist diese Gefahr aus der Geometrie des Gebäudes in Bezug auf den Kanal nicht gegeben.

Eine grundlegend andere Situation ergibt sich in Bild B 9/18. Hier besteht das Gebäude aus wasserundurchlässigem Beton. Dementsprechend kommt es darauf an, einen wasserdichten Übergang von der stählernen Los- und Festflanschkonstruktion für das Omega-Fugenband zum wasserundurchlässigen Beton zu erreichen. Zu diesem Zweck ist mit 380 mm ein verhältnismäßig breites Blech im 90° Winkel an den Festflansch des Omega-Fugenbandes wasserdicht angeschweißt worden. Um den Sickerweg zu verlängern, sind im Sinne einer Labyrinthabdichtung 4 Stahlrippen mit einem Querschnitt von 8 × 15 mm umlaufend um den Kanalquerschnitt wiederum wasserdicht auf dieses Blech aufgeschweißt worden. Die Anschlußsicherheit läßt sich noch erhöhen, wenn zusätzlich ein Injektionsschlauch zwischen den beiden wassernächsten Rippen angeordnet wird. Dieser kann bei später eventuell auftretender örtlicher Undichtigkeit mit Injektionsharz auf Polyurethan- oder Epoxidharzbasis befüllt und so der Schaden behoben werden.

Bild B 9/16
Kernkraftwerk-Standarddetail: Kanalanschluß an Gebäude mit Bitumenabdichtung und rückläufigem Stoß an Kanalspiegelebene (nach Unterlagen Kraftwerk Union AG.)

Arbeitsablauf:
a) Gebäude
1. Gebäude
2. Abdichtung am Gebäude
3. Schutzmauerwerk unter Ortbetonrahmen
4. Ortbetonrahmen
5. Schutzmauerwerk seitlich und über Ortbetonrahmen

b) Kanal
6. Unterbeton
7. Stahlbetonrahmen, unteres Rahmenteil vorgefertigt, in Kopflage betoniert, ggf. provisorische Abstützung
8. Rahmeneindichtung (für rückläufigen Stoß)
9. Dichtung unter Bodenplatte
10. Schutzestrich
11. Kanalbeton
12. Abdichtung am Kanal, Wände und Decke
13. Schutz für rückläufigen Stoß
14. Schutzmauerwerk und Deckenschutzbeton
15. Omega-Fugenband, 350 mm Breite

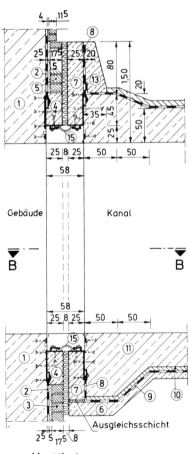

Vertikal = schnitt A - A

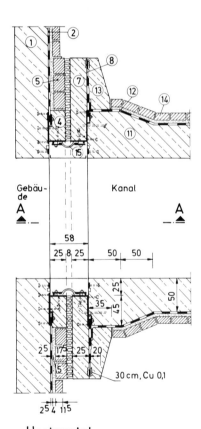

Horizontal = schnitt B - B

Bild B 9/17
Kernkraftwerk-Standarddetail: Kanalanschluß
an Gebäude mit Bitumenabdichtung und rückläufigem Stoß in Kanalachse (nach Unterlagen
Kraftwerk Union AG.)

Arbeitsablauf:

a) Gebäude
1. Unterbeton
2. Wannenmauerwerk
3. Sohlenabdichtung
4. Sohlen-Schutzbeton
5. Konstruktionsbeton
6. Wand- und Deckenabdichtung
7. Schutzmauerwerk
8. Stahlbetonrahmen
9. Schutzmauerwerk
10. Deckenschutzbeton
11. Schutzmauerwerk

b) Kanal
12. Unterbeton
13. Stahlbetonrahmen
14. Sohlenabdichtung und rückläufiger Stoß
15. Sohlenschutzbeton
16. Konstruktionsbeton
17. Wand- und Deckenabdichtung
18. Wandschutzbeton
19. Schutzmauerwerk
20. Deckenschutzbeton
21. Omega-Fugenband

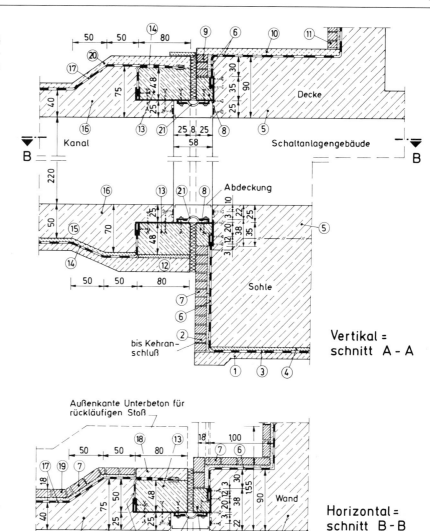

Für die Ausführung geben die Standarddetails vor, daß sämtliche abdichtungsrelevanten Schweißnähte gemäß DIN 4100
wasserdicht auszuführen und nach dem Vakuumverfahren zu
prüfen sind. Die Muttern der Abdichtungsflansche müssen an
mehreren Tagen insgesamt dreimal, letztmalig kurz vor dem
Einbringen der Bewehrung, angezogen und mit Drehmoment-
schlüssel überprüft werden. Für die Omega-Fugenbänder ist
darüber hinaus der Anpreßdruck nachzuweisen und die
Druck-Verformungslinie nach Angaben des Bandherstellers
bezüglich des aufzubringenden Drehmoments zu beachten.

(3) Tiefbunkeranlage des neuen LD-Stahlwerks
     in Rheinhausen [B 9/6]

Der Tiefbunker zur Bevorratung von Zuschlagstoffen zur
Stahlherstellung und der untere Teil des schrägen Bandkanals
reichen bis unter den Grundwasserspiegel (Bild B 9/19). Maximal steht das Grundwasser 2,70 m über der Bunkersohle an.

Die 1,45 m dicke, rd. 700 m² große Bunkersohle ist ohne
Fugen in einem Guß betoniert worden. Anschließend erfolgte
die Herstellung der Bunkerwände in vier Betonierabschnitten,
indem zuerst die äußeren Querwände mit einem Teil der
Längswände bis zu einer Höhe von 5,38 m über der Bunkersohle (d. h. ≈ 2,70 m über max. GW) und etwa 10 Tage später
die Zwischenstücke der Längswände betoniert wurden.

Die Querwände und die über 53 m langen Seitenwände erhielten keine Dehnungsfugen. Um die Bildung wilder Spaltrisse in
den Wänden infolge Temperatur- und Schwindverkürzung
gegenüber der vorher betonierten Sohle zu vermeiden, wurden
in Abständen von etwa 4,50 bis 6,00 m vertikale Scheinfugen
angeordnet. Zur Schwächung des Wandquerschnitts sind quadratische Aussparungskörper aus Rippenstreckmetall diagonal

Bild B 9/18
Kernkraftwerk-Standarddetail: Kanalanschluß
mit Bitumenabdichtung am Gebäude aus wasserundurchlässigem Beton (nach Unterlagen
Kraftwerk Union AG.)

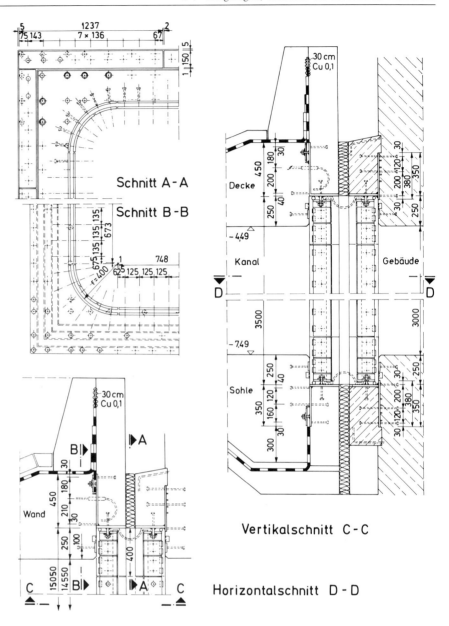

zwischen der tragenden Bewehrung eingebaut (Bild B 9/19, Detail A). Als zusätzliche Maßnahme zur sauberen Vorzeichnung der zu erwartenden Risse erhielten die Scheinfugen an der Wandinnenseite Trapezleisten. An der Außenseite der Bunkerwände wurden die Scheinfugen wie auch die Arbeitsfugen zwischen Sohle und Wänden mit 50 cm breiten PVC-Außenfugenbändern abgedichtet. Die Längsbewehrung läuft im Bereich der Scheinfugen ungestoßen durch. An der tiefsten Stelle der Aussparungskörper wurden zum Bunkerinneren hin Ablaufröhrchen angebracht, damit beim Betonieren der Wände eindringende Zementschlämme abfließen konnte. Die Röhrchen mußten zu ihrer Funktion während des Betoniervorgangs durch Stochern offengehalten werden.

Die Arbeitsfugen zwischen den Betonierabschnitten der Bunkerwände sind wie die Scheinfugen ausgebildet. Für die Herstellung der Fugen wurden lediglich quadratische Aussparungskörper diagonal geteilt und die dadurch entstandenen V-förmigen Halbkörper dem Betoniervorgang entsprechend zeitlich verschoben eingebaut.

Drei Wochen nach dem Betonieren, nachdem die erwarteten Risse an den vorgezeichneten Stellen in den Trapezleisten-Nuten aufgetreten waren, konnten die Aussparungskörper mit Beton vergossen werden. Um eine einwandfreie Entlüftung und Verdichtung des Vergußbetons zu erzielen, wurde ein Innenrüttler vor Betonierbeginn bis zum tiefsten Punkt eingeführt und mit steigendem Beton langsam hochgezogen.

Die Sohle und die Wände des im Grundwasserbereich liegenden Kanalabschnitts bis zur Dehnungsfuge sind in gleicher Weise, wie für den Tiefbunker beschrieben, hergestellt. Die hier notwendige Kanaldecke ist mit den Wänden in einem Guß betoniert. Die Scheinfugen in den Wänden erhielten quadratische Aussparungskörper mit 25 cm Seitenlänge. In der Kanaldecke wurden stattdessen nach oben offene V-förmige Aussparungskörper aus Rippenstreckmetall eingelegt. Das Ausgießen der Aussparungskörper erfolgte wie im Bunkerteil erst nach etwa drei Wochen.

Bild B 9/19
Fugenanordnung und -ausbildung der Tiefbunkeranlage des neuen LD-Stahlwerks in Rheinhausen; Ausführung um 1973 [B 9/6]

Anmerkungen:
Neoprene: Chloroprenkautschuk der Fa.
DUPONT
Compri-Band: bitumenimprägniertes Schaum-
stoffband der Fa. Chemiefac,
Düsseldorf

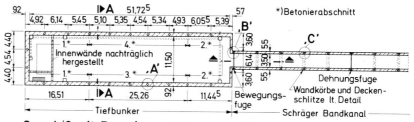

Grundriß mit Betonier- und Bewegungsfugen

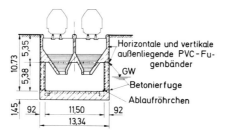

Schnitt A-A

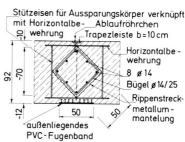

Detail „A'

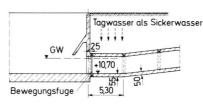

Längsschnitt Tiefbunker / Bandkanal

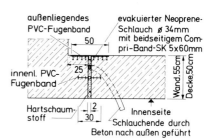

Detail „B'

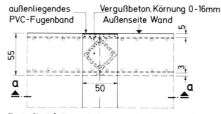

Detail „C' Draufsicht auf den Bandkanal

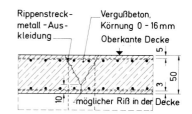

Schnitt a-a (Bandkanal-Decke)

Zwischen Bunker und Bandkanal ist eine Bewegungsfuge
angeordnet, da an dieser Stelle mit unterschiedlichen Setzungen zu rechnen war. Als Abdichtung wurden ein innenliegendes und ein außenliegendes PVC-Fugenband eingebaut. Da
große Setzungen nicht ausgeschlossen werden konnten, ist als
zusätzliche Sicherung vor dem Anbetonieren des schrägen
Bandkanals zwischen den beiden Fugenbändern ein über den
ganzen Querschnitt umlaufender evakuierter Neopren-
Schlauch von 34 mm Durchmesser mit seitlich aufgeklebten
Compri-Bändern eingelegt (s. Bild B 9/19, Detail B). Nach
dem Erhärten des Betons wurde das ins Kanalinnere geführte
Ende des Schlauchs aufgeschnitten und durch die eindringende
Luft die Rückstellkraft des Schlauchs mobilisiert. Dadurch
drückte sich das Compri-Band gegen die Betonwandung und
dichtete somit zusätzlich die Fuge. Bei unterschiedlichen Setzungen der Baukörper gegeneinander und bei Längsbewegungen soll der Neopren-Schlauch in der Lage sein, durch Abrollen, Gleiten, Ausdehnen oder Zusammendrücken alle in der
Fuge zu erwartenden Bewegungen mitzumachen, ohne daß
der Dichtungseffekt verloren geht.

(4) Schutzbauwerk (Bild B 9/20) [B 9/9]

Die großen Abmessungen des Bauwerks und der Wunsch des
Bauherrn nach weitgehender Rissefreiheit des Betons erfor-
derten neben der Auswahl eines geeigneten Zements, der
Optimierung der Betonzusammensetzung und der Betonier-
technik sowie der Nachbehandlung des Betons besondere
Überlegungen bezüglich der Ausbildung und Anordnung der
Fugen.

Das Schutzbauwerk erhielt nur Arbeits- und Scheinfugen:

– In die horizontale Arbeitsfuge Sohle / Wand ist zur Abdichtung ein Fugenblech 250 mm breit und 1 mm dick einbetoniert. Die Sohle wurde mit einem Wandsockel betoniert,
damit das Fugenblech über der oberen Bewehrung durchlaufen konnte. Die Stöße der Fugenbleche erfolgten überlappt. Im Überlappungsbereich beträgt der Abstand der
Fugenbleche mindestens 5 cm.

Bild B 9/20
Querschnitt durch Schutzbauwerk [B 9/9]

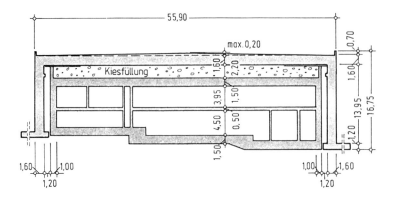

Bild B 9/21
Abgeschalte vertikale Arbeitsfuge mit Fugen-
blech und Noppenfolie beim Schutzbauwerk
[B 9/9]

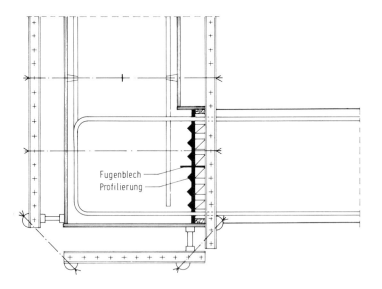

Bild B 9/22
Sollbruchfugenausbildung beim Schutzbauwerk [B 9/9]

(a) Querschnittsschwächung einer 50 cm dik-
    ken Wand durch ein „Schwelmer Rohr"
(b) Querschnittsschwächung einer 1,0 m dik-
    ken Wand durch zwei „Schwelmer Rohre"
(c) Aufsicht auf eine Sollbruchstelle mit zwei
    „Schwelmer Rohren". Die Rißbildung ist
    zwischen den Rohren erkennbar.
(d) Sollbruchstelle mit Fertigteil

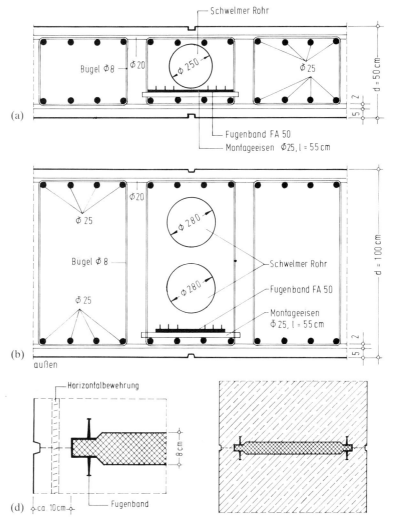

Eine vertikalen Fugen sind mit Holz, profilierten Leisten
oder mit Noppenfolien abgeschalt (Bild B 9/21). Zur
Abdichtung wurden Fugenbleche wie in der Sohle- / Wandfuge eingebaut. Die horizontale Bewehrung läuft ungestoßen an den Fugen durch.

Vor dem Anbetonieren des nächsten Abschnitts wurden die
Betonoberflächen der Arbeitsfugen mit Druckluft gereinigt
und angefeuchtet.

– Scheinfugen (Sollbruchfugen) wurden je nach Wanddicke in
Abständen von 5 bis 8 m in den Wänden angeordnet. Zur
Querschnittsschwächung fanden zunächst Blechrohre Ver-
wendung. Gefordert war eine Schwächung des Querschnitts
von mindestens 60%. Bei Wanddicken von 0,50 m wurde
ein Rohr mit 250 mm Durchmesser (Bild B 9/22a) und bei
Wanddicken von 1 m zwei Rohre mit 280 mm Durchmesser
(Bild B 9/22b) eingebaut. Frühestens drei Wochen nach dem
Herstellen der Wand wurden die Rohre mit Beton verfüllt.
Als Abdichtung für den entstehenden Riß sind 50 cm breite
Außenfugenbänder aus PVC einbetoniert.

Eine ausgeführte Variante der Scheinfugenausbildung zeigt
Bild B 9/22d. Zur Schwächung des Querschnitts ist ein 8 cm
dickes Betonfertigteil mit glatten Oberflächen in die Wand
eingebaut. Zwei Fugenverschlußbänder aus PVC die beidseitig auf dem Fertigteil aufgeschoben wurden, dienen als
Abdichtung des Risses. Die Sicherheit einer gezielten Riß-
steuerung war mit dieser Variante größer als bei der Ausführung mit Blechrohren.

B 10 Parkdecks und Hofkellerdecken

B 10.1 Parkdecks

Oftmals müssen befahrbare Decken und Parkdecks durch Anordnung von Fugen unterteilt werden. Dadurch werden zu große Zwängungen aus Temperaturänderung oder Baugrundverformungen aufgefangen. Die Bewegungsfugen sollten bei der Planung des Entwässerungsgefälles stets in einer Firstlinie angeordnet werden und in keinem Fall zugleich eine Entwässerungsrinne darstellen (siehe Bild A 3/9). Sie sollten außerdem einen Mindestabstand zu aufgehenden Gebäudeteilen oder Brüstungen und dergleichen haben, der sich nach dem Aufbau der Abdichtung im Fugenbereich richtet. Die Abdichtung wird über der Fuge normalerweise, sofern im Sinne von DIN 18195, Teil 8 [B 10/3], der Fugentyp I mit langsam ablaufenden und einmaligen oder selten wiederholten Bewegungen vorliegt, verstärkt, z.B. in Form von Metallriffelbändern oder Kunststoffbandeinlagen. Die Verstärkungsstreifen haben nach Norm eine Breite von mindestens 30 cm, bei größeren Fugenbewegungen mindestens 50 cm. Es wird in der Norm außerdem gefordert, daß diese Verstärkungen in ein und derselben Ebene liegen sollen. Berücksichtigt man neben der halben Verstärkungsbreite noch die Kehlenausrundung, die nach Norm mindestens 4 cm betragen muß, dann ergibt sich automatisch ein Mindestabstand von 30 cm (siehe Bild A 3/14). Im einzelnen wurde hierauf bereits in Kapitel A 3.3.4.2 hingewiesen. Dort ist auch ausgeführt, welche Möglichkeiten sich anbieten, eine konstruktiv nicht von vornherein in ausreichen-

dem Abstand von der aufgehenden Wand befindliche Fuge abdichtungstechnisch fachgerecht auszubilden (siehe Bild A 3/15).

Riskant ist ein Fugenverlauf auf eine Gebäudeecke zu und dann weiter entlang einer Gebäudekehle. In Bild B 10/1 ist ein solcher Fall schematisch und an einem Praxisbeispiel dargestellt.

Das Problem bei einer derart falschen Fugenführung liegt in der damit verbundenen übermäßig erhöhten mechanischen Beanspruchung der Fugenabdichtung. Sie erfährt in der Kehle vor allen Dingen in der ersten, d.h. untersten Lage eine unverhältnismäßig starke Dehnung mit der großen Gefahr eines Zerreißens (siehe Bild A 3/13). Je nach dem verwendeten Material und der Größe der Verformungen im Fugenbereich muß bei solch regelwidriger Fugenführung über kurz oder lang mit derartigen Schäden und in der Folge natürlich mit Undichtigkeiten gerechnet werden [B 10/1] und [10/2].

Wenn man nun aufgrund architektonischer oder konstruktiver Zwangspunkte überhaupt keine Möglichkeit sieht, die Fuge innerhalb der Deckenkonstruktion zu verziehen oder einen Aufbetonkeil herzustellen, dann gibt es im Bereich nichtdrückenden Wassers noch die auch in der Norm erwähnte Lösung mittels eines Stützblechs (Bild B 10/2). Hierbei wird die Abdichtung aus der Deckenfläche in die Kehle eines Blechwinkels geführt, aber nicht an dem benachbarten Bauteil befestigt. Die Blechkonstruktion hat keinerlei Verbindung zu dem Nach-

Bild B 10/1
Falsche Fugenführung bei einem Parkdeck: die Fuge läuft durch einen Gebäudeeckpunkt und teilweise entlang einer Kehle

a) Systemskizze; richtige Fugenführung eingestrichelt
b) Praxisbeispiel

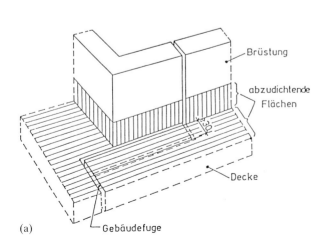

(a)

(b)

barbauteil. Damit in die so ausgebildete Fuge und in das Bauwerk kein Niederschlagwasser gelangen kann, muß abschließend eine Blechverwahrung und eine Kappleiste angeordnet werden. Allerdings ist zu einer solchen Lösung anzumerken, daß sie außerordentlich kompliziert ist vor allem bei mehrfach untergliederten Bauwerken und den bei ihnen unvermeidlichen Fugenschnittpunkten zwischen drei oder mehr Bauteilen. Es ist geometrisch schwierig, in einem solchen Fall die Stützwinkelkonstruktion konsequent durchzuplanen.

Wenn nur kleine Relativbewegungen zu erwarten sind, kann die Überbrückung einer in der Kehle laufenden Fuge bei Unterbrechung der Bitumenabdichtung auch mit Hilfe einer in Schlaufe verlegten mindestens 3 mm dicken Kunststoffdichtungsbahn z.B. auf Basis von PVC-P erfolgen. Diese Dichtungsbahn muß beiderseits der Fuge ausreichend weit (mindestens 25 cm) in die Flächenabdichtungen eingeklebt sein. Bei einer solchen Lösung können Verlegeschwierigkeiten auftreten, wenn die Fuge nicht geradlinig verläuft.

Bei relativ biegeweichen Konstruktionen, wie sie häufig im Zusammenhang mit Parkpaletten in Fertigteilbauweise anzutreffen sind, muß in der Regel von Fugentyp II entsprechend DIN 18195, Teil 8, für schnell ablaufende oder häufig wiederholte Bewegungen ausgegangen werden. In diesen Fällen wird generell eine Unterbrechung der Flächenabdichtung über der Fuge nötig. Die Fuge selbst muß dann mit einem speziellen Kunststoffband oder -profil abgedichtet werden. Für die Verbindung dieser Bänder oder Profile mit der Flächenabdichtung werden Einbauteile erforderlich, die nachfolgend näher erläutert werden.

Im Beispiel des Bildes B 10/3 treffen zwei Fugen aufeinander (T-Fuge) und laufen diagonal auf eine Brüstungsecke zu. Von hier wird die Fuge entlang der Brüstung in der Kehle geführt, eine insbesondere bei der Fertigteilbauweise immer wieder vorzufindende Situation. Auf die damit verbundenen abdichtungstechnischen Probleme wurde bereits oben eingegangen. Der Monteur der Fugenschienen hat erkannt, daß eine derart diagonale Fugenführung nicht ausführbar ist und einen rechtwinkligen Fugenverlauf gewählt (Bild B 10/3b).

Los- und Festflansche sollten in Abwinkelungen, z.B. im Bereich von Bauwerkskehlen oder -kanten, d.h. bei Umlenkungen von mehr als 45°, unbedingt ausgerundet sein. Das ist eine unabdingbare Forderung der DIN 18195, Teil 9. In Kapitel A 3.3.5.4 wurde hierauf hingewiesen. Diese generelle Forderung gilt natürlich auch für Fugenprofile bei Parkdecks. Abgesehen von den zahlreichen Fehlbohrungen ist diese Grundregel im Beispiel des Bildes B 10/4 nicht beachtet worden. Dort wurde die Umlenkung des Fugenprofils polygonal unter 2 × 45 Grad ausgebildet. Das kann hinsichtlich des Einpressens der Abdichtung Probleme aufwerfen. Obwohl die Schrauben schon angezogen, d.h. ihre Köpfe alle praktisch versenkt sind, kann man im gezeigten Beispiel völlig problemlos einen Zollstock zwischen Abdichtung und Losflansch hindurchschieben. Eine solche Ausführung kann nicht funktionieren und ist nicht wasserdicht.

Vom Grundsatz her gibt es zwei Möglichkeiten, eine Fuge in einem Parkdeck abzudichten. Einmal kann die Flächenabdichtung über der Fuge unterbrochen und durch einen flexiblen Elastomer- oder Kunststoffbahnenstreifen ersetzt werden. Das ist die Lösung, die DIN 4122 [B 10/6] (jetzt abgelöst durch DIN 18195, Teil 5) vorgeschlagen hat und die im übrigen auch heute noch normkonform ausführbar ist (Bild B 10/5). Eine andere Lösung besteht vom Prinzip her darin, daß die Flächenabdichtung an dem Fugenprofil z.B. auf einem Klebeflansch (siehe Bild A 3/32) oder bei höher beanspruchten Parkdecks in einem Los- und Festflansch endet und die eigentliche Fugenabdichtung durch ein wasserdicht eingeklemmtes, auswechselbares Profil gebildet wird (siehe Bild A 3/33). Beim Anklemmen der im Flächenbereich meist einlagigen Schweißbahnabdichtung eines Parkdecks kommt es wesentlich darauf an, im Klemmbereich eine Verstärkungslage i.a. mit 50 cm Breite anzuordnen. Diese Verstärkung wird als erstes eingebaut, und zwar parallel zur Fuge, damit sich nicht so viele Stöße im Klemmbereich ergeben (Bild B 10/6). Die eigentliche Abdichtungslage, die Schweißbahn, wird anschließend verlegt. Beide Lagen werden im Klemmbereich stumpf gestoßen. Das ist wichtig, um nicht zu große Unebenheiten im Klemmbereich zu erhalten. Das Stumpfstoßen setzt die Anordnung von zwei Lagen voraus, damit bei versetzten Stößen an jeder Stelle mindestens eine durchgehende Lage verbleibt.

Der weiter oben für Bauwerksfugen genannte Mindestabstand von 30 cm zu aufgehenden Bauteilen und Brüstungen gilt selbstverständlich auch zu anderen Einbauteilen, z.B. zu einem Blitzableiter oder einer Durchdringung für einen Beleuchtungsmast etc. Im Bild B 10/7 liegen Blitzableiter und Fugenprofil übereinander. Die Flächenabdichtung kann in einem solchen Fall an keines der beiden Einbauteile fachgerecht und funktionstüchtig angeschlossen werden. Der Blitzableiter müßte entsprechend verlegt werden.

Bild B 10/2
Stützblech als Sonderkonstruktion bei Abdichtungen gegen nichtdrückendes Wasser

a) Prinzip
b) Ausführungsbeispiel

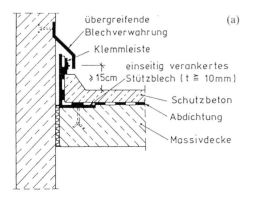

(b)

Bild B 10/3
Fehlerhafte und riskante diagonale Fugenführung läuft auf eine Gebäudeecke zu und entlang einer Brüstungskehle

a) Rohbau
b) rechtwinklige Montage des Fugenprofils

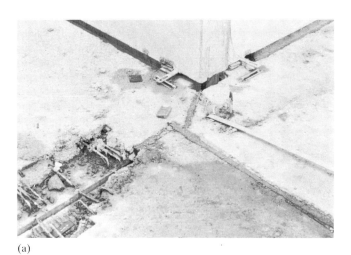

(a)   (b)

Bild B 10/4
Polygonal und dadurch undicht ausgebildete
Abwinkelung eines Fugenprofils; zwischen
Abdichtung und Winkellosflansch läßt sich ein
Zollstock hindurchschieben. Zahlreiche ris-
kante Fehlbohrungen mit dem Risiko einer im
Flanschbereich durchlöcherten Abdichtung.

Bild B 10/5
Fugenabdichtung aus Elastomer- oder Kunststoffbahnenstreifen mit unterbrochener Flächenabdichtung (Prinzip)

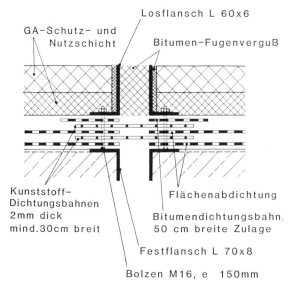

Bild B 10/6
Prinzipielle Ausbildung einer Dehnungsfuge
bei einem Parkdeck mit zweilagigem Guß-
asphalt-Belag und parallel zur Fuge verlegtem
Verstärkungsstreifen von 50 cm Breite

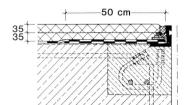

Verstärkung : parallel zur Fuge,
stumpf gestoßen

Bild B 10/7
Zu nah an einem Fugenprofil angeordneter
Blitzableiter: Die Flächenabdichtung kann an
keines der beiden Einbauteile fach- und funktionsgerecht angeschlossen werden.

Bild B 10/8
Biegesteif ausgebildete Losflansche sollten zur
besseren Anpassungsfähigkeit an die Unebenheiten der Abdichtungsoberfläche in ihren vertikalen Schenkeln alle 30 bis 50 cm geschlitzt
werden.

Im Bild B 10/8 ist ein Losflansch zu erkennen, der aus Gründen der besseren Überfahrmöglichkeit der Fuge mit Einkaufswagen eine Art Schleppblech aufweist. Eine solche nicht gelenkig angeschlossene Fugenabdeckung ist nur anwendbar, wenn konstruktiv dafür gesorgt ist, daß keine Relativsetzungen zwischen den benachbarten Bauteilen auftreten, z. B. durch eine gemeinsame Gründung beider Bauteile. Der abgebildete Losflansch ist u-förmig ausgebildet und infolgedessen recht biegesteif. Wenn dort im Normabstand von 15 cm die Bolzen angezogen werden, ist es sehr fraglich, ob ein solch steifer Losflansch auch tatsächlich die Unebenheiten der Abdichtung nachvollzieht und so die gewünschte Einpressung erzielt werden kann. Deswegen ist vor solchen steifen Konstruktionen zu warnen bzw. muß unbedingt in Abständen von ca. 30 bis 50 cm ein Schlitzen der senkrechten Schenkel erfolgen.

Die Fugenkonstruktion muß einerseits ausreichend fest mit dem Untergrund verbunden sein, andererseits aber auch eine genügend große Eigensteifigkeit aufweisen. Beides muß abgestimmt sein auf die Verkehrsbelastung, insbesondere das Überfahren. Es darf im langjährigen Betrieb des Parkdecks weder zu verkehrsgefährdenden oder nutzungseinschränkenden, bleibenden oder schwingenden Verformungen kommen, noch sind erschütterungsbedingte Brucherscheinungen in den Profilen oder Lockerungen von Schrauben oder ganzen Profilteilen zulässig.

Bei ausgedehnten Parkdeckflächen erfordert auch der Gußasphaltbelag die Anordnung von Fugen. Sie sind einbaubedingt (Arbeitsfugen) oder durch die statische Konstruktion vorgegeben. Zunächst soll auf den einlagigen Gußasphalt z. B. im Innenbereich eines Parkhauses näher eingegangen werden. Da gibt es zwei Möglichkeiten: Bei einer zweilagigen Abdichtung kann man nach Bild B 10/9 vorgehen. Man ordnet eine Verußfuge an im einlagigen Gußasphalt, der zugleich als Schutz- und Nutzschicht dient und deswegen mindestens 35 mm dick sein sollte. Dann hat man überall eine mindestens 2-lagige Abdichtung auch in dem Bereich, wo der Gußasphalt selbst nicht abdichtungstechnisch wirksam ist. Wenn aber eine einlagige Abdichtung vorliegt, wie in Bild B 10/10, und auch der Gußasphalt nur einlagig ausgebildet wird, kann die Lösung nur darin bestehen, unter der Fuge im Gußasphalt einen mindestens 25 cm breiten Verstärkungsstreifen für die Abdichtung anzuordnen. Generell wird bei einer solchen Bauweise der hohlraumarme, in sich wasserdichte Gußasphalt als zweite Abdichtungslage betrachtet. Im Fugenbereich ist diese zweite Lage aber unterbrochen und muß daher hier ersetzt werden, nämlich durch die Verstärkung mit einem Streifen aus edelstahlkaschierter oder mit modifiziertem Spezialbitumen als Deckmasse versehener Schweißbahn. Denn an dieser Stelle muß vor allem in den Wintermonaten mit einem konzentrierten, salzbelasteten Wasserangriff gerechnet werden.

Im Außenbereich, d. h. auf frei bewitterten Parkdecks, sollte der Gußasphalt in jedem Fall zweilagig ausgeführt werden. Wenn die Abdichtung dort zweilagig angenommen wird, braucht man im Bereich der Gußasphaltfugen keine zusätzliche Absicherung (Bild B 10/11). Die Fugen bzw. Arbeitsnähte in den beiden Gußasphaltlagen sollten jedoch etwa um das Zehnfache der Einzelschichtdicke, d. h. etwa um 30 cm gegeneinander versetzt sein. Die Schutzschicht erhält eine heiß in heiß zu verarbeitende Preßfuge (Arbeitsnaht), die Nutzschicht eine etwa 15 mm breite Vergußfuge. Anders sieht es aus, wenn man eine einlagige Flächenabdichtung betrachtet. Dann sollten zunächst einmal die Nähte in der Schutzschicht und die Vergußfugen in der Nutzschicht wiederum ca. 30 cm gegeneinander versetzt werden. Damit nun auch in diesem Fall wieder an jeder Stelle eine mindestens zweilagige Abdichtung (unter Einbeziehung des wasserdichten Gußasphalts) vorliegt, sollte ein 50 cm breiter Verstärkungsstreifen aus einer Schweißbahn mit Edelstahlkaschierung oder aus nicht metallkaschierten Schweißbahnen nach ZTV-Bel-B 1/87 den gesamten Fugenbereich absichern (Bild B 10/12).

Im Brüstungsbereich müssen zur Vermeidung von Hinter- oder Unterläufigkeit der Flächenabdichtung auch die Brüstungsfugen unbedingt abgedichtet werden. Das kann durch Abdeckung nach Bild B 10/13 geschehen oder dadurch, daß z. B. ein vorkomprimiertes Band aus bitumengetränktem, selbstklebenden Schaumstoff entsprechend Bild B 10/14 eingelegt wird. Die Rückstellkraft liefert eine ausreichende Sicherung gegen Eindringen von Niederschlagswasser. Eine weitere sehr gute Lösung ist das Einstemmen von geschlossenzelligen runden Elastomer-Profilen in die Brüstungsfugen. In den Eckpunkten müssen die Profile auf Gehrung geschnitten und verklebt werden. Unsachgemäß ist eine Ausführung nach Bild B 10/15. Hier wurde ein zapfenartiges Quetschprofil in die Brüstungsfuge eingebaut. Im Knickpunkt von der Senkrechten in die Waagerechte am Brüstungskopf wurde zur Arbeitserleichterung das Profil eingeschnitten und nur die Ansichtsfläche belassen. Auf diese Weise ist natürlich die Dichtwirkung nicht mehr gegeben und die Undichtigkeit vorprogrammiert.

B 10.2 Hofkellerdecken

Zahlreiche Gebäudekomplexe enthalten u. a. auch sogenannte Hofkellerdecken. Sie befinden sich über genutzten Räumen innerhalb von Innenhöfen, Ladehöfen, Durchfahrten unter brückenartigen Gebäudeteilen oder über seitlich eines Hochbaus auskragenden Kellergeschossen. In der Regel sind sie mittelbar (geringe Überschüttungshöhe) oder unmittelbar befahrbar. Sie sind im allgemeinen gemäß DIN 18195, Teil 5, gegen hohe Beanspruchung abzudichten. In Sonderfällen (Beispiel 3: Neubau des Landtags Nordrhein-Westfalen, Düsseldorf) ist allerdings im Zusammenhang mit einer möglichen zeitweiligen Überflutung bestimmter Bauteile durch Hochwasser auch eine Bemessung auf drückendes Wasser vorzunehmen.

Bild B 10/9
Vergußfuge in einem einlagigen, mindestens 35 mm dicken Gußasphalt (Schutz- und Nutzschicht im Innenbereich) bei zweilagiger Flächenabdichtung

Bild B 10/10
Vergußfuge in einem einlagigen, mindestens 35 mm dicken Gußasphalt (Schutz- und Nutzschicht im Innenbereich) bei einlagiger, im Fugenbereich verstärkter Flächenabdichtung

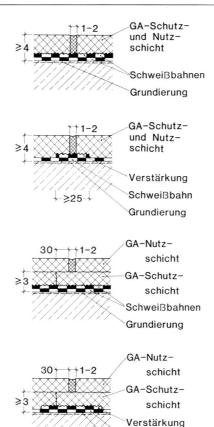

Bild B 10/11
Gegeneinander versetzte Arbeits- und Vergußfuge in der Gußasphaltschutz- bzw. -nutzschicht über einer zweilagigen Flächenabdichtung

Bild B 10/12
Gegeneinander versetzte Arbeits- und Vergußfuge in der Gußasphaltschutz- bzw. -nutzschicht über einer im Fugenbereich verstärkten, einlagigen Flächenabdichtung

Bild B 10/13
Abdichtung einer Brüstungsfuge mit Kunststoffdichtungsbahn und Metallblechabdeckung (Prinzip)

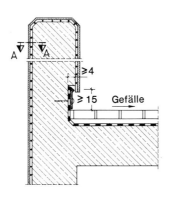

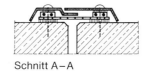

Schnitt A–A

Bild B 10/14
Abdichtung einer Brüstungsfuge mit einem vorkomprimierten bitumengetränkten selbstklebenden Schaumstoffband

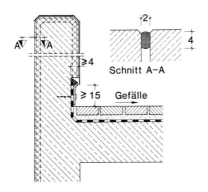

Schnitt A–A

Bild B 10/15
Unzureichende Abdichtung einer Brüstungsfuge: Eingeschnittenes Quetschprofil am Brüstungskopf und mangelhafte Fugenflanken im
Beton

Nachfolgend werden einige Beispiele zur Abdichtung von Hofkellerdecken näher erläutert:

(1) WU-Beton-Decke über Tiefgarage Stockhof, Hameln

In den Jahren 1985/87 wurde eine Mehrzwecksporthalle mit
Tiefgarage in Hameln am Stockhof gebaut. Die Tiefgarage
und die Technikräume unter der Halle wurden in WU-Beton
mit Fugenbanddichtung ausgeführt. Die Decke im überbauten
Bereich aus Stahlbeton B 35 und im nicht überbauten Bereich
aus WU-Beton B 35, ohne zusätzliche Abdichtung, hergestellt.
Oberhalb der Decke erfolgte eine Bodenauffüllung von etwa
0,5 bis 1,0 m Dicke für Grünanlagen und Wege.

Das Bild B 10/16 zeigt die Unterteilung der Deckenfläche im
nicht überbauten Bereich durch Dehnungsfugen. An den Dek-
kenrändern, den Fugen und der Hallenwand wurden 15 cm
hohe Aufkantungen gleichzeitig mit den Deckenplatten betoniert. Die umlaufenden Aufkantungen dienen zum Fluten der
Decke mit 3 bis 4 cm Wasser als Nachbehandlungsmaßnahme
für den WU-Beton.

Die Dehnungsfugen und der Hallensockel wurden mit einer
TRI-Flex-Beschichtung abgedichtet. Diese Beschichtung besteht aus einem Polyester-Elastomer, das als Zweikomponenten-Material im Hochdruckverfahren aufgespritzt wird. Als
Bewehrung ist ein Synthetikvlies eingearbeitet. Über den Dehnungsfugen wurde die Beschichtung schlaufenförmig ausgebildet.

(2) Abgedichtete Decke über Tiefgarage Kopmannshof,
      Hameln

Im Zusammenhang mit dem Bau einer Wohnanlage aus 6
Mehrfamilien-Reihenhäusern wurde in den Jahren 1983/84 im
Zentrum der Stadt Hameln auch eine größere Tiefgarage
errichtet. Sohle und Wände sind aus WU-Beton ausgebildet.
Die Decke erhielt eine mehrlagige Bitumenabdichtung mit
7 cm dickem bewehrtem Schutzbeton. Oberhalb der Decke
erfolgte eine Bodenauffüllung von etwa 0,5 bis 1,0 m Dicke für
Garten- und Grünanlagen sowie die zugehörigen Wege.

Die Bitumenabdichtung besteht aus einer Lage Dichtungsbahn
mit Jutegewebeeinlage und darüber einer Lage Dichtungsbahn
mit 0,1 mm dickem Kupferriffelband entsprechend DIN
18190, Teil 2 bzw. Teil 4. Wie aus dem Lageplan und dem
Querschnitt in Bild B 10/17 hervorgeht, waren insgesamt 3
Querfugen sowie eine Längsfuge im Übergang zur Wohnbe-

bauung abzudichten. Die Flächenabdichtung erhielt über der
mit 30 mm Ausgangsbreite hergestellten und kammerartig an
der Deckenoberseite auf 50 mm aufgeweiteten Fuge eine Verstärkung aus 2 jeweils 50 cm breiten Elastomerdichtungsbah-
nen von 2 mm Dicke. Zum Schutz der oberen Verstärkungslage wurde eine 1 m breite Zulage aus Jutegewebe-Dichtungs-
bahn aufgebracht. Der 7 cm dicke Schutzbeton ist über der
Fuge unterbrochen und ebenfalls mit einer 50 mm breiten
Fugenkammer versehen (Bild B 10/18 a). Die ober- und unter-
seitigen Fugenkammern sind mit Bitumenvergußmasse verfüllt.

Die Arbeitsfuge zwischen der 30 cm dicken Außenwand aus
WU-Beton und der 20 cm dicken Decke ist mit der entsprechend weit heruntergezogenen Deckenabdichtung gegen das
Eindringen von Sickerwasser geschützt (Bild B 10/18 b und c).
Normgemäß (DIN 18195, Teil 5, Absatz 7.1.6) endet die
Abdichtung erst 20 cm unterhalb der Arbeitsfuge. Zur sicheren Auflagerung des halbsteinigen Schutzmauerwerks ist darunter eine 20 cm weit auskragende Konsole angeordnet, zwischen Abdichtung und Schutzmauerwerk eine 4 cm dicke Mör-
telstampffuge ausgeführt. Der Deckenschutzbeton ist bis auf
dieses Schutzmauerwerk nach außen verlängert. An Fuß und
Kopf des Schutzmauerwerks ist als Gleitlage ein Streifen aus
Bitumen-Dachbahn R500 eingelegt. Zur Kantenverstärkung
ist zusätzlich in 30 cm Breite ein 0,1 mm dickes Kupferriffelband eingebaut.

(3) Abgedichtete Decke über der Tiefgarage beim Neubau
      des Landtags, Düsseldorf (Bild B 10/19)

Ähnlich wie bei der Tiefgarage Kopmannshof in Hameln (Beispiel (2)) ist auch die Decke der Tiefgarage für den Landtag
Nordrhein Westfalen in Düsseldorf mit einer zweilagigen
Bitumenabdichtung versehen. Zum Einsatz gelangten auch
hier eine Lage Dichtungsbahn mit Jutegewebeeinlage und darüber eine Lage Dichtungsbahn mit 0,1 mm dickem Kupferriffelband nebst abschließendem Deckaufstrich. Erschwerend
kommt aber beim Landtag hinzu, daß der Anschluß der Dek-
kenabdichtung an die Außenwände aus WU-Beton wasserdruckhaltend auszubilden war. Das höchste Grundwasser kann
nämlich bis zu einigen Dezimetern über Deckenoberfläche
steigen. Es reichte daher nicht aus, die Bitumenabdichtung bis
20 cm unter die Arbeitsfuge Wand / Decke hinunterzuziehen

Bild B 10/16
Mehrzweckhalle Stockhof, Hameln: Hofkellerdecke WU-Beton über Tiefgarage

*) TRI-Flex-Beschichtung:
Polyester-Elastomer mit Synthetikvliesarmie-
rung; das Zweikomponenten-Material wird im
Hochdruckverfahren aufgespritzt.

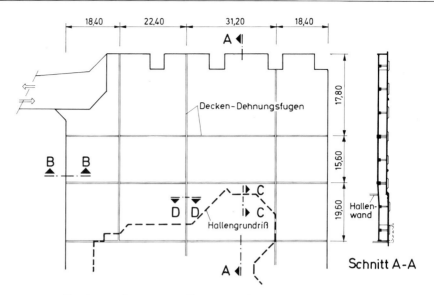

Deckenaufsicht mit Dehnungsfugen

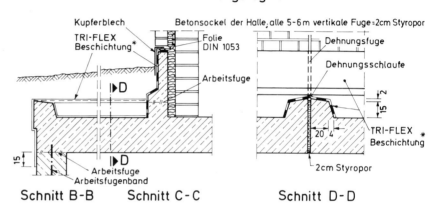

Schnitt B-B   Schnitt C-C   Schnitt D-D

Bild B 10/17
Wohnanlage Kopmannshof, Hameln; Grundriß und Schnitt der Hofkellerdecke

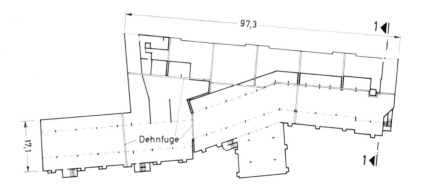

Grundriß mit Deckenfugen

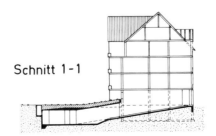

Schnitt 1-1

Bild B 10/18
Wohnanlage Kopmannshof, Hameln; Abdich-
tungsdetails

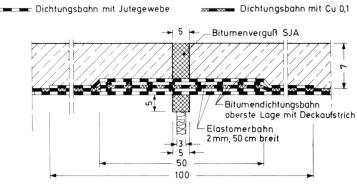

(a) Abdichtung über der Dehnungsfuge

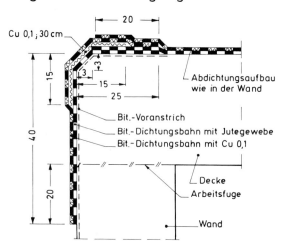

(b) Sicherung der Arbeitsfuge unter der Decke

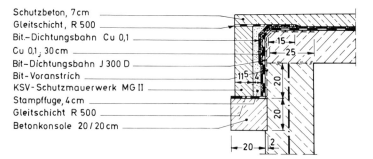

(c) Decken- und Wandschutzschichten mit Auflagerkonsole

und dabei ohne besondere Vorkehrungen auf die fertiggestellten Betonflächen zu kleben. Vielmehr mußte der Anschluß
über ein umlaufend einbetoniertes außenliegendes Elastomer-
Fugenband erfolgen, um eine Unterläufigkeit auch bei anstei-
gendem Hochwasser auszuschließen. Die obere Bandhälfte
war zu diesem Zweck ohne Dicht- und Ankerrippen ausgebildet, sondern stattdessen mit einer dicht beieinander liegenden
ca. 0,5 bis 1 mm hohen Rippung versehen. Diese Bandhälfte
wurde zwischen den beiden Abdichtungenslagen eingeklebt.

In den Dehnungsfugen der Wände und Decken mußte dieser
Übergang von WU-Beton auf eine Bitumenabdichtung konsequent weiter vollzogen werden. Dementsprechend waren
sowohl das außenliegende als auch das innenliegende Dehnungsfugenband wasserdruckhaltend anzuschließen (Bild B
10/19a). Außerdem waren die in der Decke vorgesehenen
Fugenverstärkungen aus 2 Lagen Elastomerbahnen von 2 mm
Dicke einschließlich einer Zulage aus Jutegewebe-Dichtungs-
bahn im Übergang einzuarbeiten.

In den Deckenflächen wurde der an sich 3 cm breit angelegte
Fugenspalt kammerartig auf 5 cm erweitert und mit Bitumenverguß ausgefüllt. Da in einigen Teilflächen während der Bauphase Baustellenverkehr auf dem Schutzbeton geplant, in
anderen Teilflächen später schwerer Anlieferverkehr zu
berücksichtigen war, wurden die Fugen in einer oberseitigen
2 cm tiefen Kammererweiterung mit einem 5 mm dicken Blech
gesichert.

Im Bereich aufgehender Bauteile wurde mit Hilfe eines Auf-
betons entsprechend Bild B 10/19b dafür gesorgt, daß die Fuge
in Abdichtungsebene einen Abstand von mindestens 25 cm zur
Wand aufwies. Auf dieses Erfordernis wurde bereits in Kapitel
A 3.3.4.2 hingewiesen (vgl. Bild A 3/15b; [B 10/5]). An Brüstungen bzw. Mittelwänden zwischen zwei Tiefgaragenrampen
(Bild B 10/19c) wurde eine Lösung analog zu Bild B 10/13 ausgeführt.

Bild B 10/19
Ausbildung der Bewegungsfugen in der Dek-
kenabdichtung bei der Tiefgarage des neuen
Landtags, Düsseldorf; Ausführung 1982/84

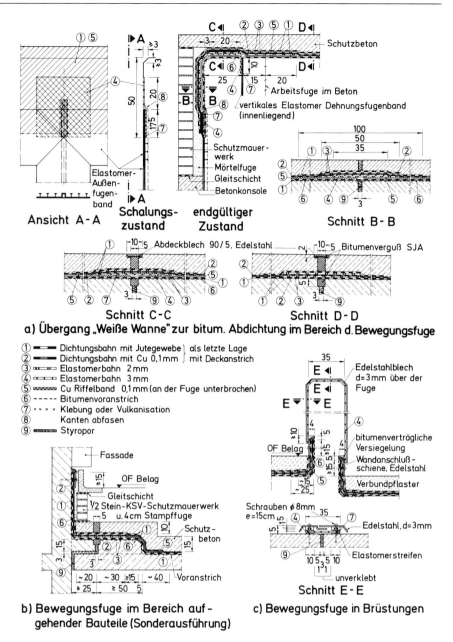

a) Übergang „Weiße Wanne" zur bitum. Abdichtung im Bereich d. Bewegungsfuge

① Dichtungsbahn mit Jutegewebe ⎫ als letzte Lage
② Dichtungsbahn mit Cu 0,1mm ⎬ mit Deckanstrich
③ Elastomerbahn 2 mm
④ Elastomerbahn 3 mm
⑤ Cu Riffelband 0,1mm (an der Fuge unterbrochen)
⑥ Bitumenvoranstrich
⑦ Klebung oder Vulkanisation
⑧ Kanten abfasen
⑨ Styropor

b) Bewegungsfuge im Bereich aufgehender Bauteile (Sonderausführung)

c) Bewegungsfuge in Brüstungen

(4) Abgedichtete Decke über den Tiefgeschossen der Deutschen Bank, Frankfurt / Main

Die Kellergeschosse der Deutschen Bank, Taunusanlage, in Frankfurt kragen gegenüber den Hochbauten zum Teil beträchtlich aus. Sie sind im Deckenbereich mit einer dreilagigen Bitumenabdichtung versehen. Wegen der erwarteten relativ großen Bewegungen zwischen den einzelnen Baukörpern wurden die Gebäudefugen in diesem Bereich mit elastomeren Omega-Fugenbändern Typ 300/70 gesichert. Diese Bänder weisen eine Basisbreite von 300 mm und ein Stichmaß im Schlaufenbereich von 70 mm auf. Sie sind mit Einlagen aus Textilgewebe verstärkt. Die Bitumenabdichtung ist über Doppelflansch gemäß DIN 18195, Teil 9, an das Omega-Band angeschlossen (Bild B 10/20). Für die Klemmung der Omega-Bänder wurden Kippflansche eingesetzt. Die Doppelflansche sind wegen der ebenfalls erforderlichen Wärmedämmung aus Schaumglas und des Gefällebetons mit Hilfe von Rechteckrohren aufgeständert. Deren Montage erfolgte über Halfen-

eisen auf der Rohdecke mit einer Elastomerbandunterlage. Aus Gründen eines mechanischen Schutzes wurde über dem Omega-Band ein mehrfach gekantetes, nur einseitig angeschraubtes Blech angeordnet. Darüber befinden sich 8 cm dicke Stahlbetonabdeckplatten, die in entsprechende Aussparungen des bewehrten Schutzbetons über der Bitumenabdichtung eingelegt sind. Den Abschluß des Belagaufbaus bildet ein Pflaster im Sandbett.

Eine Besonderheit bildet die Einbeziehung der Stützen in den Fugenverlauf. Wie aus Bild B 10/21 ersichtlich, wurde hierfür eine Stützblechlösung gewählt. Die Abdichtung wird dabei an einer Stahlblechkonstruktion ausreichend hoch über die oberste wasserführende Ebene hochgezogen und dort mit einer Klemmschiene verwahrt. Diese wird im Endzustand durch eine architektonische Stützenverkleidung überdeckt, so daß kein Niederschlagwasser in die Fuge eindringen kann.

Bild B 10/20
Fugenausbildung in der Deckenabdichtung
über den Tiefgeschossen der Deutschen Bank,
Taunusanlage, Frankfurt / Main

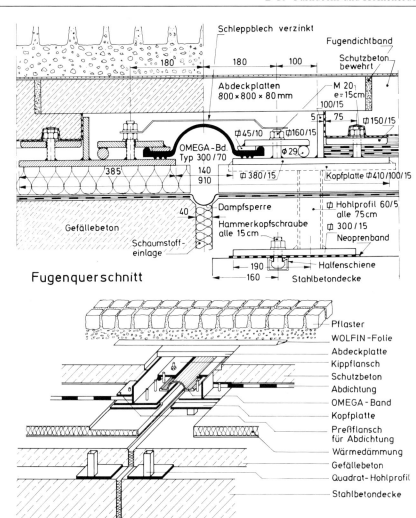

Fugenquerschnitt

räumliche Darstellung

Bild B 10/21
Einbeziehung der Hauptstützen in die Fugenabdichtung über den Tiefgeschossen der Deutschen Bank, Taunusanlage, Frankfurt / Main

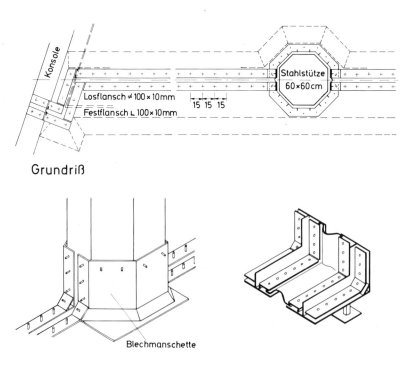

Grundriß

Stützendetail   Kehlausbildung

Literatur

A 1

[A 1/1] DIN 1055: Lastannahmen für Bauten

[A 1/2] Falkner, H.: Fugenlose und wasserdichte Stahlbetonbauten ohne zusätzliche Abdichtung; Vorträge Deutscher Betontag 1983, Herausgeber: Deutscher Beton-Verein, Wiesbaden, 1984, S. 548–573

[A 1/3] Leonhard, F.: Vorlesungen über Massivbau, vierter Teil: Nachweis der Gebrauchsfähigkeit, Rissebeschränkung, Formänderungen, Momentumlagerung und Bruchlinientheorie im Stahlbetonbau; Springer Verlag, 1976

[A 1/4] Hummel, H.: Das Beton-ABC; 12. Auflage, Wilhelm Ernst & Sohn, Berlin, 1959

[A 1/5] Czernin, W.: Zementchemie für Bauingenieure; Bauverlag, Wiesbaden/Berlin, 1977

[A 1/6] Hilsdorf, H. K.: Austrocknung und Schwinden von Beton; Stahlbetonbau; Berichte aus Forschung + Praxis, Verlag von Wilhelm Ernst & Sohn, Berlin/München/Düsseldorf, 1969

[A 1/7] Wierig, H./Gollasch, E.: Untersuchungen über das Verformungsverhalten von jungem Beton; Mitteilungen aus dem Institut für Baustoffkunde und Materialprüfung der Universität Hannover, 1982

[A 1/8] Springenschmid, R.: Die Ermittlung der Spannungen infolge von Schwinden und Hydratationswärme im Beton; Beton- und Stahlbetonbau (1984), H. 10, S. 263–269

[A 1/9] Manns, W.: Formänderungen von Beton; Zement-Taschenbuch, 48. Ausgabe, 1984, S. 307–333, Bauverlag, Wiesbaden/Berlin

[A 1/10] DIN 4227, Teil 1: Spannbeton; Bauteile aus Normalbeton mit beschränkter oder voller Vorspannung (12.79)

[A 1/11] DIN 1045: Beton und Stahlbeton; Bemessung und Ausführung (7.88)

[A 1/12] Kolonko, K./Engelmann, H.: Abdichtung von Bewegungsfugen in Abwasserklärwerken; Tiefbau 19 (1977), H. 7, S. 506–510

[A 1/13] DIN 1072: Lastannahmen für Straßen- und Wegebrücken (12.85)

[A 1/14] Vogel, G./Hager, M.: Bauwerksmessungen am Straßentunnel in Rendsburg; Die Bautechnik 43 (1966), H. 9, S. 293–303

[A 1/15] Luetkens, O.: Bauten im Bergsenkungsgebiet; Springer-Verlag, Berlin, 1957

[A 1/16] Schmidbauer, J.: Gründungen im Bergsenkungsgebiet; Grundbautaschenbuch Band I, 2. Auflage; Wilhelm Ernst & Sohn, Berlin/München, 1966

[A 1/17] DIN 4019, Teil 1: Baugrund; Setzungsberechnungen bei lotrechter, mittiger Belastung (4.79)
DIN 4019, Teil 2: Baugrund; Setzungsberechnungen bei schräg und bei außermittig wirkender Belastung (2.81)

[A 1/18] Schultze, E.: Setzungen, Grundbautaschenbuch, 3. Auflage, Teil 1, S. 407–436, Verlag von Wilhelm Ernst & Sohn, Berlin/München/Düsseldorf, 1980

[A 1/19] Wischers, G./Dahms, J.: Untersuchung zur Beherrschung von Temperaturrissen in Brückenwiderlagern durch Raum- und Scheinfugen; Beton (1968), H. 11, S. 439–442, H. 12, S. 483–490

[A 1/20] Linder, R.: Risse im Beton; VDI-Nachrichten 18 vom 6. 5. 1970

A 2

[A 2/1] Girnau, G./Klawa, N.: Fugen und Fugenbänder; Forschung und Praxis, Bd. 13; Alba-Buchverlag, Düsseldorf; Herausgeber STUVA, Köln, 1972

[A 2/2] Girnau, G./Klawa, N.: Empfehlungen zur Fugengestaltung im unterirdischen Bauen; Die Bautechnik 50 (1973), H. 10, S. 325–332

[A 2/3] Timm, Th.: Abdichtung von Rohrstößen mit Dichtungen aus Vollgummi, Wasser und Boden (1966), H. 8, S. 94–105

[A 2/4] Richtzeichnungen und Richtlinien für Brücken und sonstige Ingenieurbauwerke. Bund/Länder-Fachausschuß Brücken- und Ingenieurbau; Der Bundesminister für Verkehr, Abteilung Straßenbau, Bonn, 1984

[A 2/5] Riesenberg, W./Scheller, F. W./Tehrantchi, T./Wiedemann, D.: Tricosal-Fugenband für die Bauwerksfuge; 4. Auflage, Chemische Fabrik Grünau GmbH., Illertissen/Bayern, 1984

[A 2/6] Lehr- und Handbuch der Abwassertechnik; 3. Auflage, Band II, Herausgeber: Abwassertechnische Vereinigung e. V., St. Augustin, Verlag von Wilhelm Ernst & Sohn, Berlin/München, 1982

[A 2/7] Pantke, M.: Zur Beständigkeit von Fugenbändern gegenüber Mikroorganismen; Straße und Autobahn (1982), H. 1, S. 23–25

[A 2/8] DIN 7865 (2.82): Elastomer-Fugenbänder zur Abdichtung von Fugen im Beton
Teil 1: Form und Maße
Teil 2: Werkstoff-Anforderungen und Prüfung

[A 2/9] Schremmer, H.: Dichtungsprobleme bei Kanalisationsanlagen aus Beton; Tiefbau (1970), H. 12, S. 1156–1162

[A 2/10] DIN 4060: Dichtmittel aus Elastomeren für Rohrverbindungen von Abwasserkanälen und -leitungen (Anforderungen und Prüfungen) (12.88)

[A 2/11] Grube, H.: Wasserundurchlässige Bauwerke aus Beton; Otto Elsner Verlagsgesellschaft, Darmstadt, 1982

[A 2/12] DIN 1623: Flacherzeugnisse aus Stahl; Kaltgewalztes Band und Blech; Technische Lieferbedingungen
Teil 1: Weiche unlegierte Stähle zum Kaltumformen (2.83)
Teil 2: Allgemeine Baustähle (2.86)

[A 2/13] DIN 1541: Flachzeug aus Stahl; Kaltgewalztes Breitband und Blech aus unlegierten Stählen; Maße, zulässige Maß- und Formabweichungen (8.75)

[A 2/14] Klawa, N./Sabi el-Eish, A.: Neue Fugenbänder; Forschung und Praxis, Bd. 18; Alba-Buchverlag, Düsseldorf; Herausgeber: STUVA, Köln, 1975

[A 2/15] Baumgartner, F.: Funktionsweise der kreisquerschnittförmigen Elastomerabdichtungen in Theorie und Praxis für Stahlbeton- und Spannbetondruckrohre; 3R international 20 (1981), H. 2/3, S. 101–118

[A 2/16] Klawa, N./Sabi el-Eish, A.: Untersuchung zur Frage der Anwendung von Dichtungsprofilen und Fugenmassen bei der Fugenabdichtung von Tunnelbauwerken aus Stahlbetonfertigteilen; STUVA-Forschungsberichte 7/78, Köln

[A 2/17] Hydrotite-Prospekt der C. I. Kasei Co., Ltd., Tokyo, Japan

[A 2/18] Grabe, W.: Stirndichtungsprofile für Einschwimmelemente; Straße und Tiefbau 39 (1985), H. 6, S. 24 und 25

[A 2/19] Kuhnimhof, O./Behrendt, A./Rabe, K.-H.: Durchpressen von fertigen Tunnelrahmen beim Bau der Hamburger City-S-Bahn; Eisenbahntechnische Rundschau (1973), H. 12, S. 469–476

[A 2/20] Klawa, N.: Abdichtung von Bauwerksfugen mit Fugenbändern; Tiefbau Ingenieurbau Straßenbau (1984), H. 11, S. 662–672

[A 2/21] Emig, K.-F./Spender, O.: Theoretische Untersuchung zum nachträglichen wasserdichten Anklemmen von Elastomer-Dichtungsbändern; Straße und Tiefbau 39 (1985), H. 10, S. 21–26

[A 2/22] Fugendichtungsmassen – Bauen mit Kunststoffen 17 (1974), H. 6

[A 2/23] Knöfel, D.: Bautenschutz mineralischer Baustoffe; Bauverlag, Wiesbaden/Berlin, 1979

[A 2/24] DIN 18540: Abdichten von Außenwandfugen im Hochbau mit Fugendichtungsmassen;
Teil 1: Konstruktive Ausbildung der Fugen (1.80)
Teil 2: Fugendichtungsmassen, Anforderungen und Prüfung (1.80)
Teil 3: Baustoffe, Verarbeitung von Fugendichtungsmassen (1.80)

[A 2/25] Schremmer, H.: Zwei-Komponenten-Dichtungsmassen für Abwasserkanäle; Tunnel (1981), H. 1, S. 42–56

[A 2/26] Injektions-Dichtungen; Firmenprospekt der Firma Gumba-Last Elastomerprodukte GmbH, Vaterstetten, November 1984

[A 2/27] Vredestein-Fugenbänder; Firmenprospekt Vredestein, Holland

[A 2/28] Fugenabdichtungen im Tiefbau; Deitermann Informationsdienst 781

[A 2/29] Baumann, T.: Dichtung der Fugen in Schlitzwänden und anderen Bauwerken aus Sperrbeton; Vortrag auf der Baugrundtagung 1984 in Düsseldorf; Deutsche Gesellschaft für Erd- und Grundbau, 1984, Essen

[A 2/30] Teepe, W.: Mechanische Beanspruchung der Kunststoffe im Massivbau; Kunststoffe 52 (1962), H. 11, S. 658–666

[A 2/31] Brockmann, G.: Arbeitsfugen in Beton; Der Monierbauer (1971), H. 3, S. 22–26, Mitteilungen der Beton- und Monierbau AG

[A 2/32] Härig, S.: Senkrechte Arbeitsfugen mit Rippenstreckmetall als Schalung; Beton 26 (1976), H. 6, S. 197–200

[A 2/33] Rückbiegen von Betonstahl; Merkblatt des Deutschen Betonvereins e. V., Wiesbaden, Fassung 1984

[A 2/34] Maidl, B./Nellessen, H.-G.: Bewehrungsstöße im Tunnelbau unter Berücksichtigung der neuen DIN 1045; Bautechnik (1973), H. 11, S. 361–370

[A 2/35] Bertram, D.: Betonstahl-Verbindungen mit Zulassung; Beton-Kalender 1986; Teil Ic, Abschnitt 6.4, S. 160–163; Ernst & Sohn Verlag, Berlin

[A 2/36] Gautier, G.: Beitrag zur Ausbildung von Fugen in Betonbauwerken; Brücke und Straße 19 (1967), H. 9, S. 241–243

[A 2/37] DIN 4102, Teil 1: Brandverhalten von Baustoffen und Bauteilen; Baustoffe; Begriffe, Anforderungen und Prüfungen (5.81)

[A 2/38] Kordina, K./Meyer-Ottens, C.: Beton Brandschutz-Handbuch; Beton-Verlag, Düsseldorf, 1981

[A 2/39] Meyer-Ottens, C.: Baulicher Brandschutz mit Beton (2. Teil); Fugen (Stoß-, Lager-, Dehnfugen), Lager und Sonderbauteile; Betonwerk + Fertigteil-Technik (1982), H. 9, S. 555–559

[A 2/40] Benz, G. H.: Verfahren zum Verbinden von Betonfertigteilen mit Fugenbändern aus thermoplastischem Material; Sonderdruck aus Beton 9 (1959), H. 4

[A 2/41] DIN 4062: Kaltverarbeitbare plastische Dichtstoffe für Abwasserkanäle und -leitungen; Dichtstoffe für Bauteile aus Beton, Anforderungen, Prüfungen und Verarbeitung (9.78)

[A 2/42] Kern, E.: Dichten von Rissen und Fehlstellen im Beton durch Injektionen von Kunststoffen; VDI-Berichte Nr. 384, 1980, S. 121–131

[A 2/43] DS 835: Vorschrift für die Abdichtung von Ingenieurbauwerken, Deutsche Bundesbahn

[A 2/44] Simons, H.: Zur Gestaltung abgesenkter Unterwassertunnel; Baumaschine und -technik 13 (1966), H. 10, S. 433–466 und H. 11, S. 527–533

[A 2/45] Scheuch, G.: Unterwassertunnel Alter Hafen Marseille; Straße Brücke Tunnel 22 (1970), H. 6, S. 164–166

[A 2/46] Anwendungstechnische Prüfung von Hydrotite-Profilbändern für den Einsatz im Tunnelbau (unveröffentlicht); Studiengesellschaft für interirdische Verkehrsanlagen e. V., STUVA, Köln, 1984

[A 2/47] Fugenabdichtung beim einschaligen Stahlfaserpumpbeton im Tunnelbau; Untersuchung einer Rollringdichtung (unveröffentlicht); Studiengesellschaft für unterirrische Verkehrsanlagen e. V., STUVA, Köln, 1982

[A 2/48] Fugenabdichtung beim einschaligen Stahlfaserpumpbeton im Tunnelbau; Untersuchung einer Injektionsfugenbandes (unveröffentlicht); Studiengesellschaft für unterirdische Verkehrsanlagen e. V., STUVA, Köln, 1984

[A 2/49] Grabe, W./Glang, S.: Dichtungsprofile für den Tunnelbau mit Tübbings; Straße + Tiefbau (1986), H. 10, S. 14–19

[A 2/50] Handbuch für Rohre aus Beton, Stahlbeton, Spannbeton; Herausgeber: Bundesverband Deutsche Beton- und Fertigteilindustrie e. V., Bonn; Bauverlag Wiesbaden/Berlin 1978, S. 26–49

[A 2/51] Untersuchung zum Verhalten von Einklemmfugenbändern unter dynamischer und statischer Belastung (unveröffentlicht); Studiengesellschaft für unterirdische Verkehrsanlagen e. V., STUVA, Köln, 1984

[A 2/52] KTA 2501 DIN 25487: Bauwerksabdichtungen von Kernkraftwerken (Entwurf, 1988)

[A 2/53] Engelmann, H.: Fugenabdichtungen in Abwasseranlagen bei Neubau und Instandsetzung; Bautenschutz, Bausanierung 11 (1988), H. 2, S. 40–51

[A 2/54] Empfehlungen für den Tunnelausbau in Ortbeton bei geschlossener Bauweise in Lockergestein. Aufgestellt vom Arbeitskreis 10 der Deutschen Gesellschaft für Erd- und Grundbau, Taschenbuch für den Tunnelbau 1987, S. 69–101

[A 2/55] Haack, A.: Wasserundichtigkeiten bei unterirdischen Bauwerken; Tiefbau, Ingenieurbau, Straßenbau, 28 (1986), H. 5, S. 245–254

[A 2/56] Stein, D./Kipp, B.: Sanierungsfähiges Bewegungsfugenband für Tief- und Tunnelbauwerke; Taschenbuch für den Tunnelbau 1988, S. 327–338

[A 2/57] Gieck, K.: Technische Formelsammlung; Herausgeber K. Gieck, 19. Auflage, Heilbronn 1962

[A 2/58] DIN 28617: Dichtringe für Druckrohre und Formstücke aus Gußeisen für Wasserleitungen; Anforderung und Prüfung (5.76)

[A 2/59] DIN 4033: Entwässerungskanäle und -leitungen; Richtlinien für die Ausführung (11.79)

[A 2/60] Haendel, H.: Diffusionsverhalten von chlorierten Kohlenwasserstoffen gegenüber Kanalwandungen; Korrespondenz Abwasser 34 (1987), H. 10, S. 1040–1046

[A 2/61] Nöh, H./Wolf, W.: Verhalten von Dichtringen in Gußrohr-Abwasserleitungen – auch bei CKW-Belastung; FGR-Informationen für das Gas- und Wasserfach, H. 23, S. 21–28, März 1988

[A 2/62] Gunia, K.: Moderne Fugenabdichtungen – je mehr Wasser desto dichter; Tunnel (1988), H. 4, S. 193–202

[A 2/63] Nagdi, K.: Gummi-Werkstoffe, Ein Ratgeber für Anwender; 1. Aufl., Vogel-Verlag, Würzburg, 1981

A 3

[A 3/1] DIN 18195: Bauwerksabdichtungen
Teil 1: Allgemeines, Begriffe (8.83)
Teil 2: Stoffe (8.83)
Teil 3: Verarbeitung der Stoffe (8.83)
Teil 4: Abdichtung gegen Bodenfeuchtigkeit; Bemessung sung und Ausführung (8.83)
Teil 5: Abdichtungen gegen nichtdrückendes Wasser; Bemessung und Ausführung (2.84)
Teil 6: Abdichtungen gegen von außen drückendes Wasser; Bemessung und Ausführung (8.83)
Teil 7: Abdichtungen gegen von innen drückendes Wasser; Bemessung und Ausführung (6.89)
Teil 8: Abdichtungen über Bewegungsfugen (8.83)
Teil 9: Durchdringungen, Übergänge, Abschlüsse (12.86)
Teil 10: Schutzschichten und Schutzmaßnahmen (8.83)

[A 3/2] DIN 18336: VOB, Teil C – Abdichtungsarbeiten, Ausgabe 1988, Beuth-Verlag, Berlin

[A 3/3] DS 835 der Deutschen Bundesbahn: Vorschrift für die Abdichtung von Ingenieurbauwerken (AIB)

[A 3/4] Normalien für Abdichtungen; Freie und Hansestadt Hamburg, Baubehörde, Tiefbauamt, Ausgabe 1986

[A 3/5] Haack, A./Emig, K.-F.: Abdichtungen; Abschnitt 1.16 im Grundbautaschenbuch, Teil 1, 3. Auflage, S. 521–586; Wilhelm Ernst & Sohn, Berlin 1980

[A 3/6] Haack, A./Poyda, F.: Hinweise und Empfehlungen für die lose Verlegung von Kunststoff- und Elastomerbahnenabdichtungen; STUVA-Forschungsbericht 19/85

[A 3/7] ZTV-BEL-B 87: Vorläufige Zusätzliche Technische Vorschriften und Richtlinien für die Herstellung von Brückenbelägen auf Beton; Bundesminister für Verkehr, Abt. Straßenbau, Bonn
Teil 1: Dichtungsschicht aus einer Bitumenschweißbahn
Teil 2: Dichtungsschicht aus zweilagig aufgebrachten Bitumendichtungsbahnen
Teil 3: Dichtungsschicht aus Flüssigkunststoff
TP-BEL-EP: Technische Prüfvorschriften
TL-BEL-EP: Technische Lieferbedingungen für Reaktionsharze für Grundierungen, Versiegelungen und Kratzspachtelungen unter Asphaltbelägen auf Beton

[A 3/8] Verarbeitungsrichtlinien für das Volclay-Abdichtungssystem; Beton-Bau-Zubehör Handelsges. mbH, Ratingen; überarbeitete Auflage, Januar 1987

[A 3/9] Kienzle, A./Meseck, H./Simons, H.: Theorie und Praxis der Abdichtung von Bauwerken mit Bentonit; Tiefbau – Ingenieurbau – Straßenbau 25 (1979) 4

[A 3/10] Zulassungsbescheid Nr. Z 27.2-101 vom 19. 1. 1984 zum „Abdichtungssystem mit ‚Volclay-Panels' der American Colloid Company"; Institut für Bautechnik, Berlin

[A 3/11] DIN 1072: Lastannahmen für Straßen- und Wegebrücken

[A 3/12] Emig, K.-F.: Fugenausbildung – Anforderungen und Ausführung entsprechend den technischen Normen; Schriftenreihe „Abdichtung von Bauwerken" der Bundesfachabteilung Bauwerksabdichtung, Bd. 6; Hauptverband der Deutschen Bauindustrie e. V., Wiesbaden, 1984; S. 55–80

[A 3/13] Haack, A.: Bauwerksabdichtung – Hinweise für Konstrukteure, Architekten und Bauleiter; Bauingenieur 57 (1982) 11, S. 407–412

[A 3/14] Haack, A./Poyda, F./Zimmermann, K.: Untersuchung des Verhaltens von (mehrlagigen Bitumen-) Abdichtungshäuten im Bereich von Bewegungsfugen bei Bauwerken des unterirdischen Bahnbaus; Forschungsbericht im Auftrage des Bundesministers für Verkehr, Bonn; STUVA 1976; unveröffentlicht

[A 3/15] Haack, A.: Wasserundichtigkeiten bei unterirdischen Bauwerken – erforderliche Dichtigkeit, Vertragsfragen, Sanierungsmethoden; Tiefbau – Ingenieurbau – Straßenbau 32 (1986) 5, S. 245–254

[A 3/16] Haack, A.: Basic methods and latest developments of sealing techniques in tunnelling in Germany; Vortrag zum internationalen Kongreß „Tunnel und Wasser", Madrid, 12.–15. 6. 1988; Ausdruck im Tagungsband, Balkema, Rotterdam, 1988, S. 155–159

[A 3/17] Mierswa, C.: Abdichtung eines Rückhaltebeckens gegen von außen drückendes Wasser; Vortrag zum 3. Internationalen Abdichtungskongreß des TAKK, April 1988; Tagungsband S. 67–70

[A 3/18] Haack, A.: Parkdecks und befahrene Dachflächen mit Gußasphaltbelägen; Aachener Bausachverständigentage 1986; Bauverlag, Wiesbaden; S. 76–92

[A 3/19] KTA 2501/DIN 25487: Bauwerksabdichtungen von Kernkraftwerken (Entwurf 1988)

[A 3/20] Emig, K.-F./Arndt, A.: Abdichtung mit Bitumen – Ausführungen unter Geländeoberfläche; 2. überarbeitete Auflage 1987, ARBIT-Schriftenreihe „Bitumen", Heft 49

[A 3/21] Emig, K.-F.: Abdichtungen über Bauwerksfugen nach DIN 18195; Tiefbau – Ingenieurbau – Straßenbau 29 (1983) 3, S. 104–114

[A 3/22] Haack, A.: Gebäudefugen: Voraussetzungen für eine funktionsgerechte Abdichtung; Straßen- und Tiefbau 41 (1987) 2, S. 17–20

[A 3/23] Haack, A.: Schäden an wasserdruckhaltenden Bauwerksabdichtungen – Ursachen, Beseitigung und Vorbeugung; Tiefbau – Ingenieurbau – Straßenbau 31 (1985) 2, S. 91–99 und 31 (1985) 3, S. 120–130

[A 3/24] Emig, K.-F.: Sollbruchfugen: Konstruktiver Bestandteil der Schlitzwandbauweise bei abzudichtenden Baukörpern; Tiefbau – Ingenieurbau – Straßenbau 34 (1988) 7, S. 389–393

[A 3/25] Emig, K.-F./Arndt, A.: Abdichtung mit Bitumen: Begriffe – Grundlagen – Konstruktionen; 2. überarbeitete Auflage 1976, ARBIT-Schriftenreihe „Bitumen", Heft 33

[A 3/26] Haack, A.: Das Schweißverfahren in der bituminösen Abdichtungstechnik des Tunnelbaus; Bitumen 32 (1970) 3, S. 64–68 und 32 (1970) 6, S. 153–158

[A 3/27] DIN 19599: Abläufe und Abdeckungen in Gebäuden – Klassifizierung, Bau- und Prüfgrundsätze, Kennzeichnung (1.89)

[A 3/28] DIN 18800: Stahlbauten
Teil 1: Bemessung und Konstruktion (3.81; E 3.88)
Teil 2: Stabilitätsfälle; Knicken von Stäben und Stabwerken (E 3.88)
Teil 3: Stabilitätsfälle; Plattenbeulen (E 3.88)
Teil 4: Stabilitätsfälle; Schalenbeulen (E 10.88)
Teil 7: Herstellen; Eignungsnachweise zum Schweißen (5.83)

B 1

[B 1/1] Grube, H.: Wasserundurchlässige Bauwerke aus Beton; Otto Elsner Verlagsgesellschaft, Darmstadt, 1982

[B 1/2] Wischers, G./Dahms, J.: Untersuchungen zur Beherrschung von Temperaturrissen in Brückenwiderlagern durch Raum- und Scheinfugen; Beton 18 (1968), H. 11, S. 439–442; H. 12, S. 483–490

[B 1/3] Bongartz, W.: Erste deutsche Stützwand nach dem Bauverfahren „Bewehrte Erde" bei Rauenberg; Straße und Autobahn 27 (1976), H. 5, S. 190–197

[B 1/4] Empfehlungen des Arbeitsausschusses Ufereinfassungen – EAU 1985; 7. Auflage, Ernst & Sohn Verlag, Berlin, 1985

[B 1/5] FHH Dicht; Richtlinien und Richtzeichnungen für Abdichtungs- und Belagarbeiten der Freien und Hansestadt Hamburg für Brücken und Trogbauwerke, Ausgabe 1986

B 2

[B 2/1] Planung und Bau von Wasserbehältern – Grundlagen und Ausführungsbeispiele. DVGW (Deutscher Verein des Gas- und Wasserfaches e.V.) Regelwerk, Technische Regeln, Arbeitsblatt W 311, Februar 1988

[B 2/2] Lohr, A./Obermeyer, L./Neumeister, W.: Zwei Trinkwasserhochbehälter für München mit einem Fassungsvermögen von je 65000 m³, Beton- und Stahlbetonbau 62 (1967), H. 5, S. 105–119

[B 2/3] Hampe, E.: Flüssigkeitsbehälter. Band 1 Grundlagen, 1980; Band 2 Bauwerke, 1982. Verlag von Wilhelm Ernst & Sohn, Berlin, München

[B 2/4] Falkner, F.: Fugenlose und wasserundurchlässige Stahlbetonbauten ohne zusätzliche Abdichtung. Vorträge Betontag 1983. Deutscher Beton-Verein e.V., Wiesbaden, 1984, S. 548–573

[B 2/5] Weidemann, H.: Wasserbehälter Essen-Kray. Bauingenieur 49 (1974), S. 95–101

[B 2/6] Klärner, R.: Trinkwasserbehälter von 15000 m³ Inhalt. Beton-Information (1977), H. 2, S. 14–19; Herausgeber: Montanzement-Verband, Düsseldorf

[B 2/7] Schimpff, F.: Abwasserreinigungsanlage der Hoechst AG, Niederlassung Kalle, Wiesbaden – Tropfkörper in Gleitbauweise, Tiefbau BG 97 (1985) H. 9, S. 568–582

[B 2/8] Wasserhochbehälter Scholven. Beton-Information (1981), H. 5, S. 60; Herausgeber: Montanzement-Verband, Düsseldorf

[B 2/9] Kreher, K./von Papenhausen, M. S.: Biologische Kläranlage der Hoechst AG. Der Bauingenieur 53 (1978), S. 127–132

[B 2/10] Falkner, H.: Risse in Stahl- und Spannbetonbauten, Theorie und Praxis. SIA-Studientagung: Verhalten von Bauwerken, Qualitätskriterien. ETH Lausanne 1977, S. 19–31

[B 2/11] Bomhard, H.: Faulbehälter aus Beton. Bauingenieur 54 (1979), S. 77–84

[B 2/12] Merkl, G.: Rechteckförmige Trinkwasserbehälter in fugenloser Ausführung unter Berücksichtigung der Fertigteilbauweise. Betonwerk und Fertigteil-Technik 55 (1989) H. 1, S. 80–88

[B 2/13] Büchel, R.: Gewässerschutz mit Behältern aus Beton; Abscheideanlage für Leichtflüssigkeiten. Beton 38 (1988) H. 9, S. 351–352

[B 2/14] Entwurf und Bau von Faulschlammbehältern. DYWIDAG-Berichte 3-1964

[B 2/15] Smoltczyk, U.: Flächengründungen; Grundbau-Taschenbuch, 3. Aufl., Teil 2, Verlag von Wilhelm Ernst & Sohn, Berlin/München, 1982, S. 1–46

B 3

[B 3/1] Haefelin, H.-M.: Herstellung und Eigenschaften von Stahlbetonrohren nach DIN 1045; Beton-Informationen (1973) H. 6

[B 3/2] DIN 19543: Allgemeine Anforderungen an Rohrverbindungen für Abwasserkanäle und -leitungen (8.82)

[B 3/3] Handbuch für Rohre aus Beton, Stahlbeton, Spannbeton; Herausgeber: Bundesverband Deutsche Beton- und Fertigteilindustrie e. V., Bonn; Bauverlag Wiesbaden/Berlin 1978.

[B 3/4] DIN 4032: Betonrohre und Formstücke; Maße, Technische Lieferbedingungen (1.81)

[B 3/5] DIN 4033: Entwässerungskanäle und -leitungen; Richtlinien für die Ausführung (11.79)

[B 3/6] DIN 4060: Dichtmittel aus Elastomeren für Rohrverbindungen in Abwasserkanälen und -leitungen (12.88)

[B 3/7] DIN 4062: Kaltverarbeitbare plastische Dichtstoffe für Abwasserkanäle und -leitungen; Dichtstoffe für Bauteile aus Beton, Anforderungen, Prüfungen und Verarbeitung (9.78)

[B 3/8] DIN 4035: Stahlbetonrohre, Stahlbetondruckrohre und zugehörige Formstücke aus Stahlbeton; Maße, Technische Lieferbedingungen (9.76)

[B 3/9] Carril, C.: Spannbetondruckrohr-Leitungen; Betonwerk + Fertigteil-Technik, 38 (1972) H. 5, S. 302–306

[B 3/10] Dywidag-Sentab-Spannbetonrohre in der Trinkwasserversorgung; Dywidag-Berichte 1-1967, S. 11–20

[B 3/11] Baumgartner, F.: Rohrverbindungen und Abdichtungssysteme bei Stahlbeton- und Spannbetondruckrohrleitungen; 3R international 19 (1980) H. 3, S. 153–155

[B 3/12] Schwarz, S.: Herstellung von Betonrohren mit werkmäßig integrierter Dichtung; Betonwerk + Fertigteil-Technik 48 (1982) H. 3, S. 171–176, H. 4, S. 231–236

[B 3/13] DIN 4034: Schachtringe, Brunnenringe und Schachthälse, Übergangsringe, Auflagerringe aus Beton; Maße, Technische Lieferbedingungen (10.73)

[B 3/14] Röhl, O.: Schächte aus Beton- und Stahlbetonfertigteilen; Beton und Fertigteil-Jahrbuch 1977, Bauverlag Wiesbaden/Berlin

[B 3/15] Lenz, D./Möller, H. J.: Beispiele für im Durchpreßverfahren eingebaute große Leitungen; Beton- und Stahlbetonbau 65 (1970) H. 8, S. 183–193

[B 3/16] Scherle, M.: Rohrvortrieb, Band 1: Technik, Maschinen, Geräte; Band 2: Statik, Planung, Ausführung; Band 3: Berechnungsbeispiele – Kommentar; Bauverlag GmbH, Wiesbaden und Berlin, 1977 und 1984

[B 3/17] Haefelin, H.-M./Kittel, D.: Durchpreßverfahren unter Verwendung von Stahlbetonrohren – Entwurf und Ausführung –; Betonwerk + Fertigteiltechnik 44 (1978) H. 6, S. 331–338 und H. 7, S. 387–389

[B 3/18] Neckardüker Mannheim, Rohrvorpressung unter Druckluft; Hochtief-Nachrichten, 41. Jg., August 1968, S. 1–23

[B 3/19] Dasek, I.: Hydraulischer Preßrohrvortrieb im Kanalisationsbau; Schweizerische Bauzeitung 92 (1974) H. 3, S. 35–41

[B 3/20] Bielecki, R.: Neue Methoden und Entwicklungstendenzen für das Bauen und Betreiben von Abwasserleitungen großer und kleiner Durchmesser; Wasser und Boden, (1979) H. 8

[B 3/21] Werse, H.-P.: Anwendung von Epoxidharzen im Beton- und Stahlbetonbau; Beton- und Stahlbetonbau 75 (1980) H. 5, S. 113–118

[B 3/22] Glang, S.: Elastomere-Fugenbänder und -Profile; Tunnel (1981) H. 3, S. 195–206

[B 3/23] Tauber, H.: Vorpressen von Stahlbeton-Fertigteilen im Grenzbereich zwischen Fest- und Lockergestein; 4. internationale Tagung über Felsmechanik, Mai 1980, Aachen, Deutsche Gesellschaft für Erd- und Grundbau e.V., Essen, S. 77–85

[B 3/24] Grosse, J.: Bauwerke im Kühlwasser-Rücklaufbereich des Kernkraftwerks Unterweser; Beton- und Stahlbetonbau 71 (1976) H. 8, S. 185–193

[B 3/25] Bau eines Kühlwasser-Rücklauftunnels; Hochtief-Nachrichten 56 (1983) H. 4, S. 1–26

[B 3/26] Unterwassertunnel Bakar in Jugoslawien; Hochtief-Nachrichten 52 (1979) H. 1, S. 1–23

[B 3/27] Magnus, W./Gebhardt, K.: Ein außergewöhnliches Tunnelbauverfahren zur Unterquerung der Süderelbe in Hamburg; Bauingenieur 54 (1979), S. 153–156

[B 3/28] Sammler Wilhelmsburg in Hamburg; Prospekt Freie und Hansestadt Hamburg, Baubehörde, Amt für Ingenieurwesen III, Hauptabteilung Stadtentwässerung

[B 3/29] Flatten, H./Fischer, F./Reinke, C.-F.: Risse in Abwasserstollen aus Beton und Stahlbeton; Tiefbau – Ingenieurbau – Straßenbau 25 (1983) H. 3, S. 122–128

[B 3/30] Klawa, N./Meyeroltmanns, W.: Auswirkungen des Arbeitslärms auf die Arbeitssicherheit und Gesundheit von Beschäftigten in Räumen mit schallreflektierenden Wänden (Tunnelwände), STUVA-Forschungsbericht 3/77; Herausgeber: STUVA, Köln

[B 3/31] Mayr, H.: Wasser für die Zukunft – Erfahrungen bei Planung und Bauausführung des Projekts Oberau; Neue DELIWA-Zeitschrift (1983) H. 4, S. 124–127 und H. 5, S. 174–179

[B 3/32] Stein, D./Bielecki, R.: Horizontale Vortriebsverfahren im Tiefbau unter besonderer Berücksichtigung des Abwasserleitungsbaus; Taschenbuch für den Tunnelbau 1981, S. 227–274 und 1983, S. 269–302, Verlag Glückauf, 1980/1982, Essen

[B 3/33] Bauwerke der Ortsentwässerung; ATV Arbeitsblatt A241: Herausgeber: Gesellschaft zur Förderung der Abwassertechnik e. V. (GFA), Markt 1 (Stadthaus), 5202 St. Augustin 1

[B 3/34] Anforderungen an Abwasserkanäle in Wasserschutzgebieten – Engere Schutzzone (Zone II); Ministerium für Ernährung, Landwirtschaft, Umwelt und Forsten, Baden-Württemberg, Stand: Januar 1984

[B 3/35] Zanker, G.: Schächte aus Beton und Stahlbeton für Abwasserkanäle und -leitungen; Beton- und Fertigteil-Jahrbuch, Bauverlag GmbH, Wiesbaden/Berlin, 1988, S. 196–244

[B 3/36] Lenz, D.: Stahlbetonrohre und Stahlbetondruckrohre nach der neuen DIN 4035 Ausgabe September 1976; Betonwerk und Fertigteiltechnik 42 (1976) H. 9, S. 450–456

B 4

[B 4/1] Richtlinien für die Ausstattung und den Betrieb von Straßentunneln – RABT; Ausgabe 1985, Herausgeber: Forschungsgesellschaft für das Straßen- und Verkehrswesen, Köln

[B 4/2] Richtzeichnungen und Richtlinien für Brücken und sonstige Ingenieurbauwerke; Bund / Länder-Fachausschuß Brücken- und Ingenieurbau; Der Bundesminister für Verkehr, Abteilung Straßenbau

[B 4/3] Beyer, E. / Waaser, E.: Tieferlegung einer Bahnstrecke, 2 km langer Bundesbahntunnel in Düsseldorf; Beton 31 (1981) H. 12, S. 443 - 450

[B 4/4] Prommersberger, G. / Lielups, L.: Der Pfingstbergtunnel; Eisenbahntechnische Rundschau 30 (1981) H. 3, S. 233 - 239

[B 4/5] Morgenstern, C. G.: Beitrag zur elektrischen Isolierung und Wasserdichtigkeit innerstädtischer Stadtbahntunnel unter Berücksichtigung wirtschaftlicher Aspekte; Dissertation RWTH Aachen, Fakultät für Bauingenieur- und Vermessungswesen, Fachbereich 3, 1988

[B 4/6] Meyer, G.: Wasserdichte Trogbauwerke aus wasserundurchlässigem Beton; Beton- und Stahlbetonbau 79 (1984) H. 5, S. 127 - 131

[B 4/7] Emig, K.-F.: Abdichtung von Tunnelbauten in offener Baugrube; Taschenbuch für den Tunnelbau, Verlag Glückauf, Essen; 2 (1978), S. 108 - 156 und 3 (1979), S. 98 - 132

[B 4/8] Haack, A. / Emig, K.-F.: Abdichtungen; Abschnitt 1.16 im Grundbautaschenbuch, Teil 1, 3. Auflage, S. 521 - 586; Wilhelm Ernst & Sohn, Berlin 1980

[B 4/9] DIN 18195: Bauwerksabdichtungen
Teil 1: Allgemeines, Begriffe (8.83)
Teil 2: Stoffe (8.83)
Teil 3: Verarbeitung der Stoffe (8.83)
Teil 4: Abdichtung gegen Bodenfeuchtigkeit; Bemessung und Ausführung (8.83)
Teil 5: Abdichtungen gegen nichtdrückendes Wasser; Bemessung und Ausführung (2.84)
Teil 6: Abdichtungen gegen von außen drückendes Wasser; Bemessung und Ausführung (8.83)
Teil 7: Abdichtungen gegen von innen drückendes Wasser; Bemessung und Ausführung (6.89)
Teil 8: Abdichtungen über Bewegungsfugen (8.83)
Teil 9: Durchdringungen, Übergänge, Abschlüsse (12.86)
Teil 10: Schutzschichten und Schutzmaßnahmen (8.83)

[B 4/10] Haack, A. / Poyda, F.: Mehrlagige Bitumenabdichtungen im Bereich von Bauwerksfugen; Ergebnisse einer STUVA-Versuchsreihe; STUVA-Nachrichten 42/1977

[B 4/11] Poyda, F.: Mechanisches Verhalten von PVC weich-Abdichtungen; Forschung + Praxis, Bd. 24; Herausgeber: STUVA, Köln; Alba-Buchverlag, Düsseldorf, 1980

[B 4/12] Normalien für Abdichtungen; Freie und Hansestadt Hamburg, Baubehörde, Tiefbauamt, jüngste Ausgabe 1986

[B 4/13] Emig, K.-F. / Arndt, A.: Abdichtung mit Bitumen – Ausführungen unter Geländeoberfläche; 2. überarbeitete Auflage 1987; ARBIT-Schriftenreihe „Bitumen", Heft 49

[B 4/14] Girnau, G. / Haack, A.: Tunnelabdichtungen – Dichtungsprobleme bei unterirdisch hergestellten Tunnelbauwerken; Forschung + Praxis, Bd. 6; Herausgeber: STUVA, Köln; Alba-Buchverlag, Düsseldorf, 1969

[B 4/15] Lufsky, K.: Die Büffelhautabdichtung bei der Schildvortriebsstrecke des Neubauloses H 85 der Berliner U-Bahn; Bitumen 28 (1966) H. 3, S. 77 - 82, Hamburg

[B 4/16] Krupinsky, H. J. / Emig, K.-F.: Schnellbahnen in Hamburg; Bitumen 30 (1968) H. 7, S. 200 - 204

[B 4/17] Smeele, Th. J. F.: Der Schalentunnel – ein neues Bauverfahren mit vorgefertigten Teilen beim U-Bahnbau in Rotterdam; Buchreihe Forschung + Praxis, Bd. 23, S. 78 - 83; Herausgeber: STUVA, Köln; Alba-Buchverlag, Düsseldorf, 1980

[B 4/18] Ellinger, M. / Jakubec, E.: Personentunnel aus Stahlbetonfertigteilen am Praterstern in Wien; Der Bauingenieur 42 (1967) H. 12, S. 447 - 450

[B 4/19] Straßentunnel aus Großfertigteilen (Hinweis): Tiefbau 14 (1972) H. 4, S. 310

[B 4/20] Petersen, G. / Heidkamp, W.: Tunnelstrecke aus Betonfertigteilen beim U-Bahn-Neubau Hamburg; Beton- und Stahlbetonbau 62 (1967) H. 9, S. 201 -205

[B 4/21] Ellinger, M. / Weinhold, H.: Die Südbahnunterführung Ketzergasse in Wien; Der Bauingenieur 41 (1966) H. 1, Sonderdruck

[B 4/22] Timmers, B. / Bormann, B. / Martinsen, U.: Stadtbahnbau von oben nach unten; Beton-Informationen 25 (1985) H. 5, S. 47 - 55; Herausgeber: Montazement Marketing GmbH, Düsseldorf; Beton Verlag, Düsseldorf

[B 4/23] Girnau, G. / Klawa, N.: Fugen und Fugenbänder; Buchreihe Forschung + Praxis, Bd. 13; Herausgeber: STUVA, Köln; Alba-Buchverlag, Düsseldorf 1972

[B 4/24] Behrendt, J.: Besonderheiten der Schlitzwandbauweise: Fehlerprüfmethode, Deckel und Fertigteilbauweisen; Buchreihe Forschung + Praxis, Bd. 23; Herausgeber: STUVA, Köln; Alba-Buchverlag, Düsseldorf, 1980, S. 71 - 77

[B 4/25] Flügel, F. / Kargl, A.: Straßenbahnunterführung Belgrad-Petuelstraße in München; Der Tiefbau 5 (1963) H. 5, S. 383 - 388

[B 4/26] Mandel, G.: Verkehrstunnelbau; Band II, Verlag Wilhelm Ernst & Sohn, Berlin – München, 1969

[B 4/27] Metro Amsterdam, Baulos Wibaustraat; Philipp Holzmann AG, Technischer Bericht Februar 1975

[B 4/28] Theimer, G. U. / Sternath, R.: Tendenzen in der Schlitzwandtechnik, Beispiel aus dem U-Bahnbau in München; Beton 36 (1986) H. 1, S. 5 - 10

[B 4/29] Unterlagen der Firma Soletanche

[B 4/30] O'Rourke, T. D.: Tunnelling for urban transportation: A Review of European Construction Practice; U. S. Department of Transportation, Washington, Report No. UMTA-IL-06-0041-78-1

[B 4/31] Hemschemeier, F.: Fertigteil-Schlitzwände im Kölner U-Bahn-Bau; Tiefbau-BG 92 (1980) H. 8, S. 650 - 655

[B 4/32] Haack, A. / Klawa, N.: Unterirdische Stahltragwerke, Hinweise und Empfehlungen zu Planung, Berechnung und Ausführung; Forschung und Praxis, Band 26; Alba-Buchverlag, Düsseldorf; Herausgeber: STUVA, Köln, 1982

[B 4/33] Bayer, E. / Jürgens, W.: Rheinalleetunnel Düsseldorf; beton-Herstellung, Verwendung 18 (1968) H. 9, S. 335 - 346

[B 4/34] Beyer, E. / Pause, H. / Wittler, H.-G. / Loers, G.: Rheinalleetunnel in Düsseldorf; Philipp Holzmann AG., Technischer Bericht November 1972

[B 4/35] Abegg, A.: Tunnel im Zuge der Stadtautobahn Kiel; Straße Brücke Tunnel 24 (1972) H. 11, S. 281 - 285

[B 4/36] Hoesch-Bauweise, Schneidenlagerung auf Stahlspundbohlen; Herausgeber, Estel Hüttenwerke Dortmund AG.

[B 4/37] Eisenbahnbrücke mit Widerlagern aus Stahlspundbohlen; Hoesch Hüttenwerke AG., Dortmund

[B 4/38] Sparmann, P. / Nehse, H. / Penner, R.: Bau einer Grundwasserwanne im Zuge der Umgehung Wörth; Beton- und Stahlbetonbau 75 (1980) H. 12, S. 294 -297

[B 4/39] Sparmann, P. / Kräuter, M. / Mies, G. / Nowack, R.: Kunststoffe im Ingenieurbau bei der Ausführung der Grundwasserwanne der BAB A 65-Umgehung Wörth B 10; 3R international 21 (1982) H. 4, S. 169 - 179

[B 4/40] Kolb, H.: Bau eines Straßenbahntunnels in Spundwandbauweise unter der Nordbrückenrampe in Mülheim a. d. Ruhr; Straße Brücke Tunnel 23 (1971) H. 10, S. 262 - 265

[B 4/41] Gantke, F.: Stahlspundwände bei den Bauwerken des rollenden Verkehrs; Herausgeber Hoesch AG. Hüttenwerke, Verkauf Spundwand, Dortmund, 1970

[B 4/42] Gantke, F.: Probleme und praktische Erfahrungen mit Spundwandtunneln; Forschung + Praxis, Bd. 15; Alba-Buchverlag, Düsseldorf; Herausgeber: STUVA, Köln, 1974

[B 4/43] Milsch, H.: Havelunterquerung Berlin-Spandau, Baulos H 109

[B 4/44] von Scheibner, D.: Unterirdische Überbrückung einer faulschlammhaltigen Eiszeitrinne im Caisson-Verfahren; Straße Brücke Tunnel 23 (1971) H. 1, S. 23 - 30

[B 4/45] Niemann, H. J.: Die Anwendung der Caisson-Methode im innerstädtischen Tunnelbau; Buchreihe Forschung + Praxis, Bd. 8; Herausgeber: STUVA, Köln; Alba-Buchverlag, Düsseldorf, 1970, S. 35 - 48

[B 4/46] Pause, H. / Hillesheim, F.-W.: Bau der Metro Amsterdam; Der Bauingenieur 50 (1975) H. 1, S. 4 - 18

[B 4/47] Müller, P.: Bahnhof Altstadt Spandau, Baulos H 110; Tiefbau-BG 95 (1983) H. 3, S. 158 - 168

[B 4/48] Kretschmer, M. / Fliegner, E.: Unterwassertunnel in offener und geschlossener Bauweise; Verlag Ernst & Sohn, Berlin, 1987

[B 4/49] Vogel, G.: Bauwerksmessungen am Straßentunnel Rendsburg; Die Bautechnik 43 (1966) H. 4, S. 120 -129, 43 (1966) H. 9, S. 293 - 303, 45 (1968) H. 2, S. 37 - 50

[B 4/50] Vogel, G.: Abdichtungsmaßnahmen beim Straßentunnel Rendsburg; Die Bautechnik 38 (1961) H. 2, S. 37 - 47

[B 4/51] Vogel, G.: Dichtungsanschlüsse zwischen Baukörpern mit verschiedener Setzung, Beispiel vom Bau des Rendsburger Tunnels; Bitumen 25 (1963) H. 3/4, S. 56 - 62

[B 4/52] Tunnel Parana-Santa Fé Argentina; Hochtief-Nachrichten 42 (1961) Juni, 35 Seiten, Hochtief AG., Essen

[B 4/53] Der Ij-Tunnel in Amsterdam, 1. Teil eines Berichts; Technische Blätter Wayss & Freytag (1968) H. 3, S. 30 - 59, Wayss & Freytag AG., Frankfurt / Main

[B 4/54] Kieft, P.: Neueste Entwicklungen auf dem Gebiet des Unterwassertunnelbaus; Buchreihe Forschung + Praxis, Bd. 27, Herausgeber: STUVA, Köln; Alba-Buchverlag, Düsseldorf, 1982, S. 71 - 91

[B 4/55] Lingenfelser, H.: Der Botlektunnel unter der Alten Maas – Planungsüberlegungen und Bauablauf; Baumaschine und Bautechnik 29 (1982) H. 4, S. 170 - 176

[B 4/56] Schmidt, G.: Die S-Bahn unterquert den Main, Tunnelröhren aus wasserundurchlässigem Beton; Beton 32 (1982) H. 12, S. 449 - 456

[B 4/57] Haack, A.: Abdichtungen im Untertagebau; Taschenbuch für den Tunnelbau; Verlag Glückauf, Essen; 5 (1981) S. 275 - 323 und 6 (1982) S. 147 - 179 und 7 (1983) S. 193 - 267

[B 4/58] DS 853 (Vorausgabe): Vorschrift für Eisenbahntunnel (VTU) mit zugehöriger Ergänzungsbestimmung 10 zum Anhang I (EzVTU 10); Herausgeber: Deutsche Bundesbahn, Januar 1984

[B 4/59] Leichnitz, W. / Schiffer, W.: Umstellung des Vortriebs- und Ausbauverfahrens infolge unerwartet hohen Grundwasserzuflusses: Beispiel Rauhebergtunnel; Forschung + Praxis, Bd. 32, S. 143 - 148; Herausgeber: STUVA, Köln; Alba-Buchverlag, Düsseldorf 1988

[B 4/60] Semprich, S. / Martinek, K. / Schuck, W.: Untersuchungsergebnisse an Innenschalen aus wasserundurchlässigem Beton bei Tunnelbauwerken im Fels; Forschung + Praxis, Bd. 30; Herausgeber: STUVA, Köln; Alba-Buchverlag, Düsseldorf 1986, S. 97 - 110

[B 4/61] Maak, H. / Maidl, B. / Springenschmid, R.: Innenschalen im Felstunnelbau; Beton- und Stahlbetonbau 82 (1987) H. 11, S. 285 - 290 / H. 12, S. 317 - 319

[B 4/62] Springenschmid, R. / Breitenbücher, R.: Über die Ursache und das Vermeiden von Rissen im Beton von Tunnelauskleidungen; Felsbau (1985) H. 4, S. 212 - 218

[B 4/63] Araldit zur Abdichtung von Tunnelbauten; Aspekte (1971) H. 1, Ciba-Geigy, Basel

[B 4/64] Henke, A.: Maßnahmen gegen Sickerwasser im Tunnel und in den Lüftungsschächten; Schweizer Ingenieur und Architekt 98 (1980) H. 36, S. 854 - 858

[B 4/65] Hediger, B.: Tropfwassersichere Tunnelausbildung mit Abdichtungen oder gefrästen Drainagefugen; Schweizerische Bauzeitung 86 (1968) H. 52, S. 929 - 933

[B 4/66] Sika informiert (1977) H. 5

[B 4/67] Kurz, G. / Spang, J.: Instandsetzung und Erneuerung der Blähstrecke des Kappelesberg-Tunnels; Bautechnik 61 (1984) H. 11, S. 365 - 376

[B 4/68] Krischke, A.: Wasserdurchlässiger Beton bei bergmännisch erstellten Tunneln: Taschenbuch für den Tunnelbau 1983, 7. Jahrgang, S. 416 - 445

[B 4/69] Klawa, N.: Neuentwickeltes Injektionsfugenband – Erfahrungen beim Einsatz des Bandes in Nürnberg; STUVA-Nachrichten (1979) H. 45, S. 4 - 11

[B 4/70] Klawa, N. / Sabi el-Eish, A.: Neue Fugenbänder; Buchreihe Forschung + Praxis, Bd. 18; Herausgeber: STUVA, Köln; Alba-Buchverlag, Düsseldorf 1975

[B 4/71] Emig, K.-F. / Spender, O.: Theoretische Untersuchung zum nachträglichen wasserdichten Anklemmen von Elastomer Dichtungsbändern; Straße und Tiefbau 39 (1985) H. 10, S. 21 - 26

[B 4/72] Sika in aller Welt (1977) H. 3

[B 4/73] Apel, F.: Tunnelbau mit Schildvortrieb; Werner Verlag, Düsseldorf, 1968

[B 4/74] Wagner, H. / Mandel, G.: Verkehrstunnelbau: Bd. I Planung, Entwurf und Bauausführung, 1968; Bd. II Netzgestaltung, Betriebsmerkmale und Baumethoden unterirdischer Verkehrsanlagen in Ballungsgebieten, 1969; Verlag Wilhelm Ernst & Sohn, Berlin / München

[B 4/75] Krabbe, W.: Tunnelbau mit Schildvortrieb; Grundbau-Taschenbuch, Bd. 1, Ergänzungsband; Verlag Wilhelm Ernst & Sohn, Berlin / München / Düsseldorf, 1971, S. 218 - 291

[B 4/76] Maidl, B.: Handbuch des Tunnel- und Stollenbaus: Bd. I Konstruktionen und Verfahren, 1984; Bd. II Grundlagen und Zusatzleistungen für Planung und Ausführung, 1988; Verlag Glückauf, Essen

[B 4/77] Krabbe, W.: Entwicklungsstand der Tunnelauskleidungen beim Schildvortrieb; Buchreihe Forschung + Praxis, Bd. 15; Herausgeber: STUVA, Köln; Alba-Buchverlag, Düsseldorf 1974, S. 104 - 109

[B 4/78] Craig, R. N. / Muir Wood, A. M.: A review of tunnel lining practice in the United Kingdom; Transport and Road Research Laboratory, Crowthorne, Berkshire, 1978

[B 4/79] Haack, A.: Das Schweißverfahren in der bituminösen Abdichtungstechnik des Tunnelbaues und Entwicklung und Erfahrungen bei der praktischen Anwendung des Schweißverfahrens in der bituminösen Abdichtungstechnik; Bitumen 32 (1970) H. 3 u. H. 6

[B 4/80] Lufsky, K.: Bauwerksabdichtungen; BG Teubner, Stuttgart, 1983

[B 4/81] Sabi el-Eish, A.: Untersuchung zur Frage der Anwendung von Dichtungsprofilen und Fugenmassen bei der Fugenabdichtung von Tunnelbauwerken aus Stahlbetonfertigteilen; STUVA-Forschungsbericht 7/78; Hrsg.: STUVA, Köln

[B 4/82] Engelmann, E.: U-Bahn-Los H 110 – Unterfahrung der Spandauer Altstadt, Streckentunnel im Hydroschild; Buchreihe Forschung + Praxis, Bd. 27; Herausgeber: STUVA, Köln; Alba-Buchverlag, Düsseldorf 1982, S. 212 - 221

[B 4/83] Anheuser, L.: Neuzeitlicher Tunnelausbau mit Stahlbetonfertigteilen; Beton- und Stahlbetonbau 76 (1981) H. 6 S. 145 - 150

[B 4/84] U-Bahn für München, U-Bahn-Linie 8/1; Dokumentation, Hrsg.: Firmengruppe und U-Bahn-Referat der Landeshauptstadt München, 1980

[B 4/85] von Stein, S.: Ausbruch und Felssicherung im Valanginienmergel; Seelisberg-Straßentunnel; Schweizer Ingenieur und Architekt, Sonderdruck aus Heft 50/1980, S. 23 - 29

[B 4/86] Braun, H.: U-Stadtbahnbau in Essen mit Messerschild und Ortbetonausbau (Baulos Rüttenscheiderstraße); Buchreihe Forschung + Praxis, Bd. 21, 1978; Herausgeber: STUVA, Köln; Alba-Buchverlag, Düsseldorf

[B 4/87] Hochtief-Nachrichten 51 (1978) H. 3, U-Stadtbahn Essen, Baulos 17 a, Messerschildvortrieb mit einschaligem Ausbau

[B 4/88] Tauber, H.: S-Bahn-Tunnel aus vorgefertigten Teilstücken im Vorpreßverfahren; Beton- und Stahlbetonbau 70 (1975) H. 3, S. 68 - 70

[B 4/89] Kuhnimhof, O. / Behrend, A. / Rabe, K.-H.: Durchpressen von fertigen Tunnelrahmen beim Bau der Hamburger City-S-Bahn; Eisenbahntechnische Rundschau 22 (1973) H. 12

[B 4/90] S-Bahntunnel Hamburg im Vorpreßverfahren; Schweizerische Bauzeitung 93 (1975) H. 26, S. 412 -414

[B 4/91] Beyer, E. / Tathoff, H.: Vorpreßtunnel durchquert Autobahndamm; Beton 30 (1980) H. 3, S. 83 - 87

[B 4/92] Unterführungsbauwerk K 25/DB, Köln-Weiden; Technische Blätter Wayss & Freytag, Frankfurt

[B 4/93] Gerhards, K.: Entwurf und Ausführung von Eisenbahnüberführungen in der Durchpreßmethode (Verschubträgerverfahren); Elsners Taschenbuch der Eisenbahntechnik, 1982, Tetzlaff-Verlag GmbH., Darmstadt, S. 365 - 399

B 5

[B 5/1] ZTV-K 80: Zusätzliche technische Vorschriften für Kunstbauten, Bestell-Nr. 3069, Verkehrsblatt-Verlag, Dortmund, 1980

[B 5/2] Richtzeichnungen und Richtlinien für Brücken und sonstige Ingenieurbauwerke; Bund/Länder-Fachausschuß Brücken- und Ingenieurbau; Der Bundesminister für Verkehr, Abteilung Straßenbau

[B 5/3] DS 804/III: Richtzeichnungen für massive Eisenbahnbrücken; Herausgeber: Deutsche Bundesbahn

[B 5/4] Köster, W.: Fahrbahnübergänge in Brücken und Betonbahnen; Bauverlag GmbH, Wiesbaden-Berlin, 1965

[B 5/5] Gabriel, F.: Fahrbahnübergänge für den Lehnenviadukt Beckenried; Schweizer Ingenieur und Architekt (1980), H. 50, S. 1311–1313

[B 5/6] Eisert, D./Riegel, K.: Der neue Feuerbach-Viadukt in Stuttgart – die erste Spannbeton-Talbrücke der Deutschen Bundesbahn; Beton und Stahlbetonbau 80 (1985) H. 4, S. 100–107

[B 5/7] Gerlich, K./Norweg, U.: Abdichtung von Fugen bei Kunstbauten aus Beton; Taschenbuch der Eisenbahntechnik, Elsner Verlagsgesellschaft 1986, S. 121–139

[B 5/8] Meyer, G.: Theoretische und konstruktive Überlegungen zur Rißbildung in Brückenkappen; Beton- und Stahlbetonbau 76 (1981) H. 12, S. 292–297

[B 5/9] Roßner, W.: Konstruktion und Bewehrungsführung im Fugenbereich von Brücken bei abschnittsweiser Herstellung; Beton- und Stahlbetonbau 76 (1981) H. 4, S. 89–95

[B 5/10] König, G./Giegold, J.: Zur Bemessung von Koppelfugen bei Massivbrücken; Beton- und Stahlbetonbau 79 (1984) H. 6, S. 141–147 und H. 7, S. 191–197

[B 5/11] Kordina, K.: Schäden an Koppelfugen; Beton- und Stahlbetonbau 74 (1979) H. 4, S. 95–100

[B 5/12] Glahn, H.: Die Behandlung des Koppelfugenproblems mit elementaren mechanischen Überlegungen sowie Folgerungen für die Konstruktionspraxis; Beton- und Stahlbetonbau 79 (1984) H. 6, S. 154–155

[B 5/13] Dargel, H./Otto, G.: Brücke über den Nun, Brücke über den Imo, Nigeria; Bauingenieur 60 (1985), S. 121–130

[B 5/14] Kordina, K.: Bauteile in Segmentbauart, Bemessung und Ausführung der Fugen, Erläuterungen zu DIN 4227, Teil 3; Betonwerk + Fertigteiltechnik 50 (1984) H. 6, S. 375–387

[B 5/15] Weber, V.: Untersuchung des Rißverhaltens segmentarer Spannbetonbauteile; Dissertation TU Braunschweig, 1982, Heft 53, Schriftenreihe des Instituts für Baustoffe, Massivbau und Brandschutz, Braunschweig

[B 5/16] Kupfer, H./Daschner, F./Guckenberger, K.: Tragverhalten von aus Fertigteilen zusammengespannten Biegegliedern mit Zementmörtelfuge; Lehrstuhl für Massivbau der TU München, März 1979

[B 5/17] Kupfer, H./Daschner, F./Guckenberger, K.: Untersuchung des Tragverhaltens von aus Fertigteilen zusammengespannten Biegegliedern mit Kunststoffharz-Klebefuge; Lehrstuhl für Massivbau der TU München, April 1975

[B 5/18] Vorläufige Richtlinien für die Kennwertbestimmung, Zulassungsprüfung und Güteüberwachung von Reaktionsharzmörteln und Reaktionsharzbetonen für zulassungspflichtige Anwendungen; Mitteilungen Institut für Bautechnik 8 (1977) H. 2, S. 39–44

[B 5/19] Hugenschmidt, F./Schroeter, J./Schobinger, L.: Araldit-Klebemörtel für Südamerikas größtes Bauwerk; Ciba-Geigy; aspekte (1974) H. 2, Sondernummer: Die Brücke von Rio nach Niteroi, 12 Seiten

[B 5/20] Vorläufige Richtlinien für Straßen- und Wegebrücken aus Spann- und Stahlbeton-Fertigteilen, RFT-Brücken; Forschungsgesellschaft für das Straßenwesen, Köln, Ausgabe 1979

[B 5/21] Die Sanierung der Marconi-Brücke in Rom; Ciba-Geigy, aspekte (1978) H. 3, S. 1–6

[B 5/22] Becker, H.: Bau einer schwimmenden Großbrücke über den Hood-Canal-Meeresarm in den USA; Vorträge Betontag 1983; Deutscher Betonverein e. V., Wiesbaden, 1984, S. 106–122

[B 5/23] DS 835: Vorschrift für die Abdichtung von Ingenieurbauwerken; Herausgeber: Deutsche Bundesbahn, Jan. 1983

[B 5/24] Michalski, C.: Bituminöse Fahrbahnübergänge nach dem Thorma-Joint-Verfahren; Straße und Autobahn 36 (1985) H. 11

[B 5/25] FHH Dicht: Richtlinien und Richtzeichnungen für Abdichtungs- und Belagarbeiten der Freien und Hansestadt Hamburg für Brücken- und Trogbauwerke, Ausgabe 1986

B 6

[B 6/1] Eisenmann, J.: Betonfahrbahnen; Verlag von Wilhelm Ernst & Sohn, Berlin/München/Düsseldorf, 1979

[B 6/2] Richtlinien für den Straßenoberbau – Standardausführungen – RSTO 75; Forschungsgesellschaft für das Straßenwesen e. V., Köln 1975

[B 6/3] Zusätzliche Technische Vorschriften und Richtlinien für den Bau von Fahrbahndecken aus Beton, ZTV Beton 78; Der Bundesminister für Verkehr, Abteilung Straßenbau, Bonn, 1978

[B 6/4]   Änderungen bzw. Ergänzungen der Zusätzlichen Techni-
          schen Vorschriften und Richtlinien; TVT 72, ZTV Beton 78;
          Der Bundesminister für Verkehr, Abteilung Straßenbau,
          Bonn, 1982

[B 6/5]   Springenschmid, R.: Die Arbeiten des internationalen
          „Technischen Komitees Betonstraßen" der AIPCR; Beton-
          straßentagung 1979, Forschungsgesellschaft für das Straßen-
          wesen, Köln; Schriftenreihe der Arbeitsgruppe „Betonstra-
          ßen", H. 14, Kirschbaum-Verlag, Bonn – Bad Godesberg,
          1980

[B 6/6]   Klunker, F.: Konstruktive Probleme und Maßnahmen im
          Übergangsbereich von Brückenbauwerken und Betonfahr-
          bahnen; Straße und Autobahn 24 (1973) H. 12, S. 506–511

[B 6/7]   Eisenmann, J./Birmann, D./Leykauf, G.: Forschungsergeb-
          nisse über den Verbund zwischen Betondecke und HGT,
          Straße und Tiefbau 37 (1983) H. 7/8, S. 5–18

[B 6/8]   Eisenmann, J.: Bedeutung und konstruktive Ausbildung von
          Fugen in Betonstraßen; Straße und Autobahn 34 (1983) H. 8,
          S. 317–320

[B 6/9]   Leykauf, G./Birmann, D.: Sanieren von Rissen in Beton-
          fahrbahndecken durch nachträgliches Einsetzen von Dübeln;
          Beton- und Stahlbetonbau 75 (1980) H. 1, S. 14–17

[B 6/10] Merkblatt für die Fugenfüllung in Verkehrsflächen aus
          Beton; Forschungsgesellschaft für das Straßen- und Verkehrs-
          wesen, Köln, 1982

[B 6/11] Technische Lieferbedingungen für bituminöse Fugenverguß-
          massen; TL bit Fug 82; Forschungsgesellschaft für das Stra-
          ßen- und Verkehrswesen, Köln, 1982

[B 6/12] Bartels, W.: Fugenfüllungen bei Betonstraßen; Straße und
          Autobahn 34 (1983) H. 8, S. 321–323

[B 6/13] Alte-Teigeler, O./Bartels, W./Kienzle, W.: Fugen im Be-
          tonstraßenbau; Bauwirtschaft 27 (1973) H. 51/52, S. 2572 und
          2581–2584 und 28 (1974) H. 7, S. 259–262

[B 6/14] Averbeck, H.: Fertigprofile aus Neoprene für Fugen in Be-
          tondecken; Straße und Tiefbau 30 (1976) H. 8, S. 12–14

[B 6/15] Wrana, R.: Fugen ohne Füllung; Straße und Autobahn 34
          (1983) H. 8, S. 323–325

[B 6/16] Eisenmann, J.: Durchgehend bewehrte Betonstraßen in den
          USA und Schweden; Straße und Autobahn 20 (1969) H. 6,
          S. 204–211

[B 6/17] Birmann, D.: Deckenerneuerung im Hocheinbau – Anwen-
          dung von durchgehend bewehrten Betondecken; Beton 26
          (1976) H. 2, S. 55–58

[B 6/18] Löwenberg, H./Eisenmann, J./Springenschmid, R.: Bericht
          über die Ergebnisse des XV. AIPCR-Weltstraßenkongresses
          in Mexico-City, Thema III Betonstraßen (Flugpisten aus
          Beton); Straße und Autobahn 27 (1976) H. 10, S. 385–392

[B 6/19] Löwenberg, H.: Betonstraßenbau – Stand der Technik;
          Straße und Tiefbau 33 (1979) H. 9, S. 8–15

[B 6/20] Tegelaar, R./Wolf, H.: Radwege aus Beton; Beton-Verlag,
          Düsseldorf, 1982

[B 6/21] Merkblatt für die Befestigung von Parkflächen; Forschungs-
          gesellschaft für das Straßenwesen, Köln, 1977

[B 6/22] Wehner, B./Siedek, P./Schulze, K.-H.: Handbuch des Stra-
          ßenbaus, Bd. 3, Bemessungsverfahren und besondere Bau-
          weisen; Springer-Verlag Berlin/Heidelberg/New York, 1977

[B 6/23] Richtlinien für den Bau von Betondecken auf Flugplätzen,
          Ergänzung zur TV Beton 1972; Forschungsgesellschaft für
          das Straßenwesen, Köln, 1975

[B 6/24] Packard, R. G.: Design of Concrete Airport Pavement; Engi-
          neering Bulletin of the Portland Cement Association, USA,
          1973

[B 6/25] Zumbrock, W.: Verkehrsflächen aus Beton, Erfahrungen auf
          dem Flughafen Hannover-Langenhagen; Beton 33 (1983)
          H. 7, S. 247–249

[B 6/26] Richtlinien für den Bau von Spannbetonfahrbahnen auf Flug-
          plätzen; Forschungsgesellschaft für das Straßenwesen, Köln,
          1964

[B 6/27] Klunker, F.: Spannbeton für Flugbetriebsflächen; Tiefbau-
          BG 89 (1977) H. 9, S. 604–611

[B 6/28] Philipp Holzmann AG, Hochtief AG, Strabag Bau-AG;
          Spannfeldverfahren HHS; Firmenschrift, November 1962

[B 6/29] Mittelmann, G.: Vom Bau einer Spannbeton-Startbahn;
          Beton- und Stahlbetonbau 60 (1965) S. 253–257

[B 6/30] Richtlinien für den ländlichen Wegebau – RLW 75; herausge-
          geben vom Kuratorium für Wasser- und Kulturbauwerke (ab
          1978 Deutscher Verband für Wasserwirtschaft und Kulturbau
          e. V. – DVKW), Verlag Paul Parey, Hamburg

[B 6/31] Richtlinien für die Befestigung von Rad- und Gehwegen –
          Standardausführung – RStRG 80

[B 6/32] Hellenbroich, T.: Messung der Durchlässigkeit von Fugen –
          Versuchsstrecke Wattenheim BAB A 6 –; 1. Ber. Jan. 85,
          2. Ber. Febr. 86; 3. Ber. Okt. 86, 4. Ber. Nov. 87, 5. Ber.
          Nov. 88; Bundesanstalt für Straßenwesen, Fachgruppe Be-
          tonbauwesen, Bergisch Gladbach, unveröffentlicht.

B 7

[B 7/1]   Kuhn, R.: Die Schleusen des Main-Donau-Kanals; Bauinge-
          nieur 46 (1971) H. 5, S. 163–184

[B 7/2]   Donau, H./Knoblach, P./Nietsch, G.-A./Schmiedel, U.:
          Die Schleuse Uelzen, eine neuartige Sparschleuse mit hoher
          Leistungsfähigkeit; Bauingenieur 52 (1977), S. 175–186

[B 7/3]   Lenz. E.-U./Wolff, R.: Die Tiefbauarbeiten der Großschiff-
          fahrtsschleuse Lisdorf beim Ausbau der Saar; Bautechnik 57
          (1980) H. 8, S. 257–265

[B 7/4]   Fengler, E./Schlehuber, K./Seyfferth, G.: Die Großschiff-
          fahrtsschleuse Kanzem im Zuge des Ausbaus der Saar;
          Beton- und Stahlbetonbau 78 (1983) H. 12, S. 321–325

[B 7/5]   Pause, H.: Bauen unter Verkehr im Bergsenkungsgebiet, Er-
          satzschleuse Gelsenkirchen; Beton 33 (1983) H. 3, S. 83–87

[B 7/6]   Hager, M.: Probleme bei Kreuzungsbauwerken in Damm-
          strecken; Vorträge Wasserbau-Seminar, Wintersemester
          1976/77, Herausgeber: Prof. Dr.-Ing. G. Rouvé, Mitt. Insti-
          tut für Wasserbau und Wasserwirtschaft der RWTH Aachen,
          Nr. 18, 1977, S. 111–159

[B 7/7]   Empfehlungen für die Ausführung von Asphaltarbeiten im
          Wasserbau, EAAW 83; 4. Ausgabe, Deutsche Gesellschaft
          für Erd- und Grundbau e. V., Essen, 1983

[B 7/8]   Hager, M.: Stand der Risikobewertung bei durchströmten,
          gewachsenen und geschütteten nichtbindigen Dammbaustof-
          fen im Kanalbau; Baugrundtagung 1982 in Braunschweig,
          S. 365–403; Deutsche Gesellschaft für Erd- und Grundbau
          e. V., Essen

[B 7/9]   Klimpel, P. M.: Straßentunnel unter dem Mittellandkanal in
          Minden-Dankersen im Einschwimmverfahren; Tiefbau,
          Ingenieurbau, Straßenbau 22 (1980) H. 4, S. 261–266

[B 7/10] Häusler, E.: Wehre; aus Blind, H.: Wasserbauten aus Beton,
          S. 193–330; Ernst & Sohn Verlag, Berlin, 1987

[B 7/11] Kuhn, R.: Binnenschiffsschleusen; aus Blind, H.: Wasser-
          bauten aus Beton, S. 399–442; Ernst & Sohn Verlag, Berlin,
          1987

[B 7/12] Anwendung und Prüfung von Kunststoffen im Erd- und Was-
          serbau; Deutsche Gesellschaft für Erd- und Grundbau, Emp-
          fehlungen des Arbeitskreises 14, Verlag Paul Parey, Ham-
          burg und Berlin, 1986

B 8

[B 8/1] DIN 19700: Stauanlagen;
Teil 10 Gemeinsame Festlegungen (1.86)
Teil 12 Talsperren (1.86)

[B 8/2] Empfehlungen für die Ausführung von Asphaltarbeiten im Wasserbau, EAAW 83; 4. Ausgabe, Deutsche Gesellschaft für Erd- und Grundbau e. V., Essen

[B 8/3] Klingebiel, G./Weinhold, R.: Die Aufstockung der Breitenbachtalsperre; Wasserwirtschaft 70 (1980) H. 3

[B 8/4] Sachstandsbericht „Massenbeton"; aufgestellt vom Deutschen Beton-Verein e.V., Deutscher Ausschuß für Stahlbeton, H. 329; Vertrieb durch Verlag von Wilhelm Ernst & Sohn, Berlin, 1982

[B 8/5] Press, H.: Stauanlagen und Wasserkraftwerke, I. Teil: Talsperren; Verlag von Wilhelm Ernst & Sohn, Berlin 1958

[B 8/6] Kleinlogel, A.: Bewegungsfugen im Beton- und Stahlbetonbau; Verlag von Wilhelm Ernst & Sohn, Berlin 1958

[B 8/7] Stocker, E.: 6. Bericht über die Bauausführung der Staumauer Kops; ÖZE, Österreichische Zeitschrift für Elektrizitätswirtschaft; Herausgeber: Verband der Elektrizitätswerke Österreich, Jahrgang 23, H. 7

[B 8/8] Abraham, T. J./Sloan, R. C.: TVA cuts deep slot in dam, ends cracking problem; Civil Eng. 48 (1978), p. 66–70

[B 8/9] Knickelmann, J./Tschirch, G.: Der Staudamm Finstertal-Österreich; Tiefbau-BG 95 (1983) H. 12, S. 812–833

B 9

[B 9/1] Grube, H.: Wasserundurchlässige Bauwerke aus Beton; Otto Elsner Verlagsgesellschaft, Darmstadt, 1982

[B 9/2] Lohmeyer, G.: Weiße Wanne einfach und sicher; Beton-Verlag, Düsseldorf 1985

[B 9/3] Falkner, H.: Fugenloser Stahlbetonbau; Beton und Stahlbetonbau 79 (1984) H. 7, S. 183 - 188

[B 9/4] Lohmeyer, G.: Fugenausbildung von dichten Bauwerken aus Beton; Beton 34 (1984) H. 6, S. 229 - 232

[B 9/5] Vinkeloe, R. / Wolff, R.: Zwei „weiße Wannen" in Düsseldorf; Beton-Informationen 6 - 82; Herausgeber: Montanzement Marketing GmbH., Düsseldorf; Beton-Verlag, Düsseldorf

[B 9/6] Mirsalis, K.: Die Tiefbunkeranlage des neuen LD-Stahlwerkes in Rheinhausen; Beton-Informationen 2 - 75; Herausgeber: Montanzement Marketing GmbH., Düsseldorf; Beton-Verlag, Düsseldorf

[B 9/7] Falkner, H.: Zur Frage der Rißbildung durch Eigen- und Zwängungsspannungen infolge Temperatur in Stahlbetonbauteilen; Heft 208 DafStb, Verlag Wilhelm Ernst und Sohn, Berlin, 1969

[B 9/8] Rostasy, F. S. / Henning, W.: Zwang und Oberflächenbewehrung dicker Wände, Beton- und Stahlbetonbau 79 (1984)

[B 9/9] Wörndle, K. / Fritsche, S.: Herstellung eines Schutzbauwerks; Beton-Informationen 2 - 88; Herausgeber: Montanzement Marketing GmbH., Düsseldorf; Betonverlag, Düsseldorf

B 10

[B 10/1] Haack, A.: Parkdecks und befahrbare Dachflächen mit Gußasphaltbelägen; Aachener Bausachverständigentage 1986; Bauverlag, Wiesbaden; S. 76 - 92

[B 10/2] Haack, A. u.a.: Bauwerksabdichtungen, Parkhäuser und Parkdecks; Veröffentlichung der Vorträge zur gleichlautenden Fachtagung der Fa. Reinartz Asphalt GmbH., Aachen, vom 10./11. Dezember 1987

[B 10/3] DIN 18195:
Bauwerksabdichtungen
Teil 1: Allgemeines, Begriffe
Teil 2: Stoffe
Teil 3: Verarbeitung der Stoffe
Teil 4: Abdichtung gegen Bodenfeuchtigkeit; Bemessung und Ausführung
Teil 5: Abdichtungen gegen nichtdrückendes Wasser; Bemessung und Ausführung
Teil 6: Abdichtungen gegen von außen drückendes Wasser; Bemessung und Ausführung
Teil 7: Abdichtungen gegen von innen drückendes Wasser; Bemessung und Ausführung
Teil 8: Abdichtungen über Bewegungsfugen
Teil 9: Durchdringungen, Übergänge, Abschlüsse
Teil 10: Schutzschichten und Schutzmaßnahmen

[B 10/4] ZTV-BEL-B 87:
Vorläufige Zusätzliche Technische Vorschriften und Richtlinien für die Herstellung von Brückenbelägen auf Beton; Bundesminister für Verkehr, Abt. Straßenbau, Bonn
Teil 1: Dichtungsschicht aus einer Bitumenschweißbahn
Teil 2: Dichtungsschicht aus zweilagig aufgebrachten Bitumendichtungsbahnen
Teil 3: Dichtungsschicht aus Flüssigkunststoff

TP-BEL-EP: Technische Prüfvorschriften
TL-BEL-EP: Technische Lieferbedingungen
für Reaktionsharze für Grundierungen, Versiegelungen und Kratzspachtelungen unter Asphaltbelägen auf Beton

[B 10/5] Haack, A.: Bauwerksabdichtung – Hinweise für Konstrukteure, Architekten und Bauleiter; Bauingenieur 57 (1982) 11, S. 407 - 412

[B 10/6] DIN 4122:
Abdichtung von Bauwerken gegen nichtdrückendes Oberflächenwasser und Sickerwasser mit bituminösen Stoffen, Metallbändern und Kunststoff-Folien; Richtlinien

Stichwortverzeichnis

Leschuplast-DICHTUNGSROHR

Schwind-, Schein- und Arbeitsfugen in SPERRBETON-Wänden

Horizontalschnitt einer SPERRBETON-Wand

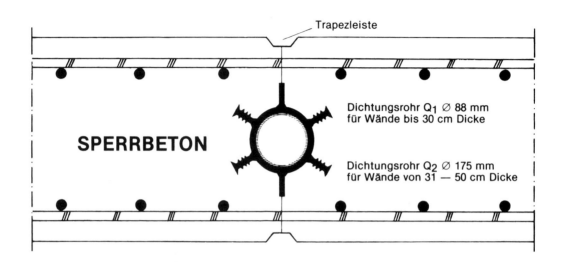

Trapezleiste

SPERRBETON

Dichtungsrohr Q_1 ⌀ 88 mm
für Wände bis 30 cm Dicke

Dichtungsrohr Q_2 ⌀ 175 mm
für Wände von 31 — 50 cm Dicke

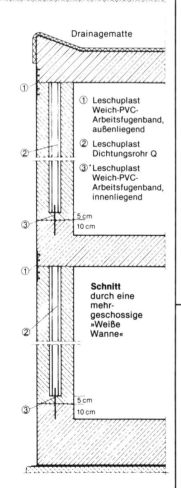

Drainagematte

① Leschuplast
Weich-PVC-
Arbeitsfugenband,
außenliegend

② Leschuplast
Dichtungsrohr Q

③ Leschuplast
Weich-PVC-
Arbeitsfugenband,
innenliegend

5 cm
10 cm

Schnitt
durch eine
mehr-
geschossige
»Weiße
Wanne«

5 cm
10 cm

Einbau:

Die verblüffend einfache und sichere Einbauart des Dichtungsrohres läßt an den Baustellen aufhorchen.

Am unteren Ende des Rohres wird eine Einschlitzung mittels Kreissäge angebracht, so daß nach dem Aufstülpen des Rohres noch ca. 5 cm Freiraum bleibt.

Am oberen Ende des Rohres wird dann mittels einer Knagge die Zentrierung dieses Dichtungsrohres vorgenommen.

Vorteile:

- Präzise Steuerung des Schwindrisses durch Querschnittsschwächung.

- Dichtung des Schwindrisses durch Sperranker am Rohrprofil.

- Kraftschlüssigkeit der Wände, da die Bewehrung nicht unterbrochen wird.

- Geringe Lohnkosten beim Einbau, da Befestigung nur an Sohlen und Wandkronen erforderlich.

- Es können beliebig lange Wandabschnitte in einem Guß betoniert werden.

Fordern Sie weitere Prospekte mit Prüfzeugnissen über Fugenbänder und andere Bauprofile an.

LESCHUPLAST Kunststoff-Fabrik GmbH
5630 Remscheid 12 (Lüttringhausen)
Walter-Freitag-Straße 36 (Industriegebiet Großhülsberg)
Telefon: 02191/56 27-0 · Telex: 8 513 477 · Telefax: 02191/56 28 39

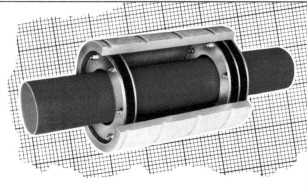

Grundbau-Taschenbuch 3.Auflage

Schriftleitung: U. Smoltczyk

Mit der 3. Auflage liegt eine aktuelle Neubearbeitung dieses grundlegenden Nachschlage-
werkes vor, das es in dieser Form im deutschen Sprachraum sonst nicht mehr gibt. Der Text
ist knapp formuliert, damit trotz der Stoffülle die Handlichkeit erhalten bleibt. Eine ausge-
wählte Literaturzusammenstellung am Ende jeden Abschnittes ermöglicht es dem Leser,
weiterführende Informationen zu den Einzelfragen rasch zu finden.

**Grundbau-
Taschenbuch**

Dritte Auflage Teil 3

Teil 1
3. Auflage 1980. XVI, 598 Seiten, 442 Abbildungen,
73 Tabellen u. Tafeln. 53 Erddrucktabellen. 17 x 24 cm.
Leinen DM 152,-   ISBN 3-433-00862-0

Teil 2
3. Auflage 1982. XXIV, 995 Seiten, 870 Abbildungen,
115 Tabellen. 17 x 24 cm.
Leinen DM 208,-   ISBN 3-433-00863-9

Teil 3
3. Auflage 1987. XIV, 561 Seiten, 529 Abbildungen,
20 Tabellen. 17 x 24 cm.
Leinen DM 238,-   ISBN 3-433-01022-6

Der Teil 3 des Grundbau-Taschenbuches erscheint erstmalig in der 3. Auflage des Werkes.
Die Autoren befassen sich mit einer häufig auftretenden Spezialaufgabe des Grund- und
Erdbaues, nämlich mit der Planung und der Ausführung standsicherer Böschungen. Behandelt werden die Phänomenologie der natürlichen Böschungen und Massenbewegungen, die
statischen Verfahren im Fels- und im Lockergestein (soweit sie in den Teilen 1 und 2 noch
nicht enthalten sind), die Messung und Überwachung von Böschungsbewegungen, der
Lebendverbau, die konstruktive Mittel der Hangsicherung und Ausbildung von Gelände-
sprüngen und die baubetriebliche Abwicklung im Trocken- und Naßverfahren.

Das Buch soll dem in der Praxis tätigen Bauingenieur und dem Ingenieurgeologen in ver-
ständlicher Form den Stan der Kenntnisse darstellen, wobei bewußt auf bie herkömmliche
Trennung von Boden- und Felsmechanik verzichtet wird.

Ernst & Sohn

Verlag für Architektur und
technische Wissenschaften
Hohenzollerndamm 170, 1000 Berlin 31
Telefon (030) 86 00 03-19

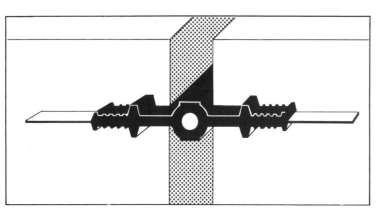